高等农林教育"十三五"规划教材

植物病理学

鄢洪海　李洪连　薛春生　主编

中国农业大学出版社
·北京·

内 容 简 介

本教材的编写基于“厚基础、强能力、重应用”的人才培养理念，内容涉及植物病理学的各个领域，如植物病害的基本概念、植物病害病原、病原物的致病性、寄主的抗病性、植物病害的发生与发展、植物病害诊断、植物病害防治原理与方法，以及水稻、小麦、玉米、薯类等大田作物病害和大豆、花生、油菜、向日葵、芝麻、棉花、烟草、麻类、甜菜、甘蔗、茶树等经济与油料作物病害的综合治理等。

图书在版编目(CIP)数据

植物病理学/鄢洪海，李洪连，薛春生主编. —北京：中国农业大学出版社，2017.7
ISBN 978-7-5655-1850-8

Ⅰ.①植…　Ⅱ.①鄢…　②李…　③薛…　Ⅲ.①植物病理学-高等学校-教材
Ⅳ.①S432.1

中国版本图书馆 CIP 数据核字(2017)第 143478 号

书　名　植物病理学
作　者　鄢洪海　李洪连　薛春生　主编

策　　划　赵　中　李卫峰
责任编辑　冯雪梅
封面设计　郑　川
责任校对　王晓凤
出版发行　中国农业大学出版社
社　　址　北京市海淀区圆明园西路 2 号
邮政编码　100193
电　　话　发行部 010-62818525，8625
　　　　　　编辑部 010-62732617，2618
读者服务部 010-62732336
出 版 部 010-62733440
网　　址　http://www.cau.edu.cn/caup
E-mail cbsszs@cau.edu.cn
经　　销　新华书店
印　　刷　北京时代华都印刷有限公司
版　　次　2017 年 7 月第 1 版　2017 年 7 月第 1 次印刷
规　　格　787×1 092　16 开本　24.75 印张　612 千字
定　　价　58.00 元

编写委员会

主　编　鄢洪海　李洪连　薛春生

副主编　张茹琴　迟玉成　黄金光　赵奎宝　赵洪海
　　　　　张佳环　金　静　王学武　李　壮

参编单位及编者

青岛农业大学　鄢洪海　张茹琴　黄金光　路炳声　金　静
　　　　　　　赵洪海　李德龙　王彩霞　刘润进
河南农业大学　李洪连　孙炳剑
沈阳农业大学　薛春生　肖淑芹
山东农业大学　李　壮
聊城大学　赵奎宝　王桂清
吉林农业大学　张佳环
山西农业大学　李新凤
上海交通大学　李雅乾
西南大学　窦彦霞
中国农科院植物保护研究所　蔺瑞明　冯　晶
山东省花生研究所　迟玉成　许曼琳
青岛市植物保护站　王学武
吉林省农业科学院　王继春

主　审　李　玉　李宝笃

前　言

植物病理学是植物科学类专业的重要专业课程。作为传递知识的载体，植物病理学教材不仅要提供有关植物病害防治的先进科技知识，并且要引导教师不断深化教学改革，培养学生自主学习和创新思维的能力，这是编写本教材的基本指导思想。近年来，植物病理学不论是在基础研究领域还是在实践应用方面均发生了一些重大变化，为此我们结合多年的教学与实践经验，博采相关院校和科研单位的教学与科学研究之长，编写了这本《植物病理学》。

本教材的编写基于“厚基础、强能力、重应用”的人才培养理念，内容涉及植物病理学的各个领域，如基本概念、病原学、病原物致病性、寄主抗病性、植物病害发生与发展、植物病害诊断、植物病害防治原理与方法，及作物病害症状与病因、发病规律与综合治理等。

本书主要特色如下：①系统性。全书分上下两篇，上篇主要阐述植物病理学基础知识，下篇重点介绍主要农作物病害，坚持植物病理学的总论与各论、病害的共性与特性、内容的整体与部分、知识的系统与局部等相互联系的原则，力求对植物病理学给予系统的介绍。②新颖性。本书采用的是有关植物病原生物的最新分类系统以及分类地位，较为详尽地介绍了各类植物病原生物的一般性状、生物学特性、致病特点、主要类群等方面的知识。③实用性。本书除了阐述植物病理学的基础知识外，还较为全面地介绍了目前在 18 个作物上发生最为普遍或严重的 76 种主要病害。因此，本书不仅适用于高等农业院校用作教材，也适用于广大植物科技工作者作为参考工具。④图文并茂。本书在对植物病原物进行阐述时，配以大量的、具有代表性的病原物墨线图或实体图片，以及对病害发生规律描述时配以图示等，方便读者的学习和使用。

本书由鄢洪海、李洪连和薛春生三位教授主编，来自国内十余个农业院校和科研单位的专家学者参与了编写，编写分工充分考虑到各学者的学术特长和所在地区的情况。初稿完成后由各章节负责人进行了校对，最后由主编和主审审校。编写过程中得到了青岛农业大学、河南农业大学、沈阳农业大学、聊城大学、吉林农业大学、山西农业大学、山东省花生研究所、中国农科院植物保护研究所、青岛市植物保护研究所等单位的大力支持。

本书是在全体编写人员共同努力下完成的。在此书出版之际，向他们表示衷心的感谢！本书中引用了国内外许多专家和学者的研究成果，由于篇幅所限，可能并未具体标注出来，尚请谅解并致谢意。

由于时间的限制和编写者的水平有限，错误和疏漏之处在所难免，在此诚挚地希望广大读者批评指正。

《植物病理学》编写委员会

2017 年 7 月

目　录

上篇　植物病理学基础知识

下篇　农作物病害

上篇　植物病理学基础知识

第一章 绪 论

第一节 植物病害

一、植物病害的概念

植物是地球生命现象的重要体现者，包括农作物、树木、草、花卉等。植物也直接或间接地为人类和动物提供了其赖以生存的衣食物品。更重要的是植物能将太阳能转化为可用的化学能贮存在碳水化合物、蛋白质和脂肪等生物大分子中，这些物质是包括人类在内的所有动物赖以生存的根本。

植物不论是栽培的还是野生的，只要环境能提供足够的营养和水分，叶片能得到充足的光照，温度适宜，就能生长繁殖。但植物的生长发育，无不受生态系统中各种环境因素的影响。在各种环境因素中有非生物因素和生物因素，其中有些对植物的生长发育是有益的，有些是有害的。植物在长期的进化过程中对环境的影响形成了一定的适应能力。如果某些环境因素对它的影响超出了它能适应的范围，植物将不能正常地生长发育，或将受到损害，就会诱发（induce）成病害。发病的植物，可能不感觉疼痛和不适，但会生长缓慢，产量降低，表现出各种症状，常常部分或整株死亡。

因此，把植物在其生长发育过程中受病原物侵染或受非生物不良因素的持续干扰，在生理、细胞和组织上发生一系列病理变化，外部呈现不正常状态，甚至死亡，最后导致其产量降低或品质变劣的现象，称为植物病害（plant disease）（图 1-1）。

自然界一切生物在长期演化过程中都适应和选择了一定的生存环境，然而完全适合各种植物的理想环境几乎是不存在的。经过人工驯化的农作物，其适应环境变化的能力远不如野生植物，因此容易发生因环境不适而诱发生理病害，同时也容易招引各种病原物的侵染而发生传染病。应该指出植物病害的形成过程是动态的，有一个病理变化的过程，这有别于大风、冰雹、害虫和牲畜等对植物造成的机械伤害。在生产实践中，人们主要关注和防治的是侵染性病害，它们的危害大，往往是区域性常年发生，严重致灾。

不管形式上有何差别，植物病害定义的共同特点都包含有下面要点：

（1）病原（pathogen） 引致植物病害的原因。系指外因即病原物和不良环境条件，白化苗等遗传性变异系由内因而非外因引起。

（2）病程（course of disease） 染病植物有组织结构和生理异常变化过程。机械损伤和虫伤等无病理变化过程，往往是瞬间发生的。

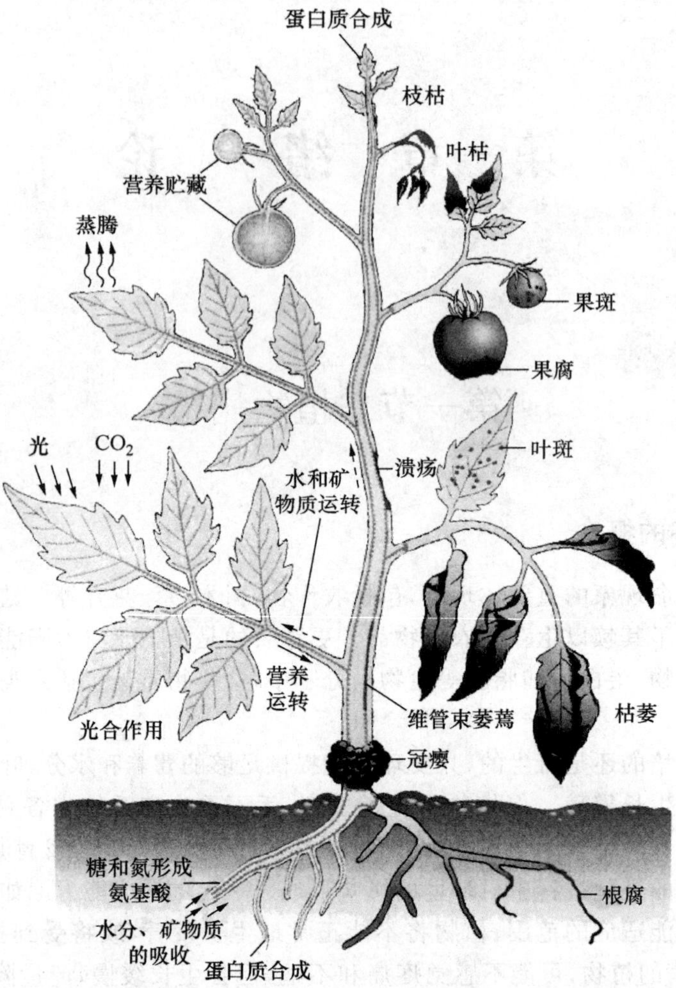

图 1-1 植物一些常见病害类型及对植物生长发育的影响(Agrios G N. 2005)

(3)症状(symptom) 罹病植物呈现不正常外观。植物病害是根据植物外观的异常与正常相对而言的,健康相当于正常,病态相当于异常。显症是植物生病的征兆,免疫植物虽受病原影响但不显症,即不生病。

(4)损失(loss) 植物病害必须具有经济损失观点。也就是植物病害的结果最终是导致了作物产量降低、品质变劣。

有些植物在受到人为、生物因素或非生物因素的影响后,发生了某些畸变或异常现象,但其食用价值、观赏价值或经济价值反而提高了,这种情况就不符合植物病害的概念,所以不能称之为植物病害。如弱光下种植的韭菜-韭黄,虽然在病态下生长,但别有风味;茭白被黑粉菌侵染后变得肉质肥厚,营养丰富;以及郁金香花受到病毒侵染后变得颜色鲜艳等。因此,在受害并导致经济损失的基础上来理解植物病害的定义才能真正体现课程学习的意义和重要性。

二、植物病害发生的原因

导致植物不能正常生长发育而表现病变的因子统称之为病原。植物病害的病原，与引起人、畜患病的病原相同或非常相似。它们包括病原微生物，如病毒、细菌、真菌、原生生物、线虫、寄生性种子植物和不良环境条件（包括：营养、水分、光照的过多过少，空气和土壤中有毒化学物质的存在），其他的如杂草等也会影响植物，造成栽培作物生长不良。

在不同的植物病害系统中，病原可以具体分为不同种类：

1. 生物病原

生物病原种类众多，在生物各界中几乎都含有植物病原物（图 1-2）：

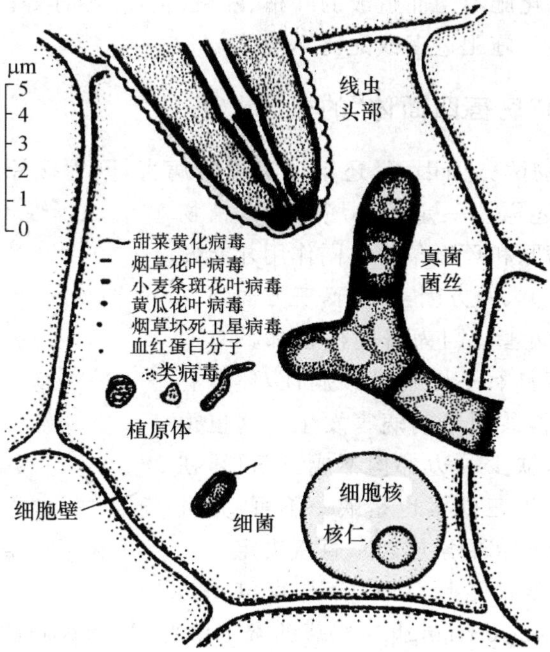

图 1-2 常见病原物形状、大小与植物细胞的比较（仿 Agrios G N. 2005）

（1）真菌界（Fungi） 真菌，真核细胞生物，细胞壁主要成分为几丁质，无维管束，无叶绿素，丝状营养体，孢子繁殖。

（2）藻物界（Chromista） 卵菌，与真菌相似，但细胞壁主要成分为纤维素。

（3）原生动物界（Protozoa） 最简单的真核细胞生物，一些黏菌如根肿菌（营养体为无细胞壁的原生质团）。

（4）原核生物界（Monera） 包括细菌、放线菌和菌原体等，属原核细胞生物，细胞中无真正的核，DNA 分散在细胞中，没有核膜包围，没有明显的细胞核。

（5）病毒（Virus） 分子生物，由核酸和蛋白质或其中之一组成。

（6）动物界（Animalia） 线虫，真核细胞生物，蠕虫状，异养。

（7）植物界（Plantae） 寄生性种子植物，真核细胞生物，有细胞壁，有微管束，无根有吸盘，有叶或退化，种子繁殖。

2. 非生物病原

(1)温度　高温性不育、冷害、冻害等。

(2)水　旱害、渍水、涝害等。

(3)光　缺光性黄化、光过于强烈导致的日灼等。

(4)氧　缺氧性烂根等。

(5)空气污染　气候斑等。

(6)缺素　缺铜、缺锌、缺铁等导致的缺素症。

(7)无机盐毒害　盐害等。

(8)土壤 pH　土壤过酸或过碱。

(9)药害　施农药或化肥不当而造成的叶枯、叶斑、枯萎、不育等。

(10)栽培不当　过密、施肥过多或配比不当等。

三、"病害三角"和"病害四面体"的概念

单凭病原生物和植物两方面因素，还不一定发生病害，因为病原生物可能无法接触到植物，或不能发挥其作用，还需要一定的环境条件。植物病害的发生需要植物、病原和环境条件协同作用才能发生及发展，仅靠其中的一方、两方因素不行，三方面都具备但不适宜也不能形成病害。因为寄主植物都具有一定的抗病性，而病原物都具有不同程度致病性，环境有好有坏，三要素相互作用，共同影响病害发生。这也很像构成三角形的三个边，缺少一边都构不成三角形，在自然条件下，植物病害发生三要素也是缺一不可，并且彼此之间又相互影响，边长和要素质与量直接决定着三角形的面积和病害的程度。因此，1933 年林克(Link)提出"病害三角"学说(disease triangle)：感病的寄主植物、具有致病性的病原物和有利于发病的环境是构成植物病害的基本要素，它们呈一种三角关系，即病害三角(disease triangle)，每一个量化的因素都相当于三角形的一个边长，它们共同决定着病害程度三角形面积的大小。

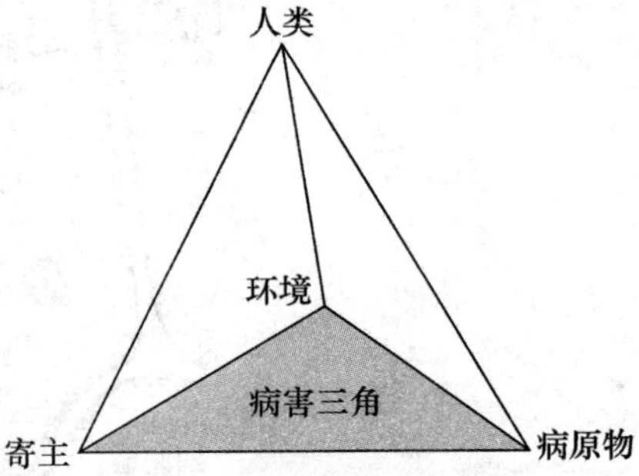

图 1-3　病害三角和病害四面体

图 1-3 中，通常将三角形做成边长比较均等的三角形，其实植物病害的三要素在病害发生中的作用因病害而异，差距很大，这个三角形可以是任何形状的三角形，图示只是一个直观的概念和一般图形(将三要素放于三角形的顶点是习惯做法)。

病害三角表示的是病害三要素在自然条件下的一种基本互作关系，然而，人们关心和探讨的植物病害往往是人类参与的农业生产条件下的植物病害。因此，农业产业背景下植物病害的发生与发展又增加了人为因素，一些病害在本地区不发生是缺少病原物，但由于人们的农事活动可将病原物带到这一地区或创造了有利于病害发生的条件，使病原物和寄主有了接触的机会，再加上环境条件适宜造成了这一病害的发生或病害过度发生。如棉花枯萎病，在 1970 年前我国没有该病害的发生，主要是缺少病原，但由于调运种子不慎将棉花枯萎病菌带入国内，才导致这一病害的发生。20 世纪 70 年代前，玉米小斑病在美国发生很轻，但由于大面积种植雄性不育系 T 型细胞质品种，结果导致玉米小斑病在 1970 年暴发。同时，人们也能对正在发生的病害实施防治，阻止一些病害的发生与蔓延，如喷施瑞毒霉药液，可以使黄瓜霜霉病

与不施用对照减轻 90%以上。因此，1976 年鲁滨孙(Robinson)提出植物"病害四面体"学说(disease tetrahedron)，农业生态系内除了寄主、病原物和环境外，应加上人类干预这个重要因素，从而形成植物病害四面体学说。生产中，人类对植物病害的干预和影响越来越重要，品种选育与利用，耕作制度、栽培措施和防治方法的变更等都会助长或抑制植物病害的发生发展，带病种苗的调运还会导致病区迅速扩大和新病区的形成等。

四、植物病害的危害及经济重要性

1. 植物病害对农业生产的影响

(1)降低产量　一些病害可导致作物没有产量形成，如玉米丝黑穗病、玉米粗缩病、瓜类枯萎病等，有些病害可造成作物严重歉收，如小麦条锈病、黄瓜霜霉病等，叶斑类病害常常造成作物不同程度减产。

(2)降低品质　水稻发生稻瘟病使碎米率增加；甜菜得褐斑病后，含糖量大大减少；小麦患锈病后，而使面筋减少等。

(3)产生有毒物质，使人畜中毒　甘薯患黑斑病后产生有毒物质黑疤酮，用病薯喂家畜能导致牛羊气喘和死亡。被赤霉病菌侵染的小麦籽粒及生产的面粉含有毒素(玉米赤霉烯酮等)，人食用后会出现头昏、呕吐、腹泻，严重时死亡。

(4)影响农产品的贮藏和运输　白菜软腐病，水果采后病害。

(5)限制了农作物的栽培　由于一种病害发生在一地区不能栽植，在辽宁省由于红麻炭疽病而 40 年未能种植。

(6)增加生产投入　因防治病害而投入人力、物力和各种设备，增加开支、降低经济效益。

(7)环境污染　大量使用农药后，可造成土壤、水体污染。

据联合国粮农组织(Food and Agriculture Organization，FAO)估算，每年因植物病害造成的减产占世界粮食总产量的 10%～15%，特别是一些缺少培训且物资匮乏的发展中国家更加严重。

2. 植物病害对人类社会产生过重大影响

(1)爱尔兰饥馑(Irish famine)　1845—1846 年马铃薯晚疫病在爱尔兰大流行，饿死几十万人、迫使 150 万人移居北美，植物病理学由此诞生。

(2)波尔多液发明　1880 年法国波尔多地区葡萄霜霉病大流行，使法国葡萄酿酒业濒临破产，最终导致波尔多液发明和化学农药的产生。

(3)孟加拉饥荒(Bengal famine)　1942—1943 年南亚国家孟加拉国水稻胡麻斑病大流行，饿死 200 万人，数百万人逃荒。

(4)玉米小斑病　1970 年玉米小斑病在美国大流行，玉米减产 15%，约 165 亿 kg，直接经济损失 10 亿美元。

(5)小麦条锈病　1950 年中国小麦条锈病大流行，小麦减产约 30 亿 kg。

(6)红麻炭疽病　1955 年红麻炭疽病在中国华北地区流行，导致红麻停种。

(7)甘薯黑斑病　1937 年甘薯黑斑病从日本传入中国，造成巨大损失。

(8)玉米大斑病　1974 年玉米大斑病在中国东北地区流行，发病 200 万 hm^2，减产 20%。

(9)玉米弯孢菌叶斑病　1996 年玉米弯孢菌叶斑病在中国辽宁省等地流行，绝收 2.5 万亩，损失 2.5 亿 kg。

第二节　植物病害类型

植物病害可根据致病因素的性质分为:侵染性病害和非侵染性病害。当然,植物病害类型也可以根据其他属性和需求划分,如可依据病原物分为:真菌病害、细菌病害、病毒病害和线虫病害等;依据作物不同又可以分为水稻病害、小麦病害、玉米病害、果树病害和蔬菜病害等;根据病原传播方式可分为:种传病害、气传病害、土传病害和介体传播病害等。

一、侵染性病害

侵染性病害是因为由病原生物(真菌、细菌、病毒、线虫以及高等寄生性种子植物等)的侵染而引起的,所以能相互传染,有一个从少到多,从点到面扩展蔓延为害的过程。植物侵染性病害的病原主要是真菌,其次是细菌和病毒等。

病原物的侵染过程首先是病原物与寄主植物可侵染部位接触,并侵入寄主植物,在植物体内繁殖和扩展,然后发生致病作用,通常人为划分成接触、侵入、潜育和发病四个时期。植物侵染性病害的发生发展基本过程是:病原物与寄主接触后,对寄主进行初次侵染;由于初侵染的成功,病原物数量得到扩大,并在适当的条件下传播(气流传播、水传播、昆虫传播以及人为传播)开来,进行不断的再侵染,使病害不断扩展;当寄主组织死亡或进入休眠时,则病原物随之进入越冬或越夏阶段;次年作物再生长时,病原物从其越冬越夏场所经新一轮传播再对寄主植物进行新的侵染。所以,植物病害年度间接续发展有三个重要环节:病原物初次侵染和再次侵染、病原物传播、病原物越冬和越夏,三者缺一不可。

有时候各种病原物在植物体内繁殖和蔓延的寄生部位是不同的。病原物的分布局限在侵入点附近,形成局部的或点发性的感染,称为局部侵染,局部侵染比较容易治疗。有的则从侵入点向各个部位蔓延,甚至引起全株性的感染,称作系统侵染,这时治疗已有些麻烦。因此,应做到早发现,早治理。植物病害以局部性感染的较多,如各种叶斑病类。绝大部分的枯萎病、病毒、类病毒、类菌原体病害都引起全株性的感染。系统侵染性病害的潜育期一般较长。

健康植物的细胞和组织进行着正常有序的代谢活动。病原侵入后,寄主植物细胞的正常生理功能就遭到破坏。病原生物对寄主的影响,除了夺取寄主的营养物质和水分外,还对植物施加机械压力以及产生对寄主的正常生理活动有害的代谢产物,如酶、毒素和生长调节物质等,诱发一系列病变,产生病害特有的症状。

二、非侵染性病害

非侵染性病害是由于生长环境中有不适宜的物理、化学等因素直接或间接引起的一类病害。它和侵染性病害的区别在于没有病原生物的侵染,在植物不同的个体间不能互相传染,所以又称为非传染性病害或生理病害。

(一)化学因素导致植物病害

导致非侵染性病害的化学因素主要有:营养失调、空气污染以及化学物质的药害等。

1. 植物的营养失调

营养条件不适宜包括营养缺乏,各种营养间的比例失调或营养过量。这些因素可以诱使植物表现各种病态，过去一般称为缺素症或多素症。

(1)缺素症 常见的症状有(尤其在老的叶片上)：缺乏 N(氮)易黄化、缺乏 P(磷)叶片常变紫色、缺乏 K(钾)导致叶枯、缺乏 Mg(镁)出现明脉、而缺乏 Zn(锌)会导致植株叶片变小。在一些新生组织易出现的症状：缺乏 B(缺硼，畸形果)、缺乏 Ca(缺钙，芽枯)、缺乏 Fe(缺铁，白叶)、缺乏 S(缺硫，黄化)、缺乏 Mn(缺钼，失绿斑)、缺乏 Mo(缺钴，叶畸形)、缺乏 Cu(缺铜，幼叶萎蔫)。

(2)多素症 某些元素过量导致植物中毒，主要是微量元素过量所致。如多 N(氮)叶片浓绿，徒长，花少或迟，多 S(硫)叶片易枯焦。

2. 环境污染

主要指空气污染，水源污染，土壤污染，酸雨(SO_2+H_2O)等。包括臭氧(O_3^-)、二氧化硫(SO_2)、氢氟酸(HF)、氮化物(NO_2、NO)、氯化物(Cl_2、HCl)、乙烯($CH_2=CH_2$)等对植物生长发育的危害。

各种农药、化肥、除草剂和植物生长调节剂使用不当均可造成植物伤害和药害。急性药害：施药后 2～5 d 发生，一般在植物幼嫩组织发生斑点或条纹斑。慢性药害：逐渐影响植物的生长发育。农药中无机铜、硫制剂容易发生药害，如石硫合剂。植物幼苗和开花期比较敏感，高温环境下容易发生药害。

(二)物理因素导致植物病害

(1)温度不适 高温易造成植物灼伤，而低温又会出现冷害和冻害，变温时温差过大常导致植物生理性伤害，等等。

(2)水分湿度不适 水淹时间一长就会出现植物沤根，干旱造成植物萎蔫，环境水分骤变常常导致作物裂果等。

(3)光照不适 光照过强时，露地植物常出现日灼病，但较长时间光照不足，往往造成植物徒长。

第三节 植物病害的症状

植物受病原生物或不良环境因素的侵染后，其组织内部的生理生化活动和外观的生长发育表现出某种异常状态，称为症状(symptom)。其中寄主植物自身的不正常表现称为病状(symptoms)，病原物在病部的表现特征称为病征(sign)，但并不是所有的植物病害都有病征表现。症状是寄主-病原相互作用的结果，是病状和病征的综合表现，是一种结合体，每一种病害都有它特有的症状表现，是人们描述、命名、诊断和识别病害的主要依据，但也因寄主、病原和环境不同，一种病害的症状也会出现差异。

植物病害症状分内部症状和外部症状，但生产上和试验研究中描述和说明植物病害的特点多使用外部症状。内部症状：是指植物受病原物侵染后的细胞形态或组织结构变化，一般需通过光学显微镜和电子显微镜进行切片观察。常在受害细胞或组织中出现侵填体(tylose)、乳突(mastoid)、内含体(inclusion)、胼胝质(callose)等特有物质结构(图 1-4、图 1-5)。

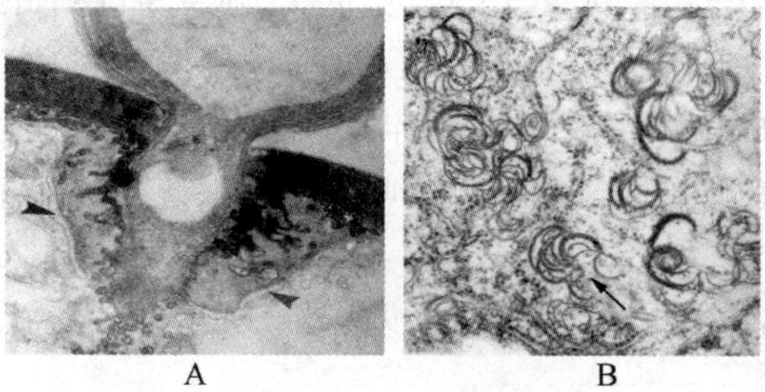

图 1-4　受害细胞变化

A. 乳突　B. 内含体

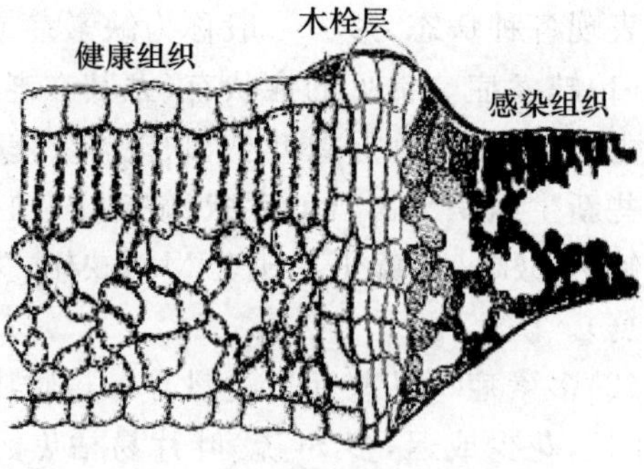

图 1-5　木栓层

无论是侵染性病害，还是非侵染性病害，受害部位首先发生一系列生理活动的病变，当病变表现在组织或器官表面时，就会出现肉眼可见的植物病害外部特征，即外部症状。

一、病状的类型

为了便于认识病害，常常将植物病害的病状人为划分成几种类型，常见的病状类型有变色、坏死、腐烂、萎蔫和畸形等(图 1-6)。

1. 变色(discolor)

发病植物的色泽发生改变，本质是叶绿素受到破坏、合成受到干扰，细胞并未死亡。一般表现在病害发生初期，有两大类。

一类是表现为全株性、整个叶片或叶片大部分的均匀变色，主要有：

(1)褪色(fading)　叶绿素减少，均匀变色，变浅。

(2)黄化(yellowing)　叶绿素减少，均匀变色，变黄。

(3)白化苗(whiten seedling)　不形成叶绿素，遗传病害。

另一类为不均匀变色，病株叶片色泽浓淡不一，常常深绿和浅绿交错，主要有：

(1)花叶(mosaic)　叶绿素减少，不均匀变色。

(2)斑驳(mottle)　变色部分的轮廓不清。

(3)条纹(strip)、条斑、条点　单子叶植物的花叶。

2. 坏死(necrosis)

发病植物的细胞或组织死亡。坏死有发生在局部叶片的，一般有明显的边缘，形成形状、颜色、大小各不相同的病斑。常见有：

(1)叶斑型(leaf spot)　形成轮廓清晰、各种形状的局部坏死组织，类似岛屿。有轮斑、环斑、角斑、圆斑、穿孔等。

(2)叶枯型(leaf blight)　叶片较大面积坏死，边缘没有叶斑，轮廓较清晰。

(3)叶烧型(leaf scad)　叶尖或叶缘枯死。

坏死斑病状也发生在植物根颈部，主要是植物幼苗。常见有猝倒(damping off)、立枯(幼苗近地表茎部组织坏死)。

也有导致局部组织坏死、导致增生的粗糙木栓层疮痂和溃疡类型。

3. 腐烂(rot)

植物幼嫩多汁组织大面积坏死，组织或细胞遭破坏消解，多伴随形态改变。主要有：

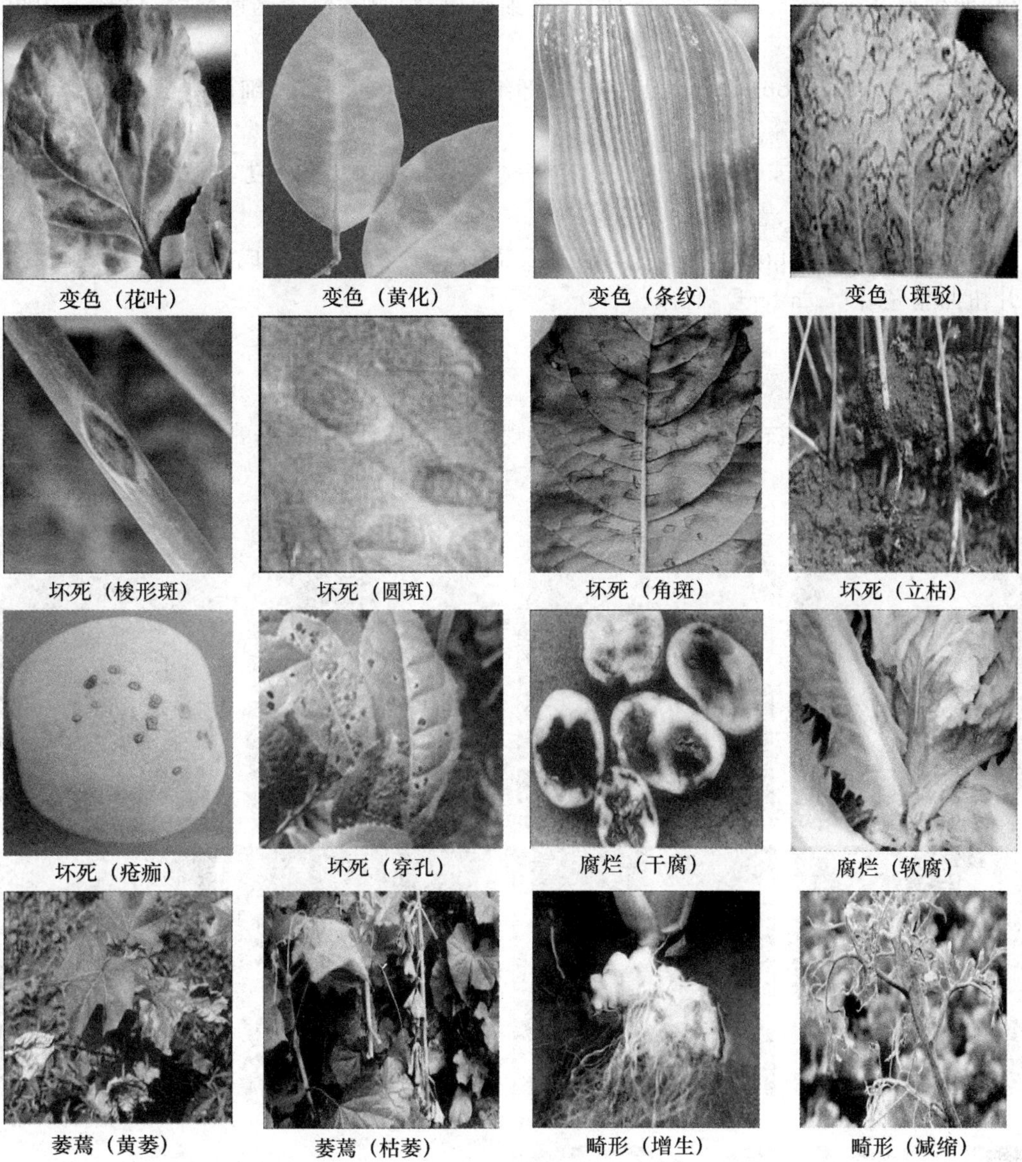

图 1-6　常见病状类型

（1）干腐（dry rot）　坏死慢，水分快速及时失去。

（2）湿腐（wet rot）　坏死较快，水分未能及时散失。

（3）软腐（soft rot）　植物组织中胶层遭到破坏，细胞离析。

根据腐烂的部位有根腐、基腐、茎腐、果腐、花腐等。

4. 萎蔫（wilt）

植物根茎的维管束组织受到破坏而发生缺水和营养供应不足的凋萎现象，而根茎的皮层组织完好。分为枯萎、黄萎、青枯等类型。

5. 畸形（malformation）

植物受病原物产生的激素类物质的刺激而表现的异常生长现象。

(1)增生型(hyperplasia) 病组织的薄壁细胞分裂加快，数量迅速增多，局部组织出现肿瘤或癌肿、丛枝、发根等。

(2)增大型(hypertrophy) 病组织的局部细胞体积增大(巨型细胞)，但细胞数量并不增多。如根结、徒长、恶苗等。

(3)减缩型(hypoplasia) 病部组织细胞分裂受到抑制，发育不良，造成植株矮缩(dwarf)、矮化(stunt)、小叶、小果、卷叶等。

(4)变态(metamorphosis) 植株的花器变态成叶片状、花器变成菌瘿、叶片变态为花，以及叶片扭曲呈蕨叶(fern leaf)状等。

二、病征的类型

病征是指病原物在被侵染的植物体上表现出来的特征性结构，常见有如下几种类型(图1-7)：

图 1-7 病征类型

1. 霉状物(mold shaped)

菌物病害常见特征，由菌物的菌丝、孢子梗和孢子所构成。霉层的颜色、形状、结构、疏密等变化较大，如有霜霉、灰霉、青霉、绿霉、赤霉、黑霉等各种色泽霉状物。

2. 粉状物(powder)

菌物病害常见特征，引起植物病害的某些菌物在病部产生一定量孢子后所表现的特征。如白粉病的白色粉状物，黑粉病的黑色粉状物，锈病的粉状物等。

3. 点状物(point-like)

菌物病害常见特征，多为菌物的繁殖器官，黑色或褐色。如一些菌物病害上产生的分生孢子器、分生孢子盘、分生孢子座、闭囊壳、子囊壳等在受害部位常常表现出点状特点。

4. 颗粒状物(granular material)

真菌病害中丝核菌和核盘菌等常见特征，是菌丝交结形成的致密组织，即为这些真菌病害后期形成的菌核等，表现为个体较大、深色、质地坚硬的结构。

5. 脓状物(pus bacteria)

是一些细菌病害常见的特征，是病原细菌在病部表面溢出的含菌体的组织液体，有时带有气味，在湿度大或清晨明显，菌脓失水干燥后变成菌膜或菌痂。

* 注意：由于植物病毒是细胞内寄生物，因此只有病状，而不产生病征。

三、症状的变化与病害诊断

一种病害常见症状、特有症状为该病害的典型症状。但在不同阶段或不同抗病性的品种上或者在不同的环境条件下，一种病害的症状也会出现一定变化，甚至是不同的症状类型，如烟草花叶病毒(TMV)侵染普通烟和多种植物后都表现花叶症状，但它侵染心叶烟则表现枯斑症状。玉米大斑病在感病品种上症状为典型梭型大斑，而在抗病品种上则梭形病斑较小或为圆形小斑。

有的病害在一种植物上可以同时或先后表现两种或两种以上不同类型的症状，这种情况称为综合征。例如稻瘟病在芽苗期发生引起烂芽，在成株期侵染叶片则表现枯斑，侵染穗部导致穗茎枯死引起白穗。

全面认识一种植物病害的症状及变化，对该病害诊断和鉴定十分重要。

第四节 植物病理学的性质、研究内容和发展

一、课程性质

植物病理学是研究植物病害发生的病因，环境条件对病害发生发展影响，以及如何调控寄主-病原物-环境之间的关系，达到保护寄主植物目的的应用基础科学。通过本门课程的学习，认识和掌握引起植物病害的病原种类，生物学特性，植物病害发生发展过程及一般规律，以及采取的主要防治原理和方法，为作物的安全生产奠定理论和实践基础。

二、研究内容

植物病理学是一门理论性很强，而又与实践紧密结合的一门科学。理论上植物病理学着

重研究病害形成的原因、病原物形态特征和生物学特性，植物病原物的致病性、侵染过程和蔓延的基本规律和影响因素，以及寄主抗病性和与病原物相互作用的机制。在实践上，植物病理学主要侧重植物病害的识别、诊断和病原鉴定，以及植物病害控制原理和综合治理方法的研究与应用。

植物病害的病原学是植物病理学研究的一个重要内容。广泛涉及生物学各个相关领域，尤其是真菌学、细菌学、病毒学、线虫学等，这些学科的知识能为植物病理学的学习奠定良好的基础。

植物病原物的致病机制是制定植物病害防治方法和策略的基础，主要涉及植物生理学、生物化学和分子生物学等方面的课程知识。

寄主抗病性类型和机制的研究是利用植物自身潜能控制植物病害的基础，也是防治植物病害优先选择的方法，与免疫学、遗传学、植物生理学和生物化学等领域的知识联系紧密。

植物病害的发生与发展，影响植物病害流行的因素研究是探讨植物病害发生规律和预测预报的基础。

病害控制的研究就是有效地防治植物病害，是综合利用生物的、物理的、化学的和农业的方法和手段把植物病害控制在经济损失阈值以下，以获得良好的经济效益、社会效益和生态效益。

三、发展历程

人类自从种植植物以来，就对植物上发生的病害很关心，因为植物病害往往伴随着作物的生产时而引发严重的破坏作用，制约了种植业的发展。我国最早以文字记录植物病害的是公元前 239 年的《吕氏春秋》，把小麦黑粉病说成是“鬼麦”，其实，国内外曾都有把植物病害看作鬼神作怪的记载，认为植物病害是自然发生的，即植物病害“自生论”。其实，人类对植物病害的认识也和人类的自身发展一样逐渐从原始状态走向文明社会。

人类对植物病害的研究从自发走向自觉，是从微生物被发现，尤其是微生物与植物病害的关系被发现之后。

17 世纪中期，荷兰人 Anthony von Leeuwenhoek(1632—1723 年)通过显微镜观察到一些微小生物，这为人类研究病原微生物提供了方法和技术。

1755 年，Tillet 发现小麦黑粉病可通过拌种进行传染，奠定了传染性病害研究的理论基石。

1853 年，de Bary(1831—1888 年)(图 1-8)出版了《Die Brand Pilze》一书，这本专著的出版奠定了植物病害病原学说，与 De Bary 齐名的还有德国人 J. Kuhn(1825 年生)(有人称之为植物病理学另一位奠基人)也在同一时期出版了具有划时代意义的著作《作物病害论》，而且 19 世纪后半叶两人培养出多位著名植物病理学者，为植物病理学的开创奠定了理论和人才基础。

图 1-8 狄巴利(Anton de Bary)

1883 年法国人 A. Millardet(1838—1902 年)发现无机化学农药石硫合剂，开创了植物病害防治的历史，为植物病理学的发展增添动力，被称之为植物病理学在应用领域研究的奠基人，有人将植物病理学1900年前后为A. Millardet时代。

1887年，Robert Koch（图1-9）阐明了植物病害诊断的规则，即人们所知的“柯赫氏法则”（Koch's Postulates）。这个规则已经成为证明是由细菌或任何其他病原物引起的一种植物病害标准程序。

图1-9 柯赫（Robert Koch）

1895年，Erwin F. Smich在经过了与Burrill T.（1878年发现梨火疫病）10年的争论后，终于证明细菌的致病性。

虽然在1886年Mayer就发现烟草花叶病汁液能够摩擦传染，但直到1939年Kausche才第一次在电子显微镜下看到了烟草花叶病毒（TMV）的粒体。

1943年，Flor提出基因对基因理论学说，这一学说为人们进行病原物致病性研究和寄主抗病性研究提供了理论依据，但这一理论直到近代生物技术发展，克隆出抗病基因和无毒基因后才得到证实。

1963年，Vander Plank出版*Plant Disease*：*Epidemics and Control*，标志着植物病害流行学的诞生，使植物病害也从定性研究引向定量研究。

1971年，人类发现了类病毒是导致马铃薯纺锤块茎病的一种小分子RNA。

1972年，Keen发现大豆疫霉病菌菌丝培养滤液中含有大豆植物保卫素合成的诱导因子—激发子，这一发现激发了学者们对植物与病原物之间的信号转导、应答和识别作用的兴趣。

1999年，Reinach等一起完成了第一个植物病原细菌的基因组全序列测定。

2002年，美国科学家绘出稻瘟病菌的首张基因组序列草图。

四、植物病理学与其他学科的关系

基于研究内容，与植物病理学有着密切联系的学科包括植物学、微生物学、遗传学和生理学等，具体内容体现在以下相关课程中：

(1)真菌学、细菌学、病毒学、显微技术、植物病理研究技术等微生物学相关的课程；

(2)植物学、植物分类学、植物生理学、植物免疫学、植物病理生理学等植物学相关课程；

(3)细胞生物学、组织解剖学、生物化学、分子生物学等生物学相关课程；

(4)气象学、土壤学、栽培学、生态学、流行学等气象和生态学相关课程；

(5)田间试验与生物统计、植物化学保护、药理学、毒理学等统计学与农药学相关的课程。

从宏观上讲，植物病理学应该属于医学的分支，可以称之为植物医学。由于研究对象涉及植物、动物、微生物等生物间的互作，生物与环境间的关系。因此，其贡献不仅在于保护植物和环境本身，而且可以促进生命科学的发展，揭示生命现象的奥秘。

复习思考题

1. 植物病害发生与发展过程（植物病害概念）中涉及的因素有哪些？植物病害与机械损

伤有什么不同?

2. 植物侵染性病害与非侵染性病害的病因和特点有什么不同? 引起两类病害的病因分别有哪些?

3. 植物病害的病状和病症分别有哪些类型? 举例说明。

4. 植物病理学主要研究内容是什么?

5. 植物病害对作物有哪些影响?

第二章　植物病害的病原因子

第一节　植物病原菌物

一、植物病原菌物的一般性状

菌物是一类具有真正细胞核、无光合色素，以吸收的方式获取养分的异养生物。典型的营养体为丝状体，细胞壁主要成分为几丁质或纤维素，通过产生孢子的方式进行繁殖。菌物在自然界中分布广泛，种类多、数量大，包括黏菌、卵菌、真菌、根肿菌、地衣等。据估计，全世界有菌物 150 万种，目前已被描述的约 10 万种。其营养方式有腐生、共生和寄生三种。多数菌物是腐生的，少数可以寄生于动植物或人体上引起病害。植物病原菌物就是指那些可以寄生于植物并引起植物病害的菌物，包括卵菌、真菌和根肿菌。目前已记载的植物病原菌物有 8 000 多种，引起的病害占所有植物病害的 70%～80%，是引起的植物病害数量最多的植物病原物。如生产上常见的白粉病、黑粉病、霜霉病、锈病等。

(一)植物病原菌物的营养体

菌物是多型性生物，在生长发育过程中，会表现出多种形态。一般分为两种类型：一种是用以维持生存的营养体，另一种是为了传宗接代的繁殖体。营养体是菌物营养生长阶段所形成的结构，用以吸收、输送和储存水分和养分，进行营养增殖。

构成菌物营养体的单根细丝叫菌丝(hyphae)，相互交织成的菌丝集合体为菌丝体(mycelium)。菌物典型的营养体是菌丝体。多数菌丝细胞壁无色透明，有些菌物的细胞质中有各种色素，使菌丝体呈现不同的颜色。不同菌物的菌丝直径相差很大，通常为 5～6 μm。多数菌物的菌丝有隔膜(septa)，将菌丝隔成多个细胞，称为有隔菌丝(图 2-1B)。有些菌物的菌丝无隔膜，整个菌丝体为一无隔多核的可分支的管状细胞，称为无隔菌丝(图 2-1A)。菌丝隔膜是由菌丝细胞壁向内做环状生长而形成的，不同种类的菌物其隔膜结构不同，常见的有单孔型(隔膜有一个较大的中心孔，是子囊菌和无性菌物的典型隔膜)、多孔型(隔膜上有两个以上小孔，小孔在隔膜上的排列类型有差别，如白地霉 *Geotricbum* 和一些镰孢属 *Fusarium* 菌物)、桶孔型[隔

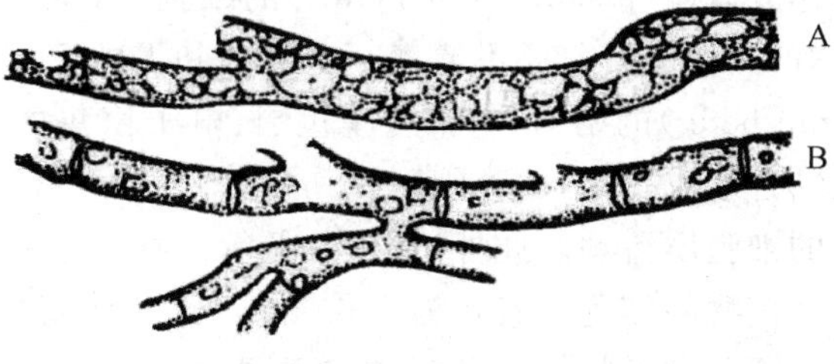

图 2-1　菌物的菌丝(引自徐秉良，曹克强．2012)
A. 无隔菌丝　B. 有隔菌丝

膜有一中心孔，孔的边缘膨大而使中心孔呈"琵琶孔"状，外面常覆盖一层由内质网形成的弧形的膜，膜上有穿孔，叫桶孔覆垫(parenthesome)，担子菌的隔膜常为这种]。多数无隔菌丝体，当形成繁殖器官、受到损伤或衰老时，也会在菌丝体的局部形成封闭隔膜。细胞内的细胞质和细胞核可以通过隔膜的孔洞进入相邻的细胞。细胞内的隔膜具有防止机械损伤后细胞质的流失，支持菌丝，增加菌丝机械强度的作用。

菌丝体生长时，菌丝顶端部分不断生长和延伸，侧面产生分支，使得菌丝从一点向四周呈辐射状延伸，因此，在菌物在培养基上通常都会形成圆形菌落。在自然界也常可以看到植物器官上的圆形病斑。此外，菌体的每一部分都有潜在生长能力，在合适的基质上，单根菌丝片段完全可以生长发育成一个完整的菌落(colony)。

除菌丝体外，有些植物病原菌物(根肿菌)的营养体是一团多核、没有细胞壁的原生质，即原质团(plasmodium)，形状似变形虫，可以随着原生质的流动而移动。而有些菌物的营养体为具细胞壁和原生质膜的单细胞，如酵母菌和壶菌。还有些菌物，如酵母菌芽殖产生的芽孢子相互连接成链状，与菌丝相似，称为假菌丝(pseudomycelium)。

(二)植物病原菌物的细胞结构

植物病原菌物的菌丝细胞由细胞壁、细胞质膜、细胞质和细胞核组成。

细胞壁是菌丝细胞的最外层结构，大多数菌物细胞壁的主要成分是几丁质，少数是纤维素。此外，细胞壁中还含有蛋白质、类脂及无机盐等。且所有菌物细胞壁都具有无定形和纤维状组分。纤维状组分包括几丁质和纤维素，都是由β-1,4-多聚物形成的微纤丝。无定形组分包含蛋白质、甘露聚糖和β-1,3-β-1,6-α-1,3-葡聚糖，常混杂在纤维网中。细胞壁中微纤丝和基质多糖可以作为菌物分类的一个重要依据。细胞壁不仅起着保护细胞的作用，同时还调节营养物质的吸收和代谢产物的分泌。此外，细胞壁还具有抗原的特性，并以此调节菌物和其他生物间的相互作用。

菌物细胞质膜是由蛋白质和脂质组成的单位膜。细胞质中包含线粒体、核糖体、内质网、液泡、泡囊、微管、脂肪体、结晶体及色素等多种细胞器。菌物的线粒体具有双层膜，外膜光滑，内膜常向内延伸成不同数量和形状的嵴。嵴的形状与菌物的类群有关，如壶菌、接合菌、子囊菌和担子菌的嵴为板片状，卵菌为管状嵴，其功能与动、植物相似。大多数菌物细胞中有一种叫作膜边体(plasmalemmasome)的细胞器，位于细胞膜和细胞壁之间，由单层膜包被，为菌物特有，其功能目前还不清楚。子囊菌和无性菌物的细胞质中常常还有一种叫作伏鲁宁体(woronin body)的结构，由单层膜包围、电子密集的基质构成，分布在隔膜周围，能够与菌丝隔膜孔结合形成孔塞，菌丝细胞受伤后，堵塞隔膜孔，防止原生质流失，平常可以调节两个相邻细胞间的细胞质流动。此外，在少数低等菌物中，如根肿菌和腐霉中有高尔基体出现。

菌物的细胞核直径为2～3 μm，比其他真核生物的细胞核小，在光学显微镜下不易观察到。不同种菌物或同种菌物在不同的发育阶段所含细胞核数目不同，有隔菌丝的单个细胞通常含有1个细胞核，有的可以含有2个或多个细胞核。在无隔菌丝中，细胞核随机分布在生长活跃的菌丝原生质内。菌物的细胞核具有核膜、核仁、核液和染色质。核膜上有孔。菌物的细胞核也像高等植物一样进行有丝分裂，不同的是菌物的核膜在细胞核分裂过程中不消失，纺锤体在细胞核内形成。菌物的染色体由比例大致相等的组蛋白和DNA组成。菌物染色体很小，很难在光学显微镜下直接检测其数目，近年来人们采用脉冲电场凝胶电泳检测丝状真菌的染色体数目和大小。大多数菌物的营养体细胞是单倍体，少数菌物(卵菌)为二倍体。

(三)菌丝的变态

在长期适应外界环境条件和演化过程中，菌物的营养体为了适应某些特殊功能的需要，常常会产生一些特殊的变态结构。常见的菌丝变态结构有吸器、附着胞、附着枝、假根、菌套和菌网等。

1. 吸器(haustorium)

许多活体营养菌物的菌丝体上产生一种短小分支，穿过寄主细胞壁，专门从寄主细胞内吸取养分，这种菌丝变态结构称为吸器。不同菌物吸器的形状不同，有球状、指状、掌状及丝状等(图 2-2)。吸器有助于增加寄生性菌物吸收营养的面积，提高其自寄主细胞内吸取养分的效率。

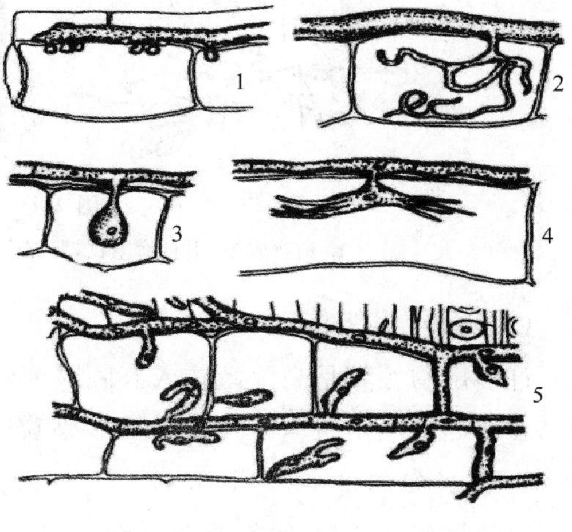

图 2-2　菌物吸器(引自陈利锋，徐敬友. 2006)
1. 白锈菌　2. 霜霉菌　3、4. 白粉菌　5. 锈菌

2. 附着胞(appressorium)

附着胞是寄生性菌物在侵入寄主植物表面过程中形成的特殊结构，由孢子萌发形成的芽管或菌丝顶端的膨大部分形成，附着在寄主体表面，其下方产生侵染钉，自气孔或直接穿透寄主角质层和细胞壁进入寄主细胞内(图 2-3)。

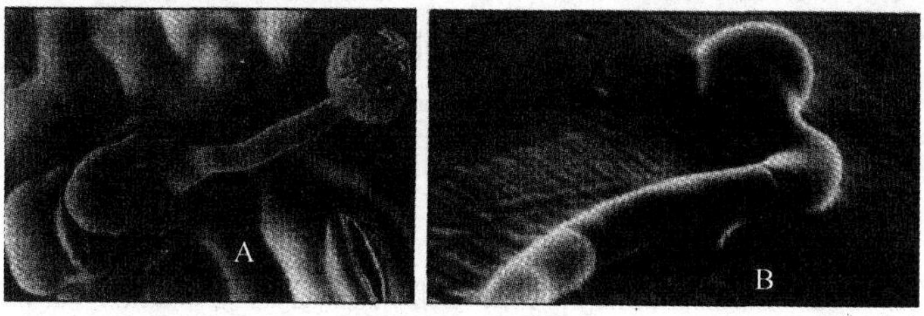

图 2-3　菌物附着胞(引自宗兆峰，康振生. 2010)
A. 植物气孔上黏附的附着胞　B. 表皮上黏附的附着胞

3. 附着枝(hyphopodium 或 hyphopode)

附着枝是一些菌物(如小煤炱目)菌丝两旁生出的具有 1～2 个细胞的耳状分支，起着附着和吸收营养的功能。

4. 假根(rhizoid)

有些菌物(如黑根霉和一些壶菌)的菌体会形成延伸的匍匐状菌丝，延伸一定距离后在某个部位长出多根有分支的根状菌丝，即假根，伸入基质内吸取养分并固着菌体(图 2-4)，如根霉属(*Rhiopus*)。连接假根之间的匍匐状菌丝称为匍匐枝(stolon)。

5. 菌环(constricting ring)和菌网(network loop)

菌环和菌网是捕食性菌物的一些菌丝分支分化形成的环状或网状结构，用以捕捉线虫等小动物，然后从环上或网上长出菌丝侵入线虫体内吸收养分(图 2-4)。

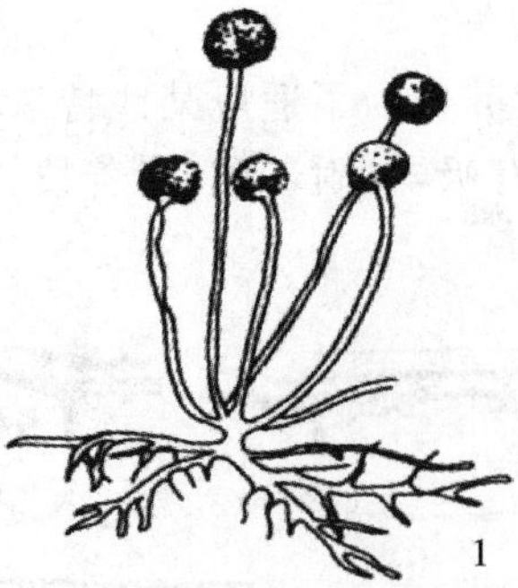

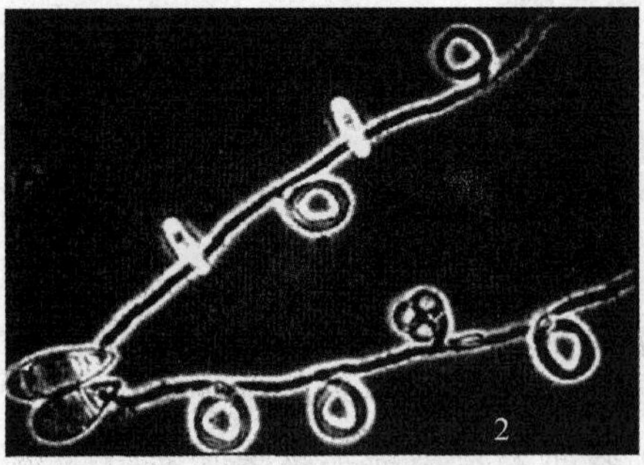

图 2-4 菌物假根与菌环

1. 菌物假根(引自徐秉良,曹克强.2012) 2. 菌物菌环(引自 Rouse.2003)

(四)菌丝组织体

许多菌物尤其是高等菌物或有隔膜菌丝的菌物,在生活史中的某个阶段有时可以密集地纠结在一起形成菌组织。其作用是形成繁殖机构或特殊的营养机构。菌组织有两种:

1. 疏丝组织(prosenchyma)

菌丝体纠结比较疏松,在显微镜下可以看出菌丝细胞,菌丝细胞大致平行排列,这种菌组织称为疏丝组织,可以用机械的方法分开。

2. 拟薄壁组织(pseudoparenchyma)

菌物的菌丝排列十分紧密,在显微镜下菌丝细胞接近圆形、椭圆形或多角形,类似于高等植物的薄壁细胞,称拟薄壁组织。用机械方法不能将其分开,要用碱液才能将其煮开。

疏丝组织和拟薄壁组织可进一步构成各种不同类型的菌丝组织体,如菌核、子座。

3. 菌核(sclerotium)

菌核是由拟薄壁组织和硫丝组织形成的一种休眠体,其形状、大小、颜色和质地随菌物的不同而异。典型菌核的内部是疏丝组织,外层是拟薄壁组织,多为黑褐色或黑色。菌核具有储存养分和度过不良环境的功能,是菌物越冬、越夏的休眠机构,当环境条件适宜时,菌核可萌发产生菌丝体或从上面形成产生孢子的结构,一般不直接产生孢子。有的菌核是由菌组织和寄主组织结合在一起形成的,称为假菌核(pseudosclerotium)。

4. 子座(stroma)

子座也是由拟薄壁组织和疏丝组织形成的具有一定形状的产生子实体的结构。其形状有垫状、柱状、头状、棍棒状等。子座成熟后,在其内部或上部发育生成产生孢子的结构。子座既是菌物渡过不良环境的休眠体,又是产孢机构。有的子座是菌组织和寄主植物组织结合而形成的,称为假子座(pseudostroma)。

5. 菌索(rhizomorph)

菌索是由菌组织形成的绳索状结构,外形与高等植物的根相似,所以也叫根状菌索。高度发达的菌索分化为颜色较深的拟薄壁组织皮层和疏丝组织髓部。顶端有生长点,可以沿基质表面蔓延,是营养运输和吸收的组织结构。菌索在引起树木病害和木材腐烂的高等担子菌中最常见。

(五)菌物的繁殖

菌物的生长发育过程，要经历营养生长和繁殖两个阶段。营养生长后，菌物进入繁殖阶段。菌物以产生孢子的方式进行繁殖，其繁殖方式一般有两种，即无性繁殖和有性生殖。菌物的繁殖体为各种类型的子实体，即菌物菌丝分化形成的产生孢子的结构。无论是无性繁殖还是有性生殖、结构简单还是复杂，菌物繁殖过程中形成的产孢机构都称作子实体(fruit body)。多数菌物进行繁殖时，其繁殖体是由部分营养体转变而来的，其余部分营养体仍然行使营养体的功能，这种类型的产果方式称为分体产果(eucarpic)。有些低等菌物的营养体全部转变为一个或多个繁殖体，为整体产果(holocarpic)。

1. 菌物的无性繁殖(asexual reproduction)

无性繁殖是指菌物不经过性细胞或性器官的结合，从营养体上直接产生孢子的繁殖方式。菌物的无性繁殖方式有断裂、裂殖、芽殖和原生质割裂。无性繁殖产生的各种孢子称无性孢子。菌物的无性繁殖能力很强，短期内可产生大量的无性孢子。植物病原菌物的无性繁殖通常在植物生长季节进行，对植物病害的发生、传播、蔓延起着重要的作用。无性孢子的形态、色泽、细胞数目、产生和排列方式，是菌物分类与鉴定的重要依据。

(1)菌物的无性繁殖方式

①断裂　断裂是指菌物的菌丝断裂成短段或菌丝细胞相互脱离产生孢子，如节孢子和厚垣孢子。当菌物的菌丝生长到一定时期，细胞与细胞之间相互脱离，形成许多单细胞的小段，或在菌丝体上形成更多的隔膜，将原来的菌丝细胞分隔成较短的近方形或椭圆形细胞，这些细胞排列成串或相互脱离，形成节孢子(arthrospore)。有些菌物的菌丝体中个别细胞膨大形成具厚壁的厚垣孢子。厚垣孢子形成后可以脱离菌丝体或继续连接在菌丝体上。当条件适宜时，每个孢子和撕裂的菌丝片段都可以萌发形成新的菌丝体。

②裂殖　裂殖是菌物的营养体细胞一分为二，变成两个菌体的繁殖方式。裂殖主要发生在单细胞菌物中，似细菌的裂殖。如黏菌和裂殖酵母菌。

③芽殖　单细胞菌物的营养体、孢子或丝状真菌的产孢细胞以芽生的方式产生无性孢子。如酵母菌的母细胞由某一个点向外突起并逐渐膨大形成芽孢子，芽孢子脱落后发育成与母细胞形状、大小相似的新个体。有些菌物在与母细胞脱离前可以连续进行芽殖，形成成串的芽孢子，芽孢子细胞稍微伸长，还可以形成与菌丝形状相似的假菌丝。有些营养体为菌丝体的菌物，其分生孢子梗顶端的产孢细胞也常以芽殖的方式产生单生或串生的芽生式分生孢子。

④原生质割裂　原生质割裂是指成熟的孢子囊内的原生质被分割成许多小块，每小块的原生质连同其中的细胞核共同形成一个孢子。如鞭毛菌产生的游动孢子和接合菌产生的子囊孢子。

(2)菌物的无性孢子　菌物无性繁殖产生的孢子叫无性孢子，有游动孢子(zoospore)、孢囊孢子(sporangiospore)、分生孢子(conidium)和厚垣孢子。游动孢子和孢囊孢子是由孢子囊内原生质割裂形成的内生孢子，而分生孢子外生在菌丝分化而成的分生孢子梗顶端。

①游动孢子　游动孢子形成于菌丝或孢囊梗顶端膨大的孢子囊内(sporangium)，孢子囊萌发时，以细胞核为单位，原生质割裂成许多小块，每小块原生质外有细胞膜包裹，形成带有鞭毛能游动的游动孢子。游动孢子无细胞壁，呈球形、梨形或肾形，具有 1 根或 2 根鞭毛，可以在水中游动。游动孢子的鞭毛有尾鞭(tinsel)和茸鞭(whiplash)两种类型，鞭毛结构为 9+2 型

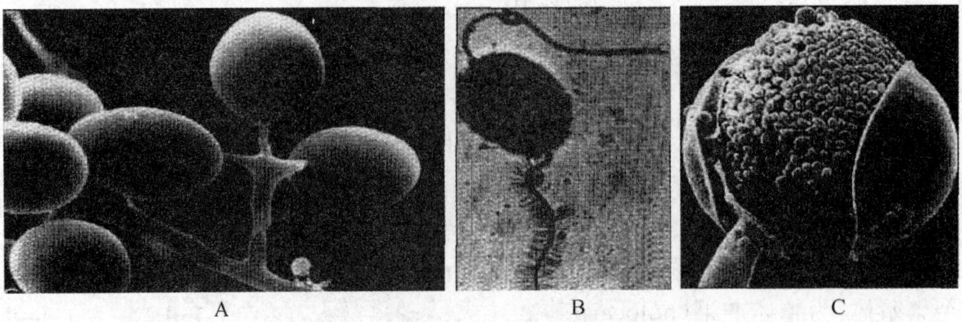

图 2-5　菌物孢子囊、游动孢子、孢囊孢子

A、B. 孢子囊与游动孢子(引自 Rouse,2003)　C. 孢囊孢子(引自宗兆峰,曹克强 . 2010)

鞭毛,即每根鞭毛的内部由 11 根纤丝组成,中心是 2 根较细的纤丝,周围包围着 9 根较粗的纤丝。游动孢子是根肿菌、卵菌和壶菌的无性孢子(图 2-5A、B)。

②孢囊孢子　孢子囊内产生的单胞的内生孢子,有细胞壁,无鞭毛,不能游动,又称静止孢子。孢囊孢子是接合菌的无性孢子。大型的孢子囊内可形成数量众多的孢囊孢子,小型孢子囊内只有一至几个孢子(图 2-5C)。

③分生孢子　以芽殖或断裂方式外生在特化的菌丝上的无性孢子称作分生孢子。分生孢子的形态、大小、结构、颜色、细胞数目和排列及孢子产生方式多种多样。产生孢子的特化的菌丝称为分生孢子梗(conidiophore)。有些菌物的分生孢子产生在一定的产孢子机构中,如孢梗束、分生孢子器、分生孢子盘、分生孢子座。这些产生无性孢子的结构叫作无性子实体。分生孢子是子囊菌、担子菌及无性菌物的无性孢子(图 2-6A)。

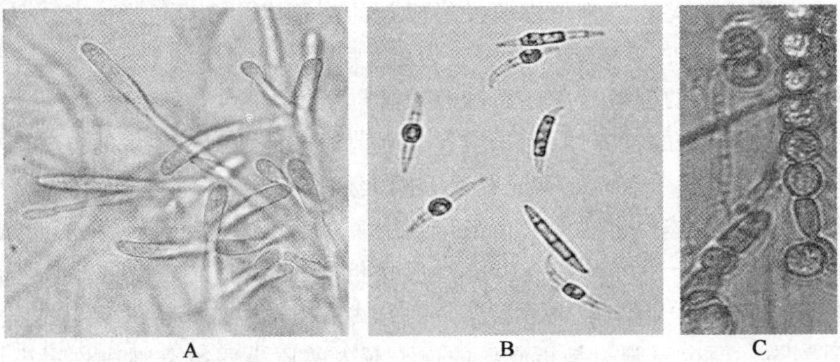

图 2-6　菌物分生孢子与厚垣孢子

A. 菌物分生孢子梗与分生孢子　B,C. 菌物厚垣孢子

④厚垣孢子　厚垣孢子是由菌丝个别细胞膨大,细胞壁加厚,原生质浓缩形成的休眠孢子,可单生或多个连接在一起;有些菌物的厚垣孢子可形成于多细胞的分生孢子中,如镰孢菌。土壤传播的植物病原菌物常常以其厚垣孢子渡过不良环境,当条件适宜时,厚垣孢子萌发产生菌丝侵染植物(图 2-6B,图 2-6C)。

2. 菌物的有性生殖

菌物的有性生殖(sexual reproduction)是指通过性细胞或性器官的结合而产生孢子的繁殖方式。菌物的性器官又称配子囊(gametangium),性细胞称为配子(gamete),均由营养体分化发育而成。菌物的有性生殖大多发生在其侵染植物后期或休眠期后，由于通过了遗传物质的杂交重组，可以增强物种的生活力和适应性，利于病菌度过不良环境并为来年病害的发生提供初侵染来源。

（1）菌物的性亲和性　菌物的有性生殖过程存在性分化现象。大多数菌物可以在同一个菌体上分化出雌、雄两种配子体，为雌雄同株。少数低等菌物为雌雄异株，即一些菌株只产生雌配子体、而另一些菌株只产生雌配子体。有些雌雄同株的菌物单个菌株就可以完成有性生殖，称为同宗配合（homothallism）。而多数菌物单个菌株不能完成有性生殖，需要两个性亲和菌株共同生长在一起才能完成有性生殖，称为异宗配合（heterothallism）。在异宗配合的菌物中，有些菌物的有性生殖是由一对等位基因控制的，即 A，a 控制，分为两种交配型，称为两极性异宗配合，如担子菌中的锈菌和黑粉菌多数具有这种交配型。许多高等担子菌的性结合是由两对等位基因（AaBb）控制的，分为 4 种交配型，即 AB、Ab、aB、ab，使得同一个担子上的担孢子都属于不同的性系，称为是四极性异宗配合。

（2）菌物有性生殖过程　菌物的有性生殖包括质配（plasmogamy）、核配（karyogamy）和减数分裂（miosis）三个阶段。

①质配（plasmogamy）　质配是指两个可亲和性细胞或性器官的细胞质连同细胞核结合在一个细胞中。即带着细胞核的原生质进行配合，形成双核体。菌物质配的方式较复杂，可归纳为 5 种类型：

游动配子配合：两个配子配合，一个或两个配子具鞭毛可游动，也可以是具有鞭毛的游动孢子（精子）与不动的雌配子囊结合，如根肿菌和壶菌。

配子囊接触交配：大小和形状具有明显差异（异型配子囊）的配子囊接触交配，通常是雄器（雄配子囊）的细胞核通过受精丝（管）输入到雌配子囊（藏卵器或产囊体）体内，如霜霉目菌物。

配子囊配合：两个配子囊接触，壁消解，融合成一个新细胞，并在其中进行质配、核配和减数分裂，如接合菌。

授精作用：单核精子（性孢子）与受精丝或营养菌丝的配合。单核孢子通过两者的接触点处形成的小孔将其内容物输入对方，完成质配过程。如一些不产生雄器的子囊菌、禾柄锈菌及一些高等担子菌。

体细胞结合：直接通过营养体细胞相互融合来完成质配。许多高等真菌不产生性器官或性器官退化，由营养细胞代替了性器官的功能。如酵母菌的单细胞营养体可以成对地融合成一个单细胞的接合子，大多数担子菌和一些子囊菌都通过体细胞结合来完成质配。

②核配（karyogamy）　核配是指经质配进入同一细胞内的两个细胞核进行配合，形成二倍体细胞核的过程。多数低等菌物质配后立即进行核配，高等菌物往往要经过一定时期才进行核配、出现双核阶段。期间，在双核细胞的生长和分裂过程中，来自两个细胞的核独立分开并通过双核并裂分别进入两个子细胞中，形成了新的双核体细胞。双核阶段的长短因不同菌物有较大差异，如子囊菌的双核阶段较短，典型的双核阶段只出现在它的产囊丝中。而一些担子菌，如锈菌、黑粉菌的双核细胞通过分裂可以形成发达的双核菌丝体，质配后要经过很长时间才进行核配。有些菌物质配和核配发生的场所不同，如禾柄锈菌的质配和核配分别在受精丝和冬孢子中进行。

③减数分裂（miosis）　核配后的二倍体细胞发生减数分裂，细胞核内染色体数目减半，恢复为原来的单倍体状态。

(3)菌物的有性孢子 菌物有性生殖产生的孢子称有性孢子(sexual spore),常见的有休眠孢子囊(resting sporangium)、卵孢子(oospore)、接合孢子(zygospore)、子囊孢子(ascospore)和担孢子(basidiospore)。

①休眠孢子囊(resting sporangium) 由两个游动配子配合所形成的合子发育而成,具厚壁。萌发时经减数分裂释放出单倍体的游动孢子(图 2-7A)。如壶菌、根肿菌。

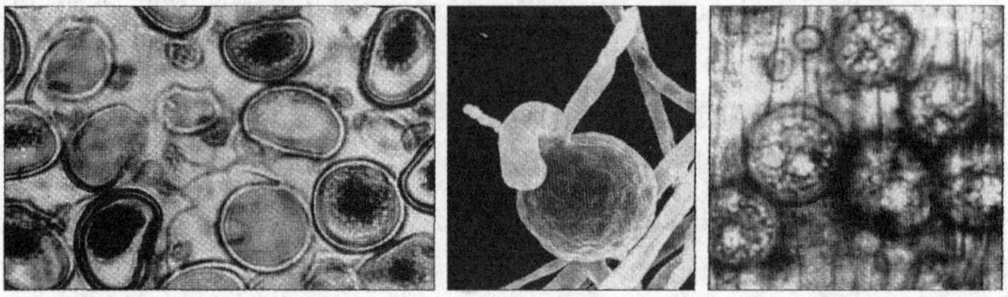

A B C

图 2-7 菌物休眠孢子囊与卵孢子

A. 菌物休眠孢子囊(引自宗兆峰.2010) B、C. 卵孢子(引自 Rouse,2003)

②卵孢子(oospore) 由雄器(antheridium)和藏卵器(oogonium)交配形成的二倍体孢子。卵孢子大多球形,壁厚,包裹在藏卵器内,通常经过一定时期的休眠后才萌发(图 2-7B、C)。每个藏卵器内含一至多个卵孢子(低等菌含有数目较多的卵孢子,高等菌只有一个)。卵孢子萌发产生的芽管直接形成菌丝或在芽管顶端形成游动孢子囊。卵孢子是卵菌的有性孢子。

③接合孢子(zygospore) 由两个同型配子囊配合的方式形成。接合孢子被厚壁的接合孢子囊所包被,通常需要经较长时间的休眠后才萌发。萌发时细胞核经核配和减数分裂,接合孢子长出芽管,通常在顶端产生孢子囊,释放孢囊孢子,或直接形成菌丝。接合孢子是接合菌的有性孢子(图 2-8A)。

④子囊孢子(ascospore) 子囊孢子是子囊菌的有性孢子。由两个异形配子囊结合、授精作用或体细胞结合等方式进行质配,质配后母体产生双核产囊丝,在产囊丝内经核配、减数分裂,发育成内含单倍体子囊孢子的子囊(ascus),每个子囊通常含有 8 个子囊孢子(图 2-8C)。

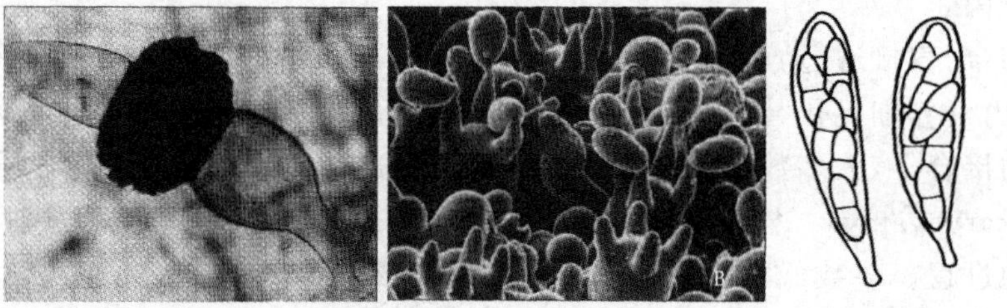

A B C

图 2-8 菌物有性孢子类型

A. 接合孢子 B. 担孢子 C. 子囊孢子

⑤担孢子(basidiospore) 由双核菌丝上产生的担子(basidium)上形成的外生孢子。每个担子上通常着生 4 个担孢子。担孢子是担子菌的有性孢子(图 2-8B)。

接合孢子、卵孢子及休眠孢子囊形成于核配后、减数分裂前,仍为二倍体,都为厚壁孢子,到萌发时才进行减数分裂形成单倍体。而子囊孢子和担孢子都是减数分裂后形成的单倍体有性孢子。

3. 菌物的准性生殖

准性生殖(parasexuality)是指异核体菌物菌丝细胞中两个遗传物质不同的细胞核结合形成杂合二倍体的细胞核,这种二倍体细胞核在有丝分裂过程中发生染色体交换和单倍体化,最后形成遗传物质重组的单倍体的过程。准性生殖是一种细胞核不经过减数分裂而达到遗传物质重组的过程,与有性生殖有质的区别。在一些无性菌物、子囊菌与少数担子菌等丝状菌物中,均存在有准性生殖现象。对于以无性繁殖为主的无性菌物而言,准性生殖是其遗传变异的有效方式,起着类似有性生殖的作用。

菌物的准性生殖过程:

(1)形成异核体(heteokaryon)　通常单株菌物营养体内的细胞核具有相同的遗传特性,称之为同核体。但有些菌物的营养体中有时会出现两种或两种以上遗传物质不同的细胞核,这种营养体称为异核体。这种现象称为异核现象。异核体产生的原因可能有两种,其一,可能是出现了菌丝融合现象,即两根菌丝的不同核型的细胞相互靠近发生了融合,来自两细胞的细胞质和细胞核进入了同一细胞。其二,可能是菌丝体内细胞核发生了突变。

(2)形成杂合二倍体(diploidization)　异核体细胞内两个遗传性状不同的核有时会发生融合,形成杂合二倍体细胞核,并由此形成一个稳定的杂合二倍体繁殖系。

(3)有丝分裂交换(mitotic crossing)与单倍体化(haploidization)　形成的杂合二倍体细胞进行有丝分裂时,有极少数细胞核在有丝分裂过程中会发生有丝分裂交换,染色体的局部节段间发生遗传物质重组,产生二倍体的分离子,即重组体(recombinant)。然后在二倍体细胞核的一系列分离过程中,有时会发生非整倍体分裂,产生 $2n+1$ 和 $2n-1$ 的细胞核。$2n-1$ 的非整倍体细胞核经过一系列的分裂,继续丢失染色体,最后恢复为单倍体。这种单倍体核具有最初异核体的两个单倍体细胞核的部分遗传特征,形成了遗传性状发生了重组的菌体。

(六)菌物的生活史

菌物的生活史(life cycle)是指菌物孢子经过萌发、生长和发育,最后又产生同一种孢子的整个生活过程。菌物典型的生活史包括无性阶段和有性阶段。菌物孢子萌发后,经过一定时期的营养生长,当环境条件适宜时,就会进行无性繁殖。在一个作物生长季节,菌物的无性繁殖往往可以多次重复循环,产生大量的无性孢子,菌物的无性繁殖及其产生的孢子对植物病害的传播、蔓延起着重要的作用。植物病原菌物的有性生殖一般都发生在发病后期或经过休眠后,在整个生活史中通常只出现一次。植物病原菌物的有性孢子具有较厚的细胞壁或有休眠期,有利于病菌渡过不良环境,并成为翌年病害的初侵染来源。并非所有菌物的生活史都具有无性和有性两个阶段,如无性菌物只有无性阶段,而有些高等担子菌只进行有性生殖,缺乏无件阶段。

菌物的生活史具有多样性的特点。许多菌物在整个生活史中可以产生两种或两种以上的孢子,具有多型现象(polymorphism)。如禾柄锈菌可以产生性孢子、锈孢子、夏孢子、冬孢子和担孢子共 5 种孢子。菌物寄生方式也是多样化的,多数植物病原菌物在一种寄主植物上就可以完成生活史,称为单主寄生(autoecism)。而有些菌物(如锈菌)必须在两种不同的寄主植物上寄生生活才能完成其生活史,称为转主寄生(heteroecism)。在菌物的整个生活史中,细胞核存在着单倍体和二倍体的核相循环变化,但是不同类群菌物的生活史中,单倍体阶段、双核阶段和二倍体阶段的有无及所占时期长短都不同,表现出了菌物细胞核的多型性。

菌物生活史的主要类型：

1. 无性型(asexual type)

生活史中只有无性阶段，明显缺乏有性阶段。如无性型菌物的生活史。

2. 单倍体型(haploid type)

营养体和无性繁殖体均为单倍体，有性生殖过程中，质配后立即进行核配和减数分裂，二倍体阶段很短。如许多单倍体鞭毛菌、接合菌和一些低等子囊菌。

3. 单倍体-双核体型(haploid-dikaryon type)

生活史中出现单核单倍体和双核单倍体菌丝。如高等子囊菌和多数担子菌。一些子囊菌有性生殖过程中形成的产囊丝是一种单倍双核体结构，但这种双核体结构存在的时期较短，且不能脱离单核菌丝体单独生活，一旦子囊开始形成就进行核配。

4. 单倍体-二倍体型(haploid-diploid type)

生活史中单倍体营养体和二倍体的营养体有规律交替出现，表现出两性世代交替的现象，只有少数低等卵菌，如异水霉属(Allomyces)属于这种类型。而许多担子菌则不同，由性孢子与受精丝或初生菌丝之间进行质配形成的双核细胞可以发育成发达的单倍双核菌丝体，并可以独立生活，双核体阶段占据了整个生活史的相当长时期，如锈菌，直至冬孢子萌发才进行核配和减数分裂。

5. 二倍体型(diploid type)

营养体为二倍体，二倍体阶段占据生活史的大部分时期，只是在部分菌丝细胞分化为藏卵器和雄器时，细胞核在藏卵器和雄器内发生减数分裂形成单倍体，随后藏卵器和雄器很快进行交配又恢复为二倍体，如卵菌。

二、植物病原菌物的分类

自林奈(Linnaeus,1753)起到科纳德(Conard,1939)近 200 年的时间，人们一直将生物分为动物界(Animalia)和植物界(Plantae)。菌物被归入植物界的藻菌植物门(Thallophyta)。由于菌物既不像植物那样能进行光合作用，也不像动物那样能进行吞食和消化，于是从科纳德开始，有不少科学家提出将菌物从其他生物中分离出来，另外成立菌界(Mycetalia)或真菌界(Myceteae)。直到 1969 年，Whittaker 提出了将生物分为原核生物界(Procaryotae)、原生生物界(Protista)、植物界(Plantae)、菌物界(Fungi)和动物界(Animalia)五个界的分类系统，并得到人们的广泛应用。1983 年出版的《真菌词典》第 7 版接受了生物的五界分类系统。此前生物分类主要是依据其形态特点来进行的，近年来，随着超微结构、生物化学和分子生物学，特别是 18S rRNA 序列的深入研究，人们开始从 DNA 水平研究生物的系统发育和个体间亲缘关系，使得生物五界分类系统的科学性和合理性受到了质疑。卡伐里-史密斯(Cavalier Smith,1981)提出将细胞生物分为八界，即真细菌界、古细菌界、原始动物界、原生动物界、植物界、动物界、真菌界和藻物界。分别于 1995 年和 2001 年出版的《真菌词典》第 8 版和第 9 版均接受了生物的八界分类系统。从 1998 年卡伐里-史密斯又对生物八界的分类系统做出了修正，将细胞生物分为六界，真细菌界和古细菌界都归属于原核生物界，原始动物界合并到原生动物界。人们所说的菌物分属于藻物界、原生动物界和真菌界三个界。

基于生物的五界分类系统，Ainsworth(1973)提出了菌物界的分类系统，即 Ainsworth 系统。

在该系统中，菌物界分为 2 个门，即黏菌门(Myxomycota)和真菌门(Eumycota)。根据营养体和繁殖体的类型，真菌门被分为鞭毛菌亚门(Mastigomycotina)、接合菌亚门(Zygomycotina)、子囊菌亚门(Ascomycotina)、担子菌亚门(Basidiomycotina)和半知菌亚门(Deuteromycotina)。在八界系统中，原来五界分类系统中的菌物界中卵菌和丝壶菌被归入藻物界(Chromista)，并提升为门；而黏菌、根肿菌被放在原生动物界(Protozoa)中，也提升为门，其他菌物则归为真菌界(Fungi)，分为壶菌门(Chyhdiomycota)、接合菌门(Zygomycota)、子囊菌门(Ascomycota)和担子菌门(Basidiomycota)，而原来的半知菌亚门则不成立为门，而是将已发现有性态的半知菌归入相应的子囊菌门和担子菌门中，对尚未发现有性态的半知菌则归入有丝分裂孢子菌物(Mitosporic fungi)或无性菌物(Anamorphic fungi)中。2008 年出版的《真菌词典》第 10 版分类系统，对第 9 版的分类系统做了很大的调整，主要根据有性繁殖结构将真菌界划分为 7 个门，分别为壶菌门 Chytridiomycota、芽枝霉门 Blastocladiomycota(新)、新美鞭菌门 Neocallimastigomycota(新)、球囊菌门 Glomeromycota(新)、接合菌门 Zygomycota、子囊菌门 Ascomycota、担子菌门 Basidiomycota。门下分 36 纲、140 目、560 科、8 283 属、97 861 种。而本书考虑到我国目前教育工作的实际情况，基本上采用《真菌词典》第 9 版和第 10 版的分类系统。

菌物的主要分类单元是界(Kingdom)、门(-mycota)、纲(-mycetes)、目(-ales)、科(-aceae)、属、种，必要时在两个分类单元之间还可增加一级，如亚门、亚纲、亚目等。属以上各分类单元学名具有固定不变的词尾(以上括号内即相应的词尾)。种(species)是菌物最基本的分类单元，是指彼此非常相像明显区别于其他类群的实体。种下还可以有变种(variety)、专化型(forma specilsis)、小种(race)、生理小种(physiological race)、营养体亲和群(vegetative compatibility group)等分类单元。变种是指种下具有一定的形态差异的个体。根据对不同属的寄主植物的寄生专化性，在种的下面可以分为若干个专化型。在种或专化型下面，还可以根据对寄主植物不同品种(一般是一套鉴别寄主品种)的致病力的差异，分为不同的小种或生理小种。有些植物病原菌物还可以根据营养体亲和性，在种的下面或专化型下面划分出营养体亲和群。

菌物的种名采用林奈的“拉丁双名法”，即由两个拉丁词组成，第一个词是属名，第二个词是种名，属名首字母要大写，种名一律小写，最后加上命名人的姓氏或姓名缩与(可省略)。书写时菌物的学名要用斜体。如禾柄锈菌的学名为：*Puccinia graminis* Pers. 。

三、植物病原菌物的主要类群

(一)非真菌界植物病原菌物

1. 原生动物界中的植物病原菌物代表属及特点

根肿菌属(*Plasmodiophora*)　根肿病菌的休眠孢子在寄主根部薄壁组织细胞内形成，球形或扁圆形，无色或略带灰色，表面有刺状突起，单胞，常密集呈鱼卵状，萌发时释放出 1 个游动孢子。游动孢子纺锤形或梨形，前端着生两根不等长的光滑的尾状鞭毛(图 2-9)。十字花科根肿病是由芸薹根肿菌(*P. brassicae*)侵染引起的一种重要土传病害。

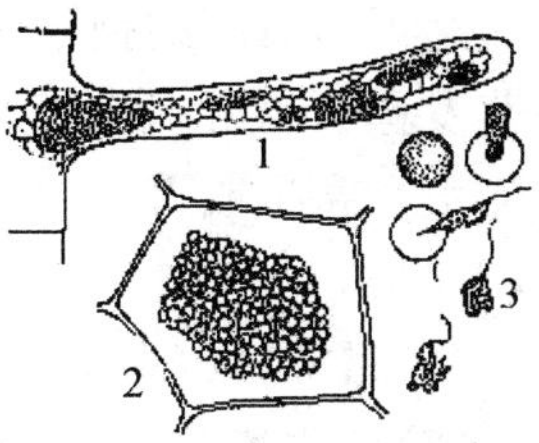

图 2-9　根肿菌属

1. 在寄主根毛内的幼变形体
2. 寄主根细胞内休眠孢子囊
3. 孢子囊萌发形成游动孢子

2. 藻物界中的植物病原菌物代表属及特点

(1)水霉属(*Saprolegnia*)　无性繁殖在菌丝顶端产生棒状的

游动孢子囊，其内形成多行排列的游动孢子，孢子囊具内层出现象，游动孢子具两游现象。有性生殖时在菌丝顶端产生藏卵器，球形、卵形或梨形，内含一至多个。雄器通过授精管与卵球进行质配和核配，然后卵球发育成卵孢子。该属真菌大多腐生，少数寄生植物和鱼类，串囊水霉(*S. monilifera*)侵染水稻引起水稻烂秧病。

(2)绵霉属(*Achlya*) 无性繁殖在菌丝顶端产生圆筒状的游动孢子囊，其内形成多行排列的游动孢子，孢子囊具外层出现象，游动孢子两游现象不明显。有性生殖时藏卵器与雄器多生于同一菌丝上，藏卵器球形，内含一至多个，雄器棍棒形，生于藏卵器柄基部。主要危害水稻，引起稻苗绵腐病(图 2-10A)。

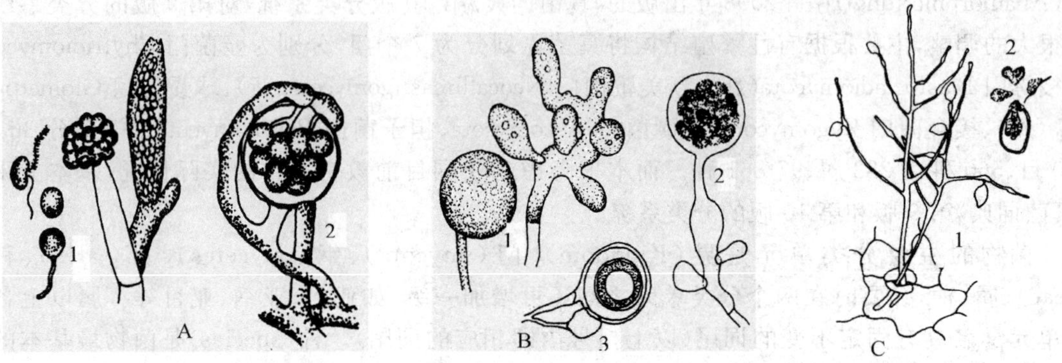

图 2-10 藻物界中的植物病原菌(一)

A. 绵霉属(1. 孢子囊和游动孢子 2. 藏卵器、雄器和卵孢子) B. 腐霉属(1. 孢子囊 2. 孢子囊萌发形成囊泡 3. 雄器和藏卵器及卵孢子) C. 疫霉属(1. 孢子囊梗 2. 孢子囊和游动孢子)

(3)腐霉属(*Pythium*) 无性繁殖在菌丝顶端产生丝状、姜瓣状、球状或卵形的游动孢子囊，游动孢子囊内不直接产生游动孢子，而是在其上伸出一个排孢管，原生质通过排孢管流入顶端的球形泡囊中，在其内分化形成许多游动孢子，泡囊破裂后释放出游动孢子。游动孢子具单游现象。有性生殖时从菌丝顶端形成球形的藏卵器，内含一个卵球，雄器在藏卵器的侧面形成。瓜果腐霉(*P. aphanidermatum*)侵害幼苗茎基部引起猝倒，侵害瓜果引起湿腐症状(图 2-10B)。

(4)疫霉属(*Phytophthora*) 无性繁殖产生的游动孢子囊呈近球形、卵形或梨形，顶生或侧生在不分枝或假轴分枝的孢囊梗上，孢子囊具或无乳突，具乳突的种，孢子囊成熟后可以从孢子囊梗上脱落，不具乳突的种，孢子囊成熟后不脱落。孢囊梗比菌丝细，无限生长，新的孢囊梗从空孢子囊内基部长出，孢囊梗上具膨大的节状体，或从旧孢子囊基部的孢囊梗侧面长出，顶端又可形成新的孢子囊。在湿度较低时，孢子囊直接萌发产生芽管，而在湿度较大时，孢子囊萌发释放出游动孢子。有性生殖时从菌丝顶端形成球形的藏卵器，内含一个卵球，雄器围生或侧生。腐生或寄生。致病疫霉(*P. infestans*)能引起马铃薯和番茄等植物的晚疫病(图 2-10C)。

(5)霜霉属(*Peronospora*) 孢囊梗二叉状锐角分枝，末端多尖锐。游动孢子囊卵圆形，无色、淡黄色或淡紫色，顶端无乳突，易脱落，直接萌发产生芽管。卵孢子球形，表面平滑或具纹饰。寄生霜霉(*P. parasitica*)侵染十字花科植物引起十字花科霜霉病。该菌主要侵染叶片，最初形成黄色斑点，后期变为多角形褐色坏死斑，病斑背面产生大量白色、疏松霉层。该病在蔬菜生产上常造成较大损失(图 2-11A)。

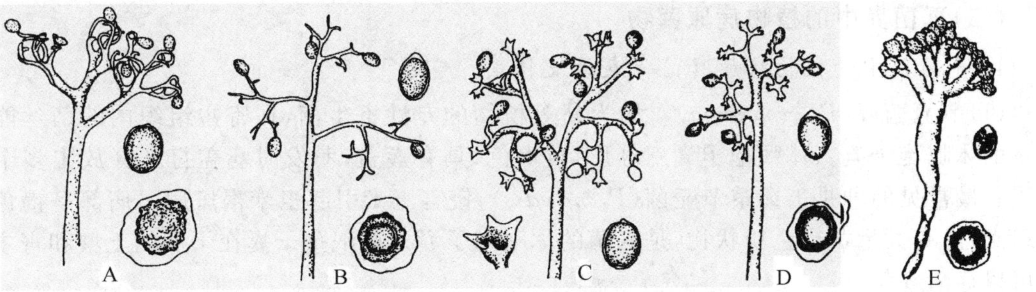

图 2-11　藻物界中的植物病原菌(二)

A. 霜霉属　B. 假霜霉属　C. 盘梗霉属　D. 单轴霉属　E. 指梗霉属

(6)假霜霉属(*Pseudoperonospora*)　孢囊梗不完全对称的二叉状锐角分枝,末端尖细。游动孢子囊卵圆形、椭圆形或梨形,淡褐色或淡紫色,顶端有乳突,萌发时释放出游动孢子。卵孢子球形,表面平滑或具突起。主要侵染瓜类植物的叶片、蔓及花梗,引起霜霉病。叶片上的多角形病斑最初呈淡绿色水渍状,后呈黄褐色坏死斑,病斑背面产生大量灰黑色的霉层,如 *P. cubensis* 引起黄瓜霜霉病(图 2-11B)。

(7)盘梗霉属(*Bremia*)　孢囊梗二叉状锐角分枝,末端膨大成盘状,边缘生小梗。游动孢子囊近球形或卵圆形,顶端具乳突,易脱落,萌发时释放出游动孢子或直接长出芽管。卵孢子不常见。侵染莴苣及菊科植物的叶片,引起霜霉病,病斑多角形,初淡绿色,后黄褐色,病斑背面产生白色霜状霉层(图 2-11C)。

(8)单轴霉属(*Plasmopara*)　孢囊梗单轴分枝,分枝与主轴呈直角或近直角,末端平钝。游动孢子囊卵圆形,顶端具乳突,萌发时释放出游动孢子或直接长出芽管。卵孢子罕见。葡萄生单轴霉(*P. viticola*)侵染葡萄叶片、嫩梢、花蕾和幼果,引起霜霉病。叶片上的病斑多角形,黄褐色,病斑背面产生大量白色、致密霉层(图 2-11D)。

(9)指梗霉属(*Sclerospora*)　孢囊梗通常粗壮,单轴分枝,顶端不规则二叉状分枝,顶生卵圆形具乳突的游动孢子囊,萌发时释放出游动孢子。藏卵器球形或不规则形,器壁有明显的纹饰,内含一个卵球,充满藏卵器,卵孢子在病组织中大量产生。禾生指梗霉(*S. graminicola*)寄生在谷子(粟)、狗尾草等上,引起白发病(图 2-11E)。

(10)白锈属(*Albugo*)　孢囊梗平行排列在寄主表皮下,粗短,棍棒状,顶部着生串生的游动孢子囊。游动孢子囊球形或短圆筒形,易脱落,萌发时释放出游动孢子。卵孢子球形,表面平滑或具纹饰。侵染十字花科植物的叶片,在表皮形成白色疱状的病斑,病斑破裂后散出白色粉末即游动孢子囊,症状类似锈病,故称白锈病(图 2-12)。

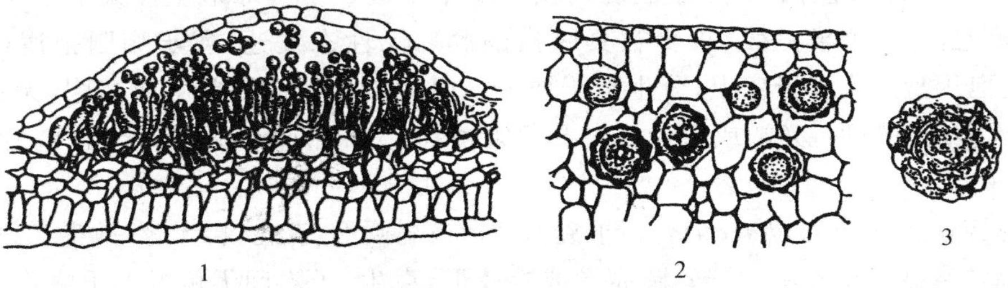

图 2-12　白锈属

1. 寄生在寄主表皮细胞下的孢囊梗和孢子囊　2. 病组织内的卵孢子　3. 卵孢子

(二)真菌界中的植物病原菌物

1. 壶菌门中的植物病原真菌代表属及特点

(1)节壶菌属(*Physoderma*) 均为高等植物的专性寄生菌,在寄主组织内的菌丝能产生大量的休眠孢子囊。休眠孢子囊扁球形,黄褐色,具有囊盖,萌发时囊盖打开释放出多个游动孢子。最常见的种是玉蜀黍节壶菌(*P. maydis*),侵害玉米引起玉米褐斑病。病部呈褐色隆起的斑点,内有大量黄褐色粉状物,是病菌的休眠孢子囊。休眠孢子囊在干燥的土壤和寄主组织中可以存活 3 年。

(2)集壶菌属(*Synchytrium*) 营养体在寄主组织内寄生,繁殖时营养体整个转变为一个孢子囊堆(整体产果式),成熟的孢子囊堆位于寄主细胞的表面,内有多个无囊盖的游动孢子囊,游动孢子囊萌发产生游动孢子或游动配子。有性生殖时同型游动配子交配形成接合子,侵入寄主,引起寄主细胞膨大,并进一步发育成厚壁的休眠孢子囊,休眠孢子囊萌发直接生成游动孢子囊并释放出游动孢子。游动孢子侵入寄主表皮细胞,引起寄主细胞膨大。内生集壶菌(*S. endobioticum*)寄生于马铃薯茎、叶、块茎等,引起马铃薯癌肿病,严重危害马铃薯。

2. 接合菌门中的植物病原真菌代表属及特点

(1)根霉属(*Rhizopus*) 营养菌丝分化为匍匐菌丝和假根,假根相对处长出单生或丛生的孢囊梗,顶端着生球形、褐色孢子囊,囊轴明显,有囊托。孢囊孢子球形、卵形或不规则形,无色至淡褐色。接合孢子表面有瘤状突起。分布广泛,多数为腐生菌,有些对植物有一定的弱寄生性,匍枝根霉(*R. stolonifer*)引起甘薯软腐病(图 2-13)。

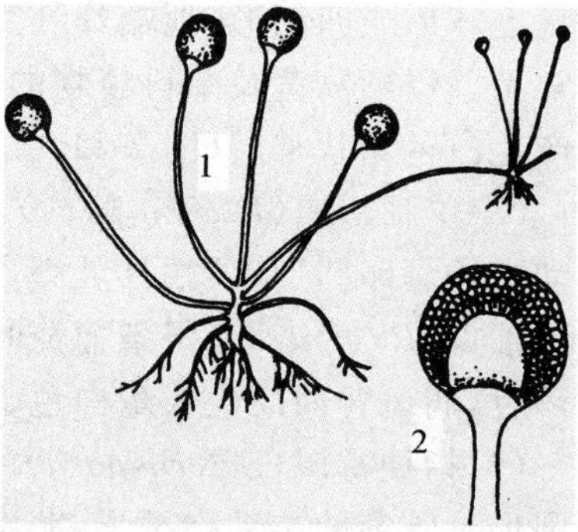

图 2-13 根霉属

1. 孢子囊梗和孢子囊 2. 放大的孢子囊

(2)笄霉属(*Choanephora*) 产生两种孢子囊,一种为产生在不分枝的孢囊梗顶端的大型孢子囊,内有囊轴;另一种为产生在顶端膨大的孢囊梗上的小型孢子囊。大型孢子囊内含多数孢囊孢子,椭圆形,褐色,表面有条纹,两端有无色的附属丝;小型孢子囊内含 1～5 个孢囊孢子,卵形或纺锤形,暗褐色,表面有条纹而无附属丝。多数腐生,少数引起植物的花腐。

3. 子囊菌门中的植物病原真菌代表属及特点

(1)痂囊腔属(*Elsinoe*) 子囊座初期埋生在寄主表皮组织下,后期突破表皮外露。子囊腔不规则散生在子囊座内,每个子囊腔内仅有 1 个子囊。子囊球形至洋梨形。子囊孢子长圆筒形,无色,有 3 个横隔膜,极少数具纵横隔膜。无性态发达,属于痂圆孢属(*Sphaceloma*),分生孢子盘产生在子座上,分生孢子梗短,圆柱形,分生孢子单胞或多胞,无色或有色,卵形,椭圆形或纺锤形,光滑或粗糙。主要危害植物叶、果和幼茎,引起炭疽、疮痂、溃疡、黑痘病等症状。

(2)球腔菌属(*Mycosphaerella*) 子囊座球形或扁圆形,有孔口,无喙,散生在寄主叶片表皮下,后期常突破表皮外露。子囊圆筒形或棍棒形,束生,子囊间无侧丝。子囊孢子双胞,无色,椭圆形。

该属包括许多植物病原菌,落花生球腔菌(*M. arachidicola*)引起花生叶斑病;瓜类球腔菌

(*M. citrullina*)寄生瓜类的蔓、叶、果实、引起瓜类蔓枯病；棉球腔菌(*M. gossypina*)引起棉花叶烧病；豌豆球腔菌(*M. pinodes*)为害豌豆的叶、茎、荚，引起黑斑病。

(3)球座菌属(*Guignardia*)　子囊座球形或亚球形，有孔口，无喙，暗色，埋生寄主表皮下，后期常突破表皮外露。子囊圆筒形或棍棒形，束生，子囊间无假侧丝。子囊孢子初为单胞，成熟后变为大小不等的双细胞，无色，椭圆形或梭形，略弯(图 2-14)。

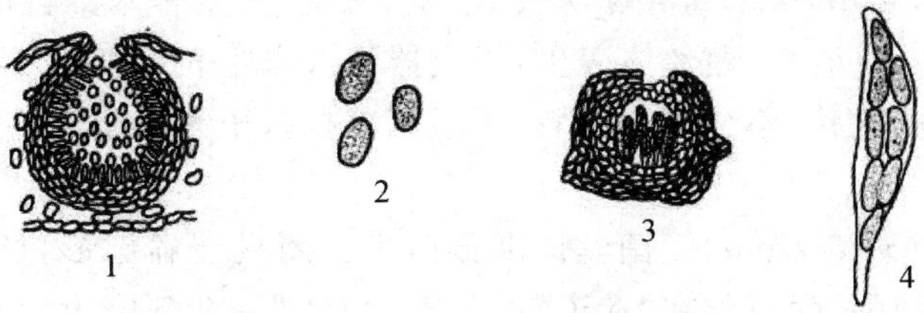

图 2-14　球座菌属

1. 分生孢子器　2. 分生孢子　3. 子囊果　4. 子囊

葡萄球座菌(*G. bidwellii*)寄生于葡萄果实、叶片、叶柄或枝梢，引起葡萄黑腐病；浆果球座菌(*G. baccae*)寄生葡萄果梗、穗梗及果实，引起葡萄房枯病；山茶球座菌(*G. camelliae*)寄生茶树叶片，引起叶枯病。

(4)黑星菌属(*Venturia*)　子囊座在枯落病叶和病枝上着生，初埋生于寄主表皮下，后突破外露，孔口附近有少数刚毛。子囊长圆形，无柄或有短柄，子囊间有拟侧丝，拟侧丝易消解。子囊孢子圆筒形至椭圆形，双胞，无色或淡橄榄绿色。无性阶段为黑星孢属(*Fusicladium*)和环黑星孢属(*Spilocaea*)，多引起蔷薇科植物黑星病(图 2-15)。

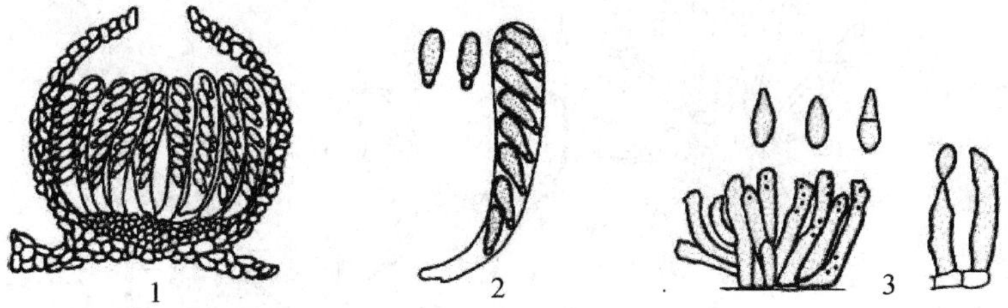

图 2-15　黑星菌属

1. 子囊壳　2. 子囊和子囊孢子　3. 分生孢子梗及分生孢子

(5)葡萄座腔菌属(*Botryosphaeria*)　子囊座垫状，黑色，孔口不显著，稍有突起。子囊棒状，有短柄，双囊壁，有永久拟侧丝。子囊孢子卵圆形至椭圆形，单胞，无色。无性态为大茎点霉属(*Macrophoma*)及小穴壳属(*Dothiorella*)。该属分布广泛，大多数危害果树枝干，引起苹果、梨、桃、柑橘等十几种木本植物主枝和侧枝干腐病、轮纹病。

(6)旋孢腔菌属(*Cochliobolus*)　子囊座球形，黑色，有短颈，无刚毛，但有时生分生孢子梗。子囊棍棒形，内含 8 个子囊孢子。子囊孢子线形，多胞，相互扭成绞丝状，无色或淡黄色。无性态为平脐蠕孢属(*Bipolaris*)或弯孢属(*Curvularia*)。主要危害禾本科植物，引起叶斑病和根腐病，如异旋孢腔菌(*C. heterostrophus*)引起玉米小斑病。

(7)格孢腔菌属(*Pleospora*)　子囊座球形或烧瓶形，黑色，单孔口。每子囊座含 1 至多个子囊，自腔底向上发育至中部的拟侧丝间。子囊长棒状或近圆柱状，明显地为双层壁，多数含

8 个子囊孢子。子囊孢子具坚实的壁和分隔，多具 3 横膈膜（个别种达 12 个），若干纵隔膜或斜隔膜，大多左右对称。无性态为匍柄霉属 *Stemphylium*、链格孢属 *Alternaria*、茎点霉属 *Phoma*。

(8)布氏白粉菌属(*Blumeria*)　附属丝异常退化，少而短，菌丝状。子囊多个，成束。子囊孢子单胞，无色至淡黄色(图 2-16A)。该属只有 1 种。

禾布氏白粉菌(*B. graminis*)寄生于大麦、小麦、黑麦、燕麦等禾本科植物上，引起白粉病。

(9)白粉菌属(*Erysiphe*)　菌丝体表生，以吸器伸入寄主表皮细胞。闭囊壳扁球形，褐色，含多个子囊。附属丝菌丝状，不分枝，或稍有不规则分枝。子囊孢子 2～8 个，椭圆形，单胞，无色(图 2-16B)。

(10)球针壳属(*Phyllactinia*)　菌丝体部分内生。闭囊壳扁球形，黄褐色或深褐色，顶部有可以胶化的毛刷状细胞，附属丝在“赤道”部位着生，针形，基部膨大。每个闭囊壳内含多个子囊，子囊孢子 1～4 个，子囊孢子无色或淡色，椭圆形或卵形(图 2-16C)。

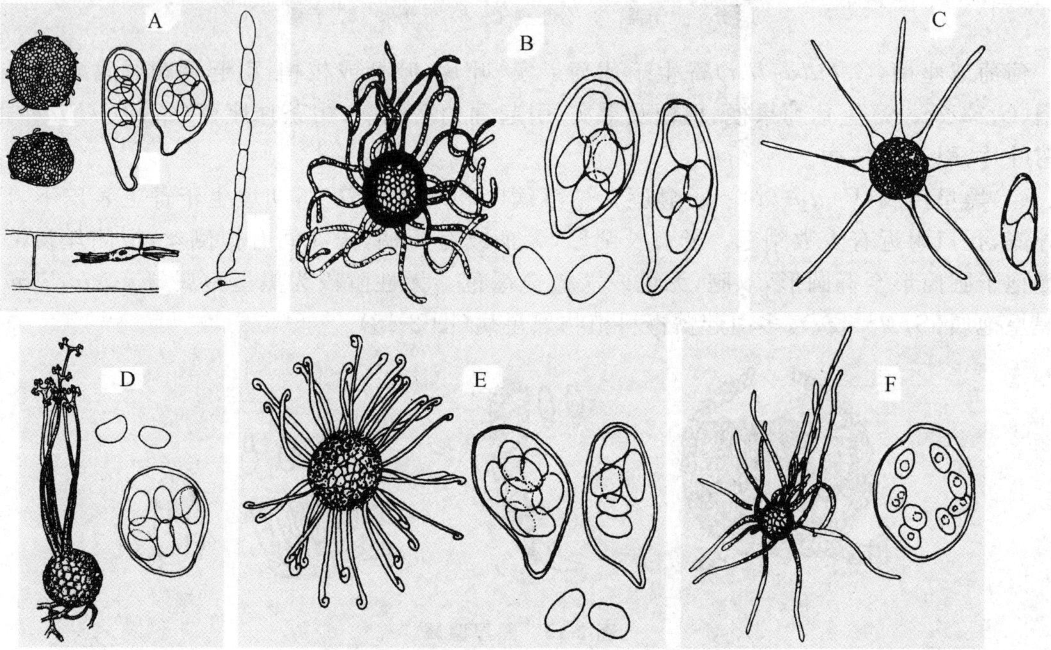

图 2-16　子囊菌门的几种植物病原菌属

A. 布氏白粉菌属　B. 白粉菌属　C. 球针壳属　D. 单丝壳属　E. 叉丝单囊壳属　F. 钩丝壳属

(11)叉丝单囊壳属(*Podosphaera*)　菌丝体表生。闭囊壳球形，内含一个子囊。附属丝生于闭囊壳的顶部或“赤道”附近，刚直，顶端 2～6 次双叉状分枝。子囊孢子单胞，无色。主要寄生在木本植物上。可寄生在蔷薇科植物上，如苹果、梨、山荆子或海棠上，有时危害桃、李和一些梅属植物，引起白粉病(图 2-16E)。

(12)叉丝壳属(*Microsphaera*)　菌丝体外生，以吸器伸入寄主表皮细胞。闭囊壳球形，附属丝刚直，顶部叉状分枝，分枝顶端常卷曲。子囊多个，子囊孢子单胞，无色。

(13)钩丝壳属(*Uncinula*)　菌丝体表生，闭囊壳扁球形。附属丝一般不分枝，顶端螺旋状或钩状卷曲。子囊多个，子囊孢子单胞，无色至淡黄色(图 2-16F)。

(14)单丝壳属(*Sphaerotheca*)　菌丝体表生，存留或消失，闭囊壳球形。附属丝菌丝状。

产生一个子囊，含 8 个子囊孢子。子囊孢子卵圆形，单胞(图 2-16D)。

(15)核盘菌属(*Sclerotinia*)　菌核在寄主表面或寄主组织内形成，子囊盘产生在菌核上，盘状或杯状，褐色，有长柄。子囊近圆柱形，孔口遇碘变蓝，子囊平行排列，子囊间有永存性的侧丝，内含 8 个子囊孢子。子囊孢子单胞，无色，椭圆形或纺锤形。该属真菌寄主范围广，可侵染油菜、莴苣、菜豆、胡萝卜、番茄、辣椒、马铃薯、茄子、甘薯和其他十字花科、菊科、豆科、茄科的蔬菜和草本观赏植物，引起幼苗猝倒病和各种软腐病，核盘菌(*S. sclerotiorum*)引起油菜菌核病(图 2-17)。

(16)赤霉属(*Gibberella*)　子囊壳聚生或散生，壁蓝色，有时紫色；子囊孢子有隔膜 2～3 个，无色，梭形。无性阶段大都属(*Fusarium*)，寄生在许多植物的茎、花器或种子上。玉蜀黍赤霉(*G. zeae*)无性阶段为 *Fusarium graminearum*。危害多种禾本科植物，引致小麦、玉米赤霉病。藤仓赤霉(*G. fujikuroi*)寄生于多种禾本科植物上，危害水稻引起稻恶苗病(图 2-18)。

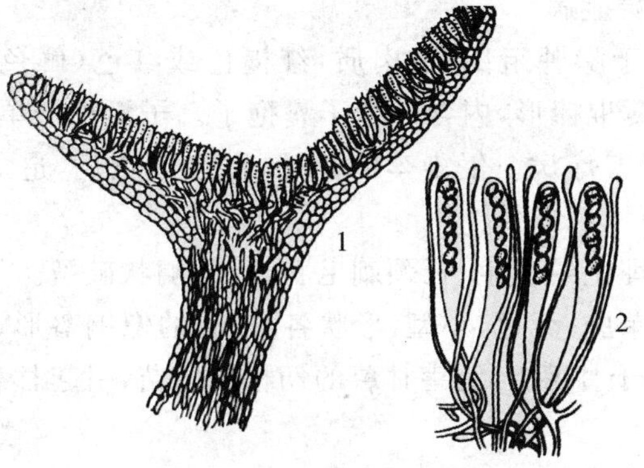

图 2-17　核盘菌属

1. 子囊盘　2. 子囊和侧丝

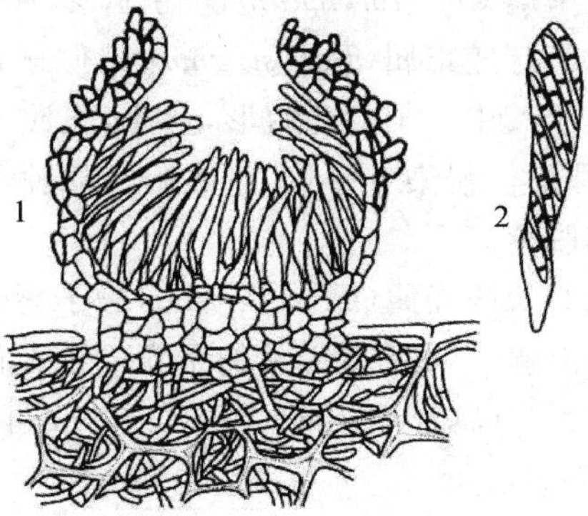

图 2-18　赤霉属

1. 子囊壳　2. 子囊和子囊孢子

(17)黑腐皮壳属(*Valsa*)　假子座圆锥形，埋生在树皮内；子囊壳球形或近球形，成群的轮状排列着生在假子座内，而子囊壳的长颈聚集在一起，并向外突出树皮露出孔口。子囊棍棒形或圆筒形，内含子囊孢子 8 个。子囊孢子单胞，无色，弯曲呈腊肠形。无性阶段属于 *Cytospora*，主要发生在木本植物的树皮上，引起树干的腐烂病，是弱寄生菌，如苹果黑腐皮壳菌(*V. mali*)引起苹果腐烂病(图 2-19)。

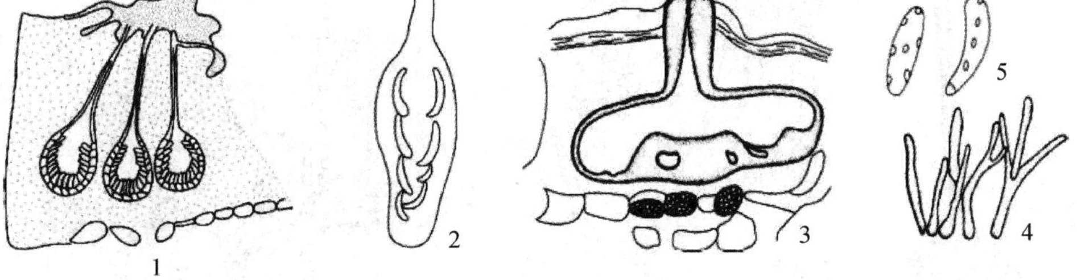

图 2-19　黑腐皮壳属

1. 子囊壳　2. 子囊和子囊孢子　3. 分生孢子器　4. 分生孢子梗　5. 分生孢子

(18)顶囊壳属(*Gaeumannomyces*)　子囊壳在寄主组织内初内生，后突破寄主表皮外露，黑色，球形或近球形，壳壁厚，具顶喙，短圆筒形。子囊圆筒形或棍棒形，含 8 个子囊孢子。子囊孢子丝状、无色至淡黄色，多个隔膜。该属中真菌可寄生于水稻、小麦、大麦、玉米、小米等多种禾谷类作物上，引起全蚀病。

(19)间座壳属(*Diaporthe*) 假子座在寄主皮层中形成，铺展形。子囊壳近球形，埋生在子座基部，壳壁革质，具长喙。子囊梭形或短圆柱状，子囊壁易胶化。子囊孢子梭形至椭圆形，无色，双胞，有油球。无性态为拟茎点霉属 *Phomopsis*。该属中真菌可引起地瓜黑心病、茄子褐纹病、大豆荚杆褐斑病及其他多种植物的病害等。

(20)黑痣菌属(*Phyllachora*) 假子座在寄主组织内发育，子座顶部与寄主的表皮愈合成黑色光亮的盾状盖。子囊壳埋生于假子座内，瓶形，黑色。子囊圆柱形，其间有侧丝。子囊孢子单胞，椭圆形，无色。寄生于禾本科植物，表面形成凸起的黑痣状病斑。

(21)小丛壳属(*Glomerella*) 子囊壳生于寄主表皮下的子座中或子座上，密集丛生，深褐色，有短喙，壳壁四周有毛。子囊棍棒状，内含8个子囊孢子。子囊孢子无色，单胞。无性阶段为炭疽菌属 *Colletotrichum*，可引起多种植物炭疽病。

(22)疔座霉属(*Polystigma*) 假子座生于膨肿组织中，肉质，红褐色或红色(鲜色)。子囊壳埋于其中。子囊壳瓶形，壁薄，膜质。子囊棍棒形，内含8个子囊孢子。子囊孢子单胞，无色，椭圆形。侵染杏叶片，造成肥厚膨肿，引起杏疔病。侵染李的叶片，引起红点病，造成病叶片提前脱落。

(23)长喙壳属(*Ceratocystis*) 子囊壳半埋生或表生，长颈刺毛状，顶部羽状破裂。子囊壁易早期消解，很难看到完整的子囊。子囊孢子单胞，无色，小型，形状各异，有的像钢盔形。无性态变化大，分属若干个属。*C. fimbriata* 可寄生于甘薯上，为害甘薯的幼根和幼苗，引起甘薯黑斑病(图 2-20)。

(24)外囊菌属(*Taphrina*) 菌丝体在寄主表皮下生长，含有双核的产囊细胞，有时可形成厚壁光滑的或有纹饰的休眠孢子，营养组织有或缺乏，无子囊果及囊间组织。子囊可由产囊细胞直接产生，或由一个单独具柄的细胞产生，内生或呈栅栏状排列在寄主组织表面；子囊圆柱形，末端常平，含8个子囊孢子。子囊孢子单胞，球形或椭圆形，无色，同时释放。无性世代为酵母状芽孢子，单核体，由子囊孢子芽殖形成。该属中的种多数寄生在山毛榉科和蔷薇科植物上，引起三种主要的病害：缩叶或叶疱病、丛枝病和果实病害。畸形外囊菌 *T. deformans* 可引起桃缩叶病(图 2-21)。

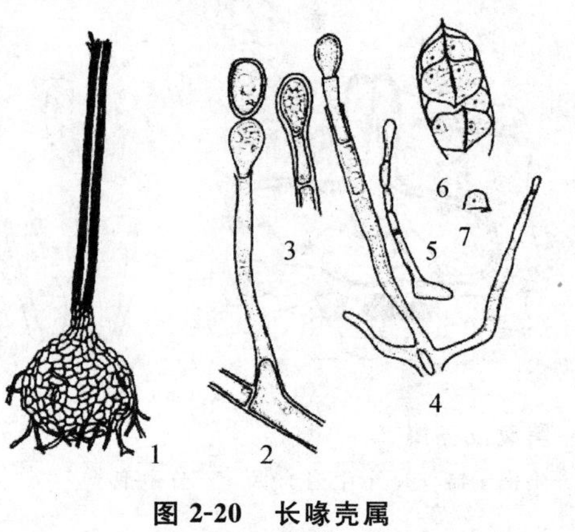

图 2-20 长喙壳属

1. 子囊壳 2、3、4. 分生孢子梗及分生孢子
5. 分生孢子萌发 6. 子囊 7. 子囊孢子

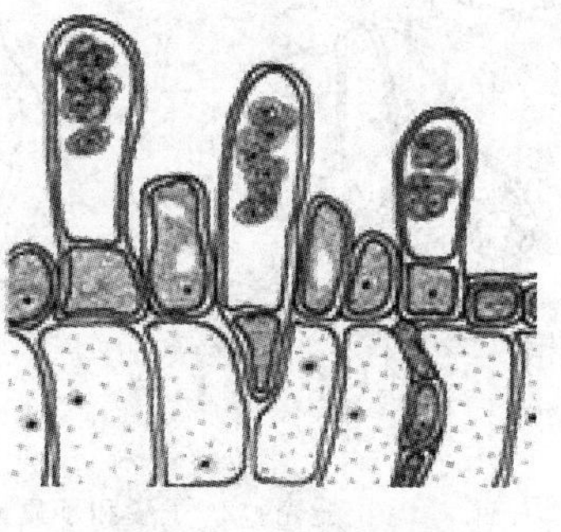

图 2-21 外囊菌属

4. 担子菌门中的植物病原真菌代表属及特点

(1)柄锈菌属(*Puccinia*)　冬孢子双细胞,冬孢子柄不能胶化。单主寄生或转主寄生。长生活史型、缺夏孢型或短生活史型。该属典型的特征是冬孢子有柄,双细胞。此属中许多种是经济植物的重要病原菌,危害严重。可侵染小麦,引起条锈病、秆锈病和叶锈病 3 种小麦锈病,凡有小麦栽培的地方均有小麦锈病发生,且危害严重。该属菌还可在粮食作物中引起燕麦冠锈病、大麦叶锈病、玉米锈病;在油料作物中引起花生锈病、向日葵锈病;在蔬菜类作物中引起葱属植物锈病、黄花菜锈病等(图 2-22A)。

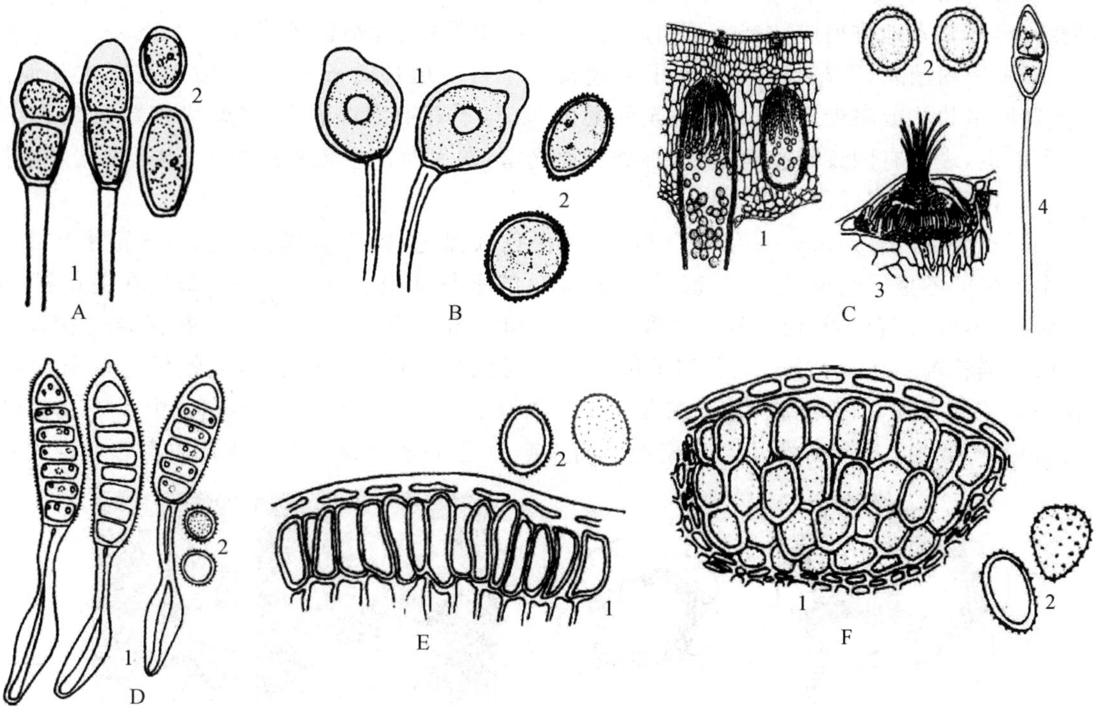

图 2-22　锈菌类

A. 柄锈菌属(1. 冬孢子　2. 夏孢子)　B. 单胞锈菌属(1. 冬孢子　2. 夏孢子)　C. 胶锈菌属(1. 锈孢子器　2. 夏孢子)　3. 性孢子器　4. 冬孢子　D. 多胞锈菌属(1. 冬孢子　2. 夏孢子)　E. 栅锈菌属(1. 冬孢子　2. 夏孢子)　F. 层锈菌属(1. 冬孢子　2. 夏孢子)

(2)单胞锈菌属(*Uromyces*)　冬孢子堆生于寄主植物表皮下,成熟后突破而外露。冬孢子单胞,有色,光滑或有疣。本属与柄锈菌属的区别在于其冬孢子是单细胞,而柄锈菌属的冬孢子为双细胞。该属中许多种是经济植物的重要病原菌,在粮食作物中引起谷子锈病;在蔬菜类作物中引起菜豆锈病、蚕豆锈病、豇豆锈病;在糖料作物中引起甜菜锈病(图 2-22B)。

(3)胶锈菌属(*Gymnosporangium*)　冬孢子双细胞,有一长而能胶化的柄。锈孢子堆有长管状包被,锈孢子串生,球形,壁有色有疣。转主寄生,大多为缺夏孢型生活史。冬孢子阶段发生在刺柏属和圆柏属植物上,性孢子器及锈孢子器发生在蔷薇科植物上。该属引起的重要病害是梨锈病和苹果锈病(图 2-22C)。

(4)多胞锈菌属(*Phragmidium*)　冬孢子由 3 至多个细胞组成,表面光滑或有疣状突起,单生柄上,柄上部有色,下部无色且易胶化。单主寄生,大多数为长生活史型,均寄生在蔷薇科植物上，引起花卉植物蔷薇锈病和玫瑰锈病等（图 2-22D）。

（5）柱锈菌属（*Cronartium*） 冬孢子堆初生寄主表皮下，常从夏孢子堆中长出，冬孢子上下左右紧结呈圆柱状，无须休眠即可萌发。全部为转主寄生。该属可引起松瘤锈病、樟子松疱锈病、栎锈病、栗锈病和芍药、牡丹锈病。

（6）栅锈菌属（*Melampsora*） 冬孢子无柄，单胞，圆柱形或长椭圆形，在冬孢子堆中紧密排列成单层。大部分转主寄生，少数单主寄生。危害亚麻的叶片、茎和蒴果，引起亚麻锈病（图 2-22E）。

（7）层锈菌属（*Phakopsora*） 冬孢子单细胞，无柄。冬孢子在冬孢子堆中上下左右相互紧密结合，不整齐地排列成数层。可引起大豆锈病、枣锈病、葡萄锈病等（图 2-22F）。

（8）腥黑粉菌属（*Tilletia*） 冬孢子堆通常生于寄主植物的子房内，少数生在寄主其他部位，成熟后呈粉状或略带胶质，淡褐色至深褐色，常与不育细胞混生在一起，大多数具鱼腥味。冬孢子单生，表面有网纹和胶鞘，少数种类表面光滑，萌发时产生无隔的担子，担子顶端着生担孢子。危害小麦引起腥黑粉病。

（9）条黑粉菌属（*Urocystis*） 冬孢子堆黑褐色或黑色，粉末状或颗粒状。冬孢子球由一至多个可孕的冬孢子组成，结合紧密，外围有淡色的不孕细胞层（图 2-23）。寄生在毛茛科、十字花科、禾本科、百合科等植物的各个部位，以叶、叶鞘和茎上为主，偶尔发生在花器或根部。

（10）黑粉菌属（*Ustilago*） 冬孢子堆多呈黑褐色至黑色，少数淡色，成熟后呈粉末状，有时黏结。冬孢子散生，单细胞，光滑或有饰纹。冬孢子萌发形成有隔担子，担子由 2～4 个细胞组成，担孢子侧生，有些种类不产生担孢子而仅产生侵入丝（图 2-24）。本属真菌多数寄生在禾本科植物的各个部位，主要为害花器。可引起小麦、大麦、鹅冠草的散黑穗病；侵染玉米地上部的幼嫩部位，如茎、叶、果穗、花序及气生根等，引起瘤黑粉病。

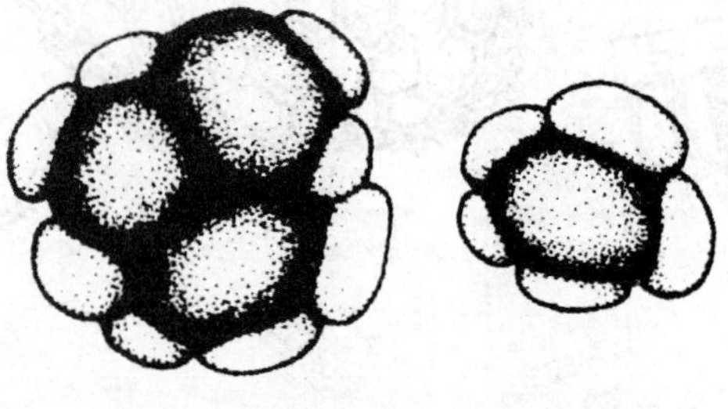

图 2-23 条黑粉菌属

冬孢子和不孕细胞结合形成的孢子球

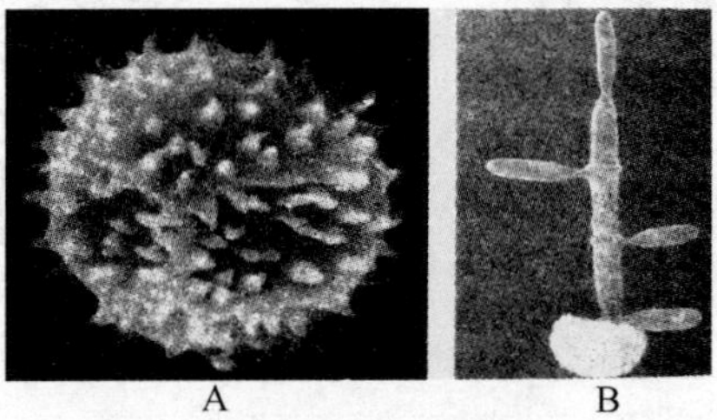

图 2-24 黑粉菌属冬孢子及冬孢子萌发

A. 冬孢子（电镜图） B. 冬孢子萌发（电镜图）

（11）叶黑粉菌属（*Entyloma*） 冬孢子堆生在叶片、叶柄及茎组织中，形成圆形、椭圆形、多角形或其他形状的变色斑。冬孢子近圆形，无色至黄褐色，常 2 个至数个集结在一起，表面光滑，有时孢子外面有一层胶质鞘。本属真菌寄生在毛茛科、茄科、菊科、禾本科等植物上。

（12）轴黑粉菌属（*Sphacelotheca*） 由菌丝体组成的包被包围在粉状或粒状的孢子堆外面，孢子堆中间有由寄主维管束组织形成的中轴（图 2-25）。可侵染玉米和高粱，引起玉米丝黑穗病和

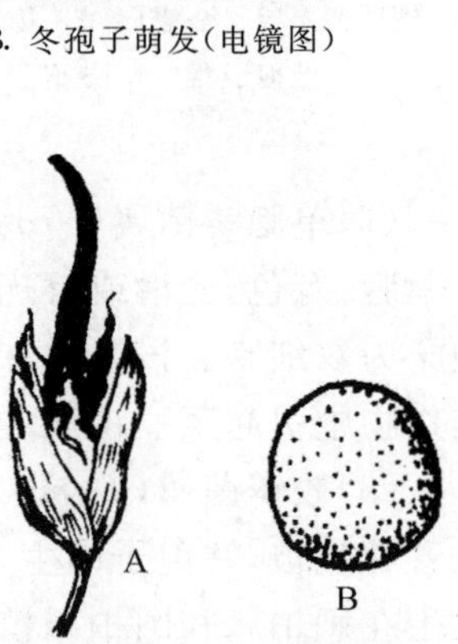

图 2-25 轴黑粉菌属

A. 子房受害形成的冬孢子堆和中轴 B. 冬孢子

高粱坚黑粉病。

5. 无性菌类中的植物病原真菌代表属及特点

(1)丝核菌属(*Rhizoctonia*)　菌丝发达,呈直角或近直角分枝,在分枝处常缢缩,在近分枝处形成隔膜。老熟的菌丝呈褐色,易产生菌核。菌核褐色、棕红色或黑色,球形或不规则形,表面粗糙,内外层颜色一致,结构较疏松,细胞呈拟薄壁组织状(图 2-26)。有性型为担子菌门的亡革菌属 *Thanatephorus*、角担菌属 *Ceratobasidium* 等。该属仅 1 种,立枯丝核菌 *R. solani*,是重要的植物病原菌,可侵染多种植物的根、茎、叶,引起根腐病、立枯病、纹枯病。

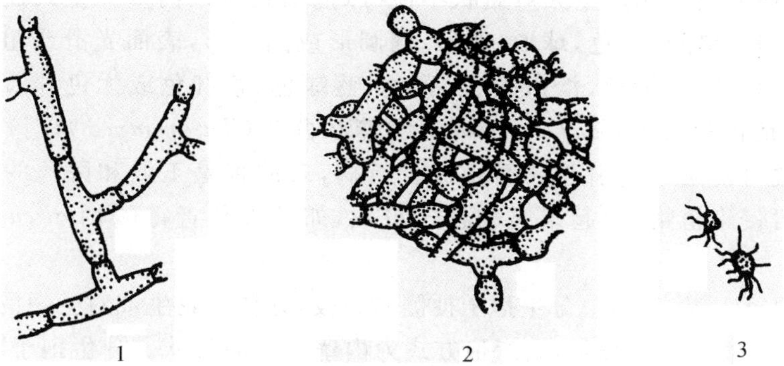

图 2-26　丝核菌属

1. 直角状分枝的菌丝　2. 菌丝纠结的菌组织　3. 菌核

(2)小核菌属(*Sclerotium*)　菌丝发达,分枝繁茂,具隔膜。菌核致密坚硬,褐色至黑色,球形、扁圆形、椭圆形或不规则形,表面细胞小而色深,内部细胞大而色浅或无色,软骨质至肉质(图 2-27)。该属中真菌是常见重要的植物病原菌,齐整小核菌(*S. rolfsii*)引起花生白绢病。

(3)葡萄孢属(*Boytrytis*)　分生孢子梗粗大,顶端分枝,分枝末端膨大,从膨大体或分枝末端小突起上聚生分生孢子,外观呈葡萄穗状。产孢方式为全壁芽生葡萄孢式产孢。分生孢子椭圆形、球形、卵形,无色或淡色,单胞,表面光滑。易产生黑色坚实的小菌核,椭圆形或不规则形,表面粗糙。有性型为葡萄核盘菌属 *Botryotinia*。该属中灰葡萄孢菌(*B. cinerea*)可侵染多种植物的叶、花和果实,引起灰霉病或软腐病(图 2-28)。

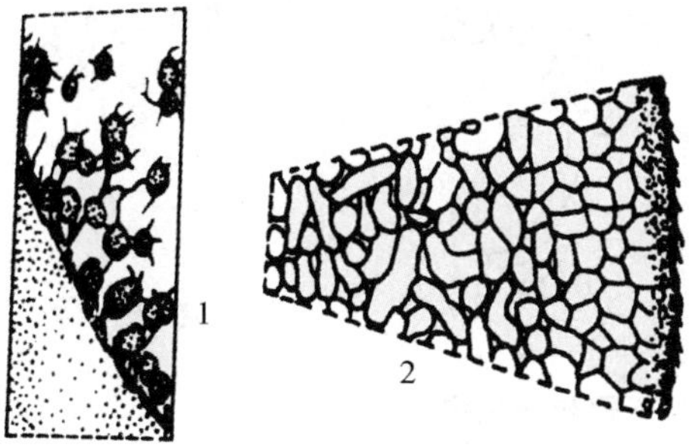

图 2-27　小核菌属

1. 菌核　2. 菌核剖面

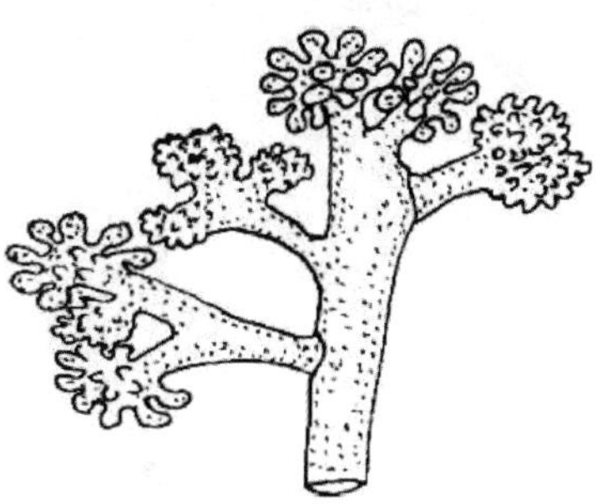

图 2-28　葡萄孢属

(4)曲霉属(*Aspergillus*)　分生孢子梗自菌丝上的厚壁足细胞生出,直立,不分枝,多无隔膜,粗大,无色,顶端形成膨大的顶囊,上生瓶梗状小梗,多呈放射状分布于顶囊表面。瓶状小梗可单层、双层或多层生长，基部细胞称为梗基，顶端瓶状细胞为产孢细胞。产孢瓶梗连续产孢，常形成串的分生孢子，可呈球形、放射状或柱状排列。分生孢子球形、卵形、椭圆形，单细胞，无色或颜色多样，大小和颜色变化较大，表面光滑或具纹饰(图 2-29A)。有些种类可产生菌核。其有性型是散囊菌属(*Eurotium*)、裸胞壳属(*Emericella*)和新萨托菌属 *Neosartorya*。该属中多数种类为腐生菌，部分种类可危害农作物或农产品，引起霉变；或侵染人和动物，部分种类是重要的工业菌种和食品业菌种。

(5)青霉属(*Penicillium*) 分生孢子梗直立，顶部多次分枝而形成扫帚状结构，表面光滑或粗糙。在孢梗分枝顶端产生大量瓶状小梗(产孢细胞)，以内壁芽生式连续产生成串的分生孢子。分生孢子单胞，无色，球形、卵形、椭圆形或圆柱形，表面光滑或粗糙。分生孢子聚集时呈灰绿色、绿色、黄绿色、淡灰黄色、黄色、蓝绿色、紫红色或无色等。有些种类可产生菌核。有性型是正青霉属(*Eupenicillium*)和篮状菌属(*Talaromyces*)。该属真菌多数为腐生菌，少数种类可侵染果实引起褐腐病或青霉病，有的种是工业和医药的重要经济价值真菌，部分种类可侵染植物，引起果腐和种子霉烂，如意大利青霉(*P. italicum*)引起柑橘青霉病。

(6)木霉属(*Trichoderma*) 分生孢子梗侧向分枝，分枝上轮生或对生短的与孢子梗呈直角分枝的产孢瓶状小梗(产孢细胞)。产孢方式为内壁芽生瓶梗式。分生孢子球形或近球形，无色或绿色，单胞，光滑或具疣突，循序连续产孢，常在瓶状产孢口处聚集成孢子球。菌落生长速度快，产孢层菌丝及分生孢子梗茂密，呈白色、青绿色或黄色(图 2-29B)。有性型是肉座菌属(*Hypocrea*)。多腐生于土壤、植物残体和动物粪便等基质上。部分种类可作为生防菌，防治作物土传病害。

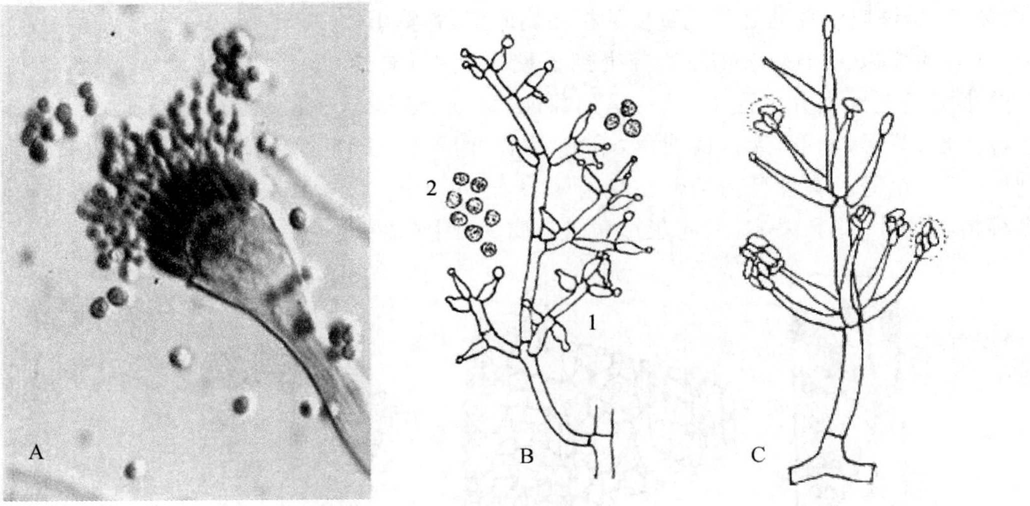

图 2-29 分生孢子梗和分生孢子

A. 曲霉属分生孢子梗和分生孢子 B. 木霉属(1. 分生孢子梗 2. 分生孢子)

C. 轮枝孢属分生孢子梗和分生孢子

(7)轮枝孢属(*Verticillium*) 分生孢子梗直立，无色，具隔膜，呈轮状分枝。分枝基部膨大，上部渐细，为产孢细胞，产孢方式为内壁芽生瓶梗式。分生孢子单胞，球形、椭圆形、卵形或棱形，无色至淡褐色，常在产孢细胞顶端聚集成头状(图 2-29C)。该属大丽轮枝菌(*V. dahliae*)可侵染棉花、茄子等多种植物的根部，引起黄萎病。

（8）粉孢属（*Oidium*）　菌丝体在寄主组织上形成白色粉状物。分生孢子梗直立，简单，不分枝，无色，顶端以全壁体生式向基序列产生分生孢子，即分生节孢子。分生孢子串生，圆柱形、椭圆形，无色，单胞，两端钝圆（图 2-30A）。其有性型属于白粉菌科（Erysiphaceae 真菌）。该属真菌侵染高等植物引起白粉病。

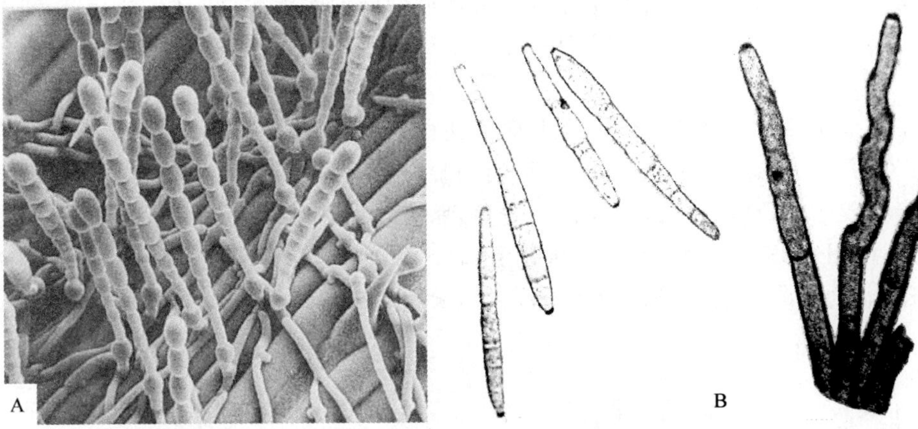

图 2-30　粉孢属分生孢子梗和分生孢子（A）和尾孢属分生孢子梗及分生孢子（B）

（9）尾孢属（*Cercospora*）　分生孢子梗分化明显，簇生于子座上，或从气孔生出，直立或弯曲，不分枝或少分枝，褐色、橄榄褐色，顶端色淡，具隔膜。产孢方式为全壁芽生合轴式，多次屈曲，孢痕明显加厚。分生孢子单生，针形、倒棒形、鞭形，无色或淡色，具多个隔膜，表面光滑，基部脐点加厚明显（图 2-30B）。有性型为球腔菌属（*Mycosphaerella*）。可侵染芹菜，引起芹菜早疫病；侵染高粱，引起高粱紫斑病。

（10）小尾孢属（*Cercosporella*）　分生孢子梗数根簇生，直立，从气孔或子座上生出，无色。产孢方式为全壁芽生合轴式产孢，屈膝状，孢痕明显。分生孢子单生，无色，圆柱形、倒棍棒形，直或弯曲，顶端渐尖，基部钝圆至平截，具多个隔膜。该属与尾孢属（*Cercopsora*）的主要区别在于其分生孢子梗和分生孢子均无色。有性阶段是球腔菌属（*Mycosphaerella*）。该属中真菌可侵染白菜等十字花科植物叶片，引起白斑病。

（11）柱孢属（*Cylindrocarpon*）　分生孢子梗直立，无色，细长，简单分枝或轮状分枝。产孢方式为内壁芽生瓶梗式产孢，圆筒形至钻形，孔口具囊领。分生孢子无色，圆柱形，直或弯曲，光滑，具 1 至数个隔膜。厚垣孢子间生或顶生，单胞，近球形，无色至褐色。有性型是新丛赤壳属（*Neonectria*）。多腐生于土壤中，少数寄生于人参根部，引起锈腐病。

（12）丛梗孢属（*Monilia*）　分生孢子梗直立，无色或淡色，二叉状或不规则分枝。产孢细胞全壁芽生链生式产孢，分生孢子梗的细胞与成熟的分生孢子不易区分；分生孢子椭圆形、长卵形、近球形，单胞，无色或淡色，成堆时灰色、淡褐色，串生，孢子链外观呈念珠状。有性型为链核盘菌属（*Monilinia*）和脉孢菌属（*Neurospora*）。该属真菌可侵染仁果类，如苹果、梨、李、杏等植物的花、果实，引起褐腐病。

（13）链格孢属（*Alternaria*）　分生孢子梗暗色，简单或有时分枝，直或弯曲，单生或丛生。分生孢子单生或链生，淡褐色至深褐色，具横、纵或斜的砖格状隔膜，光滑或具疣、刺，倒棍棒形、倒梨形、卵形、椭圆形或近圆柱形（图 2-31）。该属真菌分布广泛，多数种类是土壤、空气和各种物品表面常见的腐生菌，有的可生于各种植物叶片上，引起黑斑病，少数种类可侵染人和动物，引起疾病。

(14)平脐蠕孢属(*Bipolaris*) 分生孢子梗直或呈膝状弯曲，具多个隔膜，多不分枝，光滑。产孢方式为全壁芽生合轴式，产孢痕明显。分生孢子顶生或侧生，长椭圆形至梭形，单生，弯曲至正直，多数光滑，偶具小刺或壁粗糙，两至多个假隔膜，橄榄色到褐色，脐点平截。分生孢子萌发时从一端或两端细胞萌发产生芽管。有性型为旋孢腔菌属(*Cochliobolus*)，许多种类是重要的植物病原菌，侵染玉米引起小斑病；侵染水稻引起稻胡麻斑病，侵染小麦，引起根腐病和叶枯病。

(15)凸脐蠕孢属(*Exserohilium*) 分生孢子梗柱状，不分枝，橄榄褐色至褐色，顶端呈曲膝状弯曲。产孢方式为内壁芽生孔出式，产孢痕明显。分生孢子顶生或拟侧生，近圆柱状，纺锤形至宽倒棒状或喙状，具假隔膜，橄榄色到褐色，脐点从基细胞明显突出。分生孢子萌发时由两端产生芽管(图 2-32)。有性型为毛球腔菌属(*Setosphaeria*)，多寄生于禾本科植物叶片上，引起大斑病。大斑凸脐蠕孢(*E. trucicum*)引起玉米大斑病。

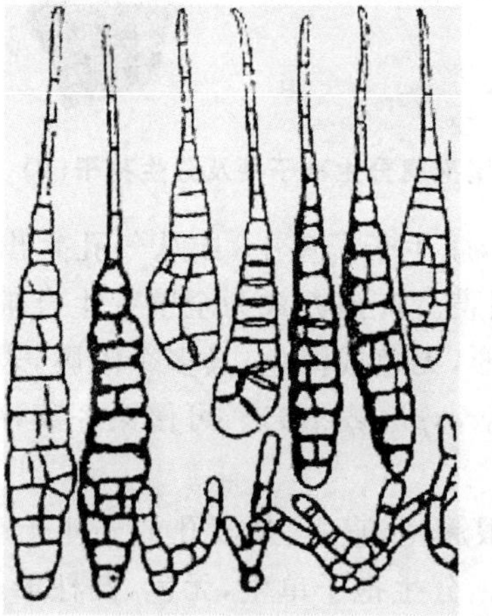

图 2-31 链格孢属

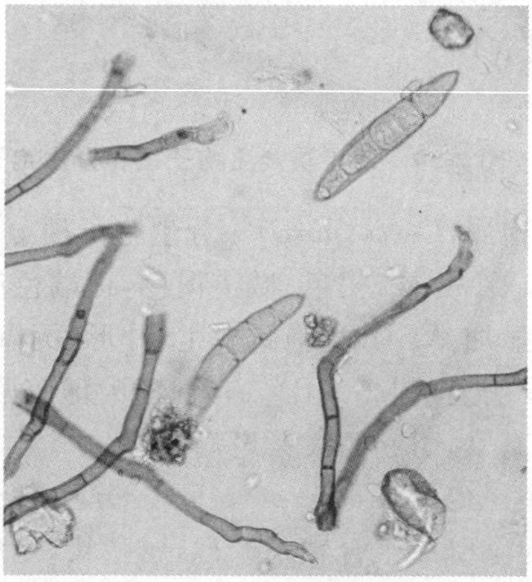

图 2-32 凸脐蠕孢属

(16)枝孢属(*Cladosporium*) 分生孢子梗分化明显，单生或丛生，顶端分枝，褐色或橄榄褐色，表面光滑或具细疣。产孢方式为全壁芽生合轴式。分生孢子圆柱形、椭圆形或梭形，淡褐色至深榄褐色，0～3 个隔膜，表面光滑或具疣突，孢痕和脐点明显。有性型为球腔菌属(*Mycosphaerella*)、黑星菌属(*Venturia*)。分布广泛，寄生或腐生。侵染高粱穗部，引起黑变病；侵染黄瓜及其他葫芦科植物的叶、茎和果实，引起黑星病；侵染水稻、小麦等，引起黑变病。

(17)褐孢霉属(*Fulvia*) 分生孢子梗基细胞较细窄，顶端较粗，褐色，具隔膜，孢梗细胞上端都向同一侧突起或膨大，成为产孢细胞，上生分生孢子。产孢方式为全壁芽生合轴式。分生孢子串生，分枝，圆柱形或椭圆形，淡褐色、褐色、榄褐色，光滑，具 0～3 个隔膜(图 2-33)。该属真菌可侵染番茄、茄子、辣椒等，引起叶霉病。

(18)弯孢属(*Curvularia*) 分生孢子梗直或弯曲，具隔膜，通常简单，少分枝，光滑或具瘤状物，常呈屈膝状，有时具结节。产孢方式为全壁芽殖合轴式。分生孢子单生，个别链生，常弯曲，宽纺锤形、椭圆形、倒卵形、棍棒形，外壁光滑或具微疣，脐点明显，具有 3 个或多个真隔膜，中央细胞色暗和膨大，两端细胞较淡，从一端或两端萌发。有性型为旋孢腔菌属(*Cochliobo-*

lus)，可侵染玉米、燕麦、水稻、黑麦、高粱、甘蔗、小麦、草坪草等禾本科植物叶片和种子，引起叶斑病和谷粒变色。

(19)黑星孢属(*Fusicladium*)　分生孢子梗直立或微弯，簇生，不分枝，淡褐色至橄榄褐色。产孢方式为全壁芽生合轴式，产孢细胞多次产孢后留下齿突状孢痕。分生孢子单生，偶生短链，宽梭形，基部平截，由中部向顶端渐细，淡橄榄褐色，单胞或具1～3个隔膜，表面具小疣突。有性型为黑星菌属(*Venturia*)，侵染梨、柿、茶等多种植物的叶片、果实和枝条，引起黑星病。

(20)梨孢属(*Pyricularia*)　分生孢子梗单根或多根自寄主气孔生出，细长，多不分枝，直或微弯，无色或淡褐色。产孢方式为全壁芽生合轴式，具短圆柱状齿突孢痕。分生孢子单生，倒梨形或倒棍棒形，无色，聚集时呈灰绿色或淡褐色，多数2个真隔膜，少数1个或3个隔膜(图2-34)。有性型为大口球菌属(*Magnaporthe*)、球腔菌属(*Mycosphaerella*)。多侵染禾本科植物，稻梨孢(*P. grisea*)侵染水稻和陆稻，引起稻瘟病；侵染谷子，引起谷瘟病。

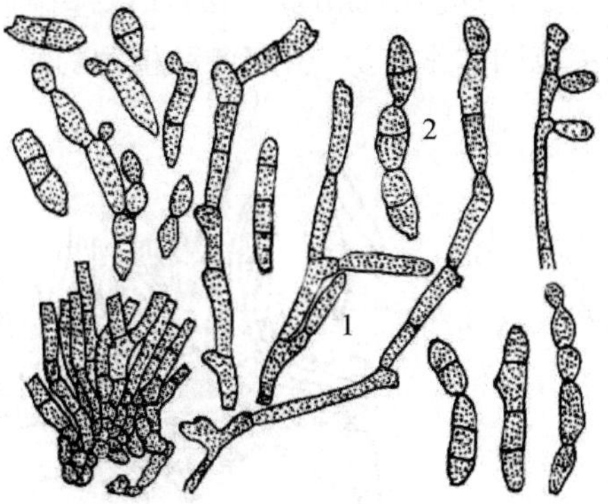

图2-33　褐孢霉属

1. 分生孢子梗　2. 分生孢子

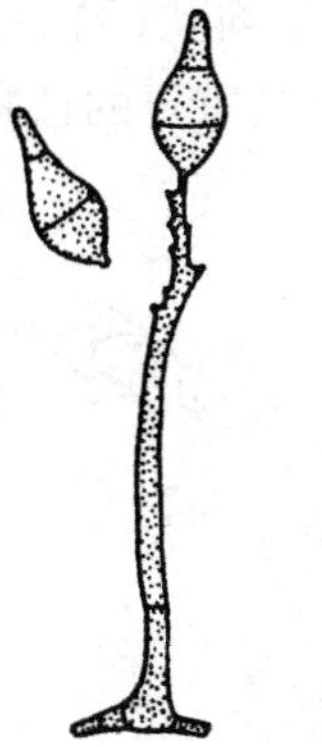

图2-34　梨孢属

分生孢子及分生孢子梗

(21)镰孢属(*Fusarium*)　在自然条件下，分生孢子梗生于红色或粉色的分生孢子座上，分生孢子梗无色，有或无隔膜，单生或分枝。在培养条件下，分生孢子梗由菌丝直接分枝产生，极少形成分生孢子座，分生孢子梗不分枝或多次分枝，顶端为产孢细胞。产孢方式为内壁芽生瓶梗式，通常产生两种类型的分生孢子：大型分生孢子呈镰刀形，微弯或显著弯曲，多细胞，无色，基部常生一突起，称为足胞；小型分生孢子椭圆形、卵形、短圆柱形等，单胞或双胞(图2-35)，无色，单生或链生。有的种类可在菌丝或大型分生孢子上形成厚垣孢子。厚垣孢子厚壁，球形或近球形，单生或串生，顶生或间生，单胞或双胞。有性型为赤霉属(*Gibberella*)或丛赤壳属(*Nectria*)等。该属真菌是重要的植物病原菌，可危害棉花、红麻、瓜类等多种农植物，引起枯萎病、萎蔫病、基腐病或果腐病；可侵染多种农作物，引起穗腐病(赤霉病)或茎腐病。

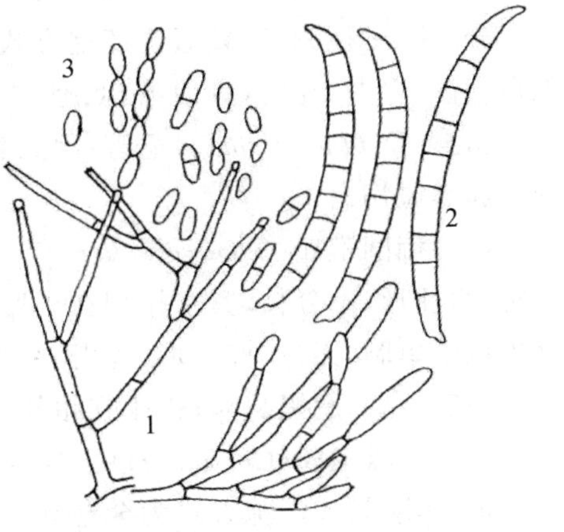

图2-35　镰孢属

1. 分生孢子梗　2. 大型分生孢子
3. 小型分生孢子

(22)绿核菌属(*Ustilaginoidea*) 侵染禾本科植物子房,使之变为膨大的分生孢子座,后突破内外颖而外露,被膜,初呈黄色,破裂后先变橙黄色,后变墨绿色,表面密生分生孢子梗和分生孢子。分生孢子梗简单,少分枝,弯曲,无色,光滑,常相互缠绕。产孢方式为全壁芽生顶生式。分生孢子(厚垣孢子)单生,球形至椭圆形,单胞,橄榄绿色,厚壁,表面具微刺。以后,在分生孢子座侧面产生黑色,扁平的菌核。菌核在越冬后萌发,产生头状子座,其内产生子囊壳。子囊壳瓶形。子囊无色,圆筒形。子囊孢子单胞,无色,线形(图 2-36)。*U. oryzae* 侵染水稻穗,引起水稻稻曲病。

(23)炭疽菌属(*Colletotrichum*) 分生孢子盘近表皮生或表生,散生或聚生,不规则开裂。在培养条件下不产生分生孢子盘,可产生暗褐色至黑色菌核,偶生褐色具分隔的刚毛。分生孢子梗无色至褐色,具隔膜,基部分枝,光滑。产孢方式为内壁芽生瓶梗式。分生孢子圆筒形或镰刀形,单胞,无色,光滑,薄壁,有时具油球。分生孢子萌发形成的附着胞可作为分类的依据。附着胞褐色,边缘整齐或瓣状(图 2-37)。有性型为小丛壳属(*Glomerella*)和球座菌属(*Guignardia*)。该属中的许多种类是重要的植物病原菌,寄主范围非常广泛,引起各种植物的炭疽病。

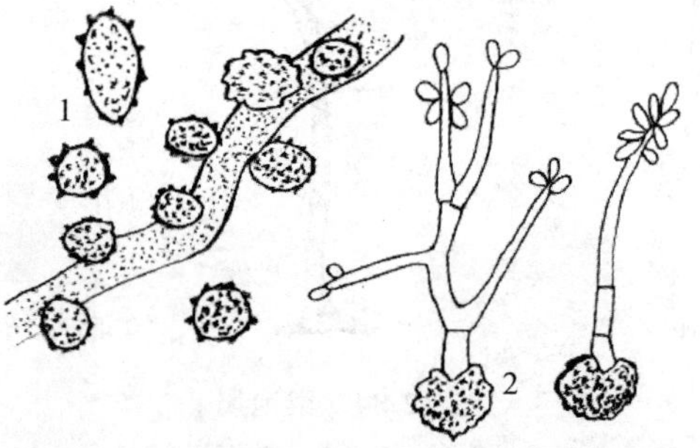

图 2-36 绿核菌属

1. 生于菌丝上的分生孢子 2. 分生孢子萌发

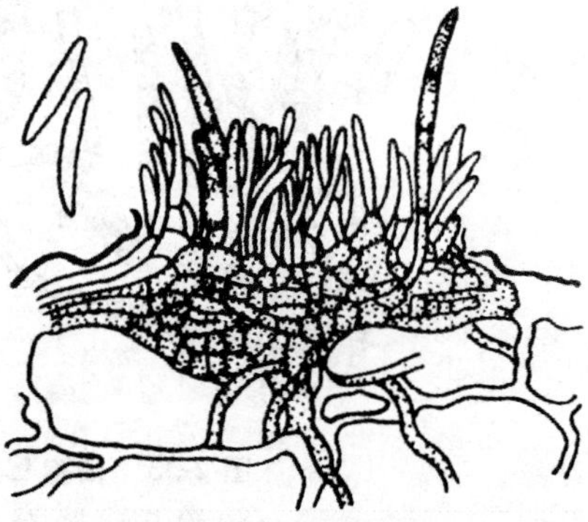

图 2-37 炭疽菌属

(24)盘二孢属(*Marssonina*) 分生孢子盘极小,近表皮生,散生,暗褐色至黑色,不规则开裂。分生孢子梗无色,较短。产孢方式为全壁芽生环痕式或合轴。分生孢子卵圆形或椭圆形,无色,直或弯曲,光滑,具油球,双胞,大小不等,在隔膜处缢缩或不缢缩,基部平截。有性型为双壳菌属(*Diplocarpon*)。危害草莓、悬钩子、苹果、梨等植物引起褐斑病;危害蔷薇属、杨属植物引起黑斑病。

(25)痂圆孢属(*Sphaceloma*) 分生孢子盘表生或近表生,初散生,后聚生。分生孢子梗极短,圆柱形,不分枝,紧密排列在子座组织上,无色或淡褐色。产孢方式为内壁芽生瓶梗式。分生孢子单胞,无色,椭圆形,光滑,具油球。有性型为痂囊腔菌属(*Elsinoe*)。寄生在葡萄叶、茎及果实上,引起黑痘病;寄生在柑橘属叶、茎及果实或芒果叶上,引起疮痂病。

(26)棒盘孢属(*Coryneum*) 分生孢子盘表生,散生或聚生。分生孢子梗圆柱形,无色至淡褐色,具隔膜。产孢方式为全壁芽生环痕式。分生孢子纺锤形或球形,直或弯曲,2～4 个隔膜,褐色,基部平截。有性型为球腔菌属(*Mycosphaerella*)、假腐皮壳属(*Pseudovalsa*)。侵染李属植物叶片和果实,引起紫轮病、果实或枝干流胶病;侵染山楂、李子、杨树、蔷薇等植物叶片,引起叶斑病。

(27)茎点霉属(*Phoma*) 分生孢子器球形,埋生或半埋生,散生或聚生,褐色,单腔室。具单个或多个孔口,不呈乳突状。分生孢子梗缺,若有则呈线形,具隔膜和短小分枝。产孢方式为内壁芽生瓶梗式。分生孢子无色,单胞,偶生 1 个隔膜,形状多样,常含油球(图 2-38A)。有性型为亚隔孢壳属(*Didymella*)、球腔菌属(*Mycoshaerella*)及格孢腔菌属(*Pleospora*)。为多种植物的重要病原菌,可引起甜菜蛇眼病、茶枝枯病、柑橘和番茄的果腐病、葫芦蔓枯病、水稻颖枯病、芹菜黑腐病、大豆茎枯病、山核桃褐腐病、萝卜和茼蒿等的黑胫病等。

(28)拟茎点霉属(*Phomopsis*) 分生孢子器球形、安瓿形或扁平形,单腔室或多腔室,厚壁,孔口单生或具多个孔口,圆形,乳突状。分生孢子梗具分枝,多个隔膜,线形,无色。产孢方式为内壁芽生瓶梗式。产生两种类型的分生孢子:α 型孢子单胞,无色,纺锤形,具两个油球或多个油球,直;β 型孢子单胞,无色,线形,直或呈钩状,无油球(图 2-38C)。有性型为间座壳属(*Diaporthe*)。寄生在植物茎或叶片上,是重要的植物病原菌。侵染茄子的叶、茎和果实上,引起褐纹病;侵染柑橘属果实、叶和枝干上,引起树脂病;侵染苹果、梨、李子、樱桃等的果实和枝干,引起黑点病。

(29)大茎点霉属(*Macrophoma*) 分生孢子器埋生,球形或扁球形,单腔室,厚壁,孔口单生,圆形,不呈乳突状。分生孢子梗不分枝,棍棒形、圆柱形或丝状,无色。产孢方式为全壁芽生单生式。分生孢子较大,圆柱形、长卵形,两端钝圆,单胞,无色(图 2-38B)。有性型为囊孢壳属(*Physalospora*)。寄生在植物茎或叶片上,是重要的植物病原菌。侵染苹果、梨、桃、杏、李、栗、枣等果树的枝干,引起轮纹病;侵染大豆、豇豆等,引起荚枯病;侵染芒果的叶片和果实,引起软腐病;侵染香蕉叶片和果实,引起黑星病。

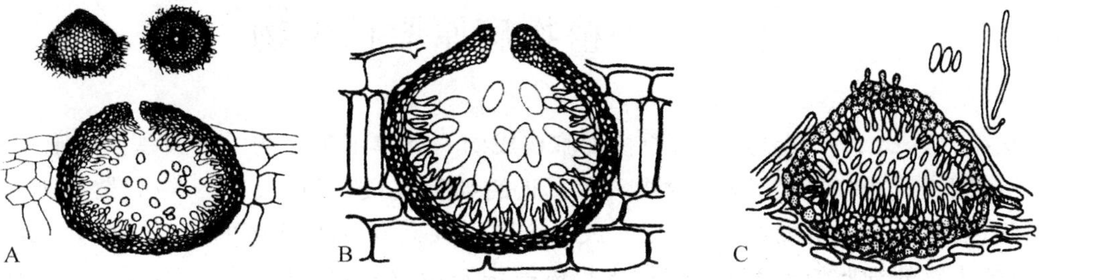

图 2-38 分生孢子器

A. 茎点霉属 B. 大茎点霉属 C. 拟茎点霉属

(30)叶点霉属(*Phyllosticta*) 分生孢子器近表生或埋生,单腔室或多腔室,暗褐色至黑色,具孔口,圆形,无乳突或微具乳突。分生孢子梗缺。产孢方式为全壁芽生单生式。分生孢子近球形、卵形、倒卵形、椭圆形或梨形,单胞,无色,光滑,顶端钝圆,向基部渐尖,基部平截,具油球,常被一层胶质鞘,顶端具 1 根黏性附属丝,狭细,不分枝。有性型为球座菌属(*Guignardia*)和盘壳菌属(*Discochora*)。多为植物叶片上的寄生菌,引起斑点病,部分为植物内生真菌。

(31)壳针孢属(*Septoria*) 分生孢子器埋生或半埋生,散生或聚生,球形或近球形,褐色,孔口单生,圆形,乳突有或无。分生孢子梗缺。产孢方式为全壁芽生合轴式。分生孢子线形,多个隔膜,无色,光滑(图 2-39)。有性型为球腔菌属(*Mycosphaerella*)和小球

图 2-39 壳针孢属

腔菌属(*Leptosphaeria*)。寄生芹菜叶和茎上,引起斑枯病;寄生葫芦科植物叶上,引起角斑病;寄生于大豆或野大豆叶上,引起褐纹病;寄生于向日葵叶上,引起褐斑病。

(32)壳二孢属(*Aschochyta*)　分生孢子器埋生,散生,球形,褐色,单腔室。孔口圆形,略呈乳头状。分生孢子梗缺。产孢方式为内壁芽生瓶梗式。分生孢子双胞,偶3胞,椭圆形或圆柱形,无色,光滑,有或无油球。有性型为亚隔孢壳属(*Didymella*)。可侵染花生叶片,引起云纹斑病;侵染甜菜叶片、大豆或野大豆的叶、茎和豆荚,引起轮纹病。

四、菌物病害的特点

菌物种类和所致病害繁多,是植物病害的主体。该类病原物所致病害的特点主要表现有:①病状类型主要是坏死、腐烂和萎蔫,少数可造成畸形和变色。很多菌物病害危害性强,重创植物的生长和组织形态结构,严重时可导致植株个体死亡,分泌到植株中的毒素还可以对食用者或其他动物造成毒害。②一般都有比较明显的病征。如霉状物、粉状物、点状物、颗粒状物等,如卵菌中的绵霉菌、腐霉菌和疫霉菌导尿管湿度大时往往在病部产生棉絮状物,霜霉菌在病部产生霉状物;锈菌、黑粉菌和白粉菌在病部产生粉状物和点状物;子囊菌和无性菌类在为害部位后期产生的点状物、颗粒状物等。一些菌物病害即使一时没表现病征,但给予合适的条件,如置于合适的温度条件下,增加湿度等就可以长出子实体病征。③具传染性,群体多繁殖快,易导致病害流行性。如稻瘟病、小麦条锈病等,如果大面积种植感病品种,环境条件适宜,病害当年就可以严重发生,甚至造成流行。

第二节　植物病原原核生物

原核生物(procaryotes)是指由原核细胞构成的一类单细胞生物。一般是由细胞膜和细胞壁或只有细胞膜包被的单细胞微生物。无真正的细胞核,遗传物质(DNA)分散在细胞质中,没有核膜包围,没有明显的细胞核,仅形成一个圆形或椭圆形的核区的低等生物,与真核生物相比,原核生物的细胞质中无内质网、线粒体等细胞器,核蛋白体分子量小(70S),包括细菌、放线菌、蓝细菌(原来的蓝藻现改称为蓝细菌,也属于原核生物界)和菌原体等。通常以细菌作为原核生物中有细胞壁类群的代表,以菌原体或螺原体作为无细胞壁但有细胞膜类型的典型。

植物病原原核生物是仅次于真菌和病毒的第三大类病原生物,侵染植物可引起许多重要的病害,造成农作物的严重减产。例如国内外普遍发生的茄科植物青枯病、大白菜和马铃薯的软腐病、果树根癌病、水稻白叶枯病等。有些原核生物病害国内尚未发现,如梨火疫病、玉米细菌性枯萎病。还有的在国内普遍发生的枣疯病、泡桐丛枝病等。

除了引起植物病害外,原核生物还是重要的人、畜病害的病原。如人的鼠疫、霍乱、痢疾、肺炎及动物炭疽病等。许多原核生物还能使食物和其他农产品腐败和变质。但是,原核生物对人类也有有益的一面,许多种类是重要的工业和医药微生物,可以用来生产有机酸、酒精、味精、抗生素、胰岛素。许多原核生物能够分解土壤的动植物残体,转换土壤中的营养元素为植物利用,有的可以固氮。还有许多原核生物对其他植物病原物有拮抗作用或者毒杀植物害虫,是理想的生物防治资源。

一、原核生物一般性状

(一)形态和结构

1. 形态

细菌与其他原核生物一样是单细胞体,有三种基本形态:球状、杆状和螺旋状,分别称为球菌、杆菌和螺旋菌。个体大小差别很大。球状细菌的直径为 0.5～1.3 μm,杆状细菌的大小为(0.5～0.8) μm×(1～5) μm,也有更小一些的。螺旋状细菌较大,有的可达(13～14) μm×1.5 μm。植物病原细菌大多是杆状菌,大小为(0.5～0.8) μ m×(1～3) μm,少数为球状。因此要用苯酚品红染色后在 100×10 的油镜下才能观察到。实际上细菌形态和大小会受到环境条件的影响,同一细菌在不同的培养基上或不同的培养温度、时间等条件下,细菌的形态和大小会发生变化。一般幼龄菌在生长条件适宜时,菌体大小一致;老龄菌在生长条件不适宜时,菌体的形态大小会出现不正常。值得注意的是,在不同文献中,即使同一种细菌大小的描述也有差异,这主要与细菌的固定染色方法有关,因此在报道细菌大小时最好写明所用方法。

菌原体没有细胞壁,革兰氏染色无反应,也无鞭毛等其他附属结构,菌体外缘为三层结构的单位膜。植物菌原体包括植原体(phytoplasma)和螺旋体(spiroplasma)两种类型。植原体的形态、大小变化较大,表现为多型性,如圆形、椭圆形、哑铃形、梨形等,大小为 80～1 000 nm(图 2-41)。细胞内有颗粒状的核糖体和丝状的核酸物质。螺原体菌体呈线条性,在其生活史的主要阶段呈螺旋形。一般长度 2～4 μm,直径 100～200 nm。

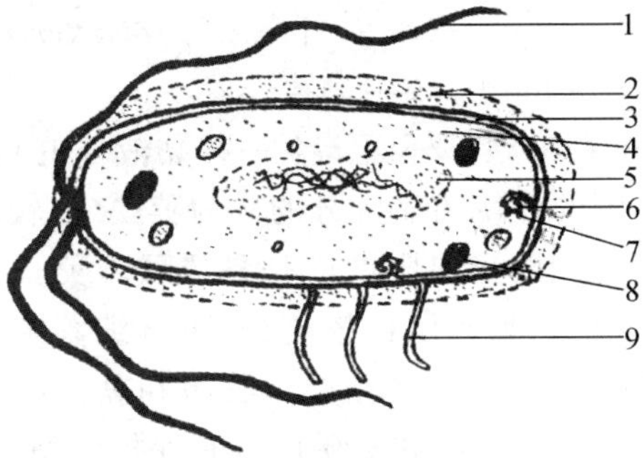

图 2-40　细菌细胞结构示意图

1. 鞭毛　2. 荚膜　3. 外侧细胞壁和内侧细胞膜　4. 细胞质　5. 核区　6. 中心体　7. 核糖体　8. 液泡　9. 纤毛

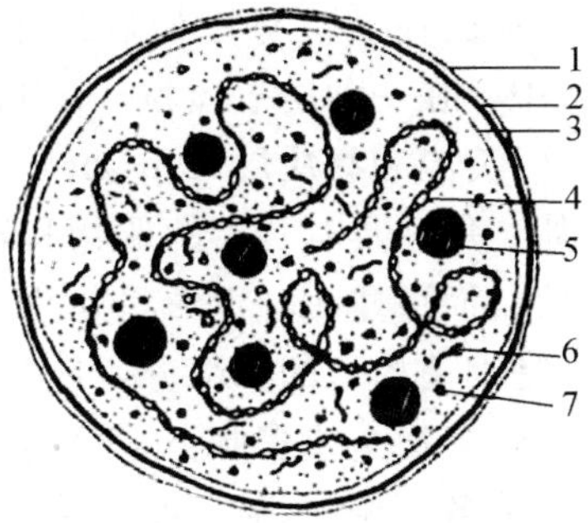

图 2-41　植原体模式图

1～3. 三层膜　4. 核酸链　5. 核糖体　6. 蛋白质　7. 细胞质

2. 结构

原核生物的细胞可以分为核质区、胞质核糖体区和表层复合区。以细菌为例,表层复合区包括细胞壁、鞭毛、纤毛和荚膜等;胞质核糖体区包含细胞膜、核糖体和芽孢等;核质区包括染色体和质粒等(图 2-40)。

(1)细胞壁(cell wall)　在细菌细胞的外层,贴近细胞质膜之外,是一层无色透明、坚韧而具有一定弹性的膜,其主要化学组成是肽聚糖、类脂质和蛋白质等。

细胞壁的主要功能在于保持细菌一定的外形,并保护其免受外物的损害。细胞壁又是一种相对透性的膜,对排斥某些较大外物的进入和阻留菌体内某些物质的逸出,也起着选择性分子筛的屏障作用。细菌细胞壁的基本结构是肽聚糖,但是也有少数细菌的细胞壁是例外,不含有肽聚糖。用革兰氏染色的方法将细菌可分为革兰氏阳性菌和阴性菌两大类。革兰氏阳性菌的细胞壁较厚，只有一层，肽聚糖含量较高，40%～90%，而革兰氏阴性菌细胞壁有内外两层壁，肽聚糖含量较少，5%～10%。革兰氏染色是细菌分类一个重要依据，革兰氏阴性菌细胞壁肽聚糖含量少，由肽聚糖组成的网络结构疏松，网孔较大，因此酒精脱色时结晶紫和碘复合物易洗脱，复染后成红色。革兰氏阳性菌细胞壁肽聚糖含量高，网络结构紧密，网孔小，结晶紫和碘复合物不易洗脱，复染后依旧保持紫色。

(2)细胞质膜(cell membrane)　位于细胞壁内和细胞质外，电镜下明显见到有三层结构，内外两层是电子稠密层，中间是电子透明层。

细胞质膜的主要化学成分是类脂质和蛋白质，还有少数碳水化合物和其他物质。细胞质膜作为细菌细胞的主要渗透屏障，选择性地调节着细胞质和外界环境的物质交换。

(3)细胞质(cytoplasm)　细胞质膜内包含着细胞质，主要成分是水、蛋白质、类脂质、多糖类、核糖核酸和少量无机盐等，具有明显的胶体性质。

在细胞质内还含有核质体、核糖体和异染颗粒、类脂质、脂肪、淀粉、气泡等内含物。细菌细胞质中没有内质网、线粒体等细胞器。

(4)核体(ribosomes)　细菌没有明显的细胞核，其核物质分散在细胞质中，无核膜包围。电镜下，细菌的核体集中在细胞质中央，形成一个椭圆形或近圆形的核区，它是一个很长的DNA分子，形成细菌一个环状染色体。核体是控制细菌生长繁殖和遗传变异的小器官。

(5)质粒(plasmid)　环状DNA，染色体外的遗传成分，可复制遗传。编码细菌的许多性状，如对抗菌素的抗性等。

质粒已被证明与植物病原细菌的致病性有关，如根癌农杆菌(*Agrobacterium tumefaciens*)中存在一种诱癌质粒——Ti质粒，能使多种植物形成冠瘿瘤。

(6)荚膜和黏质层(capsule)　部分细菌，可在细胞壁外面产生一种黏液样的物质，包围整个菌体。那些具有一定的形状和轮廓，能与周围的环境明显区分的称为荚膜(比较厚而固定的黏质层)，而那些无一定形状和轮廓，与周围环境无明显界限的就是黏质层。荚膜紧附于细胞壁后，是细菌构造的一部分，可用荚膜染色法观察。黏质层比较疏松，可自细菌游离外界。荚膜主要含多糖类或多肽类，而黏质层的主要成分是纯粹的多糖类。荚膜和黏质层的其他组分各种细菌各不相同，对某些细菌的鉴定是很有意义。荚膜和黏质层具有保护细菌的作用，尤其是保护细菌免受干燥和其他有类似环境因素的影响。植物病原细菌很少有荚膜，但有黏质层。

(7)鞭毛和纤毛(flagella and pili)　鞭毛是从细胞内伸出的细长、波浪形弯曲的粒状物。化学组成主要是鞭毛蛋白质，还有少量碳水化合物。鞭毛是细菌的运动器官。

细菌鞭毛的着生位置和数量各不相同，主要有两型，即极生鞭毛和周生鞭毛。极生鞭毛，着生在菌体一端或两端。周生鞭毛，着生在菌体一侧或四周(图2-42)。细菌有否鞭毛及着生位置和数量具有属的特征，在细菌分类上有重要意义。

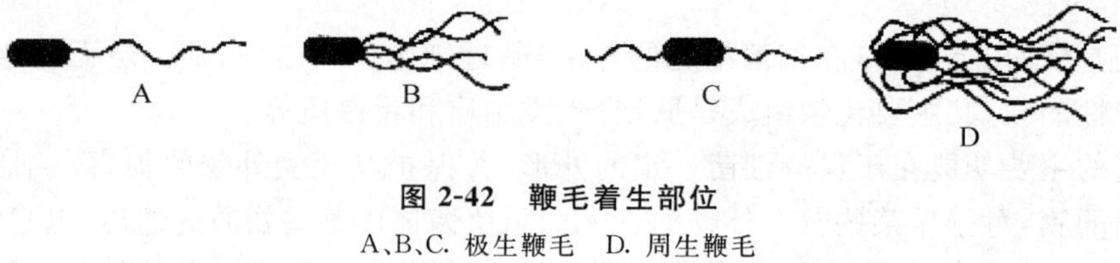

图2-42　鞭毛着生部位

A、B、C. 极生鞭毛　D. 周生鞭毛

除鞭毛外，有些细菌的细胞表面着生着比鞭毛更细、更短、中空的丝状结构，叫纤毛，也称伞毛。伞毛有普通伞毛和性伞毛之分，前者主要起附着作用，而后者则供细菌接合之用。

(8)芽孢(endospore) 某些细菌在其生长的某一阶段中，在营养细胞内可以形成一个内生孢子，称为芽孢。芽孢并不是细菌的繁殖器官，因为一个菌体只形成一个芽孢，芽孢萌发也只形成一个细菌。芽孢的壁较厚，结构坚实，含水量少，代谢几乎停止，折光性强，对外界不良环境有很强的抵抗性和忍耐性，特别能耐高温、干燥和高渗透压的作用。细菌产生芽孢的特性以及芽孢形状、大小、位置的特点，都具有种的特性，在细菌鉴定上很有意义。植物病原细菌多数没有芽孢，少数有芽孢。

(二)培养性状、繁殖、遗传和变异

1. 培养性状

细菌在固体培养基上生长形成群体，肉眼可见，称为菌落。不同细菌菌落大小、形态、颜色都有差异。细菌菌落一般是圆形，中央有点凸起、光滑、湿润，边缘一般为全缘，少数边缘不规则。菌落一般为乳白色或黄色，也有褐色或蓝色，但比较少见。菌落的颜色与菌体颜色有关，有一种色素不溶于水，只存在菌体中，如黄色素；另一种色素可溶于水，并分泌到细胞外，使培养基都变色，如荧光素。细菌在液体培养基上呈现混浊、絮状物、菌膜、菌环等。

2. 繁殖

细菌在适宜的环境条件下，不断地吸收营养物质进行代谢活动，从而使细胞质的量不断增加，体积随之加大，表现为生长。细菌都是以裂殖的方式，以 2^n 方式繁殖。细菌繁殖很快，如大肠杆菌在适宜的条件下 1 代/20 min。在液体培养时细菌增殖过程呈 S 形生长曲线，曲线的前部分为迟滞期，中部为对数生长期也称指数期，尾部为静止期。在其他条件适合时，温度对细菌生长和繁殖的影响很大。植物病原原核生物的生长适温为 26～30℃，少数在高温或低温下生长较好，如茄青枯菌的生长适温为 35℃，马铃薯环腐病菌的生长适温为 20～23℃。

3. 遗传

原核生物的遗传物质是在核区内染色体 DNA，它们大多数以双链、共价闭合环状的形式存在，染色体含有核蛋白，不含有组蛋白，基因是连续的，无内含子。细菌一般只有一条染色体，即一个核酸分子，其基因组是指单个染色体上所含的全部基因。细菌的染色体控制细菌的各种遗传特性。DNA 决定细菌的基因型，在特定条件下，全基因组表达出的生物学性状，称为表型。细菌中除核区染色体 DNA 外，还有单独的能自我复制的遗传物质，如质粒。核质和质粒共同构成了原核生物的遗传信息库——基因组。

4. 变异

原核生物具有遗传性和变异性。在细菌繁殖过程中，当外界环境条件发生变化后遗传物质结构发生某些改变时，细菌原有的性状也随之发生相应的改变这种现象称为细菌的变异。细菌的变异表现为菌体大小发生变异；荚膜、芽孢或鞭毛的缺失；有的细菌出现细胞壁缺陷的 L 型细菌。细菌的毒力变异可表现为毒力增强或减弱。有些细菌的酶活性发生变异，出现异常的生化反应。如大肠杆菌可以发酵乳糖，但发生酶变异后失去发酵糖的功能。遗传使细菌保持种属的相对稳定性，而基因型变异则使细菌产生变种与新种，有利于细菌的生存及进化。细菌变异主要是通过突变和类有性作用进行。

(1)突变 细菌在进行复制时，由于 DNA 链中碱基配对发生偶然的差错，从而引起细菌

染色体基因中个别核苷酸发生置换、增减或排列顺序的改变，这种现象称为突变。突变分为自发突变和诱导突变，前者突变频率低，只有 $10^{-9}\sim10^{-8}$，后者突变频率较高，为 $10^{-4}\sim10^{-1}$。诱导突变是人工应用各种诱变剂引起的基因突变。诱变剂是指能显著提高突变频率的各种理化因素。常用的物理因素有高温、紫外线及辐射等；化学因素包括各种碱基类似物、亚硝酸盐以及各种烷化剂等。

(2)类有性作用　是两个性状不同的细菌的结合，一个细菌的遗传物质进入另一个细菌体内，使 DNA 发生部分改变，后者在分裂繁殖时，就形成性状不同的后代。有三种不同的形式：①接合：两个细菌细胞相互接触，供体细菌的遗传物质可以部分进入受体细菌的体内，接受遗传物质的细菌在分裂繁殖时体内的两种遗传物质重新组合。接合时，两个细菌借助性纤毛完成遗传物质的转移。②转化：细菌在自然或人工感受态状态下从周围环境中吸收同源或异源的游离 DNA 片段，通过基因重组而获得新的性状。根据感受态建立方式，又分自然转化和人工转化。自然转化感受态的出现是细菌在一定生长阶段的生理特征，能从周围环境中吸收 DNA 的一种生理状态；人工转化是通过人为诱导的方法，如 $CaCl_2$ 处理细胞和电击穿孔法等。如常用的大肠杆菌以 $CaCl_2$ 为主，农杆菌以电击穿孔为主。③转导：噬菌体侵染和在消解一种细菌时，噬菌体的 DNA 可以携带部分寄主细菌的遗传物质，在侵染受体细菌时，就可以将遗传物质带到第二个细菌体内作为它的遗传物质的一部分。转导可分普通性转导和局限性转导，在普遍性转导中，供体菌 DNA 的任何片段都能以同等的机会被装入噬菌体外壳内，继而进入受体细胞；在局限性转导中，噬菌体总是携带同样的核酸片段到受体细菌中。

噬菌体是侵染细菌的病毒，专性寄生，一般蝌蚪状，在细菌液体培养时使培养液变清，在细菌培养平板上形成透明斑(噬菌斑)。

二、植物病原原核生物的侵染与传播

植物病原原核生物的种类很多，但所致病害的数量和危害性远不如真菌。尽管如此，有些细菌病害也是农业生产上的重要问题，无论是大田作物或果树、蔬菜都有 3～4 种细菌病害。目前生产上重要的细菌病害有水稻白叶枯病、马铃薯环腐病、茄科作物青枯病、十字花科蔬菜软腐病、葫芦科细菌性角斑病等。

(一)植物病原原核生物的寄生性与致病性

绝大多数的植物病原细菌都不是专性寄生菌，寄生性并不严格，可以人工培养，但是有些难培养细菌，则对营养要求十分苛刻，至今还不能人工培养，所以这些细菌被认为是专性寄生菌。不同细菌，其寄生性有所差异，如大豆细菌性疫病菌(*Pseudomonas syrigae* pv. *phaseolicola*)，寄生性较强，但在培养基上生长不好，在土壤中也不能存活；棉花细菌性角斑病菌(*Xanthomonas axonopodis* pv. *malvacearum*)，在培养基上生长的很好，在土壤中的寄主残余组织内可存活，但寄主组织分解后也跟随死亡；植物细菌性青枯病菌，腐生性却很强，在土壤中可长期存活，在人工培养基培养后，致病性易丧失。另外，植物病原细菌的寄主专化性也有差异，如桑疫病(*P. syringae* pv. *mori*)只为害桑树，棉角斑病菌只为害棉属植物，而甘蓝黑腐病黄单胞菌可以为害多数的十字花科植物，根癌土壤杆菌可以为害 643 种植物。正确判断病菌的寄主范围对病害防治和病原菌的鉴定有重要意义。同一个种的细菌，对相同植物的不同品种致病性也有分化，可依据鉴别寄主的发病情况把同一种细菌划分为不同的致病型。如我国水稻白叶枯病菌(*X. oryzae* pv. *oryzae*)可以划分 7 个致病型。

病原物的寄生性和致病性是两个不同的性状，寄生性是病菌与寄主建立寄生关系，能在寄主体内存活与繁殖的特性，而致病性则是病菌对寄主造成的破坏引起病变的特性，两者之间没有必然的关系。一般来讲，植物病原物寄生性强的致病性不一定强，寄生性弱的致病性也不一定弱。

(二)侵染来源

病害的发生一定程度取决于接种体的数量，由于病原细菌繁殖速率极快，少量的细菌很可能在短期内造成病害的大流行。植物病原细菌不产生休眠孢子，但可以在种子、土壤、多年生寄主植物、植物残体、昆虫等上存活。

多年生的木本植物，如果树等细菌病害，病原细菌在枝条或树干上越冬，成为下年初侵染来源。如：桃穿孔病菌（*X. campestiis* pv. *pruni*）可在枝上病斑内越冬，再传至叶片、果实、新枝上引起病害。

草本植物的细菌病害，主要有以下这些侵染来源：

1. 种子和无性繁殖器官

许多植物病原细菌可以在种子或无性繁殖器官（如块根、块茎、鳞茎、芽条和插条等）内外越冬或越夏，是重要的初侵染来源。随着带病种子、种苗和种薯的调运（远距离传播），病害可以传播到其他地区。

如水稻白叶枯病、马铃薯环腐病、甘薯瘟、桑青枯病、柑橘溃疡病等。种子上的携带细菌可以长期存活。如菜豆萎蔫菌可在菜豆上存活5～24年。

2. 土壤

植物病原细菌单独在土壤中的存活期一般是很短的。青枯病菌和冠瘿病菌在土壤中不能大量繁殖，但是可以长期作为侵染的来源，这两种病原细菌在植物根围土壤中的存活时期较长。在土壤中存期活长短与土壤温度、湿度、深度、土质、土壤微生物、pH等有关。

病原细菌在土壤中的存活，要分析是在土壤中单独存活，还是在土壤中的作物残余组织中存活。较多的植物病原细菌可以在土壤中的残余组织中存活，当这些残余组织分解和腐烂后，其中的病原细菌大都也随着死亡。

3. 病株残余

植物病原细菌可以在病株残余组织中长期存活，是许多细菌病害的重要侵染来源。温度较低、干燥的残余组织中的病原细菌存活时期较长。高温高湿可促使残余组织的分解和腐烂，使病原菌的存活时期减短。还田的秸秆，如能促使它们很快分解和腐烂，其中的细菌大都死亡。

4. 杂草和其他植物

植物病原细菌的寄主范围大都是比较专化的，杂草和其他作物上的病原作为侵染来源远不如植物病毒那样普遍。但是，有些细菌病害已经发现了它们的越冬杂草寄主，如水稻白叶枯病和农作物青枯病等。此外，一种作物的病菌可以是另一种作物的侵染来源。个别寄主范围宽的细菌，出现生活史中寄主的交叉。

5. 昆虫介体

昆虫介体可以传染病害。但是作为侵染来源则远不如植物的病毒那样普遍。病原细菌在介体内越冬并作为侵染来源，最典型的还是玉米细菌性枯萎病，它的病原细菌可以在玉米叶甲体内存活和越冬,很容易从它的体内分离到病原细菌。介体中的病菌是最主要的侵染来源。玉米细菌性枯萎病就是根据越冬传染介体玉米叶甲的数量,来预测下一年发病的轻重。梨火疫病主要靠蜜蜂、蚂蚁带菌。

(三)侵染途径

植物病原细菌不能直接侵入植物,不像真菌那样直接穿过角质层或从表皮侵入,只能通过自然孔口和伤口侵入,但有少部分细菌可以从没有角质化的表层侵入,像花粉囊及柱头。

植物的自然孔口有气孔、水孔、皮孔及蜜腺等。自然伤口主要有风雨、雹、冻害及昆虫等。人为伤口以耕作、施肥、嫁接、移栽、疏芽、疏果、打顶、收获、运输等为主。不同的细菌其侵入途径是不同的,如棉花角斑病可以从气孔侵入;水稻白叶枯病和甘蓝黑腐病的病原细菌从水孔侵入;梨火疫病从梨的蜜腺侵入。如根癌土壤杆菌、棒形杆菌、软腐果胶杆菌以伤口侵入为主。从自然孔口侵入的细菌一般都能从伤口侵入,反之不一定。

(四)侵入后的扩展

细菌侵入寄主组织后,不能直接侵入寄主细胞,先在寄主薄壁组织的细胞间隙繁殖或在导管中繁殖,当寄主细胞受到损伤或死亡后,再进入细胞。有的细菌在寄主组织中蔓延不大,仅局限在小范围的薄壁组织,引起斑点症状,如引起棉角斑病、瓜类的细菌性角斑病(*X. cucurbitae*)的细菌蔓延受到叶脉限制。有的细菌蔓延较广,如胡萝卜果胶杆菌(*P. carotovorum*),感染大白菜后导致整株腐烂。而有的细菌限制在植物维管束的导管里,引起萎蔫症状。有的细菌会分泌激素类物质,促使植物组织增大或癌肿,如根癌土壤杆菌、杨梅癌肿病菌(*P. syringine* pv. *myriae*)及红色球菌(*Rhodococcus fcscins*)。还有的细菌从薄壁组织或水孔侵入植物维管束,在维管束组织的木质部或韧皮部中蔓延,引起系统侵染,如青枯病菌(*Ralstonia solanacearum*)在番茄的木质部中蔓延,而番茄溃疡棒形杆菌(*Clavibacter michiganensis* subsp. *michiganense*)则在番茄的韧皮部中蔓延。

(五)传播途径

植物病原细菌重要的传播途径是雨水,当下雨时,雨滴就会把细菌在发病植株上产生的菌脓溅飞并传到周围健康的植株上。除了雨水传播途径外,还包括风、昆虫、线虫等其他动物,人类及其农事活动也能传播植物病原细菌。在该过程中,细菌必须从受侵染的植株上游离出来,沉积在健株的适宜部位引起侵染。

1. 远距离传播

植物病原细菌不像真菌的孢子那样随气流传播得很远。植物病原细菌的远距离传播主要是人为的传播。带病植物的种子、块茎、苗木等远距离的运输,而造成细菌病害的地区和国家间的传播,如水稻白叶枯病、细菌性条斑病、甘薯瘟、柑橘溃疡病等通过种子和苗木的调运而使病区不断扩大。此外,江河和台风雨也可使植物病原细菌作较远距离的传播。

2. 田间的近距离传播

(1)雨露　雨露是植物病原细菌田间传播的最主要的途径。植物感病组织表面的细菌和菌脓,需要通过雨露的溶解而分散开来,并通过水滴的飞溅而在植物间作有效的传播。许多植物细菌病害发生的轻重与降水密切相关,除了因为雨水传播细菌之外,水滴的存在是细菌侵入植物组织的必要条件。雨水是植物病原细菌最主要的传播途径。而风雨所造成的伤口更有利于病原细菌的侵染。

(2)流水和灌溉水　许多植物病原细菌可以通过流水和灌溉水在田间传播，使病害蔓延，特别是对于土传的细菌病害更是如此。如农作物青枯病等。

(3)介体传播　昆虫是病原细菌传播的主要介体。在很多情况下，昆虫不仅是病菌的“传播者”，而且是病菌的“接种者”。如十字花科蔬菜软腐病，此外玉米细菌性萎蔫病菌是由几种叶甲昆虫传播；蜜蜂可以传播梨火疫病菌等；种蝇的幼虫和菜青虫传播白菜软腐病。

除昆虫之外，土壤内的线虫，也能传播一些病原细菌，如小麦蜜穗病(*Rathayibacter tritici*)由小麦粒线虫传染。

(4)农事操作　农事作业往往造成伤口，农具、耕牛、农机具等都可以将病原细菌从病田带到无病田。施肥、摘心、整枝、打顶、嫁接、切刀、采收、中耕等农事操作都可以成为当地传播细菌病害的重要因素。如马铃薯环腐病就是通过不消毒的切薯刀传给健康种薯的。

三、植物病原原核生物的主要类群

根据目前公认的五界生物分类系统，细菌属于原核生物界。由于原核生物形态简单、差异较小，内部的分类系统还不完善。目前比较公认的是《伯杰氏细菌鉴定手册》(第九版，1994)分类系统。根据《伯杰细菌鉴定手册》(1994)和近年来《国际系统细菌学杂志》(International Journal of Systematic Bateriology，IJSB)报道的新属新种资料，原核生物界通常分为4个门，7个纲，35个组群。

薄壁菌门(Phylum Gracilicutes)：有壁较薄，厚度为8～10 nm，肽聚糖含量5%～10%，革兰氏染色反应阴性。包括大多数植物病原细菌。

厚壁菌门(Phylum Firmicutes)：有壁较厚，厚度为50～80 nm，富含磷壁酸和肽聚糖，革兰氏染色反应阳性。包括棒形杆菌属、芽孢菌属和链霉菌属。

软壁菌门(Phylum Tenericutes)：菌体无壁，外层为三层单位膜所包被，厚度约5 nm。包括类菌原体。

疵壁菌门(Phylum Mendosicutes)：这是一类没有进化的原细菌或古细菌，细胞壁中无胞壁酸和肽聚糖。包括产甲烷细菌和高盐细菌。

(一)分类

《伯杰手册》(1923)(第一版)：植物病原细菌归属于植物单细胞菌属，该属名与原生动物的一个属名相重，因而舍弃。

从第六版(1948)开始主要由假单胞菌属(*Pseudomonas*)、黄单胞菌属(*Xanthomonas*)、土壤杆菌属(*Agrobacterium*)、欧文氏菌属(*Erwinia*)、棒杆菌属(*Corynebacterium*)、木质部小菌属(*Xylella*)等构成。长期以来，植物病原细菌仅限于5～6个属，近20年来，又陆续新建了一些植物病原细菌属，目前植物病原原核生物有30个属。

植物病原原核生物属的界限比较明确，意见也较一致。但种的划分有较大的分歧，过去，表形性状相似但致病性明显不同都认为是不同的种，但根据系统学的观点，不同来源的细菌只有在性状总体上相似方可认为是一个种。

(二)植物病原原核生物重要属及特点

1. 薄壁菌门植物病原细菌主要属

(1)土壤杆菌属(*Agrobacterium*)　属于根瘤菌科的一员，土壤习居菌、菌体短杆状，单生或双生，鞭毛1～6根，周生或侧生，革兰氏染色阳性。好气性，代谢为呼吸型，无芽孢。营养琼脂上菌落为圆形、隆起、光滑，灰白色至白色，质地黏稠。不产生色素。DNA中G+C含量占57～63 mol%。氧化酶和过氧化氢酶阳性。

大多数细菌都带有除染色体之外的另一种遗传物质，一种大分子的质粒，它控制着细菌的致病性和抗药性等，如侵染寄主引起肿瘤症状（根癌土壤杆菌）的质粒称为“致瘤质粒”（tomor inducine plasmid，俗称为Ti质粒），有的能引起寄主产生不定根的“致发根质粒”（rhizogen inducine plasmid，俗称Ri质粒）。

该属目前只有4个种引起植物病害，发根土壤杆菌（*A. rhizogens*）、悬钩子土壤杆菌（*A. rubi*）、放射性土壤杆菌（*A. radiobacter*）和根癌土壤杆菌（*A. tumefaciens*）。其中放射性土壤杆菌（*A. radiobacter*）是非致病菌，并能产生细菌素。如土壤杆菌素K84是从澳大利亚土壤中分离的放射性土壤杆菌K84菌株产生的，在世界上许多国家被成功地用于果树冠瘿病的生物防治。而根癌土壤杆菌（*A. tumefaciens*）作为模式种，能引起多种植物根癌病。该病的诊断要点是根及近根的茎生有癌肿。寄主广泛，可侵害90多科300余种双子叶植物，尤以蔷薇科为主，引起桃、苹果、葡萄、月季的根癌病。癌肿是由病菌产生的激素引起的。

（2）假单胞菌属（*Pseudomonas*） Migula 1894年建立，它占植物病原细菌的一半。是假单胞菌科的模式属。主要引起叶斑、腐烂和萎蔫等症状，如黄瓜细菌性角斑病、桑疫病等。

菌体短杆状或略弯，单生，(0.5～1) μm×(1.5～5.0) μm，单生，鞭毛极生1～4根或更多。革兰氏染色阴性，严格好气性。DNA中G+C占58～70 mol%，氧化酶和过氧化氢酶阳性。不产生黄单胞菌色素。腐生或寄生于植物和动物。根据《伯杰手册》包括94种，有植物病原细菌21种，59个致病变种（Young，1996）。Pallevoni根据rRNA/DNA同源性，分为5个组，植物病原细菌主要在第1、2组，少数在第5组。大多数有荧光反应——纯培养在紫外光下照射能发出强烈荧光。该属成员很多，其中丁香假单胞菌（*P. syringae*）寄主范围很广，危害多种木本和草本植物，引起叶斑、坏死、溃疡、枝枯、腐烂。细菌性叶枯病菌（*P. syringae* pv. *syringae*）、玉米细菌条纹病菌（*P. andropogonis*）、油菜籽细菌荚腐病菌（*P. syringae* pv. *maculicola*）、向日葵细菌性萎蔫病菌（*P. helianthi*）、甜菜细菌疫病菌（*P. syringae* pv. *aptata*）等都是该属中的植物病原细菌。

（3）布克氏菌属（*Burkholderia*） 布克氏菌属是由假单胞菌属中的rRNA第二组独立出来的，模式菌株是引起洋葱腐烂病的洋葱布克氏菌（*B. cepacia*），DNA中G+C占64～68 mol%。该属细菌均为非荧光的植物病原假单胞。

（4）劳尔氏菌属（*Ralstonia*） 1996年，根据16S rDNA序列和rRNA-DNA杂交的结果将原属于假单胞菌属的青枯菌与另外两个菌组合而成的一个新属。革兰氏染色阴性，菌体短杆状，好气性，DNA中G+C占64～66.6 mol%，过氧酶和过氧化物酶阳性，只有一根鞭毛（极鞭或周鞭）甚至无鞭毛。有的是植物病原菌，有的是人类致病菌。引起植物特别是茄科植物的青枯病——茄青枯劳尔氏菌（*R. solanacearum*）。

普通细菌培养基上菌落隆起、光滑、湿润、灰白色至白色。有些菌株在培养基上可分泌一种水溶性褐色素而使培养基变褐色。在灭菌的马铃薯块上，则能使其变深褐色至黑色。

该菌的寄主范围很广，可侵染50多个科的数百种作物，马铃薯、烟草、花生、番茄等重要农作物青枯病发生非常严重。种下分类多样化，通常有小种、生化型血清型等。病害的典型症状是全株呈现急性凋萎，病茎维管束变褐，横切后用手挤压可见有白色菌脓溢出。

该菌可以在土中长期存活，是土壤习居菌。病菌可随土壤、灌溉水和种薯、种苗传染与传播。侵染的主要途径是伤口，高温多湿有利发病。

(5)欧文氏菌属(*Erwinia*)　为纪念 Erwin F. Smith 最早确认细菌引起植物病害(梨火疫病)而用其名拉丁化后作为火疫病菌所在属的属名。它是肠杆菌科的一员，菌体短杆状，(0.6～1.0) μm×(1.5～3.0) μm，多双生或短链状，鞭毛周生多根；兼性好气性；革兰氏染色阴性，无芽孢；菌落圆形，隆起灰白色；DNA 中 G+C 占 50～58 mol%。氧化酶阴性，过氧化氢酶阳性，果胶酶阴性。一般不产生色素。分为两个组群，一是以梨火疫病菌(*E. amylovory*)为代表的解淀粉菌群，二是以胡萝卜软腐菌(*E. carotovora*)为代表的软腐菌群。有 15 个种，5 个亚种，7 个变种。

该属大多数种是植物病原菌，引起植物坏死、溃疡、萎蔫、流胶、叶斑及软腐症状。

软腐菌群寄主范围很广，包括十字花科、禾本科、茄科等 20 多个科的数百种果蔬和大田作物，大多由伤口侵染或介体传带侵染，引起肉汁或多汁的组织软腐，尤其在厌氧条件下最易受害，大白菜软腐病常在贮藏期间表现症状。

近年来，将 *Erwinia* 属中的草生菌群的玉米枯萎病菌等另建新属，称为泛生菌属(Pantoea)，菠萝软腐病菌为 *P. ananas*，玉米枯萎病菌为 *P. stewartii* 等，模式菌株是 *P. agglomerans*。

常见种：

胡萝卜欧文菌(*E. carotovara*)：俗称大白菜软腐病菌，寄生范围很广，包括十字花科、禾本科、茄科等 20 多科的数百种果蔬和大田作物。大多由伤口侵染，或介体动物传带侵染，引起肉汁或多汁的组织软腐，尤其是在厌氧条件下最易受害，多在仓库中贮藏期间表现症状。

菊欧文菌(*E. chrysanthemi*)：引起多种亚热带植物和观赏植物软腐病。

玉米细菌性枯萎病菌(*P. stewartii*)和梨火疫病菌(*E. amylovara*)是我国的对外检疫对象。

(6)黄单胞杆菌(*Xanthomonas*)　菌体短杆状，(0.4～0.7) μm×(0.7～1.8) μm，单极生鞭毛；绝对好氧；革兰氏染色阴性；菌落一般为黄色、光滑或黏稠；产生非水溶性黄单孢菌色素(Xanthomonadins)；DNA 中 G+C 占 63～71 mol%。氧化酶阴性较弱，过氧化氢酶阳性，绝大多数成员为植物病原细菌。Vanterin(1995)归属 20 个种，120 个致病变种。

野油菜黄单胞菌(*X. campestris*)模式种，俗称甘蓝黑腐病菌，该菌产生的胞外多糖已工业化生产，称为黄原胶，用于食品加工、石油开采等许多方面。另外比较重要的致病变种为野油菜黄单胞菌禾草致病变种(*X. c.* pv. *graminis*)，能引起禾谷类黑颖病；野油菜黄单胞菌柑橘致病变种(*X. c.* pv. *citri*)引起柑橘溃疡病；稻黄单胞菌(*X. oryzae*)致病变种稻白叶枯病菌(*X. o.* pv. *oryzae*)和稻细菌性条斑病菌(*X. o.* pv. *oryzicola*)侵染水稻分别引起水稻白叶枯病和细菌性条斑病。

(7)木质部小菌属(*Xyllela*)　1987 年建立的 1 个新属，以前称为木质部难养菌。大多数是单细胞菌体，菌体短杆状，(0.2～0.5) μm×(1.0～4.0) μm，无鞭毛；兼性好气性；革兰氏染色阴性，细胞壁波纹状，无芽孢；DNA 中 G+C 占 51.0～52.4 mol%。氧化酶阴性，过氧化氢酶阳性。营养要求苛刻，琼脂上不能生长，需要血清蛋白或焦磷酸铁等(需要可溶性铁)。菌落有两种类型，一是枕状凸起，半透明，边缘整齐；一是脐状，表面粗糙，边缘波纹状。

喜欢在木质部中活动故称为木质部难养菌(*Xylem fastidious* bacteria，XFB)。但必须依赖叶蝉类昆虫媒介才能传染。

已知仅一种:木质部难养菌(*X. fastidiosa*)。原来认为由类立克次体 RLO 或木质部难养菌 XLB 引起的葡萄皮尔氏病(Piece's disease)、苜蓿矮化病、桃伪果病等病害,近年来已获得纯培养并接种成功。经鉴定,它们都是由木质部难养菌侵染引起的,病菌寄主范围很广。

(8)根杆菌属(*Rhizobacter*) 菌体短杆状,略弯,(0.9～1.3) μm×(2.1～2.5) μm,团生,极生或侧生鞭毛;好气性;革兰氏染色反应阴性,无芽孢;菌落白色或黄色。菌落有皱褶,较黏稠,不耐盐(0.7%NaCl),液体培养时出现球状颗粒,氧化酶、过氧化物酶均为阳性,硝酸盐还原、产 H_2S,能水解淀粉、糊精,体内积累 PBH 颗粒。

假单胞菌科的一个新成员,仅一种,胡萝卜根癌杆菌(*R. daucus*)引起胡萝卜根部癌肿。

(9)韧皮部杆菌属(*Candidatus liberobacter*) 新设立的属,这是一类在韧皮部中寄生危害的病原菌,以柑橘黄龙病菌为代表,至今尚未能人工培养,但已在电镜下观察菌体梭形或短杆状,革兰氏染色阴性,过去一直称为类细菌或韧皮部难养菌(phloem fastidious bacteria, PFB)。近年来细菌学家和植物病理学家建议用韧皮部杆菌属(*Liberobacter*)。

包括两个种:*L. asiaticum*,引起柑橘黄龙病。在亚洲发生,发病的最适温度为30℃左右,传播介体为亚洲橘虱。*L. africanum*,引起青果病。在非洲发生,发病的最适温度为 20～25℃,由非洲木虱传染。

2. 厚壁菌门植物病原细菌的主要属及特点

(1)棒形杆菌属(*Clavibacter*) 棒形杆菌属是厚壁菌门的一个新成员。菌体短杆状至不规则棒杆状,大小为(0.4～0.75) μm×(0.8～2.5) μm,无鞭毛;好气性;革兰氏染色阳性,不产生内生孢子;营养琼脂上菌落圆形光滑凸起,不透明,灰白色;氧化酶阴性,过氧化物酶阳性,DNA 中 G+C 占 67～78 mol%。

原来的棒状杆菌大多成员都放在这一新属中,包含 5 个种和 7 个亚种,都是植物病原菌,引起系统性病害,表现萎蔫、蜜穗、花叶等症状。

模式种是密执安棒形杆菌(*C. michiganensis*)。马铃薯环腐菌亚种(*C. m.* subsp. *sepedonicus*)引起马铃薯环腐病。病菌可侵害 5 种茄属植物。病菌大多借切刀的伤口传染,病株维管束组织被破坏,横切时可见到环状维管束组织坏死并充满黄白色菌脓,稍加挤压,薯块即沿环状的维管束内外分离,故称环腐病。小麦密穗棒杆菌(*C. tritici*)引起小麦密穗病。

该属的成员原来都属于棒状杆菌属,由于它们和模式种(白喉杆菌)的差异较大,亲缘关系较远,所以细菌学家将植物病原细菌从中移出并建立了棒形杆菌属,棒状杆菌属仍保留,其成员都是人和动物的病原细菌。

(2)节杆菌属(*Arthrobacter*) 该属细菌在复合培养液中的菌体形态有球状至杆状的生长循环,即杆—球状循环。在新鲜培养物中,菌体多为杆状或 V 形不规则杆状,在 3 d 以上的培养液中,菌体呈球状,直径 0.6～1.0 μm。杆状细胞不运动或偶有运动。革兰氏染色反应阳性,绝对好氧,菌落黄色,圆形,凸起,过氧化物酶阳性,DNA 中 G+C 含量为 59～66 mol%。

仅一种病原菌—美国冬青节杆菌(*A. ilicis*),引起冬青细菌疫病。

(3)短杆菌属(*Curobacterium*) 菌体不规则杆状,短小,(0.4～0.6) mm×(0.6～3.0) mm,随着菌龄变老,菌体变为球状,侧生鞭毛;好气性;革兰氏染色反应阳性,但是老龄细胞革兰氏染色反应常呈阴性,无芽孢;菌落圆形,隆起、奶油状,多为橘黄色;DNA 中 G+C 含量为 68～75 mol%。

植物病原菌仅一种。菜豆萎蔫短杆菌(*C. flaccumfaciens* pv. *flaccumciens*)，引起菜豆幼苗矮化，成株萎蔫。

(4)红球菌属(*Rhodococcus*)　菌体多为球形，但可以芽殖而变成短杆状或分枝丝状；好气性；革兰氏染色反应阳性，无鞭毛；菌落淡黄色或橘红色，奶酪状，圆形不透明，DNA 中 G+C 含量为 59～69 mol%。仅一种，香豌豆带化红球菌(*R. fascians*)，侵害幼芽、幼茎，使呈丛生状，茎叶扭曲，叶柄和叶部常形成瘿瘤。

(5)芽孢杆菌属(*Bacillus*)　菌体直杆状，大小(0.5～2.5) mm×(1.2～10) mm，鞭毛周生多根；活动性强，老龄菌体产生芽孢，好气或兼性厌气；革兰氏染色反应阳性，菌落扁平，灰白色，边缘不整齐，有缺刻或波纹，较黏稠；DNA 中 G+C 含量为 32～39 mol%。

分布广泛，常分离到，加快病组织的腐烂或坏死，少数可单独侵染而致病。可以产生细菌素或毒素，常用作生物防治的材料。

(6)链霉(丝)菌属(*Streptomyces*)　与放线菌关系密切，但它们对氧气的需求是不同的，凡厌气类型的仍保留在放线菌内，而好气性的类群则归在链丝菌类中。营养琼脂上菌落圆形，紧密，多灰白色，菌体丝状，纤细、无隔膜，直径 0.4～1.0 μm，辐射状向外扩散，分基质内菌丝与气生菌丝两种。基质内菌丝体生长发育良好，多分枝，一般不形成横隔也不断裂，有的菌丝在生长后期偶尔断裂；气生菌丝分支，在气丝上有长的孢子丝链，直或弯曲或螺旋状。孢子丝链分化为孢子。孢子圆形、椭圆形或杆状。孢子的形态色泽因种而异，是分类依据之一。

链霉菌多为土居性微生物，常产生抗菌素类的次生代谢物，对多种微生物有拮抗作用。少数种能引起植物病害，如马铃薯疮痂病菌(*S. scabies*)。

3. 软壁菌门植物病原生物主要属及特点

菌体无细胞壁，只有一层原生质膜包围在菌体的四周。与植物病害有关系的统称为植物菌原体，包括螺原体属和植原体属。能穿透细菌过滤器，对青霉素不敏感，对四环素敏感。

菌原体侵染植物后引起的病害类型大多为黄化、矮缩、丛生、小叶等症状。1967 年，日本学者土居养二(Doi，Y)首先从桑萎缩病电镜切片中发现了类菌原体(Mycoplasma like orgnism，MLO)，其属于原核生物界软(无)壁菌门。

目前已知约有 300 种植物发生菌原体病害，如桑萎缩病、枣疯病、苹果缩果病、梨衰退病、水稻黄矮病、甘薯丛枝病、泡桐丛枝病和椰子死亡黄化病等。

(1)螺原体属(*Spiroplasma*)　菌体的基本形态为螺旋形，繁殖时可产生分枝，分枝亦呈螺旋形。生长繁殖时需要提供甾醇，螺原体在固体培养基上的菌落很小，煎蛋状，直径 1 mm 左右，常在主菌落周围形成更小的卫星菌落。菌体无鞭毛，但在培养液中可以做旋转运动。

兼性厌氧菌。基因组大小为(5×10^8) u～(5×10^9) u，DNA 中 G+C 含量为 24～31 mol%。

传病介体：叶蝉、飞虱等。如柑橘僵化病、玉米矮化病和蜜蜂的爬蜂病等都是螺原体侵染所致。柑橘僵化螺原体(*S. citri*)引起柑橘僵化病和辣椒脆根病。玉米矮缩螺原体(*S. kunkelii*)为害玉米、高粱和一些禾草，如长春花黄花螺原体(*S. phoeniceum*)等。

(2)植原体属(*Phytoplasma*)　菌体的基本形态为圆球形或椭圆形，在韧皮部筛管中或在穿透细胞壁上的胞间连丝时，可以成为变形体状，如丝状，杆状或哑铃状等。大小为 80～1 000 nm。目前还不能人工培养。早期称之为类菌原体(mycoplasma-like organism，MLO)，其分类和鉴定主要依靠生物学特征，如寄主、症状、介体专化性等。近年来分子生物学方法已广泛应用于此领域，分类取得了很大的进展。

如桑萎缩病、枣疯病、泡桐丛枝病、水稻黄矮病、水稻橙叶病和甘薯丛枝病等，是由这类菌原体侵染所致。通过16S rDNA序列同源性比较，可以将所有已知植原体分为若干个组，最常见的是下列5个组：

第1组是翠菊黄化病组：共同特征是叶黄化，花变小或肿大，如翠菊黄化病、长春花小叶病、花椰菜变叶病、桑树矮化病及马铃薯巨芽病等。

第2组是丛枝病组：共同的症状是引起丛枝，如花生丛枝病、甘薯丛枝病、番茄巨芽病、泡桐丛枝病及油橄榄丛枝病。

第3组是桃X病组：症状有黄化，丛枝等。如桃、樱桃的X病，三叶草黄化丛枝病，胡桃丛枝病，绣线菊矮化病及一品红丛枝病等。

第4组是椰子致死黄化组：共同特征是木本植物的叶片黄化、丛枝、小叶等。如椰子致死黄化病、榆树黄化病、葡萄黄叶病、杨柳丛枝病。

第5组是水稻黄萎病组：有叶蝉传播的水稻黄矮病、甘蔗白叶病和牧草丛枝病等。

四、植物病原原核生物病害的特点

植物受原核生物侵害以后，在外表显示出许多特征性症状，根据症状的表现即可初步做出诊断。细菌病害的症状主要有坏死、腐烂、萎蔫和瘤肿，褪色或变色的比较少见；有的有病征菌脓溢出。在田间多数细菌性病害往往有如下症状特点：①受害组织表面为水浸状或油渍状；②在潮湿条件下，病部有黄色或乳白色、胶黏、似水珠状的菌脓；③腐烂型病害的患部往往有恶臭味。细菌一般通过伤口或自然孔口侵入寄主植物，侵入后，通常现将寄主细胞或组织杀死，再从死亡的细胞或组织中吸取养分，以便进一步扩展。在田间，病原细菌主要通过流水（雨水、灌溉水等）进行传播。由于暴风雨能够大量增加寄主伤口，有利于细菌侵入，又能促进病害的传播，创造有利病害发展的条件，因而往往成为细菌病害流行的一个重要因素。

菌原体病害的症状主要是变色和畸形，包括植株黄化、矮化或矮缩，丛枝，叶片变小，花变叶等。植物菌原体和维管束的难养细菌往往借助叶蝉等在韧皮部取食的昆虫介体或嫁接等传播。

第三节 植物病原病毒

病毒（virus）是包被在蛋白质或脂蛋白保护性外壳中，只能在合适的寄主细胞内完成自身复制的只有1或多个基因组的核酸分子，又称分子寄生物。病毒区别于其他生物的主要特征是：个体微小，结构简单；病毒没有细胞结构，是严格的专性寄生物，由于没有实现新陈代谢所必需的基本系统，所以病毒自身不能复制。但是当它接触到宿主细胞时，便脱去蛋白质外套，它的核酸（基因）侵入宿主细胞内，借助后者的复制系统，按照病毒基因的指令复制新的病毒粒体。根据寄主不同，病毒分植物病毒、动物病毒、真菌病毒和噬菌体。

植物病毒是仅次于真菌的一类重要植物病原物。目前已知的植物病毒病害达1 000余种，几乎任一种植物都有病毒病的发生，其中不少是毁灭性病害。以水稻为例，在水稻上的植物病毒病多达10多种，其中水稻东格鲁病在东南亚一些国家发生严重，病田产量一般损失30%～70%，重病田颗粒无收。而且一种病毒可侵染多种植物，如烟草花叶病毒可侵染36科

236 种植物。

一、植物病毒的一般性状

植物病毒是一类形态结构简单的微小生命体，并且植物病毒是一类非细胞形态的生物，其个体的基本形态称为粒体(virion)或粒子(particle)。

1. 形态与结构

病毒粒体非常微小，在一般的光学显微镜下是看不见的，必须要使用放大数万倍的电子显微镜才能观察得到。植物病毒的粒体虽然形态各异，粒体间大小差异也较大，但基本形态主要包括 5 类。其中大部分病毒的粒体形态为球状、杆状和线状，很少数病毒的粒体形态为分枝丝状和由两个球状两两相连而成的双联体状(图 2-43)。

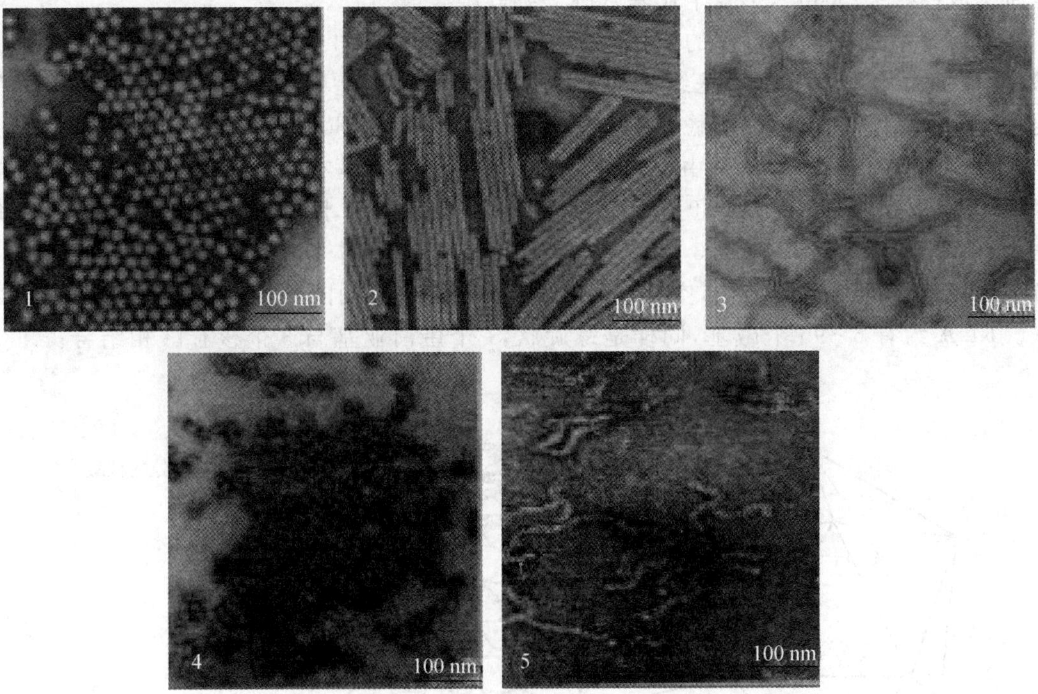

图 2-43 病毒形态

1. 球形 2. 杆形 3. 线形 4. 双联体 5. 分支丝状

一般而言，植物病毒的粒体由核酸(DNA 或 RNA)和衣壳蛋白(coat protein)两部分所组成。核酸在内形成核酸芯，蛋白在外保护核酸而形成衣壳。极少数病毒在蛋白外壳外还有一层脂类物质，称为包膜(envelope)。核酸是病毒的遗传物质，含有产生病毒新个体的所有遗传信息。每一种植物病毒只含有一种核酸(DNA 或 RNA)，因此可将病毒分为 DNA 病毒和 RNA 病毒两大类。DNA 病毒又可分为双链 DNA 病毒和单链 DNA 病毒。RNA 病毒也可分为双链 RNA 病毒和单链 RNA 病毒。在植物病毒中，绝大多数植物病毒(约占 80%)的核酸为单链 RNA，其次为单链 DNA 病毒(占 12%)，双链 RNA 和双链 DNA 病毒最少。衣壳蛋白的基本单位是蛋白质亚基(protein subunit)。有些病毒(如棒状和线状病毒)由单一蛋白亚基围绕核酸分子构成完整的病毒粒体，有些病毒(如大多数球状病毒)由 3～6 个蛋白亚基凝聚成壳基(聚体或邻聚体),再由这些壳基围绕核酸分子构成完整的病毒粒体。壳基依凝聚的蛋白亚基数不同,分为二聚体(dimer)和三聚体(trimer),或五邻体(pentamar)和六邻体(hexamar)。这些壳基在电子显微镜下是可以观察到的形态单位(morphological unit)。植物病毒粒体的构型主要有两种,由蛋白亚基或是以螺旋对称结构(helical symmetry),或是以等轴对称结构(isometric symmetry)的方式构建成病毒粒体。

球状病毒粒体为等轴对称结构,又称正二十面体对称结构,即粒体表面由 20 个正三角形组合而成,外观似球形。它有 20 个等边三角形面、12 个顶点和 30 条边,面、顶点和边都是对称的。蛋白亚基常以五聚(邻)体或 6 聚(邻)体形式组成壳基。例如芜菁花叶病毒,粒体 20 个面的每一面围绕核酸镶嵌着 6 个蛋白亚基(又称 6 邻体);其 12 个顶点,每个顶点均围绕着核酸镶嵌上 5 个蛋白亚基(5 邻体)。因此,芜菁花叶病毒的核衣壳,系有 20 个 6 邻体和 12 个 5 邻体所构成(含 120+60 =180 个亚基)(图 2-44-1)。

杆状病毒和线状病毒粒体的构型为螺旋对称结构(图 2-44-2)。粒体的中间是螺旋状的核酸链,外面是由许多蛋白亚基组成的衣壳。这些蛋白亚基同样装配成螺旋状,镶嵌在核酸链中,形成高度有序、对称的稳定结构。例如烟草花叶病毒(*Tobacco mosaic virus*,TMV)粒体长 300 nm,直径 18 nm,系由 2 130 个左右的蛋白亚基呈右手螺旋排列组成。每圈排列 16.5 个蛋白亚基,3 圈共排列 49 个蛋白亚基,即螺旋排列 3 圈位置重复 1 次,因此螺旋周期为 6.9 nm,螺距(pitch)为 2.3 nm,一个烟草花叶病毒粒体容纳 130 个螺距。研究表明,烟草花叶病毒中间为空心结构,空心半径为 2 nm。从中心轴向外 4 nm 处蛋白亚基与 RNA 镶嵌。RNA 约有 6 395 个碱基,同样是螺旋状,1 个蛋白亚基与 3 个核苷酸相结合。

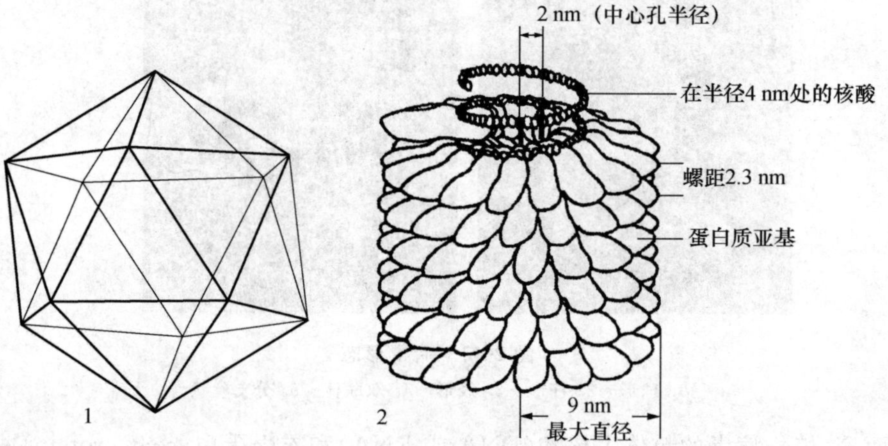

图 2-44 植物病毒的形态结构

1. 螺旋结构 2. 二十面体结构

2. 病毒化学组分和构成

病毒的主要成分是核酸和蛋白质,除此之外,还含有一些其他物质。

(1)核酸 病毒的核酸有 RNA 和 DNA 两种类型,并有单链和双链之分。绝大多数植物病毒的核酸是单链 RNA(ssRNA),极少数为双链 RNA(dsRNA)、单链 DNA(ssDNA)或双链 DNA(dsDNA)。不同形态病毒中核酸的比例不同。通常球状病毒的核酸含量高,占粒体重量的 15%~45%,线状和杆状病毒中核酸占 5%~6%,而弹状病毒中核酸只占 1%左右。

(2)蛋白质　植物病毒的蛋白可分为结构蛋白与非结构蛋白。结构蛋白主要是包被在病毒外部的衣壳蛋白(coat protein,CP)。非结构蛋白包括病毒复制所需的酶及传播、运动需要的功能蛋白等。除蛋白和核酸外，弹状病毒还有少量的脂类和糖蛋白存在于包膜中，某些病毒粒体还含有多胺等。此外，金属离子如 Na^+、Ca^{2+}、Mg^{2+} 等也是许多病毒必需的。

(3)其他物质　除核酸和蛋白质外，植物病毒含有大量水分，病毒粒体一般含有10%～50%的水分。有些病毒还含有一些碳水化合物，以糖蛋白或脂类的形式存在于病毒的囊膜中，某些病毒还含有精胺和亚精胺等多胺类物质，它们与核酸上的磷酸基团相互作用，以稳定核酸分子结构。金属离子是许多病毒所必需的，主要有钙离子、钠离子和镁离子等，金属离子与外壳蛋白上的离子结合位点作用，可稳定外壳蛋白与核酸的结合。

(4)多分体病毒　大多数植物病毒的所有遗传信息都存在于一条核酸链上，包被在一种粒体中。但有些病毒的遗传信息存在于两条或两条以上核酸链上，包被在两种或两种以上粒体中，这种病毒称为多分体病毒。多分体病毒中单独一个粒体不能侵染，必须是一组粒体同时侵染才能全部表达遗传特性。如黄瓜花叶病毒有三条核酸链，被包装在三种粒体中。

(5)卫星病毒　有些植物 RNA 病毒伴随有两种大小不等的相关病毒粒体，它们的基因组 RNA 无同源性，小粒体病毒必须依赖大粒体病毒才能侵染和增殖，该小粒体病毒称为卫星病毒(satellite virus)，大粒体病毒称为辅助病毒(helper virus)，如烟草坏死病毒(TNV)的卫星病毒。此外，有些病毒粒体内，除含有自己的基因组 RNA 外，还含有包被在同一外壳内的其他小分子 RNA，这种小分子 RNA 称为卫星 RNA(satellite RNA)，如烟草环斑病毒(TRSV)卫星 RNA。卫星病毒和卫星 RNA 与辅助病毒 RNA 都无同源性，并且均单独不能侵染，要依赖辅助病毒才能侵染和复制；另外，二者一般都能抑制或干扰辅助病毒的复制。但两者不同的是，卫星病毒具有单独的粒体，即自身能编码外壳蛋白，因而与辅助病毒抗原性不同。而卫星 RNA 则自身不能编码外壳蛋白，因而存在于辅助病毒的同一外壳内。

(6)类病毒　类病毒(viroid)是一种无外壳蛋白，对植物有侵染性、环状、具很高碱基自配对的单链 RNA。1971 年，Diener 等在研究马铃薯纺锤块茎病原时，首次发现了类病毒。类病毒相对分子质量一般低于 1.4×10^5，比病毒要小 10～1 000 倍；具很高稳定性(可耐高温 90℃左右)；自然寄主范围窄(通常只有 1 个)；侵染力强(接触传染时只要 10 个分子)；侵染后潜育期长(几个月至几年)及经常不显症。重要的类病毒有马铃薯纺锤块茎类病毒(PSTVd)和苹果锈果类病毒(ASSVd)等。

二、植物病毒的侵染、增殖和转移

植物病毒没有主动侵入植物细胞的能力，而且侵入后的细胞必须保持成活状态，因此大多数植物病毒是通过细胞微伤口或通过昆虫、线虫等介体生物的口针直接刺入寄主细胞而传入的。侵入的病毒粒体在细胞内首先降解包被的衣壳蛋白，即进行脱衣壳(uncoating)过程，裸露出粒体内部的核酸。随后病毒通过 mRNA 表达基因，开始病毒核酸的复制，在复制的同时合成蛋白，最后再形成子代病毒粒体。由于植物病毒核酸存在 DNA 和 RNA 之分，DNA 和 RNA 又有单链和双链之分，因此植物病毒的增殖根据核酸类型和性质的不同，其增殖方式也各不相同。如 RNA 病毒的增殖是从 RNA→RNA 进行复制的特异型反应，其 RNA 的合成途径包括Ⅰ(＋单链 RNA)、Ⅱ(－单链 RNA)和Ⅲ(双链 RNA)3 种复制类型。而 DNA 病毒的增殖，包括从 DNA→DNA 和 DNA→RNA→DNA 两种复制型。合成的子代病毒粒体从侵染点细胞向健康细胞或其全株扩散的过程，称为转移或转运(movement)。病毒在植株间的转移有两种类型，一类是病毒在植物相邻细胞间的转移，称为细胞间转移(cell to cell movement)，这种转移主要是通过细胞间的胞间连丝通道来完成的，这种转移速度慢；另一类转移是病毒依靠植物的输导组织进行转移，称为远距离转移(long distance movement)，主要是靠植物输导组织中的营养主流方向移动，但是病毒也可以随营养等上下双向转移，其转移速度快。

三、植物病毒的传播

植物病毒没有自主传播的能力，越冬和越夏的病毒必须借助一定的方式才能传至寄主植物中。根据自然传播方式的不同，病毒的传播方式主要分为介体传播和非介体传播两大类。介体传播(vector transmission)是指病毒依附在其他生物体(如昆虫、螨类、真菌和线虫等)上，借助其生物体的活动而进行的传播。介体传播中以昆虫最为重要，目前已知的昆虫介体约有400多种，能传459种病毒，其中70%为同翅目的蚜虫、叶蝉和飞虱。介体传毒过程可分为：①获毒期，是指介体获得病毒所需要的取食时间；②循回期是指介体从获得病毒到能传播病毒所需要的时间；③接毒期是指介体传毒所需要的时间；④持毒期，是指介体能保持传毒能力的时间。根据介体持毒时间的长短，可将传毒方式分为非持久性、半持久性和持久性。非持久性病毒是指传毒介体在病植株上获毒饲育后病毒依附于口针里，在接种饲育时随同排出的唾液进入寄主植物体内，且由于病毒在介体内没有循回期，获毒后即可接种传毒并很快丧失传毒能力。持久传毒是开始即使吸吮病植物体汁液而获得病毒，但并不立刻具有传染能力，需要经过一定时间的循回期，即5～30 d的潜伏期，病毒可在介体内增殖，然后才能长期保持传染能力。蚜虫多属于非持久性类型，叶蝉和飞虱传毒多为持久性的，少数为半持久性的。

非介体传播(non-vector transmission)是指不通过生物介体而进行的传播，如汁液接触传播、嫁接传播、无性繁殖材料传播和种子传播等。有些病毒仅有一种传播方式，如烟草花叶病毒仅靠汁液接触传播，但许多病毒存在两种方式的传播，如黄瓜花叶病毒，既靠汁液接触传播，也靠蚜虫传播。在自然界，非介体传播主要起到初侵染源的作用，接触传播等还能起到再侵染的作用；而介体传播主要起到再侵染和扩大再侵染的作用。

四、植物病毒的主要类群

(一)病毒的分类和命名

植物病毒的分类和命名工作是由国际病毒分类委员会(International Committee on Taxonomy of Viruses，ICTV)负责。其分类的依据随着病毒学特别是分子病毒学的深入研究而不断发展。目前主要是以病毒的粒体特性(形态大小、物理特性和基因组特性等)、病毒基因组结构与复制、病毒的抗原性质和病毒生物学特性等作为病毒分类的依据。与真菌和细菌的分类系统相比，现有的国际病毒分类系统尚不完善。目前的系统采用目(order)、科(family)、亚科(subfamily)、属(genus)和种(species)为分类单元。但并不是所有病毒科都必须隶属一个目，在没有适当目的情况下，科可以是最高的分类单元。另外尚有一些属没有科的分类单元。

植物病毒的命名不像真菌和细菌等生物体那样采用拉丁双名法命名，而是以寄主英文俗名加上症状来命名。如烟草花叶病毒为 *Tobacco mosaic virus*，缩写为 TMV；黄瓜花叶病毒为 *Cucumber mosaic virus*，缩写为 CMV。病毒的属、科和目的命名采用专用国际名称，其词尾分别是"-virus"、"-vividae"和"-virales"。类病毒(viroid)在命名时遵循相似于病毒的规则,因缩写名易与病毒混淆,新命名规则规定类病毒的缩写为 Vd,如马铃薯纺锤块茎类病毒为 *Potato spindle tuber viroid*,缩写为 PSTVd。

(二)病毒名称的书写规则

在病毒分类系统中所采用的病毒目、科、亚科、属和种名一律用斜体字书写,名称的第一个字母大写。但对于属内的暂定种不用斜体,第一个词的首字母要大写。

(三)病毒的主要类群

在 2012 年国际病毒分类委员会公布的病毒分类第九次报告中,共有 1 302 种植物病毒,归属于 21 个科 89 个属;有 31 种亚病毒,分属于 2 个科 8 个属。依据现有的分类系统可将植物病毒划分为 6 个大类群,亚病毒分为类病毒和卫星 2 个大类群。这里仅描述植物病毒的 5 个类群的基本特征。

1. 单链 DNA 病毒类群

单链 DNA(ssDNA)病毒类群包括双生病毒科玉米线条病毒属、曲顶病毒属、菜豆金色花叶病毒属等和矮缩病毒科矮缩病毒属、香蕉束顶病毒属等 177 种病毒(含暂定种 51 种)。双生病毒科病毒粒体为双联体结构,基因组为单分子或双分子闭环单链 DNA,总基因长为 2.5～5.2 kb,一般发生在热带和亚热带地区,主要以介体昆虫传播,引致植物曲顶、卷叶、矮缩、黄化和花叶等症状类型。

2. 双链 DNA 病毒类群

双链 DNA(dsDNA)病毒类群包括花椰菜花叶病毒科花椰菜花叶病毒属、碧冬茄脉明病毒属、大豆褪绿斑驳病毒属、木薯脉花叶病毒属、杆状 DNA 病毒属、水稻东格鲁杆状病毒属的 34 种病毒,还有在我国尚未报道的伪病毒科和转座病毒科 8 种病毒。花椰菜病毒科病毒粒体为球状、短杆状,基因组为单分体开环状双链 DNA,长 7.2～8.1 kb。这类病毒寄主范围较窄,多以昆虫介体传播,引致植物花叶、明脉、矮化和黄化等症状。

3. 双链 RNA 病毒类群

双链 RNA(dsRNA)病毒类群包括呼肠孤病毒科植物呼肠孤病毒属、斐济病毒属和水稻矮缩病毒属的 13 个病毒,双分病毒科 α 隐潜病毒属和 β 隐潜病毒属的 31 个病毒,以及巨脉病毒属的 4 个病毒。该两科病毒粒体均为球状,呼肠孤病毒科基因组为线形双链 RNA,共有 10～12 个 RNA 片段,基因组总长 18.2～30.5 kb。侵染植物的 3 个病毒属寄主范围窄,仅能通过叶蝉和飞虱传播,引致植物矮化和畸形等症状。双分病毒科基因组为两分子线形双链 RNA,分别长 1.4～3.0 kb,其病毒寄主范围很窄,在寄主细胞中浓度极低,侵染不引致症状,无已知的自然介体。

4. 单链负义 RNA 病毒类群

单链负义 RNA(-ssRNA)病毒类群包括弹状病毒科内未归属的 58 个病毒以及细胞核弹状病毒属和细胞质弹状病毒属的 15 个病毒,布尼亚病毒科番茄斑萎病毒属的 13 个病毒,纤细病毒属的 11 个病毒和蛇行病毒属的 3 个病毒。弹状病毒属病毒粒体短杆状或弹状,病毒具包膜,病毒基因组为单分子线形负义单链 RNA,长为 11～15 kb。侵染植物的弹状病毒寄主范围窄,可通过机械和昆虫介体传播,引致植物矮化、黄化和坏死等症状。

布尼亚病毒科病毒粒体球状或呈多形性,基因组为三分体线形负义单链 RNA,总长

11.0～19.0 kb。其寄主范围较广，可通过机械和昆虫介体传播，引致植物褪绿、矮化和坏死等症状。

5. 单链正义 RNA 病毒类群

单链正义 RNA(ssRNA)病毒类群是植物病毒中最大的类群，也是引致众多植物病毒病的最重要的一个类群。该类群包括伴生病毒科、豇豆花叶病毒科、马铃薯 Y 病毒科、黄症病毒科、番茄丛矮病毒科、雀麦花叶病毒科和长线性病毒科等的 427 种病毒。另外还包括烟草花叶病毒属、马铃薯 X 病毒属和烟草脆裂病毒属等 18 个未归入科的病毒属，共 201 种病毒。下面仅以几科病毒为例说明类群特征。伴生病毒科病毒粒体为球状，基因组为单分子线形正义单链 RNA，长为 9.0～12.0 kb。这类病毒寄主范围窄，以昆虫介体传播，引致植物矮化、褪绿和黄化症状。豇豆花叶病毒科病毒粒体球状，基因组为两分子线形正义单链 RNA，总基因长为 10.0～15.0 kb。其寄主范围较窄，可通过昆虫、线虫和机械传播，引致植物花叶、斑驳、矮化和坏死等症状。

马铃薯 Y 病毒科病毒粒体为弯曲线状，基因组为单分子或两分子线形正义单链 RNA，总长为 8.5～12.0 kb。一些病毒寄主范围窄，大多数病毒寄主范围中等，少数病毒寄主范围广。此类病毒易机械传播，也可通过多种生物介体传播，引致植物花叶、斑驳、矮化和坏死等症状。该科中，马铃薯 Y 病毒属共有 91 种和 88 个暂定种，是植物病毒中最大的一个属。黄症病毒科病毒粒体为球状，基因组为单分子线形正义单链 RNA，长为 5.3～5.9 kb。该科病毒寄主范围多局限于单科植物，少数病毒寄主范围较宽，一般只能通过蚜虫传播，引致植物矮化、褪绿和畸形等症状。

雀麦花叶病毒科病毒粒体为球状，基因组全长 7.9～8.9 kb，含有三分体基因组和一个亚基因组，均为线形正义单链 RNA。许多病毒是世界性分布，有些是农作物的重要病原。病毒寄主范围有的较窄，而有的很广。其所有病毒可通过机械传播，有些病毒还可通过昆虫和种传，引致植物花叶、褪绿、矮化和坏死等症状。

五、植物病毒病害的特点

植物病毒病害由于不形成外部病征，只能看到病状。植物病毒病害的外部病状特点在田间一般表现明显，主要有变色病状类型，如花叶、黄化、斑驳、条纹、明脉等，以花叶最为常见；畸形病状类型，如矮化、矮缩、皱缩、卷叶等，而且变色和畸形往往同时表现；局部坏死、萎蔫和腐烂类型病状比较少见。症状在整株或叶片分布往往不均匀，和植株的发育状态有密切关系。

病毒病害的症状容易与同样没有病征的菌原体病害、非侵染性病害混淆；与菌原体病害的区别通过传播介体、培养菌落和其他方面性状可以区分；与非侵染性病害的区别是：非侵染性病害田间分布均匀、不具有传染性，往往与土壤环境、大气污染、环境条件和光照等因素有关。而植物病毒病害一般分布不均匀，田间呈点、块状发生，不同品种间发病轻重也不一样。同时，也可以利用不少病毒在寄主体产生内含体的特性，通过观察内含体的有无和形态特点加以鉴定。

第四节　植物病原线虫及原生动物

线虫(nematode)是一类具有三胚层的假体腔的低等无脊椎动物，种类繁多，大部分分布于淡水、海水、泥沼、沙漠和各种土壤中，有些线虫可寄生于动物和植物上。寄生并引起植物病害的线虫称为植物病原线虫(plant pathogenic nematode)，据报道，有 200 多属 6 000 多种线虫寄生于植物上，几乎所有的植物都受到线虫的寄生危害。

原生动物作为植物病原物最早是 20 世纪初期的事情，但直到 20 世纪 80 年代才逐渐被植物病理学家所接受。目前，能够引起植物病害的原生动物仅限植生滴虫属(*Phytomonas*)中的一些种类。

一、植物病原线虫的基本形态与结构

植物病原线虫的基本形态与结构如图 2-45 所示。

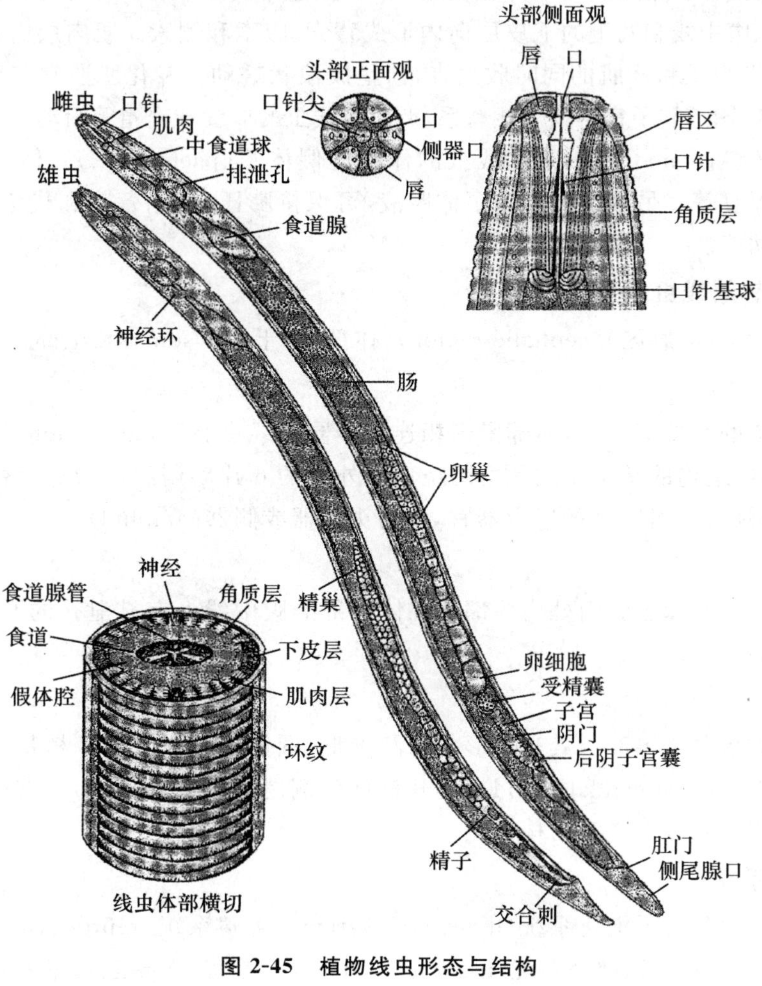

图 2-45　植物线虫形态与结构

(一)植物病原线虫的形态

典型的植物线虫虫体线形,自中部向两端渐变细,光滑不分节,横切面圆形。大多数线虫种类为雌雄同型,少数种类为雌雄异型。所谓雌雄同型就是雌虫和雄虫均呈线状,雌雄异型就是雄虫呈线状,而雌虫成熟后膨大为球形、囊状或梨形等。线虫虫体一般为无色透明,但也可因为肠里所含的不同食物而使线虫具有颜色。植物病原线虫很小,虫体长一般为 0.2～1 mm,最高可达 4 mm,宽为 15～35 μm,通常难以用肉眼观察到。

(二)植物病原线虫的体壁和体腔

线虫的体壁线虫的体壁由最外层的角质层(cuticle)、中间的下皮层(hypodermis)和最内层的肌肉层(musculature)组成。角质层是覆盖虫体外表的非细胞层,由下皮层中上皮细胞的分泌物组成,光滑而有弹性,是由蛋白质为主构成的角质膜。角质层表面有体环(annulas),有的线虫在体环上有刺状或鳞状的附加物。另外虫体两侧的角质层表面有一些从体前端到后端的纵纹,称为侧线(lateral line)。角质层的主要功能是保护虫体,保持膨压,使体壁内肌肉伸缩蠕动,帮助线虫自由移动,同时可与外界进行离子交换,使水分、氧气及一些可溶性物质渗入体内,又可防御外来有害物质进入虫体。角质层之下为下皮层,下皮层是由一层界限不清的合胞体或多核体组织组成,在虫体背、腹中线和两侧的下皮层向内形成背索、腹索和侧索。肌肉层由一层纵行肌肉构成,线虫一般借助腹肌和背肌的同时收缩,向前呈波浪状蠕动。专化肌通常与口针、食道、食道球、交合刺、引带、阴道和子宫等器官相联系,调节着线虫的取食和繁殖等活动。

肌肉下为体腔(somatic cavity),线虫的体腔属假体腔(pseudocoel)。体腔内有线虫的消化器官和生殖器官等。另外体腔充满了体腔液,可保持膨压、运输营养和代谢物质,行使呼吸和循环等生理功能。

(三)植物病原线虫的虫体分部

线虫可分为头部(唇区)(cephalic region)、体部(躯干部)(soma)和尾部(tail)3 部分。

1. 头部

头部是线虫的前端部分,与体部紧密相连。不同的线虫唇区(lip region)结构可能是不一样的,但线虫唇区结构的基本模式是由围绕口腔外缘的 6 片唇瓣组成,每片唇瓣上有 2～3 个乳突,在唇区两侧有 1 对特殊的感觉器官,称为头感器或侧器(amphid)。

2. 体部

从虫体的唇区基部至脏门处为体部。在体前部的腹中线上有排泄孔的开口,在体中后部有雌虫生殖孔的开口。

3. 尾部

肛门以后的部分是尾部。其基本形状有圆锥形、圆筒形和丝状等。植物病原线虫在尾部两侧常有侧尾腺(lateral caudal gland),其开口称为侧尾腺口(phasmid)。有些种类的雄虫尾部可能还具有交合伞和乳突等结构。

(四)消化系统

线虫的体腔内包含了消化系统(digestive system)、生殖系统(reproductive system)、排泄系统(excretory system)和神经系统(nervous system)等器官,而缺乏真正的呼吸系统和循环系统。

线虫的消化系统(digestive system)很发达,其包括口腔(buccal capsule)、食道(oesophagus)、肠(intestine)、直肠(rectum)和肛门(anus),是一条贯穿虫体的直管,具有取食、消化、吸收、储存营养物质和排泄废物的功能。

1. 口和口腔

口是消化道最前端的开口,口腔是口内的一个腔室,线虫通过口腔吞咽食物。通常,植物病原线虫口内有一个中空的针,称为口针(stylet),该器官用于穿刺植物组织和吸取汁液。

2. 食道

口腔下面是一条圆筒形小管,即食道,其横切面为三角辐射状。线虫食道依不同种类,变化很大。植物病原线虫食道主要有垫刃型食道、滑刃型食道和矛线型食道。垫刃型食道分为食道前体部(corpus)、中食道球(medium bulb)、峡部(isthmus)和后食道腺(oesophageal gland)4 部分,背食道腺开口于口针基部球附近,腹食道腺开口于中食道球腔内。滑刃型食道构造与垫刃型食道相同,但中食道球较大,且背食道腺和腹食道腺均开口于中食道球腔内。矛线型食道仅有两部分,前部细而薄,后部逐渐加宽加厚,呈瓶状。

3. 肠

肠连接食道后端,直管状。

4. 直肠

直肠连接于肠后端,开口于肛门,是一条窄而短的管。

5. 肛门

线虫雌虫的肛门单独开口于体表,而雄虫的肛门则与生殖孔同一开口,称泄殖腔(cloaca)。

(五)生殖系统和排泄系统

线虫的生殖系统也很发达,性分化十分明显。通常为雌雄异体,少数是雌雄同体。

雌虫的生殖系统由卵巢(ovary)、输卵管(oviduct)、受精囊(spermatheca)、子宫(uterus)、阴道(vagina)和阴门(vulva)等组成,其生殖管可分为单生殖管和双生殖管。

雄虫生殖系统由精巢(testis)、储精囊(seminal vesicle)、输精管(vas deferens)、射精囊(ejacutatory vesicle)和交合刺(spicule)等组成,其生殖管一般为单生殖管。雄虫还有一些次生生殖器官,包括泄殖腔、引带(gubernaculum)和抱片(bursa)等。

线虫的排泄系统比较简单,一般由单个排泄细胞(或腺肾管)经一根排泄管伸至腹面或侧腹面,开口于神经环附近的排泄孔。

(六)神经系统

线虫的神经系统相对比较发达,其中枢是环绕食道峡部的神经环(nerve ring)、半月体和半月小体、乳突、侧器和侧尾器。神经环是线虫的中枢神经,向前后各分出 6 条神经,前端的神经通到唇区的乳突和侧器等感觉器官;后端的 6 条神经中最大的是腹神经和背神经,其次是 2 对侧神经。腹神经主要是运动神经和感觉神经,背神经主要是运动神经,侧神经为感觉神经。线虫的神经与虫体的感觉器官、全身的肌肉、体壁和各内部器官相连。

二、植物病原线虫的寄生性和致病性

(一)寄生性

植物病原线虫都是专性寄生的。大多数植物病原线虫寄生于植物根部,也有部分线虫寄生于植物地上部的茎、叶、芽、花和穗等部位。如松材线虫寄生于松树的茎部，水稻干尖线虫(*Aphelenchoides besseyi*)寄生于水稻叶部等。不同线虫寄生寄主的方式不同，根据寄生方式可分为外寄生、半内寄生和内寄生 3 种。外寄生指线虫体不进入植物内部，仅口针进入寄主体内。半内寄生指线虫仅虫体前端进入植物组织内，后半部露于植物体外。内寄生指线虫整个虫体侵入根组织内。内寄生线虫有的种类侵入根后便固定在组织内寄生不动，直至发育成成虫，这种内寄生方式称为定居型内寄生；有的种类侵入根后在组织内游动，这种内寄生方式称为转移型内寄生。

植物病原线虫通常都具有一定的寄生专化性，不同的线虫有不同的寄主范围，有些线虫寄主范围比较窄，而有些线虫寄主范围却很广，如南方根结线虫(*Meloidogyne incognita*)的寄主超过 1 000 种。此外有些线虫种内存在寄生专化性差异，如南方根结线虫和花生根结线虫(*Meloidogyne arenaria*)就分别有 4 个和 2 个生理小种。

(二)致病性

1. 植物病原线虫的致病性及症状特点

植物病原线虫通常对植物都有致病性。一般受线虫危害的植物无特异性症状，但通常会表现出类似干旱或缺肥、缺素等营养不良的症状，严重的会明显表现出畸形、矮小和发黄等症状。然而也有少数线虫会引起受害植物特异的症状，包括侵染植物的地下部的根、块根时，可引起根坏死腐烂、根部结节或丛生，如根结线虫危害植物后使植物根部产生根瘤，相似穿孔线虫(*Radopholus similis*)可引起根的褐变腐烂。线虫侵染植物地上部分的茎、叶、花、果实和种子，可引起叶片变色、坏死和畸形或使茎肿胀、扭曲和腐烂，如松材线虫引起松树萎蔫，水稻干尖线虫引起水稻叶尖干枯，腐烂茎线虫(*Ditylenchus destructor*)危害薯块后使薯块糠心腐烂等。

2. 植物病原线虫的致病方式

线虫致病机制一般认为有以下方式。

(1)机械损伤　这是由线虫通过口针穿刺植物进行取食或在植物细胞间的移动造成的伤害。

(2)营养掠夺和阻碍营养吸收　这是由于线虫取食夺取寄主的营养，或者由于线虫对根的破坏而阻碍植物对营养物质的吸收。

(3)化学致病　这是由于线虫的食道腺能分泌各种酶或其他生物化学物质，影响寄主植物细胞和组织的生长代谢，以此对寄主植物造成一定的危害。

(4)复合侵染　这是由于线虫侵染造成的伤口引起真菌、细菌等微生物的次生侵染，或者作为病毒等微生物的介体导致复合病害。

其中，化学致病对寄主植物影响最大，通过生物技术已经证明植物病原线虫食道腺的分泌蛋白，如果胶酸裂解酶、β-1,4-内切葡聚糖酶、分支酸变位酶等在线虫侵染植物的过程中发挥重要作用，植物线虫的食道腺分泌物可引起寄主细胞多种病变，包括刺激寄主细胞的增大，形成巨型细胞或合胞体；刺激细胞分裂导致根部的过度分枝而畸形；抑制根茎顶端分生组织细胞的分裂；溶解中胶层使细胞离析；溶解细胞壁和破坏细胞等。

三、植物病原线虫的生活史和生态学

（一）植物病原线虫的生活史

线虫的生活史是指线虫从卵(egg)开始，经过生长发育最后又产生卵的过程。大多数线虫经历了卵(胚胎发育期)、4个幼虫期和成虫期的过程。胚胎发育大致可分为卵裂期、囊胚期、原肠期和中胚层发生及器官形成期。在适宜条件下，卵进行胚胎发育变为1龄幼虫，1龄幼虫在卵内发育并经第1次蜕皮，孵化变为2龄幼虫，再经3次蜕皮，最后分化为成虫。植物线虫一般进行两性生殖，但一些种类也可进行孤雌生殖(parthenogenesis)。线虫完成一个世代所需要的时间因不同线虫种类和环境条件而有较大的不同。例如在适宜条件下，短体线虫(*Pratylenchus* spp.)完成1代为1周左右，根结线虫完成1代需3～4周，而剑线虫(*Xiphinema* spp.)中的一些种需要几年才完成1代。

（二）植物病原线虫的生态学

植物病原线虫的生长发育、繁殖及存活与气候因素(温度、降水量和日照)、土壤因素(土壤类型、土壤温度和湿度、氧气、pH、土壤中的生物因子)密切相关。尤其是土壤类型及土壤温度和湿度极大地影响了土壤中植物病原线虫的虫口密度。植物病原线虫在田间一般呈不均匀的块状或多中心分布，其垂直分布主要在耕作层，并与植物根系分布密切相关。

四、植物病原线虫的主要类群

植物病原线虫作为动物界线虫门的分类地位已经确立，有多个分类系统。根据Maggenti(1987)和Hunt(1993)的分类系统分为2纲：侧尾腺纲(Secernentea)和无侧尾腺纲(Adenophorea)。植物寄生线虫属于这2个纲的垫刃目(Tylenchida)、滑刃目(Aphelenchida)、矛线目(Dorylaimida)和三矛目(Triplonchida)。目以下分总科、科、亚科、属和种。种的名称采用双名法。

植物病原线虫的主要类群农作物的重要病原线虫类群如下。

（一）根结线虫属(*Meloidogyne*)

根结线虫属(图2-46)线虫雌雄异型。成熟雌虫膨大为梨形，具凸出的颈；阴门和肛门在身体后部，阴门周围的角质膜形成特征性的会阴花纹；无尾。雌虫后期产卵于尾部体外的胶质卵囊(egg sac)内。雄虫细长，头骨架和口针发达；尾短，末端钝圆，无交合伞。2龄幼虫线形，头骨架和口针细弱；尾末端尖细，透明部短或不显著。该属线虫是最为重要的植物病原线虫之一，寄主范围广泛，定居性内寄生于植株根部，并引起根部的结节肿大。其中分布最广，危害最大的有南方根结线虫(*M. incognita*)、花生根结线虫(*M. arenaria*)、爪哇根结线虫(*M. javanica*)和北方根结线虫(*M. hapla*)4种。

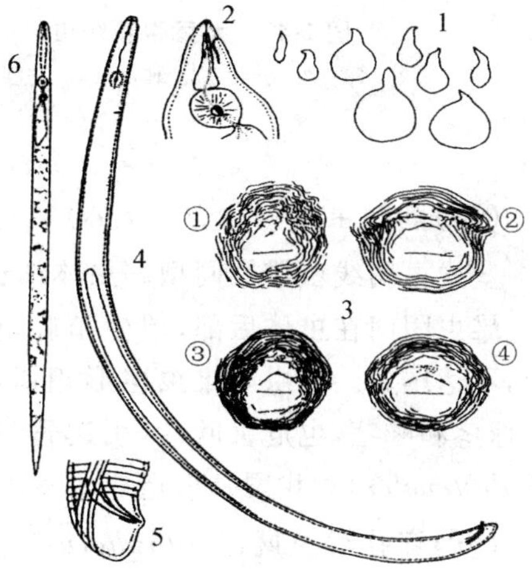

图2-46　根结线虫形态

1. 3龄和4龄幼虫及雌虫虫体　2. 雌虫前部　3. 会阴花纹(①*M. incognita*；②*M. arenaria*；③*M. javanica*；④*M. hapla*)　4. 雄虫虫体　5. 雄虫尾部　6. 2龄幼虫

(二)胞囊线虫属(*Heterodera*)

胞囊线虫属(图 2-47)线虫雌雄异型。雌虫膨大呈柠檬形,具短的颈和末端锥;阴门位于体末端,阴门区有双半膜孔或双膜孔,无肛区膜孔。后期雌虫死亡,角质层变厚,体内充满卵,称为胞囊(cyst)。雄虫细长,尾短,末端钝圆,无交合伞;交合刺末端尖或呈叉状。2 龄幼虫线形,尾末端尖细,透明部通常占尾长的 1/2。该属线虫是十分重要的植株病原线虫,定居性内寄生于根部。其中大豆胞囊线虫(*H. glycines*)是危害我国大豆的主要病原物之一,燕麦胞囊线虫(*H. avenae*)和菲力普胞囊线虫(*H. filipjevi*)在我国部分麦区危害麦类作物。

(三)粒线虫属(*Anguina*)

粒线虫属(图 2-48)线虫雌雄同型。成熟雌虫肥大,体长一般大于 1 mm;热杀死后螺旋状;后食道腺膨大,一般覆盖肠,少数不覆盖肠;单卵巢,前伸,前端常转折,卵母细胞多行排列。雄虫热杀死后略弯,精巢前端常转折,精母细胞多行排列;交接刺弓状,粗;引带槽状;交合伞不到尾末端。该属线虫主要寄生在禾本科植物的地上部,植物受害部形成虫瘿,其中模式种为小麦粒线虫(*A. tritici*)。小麦粒线虫是最早发现的,也是该属中最主要的一种植物病原线虫。

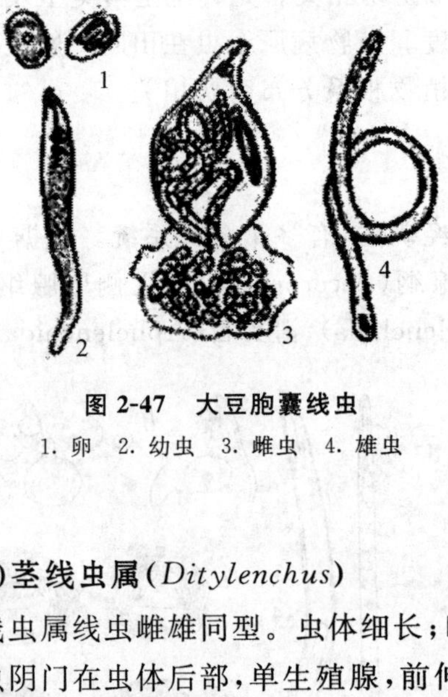

图 2-47 大豆胞囊线虫

1. 卵 2. 幼虫 3. 雌虫 4. 雄虫

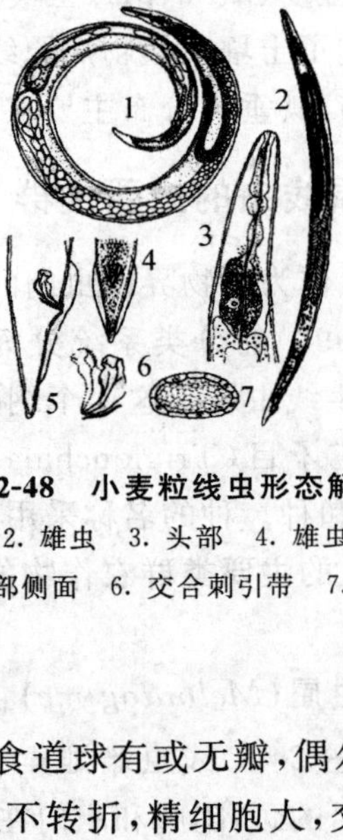

图 2-48 小麦粒线虫形态解剖

1. 雌虫 2. 雄虫 3. 头部 4. 雄虫尾部腹面 5. 雌虫尾部侧面 6. 交合刺引带 7. 卵巢剖面

(四)茎线虫属(*Ditylenchus*)

茎线虫属线虫雌雄同型。虫体细长;口针纤细;中食道球有或无瓣,偶尔无明显的中食道球。雌虫阴门在虫体后部,单生殖腺,前伸。雄虫精巢不转折,精细胞大,交合伞包至尾长的 3/4,不达尾尖。雌虫与雄虫尾形相似,通常长圆锥形或近柱形。该属线虫寄生于植物茎、块茎、球茎和鳞茎,也危害叶片,引起寄主组织坏死、腐烂、矮化、变色和畸形。其中腐烂茎线虫(*D. destructor*)对我国甘薯造成严重的危害。

(五)穿孔线虫属(*Radopholus*)

穿孔线虫属(图 1-29)线虫雌雄同型。雌虫唇区低,头架骨化显著,与体部不缢缩;口针粗短,具发达的基部球;中食道球发达,有瓣,后食道腺长叶状,从背面覆盖肠;双生殖腺,对伸,或后生殖腺退化。雄虫唇区高,呈球状,头架骨化不明显,与体部主缢缩;口针、基部球和食道明显退化;交合伞包至近尾端,少数到尾端。雌虫与雄虫尾形相似,通常呈长圆锥形,末端窄圆到近尖。该属线虫寄生于香蕉、柑橘和花卉等作物根内,造成毁灭性危害。其中相似穿孔线虫(又称香蕉穿孔线虫)(*R. similis*)是极为重要的病原线虫,是我国及许多其他国家和地区的检疫危险性线虫。

(六)短体线虫属(*Pratylenchus*)

短体线虫属线虫雌雄同型。虫体粗短,体长不超过 1 mm;唇区低平,头架骨化显著;口针发达,粗短,口针基部球发达;食道腺从腹面覆盖肠;尾端圆、钝,很少尖。雌虫单生殖腺,前伸,有后阴子宫囊。雄虫交合伞包至尾尖。该属寄生于植物根和块根、块茎等植物地下部器官。寄主范围广泛,能危害多种经济作物和园艺植物,导致根腐和植物生长衰退。重要病原种有:短尾短体线虫(*P. brachyurus*)、咖啡短体线虫(*P. coffeae*)、穿刺短体线虫(*P. penetrans*)和伤残短体线虫(*P. vulnus*)等。

(七)滑刃线虫属(*Aphelenchoides*)

滑刃线虫属线虫雌雄同型。虫体细长,唇区通常略缝缩,口针细弱,基部膨大或有基部球;中食道球发达、卵圆形或方圆形,中食道球发达,雌虫阴门位于虫体中后部,雄虫交合刺呈玫瑰刺状,无交合伞。重要的种:水稻干尖线虫(*A. besseyi*)、草莓滑刃线虫(*A. fragariae*)等。

(八)潜根线虫属(*Hirschmanniella*)

潜根线虫属线虫雌雄同型。虫体较大(0.9～4.2 mm);4 条侧线;唇区低,具唇环,头架骨化显著,通常与体部不缝缩;口针强壮,基部球大;中食道球发达,后食道腺细长叶状,从腹面覆盖肠。雌虫双生殖腺,对伸。雄虫交合伞通常伸到尾部的 2/3 处。雌虫与雄虫尾形相似,通常呈长圆锥形,末端窄圆到尖,有的具尾尖突。该属线虫主要寄生在水生植物上,其中 2/3 种类可寄生水稻。我国水稻产区该属线虫发生普遍,常见的种有水稻潜根线虫(*H. oryzae*)、尖细潜根线虫(*H. mucronata*)和纤细潜根线虫(*H. gracilis*)等,受害水稻可减产 10%～30%。

(九)剑线虫属(*Xiphinema*)

剑线虫属虫体较大,侧器囊漏斗状,齿尖针高度硬化,基部分叉。根部外寄生,可携带多种病毒,番茄环斑病毒(TomRSV)、南芥菜花叶病毒(RMV)等。重要种包括美洲剑线虫(*X. americanum*)、异尾剑线虫(*X. diversicaudatum*)等。

(十)毛刺线虫属(*Trichodorus*)

毛刺线虫属线虫雌雄同型。雌虫虫体粗短,雪茄形;角质膜薄,疏松;口针较短,朝腹面弯曲;双生殖腺,对伸,阴道骨化结构显著;尾短圆。雄虫热杀死后呈 J 形,交合刺通常腹弯,无交合伞。该属线虫在植物根部营迁移性外寄生,被害植物根系小,支根短。有些种类还可传播植物病毒,如烟草脆裂病毒。重要种包括原始毛刺线虫(*T. primitivus*)和相似毛刺线虫(*T. similes*)等。

第五节　寄生性植物

寄生性植物(parasitic plant)是一类由于根系或叶片退化,或者缺乏足够的叶绿素,不能自养,必须部分或全部从其他植物上获取维持自身生长发育所需的水、无机盐及其他营养物质而营寄生生活的植物。寄生性植物中大多数属于种子植物,又称为寄生性种子植物(parasitic seed plant),少数属于寄生性藻类(parasitic algae)。寄生性种子植物的种类估计有 2 500 种以上,归属于被子植物门中的 12 科,其中最重要的有菟丝子科、桑寄生科、列当科等。

一、寄生性植物的一般性状

按寄生植物对寄主植物的依赖程度不同，寄生植物可分为全寄生(holoparasite)植物和半寄生(semiparasite)植物两类。全寄生是指需要寄主植物供给其自身所需要的所有生活物质的寄生方式，其形态特点是叶片退化，没有叶绿素，不能进行正常的光合作用，根系退化成吸根；全寄生的植物解剖特征为寄生植物吸根中的导管和筛管分别与寄主植物的导管和筛管相连，对寄主植物的损害十分严重，常使寄主植物提前枯死，列当和菟丝子就是这类寄生方式。半寄生是指寄生植物含有叶绿素，自己能制造糖类，但根系退化，必须从寄主植物吸取水分和无机盐的寄生方式。半寄生的植物解剖特征为寄生植物吸根的导管与寄主植物的导管相连。

按寄生部位的不同，寄生植物可分为根寄生植物、茎寄生植物和叶寄生植物。根寄生是指寄生性植物寄生于寄主植物的根部，如列当和独脚金等；茎寄生是指寄生性植物寄生于寄主植物的茎干枝条上，如菟丝子和桑寄生；叶寄生是指寄生性植物寄生于寄主植物的叶上，如寄生性藻类。

二、寄生性植物的主要类群

寄生植物主要包括寄生性种子植物和寄生性藻类，其中以寄生性种子植物的种类最多，危害最为严重。

(一)全寄生植物

1. 菟丝子属(*Cuscuta*)

在世界范围内现已发现的种超过了150种，我国常见的有14种，其中以中国菟丝子(*Cuscuta chinensis*)、日本菟丝子(*Cuscuta Japonicus*)和南方菟丝子(*Cuscuta australis*)最为常见。中国菟丝子主要危害草本植物，以豆科植物为主，也能危害菊科、茄科、蔷薇科和蒺藜科等植物；日本菟丝子主要危害木本植物，寄主范围很广，在我国已发现80种以上的植物受害。

菟丝子为全寄生种子植物。其叶片退化为鳞片状，茎为黄色或紫色丝状物，花小，白色、黄色或淡红色，簇生；球形蒴果，种子1～4粒。茎缠绕在寄主植物的茎和叶部，与寄主植物茎接触处形成吸器并以吸根侵入寄主，与寄主植物的维管束系统相连接，不仅吸收寄主的养分和水分，而且造成寄主输导组织的机械性障碍，并能传播植物病毒和植原体等病害。菟丝子种子成熟后落入土中，成为翌年的初侵染源。翌年一般在寄主植物生长以后或3—5月份当土温达到约16℃时种子开始萌发，长出细长的幼茎并缠绕在周围的寄主植物上，在接触处形成吸器侵入寄主。吸根进入寄主组织后，部分组织分化为导管和筛管，分别和寄主的导管和筛管相连，开始从寄主吸取养分和水分。此时寄生关系建立，菟丝子与土壤连接处逐渐枯萎，最后脱离土壤。

2. 列当属(*Orobanche*)

能对植物造成严重危害，该属植物有100多种，寄生于蓼科、茄科、豆科和葫芦科等多种植物的根部。列当为一年生根部全寄生植物，在寄主根上形成吸器吸取寄主水分和营养物质，并向上形成直立的茎。茎高30～40 cm，单生或分枝，呈黄褐至紫褐色，茎上螺旋式排列着退化呈鳞片状的叶片，色泽与茎相似。花两性，左右对称，单生于苞片的腋内；每朵花结一蒴果，纵裂，内有种子，种子极小，扁圆，黑褐色（图 2-49）。列当种子在水分充足、温度在 15～25℃、土壤 pH＞7.0 的条件下，当有寄主根分泌物的诱导时萌发长出芽管，芽管顶端吸附在寄主的侧根上，侵入植物根部与寄主植物建立寄生关系，吸收寄主的营养物质和水分。从种子萌发到出土需 5～6 d，从出土到开花只要 6～7 d，开花到结实 5～7 d，结实到种子成熟 13～17 d，种子成熟到蒴果可开裂 1～2 d。种子成熟散出后很易随风传播，在不适于萌发的条件下可在土壤中存活数年。种子也可因雨水、农事操作、混入农作物种子中进行多种途径传播。主要种类有向日葵列当（*O. cumana*）和瓜列当（*O. aegyptiaca*）。

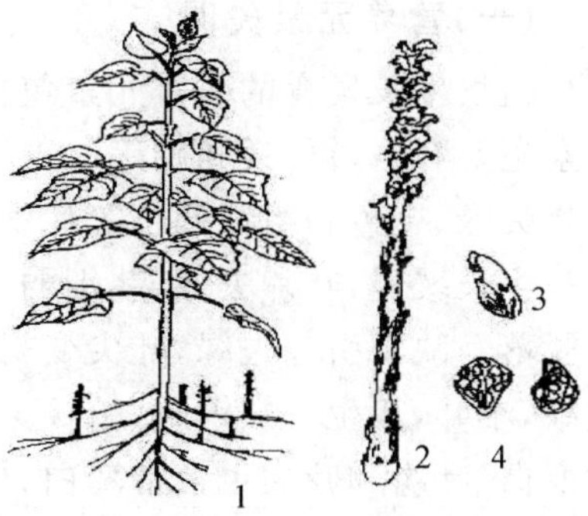

图 2-49　列当

1. 向日葵根部受害状　2. 列当的花序　3. 花　4. 种子

（二）半寄生植物

1. 独脚金属（*Striga*）

独脚金俗称火草或矮脚子，属于玄参科，一年生寄生性草本植物，矮小，常寄生于它植物的根上，以根先端小瘤状突出的吸器附在寄生植物根上窃夺寄主的营养物质和水分，造成作物干枯死亡。玉米、高粱、甘蔗、稻等被独脚金寄生后，养料和水分大量被窃夺，虽然土壤湿润，但被害作物都表现好似遭遇干旱一样，生长发育受足，植株纤弱，即使下雨或灌溉也不能改善作物的生长状况，重者终于枯黄死亡。

2. 桑寄生属（*Loranthus*）

其寄主都是木本植物，包括裸子植物的松杉类和被子植物的蔷薇科、山茶科和木兰科等多种木本植物。桑寄生科植物多为半寄生性灌木，稀为草本。大多茎寄生，少数根寄生。单叶对生或轮生，偶互生，全缘，或退化为鳞片状，无托叶。花两性，偶单性，单生或排列成各式花序。果为浆果或核果，种子 1～3 粒。桑寄生属植物一般在秋冬季节形成肉质浆果，成熟时色泽鲜艳，招引鸟类啄食并随鸟的活动而传播，种子随粪便排出时黏附在树枝上，当温度和湿度条件适宜时 3 d 左右即可萌发，形成胚根，侵入寄主。

第六节　植物非侵染性病害诱发因子

植物的非侵染性病害（noninfectious disease）一般是指由不适宜的环境条件引起的植物病害。由于非侵染性病害不能在植物个体间传染，因此又称为非传染性病害或生理病害。其中主要因素是化学因素和物理因素，少数是植物自身遗传因素所致。

一、化学因素引起的植物病害

引起植物非侵染性病害的化学因素主要有：营养元素失调、农药药害和有毒物质污染等。

(一)营养元素失调

植物生长发育的必需元素包括大量元素和微量元素。大量元素主要是氮、磷和钾等,微量元素主要有铁、铜、镁和硼等。土壤中缺少某些营养物质,或营养元素之间比例失衡,可以引起植物失绿、变色和组织死亡等症状。各种营养物质中,氮、磷、钾三要素最重要。缺氮的主要症状是生长缓慢,叶片失绿,茎细弱。缺磷引起植物变色(暗绿或紫红色),根系发育不良,叶片逐渐脱落。缺钾引起失绿,叶尖变褐,根系老化,早衰,种子皱缩。缺铁引起黄化病。缺锌叶脉间褪绿,小叶,簇生。缺镍时,植株失绿变小,茎叶披垂,首先是叶脉间失绿,然后是叶片中央的主脉变白,叶缘和叶尖也常常变白,最后则失绿区进一步发展形成成片的坏死斑点,从叶尖开始,最终导致整个叶片死亡。

(二)有毒物质污染

有毒物质污染造成的植物病害包括大气污染、土壤污染、水源污染以及农药、植物生长调节剂和化肥使用不当造成的药害。

1. 大气污染

大气污染对植物的危害是由多种因素决定的,主要包括:污染物的种类、污染物的浓度、危害持续时间、植物种类以及植物的发育时期。全国大气污染物主要有:硫化物、氮化物和氟化物等。SO_2 是主要的大气污染物之一,它的危害表现在直接危害和酸雨危害两个方面。阔叶植物典型的急性症状是脉间不规则形状的坏死斑,坏死组织与健康组织之间界线比较清楚;单子叶植物的伤害症状是在平行脉之间出现斑点状或条状的坏死区,生理功能旺盛的新展开叶对 SO_2 的伤害最为敏感。另一方面,SO_2 在大气中发生氧化作用与空气中的水蒸气结合,形成酸雨返回地面,对生态系统产生很大的影响。氟化物尤其是 HF 气体是毒性最强的大气污染物,对植物的危害症状是:植物叶缘和叶尖组织坏死,坏死部颜色呈浅褐色或褐红色,且与健康部有明显的界线。当坏死组织达到全叶面积 1/4~1/2 时,叶片脱落。

2. 土壤污染

土壤污染是指具有生物毒性的物质进入土壤使土壤性质恶化而导致植物生理功能失调的现象。目前,我国约有 1/6 面积的耕地受到不同程度的污染。土壤的化学污染可分为无机污染和有机污染两大类。无机污染中最主要的是重金属污染,我国遭受重金属污染的土地面积占污染总面积的 64.8%,其中以 Hg 和 Cd 的污染面积最大。有机污染物中最主要的为农药污染。这些污染物对植物细胞质膜透性、水分代谢、光合作用和呼吸作用等生理生化过程产生影响,使植物生长受到抑制,叶片变黄,严重时植株枯死。

3. 药害

当农药、植物生长调节剂和化肥使用不当时,植物会出现药害(chemical injury)。药害分为急性药害和慢性药害。急性药害发生迅速,症状明显,常在施药后 2~5 d 内发生。一般先从植株幼嫩组织出现症状,如斑点、叶畸形、变黄、脱落或形成焦斑、果实畸形、小果、落果、茎硬化直至整株死亡。慢性药害并不很快表现明显症状,而是逐渐影响植株的正常发育,引起根系畸形,植株生长发育缓慢,叶片黄化脱落,花少、果小以及子粒不饱满。

(三)盐害

土壤中盐分过多对植物生长发育造成的危害称为盐害(salt injury),主要为氯盐、钠盐和硫酸盐,多直接或间接与盐矿有关。目前,我国遭受盐害的耕地总面积多达 2.0×10^7 hm^2,随着灌溉农业的发展，遭受盐害的耕地面积还可能不断扩大。盐害对植物的危害主要表现在以下几个方面：导致植物发生干旱、离子失调、光合作用下降、呼吸作用不稳、蛋白质合成受阻以及有毒物质积累等。植物受害症状为：幼苗黄化或成株矮化，叶片细小，叶尖和叶缘焦枯，整株萎蔫直至死亡。

二、物理因素引起的植物病害

引起植物非侵染性病害的物理因素主要有：水分供应失调、温度不适宜、光照过强或过弱等。

(一)水分供应失调

植物的正常生理活动，都需要在体内水分饱和的状态下进行，水对植物体内各种物质的合成与代谢起着重要的作用。土壤干旱缺水时，植物根系吸收的水分长期不能弥补植物蒸腾作用所消耗的水分或低于植物正常生长发育所需的水分，植物体内水分亏缺，导致植物生长受到抑制、光合作用减弱、内源激素代谢失调、氮代谢异常、酶系统发生变化等，植株生长发育受阻，引起萎蔫、落花、落果直至死亡。如番茄生长后期处于干旱状态下，植株缺水，导致果实脐部细胞失水出现暗褐色凹陷，引发脐腐病。当严重干旱发生时，植物往往发生萎蔫而死亡。土壤长期积水，根细胞窒息、变色、溃解，地上部叶片枯黄、落叶、落花、落果直至整株死亡。

(二)温度不适宜

植物生长有它的最低温度、最适温度和最高温度。在适宜的温度范围内，植物能正常生长发育，若环境温度超过植物生长发育最高温度或低于植物生长的最低温度，就直接或间接地影响植物的生理生化代谢，从而抑制植物的生长和发育，引起植物不同程度的损害，甚至还会造成植物的死亡。高温会导致幼苗徒长，植株长势变弱，花期缩短，花器发育不良，花粉生活力下降，授粉受精不正常，产生落花、落果，果实木栓化加重或形成畸形果；高温还可直接造成植物的果、叶和茎的向阳面灼伤。低温引起的植物病害，依据低温程度的不同，可分为冻害(freezing injury)和冷害(chilling injury)两大类。冻害是指 0℃以下的低温对植物造成的伤害；冷害也称为寒害，是指 0℃以上的低温对植物造成的伤害，常对热带、亚热带植物(如水稻、番茄、黄瓜、柑橘、甘蔗等)造成较大的损害。冻害和冷害会导致植物产量降低，严重时还会造成植株死亡。冻害和冷害的危害程度取决于降温的时间、强度和持续时间。如果降温后气温急剧回升，则会对植物造成更大的伤害。

(三)光照不适

光是植物进行光合作用的前提条件。在一定的光照范围内，植物的光合速率和生长随光照的增强而提高并保持正常的生长，但当光照过强或过弱时，植物的生长会受到影响。弱光影响植物叶绿素的形成和光合作用的正常进行，造成秧苗徒长，细弱不健壮，易倒伏；花芽因植株体内养分供应不足而早落，引起黄化。如黄瓜在连续弱光处理下，苗期叶片净光合速率降低，植株生长明显变慢，其株高、叶面积增加缓慢，且在开花结瓜期表现更为明显，根系活力也弱，因光合速率低、光合产物积累严重不足。强光不仅能直接造成植物的日灼伤，还影响植物干物质积累，导致植物生长受到抑制。

复习思考题

1. 什么是菌物？菌物的主要特性有哪些？

2. 菌物病害有哪些基本特点？论述植物病原菌物的无性繁殖和有性生殖及其生物学意义。

3. 原核生物的细胞与真核生物细胞有何不同？

4. 植物细菌病害在症状上有何特点？植物病原细菌是如何侵入寄主植物？

5. 简述植物病原细菌的分类依据有哪些。

6. 植物病毒是一类什么生物？其与真菌和细菌最大的区别是什么？

7. 植物病毒粒体主要由什么组成？

8. 植物病毒传播的方式有哪几种？

9. 植物病毒侵入寄主体内的途径与真菌和细菌有何不同？

10. 植物病毒是如何命名的？

11. 植物病毒按照现在的分类系统，可分为哪几大类？其分类的主要依据是什么？

12. 什么是植物线虫的雌雄同型和雌雄异型？

13. 线虫寄生危害植物与昆虫取食危害植物有何不同？

14. 认识植物线虫的寄生习性及生活史对防治工作有什么指导意义？

15. 寄生性植物的主要类群有哪些？

16. 半寄生植物和全寄生植物的异同有哪些？

17. 什么是非侵染性病害？引起非侵染性病害的原因主要有哪些？

第三章　病原物致病性、植物抗病性及协同进化

第一节　植物病原物的基本属性

一种植物病害的发生，是一定的病原物和一定的植物在特定环境条件下相互作用的结果，在此植物病害系统中，植物病原物具备的最基本属性即寄生性和致病性。这种属性决定其所致病害的特点，同时也在一定程度上影响其侵染过程和侵染循环。

一、寄生性

各种生物在自然界生存常常不是孤立的，而是生物之间构成一定的关系，两种不同的生物共同生活在一起的现象称为共生现象。共生现象有的彼此双方没有利害关系，有的双方都有利，有的对一方有利而对另一方有害。寄生性(parasitism)是一种生物与另一种生物生活在一起并从中获取赖以生存营养的习性。寄生性就是共生现象的一种。提供营养物质的一方称为寄主(host)，营寄生性的生物叫寄生物(parasite)，植物病原生物都是寄生物，但并不是所有寄生物都是能致病的。

不同寄生物其寄生性程度也有所不同，有的只能从活细胞或活组织中获取营养，称为专性寄生物或活体寄生物(obligate parasite)，也把这种获取营养的方式叫作活体营养。因为寄生物会随着寄主细胞或组织的死亡而失活或形成休眠结构。属于这种类型的植物病原包括霜霉菌、白粉菌、锈菌、全部植物病毒、寄生性植物线虫和寄生性种子植物。而另一些寄生物则既可以从活组织也可以从垂死的乃至死亡的组织获得所需营养和水分，称为兼性寄生物或非专性寄生物(non-obligate parasite)，大部分真菌病原和全部细菌病原属于此类寄生物。以死组织为营养来源的特性又称为腐生性或死体营养，只能营腐生生活的生物，称为腐生物(saprophyte)，对植物无致病性。在不同种的植物病原物中，其寄生性和腐生性程度也有差异，人们通常把寄生性强的称为高级寄生物，而把腐生性强的称为低级寄生物。

在一些专性寄生或寄生性较高级的植物病原物中还存在不同程度的寄生专化性(specificity in parasitism)。这是寄生物的种内不同个体对寄主植物科、属、种和品种的选择差异。根据这种差异的程度，一种病原物又再区分为专化型(formae specialis，简写为 f. sp.)、变种(variety，简写为 var.)和生理小种(phyaioloical race)。如侵染禾本科的禾谷白粉菌种群中，有侵染小麦的称为禾谷白粉菌小麦专化型和侵染大麦的禾谷白粉菌大麦专化型。

生理小种则是专化型或变种内的个体对寄主植物品种的选择和专化，但在形态上相同，在

培养形状、生理、生化、病理、致病性等方面有差异的生物型。如小麦秆锈菌已鉴别出300多个生理小种。寄生专化程度越高的寄生物，越易通过抗病品种得到控制。

二、致病性

致病性(pathogenicity)是指病原物所具有的破坏寄主和引起病变的能力。致病性和寄生性是病原物统一的特性，但是两者的发展方向并不一致，生物的营养方式，事实上也反映了病原物的不同致病作用。

活体营养的专性寄生物，它们一般从寄主的自然孔口或直接穿透寄主的表皮细胞侵入，侵入后形成特殊的吸取营养的机构(如吸器)伸入到寄主细胞内吸取营养物质，如锈菌、霜霉菌和白粉菌，甚至病原物生活史的一部分或大部分是在寄主组织细胞内完成的(如芸薹根肿菌)。这些病原物的寄主范围一般较窄，它们的寄生能力很强，但是它们对寄主细胞的直接杀伤和破坏作用较小，这对它们在活细胞中的生长繁殖是有利的。

属于死体营养的非专性寄生物，从伤口或寄主植物的自然孔口侵入后，往往只在寄主组织的细胞间生长和繁殖，通过它们所产生的酶来降解植物细胞内容物为其生长繁殖提供营养，或者同时分泌毒素使寄主的细胞和组织很快死亡，然后以死亡的植物组织作为它们生活的基质，再进一步破坏周围的细胞和组织。这类病原物的腐生能力一般都较强，能在死亡的有机质上生长，有的可以长期离体在土壤中或其他场所营腐生生活。它们对寄主植物细胞和组织的直接破坏作用比较大，而且作用是很快的，在适宜条件下有的只要几天甚至几小时，就能破坏植物的组织，对幼嫩多汁的植物组织的破坏更大。此外，这类病原物的寄主范围一般较广，如立枯丝核菌(*Rhizoctonia solani*)和胡萝卜欧氏菌(*Erwinia carotovora*)等，可以寄生为害多种甚至上百种不同的植物。

(一)致病性分化

同种病原物中不同菌株对寄主植物中不同的属、种或品种的致病性存在差异的现象称为病原物致病性分化(pathogenic differentiation)。它和上述寄生专化性是植物病原生物的同一特性，不同类型病原物种内致病性分化可有不同的术语表示。如植物病原真菌中常用生理小种、细菌中常用致病变种(pathogenic variant 或 pathovar，简称 pv.)和菌系(strain)，病毒中常用株系(strain)表示等。

用于测定一种病原物群体中个体之间致病性分化的一套品种或材料叫作鉴别寄主(differential host)，一套理想的鉴别寄主是所采用的品种或材料都是近等基因系。生理小种的数量可以随着选择的鉴别寄主数量多少而改变。生理小种命名一般采用数字表示，如玉米大斑病菌2号小种等。病原物致病性分化是导致农作物品种抗病性丧失的一个重要原因，所以说生理小种鉴定是一项非常重要的工作，对指导作物品种合理布局和抗性利用具有重要意义。但生理小种仍不是一个遗传纯系，是一个包含一系列遗传背景不同的生物型(biotype)。

(二)毒力

一种特定的病原物对一种特定的植物要么能致病，要么不能致病的特性，是质的属性。病菌的致病性强弱程度称为毒力(也称毒性，virulence)，即致病性的强度，是量的概念。通常病原菌的毒力越大，其致病性就越强。同一病原菌群体中，不同菌株间其毒力的大小也不相同，有强毒、弱毒和无毒菌株之分。所以说毒力是病原物诱发病害的相对能力，一般用于病原物小种和寄主品种相互作用的致病特性。例如玉米大斑病菌1号小种、2号小种、23号小种它们对玉米丹玉13品种毒力就存在显著差异。

(三)致病性遗传变异

侵染植物的病原物拥有几类必不可少的基因引起病害或增加对一种或数种寄主的毒性，这些基因有的是单基因或寡基因遗传，也有多基因和胞质遗传。而以对真菌的致病性遗传研究较多，根据已有资料，病原真菌的毒性遗传多为单基因隐性独立遗传，少数情况下有互作和连锁，很少有复等位现象。

1. 致病性相关基因

了解病原物致病性相关基因是分子水平上阐明植物病原物致病性遗传特点的基础。病原物基因组的测序和分析、致病基因的克隆和功能研究可以提供更多重要遗传变异信息。

(1)病原物基因组　迄今为止，大量植物病毒基因组测序工作已完成，一些植物病原细菌基因组也已完成测序或完成基因组草图绘制，而在丝状真菌和卵菌中也有稻瘟病菌、大豆疫霉、玉米黑粉菌和禾谷镰孢等完成基因组测序工作。此外，还建立了许多植物病原物的表达序列标签库。

(2)病原物致病基因和毒性基因　致病基因(pathogenicity genes)是病原物中决定对植物致病性的有关基因，是使特定微生物成为病原物的基因，在病原物侵染植物过程中，参与了植物病害形成的关键步骤。一类致病基因直接编码了生化性质清楚的致病因子，包括胞外降解酶、胞外多糖、毒素、黑色素和激素等；另一类致病基因编码了侵染过程中生长、发育和代谢功能(如真菌孢子形成和萌发，芽管形成和菌丝生长，病毒脱外壳和传播等)，如 *mpg*1 是一个编码疏水蛋白基因，是稻瘟病菌附着胞形成所必需的，受到破坏不仅其致病性丧失，而且产孢量也少100倍。

毒性基因(virulence genes)是调控病害发生和发展的一类基因，但不是必需的，在这种情况下，这些基因被看作是毒性基因。这些基因表达的产物毒性因子非常广泛，包括细胞壁降解酶、毒素、激素和多糖等众多分子化合物。

(3)无毒基因(avirulence genes)　是病原物中决定对带有相应抗病基因的寄主植物特异地不亲和无毒性的基因，病原物的无毒基因与寄主植物中相对应的抗病基因互作。一般认为无毒基因直接或间接地编码了激发子(elicitor)，而植物抗病基因编码了激发子的受体(receptor)。如番茄叶霉病菌(*Fulvia fulva*)无毒基因 *avr9* 专化性地激发了带有抗病基因 Cf_9 的番茄品种植株的过敏性坏死反应(hypersensitive response，HR)。目前，已经用基因库互补法和分子杂交法从多种细菌、真菌和病毒中克隆出几十个无毒基因。

2. 致病性变异

病原物致病性尤其是毒性的变异，是引致品种抗病性丧失的主要原因。因此，只有系统掌握植物病原物致病性变异的规律，才能制定出科学的控制品种抗病性丧失、延长品种使用年限的策略和措施，更好地发挥品种在病害综合治理中的作用。

植物病原物的变异性是病原物的一种遗传特性，也是病原物的一种适应特性，有了较强的变异性，病原物才能适应不断变化的环境而得以继续生存和发展。

(1)致病性变异的类型　植物病原物致病性变异，有毒性变异、侵袭力变异和致病谱的改变等三个方面。①毒性变异(variation in virulence)系指病原物菌系或株系的一定毒性基因与品种的一定抗病性基因互作，结果导致其毒力(性)增强或变弱，也可由无毒力变为有毒力或由有毒力变为无毒力；②侵袭力变异(variation in aggresiveness)系指病原物小种在孢子萌发率、侵染率、潜育期、产孢量和侵染期等方面的变异。这些变异一般在供试小种有毒力品种上才能表现出来。较强的侵袭力是病原物小种在群体中有较高适合度的基本条件之一；③致病谱的改变系指病原物寄主植物种类的增加或减少。

此外，与上述致病性因素发生变异的同时，病原物在形态、色泽、生理生化特性等方面也可发生一系列变化。掌握这些变化对于认识病原物致病性变异和了解其机制是十分重要的。

(2)植物病原物致病性变异的途径　病原物致病性不断发生变异，是新的致病类型层出不穷的最根本原因。因此，研究掌握植物病原物致病性变异的规律，才能深入了解病原物新致病类型的产生途径和条件，为控制变异和新小种形成提供科学依据。

关于植物病原物新致病类型的产生途径，主要有有性杂交、突变、异核现象、准性生殖和适应性变异等多种途径。①有性杂交(sexual hybridization)。通过有性杂交产生新的致病类型，在具有性生殖的病原物，如锈菌、黑粉菌、白粉菌、霜霉菌以及许多其他病原中是常见的变异方式。植物病原菌在杂交过程中，发生基因分离和重组，从而发生遗传性质的变异。植物病原菌的有性杂交，一般有 4 种方式：小种内自交、小种间杂交、专化型间杂交，以及属间和种间杂交。植物病原菌通过有性杂交产生新的小种，在自然条件下也是经常发生的。例如 Newton 等(1930)通过小种内自交方式，分析了小麦秆锈菌的 8 个小种的致病性变异情况，结果发现，供试的 8 个小种，除 1 个为纯合子外，其余 7 个小种均为杂合子，其后代，一些是新小种，一些是已有的小种。②突变(mutation)是病原物新小种产生的重要途径，也是新的毒性基因产生的唯一途径。因此，掌握植物病原物突变的机制和条件对控制病原物致病性的变异有非常重要的意义。突变按照其产生方式可分为自发突变(spontaneous mutation)和诱导突变(inducedmutation)。自发突变是在自然条件下，由于病原物本身产生诱变物质或与自然诱变物质偶然接触等原因自然发生的变异。诱导突变是人工用物理、化学等因素诱发产生的变异。病菌形态(如菌落离变)和颜色(如孢子白化)的改变，毒性的改变和一些数量性状(如孢子堆的大小，产孢量增多或减少)变化均可能是突变。在自然条件下，不同病原物的突变率不同，如小麦叶锈菌约为 1∶(4×10^6)，小麦条锈菌为 1.6∶($1\times10^6\sim2\times10^6$)。③异核现象(heterokaryosis)：异核现象又称异核作用。所谓异核现象系指在病原真菌的一个细胞或孢子中有 2 个以上遗传性质不同的核的现象。植物病原真菌异核体的形成一般主要通过芽管结合、菌丝联结、菌丝融合等方式，发生核的交换或重组。也可通过双核菌丝中的一个核发生突变产生。这种现象是 Blackslee 于 1904 年首先发现的，将变异个体称为异核体(heterocaryon)。通过对植物病原真菌的异核现象研究，发现遗传性质不同的菌系之间通过核的交换和重组，可以使病菌的致病性发生变异，产生新小种。闵幼农等(1966)研究了稻恶苗病菌的异核现象，发现在 19 个野生菌株中有紫、红、白 3 种异核菌株类型。其中紫色菌株产生的赤霉素 500 倍于白色菌株，同时，其致病性也最强，白色菌株产生赤霉素最少，无致病力，红色菌株介于二者之间。④准性生殖(parasexualism)在小麦秆锈菌和叶锈菌、马铃薯晚疫病菌等多种病原真菌中均有发生。Day 认为，对无性生殖或有性生殖作用不大的病原真菌，准性生殖在新小种产生上的作用可能是很重要。⑤适应性(adaptability)：在植物病原菌中由于适应所发生的毒性渐进变异现象是常见的。渐进变异可以是病菌致病力的逐步提高，也可以是病菌致病力的逐步降低。

除上述 5 种变异途径外，还有转化(transformation)、转导(transduction)以及其他途径。

不同病原物的变异途径不同：上述 5 种变异途径病原真菌均可采用，细菌的变异主要是通过突变、转变、转导和结合，病毒的变异（主要是侵染性、症状和寄主范围以及对介体专化性的变异）主要是通过突变和同一病株体内不同病毒间的基因重组，线虫的变异主要是通过突变、不同线虫间染色体的偶合（mixing of chrosome）和有性过程基因重组。

三、病原物的致病因子

病原物在寄生过程中，引起植物病害，但植物和病原物不同，其致病机制也不一样。多数病原物从寄主获得养分和水分同时，在其生长发育过程中又可产生一些代谢物。病原物的寄生能力、机械压力、化学物质和遗传转化因子等在病害发生过程中发挥着重要作用，通常被称作致病因子（pathogenicity factor）。由于这些因子存在，从而使寄主的生长发育受阻，发生局部乃至全株性病害，产生特有的症状。病原物不同致病因子在病害中所发挥作用也不一样，有些病原物可以迅速杀死寄主的细胞和组织，而有一些病原物则在相当长时间内不致死寄主。前者如引致植物器官软腐病的根霉和一些细菌，后者如麦类作物的黑粉菌。

（一）争夺寄主的生活物质

各种病原物都具有寄生性，能从寄主上获得必要的生活物质。寄主体内或体表的寄生物越多，所消耗的寄主养分也越多，从而使寄主营养不良，表现黄化、矮化、枯死等症状。寄生性植物中半寄生种类自身也能进行光合作用，主要依赖寄主的水分，对寄主的不良影响较小，症状较轻。全寄生种类需从寄主夺取全部生活物质，对寄主的危害极大，通常造成寄主很快死亡。

（二）机械压力

病原真菌、线虫和高等寄生植物可以通过对植物表面施加机械压力而侵入。真菌菌丝和高等寄生植物的胚根首先接触并附着在寄主表面，继而其前端膨大，形成附着胞，由附着胞产生纤细的侵入钉，对植物表皮施加机械压力，并分泌相应的降解酶软化角质层和细胞壁而穿透表皮侵入。线虫则先用口针反复穿刺，最后刺破寄主表皮，进入植物体细胞和组织中。另外，一些病原真菌在寄主表皮下形成子实体后，也施加一定机械压力，使表皮凸起和破裂，将其子实体外露，有利于孔口打开或繁殖体释放，如大葱锈病、玉米瘤黑粉病等。

（三）化学物质作用

1. 酶类物质

病原物分泌的酶主要有降解植物细胞壁的酶类物质，以助其侵入和扩展，包括角质酶、纤维素酶、半纤维素酶、果胶质酶、木质素酶和糖蛋白酶等。病原物一旦进入寄主细胞或者破坏了组织，即可以利用细胞质内蛋白质、淀粉、脂肪以及核酸等作为营养物。但这些物质不能直接被利用，需要经过一系列酶酶解使之成为较简单的成分。例如病原物分泌的蛋白酶，酶使蛋白质降解为氨基酸，淀粉酶可降解淀粉为单糖，其他如脂肪和核酸也有相应的酶进行降解。不同种类的病原物所分泌的酶类也不尽相同。

（1）分解细胞壁物质的酶类　植物体表面为蜡质层，下为角质层，再下为由果胶、纤维素、半纤维素、木质素和少量蛋白组成的细胞壁。有关产生降解酶降解蜡质的病原物很少有报道。但发现一些真菌可形成角质酶，如 *Venturia inaequails* 和 *Fusarium solani* f. sp. *pisi*，其中角质脂酶能水解角质组分中的酯键，羧基角质过氧化酶能水解角质组分中的过氧化键。

研究最深入、报道最多的是果胶酶。已知有多种病原真菌能分泌多种果胶酶。如:果胶甲基酯酶(pectin methyl esterase,PME)能分解酯键,多甲基半乳糖醛酸酶(polymethyl methylgahcturonase,PMG)和多聚半乳糖醛酸酶(Polygalacturonase,PG)能通过水解作用分解果胶物质中的 α-1,4-糖苷键,果胶酸酯裂解酶(pectate lyase,PL)和果胶裂解酶(pectin lyase,PNL)其作用是裂解果胶分子中的 α-1,4-糖苷键。

病原菌分泌的半纤维素酶有木聚糖酶、半乳聚糖酶、葡聚糖酶、阿拉伯聚糖酶、甘露聚糖酶等,均属于聚糖水解酶,是一组专一性降解半纤维素的酶类总称。通过上述半纤维素酶的作用后,往往细胞壁中纤维素和木质素即可裸露出来。

病原菌分泌的纤维素酶分为 C_1 酶、C_2 酶、Cx 酶和纤维二糖酶等类型。C_1 酶,即 1,4-β-D-葡聚糖内切酶(EG)作用于纤维素分子链间键,将天然的结晶纤维素随机降解成非结晶的纤维素,暴露出非还原性末端,C_2 酶也作用于天然纤维素,将其降解为短链,然后 Cx 酶作用于纤维素短链,生成纤维二糖,最后纤维二糖酶将纤维二糖分解成葡萄糖。目前已知,单一一种酶对天然纤维素均无作用,需要上述几种酶相互配合才能把天然纤维素降解成葡萄糖。

木质素酶其作用是水解木质素多元体构造成苯丙烷的单体,一些木本植物的病原菌可产生此酶。另外,一些植物病原物在侵染寄主植物时还能产生蛋白酶促进病原物的侵染,已知的蛋白酶都是水解酶,水解肽键。

(2)分解细胞内物质的酶　植物病原物还能产生一些细胞膜和细胞内物质降解酶,如蛋白酶、淀粉酶、脂酶等,用于分解蛋白质、淀粉、脂类等物质,而且多数为非专化性的。另外,还有报道在真菌和细菌中发现有降解核酸的核酸酶。

2. 毒素

(1)毒素(toxin)概念及作用　毒素是植物病原物代谢中产生的,能在非常低的浓度范围内干扰植物正常生理活动、对植物有毒害的非酶类化合物。它对原生质有急剧破坏作用,常以微量(生物学浓度)就能迅速引致植物损害。其损害作用主要是:①作用于原生质膜,使原生质体肿大,引起质膜的透性和电势的改变,使细胞内的电解质向胞外渗出;②抑制光合磷酸化过程中 ATP 合成的一些步骤,导致体内合成的破坏;③对鸟氨酸转氨甲酰酶起竞争性抑制作用,导致精氨酸的缺乏,影响叶绿素的合成;④与原生质膜蛋白结合,导致寄主感染。

毒素对植物有害,不仅可以在植物体内产生,也可以在人工培养基上产生。无论是在植物体内产生还是离体培养产生的植物病原物毒素,用其处理健康植物,往往在较低的浓度下就能使之产生病变,与产毒菌株侵染所引起的病状相同或相似。因此,毒素是一种非常高效的致病因子。

(2)毒素类型　依据对毒素敏感的植物范围和毒素对寄主种或品种有无选择作用,可将植物病原菌产生的毒素分为寄主选择性毒素(host selective toxin,简称 HST)和非寄主选择性毒素(host nonselective toxin,简称 NHST)两类。

寄主选择性毒素有时也称为寄主专化性毒素,在生理浓度下对产毒菌的寄主植物或感病品种产生严重毒害,而对非寄主植物或抗病品种基本无毒害作用,即毒害作用与产毒菌的寄主范围或品种敏感差异有对应或平行关系,或说植物对产毒菌的抗感性与其对毒素的敏感性一致。大多数 HST 是致病性决定因子。HST 可能是对植物基因型专化的,也可能是对细胞位点专一的。迄今为止,已报告 20 余种 HST,全部由真菌产生,主要是真菌中的链格孢属(*Alternaria*)和原长蠕孢属(*Helminthosporium*,现已分到三个属中)。

有些 HST 的化学结构已报告，既有相对低分子质量的代谢物，也有蛋白质。1933 年田中报道了日本梨黑斑病菌的培养滤液对感病品种果实呈现明显毒性，而对抗病品种无毒。但直到 70 年代才分离到第一种 HST，命名为 AK-毒素（日本梨黑斑毒素）。AK-毒素在孢子萌发时产生，是两种毒素主组分（Ⅰ和Ⅱ）以及一种次要毒素组分的混合物。主组分毒素已结晶提取，并明确了其结构式。提纯的 AK-Ⅰ是高毒组分，浓度低至 $5\times10^{-9}\sim1\times10^{-8}$ mol/L 时仍可在二十世纪梨上引发特征性的叶脉坏死，而在抗病品种和非寄主苹果和草莓上，浓度高达 1.2×10^{-4} mol/L 时也不引起任何症状，显示其寄主选择性毒素的性质。AK-Ⅱ的毒性低于 AK-Ⅰ，在 10^{-7} mol/L 时才引发感病梨叶叶脉坏死。

非寄主选择性毒素也称为非寄主专化性毒素，是指不仅对其寄主植物种或栽培品种具有毒害作用，而且对非寄主生物也有毒害作用的病菌代谢物。这类毒素能加重症状，但不决定病菌是否引致病害，只是致病力决定因子。不过，这类毒素虽对非寄主植物也有毒害作用，但有些毒素可区分品种的抗病性差异。

3. 激素

许多病原菌能合成与激素相同或类似的物质，严重扰乱寄主植物正常的生理活动，很多植物由于病原物的感染，体内激素不平衡，导致植物徒长、矮化、畸形、赘生、落叶、顶芽抑制、根尖钝化、偏上性和不定根的形成等多种形态病变。病原菌产生的激素物质主要有生长素、细胞分裂素、赤霉素、脱落酸和乙烯等，近年来的研究发现，病原菌还产生水杨酸和多胺等植物生长调节类物质。此外，病原物还可通过影响植物体内生长调节系统的正常功能而引起病变。

(1)生长素　主要是吲哚乙酸(IAA)。多种病原真菌和细菌能合成 IAA，在被真菌、细菌、病毒、类菌原体和线虫侵染的一些植物中，有的病原物本身产生 IAA，有的虽然自身不产生 IAA，但由于植物体内 IAA 氧化酶受抑制，阻滞了 IAA 的降解，导致 IAA 水平的提高。如番茄接种茄青枯菌(*Burkholkeria solanacearum*)后 5 d，就能检测出 IAA 积累，其含量在接种后 20 d 内持续增加。烟草接种该病原细菌后，病株体内 IAA 含量比未接种植株增高近百倍，病组织中生长素的合成水平与病原菌的致病性密切相关。晚疫病菌亲和小种侵染的马铃薯块茎中 IAA 含量提高了 5～10 倍，而被非亲和小种侵染者无明显增长。一些植物病原真菌产生的 IAA 对寄主植物的作用还可以形成某些典型症状，如红花柄锈菌侵染红花下胚轴之后，很快增加 IAA 在侵染部位的水平，引起下胚轴生长异常。

(2)赤霉素(gibberellin，GA)　很多真菌、细菌和放线菌能产生赤霉素类物质，其中最重要的是赤霉酸(GA_3)。水稻恶苗病菌(*Gibberella fujikuroi*)产生的赤霉酸是使水稻茎叶徒长的主要原因。在高等植物中赤霉素主要以 GA_1 的形式存在，GA_3 含量很低，而有研究报道各种赤霉素都可能先转化成活性的 GA_1 后才发挥作用，其他形式可能都是作为前体或存储状态。另外，植物受到一些病毒、类菌原体或黑粉菌侵染后，生长迟缓，矮化或腋芽受抑制，也与赤霉素合成受阻、含量下降有关，若用外源赤霉素喷洒病株，可使症状缓解或消失。赤霉素的活性包括调节节间延长、矮化复原和促进 α-淀粉酶、蛋白酶、核糖核酸酶的活性。实践应用表明，使用 GA 也可使水稻、番茄等植物增加感病性。

(3)细胞分裂素(cytokinin)　细胞分裂素可促使植物细胞分裂和分化，抑制蛋白质和核酸降解，阻滞植株的衰老过程。病原菌侵染寄主植物后，往往引起寄主细胞分裂素失调。细胞分裂素的病理效应是引起带化、肿瘤、过度生长、形成绿岛及影响物质转移。萝卜遭受根肿菌侵染后，肿根组织内细胞分裂素的含量为健康组织内的 10～100 倍。此外，用细胞分裂素处理植物叶片，则叶绿素不被病原菌破坏，核酸和蛋白质合成增加，营养物质局部积累，这种作用导致的形态变化，与锈菌、白粉菌侵染中常见的“绿岛”症状很相似。

(4)乙烯(ethene)　乙烯是一种促成熟、衰老和抑制生长的植物调节物质。产生乙烯的病原真菌有棉花黄萎病菌(*Verticillium dahliae*)、甘薯黑斑病菌(*Ceratocystis fimbriata*)、番茄枯萎尖镰孢(*Fusarium oxysporum* f. sp. *melongenae*)等。这些病原真菌在离体或活体条件下均能分泌与生物合成乙烯物质，但也有少数病原物仅在活体内合成乙烯。棉花受轮枝孢菌侵染后，落叶型菌株 T9 导致寄主植物体产生的乙烯的量高于非落叶型菌株 SS4 约 2 倍以上，T9 使棉花落叶的原因是乙烯所致。啤酒花由轮枝菌侵染造成偏上生长、褪绿和落叶与该菌产生乙烯有关。郁金香尖镰孢菌(*F. oxysporum* f. sp. *tulipae*)侵染郁金香后，可产生高水平的乙烯，造成枝条矮缩和芽枯萎。

(5)脱落酸(abscisic acid，ABA)　脱落酸是由植物和某些植物病原真菌产生的一种重要生长抑制剂，具有诱导植物休眠、抑制种子萌发和植物生长、刺激气孔关闭等多方面的生理作用。ABA 是导致被侵染植物矮化的重要因素之一，植物矮化症的一个普遍特点是与病原菌分泌的 ABA 有关。烟草花叶病、黄瓜花叶病、番茄黄萎病等病害的病株 ABA 含量高于正常水平，都表现出程度不同的矮化。棉花黄萎病菌落叶型菌株侵染棉花植株后，其 ABA 水平比健康植株增加 1 倍，促进叶离层产生，引起落叶；用非落叶型的菌株侵染棉花后，叶片中检测不出 ABA 增加。

4. 胞外多糖

胞外多糖(extracellular polysaccharide，EPS)是存在于一些病原物的表面或被病原物释放到环境中的大分子碳水化合物。植物病原细菌常分泌 EPS 到胞外，形成黏质层。EPS 不仅有利于菌体吸附寄主和抵御干燥环境，而且还在病菌致病过程中起一定作用。植物病原真菌中炭疽菌、镰孢菌等也能产生多糖类物质，这些多糖物质可在植物体内或体外形成，有助于病菌的侵染，常与萎蔫等症状有关。

5. 色素

黑色素的合成对于许多病原真菌的生长和发育不是必需的，但其与一些真菌的致病性密切相关。稻瘟病菌(*Magnaporthe oryzae*)的野生型致病菌株都产生黑色素，从水稻和其他禾本科杂草上分离到不同色素表型突变体，有白色突变体(Aib^-)、玫瑰色突变体(Rsy^-)和浅黄色突变体(Buf^-)，其中浅黄色突变体在自然界存在很普遍。遗传分析表明这 3 种突变体都是由于单基因缺失引起的，它们分布在 3 个不连续的位点上，所有这 3 种色素突变体都不侵染健全的稻株，但能侵染受伤的叶片。瓜类炭疽菌(*Colletotrichum orbiculare*)和水稻胡麻斑旋孢腔菌(*Cochliobolus miyabeanus*)等也有类似作用的黑色素产生。研究证明稻瘟病菌、瓜炭疽病菌等黑色素化，形成大量的黑色素沉积在附着胞细胞壁的内层，使附着胞吸水后膨胀，其内部膨压用以侵染钉刺穿植物胞壁组织。大丽轮枝菌(*Verticillium dahliae*)的侵入可能与黑色素无关，但黑色素的产生对芽管和微菌核的形成有利，能提高该病菌的致病性。另外，生物合成黑色素可以增强植物病原真菌在逆境环境中的存活和竞争能力，如：能提高真菌抗紫外线辐射、耐极限温度和干燥能力等。

6. 遗传转化因子

根癌病是一些果树上的重要病害，被害植株根部形成癌瘤，发育严重受阻。Armin Braun

博士 1958 年首次提出了肿瘤细胞是被转化的概念，即不含有根癌土壤杆菌的肿瘤细胞也可以在体外生长，而无须添加正常植物细胞体外生长所必需的生长素和细胞分裂素。之后，经过多年研究这其中的一些谜底被一一解开。原来病因是在根癌土壤杆菌（*Agrobacterium tumefaciens*）细胞中有一种 Ti 质粒，这种 Ti 质粒是存在于染色体外的环形双链 DNA 分子，具有进行自主复制的遗传特性。Ti 质粒 VIR 区的毒性基因在植物伤口处产生的物质（酚类和糖类物质）诱导下，促使 Ti 质粒的 T-DNA 进入植物体内，并将携带生长素基因、细胞分类素基因和根癌碱基因整合到寄主植物的染色体上，从而导致寄主植物细胞生长素和细胞分裂素过度合成，导致增生形成肿瘤，现在许多转基因植物就是应用这一方法获得的。

第二节　寄主的抗病性及变异

一、植物抗病性的概念和类别

几乎每一种植物都可能遭受几种甚至许多种病原物的侵袭，而长期栽培的农作物受到的危害更为普遍和严重。尽管如此，就大多数农作物而言，也并非总是被病原物置于死地，它们具有多方面的自卫能力。植物抗病性（disease resistance）是指植物避免、阻滞或中止病原物侵入与扩展，减轻发病和损失程度的一类可遗传的特性。这种抗病性是植物与病原生物在长期的协同进化中相互适应、相互选择的结果，病原物产生不同类别、不同程度的致病性，植物也相应地形成了不同类别、不同程度的抗病性。

抗病性是植物普遍存在的、相对的性状。不同植物具有不同类型和不同程度的抗病性，表现为免疫和高度抗病到高度感病的连续系列反应。抗病性强便是感病性弱，抗病性弱便是感病性强，只有以相对的概念来理解抗病性，才会发现抗病性是普遍存在的。

抗病性是植物的遗传潜能，其表现受寄主与病原物的相互作用的性质和环境条件共同影响。按照遗传方式的不同可将植物抗病性区分为主效基因抗病性（major gene resistance）和微效基因抗病性（minor gene resistance）。前者由单个或少数几个主效基因控制，按孟德尔法则遗传，抗病性表现为质量性状；后者由多数微效基因控制，抗病性表现为数量性状。

病原物的寄生专化性越强，则寄主植物的抗病性分化也越明显。对锈菌、白粉菌、霜霉菌以及其他专性寄生物和稻瘟病菌等部分兼性寄生物，寄主的抗病性可以仅仅针对病原物群体中的少数几个特定小种，这称为小种专化抗病性（race-specific resistance）。具有该种抗病性的寄主品种与病原物小种间有特异性的相互作用。小种专化性抗病性是由主效基因控制的。抗病效能较高，是当前抗病育种中所广泛利用的抗病性类别，其主要缺点是易因病原物小种组成的变化而“丧失”。与小种专化抗病性相对应的是小种非专化抗病性（race-non-specific resistance），具有该类抗病性的寄主品种与病原物小种间无明显特异性相互作用，是由微效基因控制的，针对病原物整个种群的一类抗病性。

植物抗病性的表达是非常复杂的过程。按照寄主植物的抗病机制不同，可将抗病性区分为被动抗病性（passive resistance）和主动抗病性（active resistance）。被动抗病性是由植物与病原物接触前，即已具有的性状所决定的抗病性。主动抗病性则是受病原物侵染所诱导的寄主保卫反应。植物抗病反应是多种抗病因素共同作用、顺序表达的动态过程。根据其表达的病程阶段不同，又可划分为抗接触、抗侵入、抗扩展、抗损害和抗再侵染。其中，抗接触又称为避病（disease escaping），抗损害又称为耐病（disease tolerance），而植物的抗再侵染特性则通称为诱导抗病性（induced resistance）。

二、植物被侵染后的生理生化变化

植物被各类病原物侵染后，发生一系列具有共同特点的生理变化。植物细胞的细胞膜透性改变和电解质渗漏是侵染初期重要的生理病变，继而出现呼吸作用、光合作用、核酸和蛋白质、酚类物质、水分关系以及其他方面的变化。研究染病植物的生理病变对了解寄主一病原物的相互关系有重要意义。

（一）呼吸作用

呼吸强度提高是寄主植物对病原物侵染的一个重要的早期反应，这个反应并不是特异性的。首先，各类病原物都可以引起病植物呼吸作用的明显增强。另外，由某些物理或化学因素造成的损伤也能引起植物呼吸强度的增强。锈菌、白粉菌等专性寄生真菌侵染后，植物呼吸强度增强的峰值往往出现在病原真菌产孢期。例如，小麦感病品种被条锈菌侵染的初期，病株光呼吸强度和暗呼吸强度略有降低，显症后则明显上升，产孢盛期达到高峰，发病末期减弱乃至停止呼吸。抗病寄主呼吸强度上升较早，但峰值较低。用大麦黄矮病毒（BYDV）接种感病大麦后，两周内病株呼吸强度持续增强，然后逐渐减弱。接种烟草花叶病毒的枯斑寄主心叶烟，在病斑出现前数小时，即测得呼吸强度的增强，且增幅高于非过敏性寄主。病植物呼吸作用的增强主要发生在病原物定殖的组织及其邻近部位。

除呼吸强度的变化外，病株葡萄糖降解为丙酮酸的主要代谢途径与健康植物也有明显不同。健康植物中葡萄糖降解的主要途径是糖酵解，而患病植物则主要是磷酸戊糖途径，因而葡糖-6-磷酸脱氢酶和6-磷酸葡糖酸脱氢酶活性增强。磷酸戊糖途径的一些中间产物是重要的生物合成原料，与核糖核酸、酚类物质、木质素、植物保卫素等许多化合物的合成有关。

关于病组织中呼吸作用增强的原因，还缺乏一致的看法。一般认为它涉及寄主组织中生物合成的加速、氧化磷酸化作用的解偶联作用、末端氧化酶系统的变化以及线粒体结构的破坏等复杂的机制。

（二）光合作用

光合作用是绿色植物最重要的生理功能，病原物的侵染对植物光合作用产生了多方面的影响。

病原物的侵染对植物最明显的影响是破坏了绿色组织，减少了植物进行正常光合作用的面积，光合作用减弱。马铃薯晚疫病严重流行时可以使叶片完全枯死和脱落，减产的程度与叶片被破坏的程度成正比。锈病、白粉病、叶斑病和其他植物病害都有类似的情况。叶面被破坏的程度常用来估计叶斑病和叶枯病的病害损失程度。

许多产生褪绿症状的患病植物，由于叶绿素被破坏或者叶绿素合成受抑制而使叶绿素含量减少，也导致光合能力下降。有人发现感染病毒而表现褪绿或黄化的植株中叶绿素分解酶的活性较强，叶绿素被分解为叶绿酸酯和叶绿醇，光合作用减弱。

植物遭受专性寄生菌，例如锈菌和白粉菌等侵染后，病组织的光合作用能力也会逐渐下降，发病后期更为明显。例如，小麦感病品种接种条锈菌后净光合速率持续降低，显症和产孢以后剧烈下降，降幅可达健株正常值的50%左右。在一些病例中发现叶绿体和其他细胞器裂解，使二氧化碳的固定率降低。感染白粉病的小麦叶片吸收二氧化碳的能力明显减弱，病株光合磷酸化作用和形成三磷酸腺苷(ATP)的能力下降。

光合产物的转移也受到病原物侵染的影响。病组织可因 α-淀粉酶活性下降，导致淀粉积累。发病部位有机物积累的原因还可能是光合产物输出受阻，或者来自健康组织的光合产物输入增加所造成的。病组织中有机物积累有利于病原物寄生和繁殖。到发病后期，病组织积累的有机物趋于减少和消失。

(三)核酸和蛋白质

植物受病原物侵染后核酸代谢发生了明显的变化。病原真菌侵染前期，病株叶肉细胞的细胞核和核仁变大，RNA 总量增加，侵染的中后期细胞核和核仁变小，RNA 总量下降。在整个侵染过程中 DNA 的变化较小，只在发病后期才有所下降。小麦叶片被条锈菌侵染后，RNA 总量自潜育期开始显著增多，产孢期增幅更大，此后逐渐下降。感病寄主叶片中 RNA 合成能力明显增强，抗病寄主叶片中虽也有增强但增幅较小。小麦抗性的表达与寄主基因转录与翻译活性增强有关。在表现抗病反应的叶片中，RNA 合成在病原菌侵入后 24 h 内有特异性增强，翻译 mRNA 水平高于感病反应叶片，蛋白质合成能力与多聚核糖体水平在侵染早期也都呈现特异性增长。

烟草花叶病毒(TMV)侵染寄主后，由于病毒基因组的复制，寄主体内病毒 RNA 含量增高，寄主 RNA，特别是叶绿体 rRNA 的合成受抑制，因而引起严重的黄化症状。

在细菌病害方面，由根癌土壤杆菌(*Agrobacterium tumefaciens*)侵染所引起的植物肿瘤组织中，细胞分裂加速，DNA 显著增多，并且还产生了健康植物组织中所没有的冠瘿碱一类的氨基酸衍生物。

植物受病毒侵染后常导致寄主蛋白的变向合成，以满足病毒外壳蛋白大量合成的需要。在病原真菌侵染的早期，病株总氮量和蛋白质含量增高，在侵染后期病组织内蛋白水解酶活性提高，蛋白质降解，总氮量下降，但游离氨基酸的含量明显增高。受到病原菌侵染后，抗病寄主和感病寄主中蛋白质合成能力有明显不同。病毒、细菌和真菌侵染能诱导寄主产生一类特殊的蛋白质，即病程相关蛋白(pathogenesis related protein，PR 蛋白)，这种蛋白质与抗病性表达有关。

(四)酚类物质和相关酶

酚类化合物是植物体内重要的次生代谢物质。植物受到病原菌侵染后，酚类物质和一系列酚类氧化酶都发生了明显的变化，这些变化与植物的抗病机制有密切关系。

酚类物质及其氧化产物——醌的积累是植物对病原菌侵染和损伤的非专化性反应。醌类物质比酚类对病原菌的毒性高，能钝化病原菌的蛋白质、酶和核酸。患病植物体内积累的酚类前体物质经一系列生化反应后可形成植物保卫素和木质素，发挥重要的抗病作用。

各类病原物侵染还引起一些酚类代谢相关酶的活性增强，其中最常见的有苯丙氨酸解氨酶(PAL)、过氧化物酶、过氧化氢酶和多酚氧化酶等，以苯丙氨酸解氨酶和过氧化物酶最重要。苯丙氨酸解氨酶可催化 *L*-苯丙氨酸还原脱氨生成反式肉桂酸，再进一步形成一系列羟基化肉桂酸衍生物，为植物保卫素和木质素合成提供苯丙烷碳骨架或碳桥，因此病株苯丙氨酸解氨酶活性增高，是植物抗病性表达的特征。过氧化物酶在植物细胞壁木质素合成中起重要作用。受到病原菌侵染后,表现抗病反应的寄主和表现感病反应的寄主过氧化物酶活性虽然都有提高,但前者的酶活性更高。但是,也有一些病例,侵染诱导的过氧化物酶活性提高与抗病性增强无明显的相关性。

(五)水分运输

植物叶部发病后可提高或降低水分的蒸腾,依病害种类不同而异。麦类感染锈病后,叶片蒸腾作用增强,水分大量散失。蒸腾速率的提高是一个渐进的过程,由显症阶段开始,产孢盛期达到高峰。叶面锈菌孢子堆形成时产生的裂口以及气孔机能失控,都降低了水分扩散阻力,导致病叶含水量减少,细胞膨压和水势降低,溶质势增高。有些病害能明显抑制气孔开放,叶片水分蒸腾减少,从而造成病组织中毒素或乙烯等有害物质积累。

多种病原物侵染引起的根腐病和维管束病害,显著降低根系吸水能力,阻滞导管液流上升。尖镰孢菌番茄专化型(*Fusarium oxysporum* f. sp. *lycopersici*)侵染番茄后,病株水分和矿物盐在木质部导管中流动的速度只有健株的1/10。番茄黄萎病病株茎内液流上升速度只是健株的1/200。阻碍液流上升的主要原因是导管的机械阻塞,而造成阻塞的因素可能是多方面的。病原菌产生的多糖类高分子量物质、病原细菌菌体及其分泌物、病原真菌的菌丝体和孢子、病原菌侵染诱导产生的胶质和侵填体等都有可能堵塞导管。另外,病原菌产生的毒素也能引起水分代谢失调。有些毒素是高分子量糖蛋白,本身就能堵塞导管。镰孢属真菌产生的镰刀菌酸(fusaric acid)是一种致萎毒素,它能损害质膜,引起细胞膜渗透性改变、电解质渗漏、细胞质离子平衡被破坏等一系列生理变化,造成病株水分失调而萎蔫。

植物萎蔫症状的成因是复杂的。在某些病例中,病株水分从气孔和表皮蒸腾的速度过高,超过了导管系统供水速度而产生萎蔫。另一些病例的萎蔫则是根系吸水减少或导管液流上升受阻造成的。

三、植物的抗病性机制及理化基础

研究植物的抗病机制,可以揭示抗病性的本质,合理利用抗病性,达到控制病害的目的。

植物的抗病机制是多因素的。有先天具有的被动抗病性因素,也有病原物侵染引发的主动抗病性因素,有形态的、机能的和组织结构的抗病因素,即物理抗病因素(physical defense),也有生理生化的抗病因素,即化学抗病因素(chemical defense)。

任何单一的抗病因素都难以完整地解释植物抗病性。事实上,植物抗病性是多种被动和主动抗病性、物理的和化学的抗病性因素共同或相继作用的结果,所涉及的抗病性因素越多,抗病性强度就越高、越稳定而持久。

(一)植物被动抗病性机制

1. 被动抗病性的物理因素

植物被动抗病的物理因素是植物固有的形态结构特征,它们主要以其机械坚韧性和对病原物酶作用的稳定性而抵抗病原物的侵入和扩展。

植物表皮以及覆盖在表皮上的蜡质层、角质层等构成了植物体抵抗病原物侵入的最外层防线。蜡质层(wax layer)有减轻和延续发病的作用,因其可湿性差,不易黏附水滴,不利于病原菌孢子萌发和侵入。对直接侵入的病原菌来说,植物表皮的蜡质层和角质层(cuticle)越厚,抗侵入能力越强。

植物表皮层细胞壁发生钙化作用或硅化作用，对病原菌果胶酶水解作用有较强的抵抗能力，能减少侵入。例如，叶片表皮细胞壁硅化程度高的水稻品种相对更抗稻瘟病和胡麻叶斑病。老化的水稻叶片表皮硅化程度较高，对白叶枯病等多种病害的抵抗性也变强。

对于从气孔侵入的病原菌，特别是病原细菌，气孔的结构、数量和开闭习性也是抗侵入因素。柑橘属不同种类植物的气孔结构与对溃疡病（*Xanthomnnas axonopodis* pv. *citri*）的抗病性有关。

皮孔、水孔和蜜腺等自然孔口也是某些病原物侵入植物的通道，其形态和结构特性也与抗侵入有关。例如，疮痂病菌（*Streptomyces scabies*）可通过幼龄马铃薯茎和块茎上未木栓化的皮孔侵入致病，当皮孔木栓化后，病菌就难以侵入。

木栓质（suberin）是多种高分子量酸类构成的复杂混合物。木栓细胞构成了抵抗病原物侵入的物理和化学屏障。植物受到机械伤害后，可在伤口周围形成木栓化的愈伤周皮（wound periderm），能有效地抵抗从伤口侵入的病原细菌和真菌。

植物细胞的胞间层、初生壁和次生壁都可能积累木质素（lignin），从而阻止病原菌的扩展。小麦锈菌的侵染菌丝只能在小麦茎秆和叶片的薄壁组织与厚角组织中蔓延，而不能通过木质化的厚壁组织扩展。

植物初生细胞壁主要由纤维素和果胶类物质构成，也含有一定数量的非纤维素多糖和半纤维素。纤维素细胞壁对一些穿透力弱的病原真菌也可成为限制其侵染和定殖的物理屏障。

2. 被动抗病性的化学因素

植物有多种类型的化学抗病因素，包括固有的天然抗菌物质，或能够抑制病原菌某些酶的物质，也可能缺乏病原物寄生和致病所必需的重要化学成分。

在受到病原物侵染之前，健康植物体内就含有多种抗菌性物质，诸如酚类物质、皂角苷、不饱和内酯、有机硫化合物等。紫色鳞茎表皮的洋葱品种比无色表皮品种对炭疽病（*Colletotrichum citcinans*）有更强的抗病性。这是因为前者鳞茎最外层死鳞片分泌出较多的原儿茶酸和邻苯二酚，能抑制病菌孢子萌发，减少侵入。芥子油存在于十字花科植物中，以葡萄糖苷脂存在，被酶水解后生成异硫氢酸类物质，有抗菌活性。葱属植物含大蒜油，其主要成分是蒜氨酸（alliin），酶解后产生的大蒜素（allicin），亦有较强的抗细菌和抗真菌活性。

植物根部和叶部可溢出多种物质，如酚类物质、氰化物、有机酸、氨基酸等，其中有的对微生物有毒性，可抑制病原菌孢子萌发、芽管生长和侵染机构的形成。

（二）植物主动抗病性机制

1. 主动抗病性的物理因素

病原物侵染引起的植物代谢变化，导致亚细胞、细胞或组织水平的形态和结构改变，产生了物理的主动抗病性因素，这些抗病物理因素可终止、阻止病原物对寄主的侵染，或将其局限在细胞壁、单个细胞或局部组织中。

病原菌侵染和伤害导致植物细胞壁木质化、木栓化、发生酚类物质和钙离子沉积等多种保卫反应。木质化作用（lignification）是在细胞壁、胞间层和细胞质等不同部位产生和积累木质素的过程。现已发现细胞壁成分，如几丁质、脱乙酰几丁质等能够诱导木质化作用，木质素沉积使植物细胞壁能够抵抗病原物侵入。一方面，大多数病原微生物不能分解木质素，木质化能抵抗真菌酶类对细胞壁的降解作用，中断病原菌的侵入。另一方面，也为植物防御反应赢得时间，使植物产生的植物保卫素有可能积累到有效数量。

木栓化(suberization)是另一类常见的细胞壁保卫反应。病原菌侵染和伤害都能诱导木栓质(suberin)在细胞壁微原纤维间积累，木栓化常伴随植物细胞重新分裂和保护组织形成，以替代已受到损害的角质层和栓化周皮等原有的透性屏障。木栓化也增强了细胞壁对真菌侵染的抵抗能力。

在细胞壁内侧或外侧表面沉积新生细胞壁类似物质(wall-like material)，是植物对病原菌侵染的常见反应类型之一。禾本科植物表皮细胞壁内侧，在细胞壁与质膜之间，与真菌附着胞和侵入钉相对应的位置上常形成半球形沉积物，即乳头状突起，简称乳突(papillae)，对化学物质和酶有高度的抵抗性。

2. 主动抗病性的化学因素

化学的主动抗病性因素主要有过敏性坏死反应、植物保卫素形成和植物对毒素的降解作用等。

(1)过敏性坏死反应　过敏性坏死反应(necrotic hypersensitive reaction)是植物对不亲和性病原物侵染表现高度敏感的现象，此时受侵细胞及其邻近细胞迅速坏死，病原物受到遏制、死亡，或被封锁在枯死组织中。过敏性坏死反应是植物发生最普遍的保卫反应类型，对真菌、细菌、病毒和线虫等多种病原物普遍有效，被侵染的细胞和组织坏死，发病叶片不表现肉眼可见的明显病变，或仅出现小型坏死斑，病菌不能生存或不能正常繁殖为特征。

(2)植物保卫素的形成与积累　植物保卫素(phytoalexin)是植物受到病原物侵染后或受到多种非生物因子激发后所产生或积累的一类低分子量抗菌性次生代谢产物。植物保卫素对真菌的毒性较强。1940 年 Müller 和 Borger 用马铃薯晚疫病菌不亲和性小种接种马铃薯抗病品种块茎的切片，诱导出过敏性坏死反应，间隔一定时间后即使再接种亲和性小种，也不能引起侵染。据此推测预先接种不亲和性小种，诱导马铃薯切片产生并扩散出一种抗菌物质，从而提出了植物保卫素假说。在另一个实验中，取菜豆荚顺缝剖开，除去豆粒，在豆荚内侧凹沟内滴上马铃薯晚疫病菌孢子液，培养一定时间后收集液滴测定，发现其中含有对多种微生物有效的抑菌物质。若用水代替孢子液做试验，则不显示抗菌活性，这样就证实了植物保卫素的存在。1968 年，由马铃薯晚疫病菌不亲和性小种侵染的农林 10 号马铃薯中分离出了植物保卫素，并确定了它的结构，命名为日齐素(rishitin)。

目前，已知 150 种以上的植物产生植物保卫素，但以豆科、茄科、锦葵科、菊科和旋花科植物产生的植物保卫素最多。大多数植物保卫素的化学结构已被确定，多为类异黄酮和类萜化合物。类异黄酮植物保卫素主要由豆科植物产生，例如豌豆的豌豆素(pisatin)、菜豆的菜豆素(phaseollin)、基维酮(kievitone)，大豆、苜蓿和三叶草等产生的大豆素(glyceollin)等。类萜植物保卫素主要由茄科植物产生，例如马铃薯产生的日齐素(rishitin)，甜椒产生的甜椒醇(capsidiol)等。

植物保卫素是诱导产物，除真菌、细菌、病毒、线虫等生物因素外，一些化学物质非生物因素，甚至机械刺激等都能激发植物保卫素产生。病原菌能够激发植物保卫素产生的物质称为激发子(elicitor)。在已知激发子中，少数具有寄主专化性，为特异性激发子，多数为非特异性激发子。特异性激发子为病原物无毒基因的蛋白质产物，而非特异性激发子则可能是蛋白质、糖蛋白、寡糖、不饱和脂肪酸或其他物质。

植物保卫素在病菌侵染点周围代谢活跃细胞中合成，并向毗邻已被病菌定殖的细胞扩散，死亡和行将死亡细胞中有大量积累,植物保卫素与植物细胞死亡有密切关系。抗病植株中植物保卫素迅速积累,病菌停止发展。在大豆与大豆疫霉、马铃薯与致病疫霉、亚麻与栅锈菌等许多实例中,已经证实只有寄主与病原菌表现不亲和性时才有较多的植物保卫素积累。

(3)植物对病原菌毒素的降解作用　植物组织能够代谢或分解病原菌产生的毒素,将毒素转化为无毒害作用的物质。植物的解毒作用是一种主动保卫反应,能够降低病原菌的毒性,抑制病原菌在植物组织中的定殖和症状表达,因而被认为是重要的抗病机制之一。镰刀菌酸是镰孢属真菌产生的非选择性毒素,现已知番茄组织能将它转化和降解。维多利亚毒素(victorin)是燕麦维多利亚叶枯病菌产生的寄主选择性毒素。燕麦抗病品种和感病品种钝化该毒素的能力明显不同。毒素处理 24 h 后,抗病品种胚芽鞘中毒素含量仅为感病品种的 1/30。

(三)植物避病和耐病的机制

避病和耐病构成了植物保卫系统的最初和最终两道防线,即抗接触和抗损害。这种广义的抗病性与抗侵入、抗扩展有着不同的遗传和生理基础。

植物因不能接触病原物或接触的机会减少而不发病或发病减少的现象称为避病。植物可能因时间错开或空间隔离而躲避或减少了与病原物的接触,前者称为"时间避病",后者称为"空间避病"。避病现象受到植物本身、病原物和环境条件三方面许多因素以及相互配合的影响。植物易受侵染的生育阶段与病原物有效接种体大量散布时期是否相遇是决定发病程度的重要因素之一,两者错开或全然不匹配就能收到避病的效果。

对于只能在幼芽和幼苗期侵入的病害,种子发芽势强,幼芽生长和幼苗组织硬化较快,缩短了病原菌的侵入适期。小麦种子发芽快、幼芽出土快的品种可减少秆黑粉病菌和普通腥黑穗菌侵入的机会,发病较轻。有些病害越冬菌量很少,在春季流行时,需要有一个菌量积累过程,只有菌量达到一定程度后才会严重发病造成减产。对于这类病害,早熟品种有避病作用。小麦赤霉病穗腐的易感阶段为抽穗期至开花期,开花期是病菌侵染盛期,有些品种开花较早而集中,花期较短,发病就轻。

植物的形态和机能特点可能成为重要的空间避病因素。小麦叶片上举,叶片与茎秆间夹角小的品种比叶片近于平伸的品种叶面着落的病原真菌孢子较少,又不易结露,条锈病和叶锈病都较轻。矮秆的水稻和小麦品种,纹枯病菌较易由基部茎叶上行蔓延到顶部,往往严重发病。马铃薯株形直立的品种比匍匐型品种晚疫病较重。大、小麦散黑穗病菌由花器侵入,因而闭颖授粉的品种发病较少。某些雄性不育的小麦和水稻品种,开花时间长,从花器侵染的麦角病或稻粒黑粉病发生就重,这从反面证实了避病的作用。

耐病品种具有抗损害的特性,在病害严重程度与感病品种相同时,其产量和品质损失较轻。

关于植物耐病的生理机制现在还所知不多。禾谷类作物耐锈病的原因主要可能是生理调节能力和补偿能力较强。小麦耐叶锈品种病叶上侵染点之间绿色组织光合速率增高,能够部分补偿病原物的消耗,而且其营养器官中贮藏物质的利用增强,输入籽粒中的氮、磷和碳水化合物减少不明显。另外,还发现植物对根病的耐病性可能是由于发根能力强,被病菌侵染后能迅速生出新根。麦类耐锈病的能力也可能是因为发病后根系的吸水能力增强,能够补充叶部病斑水分蒸腾的消耗。

四、植物的诱导抗病性及其机制

诱导抗病性(诱发抗病性)是植物经各种生物预先接种后或受到化学因子、物理因子处理后所产生的抗病性,也称为获得抗病性(acquired resistance)。显然,诱导抗病性是一种针对病原物再侵染的抗病性。

在植物病毒学的研究中,人们早已发现病毒近缘株系间有"交叉保护作用"。当寄主植物接种弱毒株系后,再第二次接种同一种病毒的强毒株系,则寄主抵抗强毒株系,症状减轻,病毒复制受到抑制。在类似的实验中,人们把第一次接种称为"诱导接种"(inducing inoculation),把第二次接种称为"挑战接种"(challenge inoculation)。后来证实这种诱导抗病性现象是普遍存在的。不仅同一病原物的不同株系和小种交互接种能诱导植物产生抗病性,而且接种不同种类、不同类群的微生物也能使植物产生诱导抗病性。不仅如此,热力、超声波或药物处理致死的微生物、从微生物和植物中提取的物质(葡聚糖、糖蛋白、脂多糖、脱乙酰几丁质等),甚至机械损伤等在一定条件下均能诱导抗病性。诱导抗病性有两种类型,即局部诱导抗病性和系统诱导抗病性。局部诱导抗病性(local induced resistance)只表现在诱导接种部位。系统诱导抗病性(systemic induced resistance)或系统获得抗病性(systemic acquired resistance,SAR)能在接种植株未做诱导接种的部位和器官表达。

关于诱导抗病性的作用机制,已提出了不少假说。早期人们多用诱导接种物的"占位效应"来解释诱导抗病性。例如,燕麦叶片接种小麦锈菌后,其附着胞占据了叶片上的气孔,使挑战接种的燕麦冠锈菌不能侵入致病。后来又发现诱导接种诱导了植物保卫素的合成和在接种部位的积累,这可能是局部诱导抗病性的主要机制。但是,也有少数例证说明不能完全排除系统产生抗菌物质的可能性。有人用经热处理的细菌体或用脂多糖处理烟草植株后,在被保护部位的细胞间液和叶片提取物中发现了一种类萜化合物,具有抑制细菌的活性。此外,病程相关蛋白(pathogenesis related protein,PR 蛋白)、免疫信息物质、植物激素、木质化作用等都曾用于解释诱导抗病性。

利用植物诱导抗病性来控制病害是一个很有希望的研究方向。人们早就试图利用病毒的弱毒株系或病原菌弱毒菌系来诱导植物抗病性,用以防治病害,但现有有关研究多是在人工控制条件下进行的。近年来,人们发现和合成了许多能够诱导系统获得抗病性的化学物质。这类化合物不具有体外抗菌活性,在植物体内也不能转化为抗菌物质,但能激活植物的防卫反应,获得免疫效果。其中著名的有水杨酸、2,6-二氯异烟酸(INA)、苯并噻二唑(BTH)等。INA 和 BTH 是广谱植物免疫剂,能激发多种植物的抗病性,已用于防治由真菌、细菌、甚至病毒引起的病害。

第三节　植物与病原物的相互作用及协同进化

植物病害表现是寄主-病原物相互作用(简称互作)的结果,也是寄主抗病性-病原物致病性斗争的体现。但寄主和病原物群体中的不同个体由于双方互动或相互影响、相互制约的程度不同,导致病害的结果可能出现一定差异。因此,依据互作的性质可分为亲和性互作(compatible interaction)和非亲和性互作(incompatible interaction)。亲和性互作是指病原物能侵染寄主、引起植物发病所表现的特性，而非亲和性互作则是指病原物不能侵染寄主而表现的一种特性。寄主和病原物的相互作用可从分子、细胞、个体、群体多个水平或层次进行研究。一般，人们认识事物总是先从中观的个体入手，因为它肉眼直观、最贴近日常经验，随着思路、方法、手段和研究工具的发展，人们以中观现象为基础向微观和宏观两个方向深入和发展。寄主-病原物相互作用的研究是从接种试验开始的，在大量品种和大量菌系的组合接种中，先发现过敏性坏死反应、生理分化现象和生理小种等，“基因对基因”概念就是在这个基础上产生的。

一、基因对基因假说

寄主-病原物相互作用受遗传控制。研究寄主-病原物相互作用的遗传学对深入理解互作的分子机制，以及作物抗病育种应用具有重要意义。

(一)基因对基因学假说

1955 年，Flor 在详细研究了亚麻抗锈性和亚麻锈菌(*Melampsora lini*)毒性的对应关系基础上，正式提出基因对基因学假说(gene for gene hypothesis)。Flor 认为，在寄主植物中控制抗病性或感病性的基因与在病原菌中控制无毒性或毒性的基因相互对应。针对寄主植物的每一个抗病基因，病原菌迟早也会出现一个相对应的毒性基因。毒性基因只有克服其相对应的抗病基因，才能表现毒性反应。例如，他用亚麻锈菌小种 22 和 24 对亚麻品种 Ottawa 和 Bombay 及其杂交后代进行接种，研究两者的相互作用。结果表明，亚麻品种 Ottawa 对亚麻锈菌小种 22 表现感病，但对小种 24 表现抗病；Bombay 则相反。从两个品种杂交后的子二代接种结果来看，对两个小种的反应比例为 9∶3∶3∶1，说明有两对基因控制品种的抗病性。在 Ottawa 品种中，显性基因 *R1* 控制对小种 24 的抗性，但对小种 22 无效。在 Bombay 品种中，显性基因 *R2* 控制对小种 22 的抗性，但对小种 24 无效。说明基因对基因的相互作用是特异的。反过来从寄主抗病性方面看也是如此，对具有 2、3 或 4 个毒性基因的小种，寄主品种间杂种后代中也相应呈现出 2、3 或 4 对因子的分离比。在寄主-病原物互作体系中，任何一方的每个基因，都只有在另一方面相对应的基因作用下才能被鉴定出来。一般来说，寄主抗病基因是显性的(R)，而感病基因是隐性的(r)，病原物无毒基因通常是显性的(A)，而毒性基因是隐性的(a)。

根据遗传实验，现已证实在稻瘟病、小麦锈病、小麦黑穗病、小麦白粉病、马铃薯晚疫病、苹果黑星病、棉花角斑病、番茄病毒病、马铃薯金线虫病、向日葵列当等许多寄主-病原物系统中存在基因对基因关系。

(二)基因对基因关系的作用和意义

1. 小种鉴定中鉴别寄主的改进

基因对基因学说成为选用单基因鉴别寄主的理论基础。用单基因鉴别寄主来鉴别小种，遗传上的分析力最强，能鉴定出小种毒性的基因型。

2. 新小种可以预见

按照基因对基因关系，用 n 个抗病基因单基因鉴别寄主可以鉴别出 2^n 个小种，它们的毒性基因型和对品种致病范围皆可推知。一时没有发现的小种，可以预见其将来可能出现。比如，到 1966 年已发现了马铃薯晚疫病 9 个 R 基因，根据这一结果，其后不久果然陆续发现了马铃薯晚疫病菌若干个新小种，理论上可推知 512 个小种。

3. 品种抗病基因型和病原物毒性基因型的鉴定

利用已知的抗病基因(或毒性基因)去鉴定未知小种的毒性基因型(或品种的抗病基因型)是这个学说的必然内涵。

4. 抗病性机制研究

在抗病机制研究中，使用含有和不含有某一抗病基因的拟等基因系和相应的毒性和无毒性小种为试验材料最能得出令人信服的结论，因为在这里，其他遗传背景相同、抗性表现的不同可以完全归于该抗病基因的有无。Rowell 等(1963)最先提出了这种试验设计的模型，用于抗病性生理机制研究，称为“四分格检验法”(或四角制约检验法)(quadratic check)。

但应指出：后来有人把这一方法误用为基因对基因关系的检验方法，这种用法是错误的。四分格检验法只涉及一对相对应的抗病基因和毒性基因，而基因对基因关系却只有在两对以上相对应的抗病基因和毒性基因的系统才能表现出来。

5. 寄主和寄生物协同进化的理论研究

微生物克服了高等植物的自然免疫性，并由腐生演化到寄生，开始具有一般致病性，而寄主方面也具有一般抗病性。在继续长期共存中，寄主-病原物由于多种变异和相互选择，寄主方面产生了专化性的抗性，而病原物方面也或迟或早产生出能克服这种专化性抗性的毒性基因。上述只是一幅假想的图画，然而，基因对基因学说的出现，给这种进化问题的研究提供了实验的和理论的支持。

基因对基因学说的用途和影响可能还不止于上述，比如，在它的基础上又发展出了“生物体间遗传学”的假说和微效基因系统中基因对基因关系的探索等。

二、植物抗病基因

植物抗病性包括预存的被动抗病性和病菌侵染后激发产生的主动抗病性。在主动抗病性中有两套基因先后起作用，即抗病基因和防卫反应基因。抗病基因产物与病菌无毒基因产物有识别作用，从而诱导防卫基因表达，产生一系列防卫反应。所以抗病基因产物(抗病蛋白)，是一种效应分子，本身无杀菌作用。真正起抗病作用的是通过防卫反应产生的植物在形态和生理生化上的许多改变。形态的变化包括周皮形成、侵填体以及乳突的形成、细胞壁修饰、富含 HRGP 和富含 GRP 的积累，生理生化的变化包括植物保卫素、蛋白酶抑制剂、PR 蛋白和能攻击病原物的水解酶的产生等。多数已克隆的抗病基因具有较高序列一致性，蛋白产物往往具有相似的结构域，C 端存在富亮氨酸重复序列(leucine-rich repeat，LRR)、N 端存在核苷酸结合位点(nucleotidebinding site，NBS)、亮氨酸拉链(leucine zipper，LZ)、跨膜结构域(transmembrane domain，TM)、蛋白激酶(protein kinase，PK)以及果蝇 Tool 蛋白及哺乳动物白细胞介素 1 受体(Toll and interleukin-l receptor，TIR)等。根据已克隆的抗病基因所编码的蛋白质结构及其在细胞中的位置，可将抗病基因分为下述 5 类。

(一)毒素还原酶类抗病基因

如第一个被克隆的玉米抗病基因 *Hm1*，它负责对真菌 *Cochliobolus carbonum* 1 号小种的抗性。其编码的解毒酶能钝化病原真菌所产生的 HC 毒素，代表着抗病基因中与病原物亲和性因子作用的一类基因。*Hm1* 编码依赖于还原型烟酰胺腺嘌呤二核苷酸磷酸(NADPH，还原型辅酶Ⅱ)的 HC 毒素还原酶(HCTR),HCTR 失活 HC 毒素。而 HC 毒素是真菌 *Cochliobolus carbonum* 1 号小种 *Hm1* 产生的致病因子,它决定该病菌只能感染玉米的某些基因型。因此,*Hm1* 也不符合基因对基因关系,人们发现大多植物抗病基因与 *Hm1* 基因不同,它们都编码信号转导蛋白。这就意味着不同植物能利用相似的抗病策略。

(二)核苷酸结合位点-富亮氨酸重复序列(NBS-LRR)类抗病基因

这类基因的共同特点是,在它们编码蛋白的近氮端存在着核苷酸结合位点(NBS),而在它们的近碳端则由富亮氨酸重复序列(LRR)组成。这类蛋白一般存在于细胞质中,核苷酸结合位点结构暗示着它们在发挥正常功能时有可能需要结合 ATP 或 GTP。而富亮氨酸重复序列结构则表明它们可能作为受体,结合病原产生的某种诱导物,从而使起始细胞的信号传递过程产生抗病反应。该类抗病基因又可分成 3 个亚类:①抗病的编码蛋白在 N 端区域含有亮氨酸拉链序列,如拟南芥抗丁香假单胞菌的基因 *RPS2*、*RPS5* 和 *RPM1*,番茄中 *Mi* 基因,马铃薯抗马铃薯 X 病毒(PXV)基因 Rx,马铃薯抗晚疫病的基因 *RB* 等。这一类抗病蛋白结构是亮氨酸拉链核苷酸结合位点-富亮氨酸重复序列(LZ-NBS- LRR),另外在核苷酸结合位点与富亮氨酸重复序列之间有个包含 GLPLAL、CFL 和 MHD(氨基酸的单字符号)基序的功能不明区段。核苷酸结合位点区段由激酶 1A、激酶 2 和激酶 3a 共 3 个基元组成,激酶 1A 包含 GXXXXGK(T/S)氨基酸序列跟磷酸酯和 Mg^{2+} 相互作用,激酶 2 参与磷酸转移反应,激酶 3a 与嘌呤或核糖结合有关。②烟草中烟草花叶病毒(TMV)抗病基因 *N*、亚麻抗锈病的基因 *L6* 及拟南芥抗霜霉病的基因 *RPP5*,它们的编码蛋白包含有与果蝇 TOLL 和人类白细胞介素 1 受体相类似的结构域。③核苷酸结合位点-富亮氨酸重复序列(NBS-LRR)亚类,如 *I2*、*Xa1*、*Pib*、*Bs2*、*Cre3* 基因。

(三)蛋白激酶类抗病基因

如番茄 *Pto*、*Fen*、*Lr10* 基因,其产物是一个位于细胞内的丝氨酸-苏氨酸激酶(serine/threonine-specific protein kinase),它没有富亮氨酸重复序列(LRR)结构域。AvrPto 蛋白是病原菌假单胞菌(*Pseudomonas*)进入植物细胞中通过Ⅲ型分泌系统分泌的,现已证实 Pto 激酶结构域中 204 位苏氨酸决定着 Pto 对 AvrPto 的特异性识别。具有自动磷酸化能力的 Pto 激酶与 AvrPto 相互作用从而产生了过敏性反应。但 AvrPtoB 通过抑制寄主细胞程序性死亡,导致寄主植物感病。大麦抗锈病基因 *RPG1* 编码具有两个成串蛋白激酶区段的类受体激酶。RPG1 激酶区段与 Pto 相类似,302 位和 612 位的保守性氨基酸同样决定着 RPG1 的特异性识别。

(四)富亮氨酸重复序列-跨膜结构域(LRR-TM)类抗病基因

番茄抗叶霉病不同生理小种的基因 *cf-2*、*cf-4*、*cf-5*、*cf-9* 和 *Hcr9-4E*,以及甜菜抗胞囊线虫的基因 *Hs1pro-1*,其产物都是锚定于细胞膜上的糖蛋白受体,它们的 N 端存在一个胞外富亮氨酸重复序列,而在 C 端具有由疏水氨基酸组成的跨膜区。

(五)富亮氨酸-跨膜结构域-蛋白激酶(LRR-TM-PK)类抗病基因

水稻抗白叶枯病基因 *Xa21* 编码的蛋白是一个类受体蛋白激酶,它既含有与 *cf-9* 蛋白相似的胞外富亮氨酸重复序列受体结构域,又含有与 Pto 蛋白相似的胞内蛋白激酶(PK)结构域,在这两个区域之间存在一个跨膜区。令人感兴趣的是 *Xa21* 基因结构含有抗病基因 *cf* 和 *Pto* 的组分,而抗病基因 *Xa21D* 编码缺少膜锚定蛋白的胞外富亮氨酸重复序列结构。

一些抗病基因所编码的蛋白显示出与细胞间信号转导蛋白具有结构相似性。这些蛋白所共有的基元是富亮氨酸重复序列，一般由 24 个氨基酸残基组成，其共同蛋白序列是 LXXLXXLXXLXLXXNXLSGXIPXX（氨基酸的单字符号，X 代表任何一种氨基酸）。富亮氨酸重复区由数十个（一般是 15～40 个）不完全的富亮氨酸重复序列结构组成，被认为是受体分子的识别配体，抗病蛋白的富亮氨酸重复序列结构域与胞间信号转导蛋白具有相似性，暗示着这些基因是由共同祖先通过复制、变异形成的。Lawrence 等（2001）报道，烟草抗轮枝萎蔫病菌的基因 *ve* 编码一类具有受体信号蛋白、亮氨酸拉链结构、Pro-Glu-Ser-Thr（PEST）序列的细胞表面糖蛋白，可能属于新的一类抗病基因。

三、病原菌的毒性基因

病原菌致病相关基因是病原菌在与寄主植物互作过程中，决定其对寄主植物致病性的基因。它决定着病原菌在侵染寄主植物过程中与植物建立寄生关系，破坏寄主细胞正常的生理代谢功能，以及调控对植物的吸附、侵染、定殖、扩展和最终显症等过程。根据致病相关基因编码产物的功能，致病相关基因可分为：毒性基因、无毒基因和决定寄主范围的基因。毒性基因是决定病原菌对植物基本亲和性的基因，根据对其产物的认识程度划分为已知产物的毒性基因和未知产物的毒性基因两大类。再根据毒性基因功能的一些重要表现型，又可将未知产物的毒性基因分为过敏反应和致病基因（*hrp*）、病害专化致病基因（*dsp*）等一些类型。

（一）决定寄主互作的亲和性与非亲和性的基因

寄主-病原物互作分亲和性互作和非亲和互作，其中植物病原菌中决定两种互作关系的基因分别称为决定亲和性的基因和决定非亲和性的基因。寄主-病原物亲和性互作取决于病原物产生致病因子及逃避和克服寄主的防卫反应。因此决定亲和性的病原物基因包括编码致病生化因子的基因及编码逃避和克服寄主防卫反应的基因。

1. 病原物编码致病因子的基因

已发现编码胞壁水解酶（如果胶酶、蛋白酶、纤维素酶和角质水解酶等）的基因、编码病原物致病毒素（包括寄主专化性和非专化性毒素）的基因和编码与植物生长调节物质合成有关酶的基因。另外一些决定亲和性的基因，虽然已被克隆，但由于其编码的产物尚未鉴定出来，所以这类基因统称为编码未知产物的基因。近年来，虽然开发了有关分子克隆和基因分析的计算机软件，从已知基因的核苷酸序列就能推算出该基因的产物，但仍有一些基因难以被鉴定。病原菌中还有正向调控寄主范围的基因，将这些基因转移到相关细菌中，可使受体菌扩大寄主范围，使原来的不亲和互作变为亲和互作，这在植物病原细菌的小种和致病变种中都已发现。

2. 逃避和克服寄主防卫反应的基因

寄主-病原物互作的亲和性不仅取决于病原物编码致病因子的基因，还取决于它逃避和克服寄主防卫反应能力的基因。逃避寄主防卫反应能力，主要指病原菌不被寄主识别的能力和转化寄主有毒防卫物质为无毒物质的能力。植物病原细菌中胞壁脂多糖（LPS）常被寄主识别引发寄主的过敏反应。在青枯假单胞菌中发现无毒突变体胞外多糖少，脂多糖暴露被寄主识别产生不亲和反应。毒性菌株产生的胞外多糖多，掩盖了脂多糖，因而逃避了寄主的识别，能在植物组织中大量繁殖后引起病变。

（二）植物病原细菌决定致病性和毒性的基因

这种基因包括胞壁降解酶基因（果胶酶、纤维素酶和蛋白酶）、毒素基因（丁香菌素、冠毒素、菜豆毒素和烟毒素)、胞外多糖基因、激素基因、*HRP* 基因、*DSP* 基因和外泌基因。果胶酶能分解细胞间的果胶层使细胞分离，而纤维素酶和半纤维素酶能软化、分解细胞壁，使多糖降解成可溶性糖供病原物利用。

hrp 基因(hypersensitive reaction and pathogenicity gene)决定着革兰氏阴性植物病原细菌在非寄主植物上激发过敏反应(hypersensitive response，HR)能力和在寄主植物上的基本寄生性(parasitism)或致病性(pathogenicity)。Lindgren 等(1986)用转座子诱变的方法从丁香假单胞菌菜豆致病变种(*Pseudomonas syringae* pv. *phaseolocola*)中鉴定出控制非寄主过敏性反应和寄主致病性的基因 *hrp* 基因。研究发现有些 hrp 突变体在寄主和非寄主植物上并不产生任何可视反应，在感病寄主上观测到丁香假单胞菌丁香致病变种(*Pseudomonas syringae* pv. *syringae*)、辣椒斑点病菌(*Xanthomonas capestrzs* pv. *vesicatoria*)、茄科劳尔氏菌(*Ralstonia solanacearum*)及梨火疫病菌(*Erwinia amylovora*)的 *hrp* 突变体生长衰退现象，和寄主上生长相比 *hrp* 突变体并不损害其在培养基中的生长能力而表现营养缺陷，能在基本培养基上生长。根据同源性比较，将植物病原菌的 *hrp* 基因簇分成 2 组，一组包括青枯假单胞菌和甘蓝黑腐黄单胞菌的致病变种，它们的 *hrp* 基因簇是共线性的，以较高的严谨度相互杂交，且同源性涉及 *hrp* 基因的全长的大部分；另一组包括丁香假单胞菌的致病变种和梨火疫病菌，这一组细菌之间的 *hrp* 基因也具有同源性，但两组细菌间的 *hrp* 基因都不存在同源性，对植物病原菌 *hrp* 基因产物氨基酸序列分析，发现 Hrp 蛋白还与一些人和动物病原细菌致病决定因子具有高度的同源性。

(三)植物病原真菌决定致病性和毒性的基因

这种基因包括参与真菌发育调节的基因、编码胞外酶基因、编码毒素基因和编码植物保卫素降解酶基因。

许多真菌可以形成明显的有黑色素的侵染细胞，其侵染寄主的机制以直接机械侵入为主，细胞壁降解酶对细胞的软化作用为辅。对于以机械力侵染寄主组织的病原菌来说，没有黑色素就没有正常附着胞，黑色素缺乏的突变菌株附着胞缺少足够的膨压侵人寄主的表皮，即附着胞丧失侵入能力，最终使得病原菌丧失致病性。因此产生黑色素是病菌具有致病性和侵入寄主的前提。许多真菌，如稻瘟病菌(*Magnaporthe grisea*)和瓜类炭瘟病菌(*Colletotrichum lagenarium*)侵染时产生的附着器必须经黑色素化才具有侵染能力，禾谷炭疽病菌也产生与稻瘟病菌相似的黑色素附着胞。Bechinger 等测量了禾谷炭疽病菌侵入栓产生的压力，禾谷炭疽菌附着胞的直径为 7～9 μm，而穿透植物表皮的侵染栓仅有 2 μm。Chida 和 Sisler 在 1987 年就确定了稻瘟病菌黑色素缺乏的突变菌株因缺乏足够的机械力而不能穿透寄主组织；Hignett 和 Kirkham 证实了黑色素与苹果黑星病菌在苹果组织中的侵入和生长密切相关；Smereka 等人在研究苹果黑星病菌与苹果叶片组织相互作用的过程中发现在病菌附着胞壁中积累着一层黑色素。Kim 等近期研究发现黑色素可以加固细胞壁，提高分生孢子和菌丝对寄主免疫系统的抵抗力，增强了病原菌的侵染能力。

四、病原菌的无毒基因

病原菌中决定不亲和的基因包括决定病原菌小种对植物品种的不亲和及病原菌对非寄主植物不亲和的基因，前者称为无毒基因(*avr*)，后者称为决定寄主专化性的基因。许多经典的遗传学研究证明，无毒基因广泛存在于寄主植物的病原菌中。无毒基因编码的产物为激发子

(elicitor),它与寄主抗病基因产物(受体)特异性结合,诱导寄主防卫反应的表达,从而导致非亲和性,产生抗病反应。无毒基因的克隆及其产物结构与功能的明确,对于研究病原菌与寄主的互作、防卫基因信号在细胞中的传导以及病害发生和寄主的抗性反应机制具有重要的意义。

第一个被克隆的无毒基因来自丁香假单胞菌大豆致病型(*Pseudomonas syringae* pv. *glycinea*)小种6的*avrA*基因。目前,已有50多个无毒基因在多种植物病原菌(包括真菌、细菌、病毒和卵菌等)中得到克隆。绝大多数已克隆的无毒基因之间,均无显著序列同源性。如*cf-9*和*cf-4*分别介导对含*avr9*和*avr4*叶霉菌的抗性,*cf-9*和*cf-4*氨基酸序列一致率高于90%,而*avr9*和*avr4*没有明显序列相似性。研究发现,*avr9*/*cf-9*和*avr4*/*cf-4*介导番茄产生的过敏性坏死在产生速度、强度和组织特异性方面均有显著差异。无毒基因具有双重功能:在含互补抗病基因植物中表现无毒效应,而在不含互补抗病基因植物中显示小种、菌株、致病型或种特异性毒性效应。

研究发现,克隆自某一病原菌的无毒基因可在其他病原菌中起作用,如将克隆自甘蓝黑腐病黄单胞菌(*Xanthomonas campestris*)一个小种的无毒基因*avr Rxv*转化到不含它的*Xanthomonas campestris* pv. *glycinea*、*Xanthomonas campestris* pv. *phaseoli*等致病变种中时,会分别在其对应的原来感病的寄主植物大豆、菜豆和豇豆上诱导过敏性反应。

虽然已有许多无毒基因被克隆和测序,但对其确切产物和功能有比较详细了解的只是少数。大豆丁香假单胞菌的无毒基因*avr*D,它编码的蛋白具有酶活性,负责丁香交酯(syringolide)的合成,能使含抗病基因*Rpg4*的大豆产生过敏反应;番茄叶霉菌无毒基因*avr9*和*avr4*,分别编码长约为28个和88个氨基酸残基的多肽,能使含抗病基因*cf-9*和*cf-4*的番茄形成过敏反应,自然缺失*avr9*菌株通过不形成AVR*9*激发子来避免被*cf-9*识别,从而保持在*cf-9*植株中的致病性,而自然缺失*avr4*菌株通过形成不稳定的产物或突变型AVR4来避免被*cf-4*识别;烟草花叶病毒的外壳蛋白基因,它编码的外壳蛋白也能使含抗病基因*N*的烟草产生过敏反应。

近年来,稻瘟病菌(*Magnaporthe oryzae*)的无毒基因研究进展迅速,有利于人们了解水稻与稻瘟病菌之间的相互关系,揭示寄主植物的抗病机理。Swetgard等(1995)根据定位法克隆了稻瘟病菌的致病特异性无毒基因*PWL2*,*PWL2*基因编码一个大小为16 ku且富含甘氨酸的亲水蛋白,单个碱基的替换可使*PWL2*基因功能丧失;该基因定位在2c连锁群上,与两个黏性标记cos222和A12G1间的重组率为3%;在*PWL2*基因存在的情况下,稻瘟病菌不表现对弯叶画眉草(*Eragrostis curvula*)的致病性,但仍然能侵染水稻和大麦。采用染色体步移的方法克隆的稻瘟病菌无毒基因*AvrPi-ta*,只能激发Yashimochi水稻植株产生抗病性,该基因编码一个含223个氨基酸的中性锌金属蛋白酶;用该基因转化能侵染粳稻品种社糯(Yashiromochi)的稻瘟病菌,能使其丧失侵染社糯的能力;当*AvrPi-ta*突变时,病菌由原来表现对社糯的非亲和反应转变为亲和反应;若把*AvrPi-ta*基因导入原来对社糯致病的菌株,可以使其转化为对该品种不致病。通过植物体内瞬间表达分析发现,C端176个氨基酸产物为成熟HR激发子,*AvrPi-ta*作用位点在细胞质内,这些结果支持其与位于细胞质内的互补抗病基因*pi-ta*产物互作诱发的防卫反应的无毒基因和抗病基因互作模式。

五、中心法则

植物与病原菌的相互作用,除直接互作之外,两者之间还存在间接互作现象,而对此Flor

的“基因对基因”假说尚未能做出较满意的解释，为此，Bent 和 Mackey(2007)提出了“中心法则”学说，其理论认为：首先，在本身的物理与化学屏障被克服后，植物通过细胞膜上的跨膜受体(pattern recognition receptors, PRRs)识别病原微生物的保守分子(pathogen associated molecular pattern, PAMPs)，从而激发识别 PAMP 引起的抗病性(PTI)。其次，为克服植物的基础防御反应，病原菌在侵染过程中向寄主细胞分泌一类毒性分子，即效应蛋白来抑制寄主的 PTI，最终引发植物的感病反应(effector triggered susceptibility, ETS)，伴随着病原菌效应蛋白的产生，植物进化产生特异的抗病基因(*R*)来识别病原的效应蛋白，触发由 *R* 基因介导的 ETI(effector triggered immunity)。最后，在自然选择压力下，病原菌通过隐藏、改变已经被识别的效应蛋白来逃避寄主抗病蛋白的识别，从而使 ETI 失效，或进化产生更多的新的效应蛋白来抑制 ETI。如此往复，在植物与病原菌不断互作斗争的过程，最终演变为植物的抗性蛋白与病原菌的效应蛋白之间的进化。

六、寄主-病原物间的识别

(一)专化性

寄主-病原物间的专化性(specifcity)，有寄主种(gpecies)-病原物种(species)或变种之间的、品种-小种或菌系之间的两个层次，前者联系到寄主范围、寄生性进化和非寄主抗病性的研究，后者是寄主抗病性问题，更成为研究重点。专化性有时只指绝对的二值定性的专化互作，非感即抗，非抗即感，无中间类型，即和医学上的特异性等同。但有时也包括种种强度或定量的专化。

专化性现象决定于寄主-病原物双方相互对应的专化性基因，双方基因的产物之间是能互相识别的。

(二)识别

在病原物所致病害中，寄主细胞-病原物细胞接触，很短时间内便有物质和信息的相互作用，这一最初的相互作用往往会激发一系列的生化、生理以及组织反应，从而决定了最终的抗病或感病后果，这个接触后的最初相互作用便是“识别(recognition)”。

识别当然是在双方实体接触下发生的，可能有 4 种接触面：胞壁与胞壁(如细菌病害)、质膜与质膜(如真菌的吸器和寄主的胞质)，胞壁与质膜(如真菌的胞内菌丝和寄主胞质)，以及核酸与细胞质(如病毒)。

识别作用必须包含以下两类内容：首先，接触双方的表面(物质)必须是变异潜能很大的信息物质，这样才能符合品种-小种间抗病基因-毒性基因间组合的多样性。其次，双方信息物质能在分子结构上互补或结合，从而能导致某种一系列生化反应。因此，目前认为起识别作用的信息物质，可能性最大的是蛋白质(包括糖蛋白)；其次就是多糖，包括脂多糖。在高等植物和病菌的胞壁和质膜上，这些物质都是广泛存在的。蛋白质由于其氨基酸种类和排列顺序的无穷组合，当然能蕴藏巨大的变异信息。多糖也有类似的潜能。

识别的结果，或者双方代谢能够协调，病原物能在寄主体内生长发育，这叫作亲和(compatible)。或者识别之后，双方互有强烈反应，双方代谢不能协调从而使病原物不能继续生长发育，比如：寄主一方被激发产生了植保素(phytoalexin)而抑菌杀菌，或者寄主细胞也同时受害死亡等等，这叫作不亲和(noncompatible)。

(三)定向选择和稳定化选择

"适者生存"是生物进化的基本规律。选择和适应,如同一枚硬币的两面,生物适应环境,环境选择生物,适应过程也就是选择过程。在自然界经常地发生病原物(或无毒性基因)按某一概率突变成为有毒性的个体(或毒性基因),这种现象或概率不受寄主抗病性的影响。然而毒性突变能否在病原物群体中积累、存活和繁衍后代,则取决于自身的适合度,特别是对寄主的寄生适合度,而某一适合度值特定于某一寄主群体。Vanderplank(1968)在植物病害流行学中创用了定向选择和稳定化选择的新术语。如果人们引用一个抗病基因来育成新品种,病原物对新遗传环境的适应也就开始了,而如果病原物群体通过突变成为有毒性的,或通过增加群体中原有毒性基因频率的办法使自己适应新的品种,那就会导向毒性的定向选择(directional selection)。生产中小种专化抗病品种的大面积推广后,相应的毒性小种便能在其上得天独厚地发展,连年种植该品种,该毒性小种越繁殖越多,是典型的定向选择现象。20 世纪 70 年代,美国玉米小斑病大流行就是因为连续大面积种植 T 型雄性细胞质不育系玉米品种,结果导致小斑病菌 T 小种的数量越来越多的原因。

和定向选择相反的选择叫稳定化选择(stabilizing selection),又叫自发平衡,意指在病原物同一位点上对无毒性基因的选择优先于毒性基因。病原物在获得一个新的毒性基因时,必然在遗传上进行改造,其侵袭力(或适合度)往往下降,在感病品种上,毒性小种往往竞争不过无毒性小种。总之,定向选择导致毒性发展,毒性小种(或基因)频率上升,而稳定化选择不利于毒性小种发展,使之频率下降。

复习思考题

1. 名词解释

寄生性,专性寄生物,致病性,生理小种,过敏性坏死反应,植物保卫素,耐病,垂直抗病性,主动抗病性,被动抗病性

2. 为什么说寄生性和致病性是植物病原物的两个基本属性?
3. 举例说明活体寄生和死体寄生的植物病害原物有哪些不同的致病特点。
4. 什么是病原物的致病作用? 它包括哪些方式?
5. 基因对基因学说的主要内容是什么? 有何意义?
6. 病原物的致病因子有哪些?
7. 简述中心法则的内容。
8. 植物抗病性具有哪些类型和特点?
9. 什么是诱导抗病性?
10. 何为交叉保护作用?
11. 何为毒素,什么是寄主选择性毒素,有哪些特性?
12. 试比较植物被动抗病性因素与主动抗病性因素的异同。

第四章 植物病害的发生与发展

第一节 植物病原物的侵染过程

植物病原物的侵染过程(infection process),是病原物与寄主植物的感病部位接触,并侵入寄主植物,在植物体内繁殖和扩展,然后发生致病作用,显示病害症状的过程,也称为病程(pathogenesis),是植物个体遭受病原物侵染到发病的过程。事实上,病原物对植物的侵染是个连续的过程,一般情况下,为了便于认识和研究这一过程,人为地将侵染过程划分为 4 个时期,即接触期、侵入期、潜育期和发病期,但各个时期之间并无明显的界限。

植物病原物种类多,引起的病害种类也很多,其侵染特点也各不相同。为了让大家更容易认识和理解病原物的侵染过程,以有代表性的典型病害为例,对病原物侵染过程的各个阶段进行说明。

一、接触期

接触期指病原物在侵入寄主植物之前与寄主植物的感病部位初次直接接触,也称之为接种(inoculation)。病原物此时从休眠状态转变为活跃的侵染状态,或者从休眠场所向寄主生长场所或感病部位移动以准备侵染寄主。对寄主植物而言,此时进入敏感状态。一般情况下,接触期指从病原物与寄主可侵染部位接触,或到达寄主可侵染部位后,开始向感病部位生长或运动,并形成某种特殊侵入结构的一段时期。降落在植物上或者以其他方式带来与植物接触的病原物称为接种体(inoculum)。

病原物的种类繁多,病原物与寄主植物接触时的形态也各不相同。比如:在真菌中,接种体包括孢子(图 4-1-A,C)、菌核及菌丝片段;细菌(图 4-1-D)、病毒和类病毒的接种体一般是其单个的个体;线虫的接种体可以是成虫、幼虫或卵;寄生性高等植物则是植物部分组织或种子。病原物的来源也非常广泛,多年生植物上发生的有些真菌和细菌病害,接种体可来自植物的枝条、树干或根部,有时也可存在于植株残体、作物生长的田间土壤。接种体有时可由种子、秧苗、块茎或其他的繁殖器官带入田间。大田外的接种体可能来源于临近的植株和大田,或数千米外的大田。在许多一年生作物病害中,病原物可在多年生杂草或转主寄主上存活,在植物生长季节从这些植物传到一年生或其他作物上危害。真菌、细菌、寄生性高等植物和线虫能够在受侵染的植物表面产生接种体,而病毒、类病毒、植原体、难养细菌等病原物的接种体产生在植物体内,自然条件下很难到达植物表面。

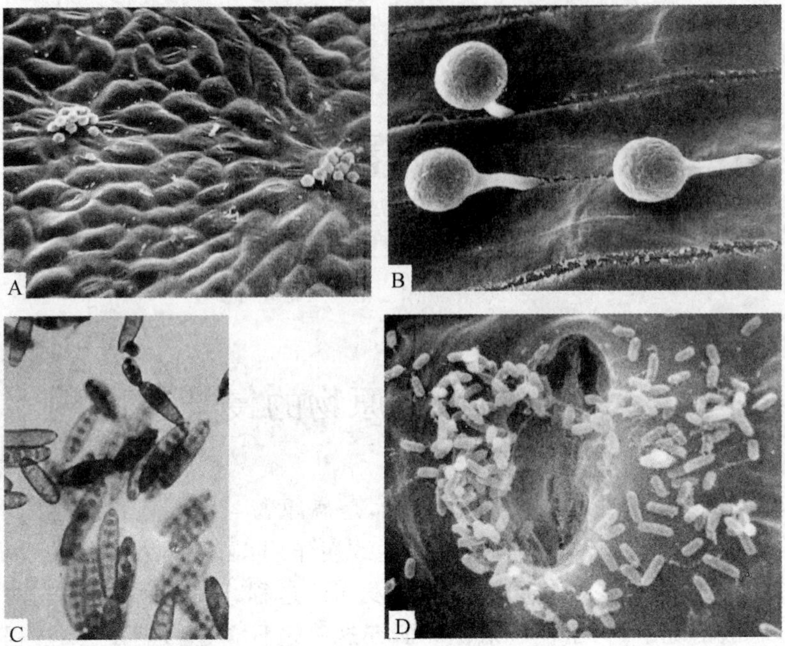

图 4-1　接种体的类型和某些病原物侵入寄主植物的途径

A. 葡萄霜霉病菌 *Plasmopara viticola* 的两组游动孢子已经聚集在叶片的两个气孔处　B. 大豆疫霉根腐病菌 *Phytophthora sojae* 游动孢子囊萌发并侵入大豆根部　C. 引起玉米一种叶斑病的真菌的分生孢子　D. 樱桃叶片气孔周围观察到的引起核果细菌性斑点和溃疡的病原细菌 *Pseudomonas syringae*

(一)接触前的活动

病原物的接触期，大致可分为与寄主植物感病部位接触以前和接触以后。病原物从休眠场所到达感病的寄主植物，一般分为两种活动形式。大多数病原物都是被动地被携带或传播，随机落在寄主植物和其他场所甚至任何物体上。病原物的休眠体从休眠场所依靠各种自然动力如气流、水流及昆虫等传播介体，田间操作工具或人为传带，被动地传播到植物感病部位或其周围，称为被动活动。实际上，仅有极少部分的病原物能够降落在感病的寄主植物上，但介体传播的病原物一般传到寄主植物的效率很高。另一种形式为主动活动，一般是指土壤中的某些真菌、细菌和线虫等病原物受植物根部分泌物如糖和氨基酸的吸引，主动向种围或根部移动聚集。病原物在接触期间与寄主植物的相互作用，直接关系到后续的侵染，该部分研究具有重要的理论和实践价值。病原物侵入寄主植物前，一直处于寄主体外的复杂环境中，可受到各种因素的影响。如果在病原物与寄主植物接触时以及随后的一段时间，出现一些极端环境条件如低温、高温或干旱等，病原物则不能成功侵染或者植物能抵抗病原物的侵染。因此，尽管病原物与寄主植物接触，但无病害发生。因此，病原物侵入寄主植物前必须克服各种不利因素才能进一步侵染。

病原物与寄主植物接触包括多种现象，首先是病原物附着于寄主，病毒、类病毒等这类病原物经由介体直接进入植物细胞，而几乎全部的真菌、细菌和寄生性高等植物首先被携带与植物组织的外表皮接触。在侵入寄主植物之前，必须先在植物表面附着(图 4-1)。病原物的繁殖体在表面或尖端具有黏性物质如多糖、糖蛋白、脂类等，其在潮湿条件具有黏性，有助于病原物黏附在植物表面。有些真菌的孢子在潮湿空气或露珠中水合后，挤出了孢子顶端的黏液，孢子能直接黏附于疏水的植物表面而免遭流水冲走。而白粉病菌的侵染不需要自由水，孢子通过分泌角质酶完成黏附，这种酶可使孢子和植物的接触面更亲水，孢子的黏着更牢固。其他情况下，繁殖体的黏附需要当场合成新的糖蛋白，在有些引起维管束萎蔫的真菌中，孢子水合后并不能黏附，待其进行呼吸并合成新的蛋白后才具有黏附性。

（二）接触后的活动

真菌孢子如何精确地黏附到植物表面尚不清楚，孢子可能被物理的而非化学的信号刺激，或者孢子与植物表面存在非常专化的相互识别作用，其通过外源凝集素、离子互作或植物角质层疏水接触等实现。多种病原物繁殖体周围的胞外基质中含有包括角质酶在内的多种酶类，其在孢子黏附时起着重要的作用。在任何情况下，黏附作用常常对此后控制芽管伸长和侵染结构形成所需信号的传递是必要的。现已证明，真菌细胞壁中的多种蛋白，除了其结构功能外，在真菌黏附以及真菌对寄主植物表面的感知方面也起着重要作用。

其次为孢子萌发和寄主植物表面的感知，什么物质能准确地触发孢子萌发尚不清楚，但与寄主植物表面接触的刺激、水合作用、从寄主表面吸收离子物质及可利用的营养等均起着一定的作用。在感知到萌发刺激前或其附近存在过多的孢子，都能抑制孢子的萌发。孢子一旦受到萌发刺激，可启动营养贮备，如碳水化合物、脂类等，用于快速合成细胞膜和细胞壁，并用于芽管的形成和伸长（图 4-2）。芽管是有别于菌丝的专化结构，在分化成附着胞之前一般生长比较短的距离，并且在没有受到适宜的外界刺激时芽管不会分化，当营养耗尽时芽管便停止生长。

病原物对植物表面信号的感知是由环磷酸腺苷（cAMP）和促分裂原活化蛋白激酶（MAPK）介导的信号途径完成的，这在多种病原真菌中得到证实。在对寄主植物信号作出反应时，如植物疏水表面的存在为形成附着胞传递了信号，真菌识别胞外信号以及胞外信号的传递均经由原生质膜，首先要积累细胞内信号分子并级联磷酸化反应。环磷酸腺苷（cAMP）信号的传递是通过 cAMP 依赖蛋白激酶 A（PKA）活力和随后靶标蛋白磷酸化进行的。在芽管生长过程中，PKA 的主要功能是使碳水化合物和脂类向附着胞位点流动，是附着胞形成的关键。在有些真菌中，cAMP 信号对于附着胞形成是必需的，随着分生孢子的分化和附着胞的形成，胞内 cAMP 浓度提高；随着芽管伸长，cAMP 水平下降，如此时加入较多的 cAMP，芽管的进一步发育将会受到抑制。

附着胞一旦形成，会紧密地黏附在叶片表面，随后分泌胞外酶，产生机械/物理压力，或者二者共同作用使真菌侵入角质层。附着胞必须与寄主植物表面紧密接触，承受真菌侵入所使用的机械力和抵抗真菌分泌的酶类的化学作用。产生黑色素能使附着胞着色的真菌能够在附着胞下面产生较细的侵染丝，主要由物理的力量侵入植物角质层。实际测定发现，附着胞内的膨压要比普通车胎的压力大 40 倍，而膨压的产生是由于附着胞内甘油大量积累，很高的渗透压能从胞外吸收大量水分，产生的水压迫使菌丝（附着胞的侵染钉）穿透寄主角质层。

病原物与寄主植物之间的相互识别，目前尚不明确。推测这种识别是病原物与寄主组织接触时发生的早期事件，即两种生物间触发了一个相当快的反应，表现为允许或阻止病原物的进一步侵染和病害的发生。在任何一种寄主-病原物组合中是否确切存在这一“早期事件”，并不清楚，但这可能属于许多种生化物质、结构以及途径之一。这可能包括专化的寄主信号化合物或结构、专化的病原物激发子分子，也可能是其中任意一个诱发的专化反应或由其他生物形成的特殊产物。被寄主植物识别的激发子和诱导植物防御反应的病原物组分至今仍了解得很少。激发子分子可能被正在侵染的病原物在侵入寄主过程中或侵入寄主之前释放出来，这类病原物一般寄主范围较窄；有些激发子可能是病原物细胞表面的组分（如β-葡聚糖、几丁质、壳聚糖），由于寄主酶（如β-葡聚糖酶、几丁质酶）的作用而被释放，这类病原物的寄主范围较宽；有些可能被病原物在进入寄主后作为对寄主信号的一种反应而合成和释放，这种激发子包括由多种因子诱发产生的细菌过敏蛋白，诱发因子如过敏反应、某些羟基脂类以及某些诱导寄主专化防御反应、产生植物保卫素的肽和碳水化合物。激发子被认为是作为病原物无毒力的决定因子，由于它的存在而激发了过敏性（抗性）反应以及编码防御反应各种各样成分的植物基因的转录起始。寄主植物的这些防御措施又导致病原物变为无毒性的。而当病原物收到有利于本身生长和发展的识别信号时，可能引起病害。如果信号抑制病原物的生长和活动，病害可能不会发生。此外，如果识别的激发子信号由寄主保卫防御反应发出，病原物的生长和活动会减缓或停止，病害也许不会发展。如果激发子被抑制或病菌能克服寄主的防御反应，病害就会发展。

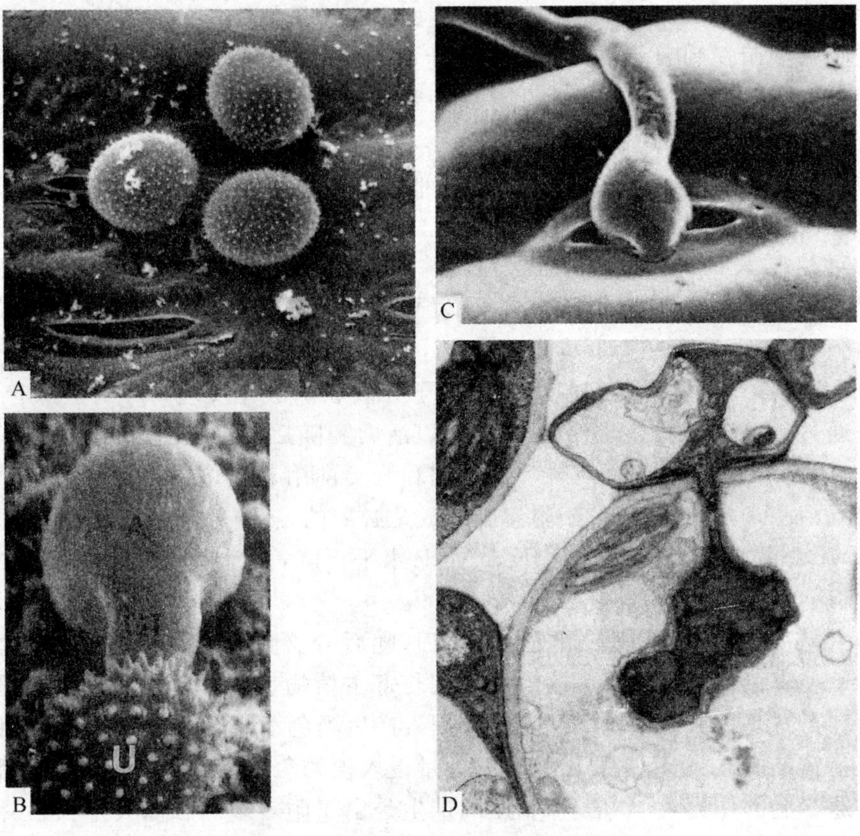

图 4-2　真菌孢子的萌发和侵入方式

A. 杂草叶片张开气孔周围的锈菌夏孢子　B. 一个锈菌夏孢子萌发并产生圆丘形的附着胞
C. 夏孢子萌发、芽管伸长、附着胞从气孔侵入　D. 锈菌在寄主细胞内形成吸器。

（三）环境条件的影响

几乎所有的病原物在其营养阶段能够立即引起侵染，但真菌孢子和寄生性高等植物的种子首先需要萌发。孢子萌发产生典型菌丝体，引起侵染和生长进入寄主植物，或者产生较短的芽管，在芽管上产生特殊的侵染结构如吸器(图 4-2-B 至图 4-2-D)。孢子萌发需要适宜的温度以及湿度条件，如雨水、露水、植物表面水膜等，或至少需要高湿环境。湿度条件还需持续一定的时间以保证孢子萌发和侵入，否则会造成病原物脱水和死亡。大多数孢子在成熟和释放后能够即刻萌发，但有些孢子(如休眠孢子)其萌发需要时间不等的休眠期。当孢子萌发并产生芽管时，即菌丝体的第一部分，病原物就能侵入寄主组织。有些真菌的萌发以产生其他孢子的方式进行，如孢子囊产生游动孢子，冬孢子产生担孢子等。

植物表面释放的营养(如糖和氨基酸)有利于孢子萌发，且释放越多，孢子萌发越快萌发率越高。某些情况下，有些病原物孢子需要特定的感病植物渗出物才可萌发；而另一些情况下，孢子萌发可能受到不同程度的抑制，比如来自植物释放到周围水分中的物质、孢子本身特别是其浓度特别高时(群体感应)以及植物表面或附近存在的腐生微生物群落等。孢子萌发后，产生的芽管或可动的孢子(如游动孢子)必须向着植物表面能够被成功侵染的敏感部位生长或运动(图 4-1-A 和图 4-1-B)。芽管的数量、长度和生长速度受到诸多因素的影响，如温度和湿度，植物表面的渗出物以及腐生微生物群落结构等。寄生性高等植物种子萌发产生胚根直接侵入寄主植物，或者产生小植株，随后以吸器等特殊结构侵入寄主植物。前面描述的影响孢子萌发的因素也适合于种子的萌发。此外，线虫卵的活化和孵化也需要适宜的温度和湿度条件。大部分线虫的卵在产下之前或刚产下时，其内包含 1 龄幼虫，可立即蜕皮而成为 2 龄幼虫，仍需在卵内进行不同时间的休眠期。因此，卵最终孵化出来的是 2 龄幼虫，随后侵染寄主植物或者蜕皮后成为高龄幼虫。线虫接近植物的根部时，会受到根部与其生长有关的某些化学物质(如二氧化碳和某些氨基酸)的吸引，且这些物质能够通过土壤扩散，对距根几厘米外的线虫具有吸引作用。

二、侵入期

病原物在寄主表面或周围萌发或生长到达侵入部位，就有可能侵入寄主组织。通常，将从病原物侵染寄主到建立寄生关系的这段时间，称为病原物的侵入期(penetration period)。植物病原物几乎都是内寄生的，只有少数为真正的外寄生。引起植物煤污病的小煤炱科真菌是以附着枝附着在植物叶片或果实的表面进行危害，主要以植物或昆虫的分泌物为营养物质，有时也进入到植物角质层，但并不形成典型的吸器，属于典型的外寄生。白粉菌虽然也称为外寄生菌，但一般会产生吸器深入植物表皮细胞中，有的白粉病菌的菌丝体还可从气孔侵入叶肉组织中寄生。植物的寄生线虫，某些也是外寄生的，但一般情况下，线虫的头部、颈部伸入植物组织中以吸收植物的汁液，因此也存在侵入问题。

(一)病原物的侵入途径和方式

各种病原物的侵入途径不同，主要分为三种侵入途径，通过直接穿透细胞壁、经由自然孔口以及通过伤口侵入植物组织。有的真菌只能通过其中一种途径侵染组织，有些以多种途径的方式侵入(图 4-3)。细菌大部分是经由伤口侵入植物组织，少数可通过自然孔口侵入，但不能直接经过完整的细胞壁侵入。病毒、类病毒等主要通过介体造成的伤口侵入，尽管其有些种类也可能通过操作工具和其他方式造成的伤口侵入。寄生性高等植物可以直接侵入寄主组织，线虫也可直接侵入，有时也可通过自然孔口侵入。侵入并非一定能引起侵染，有时病原物侵染了对其不敏感的植物组织，此时植物并不发病，这些病原物侵入后也不能进一步扩展，当然也不引起病害。

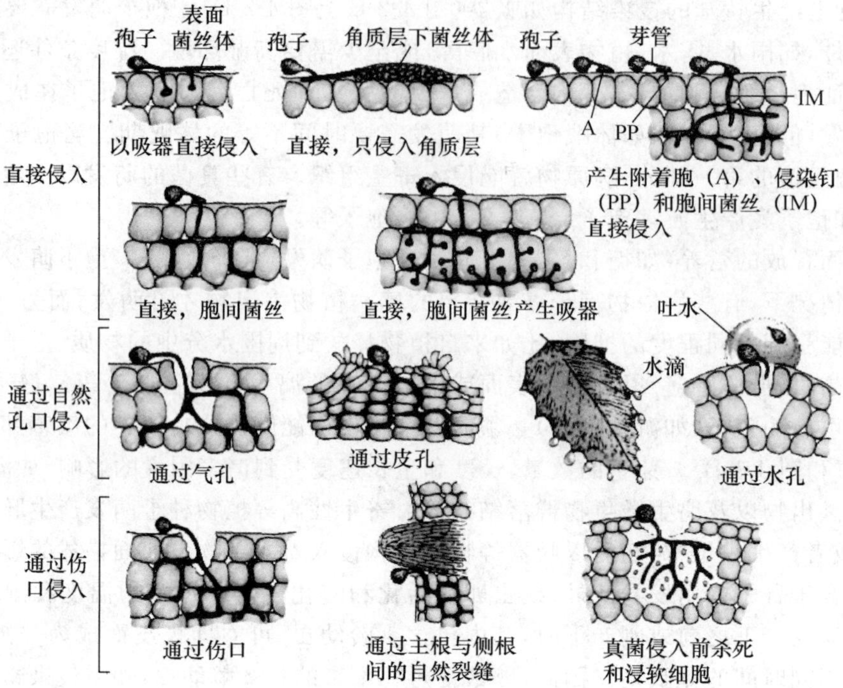

图 4-3　真菌侵入和扩展方式

1. 直接侵入

通过完整的植物表面直接侵入的病原物有真菌、卵菌和线虫，直接侵入也是寄生性高等植物唯一的入侵方式，其他病原物均不能直接侵入植物组织。直接侵入寄主植物的真菌中，非专性寄生物通过孢子或菌丝上直接产生纤细的菌丝，而专性寄生物是通过附着胞（appressorium）（图 4-2-B 至图 4-2-D）上产生的侵染钉。纤细的菌丝或附着胞是在芽管或菌丝与植物表面接触的位点形成。纤细的菌丝向植物表面生长，通过机械力和酶对细胞壁物质的软化作用穿透角质层和细胞壁。不过，大部分真菌在芽管末端形成附着胞，附着胞通常为球形或圆柱状，具有平坦表面与寄主植物表面接触（图 4-3）。然后，侵染钉（penetration peg）从附着胞平面向着寄主生长，穿透角质层和细胞壁。侵染钉长成一个直径通常比真菌正常菌丝细得多的纤细菌丝，一旦进入细胞便恢复成正常菌丝。大部分真菌病害中，真菌侵入植物表皮和细胞壁，但有些病害，如梨黑星病菌（*Venturia nashicola*），真菌只侵入寄主表皮，在表皮与细胞壁间扩展。

此外，寄生性高等植物在胚根与寄主植物接触点也形成附着胞和侵染钉，侵入类似于真菌。线虫则凭借其口针不断前后试探直接侵入，最终在细胞壁上产生一个小孔，线虫将口针刺入细胞或整个虫体进入细胞。

2. 伤口侵入

所有的细菌、大多数真菌、一些病毒以及所有类病毒能够通过各种类型的伤口侵入植物，有些病毒、难养细菌及原生动物通过其介体造成的伤口进入植物。细菌和真菌经由新鲜的或老的伤口进入，这些伤口包括裂伤和植物死组织，病原物在这些组织中短暂生长后再进入健康组织。裂伤或死组织可能由于大风和冰雹这样的环境因素所致，昆虫等动物取食造成；人类的栽培措施，如修剪、移栽和收获产生；自身形成的创伤，如叶痕、果痕；最后还有其他病原物引起的伤口或病斑等。经由伤口侵入的细菌和真菌要在伤口的汁液中或雨水形成的水膜中以及存在于伤口里的露水中生长和繁殖，随后向邻近细胞扩展，分泌酶或毒素杀死和浸软周围组织细胞。

通过伤口侵入的病毒、难养细菌和原生动物凭借这些病原物的介体将其沉积于接种时新造成的伤口中。这几种病原物都是由特定的昆虫传播，有些病毒还可以由某些线虫、螨类和真菌传播，有些病毒和类病毒能够通过人类手工和工具造成的伤口传播。不过，这些病原物多数情况下由一种或少数几种专门的介体携带，只有当这些特殊的介体将其带到植物上时才能被成功接种。

3. 自然孔口侵入

自然孔口包括气孔、皮孔、排水孔、柱头、蜜腺等。许多真菌和细菌通过气孔进入植物，也有通过水孔、蜜腺和皮孔进入的(参见图 4-1、图 4-2)。植物叶片的下表面气孔数量最多，大小为(10～20) μm×(5～8) μm，气孔在白天张开，在晚上则或多或少关闭。如果发生浸水，覆盖于气孔上的水膜中的细菌很容易通过气孔(参见图 4-1-D)侵入植物组织，在此繁殖并开始侵染。真菌孢子一般在植物表面萌发，芽管随后长入气孔(参见图 4-1-A、图 4-2-C 和图 4-3)，不过，芽管通常形成附着胞紧密附着于气孔，附着胞下产生一个纤细的菌丝从而长入气孔(参见图 4-2 和图 4-3)。菌丝在气孔内变粗，并产生一到多个菌丝分枝直接侵入或通过吸器侵入寄主植物细胞。有些真菌能够侵入关闭的气孔，有些则只能侵入开张的气孔。还有些真菌如白粉菌，菌丝经过开放的气孔也不侵入。

水孔(hydathodes)是叶片边缘或顶端持续张开的孔口，它与叶脉相连，分泌称作吐水滴的液滴，其中包含各种营养。有些细菌通过这些孔口进入叶片，也有几种真菌经由水孔进入植物。有的细菌通过类似于水孔的蜜腺孔进入花器。

皮孔(lenticels)是果实、茎和块茎上的开口，其中充满了松散相连的细胞，便于空气通过。皮孔在生长季节是开张的，尽管如此，只有很少几种真菌和细菌由此侵入组织，主要在细胞间生长和扩展。通过皮孔侵入的大部分病原物也能由伤口侵入，通过皮孔侵入的效率较低，为次要途径。

(二)侵入所需要的时间和接种体的数量

病原物侵入所需要的时间可以很短，病毒可以接触即侵入，同时完成。病原真菌要经过孢子萌发和形成芽管才能侵入，所以需要时间稍长些，但也很少超过 24 h。时间延长病原物侵入的百分率会更高些。病原物的侵入要有一定的数量，才能引起侵染和发病。侵入所需要的最低数量称为侵染剂量(infection dosage)。侵染剂量因病原物的种类、寄主品种的抗病性和侵染部位而各有不同。如许多侵染植物叶片的真菌，单个孢子就能引起侵染；许多细菌要有一定菌源量的侵入才能引起发病；植物病毒也有一定的稀释限点，低于稀释限点的浓度无法正常侵入植物组织。

(三)侵入与环境条件的关系

湿度决定孢子能否萌发和侵入，温度影响孢子萌发和侵入的速度，光照可以决定气孔的开闭，对于气孔侵入的病原物有明显的影响。

三、潜育期

侵染(infection)是病原物与寄主感病的细胞和组织建立接触并从中取得营养的过程。随着侵染的发生,病原物在植物组织内生长、繁殖,并在植物内进行不同程度的扩展和定殖。病原物在受侵染的组织中的生长、繁殖(定殖)实际上是病害发展过程中两个同时发生的亚阶段。成功的侵染导致症状的出现,如在寄主植物上表现出变色、畸形、枯斑等,但有些侵染是潜伏的,即侵染后并不立即表现症状,此后当环境条件或植物的成熟阶段适宜时才表现症状。

在受侵染植物上所有可见或可检测的变化构成了病害的症状(symptoms)。症状能够从其表现的瞬间持续变化到整株死亡,也可能发展到一点后在其余的生长季节或多或少保持不变。症状可以在接种后2～4 d立即表现,如草本植物上局部侵染的病毒病;或至少在接种后2～3年才表现,如树木植物上发生的有些病毒病、植原体病害和其他一些病害等。一般情况下,大多数植物病害的发病症状在接种后几天到几周内表现出来。

病原物从与寄主建立寄生关系,到表现明显的症状为止,这一时期称为病害的潜育期(incubation period),或者称为从接种到症状表现之间的时间间隔。各种病害潜育期的长短随特定病原物-寄主组合、寄主植物发育阶段以及被侵染植物环境中温度的不同而不同。植物病害侵染过程的一般规律是病原物的侵入并不表示寄生关系的建立,而建立了寄生关系的病原物能否得到进一步的发展而引起病害,还要根据具体条件决定。例如小麦散黑穗病(*Ustilago tritici*)是在开花期从花柱或子房侵入的,菌丝体潜伏在种子的种胚内。当种子萌发时,菌丝即侵入生长点,以后随着植株的发育而形成全株性的感染,在穗部产生冬孢子而表现明显的症状。检查种胚和麦苗生长点中的菌丝体,可以确定种子和麦苗带菌的情况。由此可见,小麦散黑穗病菌虽然已经和寄主建立了寄生关系而潜伏在种胚内,能否引起进一步的侵染还决定于病原物和寄主在潜育期的相互关系。还有一种称之为潜伏侵染的病害,病原物在侵入寄主后暂时不表现症状,也就是保持在潜育阶段,一直到植物生长后期,或有些器官成熟后,或者是环境条件很适宜于发病时,症状才开始表现。

在病原物和寄主的关系中,营养关系是最基本的。病原物必须从寄主获得必需的营养物质和水分,才能进一步繁殖和扩展。许多病原物都能分泌淀粉酶,将淀粉等高分子碳水化合物分解为葡萄糖等低分子化合物,分泌蛋白酶,将蛋白质等含氮的高分子化合物分解为氨基酸等低分子化合物,以利病原物吸收。在侵染过程中,有些病原物从活的细胞中获得营养,并不立即杀死细胞,或至少在一较长时间内不杀死细胞;另一些在其扩展过程中杀死寄主细胞,利用细胞内含物;还有一些不仅杀死寄主细胞,而且破坏周围组织。病原物和活的寄主细胞建立密切营养关系的,称为活体营养型,它们从细胞组织中吸收营养物质而并不很快引起细胞的死亡,通常菌丝在寄主细胞间发育和蔓延,仅以吸器深入寄主的活细胞内吸收营养。属于这一类的病原物有锈菌、白粉菌、霜霉菌等专性寄生物和接近专性寄生物的黑粉菌、核果缩叶病菌等。另一种方式为病原物先杀死寄主的细胞和组织,然后从死亡的细胞中吸收养分,称为死体营养型,属于这一类的病原物都是非专性寄生的,有时称为死体营养寄生物。病原物在侵染过程中释放许多种生物活性物质(如酶、毒素和生长调节物质),影响寄主细胞的结构完整性和其生理过程。寄主同时也表现出各种防御机理的反应,产生不同程度保护植物免遭病原物危害的结果。

植物病害潜育期的长短是不一致的,一般10 d左右,但是也有较短或较长的。水稻白叶枯病的潜育期在最适宜的条件下不过3 d,麦类散黑粉病的潜育期则将近半年,而有些木本植物的病毒病或类菌原体病害的潜育期则可达2～5年。潜育期的长短也受环境的影响,其中以温度的影响最大。稻瘟病的潜育期在9～11℃时为13～18 d,在17～18℃时为8 d,在24～25℃时为5.5 d,而在发病最适宜温度26～28℃时仅需4.5 d。葡萄霜霉病的潜育期在23℃下为4 d,在21℃下为13 d,在29℃下为8 d。湿度对潜育期的影响并不像侵入期那样重要,因为病原物侵染后,几乎不受空气湿度的影响;植物组织中的湿度高,尤其是细胞组织的充水,有利于病原物在组织内蔓延和危害。由于病原物在植物内部的繁殖和蔓延与寄主的状况有关,所以同一种病原物在不同植物上,或同一植物的不同发育时期,依据营养条件不同,潜育期的长短也各不相同。

四、发病期

植物受到侵染后,经过一定的潜育期即表现症状而发病,称为发病期。发病期是病原物扩大危害、许多病原物大量产生繁殖体的时期。大部分的真菌是在发病后期或死亡的植物组织上产生孢子,有性孢子的产生更迟一些,有时要经过休眠期才产生或成熟。孢子的形成与温度和湿度关系密切,新产生的孢子往往成为病害再侵染的来源。

病原物仅与其寄主接触并不足以引起成功侵染,而许多其他的条件必须同时满足。首先,植物品种对特定的病原物必须是敏感的,并处在感病阶段;病原物必须处于致病阶段,不需要休眠期就能立即侵染;最后,植物环境中的温度和湿度条件必须有利于病原物的生长和繁殖。在这些条件处在最适情况下,即使植物具有防御反应,病原物也能够以最大潜力侵入寄主植物,从而引起病害发生。

(一)发病(扩展)

各种病原物以不同途径侵入寄主,达到不同范围、如引起梨黑星病和玫瑰黑斑病的真菌,它们产生的菌丝体仅在角质层和表皮(角质层下定殖)间生长,另一些如引起植物白粉病的真菌,仅在植物表面产生菌丝体,以吸器进入寄主表皮细胞吸收营养。大部分真菌在其侵染的植物器官(叶片、茎秆、根)的全部组织中扩展,或者以胞内菌丝(intracellular mycelium)直接进入细胞内生长,或者以胞间菌丝(intercellular mycelium)在细胞间生长。引起维管束萎蔫的真菌则侵入到植物的木质部导管。

细菌侵入植物胞间组织,植物细胞壁部分降解后细菌也能在细胞内生长。像引起植物维管束萎蔫的真菌一样,引起维管束萎蔫的细菌也侵入植物木质部导管。大部分线虫侵入植物细胞间组织,但也有一些能够侵入植物细胞内。许多线虫虽然不侵入植物细胞或组织,而是用口针穿刺表皮细胞吸食。

病毒、类病毒、难养细菌和原生动物通过从一个细胞到另一个细胞在胞内移动的方式侵入组织。病毒和类病毒侵入所有类型的植物活细胞,原生动物侵入韧皮部筛管,可能还有少数邻近的韧皮部薄壁细胞,大部分难养细菌侵入木质部导管,有少数仅侵入韧皮部筛管。

许多由真菌、细菌、线虫、病毒和寄生性高等植物引起的侵染属于局部性的,即包括单个细胞、少数几个细胞或植物的一小部分等。这些侵染可能在整个植物的生长季节都是局部的,也可能稍微扩大或扩展非常缓慢;其他一些侵染扩展则非常迅速,包括全部植物器官(花、果实、叶片),植物的大部分(一个枝条)或整株。

难养的木质部或韧皮部习居细菌引起的侵染,以及由病毒和类病毒引起的自然侵染属于系统性的，即病原物从开始的侵染点扩展和侵入到整个植物的大部分或所有感病的细胞和组织。维管束萎蔫真菌和细菌侵入木质部导管内，但通常仅局限于被侵染植物根部、茎部或顶部少数导管内，只有在病害的最后阶段才侵入植物木质部的大部分或所有导管。有些霜霉菌和一些真菌，如引起黑粉病和锈病的真菌也能引起系统侵染，虽然在大部分情况下老的菌丝退化和消失，只有幼嫩的菌丝在生长的植物组织中存在。

（二）病原物的生长和繁殖（定殖）

单个的真菌和寄生性高等植物一般从接种的初始位点通过生长侵入植物组织而进行侵染。这些病原物的大多数，无论是产生小斑点、大面积的侵染或植株的一般坏死，都能在被侵染的寄主内继续无限生长和分支，以至于同种病原物的个体扩展到越来越多的植物组织，直到侵染扩散停止或植物死亡。在有些真菌的侵染中，较幼嫩的菌丝持续生长进入健康组织，受侵组织中较老的菌丝死亡消失，一个病株就会有多个独立的菌丝体单位具有活性。引起维管束萎蔫的真菌通过在导管中产生和释放孢子进入植株，这些孢子经汁液携带扩散到远离菌丝体的导管，在此萌发产生菌丝，进入更多的导管。

其他的病原物，细菌、病毒、类病毒、线虫和原生动物的个体不会随时间增加很多，由于其大小和形状在整个存活期相对保持不变。这些病原物在植物体内进入和侵染新的组织通过较高的繁殖速率，并在受侵组织中惊人的增加个体数量，繁殖体随后经由胞间连丝（只有病毒和类病毒）、韧皮部（病毒、类病毒、有些难养细菌、原生动物）或木质部（有些细菌）被传染到新的细胞和组织；或像原生动物和线虫或有些细菌那样，能够通过自身力量在细胞间移动。

植物病原物通过各种方式进行繁殖。真菌通过孢子繁殖，包括无性孢子，即经过有丝分裂产生，相当于枝条上的芽或马铃薯植株的块茎，或有性孢子，即经过减数分裂产生，相当于植物的种子。寄生性高等植物像所有植物一样以种子进行繁殖。细菌以分裂方式繁殖，一个成熟的个体分裂成两个相等的较小个体，病毒和类病毒由细胞进行复制，就如一页纸放在复印机上，只要复印机开动，纸张不断供应，就能不断复制。线虫以卵进行繁殖。

绝大多数植物病原真菌和卵菌仅在被侵染的植物中产生菌丝体，少数真菌和卵菌在其寄主植物表面产生菌丝体，而白粉病菌只能在其寄主表面产生菌丝体。绝大多数真菌和卵菌在寄主被侵染部位表面或正下方产生孢子，然后释放到环境中。植物病原根肿菌，如根肿病病原菌和引起维管束萎蔫的真菌，在寄主组织内产生孢子，直到寄主死亡和分解后这些孢子才会释放到外面。寄生性高等植物在地上部枝条上产生种子，有些线虫在寄主植物表面或附近产卵。细菌、木质部或韧皮部习居菌是在寄主细胞间或细胞内繁殖，一般在寄主植物内，只有通过伤口、裂痕、气孔等到达寄主表面。病毒、类病毒、原生动物和难养细菌仅在细胞内繁殖，显然不能到达或存在于寄主植物表面。

各种病原物的繁殖速率极不相同，但对所有类型，一个或少数几个病原物在一个生长季节内就可以产生惊人数量的个体。有些真菌可能不同程度地连续产生孢子，而另一些则在相继危害的作物上产生孢子。但无论在哪种情况下，每平方厘米被侵染的组织上都能够产生数千个或成千上万个孢子。小的专化孢子梗也能产生数百万个孢子，每个病株上产生的孢子数量通常达数亿到数兆个。因此，在1英亩（1英亩＝4 046.86 m^2）被严重侵染的病株上产生孢子的数量通常为天文数字，释放出的孢子足够降落到田间的每个能够想象到的表面及周围区域，足以足量接种到区域内的每一株植物。

在侵染组织内细菌繁殖迅速，在适宜的营养和环境条件下（培养条件），细菌每 20～30 min

分裂(数量加倍)一次。据推测,只要营养和空间充足、温度适宜,细菌在感病植株中的繁殖速度也是如此。在被侵染植株的一滴汁液中可能有数百万个细菌,因此每株中细菌的数量应当达到天文数字。难养细菌的繁殖速度比典型细菌慢,虽然能在植物整个维管束内系统扩散,但只在少数木质部或韧皮部导管中存在,这些病原物在被侵染植株中的总量比较小。原生动物似乎也是如此。

病毒和类病毒在活的寄主细胞内繁殖,侵染后几小时才能检测到第一个新的病毒粒子,此后,在被侵染的活细胞中病毒粒子很快积累,每个活细胞中病毒粒子可以达到100 000～10 000 000之多。病毒和类病毒可以侵染其寄主的大部分或所有活细胞,每一棵植株内显然含有无法计数的这类病原物个体。

线虫雌虫每头产卵300～500个,其中半数成为雌虫,每头又可产卵300～600个。根据气候、可以利用的寄主植物以及每种线虫每一生活周期的长短,线虫每年有2～12个世代。如果仅有半数的雌虫存活并繁殖,土壤中每一代增加的线虫数量大于100倍。因此,在一个生长季节和下一季节,线虫群体的增加是相当巨大的。

第二节 植物病害循环

植物病害循环(disease cycle)是指植物侵染性病害从一个生长季节到下一个生长季节,或者从上一年发病到下一年再度发病的循环过程。这种季节间或年度间的病害发展,是在病原物和寄主植物在一定环境影响下,由几个独立而又连接的环节来实现的。这些环节主要包括:初次侵染和再次侵染、传播途径、越冬和越夏。

一、病原物的初次侵染和再次侵染

初次侵染是作物生长季节开始后,病原物在田间植物上发生的第一次侵染,又称为初侵染。由初侵染发病后产生繁殖体,传染到新的部位或新的植株上引起发病,则称为再次侵染或再侵染。

病原物的初侵染来源,以及再侵染的有无与多寡,则因病原物的种类而异。初次侵染大多来自病原物的越冬场所,如带病种子、土壤、田间病株以及昆虫介体等。有一些侵染性病原物在一个生长季中只进行一次侵染而没有再侵染,称为单循环病害。如禾谷类有些黑穗病。而另一些病原物所致病害,在一个生长季节中可以进行多次再侵染。病菌每侵染一次发病后都可以产生大量的孢子,并在适宜条件下迅速扩散到寄主的不同部位或个体,导致田间大量植株严重发病,故称为多循环病害。如小麦锈病,稻瘟病,马铃薯晚疫病,玉米大、小斑病和稻白叶枯病等均属这一类。另有少数病害,虽有再次侵染但次数不多,且潜育较长,很少能构成病害大流行。例如棉花的枯、黄萎病,其发病程度主要决定于土壤中的初侵染菌量,故称为寡循环病害。

二、病原物的传播

是指病原物在完成一次病程,或者季节之间,以什么方式或途径在植株间、田块间以及地块之间扩散;植物病原物的传播动态和方式因不同的病原物有多种形式,总的说来有主动和被动两种形式。主动扩散的病原物中,包括自动弹射的真菌孢子,能游动的孢子和细菌以及植物线虫等。这类传播由于动力较微弱,所传播的距离也有限,多数发生在相邻病株之间乃至同病株的不同器官之间。绝大部分的传播,特别是远距离的传播都是被动传播,如通过气流、雨、生物介体(虫体)、种子、土壤以及人为因素等。

(一)气流传播

气流传播(air-borne)的病害通常称作气传病害。多是一些产生于孢子的真菌病原,最典型的是小麦锈菌夏孢子,很易脱落并被气流带走,可以传至几百千米以外。其他如白粉菌、霜霉菌、稻瘟病菌等的孢子都属于气传病害。

(二)土壤传播

土壤传播(soil-borne)的病害又称为土传病害。病原物的初次侵染来自土壤,并且多数是从侵染植物的地下部器官开始。这类病害生长季中发病的程度取决于土中初侵染的菌量和环境条件,其扩展速度不及气传病速度快。如苗期病害,萎蔫病和木本植物的根腐病等。病原物有真菌、细菌和植物线虫等。土传病害的控制相对要困难一些,单一措施不易奏效。

(三)雨水传播

雨水传播(water-borne)是指病原物借助雨水、灌溉水、露水、飞溅雨水等而扩散传递。大多数细菌、一些产生粘孢子团或游动孢子的真菌,需要借助雨水冲洗飞溅或者叶面结露才有利于传播。如棉花角斑病菌的菌脓,水稻白叶枯病菌的菌脓都是通过水滴的移动作有效传播。菌物病原中除产生游动孢子的腐霉、疫霉、霜霉菌外,还有一些由孢子盘及孢子器产生的孢子,属于黏湿孢子,常借水滴或者昆虫传带而传播。

(四)生物介体传播

生物介体传播(biological mediators-borne)病害其中以昆虫介体最为重要,又可称为虫传病害。前面曾经谈到植物病毒的昆虫传播及其机制,其实有些细菌和真菌也可通过昆虫传播;例如白菜软腐细菌可以通过种蝇、小菜蛾传播;有些地下害虫传播土中病原物等。这些传播有的是在取食过程中机械传带病原所致,也有的介体与病原间有专化关系。例如玉米细菌萎蔫病菌必须由一种玉米跳甲(*Chaetocnema pulicaria*)才能成功传播。传播病原物的生物介体见图 4-4。

(五)种子传播

种子传播(seed-borne)病害也是一种重要的传播途径,特别是由病区扩散到无病区是最危险的。此处所指种子,包括一切形式的播种材料。在各类病原物所致病害中都有一些经由种子或其他无性繁殖器官和苗木传播的病原,禾谷类的黑穗病菌是典型种传病害,其他如马铃薯环腐病经种薯传播,甘薯黑斑病经种薯和秧苗传播,核果类的根癌病也是经树苗传播。

人为传播的机会也不少,例如田间农事操作造成病毒及其他病原物的近距离传播。而地区间和国际间的商业贸易、科技交流活动等,随着产品和播种材料造成的病原物传播也在日益受到关注。

就一种病原物而言,其主要传播途径只有一种,但是有一些病害的传播常常不止一种。例如棉花枯、黄萎病称为土传病害,但这两种病害都可以经种子传播。在病区,种子带菌是无足轻重的,但如果带病种子到达无病区,就会导致严重后果。因此,研究和了解各种病原物的传播途径对于控制病害的发生和扩展蔓延都十分重要。

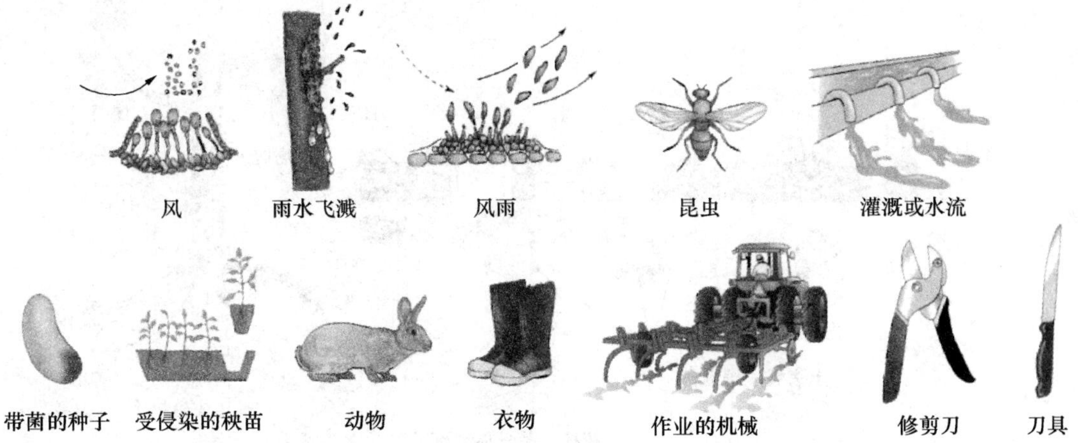

图 4-4　植物病原的传播介体

三、病原物的越冬和越夏

是指当农作物收获以后，田间已没有寄主存在，而环境又可能是高温干旱或者低温、冷冻等逆境，这时病原物以什么方式，并在什么场所存活下来，对于其完成侵染循环非常关键，这个时期称为病原物的越冬和越夏。

病原物越冬越夏的方式一般有腐生、寄生和休眠三种。腐生是一些低级寄生病原物的存活方式，例如土传病原物中的腐霉菌、立枯丝核菌、镰孢菌等，可以在病残组织、土壤、肥料中进行腐生生活。其次是寄生，大多是严格寄生的病原物。当田间农作物收获后可能转移到其他野生寄主乃至昆虫介体内生活。例如许多病毒病原。我国麦区的小麦条锈病菌，经常是在平原地区麦收后转到高山冷凉的春麦或自生麦苗上越夏，到了秋季再回到平原地区冬麦上越冬。最后一种是休眠，即形成各种休眠结构以度过作物非生长季节。病原物的休眠结构大多是致病真菌形成的，例如卵孢子、子囊果、冬孢子、孢子器和孢子盘、菌核、厚壁孢等。这些结构具有厚壁或保护组织，故可以抵抗高温或低温、干旱等条件。

植物病原物的主要越冬和越夏场所（图 4-5）如下：

（一）田间病株

无论是多年生的、二年生的或一年生的作物中，各种病原物都可以不同方式在田间正在生长的田间病株体内或体外越冬和越夏。如小麦条锈病，夏孢子不耐高温，主要在甘肃、青海等高山山坡的麦田越夏。秆锈病菌不耐低温，在福建等东南沿海地区越冬。黄瓜霜霉病等在温室内越冬。

（二）种子、苗木和其他繁殖材料

病原物可以他的休眠体和种子混杂在一起，如黑粉菌的冬孢子等。有病原物可以侵入而潜伏在种子、苗木、其他繁殖材料的内部，种子、苗木、其他繁殖材料带菌是常常是下年初侵染的最重要来源。

（三）土壤

土壤是许多病原物的越冬越夏场所。丝核菌、镰刀菌、TMV、线虫等可以在土壤中长期存活。

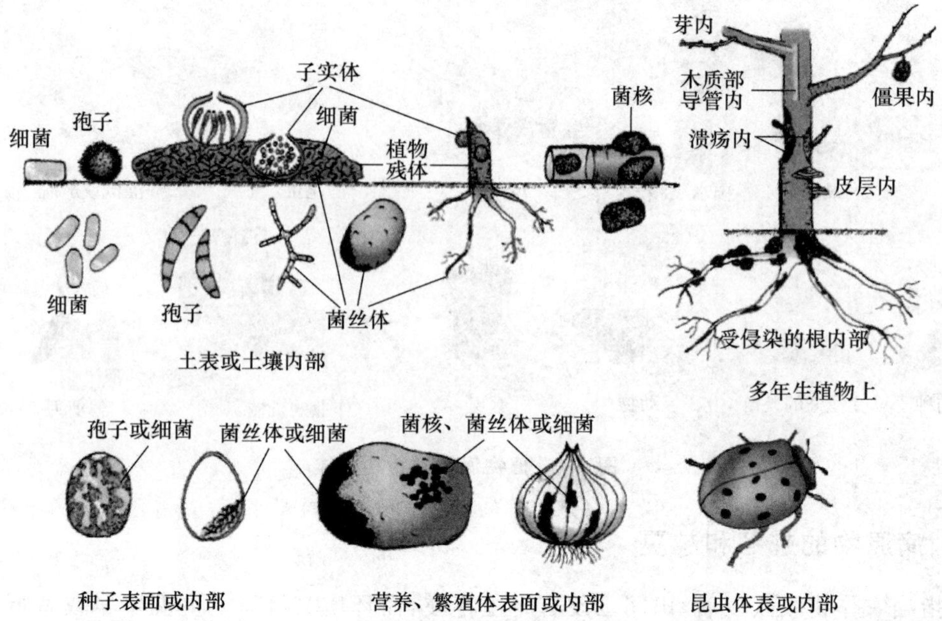

图 4-5 真菌和细菌在田间存活的方式和场所

第三节 植物病害的流行和预测

植物病害的流行(epidemic)是指在一定时间和空间内病害在植物群体中大量严重发生，并造成重大经济损失的现象。病害的流行主要是研究植物群体发病及其在一定时间和空间内数量上的变化规律，所以对它的研究往往是在定性的基础上进行定量的研究。病害的流行和植物个体发病的规律有所不同，但是研究植物群体发病的群体病理学是以个体病理学为基础的。研究植物群体中病害在环境影响下发生发展的规律、病害预测和病害管理的综合科学称为植物病害流行学(botanical epidemiology)，它是植物病理学的分支学科。

一、植物病害流行的条件及主导因素

植物病害流行受寄主、病原、环境条件和人类活动方面多种因素的影响，这些因素的相互作用决定了流行的强度和广度。

1. 寄主植物

种植感病寄主植物是病害流行的基本前提。虽然人类已能通过抗病育种选育出高度抗病的品种，但是现在利用的主要是单基因控制的小种专化性抗病性品种，在长期的使用过程中因不加利用而逐渐失去植物原有的非小种专化性抗病性，致使抗病品种的遗传基础狭窄，容易因病原物新致病性基因出现，以及病菌毒性改变而“丧失”抗病性，沦为感病品种。这种现象在我国小麦条锈病、稻瘟病以及美国的玉米小斑病上都有突出的体现。

另外，由于农业规模经营和保护地栽培的发展，往往在特定的地区大面积种植单一农作物甚至单一品种，从而特别有利于病害的传播和病原增殖，因此也是常导致病害流行的重要原因。

2. 病原物

一方面，植物病害流行需要具有强致病性的病原物。许多病原物群体内都有明显的致病性分化现象，具有强致病性的小种或菌株占据优势就有利于病害的大流行。在长时间种植一种抗病品种时，病原物群体中具有匹配致病性的类型将逐渐增多，占据优势，使原来抗病品种变为感病品种。另一方面，植物病害流行需要病原物数量多。有些病原物种类能够在短时间内大量繁殖和有效传播，使病害发展较快；有些病原物繁殖速度有限，但抗逆性强，越冬或越夏存活率高，则初次侵染菌量较多，这些都是重要的流行因素。对于生物介体传播的病害，传播介体个体数量多、传播效率高也是重要的流行因素。

3. 环境条件

多数植物病害在大部分寄主生长的地区都程度不同地发生着，但通常又达不到广泛流行的程度，其中环境对病害的发展起着控制作用。环境可以影响寄主植物的生长、生育阶段的组织质地和原有的感病性；环境也可以影响病原物的存活、生活力、繁殖率、产孢率、传播方向、距离以及孢子的萌发率和侵入率。另外，环境也可能影响病原物传播介体的数量和活动性。影响植物病害流行最重要的环境因素是湿度和温度。

4. 人为因素

人类的活动对植物病害的流行有着直接或间接的作用。其中一些活动有利于提高病害的发生频率和流行速率，另外一些则起相反的作用。连续单一的大面积栽培同一种作物品种，施用高水平的氮肥、免耕栽培、深灌以及不良的田间卫生状况，都可增加病害流行的可能性和严重程度；通过人为引种还能将危险性病害带入新区，导致病害的严重流行。

病害流行程度是因时因地而异的。对一种病害，在一定的时间和地点，当其他因素已基本具备并相对稳定，而某一个因素最缺乏或波动变化最大时，并对病害的流行起决定作用，这个因素常被称为植物病害流行的主导因素(key factor for disease epidemic)。如当寄主、病原物条件具备时，环境因素便成为主导因素，而当病原存在，环境条件又利于发病时，寄主抗性便成为主导因素。主导因素往往是病害流行必要因素中的易变因素，或大或小的变化都可能导致寄主-病原物相互作用的不同后果。主导因素常是病害预测中的主要因子，对它的分析也可为制定防控策略和措施提供科学依据。

二、植物病害的计量

植物病害种类很多危害情况很不一样，因而记载方法也不尽一致。目前，最常用的记录植物群体发病程度的 3 个指标分别为发病率、严重度和病情指数。

发病率是指发病植物或器官(叶片、根、茎、果实、种子等)占调查植株或器官总数的百分比，用以表示发病的普遍程度。计算公式如下：

$$发病率=\frac{发病植株或器官数}{调查植株或器官总数}\times 100\%$$

但是，单用发病率不能准确的表示植物的实际发病情况，例如，同样发病叶片，有些叶片仅仅产生单个病斑，另一些则可能产生几个甚至几十个病斑。这样，发病率相同，发病情况的严重程度和植物蒙受的损失也可能不同。为了更全面地估算植物病害数量，便需要使用严重度指标。

病害严重度指植物或器官的病变程度，因为病害的种类、发病部位、致病情况不同，所以病害的严重度表示方法也不同。例如，条锈病的严重度是指病叶上夏孢子堆所构成的病斑面积与叶面积的比率；而玉米粗缩病的严重度是指发病植株高度与健康植株高度的比例，表示植株矮缩的程度。严重度用等级表示，即根据一定的标准，将发病的严重程度由轻到重划分几个级别，分别用各级代表值或发病面积百分率表示，如表 4-1 所列斑点类病害的严重度分级标准。调查统计时，以单个植株或者特定器官为调查单位，对照事先制定的严重度分级标准，找出与发病实际情况最接近的级别。禾本科作物的叶部病害大多是植株下部叶片发病早而重，以后逐渐向上扩展。根据成株期发病程度分 10 级，先确定植株基部到顶部一半的地方为中点，病害从基部发展到中点，不再向上发展作为 5 级，病害未发展到中点的作为 1～4 级，另外，保留完全不发病的 0 级。病害发展到中点以上的，记作 6～9 级。严重度分组标准除用文字描述外，还可以制成分级图。分级标准要具体，明确，易于区分，尽量减少认为主观意识差异而造成的误差。

表 4-1 斑点类病害严重度分级标准

严重度级值	分级标准	严重度级值	分级标准
0	无可见病斑	5	病斑占器官面积的 51%～75%
1	病斑占器官面积的 3%或以下	6	病斑占器官面积的 76%～85%
2	病斑占器官面积的 4%～10%	7	病斑占器官面积的 86%～90%
3	病斑占器官面积的 11%～25%	8	病斑占器官面积的 91%～95%
4	病斑占器官面积的 26%～50%	9	病斑占器官面积的 95%以上

单一使用发病率或严重度都不能全面表示植物病害的发生情况，病情指数是全面考虑发病率与严重度两者的综合指标，若以叶片为单位，当严重度用分组代表值表示时，病情指数计算公式是：

$$\text{病情指数} = \frac{\sum(\text{各级病叶数} \times \text{各级代表值})}{\text{调查总叶数} \times \text{最高级代表值}} \times 100$$

除发病率、严重度和病情指数以外，有时还可以用其他指标定量计算病害数量。例如，调查小麦锈病流行初期发病数量时，还常用病田率（发病田块数占调查田块总数的百分率），病点率（发病样点数占调查样点总数的百分率）和病田单位面积内传病中心或单片病叶数量等指标。

三、植物病害流行的时间动态

植物病害流行有一个发生发展过程。在这一过程中，病害在数量上或发病程度上随时间发生的变化称为病害流行的时间动态（temporal dynamic of epidemic），可分季节流行动态和逐年流行动态两种。季节流行动态主要研究病害在一个生长季节内的发生和发展情况，与实际联系紧密，是目前研究较多也是较为成熟的一个层次，有不少研究成果已在生产实际中得到应用。逐年流行动态是研究病害在几年甚至数十年内病害的发展变化过程。

(一)植物病害流行的类型

病害流行需要足够数量的接种体,不同病害菌量积累过程所需时间的长短不同,据此可将病害区分为三种类型,即单年流行病害(monoetic disease)、积年流行病害(polyetic disease)和中间型病害(mid-type disease)。从流行学角度将植物病害划分成以上类型,有助于深刻认识不同病害的流行特点和采取恰当的预测方法和科学的管理策略。

1. 单年流行病害

单年流行病害指在作物一个生长季节中,只要条件适宜,就能完成菌量积累并造成流行为害的病害。单年流行病害与多循环病害(polycyclic disease)、复利病害(compound interest disease)有相同的含义。这类病害包括生产上许多重要病害,如小麦条锈病、叶锈病、秆锈病、白粉病、稻瘟病、稻白叶枯病、玉米大斑病、玉米小斑病、马铃薯晚疫病、甜菜褐斑病、黄瓜霜霉病、梨黑星病等。这类病害的潜育期一般只有几天至十几天,一年中可有多次再侵染,多为气传和雨水传播的病害,传播距离较远,一般为害植物地上部。但是,由于其接种体对环境往往比较敏感,接种体越冬率一般较低,病害在年度之间波动较大。

以马铃薯晚疫病为例,该病在适宜条件下潜育期为4～6 d,在马铃薯生长期中,可能发生再侵染10次以上,每个病斑平均每日可产孢子囊几千个,如果只按每个病斑所产孢子囊中有100个能引致再侵染,则10次再侵染后,病斑数增长10^{20}倍。根据观察,当条件合适时,从见到发病中心几个病斑到全田植株整个被毁,只需要1个月的时间。如果环境条件不合适,病情则发展缓慢,甚至受到遏制。因此,季节和年际之间病害流行与否有很大差别。

2. 积年流行病害

积年流行病害指病原物需要经过连续几年的菌量积累,才能导致病害流行成灾。积年流行病害与单循环病害(monocyclic disease)、单利病害(simple interest disease)有相同的含义。这类病害中也包括一些作物上的重要病害,如小麦散黑穗病、腥黑穗病、秆黑粉病、小麦粒线虫病、大麦条纹病、水稻恶苗病、稻曲病、玉米丝黑穗病、棉花枯萎病、棉花黄萎病、马铃薯卷叶病以及多种果树病毒病等。由于这类病害在一个生长季中病原物只发生一次侵染,或虽有再侵染,但次数很少,在病害流行上作用不大。这一类病害在发生的头几年里,菌量小,发病率不高,往往不能引起重视。但由于病原物接种体往往是休眠体,对不良环境抵抗力强,如人们对病害不加以控制的话,病害能够逐年稳定地增长,几年后可以酿成大的灾害。

以棉花枯萎病和小麦腥黑穗病为例,这两种病害的病情年平均增长4～10倍,如第一年的病株率为0.1%,则大约经过5年时间,病株率可发展到50%左右。小麦腥黑穗病是种子带菌,通过处理种子能够很容易地将病害控制。但是,由于防治过后常放松警惕,使得几年以后病害逐年加重,最终导致流行。棉花枯萎病是一种土传病害,防治起来非常困难,因此,积年流行病害常是生产上的难题。

3. 中间型病害

有许多病害可能兼有以上两类病害中的某些特点,介于两类病害之间,可列为“中间型”病害。这类病害中其中有一些病害具有再侵染,但是受生长季节或侵染时段的限制,再侵染次数较少,如玉米黑粉病,小麦丛矮病以及作物的多种病毒病和线虫病等。还有一些病害虽然再侵染极少发生,但是病原菌有较长的腐生阶段,在腐生阶段有菌量的积累过程,如果当年气候条件合适可以造成病害流行,如小麦赤霉病。

在农业生产上，单年流行病害往往是防治的重点，积年流行病害是防治的难点，多数中间型病害往往处于次要病害的位置。然而，在条件适宜时中间型病害也能造成病害的大发生，由次要病害变为主要病害。实际上，中间型病害属于大多数，对这类病害应加强监测和研究。

(二)单年流行病害的时间动态

1. 单年流行病害的一般类型

在1个生长季中，如果定期系统调查田间发病情况，取得发病严重度(发病率或病情指数)随病害流行时间而变化的数据，以时间为横坐标，以发病严重度为纵坐标，绘制成发病严重度随时间而变化的曲线，该曲线被称为病害的季节流行曲线(disease progress curve)。曲线的起点在横坐标上的位置为病害始发期，斜线反映了发生过程，曲线最高点表明流行程度。不同病害或同一病害在不同条件下，可有不同形式的季节流行曲线。

(1)S形曲线　这是最常见的一种形式。初始病情很低，以后病情随着时间不断上升，直至饱和点，且寄主群体不再增长。很多病害一年(季)中只有一个高峰，多属于这种S形曲线(图4-6A)。如马铃薯晚疫病、小麦三种锈病和白粉病、玉米小斑病等。

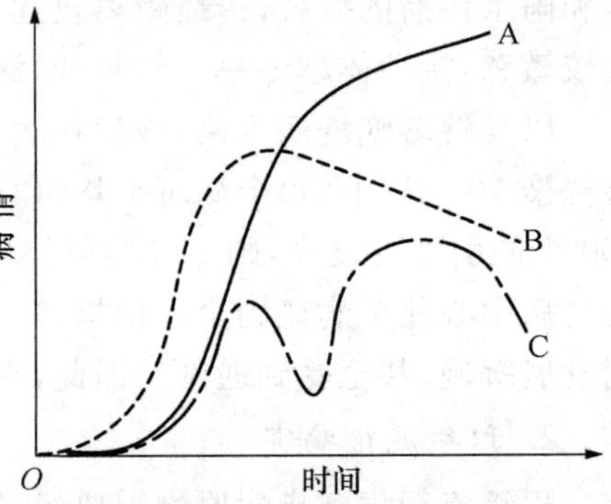

图4-6　季节流行曲线的几种常见形式

A. S形曲线　B. 单峰曲线　C. 多峰曲线

(2)单峰曲线　同为上述这类病害，如果后期或由于寄主抗病性增强，或由于气候条件已变为不利病害发展，而且寄主群体却仍在继续生长，则新生枝叶上发病轻微甚至无病，流行曲线大体上呈马鞍形，而有一个明显高峰(图4-6B)。如棉苗黑斑病、甜菜褐斑病、大白菜白斑病等。

(3)多峰曲线　一个季节中病害出现两个或两个以上的高峰(图4-6C)。病情的起落可以是因环境条件的变化所造成的。如小麦叶锈病、小麦纹枯病受小麦越冬期间的低温影响，分别在秋苗期和生长中、后期出现两个发病高峰；也可以是寄主生育阶段抗性的变化而引起，如稻瘟病可以在水稻幼苗期、分蘖期、抽穗期分别形成苗瘟、叶瘟、穗颈瘟3个发病高峰；还可以由于传毒昆虫多次迁飞所造成，如早播油菜田的病毒病，可因有翅蚜多次迁飞而出现多个发病高峰。

病害流行曲线虽有多种类型，但S形曲线是最基本的形式。

2. 病害季节流行阶段的划分

流行过程可划分为始发期、盛发期和衰退期。这分别相当于S形曲线的指数增长期(exponential phase)、逻辑斯蒂增长期(logistic phase)和衰退期(decline phase)(图4-7)。

(1)指数增长期　此阶段从田间初见病害症状开始，至病情普遍率达5%的一段时期。此期间田间的病情的绝对值很低，寄主群体中可侵染的位点充裕，发生重叠侵染的可能性很少，病情发展的自我抑制作用不大，病害基本上呈指数增长。

(2)逻辑斯蒂增长期　此阶段是从病情5%发展到95%的一段时期。田间绝对病情增长很快，使人有“盛发”的感觉，但从流行速度看，绝对病情增长倍数不大。此期间随着病害数量不断增大，寄主群体可侵染的位点逐渐减少，重叠侵染增多，病害的自我抑制作用不断增强，故病害呈逻辑斯蒂增长。

(3)衰退期　也称流行末期。逻辑斯蒂增长期过后,寄主可供侵染的部分已近饱和,病情增长趋于停止,流行曲线也渐趋水平。

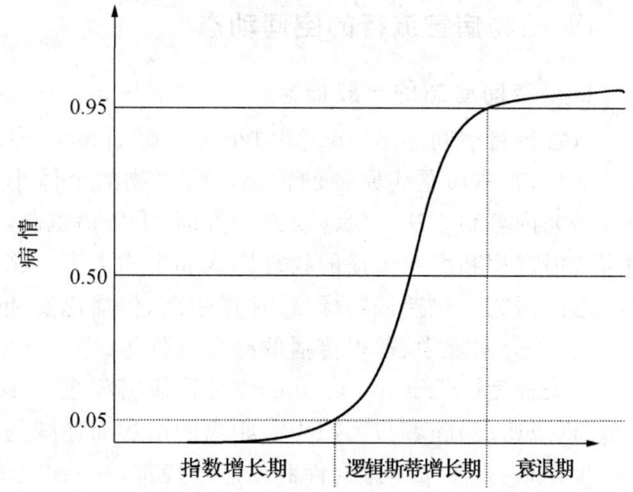

图 4-7　S 形流行曲线及流行过程三阶段

在上述三个时期中,指数增长期是流行过程中占时间最长的一期,也是病原物菌量积累的关键时期。但是,它却正是常被人忽视的时期。因为这一期间,病情十分轻微,病情增长也似乎很慢。这里存在着一个主客观之间的矛盾,表面看来,在指数增长期中病情增长数量不大,充其量不过到 5%,时间却拉得较长,因而人们感觉发展很慢无足轻重,甚至称之为缓慢增殖期。但是深入分析其增长速度,就会发现这一时期菌量积累的倍数是流行全程中最大的,它为以后的盛发期奠定了菌量基础。例如:假定初始菌量为 0.001%,从 0.001%增长到 5%,菌量增长 5 000 倍,而盛发以后从 5%增长到 100%,不过 20 倍。因此,菌量一旦达到 5%左右,病害流行多半已成定局。可以说,客观上植物病害流行过程中最重要的阶段恰恰是人们难以观察易于忽略的,而人们最易于观察并给以重视的盛发期,反而不是流行学上最关键的阶段。因此,不论是预测预报、喷药防治或栽培防治,还是流行规律的分析研究,都应当抓住关键的指数增长期,错过这一阶段,预测预报往往失实,控制方法往往将事倍功半。

(三)积年流行病害的变化

积年流行病害在一个生长季中的数量增长都是越冬菌源侵染产生的。有些积年流行病害,如小麦散黑穗病、腥黑穗病等侵染和发病时间都比较集中,就不会形成流行曲线。但有些病害,其越冬菌源发生期长,陆续接触寄主植物,侵入期有先有后,也呈现出一个发病数量随时间而增长的过程。如棉花枯萎病、棉花黄萎病等土传病害,以及苹果和梨的锈病、柿圆斑病等气传病害就属于这一类型。将田间越冬菌量视为常数,病害潜育期亦不变化,设 x_i 为 t 日的发病数量,r_s 为积年流行病害的平均日增长率,则:

$$x_i = 1 - e^{-r_s \cdot t}$$

其图形为 e 形指数曲线。r_s 值高低取决于寄主和环境等因素,也受越冬菌量的影响。

植物病害的逐年流行动态是指病害几年、十几年,甚至几十年的发展过程。积年流行病害有一个菌量的逐年积累,发病数量逐年增长的过程。如果在一个地区,品种、栽培和气象条件连续多年基本稳定,可以仿照多循环病害季节流行动态的分析方法,配合逻辑斯蒂模型或其他数学模型,计算出病害的平均年增长率。若年代较长,寄主品种和环境条件有较大变动时,则可用各年增长速率和相应的有关条件建立回归模型,用于年增长率的预测和分析。

四、植物病害流行的空间动态

(一)空间动态的一般概念

病害流行空间动态(spatial dynamic of epidemic)是指病害的传播及传播所致病害空间格局的变化,其本质是病原物的传播。病原物的个体小、数量大,很难做到准确、系统的定量研究。研究内容和方法一般涉及三个方面:①传播机制,从病原物传播介体、传播途径入手,分析病害传播过程和影响传播的物理因素和生物因素。②传播结果,即病害在某一时刻的空间分布状态的研究。包括侵染梯度、传播距离、传播速度和病害的空间格局。③中程传播和远程传播分析,研究实现中、远程传播的必要条件等。

侵染梯度(infect-ion gradient)又称病害梯度(disease gradient)是指传播发病后,子代病害数量(或密度)随着与菌源中心距离的增加而递减的现象或状况。在由本地菌源引起的病害流行早期,在寄主个体感病性和生态环境都较一致的情况下,从菌源中心飞散出的孢子以及由这些孢子的侵染所诱发的新一代病害的分布往往有明显的分布梯度;一般在菌源中心处病害密度最大,距离越远密度越小。

(二)空间动态的一般模型

根据实地观测可知,侵染梯度可以用多种数学模型来拟合。这里仅选用清泽茂久(1972)提出的模型来说明。

$$x_i = \frac{a}{d_i^b}$$

式中:a——传播发病后菌源中心处的病情或由于传播而产生一个病斑的概率;

x_i——距离为 d_i 处的病情或传播发病的概率;

d_i——离菌源中心的距离,$d_i \geqslant 1$;

b——梯度系数,决定于病害种类、传播条件(如风速)等,一般 $1<b<3$。

使用这个模型是不能含 $d_i=0$,菌源中心点的 d_i 必须作为 1,当 $d_i=1$ 时,$x_i=a$,符合 a 的定义。至于 d_i 的单位则取 cm、dm、m 均可,但其相应 b 的数值也因之而异。根据清泽茂久提出的模型可知,当发病中心病情一定时,侵染梯度值越小,说明病害分布越平缓,病害的传播距离就越远。

侵染梯度是一种比较普遍的现象,除气传病害以外,土传病害、水传病害也有,一旦发病中心形成以后,病害向四周的扩展都会造成重重侵染梯度。实际上病害的传播和分布要受许多因素的影响,对气传病害来说,如果有强大风力时,或湍流、旋风较多时,梯度就不明显,随着病害再侵染的发生,田间病情会逐渐趋于同等水平,此时侵染梯度会趋于零。

五、植物病害预测

(一)植物病害预测原理

病害的流行是有多方面的因素促成的。一般来说,菌量、气象条件、栽培条件和寄主植物的抗病性等是最重要的预测依据。

1. 根据菌量预测

积年流行病害的侵染受环境条件影响较小,可以根据越冬菌量预测发病数量。对于小麦腥黑穗病、谷子黑粉病等种传病害,可以检查种子表面带有的冬孢子数量,用以预测次年田间发病率。麦类散黑穗病则可检查种胚内带菌情况,依据种子带菌率预测翌年病穗率。在美国还利用5月份棉田土壤中黄萎病菌微菌核数量预测9月份棉花黄萎病病株率。菌量也用于麦类赤霉病预测,为此需检查稻桩或田间玉米残秆上子囊壳数量和子囊孢子成熟度,或者用孢子捕捉器捕捉空中孢子。当年流行病害有时也利用菌量作预测因子。例如,水稻白叶枯病病原细菌大量繁殖后,其噬菌体数量激增,可以测定水田中噬菌体数量,用以代表病原细菌菌量。研究表明,稻田病害严重程度与水中噬菌体数量呈高度正相关,可以利用噬菌体数量预测白叶枯病发病程度。

2. 根据气象条件预测

单年流行病害的流行对气候条件的依赖性很大,初始菌量往往不是限制性因素。例如,马铃薯和番茄晚疫病的初始菌量一般较低。尽管初始接种体菌量较少,但如果田间的湿度和温度条件保持在适合于这种真菌繁殖的范围内,则接种体数量会迅速发展起来,因此,可以根据环境条件预测晚疫病流行的开始和发展。当温度经常保持在10~24℃之间的冷凉天气,相对湿度至少有48 h在75%以上,侵染就会发生,而且可以预测2~3周以后田间将会出现中心病株。又如葡萄霜霉病菌,以气温为11~20℃,并有6 h以上叶面结露时间为预测侵染的条件。苹果和梨的锈病是单循环病害,每年只有一次侵染,菌源为果园附近桧柏上的冬孢子角,在北京地区,每年4月下旬至5月中旬若出现大于15 mm的降雨,且其后连续2 d相对湿度大于40%,则6月份将大量发病。

3. 根据菌量和气象条件进行预测

综合菌量和气象因素的流行学效应,作为预测的依据,已用于许多病害。有时还把寄主植物在流行前期的发病数量作为菌量因素,用以预测后期的流行程度。我国北方冬麦区小麦条锈病的春季流行通常依据秋苗发病程度、病菌越冬率和春季降水情况预测。我国南方小麦赤霉病流行程度主要根据越冬菌量和小麦扬花灌浆期气温、雨量和雨日数预测。在某些地区菌量的作用不重要,只根据气象条件预测。

4. 根据菌量、气象条件、栽培条件和寄主植物生育状况预测

有些病害的预测除应考虑菌量和气象因素外,还要考虑栽培条件和寄主植物的生育期和生育状况。例如,油菜开花期是菌核病的易感阶段,预测菌核病流行多以花期降雨量、油菜生长势、油菜始花期迟早以及菌源数量作为预测因子。预测稻瘟病的流行,需注意氮肥施用期、施用量及其与有利气象条件的配合情况。在水稻的幼穗形成期检查叶鞘淀粉含量,若淀粉含量少,则预示穗颈瘟可能严重发生。水稻纹枯病流行程度主要取决于栽植密度、氮肥用量和气象条件,可以做出流行程度因密度和施肥量而异的预测式。

此外,对于昆虫介体传播的病害,介体昆虫数量和带毒率等也是重要的预测依据。

(二)植物病害预测的方法

病害的预测属于软科学。它是在人们对病害客观动态规律掌握基础上的展望。预测过程中需要对大量病害流行时所表露的信息资料进行加工和系统分析,需要涉及有关生物学、病理学、生态学的基本知识。预测是基于过去的事实判断未来的状况,而指导的又是当前的行动,因此,预测本身也具有一定的风险性。

病害预测有经验式方法、数学方法和将数学、经验以及计算机技术结合在一起的综合

方法。

1. 经验式方法

人们在农业生产中通过对植物病害发生规律的长期观察，归纳和总结出病害预测的一些经验。有人根据植物病害之间的相关性来进行预测，例如，大棚种植的草莓、番茄和生菜都感染灰霉病，通常草莓比番茄提早发病 13～14 d，生菜比番茄提早发病 8 d左右。因此，每年 2 月份在大棚内种植草莓和生菜，可以利用草莓和生菜的发病始见期推测番茄灰霉病的始见期。湖北省广济县植保站通过多年观察发现，到 4 月下旬为止，蚕豆赤霉病发生早、发生重，则当年小麦赤霉病发生重。

北方冬麦区小麦条锈病冬前预测（长期预测）可概括为：若感病品种种植面积大，秋苗发病多，冬季气温偏高，土壤墒情好，或虽冬季气温不高，但积雪时间长，雪层厚，而气象预报次年 3—4 月份多雨，条锈病即可能大流行或中度流行。早春预测（中期预测）的经验推理为：如病菌越冬率高，早春菌源量大，气温回升早，春季关键时期的雨水多，将发生大流行或中度流行；如早春菌源量中等，春季关键时期雨水多，将发生中度流行甚至大流行；如早春菌源量很小，除非气候环境条件特别有利，一般不会造成流行。但如外来菌源量大，也可造成后期流行。菌源量的大小可由历年病田率以及平均每公顷传病中心和单片病叶数目比较确定。

专家的经验在病害预测中发挥着重要作用。有人认为只有应用数学手段和采用数学模型才是科学预测，这种看法是不全面的。目前在预测工作中全面应用数学手段仍有一定的困难，主要表现在数据的获取、数据的质量、信息的定量化等方面，在这种情况下，根据专家的经验来进行预测是可取的办法。有时仅靠少数专家还不够，对一些重大病害的发生趋势预测往往还要依靠专家会议来决策。我国在病虫害测报工作中，各省、市每年都要针对翌年病虫害的发生情况召集专门会议进行商讨，参加会议的代表既有学术性专家又有来自生产第一线并具备丰富实践经验的专家，经过大家各抒己见、集思广益，结合未来天气形势预报，最后统一认识，对未来病害发生的趋势、范围以及严重程度等做出综合的判断。

2. 数学方法

采用数学方法进行预测就是要按照数学原理找出病害流行与各影响因素之间的定量关系，建立预测模型，然后通过输入一定的条件，求出预测的结果。在病害预测中用的最多的数学方法是回归分析和时间序列分析。回归分析包括直线回归分析、曲线回归分析、多元线性回归分析和逐步回归分析等；时间序列分析包括方差周期外推法、平稳随机时间序列分析和马尔科夫链预测等方法。

预测模型包括整体模型和机理模型两类。整体模型是把病害流行看成一个整体，以流行程度或损失程度为依变量或输出项，以品种、栽培、气象等流行因素为自变量或输入项，利用预先建立的回归式进行预测。机理模型是把事物发展的整个过程分解成若干子过程（如以流行过程为例，可分成侵染、产孢、传播等），把每个子过程中各有关因素和病害进展的关系组建成子模型，然后，再按生物学的逻辑把各个模型综合成病害预测模型。无论是整体模型还是机理模型，在建立模型过程中所采用的数学方法都是相通的。

只要有多年或多年多点的历史资料（包括病情和有关因素）便可很快建立回归模型，目前最常用的方法是利用计算机进行逐步回归，选出多元线性回归方程。它需要完整成套、规格一致的成组数据。

依变量是病情，自变量可以是品种抗性参数、栽培因素、气象因素、土壤等。数据组数越多，各变量变幅越大，数据越准确可靠，所导出的回归预测式越可靠。利用逐步回归式电算程序，将自变量数据输入计算机，即可迅速输出可供选用的多元回归方程。但是，由于所供自变量因素的数值本身不一定和依变量呈线性关系，因此常需要把原始数据作种种形式的转换，再进行逐步回归，以求出线性关系。数值转化的方式有多种，如对 x 取 x^2，x^3，x^4，x^5……，$\sqrt{x}$，$\sqrt[3]{x}$，$\sqrt[4]{x}$……，$\ln x$，$\ln(x+1)$……，以及更为复杂的特殊转换方式。有时还需要加入种种互作项，如 x_1x_2，x_2x_3……，为了减少在选用数值转换方式中的盲目性，可以先将每个自变量因素和依变量的实测数据分别做出 Y 对 x_i 的二维点图，从数据点的分布情况，再参照有关该因素对病害影响的已有认识，来选用几种可能较为合适的转化方式，然后通过数值转换，上机初步回归，改变数值转化方式，再进行逐步回归，根据 F 值的大小，逐步淘汰与依变量关系不显著的自变量因子，最后获得回归预测式，其通式为：

$$Y = a + b_1x_1 + b_2x_2 + \cdots\cdots + b_nx_n + b_{12}x_1x_2 + b_{13}x_1x_3 + \cdots\cdots + b_{23}x_2x_3 + \cdots\cdots$$

最后按照下面 5 项准则综合考虑，选出合适的回归预测式，这些准则是：①回归显著；②回归方差贡献最大或属最大之列，即 Y 值总方差中回归方差所占比例尽量的大；③预测值的标准差合理的小，能满足预测的实用需要；④剩余方差中没有能看得出的特殊互作成分；⑤终选自变量因子比较容易从气象预报或其他途径获得可靠数值。

回归预测模型的优点是模型制作简单，应用也方便，使用模型不需要什么特殊条件。因此，它是比较经济的。

3. 综合方法

所谓综合方法是指人们借助计算机所建立的病害管理系统，这个系统融入了多种数学计算和专家的经验。目前研究和应用较多的是专家系统(expert system)和决策支持系统(decision support system)。

(1)专家系统　一般认为所谓专家系统是那些模拟某些特定领域的人类专家的思维过程，并且能够解决至今只有专家才能解决的问题的计算机程序。专家系统最重要的部分有两个：一是存储有大量事实和规则的知识库；二是采取一定策略和程序进行分析的推理机。知识库中的规则多采用“IF——，THEN——”结构，每条规则都有一定的可靠程度。推理机则按正向推理或反向推理的方式通过一定的运算，根据各项输入条件，得出病害预测的结果。专家系统的性能取决于知识库的大小和质量，专家系统与传统计算机程序的主要区别在于：专家系统适合于解决那些非结构化和无算法可用的问题。国外已见报道的系统如大豆病害诊断系统、番茄病害诊断系统、小麦斑枯病产量损失系统、花生病虫害管理系统等。国内已研制的系统如小麦条锈病预测系统、梨黑星病预测及管理系统、小麦赤霉病预测系统等。

(2)决策支持系统　该概念是 20 世纪 70 年代初由美国的 M. S. Morton 教授在“管理决策系统”一文中首先提出的。它是以管理科学、运筹学、控制论和行为科学为基础，以计算机技术、信息技术为手段，利用数据和模型，解决半结构化、非结构化决策问题的人机交互系统。我国一些学者也研制了一些病害防治决策支持系统，如小麦主要病虫害防治决策支持系统和苹果、梨主要病虫害防治决策支持系统(DSSAP)。

复习思考题

1. 病原物的侵染过程分为哪 4 个阶段？
2. 病原物侵入寄主的途径和方式有哪些？菌物从寄主表皮直接侵入的机制是什么？
3. 影响病原物侵入的环境因素有哪些？
4. 病害循环包括哪些环节？
5. 试述植物病原物的主要越冬和越夏场所(初侵染源)。
6. 试述各种病原物的传播方式。
7. 病害循环与病害防治措施间有什么联系？
8. 影响植物病害流行的三要素是什么？它们如何影响植物病害的流行？
9. 多循环病害季节流行曲线一般可以分为几个阶段？
10. 植物病害预测的方法主要有哪些？依据是什么？

第五章　植物病害的诊断和综合治理

人们研究植物病害的目的就是防治，若想有效地防治植物病害就必须在具备一定植物病理学知识的基础上正确地判断生产中发生的病害是什么，如何防控，具体采用哪些措施。对生产上发生的每一种植物病害的防治并不是一件容易的事情，首先需要对被诊断的对象有一个详细的了解，才能做出正确的诊断，只有诊断准确，才能制订出合理的防控措施，收到预期效果，否则还会出现误诊或事倍功半的后果，造成更大损害。

第一节　植物病害诊断

一、植物病害诊断的意义

生产上植物病害种类繁多，有真菌病害、细菌病害、水稻病害和玉米病害等，有些病害症状差异较大，也有些病害症状相似，那么就需要技术人员和生产者及时地发现、诊断和防治。否则植物的病情就有可能急剧发展，导致病害严重发生。植物保护工作者的职责是对患病的植物及时做出准确的诊断，在此基础上提出适宜的防治措施，控制病害，尽量减少病害所造成的损失。

植物患病，不像人那样告知医生病情。因此，植物的病历、病因和受害程度，全靠植物保护工作者运用专业知识和经验去调查、检测与判断，及时做出准确的诊断。如果不能及时诊断或诊断错误，贻误了时机，就会造成产量的损失和资源的浪费。

二、植物病害诊断的步骤

对植物病害的诊断应从症状观察入手，全面检查，仔细分析。前文已述，植物病害分为侵染性病害和非侵染性病害两大类。因此第一步要确定病害是属于侵染性病害还是非侵染性病害。首先仔细观察患病植物的症状和分布等全面情况，寻找对诊断起关键性作用的特点，例如该病害有无病征、是否大面积同时发生等。然后对病害的发生发展、环境和气候等情况进行必要的了解，并查阅有关资料，认真分析，再结合镜检、剖检以及其他必要的检测手段，全面检查，以得出正确的结论。因此病害诊断的过程一般应包括：①症状的识别与描述；②询问病史与查阅有关资料档案；③采样检查（镜检与剖检等）；④进行专项检测；⑤利用逐步排除法得出结论。

三、植物病害识别与诊断

许多植物病害的症状都有明显的特点，植物保护工作者可以根据其外表的症状做出初步的诊断。但在多数情况下,正确的诊断还需要做详细和系统的检查。

植物病害的诊断,首先要区分是属于侵染性病害还是非侵染性病害。侵染性病害有一个发生发展或传染的过程。品种或环境条件不同,病害轻重不一。在病株的表面或内部可以发现病原生物体(病征)存在,症状也有一定的特征。大部分真菌病害、细菌病害、线虫病害以及全部寄生性植物,在植物发病部位都可以发现病征;病毒病害和原生动物病害,在植物表面无病征,但有明显症状特点。而非侵染性病害往往在田间大面积同时发生同一症状,无发病中心,病害没有逐步传染扩散的现象,在发病植物上看不到病征,分离不到任何病原物。

(一)侵染性病害识别与诊断

1. 真菌病害识别与诊断

真菌病害的主要症状是坏死、腐烂、萎蔫和畸形,大多数真菌病害在病斑上有霉状物、粉状物和粒状物等病征,有时需保湿培养才可长出子实体。这是真菌病害区别于其他病害的重要标志,也是进行病害田间诊断的主要依据。在显微镜下观察,可以清楚地看到真菌子实体的各种形态。

要注意区分这些子实体是真正病原真菌还是次生或腐生菌。方法是从新鲜病斑的边缘切下一小块病组织做镜检,或选择合适的培养基对病组织进行分离和纯培养。按柯赫氏法则进行鉴定,特别是做接种试验,是最基本和最可靠的诊断方法。也可根据实际需要选用一些特殊性的诊断技术。

2. 细菌病害识别与诊断

细菌病害诊断的主要依据下述几方面:

(1)症状识别　细菌病害的主要症状类型有斑点、腐烂、萎蔫和畸形。大多数细菌病害有特定的症状,病斑初期有水渍状或油渍状边缘,半透明。在潮湿条件下病部有菌脓(ooze)溢出。腐烂型病害往往有恶臭味。

(2)切片镜检　喷菌现象(bacterial exudation,BE)为细菌病害所特有,这是区分细菌病害或真菌、病毒病害的简便易行而又最可靠的方法。

(3)柯赫氏法则　对于新的细菌性病害,要按柯赫氏法则进行鉴定。挑取典型的单菌落,用选择性培养基分离细菌,再接种至寄主植物,或进行过敏反应测定。

(4)病原鉴定　根据病原细菌的革兰氏染色反应、鞭毛染色、培养性状、各种生理生化性状、噬菌体试验、血清学检验、分子遗传学特征等,进一步鉴定病原的属与种。

3. 病毒病害识别与诊断

植物病毒病害症状多数表现为花叶、黄化、矮缩和丛枝等,少数为坏死斑点,无病征。绝大多数植物病毒都是系统侵染,引起的坏死斑点通常较均匀地分布于植株上。此外在高温条件下,时常会发生隐症现象。用病叶汁液摩擦接种或用蚜虫传毒接种可引起发病,用病汁液摩擦接种指示植物或鉴别寄主有特殊症状出现。在电子显微镜下可见病毒粒体和内含体。用血清学技术可快速做出正确的诊断,新病毒的鉴定还需要应用核酸序列及同源性分析等方法做进一步的试验。疑难病毒的鉴定通常需要多种技术组合应用。

4. 植原体病害识别与诊断

植原体病害的症状特点是植株丛生、矮缩、小叶与黄化,少数出现花变叶或花变绿,必须在电子显微镜下才能观察到植原体。植原体病害对四环素较敏感,发病初期注射四环素后症状减轻，但对青霉素不敏感。植原体不能在人工培养基上培养，可通过菟丝子介体做桥梁接种传染到长春花上进行鉴定，证明其有无侵染性，从而完成柯赫氏法则的诊断程序。

5. 线虫病害识别与诊断

线虫的诊断主要根据下述几个方面：

(1)田间分布及症状观察　植物病原线虫在田间的分布一般是不均匀的，田间出现局部的植株矮小、黄化、根部生长不良和类似缺肥的症状。在植物根表、根内、根际土壤、茎或子粒(虫瘿)内有线虫虫体，或者有口针的线虫存在。

(2)分离及鉴定线虫　从病部或根际土壤中采样、分离和鉴定病原线虫。例如切开病部的虫瘿或肿瘤，挑取线虫制片或做病组织切片镜检，根据线虫的形态确定其分类地位。

(3)接种试验　有时从样本中可分离到两种或更多的有口针的线虫，则需要通过接种确定线虫的致病性来鉴定病原线虫。

6. 寄生性植物引起的病害识别与诊断

这类病害多导致植物矮缩、黄化或生长缓慢，在染病植物上或根际可看到寄生性植物，即病征，如寄生藻、菟丝子和列当等。

(二)非侵染性病害识别与诊断

非侵染性病害是由于植物自身的生理缺陷或遗传性疾病或不良环境因素所致。在病害诊断时，要注意两个方面：①观察症状特点，非侵染病害往往大面积同时发生同一症状；病害没有逐步传染扩散的过程；病株上无病征，分离不到病原物。②要重视对现场的调查，了解病害发生的时间和范围、有无病史、气候条件以及土壤、地形、施肥、施药、灌溉等因素，从而进行综合分析，找出病害发生的原因。

一般来说，如果病害突然大面积同时发生，发病时间短，很可能是由于大气污染、“三废”污染或气候因子异常所致。病害只在某一品种发生，表现生长不良或有系统性的一致症状，病因多为遗传性障碍。植株有明显的枯斑或灼伤，且集中在顶部的叶或芽上，无病史，则多是由于农药或化肥使用不当所造成的。植株下部老叶或顶部新叶颜色发生变化，可能是缺素病，采用化学诊断和施肥试验可确诊。有时在非侵染性病害的发病部位有腐生性菌类，需要进行接种试验来确定病原。只有弄清病因以后，才能提出正确的防治对策，提高防治效果。

四、柯赫氏法则与病原物鉴定

正确的植物病害诊断，需症状吻合，病原也吻合。柯赫氏法则是确定侵染性病害病原物的操作程序。当发现一种不熟悉的或新的病害时，应按柯赫氏法则的 4 个步骤来完成诊断与鉴定。柯赫氏法则的具体操作步骤是：

第一步，在患病植物上常伴随有一种微生物存在；

第二步，该微生物可在离体的或人工培养基上分离纯化而得到纯培养；

第三步，将纯培养物接种到相同品种的健康植株上，出现症状相同的病害；

第四步，从接种发病的植物上再分离到其纯培养物，性状与接种物相同。

如果完成了上述 4 步鉴定工作，得到了证实，就可以确认该微生物为其病原物。侵染性病害的诊断与病原物的鉴定必须按照柯赫法则来验证。但有些专性寄生物，如病毒、植原体、霜霉菌、白粉菌和锈菌等，目前还不能在人工培养基上培养，只能采用其他实验方法来加以证明。

柯赫氏法则对病原物鉴定具有重要意义，但同时也具有一定的局限性，并非在所有情况下都能运用柯赫氏法则来鉴定病原。柯赫氏法则是建立在微生物学的基础上的，如果是由非生物因素或由非生物因素与生物因素共同作用而引起的病害，柯赫氏法则将不能证实。例如在甘薯的储藏期，无伤口的甘薯在遭受冻害后才发生软腐病，如果不预先将甘薯低温处理，单纯分离和接种软腐菌，将不能证实冻害与软腐病发生的关系。

有不少病害是由多种病原物共同作用而诱发的，即所谓病原物之间的协同作用（synergism）。一种类型是明显有先后顺序，先侵染寄主的病原物为后面进入的病原物进入寄主提供条件，最终可以形成复合病害的综合症状。例如烟草根部被根结线虫侵染，以后再被木霉和弯孢霉侵染，引起严重的根腐。没有线虫先侵入，木霉是不能进入的，后者的进入，引起更严重的症状。如果单独用线虫或木霉侵染，都不能得到原来的症状，也就不能证实真正的病原。另一种类型是指两种或更多的病原物同时侵染寄主，引起的病害比单一种病原物引起的症状更严重。例如马铃薯X病毒和马铃薯Y病毒同时或先后侵入一种植物，造成严重的皱缩花叶病。如果只分离其中任何一种病毒来测试，就不能产生复合症状。上述两种情况确定哪一种因子为唯一病原都不合适，因为这是多种病原复合侵染的结果，可运用柯赫氏法则来确定病原物种类，然后根据各自病原物类型所致病害特点进行鉴定诊断。

五、植物病害病原物鉴定与检测技术

随着科学发展，植物病害病原物鉴定技术也越发成熟，技术方法不断推陈出新，准确程度不断提高。20世纪80年代主要应用血清学反应、可溶性蛋白和同工酶的凝胶电泳、蛋白质氨基酸序列分析和DNA中G+C摩尔含量（%）的比较等方法。进入20世纪90年代以来，植物病害病原物的鉴定和检测进入了一个新的阶段。以DNA多态性和聚合酶链式反应技术为基础的分子标记技术已成为检测病原物的重要手段。分子标记技术对于难以根据形态特征进行鉴定的病原物种类和需要较多复杂方法才能确定的病原物性状，能够准确地加以鉴定和确定。

分子标记是指能反映生物个体或种群间基因组中某种差异的特异性DNA片段。对植物病害病原物的检测来说，分子标记就是通过分子生物学技术获得目的病原物仅有的特异性DNA片段，然后进行检测。它主要包括以分子杂交为基础和以聚合酶链式反应为基础的分子标记技术。

限制性片段长度多态性（restriction fragment length polymorphism，RFLP）和可变数目串联重复序列（variable number of tandem repeats，VNTR）是以分子杂交为基础的分子标记技术。限制性片段长度多态性的基本原理是生物个体独特的DNA碱基序列决定其DNA分子上不同的限制性核酸内切酶酶切位点的分布。限制性核酸内切酶可辨认并作用于特异的DNA序列，将一条完整的DNA链酶切成长度不同的多种片段，即限制性片段。它所代表的是基因组DNA产生片段在长度上的差异，也就是真核生物基因组中散布的非编码重复序列。可变数目串联重复序列是基因组中串联的非编码重复序列，最先在筛选的DNA基因文库中得到，当时称为高度重复区。随后这种高度重复区在许多有关人类和疾病的基因研究中相继发现，1987年定名为可变数目串联重复序列。可变数目串联重复序列是继限制性片段长度多态性后发现的又一类具有高度多态性的遗传标记。

分子标记技术可应用于病原物分类鉴定、致病性和遗传学等方面的研究，在病原物种内的小种分化和近似种的鉴定中有重要的意义。利用基因组DNA的重复序列，进行种群变异识别和致病性分化等方面的研究，已取得许多成果。例如用限制性片段长度多态性标记一些病原菌的无毒基因和致病基因，稻瘟病菌中的重复序列 MGRC 和马铃薯晚疫病菌的基因组 DNA 重复序列探针 RG7 和 RG57 等，都可用于 DNA 指纹分析及种群分化研究；从水稻白叶枯病菌基因组 DNA 中分离出来的 24 kb 重复序列 PJEL101，可用于小种鉴定和分类研究。

建立在聚合酶链式反应(polymerase chain reaction，PCR)技术基础上的分子标记主要有随机扩增多态性 DNA(random amplified polymorphism DNA，RAPD)、序列标签位点(sequence tagged site，STS)、DNA 单链构象多态性(single strand conformation polymorphism，SSCP)和扩增片段长度多态性(amplified fragment length polymorphism，AFLP)等。随机扩增多态性 DNA 技术是利用短的随机引物(8～10 bp)，通过聚合酶链式反应非定点扩增 DNA 片段，然后用凝胶电泳分开扩增片段。特定序列位点是以特定引物序列进行聚合酶链式反应特异扩增的一类分子标记的统称。单链构象多态性是指等长的单链 DNA 因核苷酸序列的差异而产生的构象变异，在非变性聚丙烯酰胺中表现为电泳迁移率的差别。单链构象多态性分析对 DNA 序列的改变非常敏感，常常一个碱基差别都能显示出来。扩增片段长度多态性是限制性片段长度多态性和聚合酶链式反应结合的产物，其基本原理是将基因组 DNA 进行限制性核酸内切酶酶切，然后选择特定的片段进行聚合酶链式反应扩增，再在高分辨力的测序胶上分开这些扩增产物。

聚合酶链式反应技术在植物病原物检测中的应用研究日益增多。目前应用聚合酶链式反应技术进行研究的植物病害达 50 多种。例如用合成 cDNA，聚合酶链式反应技术可直接检测啤酒花矮花叶病毒(HSV)，柑橘类病毒(CEV)和马铃薯 Y 病毒(PVY)。利用随机扩增多态性 DNA 方法，在水稻稻瘟病菌、番茄枯萎病菌、禾谷白粉病菌、小麦条锈病菌、柑橘黄龙病菌、香蕉枯萎病菌和水稻白叶枯病菌等进行了有关致病性遗传变异、生理小种分化的多态性分析和小种鉴定。

除了上述以分子杂交为基础和以聚合酸链式反应为基础的分子标记技术之外，基因芯片技术(DNA chip technique)是 20 世纪 90 年代发展起来的现代分子生物学技术。例如单核苷酸多态性(single nucleotide polymorphism，SNP)是以 DNA 芯片为基础的分子标记技术。它是指同一位点的不同等位基因之间个别核苷酸的差异或只有小的插入、缺失等。它又被称为第三代多态性标记。检测单核苷酸多态性的最佳方法是 DNA 芯片技术，其原理是将所有单核苷酸多态性全部信息载入 DNA 芯片，制造基因组扫描仪来扫描各个个体，并分析它们在基因组成上的差异。基因芯片在核酸序列测定、基因突变检测和基因表达情况的分析等许多领域的研究中得到了广泛应用。国内外学者也正致力于植物病原菌检测的基因芯片研究，相信不久的将来，基因芯片会以其高通量、灵敏、准确、快速和自动化等优势在检测植物病原物大批量样品中发挥重要的作用。

第二节　植物病害综合治理的意义及原则

1967 年，联合国粮农组织(FAO)在罗马召开的有害生物综合防治专家讨论会上，提出了“有害生物综合治理”(integrated pest management，IPM)的概念，即“有害生物综合治理是依据有害生物的种群动态与其环境间的关系的一种管理系统,尽可能协调运用适当的技术与方法,使有害生物种群保持在经济危害水平以下”。其宗旨就是:从生态系整体出发和自然因素的控制作用,把有害生物控制在经济受害水平之下,而不是彻底消灭。在国内,1975 年春季农林部召开了“全国植物保护工作会议”,确定“预防为主,综合防治”为我国植保方针,从内容上看,国内提出的“综合防治”与国外流行的“有害生物综合治理”的基本含义是一致的。

有害生物综合治理(IPM)的最终目的不是彻底消灭危害农作物的有害生物,而是使其种群密度维持在一定水平之下,即经济受害水平(economic injury level,EIL)或经济阈值(economic threshold)之下。在有害生物的防治上用 EIL 与否,其后果大不相同,有着本质的区别。当植保工作者使用 EIL 来指导防治时,实际上就同时兼顾了经济、生态、环保三大效益,首先是经济上合算,即不会因为危害种群密度太低施以防治而造成浪费,亦不会因其危害种群密度太高再去防治而造成损失。其次是生态学上较合理,即由于不消灭光,而留下部分有害生物种群,以维持农业生态系统的组织和结构,如使得一些天敌还有食物可吃,并可抑制其他有害生物,还减少了抗药性种群的增殖。第三是可形成较为安全的社会环境,即不会因为农药的过量施用而造成过多的环境污染和农产品残留,相比之下若在防治时不依据 EIL 至少会出现两种不良后果,一是滥用农药,以图彻底消灭之(消灭干净为最后目的),结果出现了“三 R”问题(农药残留、抗药性、再生猖獗),三大效益均丧失掉了。二是放纵危害种群使其流行成灾,造成作物严重减产,甚至绝收。因此,要实行有害生物综合治理,其基本依据就是目标有害生物的经济受害水平(EIL),它是 IPM 的基石。

第三节 植物病害综合治理的措施及方法

植物病害综合治理的措施及方法主要有植物检疫、农业防治(也称栽培防治)、抗病品种利用、生物防治、物理防治和化学防治等。

一、植物检疫

植物检疫(plant quarantine)是指所有旨在防止检疫性有害生物(quarantine pest)传入或扩散或者保证其官方控制,依据国家法规,对植物及其产品进行检验和处理,以防止检疫性有害生物通过人为传播扩散的一种植物保护措施。实行植物检疫是植物保护工作的第一道防线,也是贯彻“预防为主、综合防治”植保方针的关键措施。检疫性有害生物是指国家或地区政府颁布的、在本国或本地区尚未发生或虽有发生但仅局部分布、可通过人为途径传播且有较大危险性的有害生物,包括植物病原物、害虫和杂草等。因此植物检疫是通过法律、行政和技术等手段来保障本国或本地区农林业的安全生产,具有特定的强制性和预防性,而不同于其他植物保护措施。

植物检疫的基本任务是:①禁止检疫性有害生物随种子、苗木、无性繁殖材料及包装物、运输工具等传入或传出;②将国内局部地区发生的检疫性有害生物封锁在一定范围内,防止传入未发生地区;③一旦发现检疫性有害生物传入新区,立即采取一切必要措施,予以彻底铲除。

(一)植物检疫法规

植物检疫法规是开展植物检疫工作的法律依据,系指由国家政府或国际权威组织制定或认可、对国家间或国内地区间调运植物、植物产品及其他应检物进行检疫的法律规范,包括相关的法规、条例、实施细则、办法和其他单项规定等。

现行的主要国际植物检疫法规包括《国际植物保护公约》(International Plant Protection Convention,IPPC,1997 年联合国粮食与农业组织第二十九次大会批准)、《实施卫生与植物卫生措施协定》(Agreement on the Application of Sanitary and Phytosanitary Measures,世界贸易组织成员于 1994 年 4 月 15 日签署,1995 年 1 月 1 日起实施)和《国际植物卫生措施标准》(International Standards for Phytosanitary Measures,ISPMs,1995 起由联合国粮食与农业组织不定期审定发布)等。

我国最早的植物检疫法规性文件是 1928 年的《农产物检查条例》。1981 年农业部发布了严防地中海实蝇传入国内的公告。1982 年国务院发布《中华人民共和国进出口动植物检疫条例》,农业部据此制定了《中华人民共和国进出口动植物检疫条例实施细则》,于 1983 年实施。1986 年,农牧渔业部在危险性病虫杂草检疫重要性评价工作基础上,第一次制定了《禁止进口植物名单》。1987 年农业部动植物检疫总所还编制印发了《中华人民共和国尚未发生或分布未广的危险性病虫杂草名录》。1992 年起实施的《中华人民共和国进出境动植物检疫法》为我国对外植物检疫工作提供了明确的法律保障。根据这部法律,自 1997 年起实施由国务院于 1996 年颁布的《中华人民共和国进出境动植物检疫法实施条例》。

在其他相关法规中,也都涉及植物检疫工作,如《中华人民共和国森林法》第二十二条规定"林业主管部门负责规定林木种苗的检疫对象,划定疫区和保护区,对林木种苗进行检疫"。此外《中华人民共和国邮政法》《中华人民共和国铁路法》《中华人民共和国农业法》和《中华人民共和国种子管理条例》等均包含有植物检疫的内容。同时,各级地方政府根据本地区的实际情况,也制定了一些植物检疫的地方性法规或规定。

(二)植物检疫的实施

植物检疫由植物检疫机构实施。对外植物检疫由口岸出入境检疫局实施,对内植物检疫由隶属于农业部、国家林业局主管的县级以上各级地方植物检疫机构实施。植物检疫机构依据植物检疫程序进行行政执法。其行政执法程序,包括检疫许可、检疫申报、检验和检疫处理等基本环节。

1. 对外植物检疫

对外植物检疫由国家设在沿海港口、国际机场以及国际交通要道的口岸植物检疫机构实施,以防止本国尚未发生或仅局部发生的危险性病害由人为途径传入或传出国境。其保护范围是对本国、本地区具有经济重要性的植物、植物产品和植物性资源。凡经检疫发现有检疫性植物病原生物,应做除害、禁止进口、退回或销毁处理。经处理合格的,准予进出境。需进行隔离检疫的植物种苗,应做在符合植物检疫和防疫规定的指定隔离场所施行检疫。同时对进出境动植物、动植物产品的生产、加工和存放过程实行检疫监督。对外植物检疫依其不同工作性质可细分为进境检疫、出境检疫、过境检疫、携带物和邮寄物检疫及运输工具检疫等。

我国确定禁止进境的检疫性植物病原生物主要根据以下条件:①该病原生物在我国还没有分布或只是局部分布;②具备有效的传播途径,预计进境后存活率高、繁殖力强、适应性广、扩散速度快;③对农林作物破坏性大,能引起病害流行而导致严重经济损失,同时难以有效防治。1992 年,我国颁布的进境植物检疫危险性有害生物有两类共 84 种,分别为严格禁止进境的有害生物(A1 类)33 种(其中昆虫 10 种,真菌 11 种,线虫 3 种,细菌 3 种,病毒 6 种)和严格限制进境的有害生物(A2 类)51 种(其中昆虫 30 种,真菌 2 种,线虫 5 种,细菌 3 种,病毒 7 种,杂草 4 种)。划分 A1 类的原则是:①该类有害生物在我国尚未发生或分布未广,能严重危害属于国家重要农林作物资源;②该类有害生物繁殖力强,抗逆性强,适应性广,能经多种途径传播,一旦传入能导致重大损失;③目前还没有有效检疫、除害处理和防治方法。划分 A2 类的原则是:①该类有害生物在我国尚未发生或局部发生,能严重危害属于国家或地区性重要农林作物资源;②该类有害生物繁殖力强,适应性广,一旦传入能导致严重损失;③有一定的除害处理方法,但防治困难。

另外,1997 年,农业部公布了《潜在的植物危险性病、虫、杂草名单》,列出了各种潜在的植物危险性有害生物 368 种。其中昆虫 147 种,真菌 74 种,细菌 30 种,线虫 15 种,病毒 67 种,杂草 34 种,其他有害生物 1 种。

2. 对内植物检疫

对内植物检疫由县级以上各级地方农业和林业行政主管部门所属的植物检疫机构实施。对内植物检疫主要工作包括以下 5 个方面:①制定各省(自治区)的植物检疫性有害生物的补充名单;②划定疫区和保护区;③实施调运检疫;④建立无病种苗繁育基地,并实施产地检疫;⑤对从国外引进的种苗等繁殖材料进行隔离试种。

2006 年 3 月 2 日,农业部颁布了《全国农业植物检疫性有害生物名单》和《应施检疫的植物及植物产品名单》。在这些有害生物名单中列有 43 种国内检疫性有害生物(B 类),其中有水稻细菌性条斑病菌(*Xanthomonas oryzae* pv. *oryzicola*)、玉米霜霉病菌(*Peronosclerospora* spp.)、马铃薯癌肿病菌(*Synchytrium endobioticum*)、大豆疫霉病菌(*Phytophthora sojae*)、棉花黄萎病菌(*Verticillium dahliae*)、柑橘黄龙病菌(*Liberobacter asiaticum*)、柑橘溃疡病菌(*Xanthomonas axonopodis* pv. *citri*)、番茄溃疡病菌(*Clavibacter michiganensis* subsp. *michiganensis*)、烟草环斑病毒(*Tobacco ring spot virus*, TRSV)和假高粱(*Sorghum halepense*)等 26 种植物病原物。

2007 年农业部和国家质量监督检验检疫总局共同制定和颁布了《中华人民共和国进境植物检疫性有害生物名录》,名录中包括了 435 种有害生物,其中真菌 125 种,原核生物 58 种,线虫 20 种,病毒及类病毒 39 种。修订后的新名录具有以下特点:①检疫性有害生物种类大幅增加,由原来的 84 种扩大到 435 种,不再分一类和二类,有利于检疫工作中更好操作与掌握,符合国际相关标准;②重点突出,保护面明显扩大,既考虑到粮油、水果等重点作物,又兼顾并增加了花卉、牧草、原木、木质包装、棉麻作物等上有害生物的种类;③加大有害生物的防范力度,提高进境植物检疫门槛,有利于防控植物检疫性有害生物跨境传播。

(三)有害生物风险分析

根据联合国粮食与农业组织(FAO)国际植物保护公约(IPPC)2002 年版的《国际植物卫生措施标准第 5 号》,有害生物风险分析(pest risk analysis)的定义为:评价生物学或其他科学、经济学证据,确定某种有害生物是否应予以管制以及管制所采取的植物卫生措施力度的过程。有害生物风险分析的核心内容是风险评估和风险管理。有害生物风险评估(pest risk assessment)是指评价和选择降低有害生物传入和扩散风险的措施。有害生物风险分析分下述3个阶段：

第一阶段为起始阶段，其工作包括：①查明有害生物的潜在途径，查明可能需要采取植物卫生措施的(可能引致损失的，即具有潜在经济重要性的)有害生物，审议或修改植物卫生的政策和重点活动；②确定有害生物风险分析地区；③收集信息和审查早先的有害生物风险分析。

第二阶段为有害生物风险评估，其工作包括：①有害生物分类；②评估传入和扩散的可能性；③评估潜在的经济影响。

第三阶段为有害生物风险管理，其工作包括：确认可以降低风险的风险管理措施的各种可选择方案，评价这些方案的效率和影响，并决定或推荐可以接受的降低风险的措施。

二、植物抗病品种的选育与利用

利用抗病品种防治植物病害是一种最经济、有效，而又符合农业可持发展的措施。从人们开始驯化野生植物为农作物起，就已经应用了这一手段。今天，我们的很多重要病害如水稻稻瘟病、玉米大斑病、小麦条锈病等，都通过采用抗病品种得到了较好的管控。尤其是对于大田作物，种植范围广，又与人们的生活紧密相关，避免使用农药防治带来的社会效益非常巨大。而对于许多难于防治的土传病害和病毒病害来说，利用抗病品种防治的重要地位还没有其他方法能够取代。为了有效利用植物的抗病性防治病害，就必须做好抗病品种的选育、鉴定和合理利用等方面的工作。

(一)抗病育种

抗病育种工作的最终目的是通过遗传学方法，在植物遭受严重感染的条件下经过选择而获得抗病(或耐病)丰产优质的品种。与一般植物育种相同，只是侧重点是抗病性状。因此，要求工作人员不仅具有育种操作技术，也要对所控制的病原物和病害的特点，如病原物类群和侵染流行规律等有所认识，特别是病原学、生态学方面的知识。目前抗病育种工作除大量进行常规育种技术，以发掘和利用自然的抗性基因外，同时也在进行新的育种技术的探索。

1. 引种

从国外或国内不同地区引入抗性材料(抗源)用作杂交亲本，或从外地或国外引入抗病良种直接利用或经过驯化选育后应用，是一项收效快且简便易行的防病措施。

2. 系统选种

又称单株选育法，是改进品种抗病性的简便方法。利用作物品种的群体中存在遗传异质性，从引入品种、杂交品种和栽培品种中筛选抗病植株、单穗、单个块茎、块根以及芽变产生的枝条、茎蔓等，通过选择和培育，最后形成抗病品种。该方法尤其对在感病丰产品种群体中，在充分发病的情况下选择抗病单株，改良培育获得丰产的抗病品种。

3. 常规抗病育种

采用有性杂交是其最基本、最重要的育种途径，目前生产上所选育和推广使用的抗病品种绝大多数是由品种间杂交选育成的。杂交品种的父母本主要性状要互补，通常亲本之一应为综合性状好的品种，另一个亲本具有高度抗病性，双亲抗病性越强，越容易获得抗病性强且稳定的后代。轮回选择或回交也是育种经常使用的一种方法，通常是采用农艺性状好的品种作母本(轮回亲本)，再用具有抗病性的栽培品种或相对野生的品种与之杂交，从其后代中选择抗病个体与母本回交，并重复进行直到抗病性稳定下来。这一方法比较费时间，但很有效，尤其对于异花授粉植物。远缘杂交育种是选择抗病的农作物近缘野生种、属的材料，与栽培种杂交，选育出高抗和多抗品种。

4. 诱变育种

利用射线辐射或其他人工诱变手段诱发抗病性突变体，经过鉴定、筛选后用作抗源，再进行杂交育种。少数综合性状优异而抗病性具有显著提高的突变体也可以直接用于生产。

随着生物技术的发展，一些新技术被不断应用到抗病育种中来，如单倍体育种、体细胞抗病突变体筛选与利用、体细胞杂交和转基因等。

(二)抗病品种鉴定

抗病性鉴定是抗病育种工作的重要环节，其主要目的是鉴别植物材料的抗病性类型和评定其抗病性程度。抗病性鉴定主要用于抗源筛选，杂交后代选择和高代品系、品种的比较评定。抗病性鉴定应有明确的目标，确定对象病害和病原菌小种，有针对性地选用鉴定方法。应注意抗特定病害或特定小种的抗病材料。除注意材料的抗病水平外，还要考虑其产量和质量损失程度。对重要材料要全面掌握其抗病潜力，特别是兼抗性。应开发适应病害特点的简易和标准化的鉴定技术，以保证短时间内可以筛选大量材料，并有利于不同选育者对材料的比较分析。尽可能建立统一病圃，实现大范围内的多点鉴定和比较。

植物抗病性鉴定，依据抗病性在群体、个体、组织、细胞和分子水平不同的表达形式而采用不同的鉴定方法。根据鉴定场所的不同，可分为田间鉴定和室内鉴定。按照植物材料的生育阶段不同，可分为成株期鉴定、苗期鉴定及离体鉴定。按鉴定的指标的不同，可分为形态鉴定、生理生化鉴定和分子鉴定。但需要强调的是，任何鉴定结果都要与田间鉴定结果相比较，评价其适用性。

1. 田间鉴定

田间抗病性鉴定多在病圃中进行，按初侵染菌源不同，有天然病圃和人工病圃两类。天然病圃不接种病菌，一般设置在病害常发区或老病区重病田块，依靠自然菌源侵染，并通过调节播期、施肥、灌水等措施促使发病。尽管如此，仍避免不了病情波动，必须依靠数年的资料，对材料或品种的抗病性才能做出准确的结论。人工病圃依赖接种造成病害流行。人工病圃应设置于不受或少受自然菌源干扰的地区，以免外来菌源干扰，使鉴定结果难以分析。若鉴定材料或品种对气传病害的抗病性，病圃应设置于该病害的偶发区或外来菌源少而晚的地区。对土传病害来说，应将病圃设置于无病地区。人工病圃应有适宜发病的环境条件。根据鉴定的目的，人工病圃可接种混合菌种以鉴定材料或品种的综合抗病性，也可设置隔离小区，每小区各种一套品种，分别接种不同小种，以鉴定品种对不同小种的抗病性。

田间鉴定在自然条件下进行的，是抗病性鉴定的最基本的方法。其优点表现在能在群体和个体水平上识别抗病性，尤适于成株抗病性、慢发抗病性、耐病性、避病性的鉴定；其次可系统观察植株不同生育阶段的抗病性变化，全面揭示其抗病性类型和水平。再次是该鉴定结果是反映品种在生产中的实际表现。其缺点是受生长季节限制，难以在短期内鉴定大量材料，不能利用危险性新病原物和新小种进行鉴定，田间条件不易控制，年际间发病程度有所波动。

田间鉴定可进行统一设计，将同批种子在不同国家或地区进行定点鉴定，了解鉴定材料对病原菌不同群体或在不同生态条件下的抗病特点，确定其抗病性适应范围。设置于不同国家的称为国际统一病圃，如国际统一锈病圃等。

田间病圃一旦建立可以长期使用，特别是对土传病害，连年应用后病圃内的病菌分布更趋均匀，鉴定结果误差更小。

2. 室内鉴定

室内鉴定在温室、人工气候室、植物生长箱等可进行人工控制的设施内进行。此种鉴定方式不受自然条件和生长季节的影响，可连续进行抗病性鉴定，尤其是苗期抗病性鉴定，可在短期内鉴定大量的材料。在控制条件下，可对多种病原物或小种(包括危险小种)进行抗病性测定，同时可研究单个环境因子对植物抗病性的影响。室内鉴定也有明显的缺点，不能对群体进行鉴定，难以测出群体水平表达的抗病性、避病性和耐病性。

3. 离体鉴定

鉴于某些植物的抗病性可在器官、组织、细胞水平上表达，因此就可利用这些材料进行抗病性鉴定。离体鉴定方法简易快速，可在短期内大量筛选材料，同一植株可用其器官、组织或细胞测定对不同病菌或不同小种的抗病性，增加了可比性。同时所鉴定的单株仍可结实，适于从分离群体中选择抗病单株，加速育种进程。现离体鉴定方法已广泛用于麦类秆锈病和白粉病、玉米大斑病和小斑病、马铃薯晚疫病等多种病害的抗病性鉴定。

4. 生理生化鉴定

植物的某些生理的、生化的、血清学的指标与病原菌的侵染过程和抗病性表达有一定的相关性，因而也可用以作为鉴定植物品种抗病性的指标。应用这种方法进行抗病性鉴定多数是针对接菌的或毒素处理的材料，测定条件易于标准化，可用于大量材料的快速筛选。

5. 核酸鉴定

核酸分子标记是重要的遗传学指标，可以利用与抗病基因紧密连锁的 DNA 片段的变异来鉴定抗病材料。此种鉴定方法有明显的优势，抗、感差异直接以 DNA 形式出现，不受环境影响，在作物不同发育阶段和对不同组织器官均可检测。其多态性高，等位位点变异水平丰富，表现中性，即不影响目标性状表达。多数分子标记表现共显性，能分辨不同基因。核酸鉴定是以核酸片段的电泳谱带的差异作指标。所用方法包括酶解和 Southern 杂交结合技术、PCR 技术或酶解与 PCR 相结合的技术等，具体应用的有限制性片段长度多态性(RFLP)、随机扩增多态性(RAPDs)、扩增片段长度多态性(AFLP)、简单重复序列(SSR)和抗病基因类似序列(RGAs)等分子标记方法。由这些方法建立的分子标记指纹图谱由数十个等位基因位点组成，对整个基因组的代表性明显优于常规技术。其灵敏度极高，可检测到单碱基突变。

(三)抗病品种的合理利用

利用抗病品种控制农作物病害，不仅作用显著，而且由于具有经济、简便、不污染环境等优点。但是在推广应用过程中，除个别或少数品种的抗病性可维持较长时间外，一般在生产上应用 5 年左右就会“丧失”其抗病性。品种抗病性“丧失”问题，不仅是我国农业生产上的一个突出问题，也是一个世界性的难题。因此，在农作物抗病性的利用中，必须重视合理利用品种抗病性，以期尽最大可能延长品种的使用年限。

1. 保持农作物抗病性的策略

针对上述存在的问题,为了保持农作物的抗病性,使之在综合防治中发挥应有的作用,必须采取如下策略。

(1)用遗传的多样性来控制病菌的多变　病菌的毒性变异是引致品种抗病性“丧失”的主要原因,而病菌之所以较易克服品种的抗病性,主要是由于过去所应用的品种抗病性多是由单基因或寡基因所控制,即属于专化抗病性品种。因此,为了解决品种抗病性“丧失”问题,必须用遗传多样性即多基因来控制病菌的多变,使病菌群体的毒性结构相对稳定下来,才能使品种的抗病性相对的稳定。

(2)综合应用主效基因抗病性和微效基因抗病性　为了使品种达到遗传多样性,除充分发挥品种的主效基因抗病性的作用外,必须注意发挥品种的微效基因抗病性的作用,两者取长补短,协调应用,才能有效地克服病菌的多变,使品种的抗病性相对保持稳定。

(3)协调使用多种措施　在充分发挥品种本身抗病性的基础上协调应用栽培的、化学的、生物的以及其他措施,大力提高植物的抗病性和控制植物病害的发生与发展。应用植物抗病性来防治植物病害固然有其优点,但是任何一个品种的抗病性都是相对的,并且也都有一定局限性,不可能在任何条件下对所有病害和所有小种均有足够的抗病性。因此,在充分发挥品种本身抗病性的基础上,采用一切可行措施,来提高植物的抗病性并控制病害的发展,才能使品种的抗病性得到有效的发挥。

(4)控制影响病菌变异的关键环节　病菌毒性变异是引致品种抗病性丧失的主要原因,但影响病菌毒性变异的因素很多,只有抓住影响病菌毒性变异的关键环节,才能有效地控制病菌的毒性变异。例如,影响我国小麦条锈病菌毒性变异的关键环节是陇南以及川西北等易变区的存在。所以,只有因地制宜通过品种合理布局,使条锈病菌新小种不易产生和发展,才易于使品种的抗条锈性保持稳定,不致发生变异。

2. 专化抗病性的合理利用

专化抗病性的优点是抗病性明显,易于选育,且受环境影响较小,其缺点是由单基因或寡基因控制,易因小种的变异而“丧失”。从发挥专化抗病性的优点和克服其缺点出发,可采取以下措施。

(1)应用聚合品种　聚合品种(convergent variety)是将多个主效抗病基因,通过复合杂交引入同一品种而育成的。由于聚合品种的抗病性是由多个主效基因控制,所以可大大降低病菌小种对品种的适应速率,从而也可延长品种的使用年限。例如,加拿大育成的小麦聚合品种 Selkirk 对秆锈病的抗病性保持了 30 余年。聚合品种之所以能延缓病菌的适应速率,主要是由于品种所具有的抗病基因越多,病菌越难以产生完全能致病的突变菌株。

聚合品种虽有以上优点,但也有其不足之处,即选育费时(需 14～16 年,如用加代法,可适当缩短)、费工,技术要求比较严格,必须先育成多系品种,然后再在多系品种间进行杂交,并经过严格选择、鉴定才能育成。

(2)应用多系品种和混合品种　多系品种(multilines)是用一个优良农艺性状品种作为轮回亲本,分别与具不同抗病基因的品种杂交和回交,选出一套农艺性状与轮回亲本相似,而所含抗病基因各不相同的品系,然后针对各地小种组成情况,进行混系种植。通过异质混合,抑制对毒性小种的定向选择,稳定病菌的群体,并可产生诱发抗病性和减少侵染概率,从而既可降低病害的发生数量,又可抑制病害流行速率。据试验,在一个多系品种中,感病品种的数量不超过40%,对产量影响不大。

应用多系品种的方案最先由Jensen提出,后由Borlaug等推行发展。多系品种的品系组成以比较多一些为好,除对病菌的稳定化选择作用更为显著外,还易于遮掩和抵消品系间在株高、成熟期和穗形等方面的差异。

此外,也可用农艺性状相似而抗病基因不同的多个品种混合种植,即应用混合品种(cultivar mixtures),获得一种作物的抗病异质性,多系品种或品种混合的防病作用是无疑的。这两种方法在应用上的困难是,①必须有一个强有力的良种繁育体系来保证,才能实行,这在目前还受一定条件的限制;②多系品种、混合品种均要求在农艺性状上一致,这对提高产量和品质也有一定的限制。

(3)实行品种轮换　品种轮换即基因轮换(gene rotation)。其方法是根据小种逐年变化情况用具有不同抗病基因的品种有计划地进行轮换种植,从时间上切断病菌新小种的定向选择和发展。我国在20世纪60年代曾在川西用此法控制小麦条锈菌13号和16号小种的发展。但在应用中的问题是,生产水平在不断提高,在这种情况下,如再用原来的品种替换种植是很难适应生产发展需要的,必须有计划地不断选育和繁殖更好的后备品种来替换需要淘汰的品种才能推行。

(4)抗病品种合理布局　抗病品种的合理布局即基因布局(gene deployment),其方法是将具有不同抗病基因的品种在一定的地区范围实行合理布局,从空间上阻止对病菌新小种的定向选择。对流行性很强的病害如小麦条锈病,可在同一流行区系的不同关键地区,如越夏易变区、传播桥梁区、越冬区和流行区等分别种植具有不同抗病基因的品种,从而阻止病菌的越夏、越冬和流行传播。

我国在20世纪六七十年代用此法在西北、华北控制小麦条锈病的流行和传播,取得了较好的结果。

为做好抗病品种的合理布局,首先必须掌握各种病害的发生发展规律、病菌小种组成及其消长变化规律和流行的关键地区。其次还需了解生产品种的抗病基因情况。这样,才有条件进行合理布局配置,很好地发挥这一方法的作用。

3. 非专化抗病性的合理利用

农作物非专化抗病性或水平抗病性的优点是这种抗病性一般由多个微效基因联合起作用,抗病性比较稳定,其缺点是抗病程度不高,且易受环境条件的影响而降低其作用。

国外在马铃薯抗晚疫病、水稻抗白叶枯病、玉米抗锈病和黑粉病、烟草和花生抗细菌性青枯病等方面均有成功地利用水平抗病性的例证。在小麦抗条锈病、玉米抗大斑病、苹果抗黑星病、燕麦抗秆锈病和冠锈病方面也开始重视水平抗病性的利用。

总之,以上所说的抗病性品种的利用,虽然具体措施不同,但其基本原则是一致的,就是用品种系统内的遗传多样性或系统中单个品种的遗传复杂性抑制对病菌的定向选择,增强稳定化选择,达到控制病菌群体的发展的目的。

三、农业防治

农业生产中的耕作制度和栽培管理技术是达到稳产、高产、高效率、低成本的具体措施。人类已经有几千年的耕作农业历程,在此过程中积累了丰富的栽培经验,然而随着生产的发展,特别是生态学的全面引入,对于如何全面考虑和调节农业生态系统中诸因素的作用,而实现持续高产优质，同时将病、虫、草害控制在最低水平，已成为当前耕作学和栽培学中的迫切任务。农业防治(cultural control)是在农田生态系统中，通过改进耕作栽培技术来调节病原物、寄主及环境之间的关系，创造有利于作物抗病、不利于病原物侵染的环境条件，从而控制病害发生与发展的方法。它是一种比较经济、安全的方法，往往能有效控制一些其他措施难以防治的病害。

(一)建立无病留种田，培育和使用无病种苗

许多病原物都可以通过繁殖体的表面或内部携带。尽管种子表面可能被多种微生物污染，但只有少数病原物能侵染种子。种子内部可能只是携带一些病原真菌(如引起炭疽病的真菌)、病原细菌(如引起萎蔫病的细菌)及病毒(如烟草环斑病毒)。但营养繁殖体(包括芽、接穗、块根、块茎、鳞茎、球茎和插条等)的内部可能携带几乎各种病毒、类病毒、植原体、原生动物和存在于母体植物维管束内的真菌和细菌，同时真菌、细菌和线虫还可附在这些繁殖体的外表。一些线虫则可以通过植物的地下部分进行携带。一般通过下列途径可获得无病繁殖材料。

1. 建立无病留种田或无病繁殖区

种子或种苗基地应与一般生产田隔离，隔离距离因病原生物的移动性和传播距离而异，一般要求在无病原或病原被隔离、不适合病原生长、不适合病原传播媒介生长、排水良好的地区田块进行。应加强无病留种田和无病繁殖区的有害生物防治和其他田间管理工作，确保提供真正的无病种苗或繁殖材料。需要特别指出的是，苗圃地进行种植或播种前，一般要先进行土壤消毒处理。

2. 种子或种苗处理

对于种传病害和昆虫传播的病毒病，进行种子处理是十分重要的。可采用机械筛选、风选和盐水或泥水漂选等方法汰除种子间混杂的菌核、菌瘿、虫瘿、病植物残体及病粒、瘪子粒等。例如通过机械筛选方法可以有效地除去小麦粒线虫引起的虫瘿。对于表面和内部带菌的种子则需进行热力消毒或杀菌剂处理。例如通过热水处理可以杀灭小麦和其他谷物上的散黑穗病菌(*Ustilago* spp.)。对于可能携带病原物的一些种苗或无性繁殖材料，用热水处理也是很好的办法。如柑橘黄龙病防治中，用热水处理法可获得无病柑橘苗。

3. 脱毒组织培养

许多植物病毒通过营养繁殖器官传播，但通常植物茎尖生长点分生组织不带病毒。利用茎尖脱毒技术，即在无菌条件下切取茎尖进行组织培养，得到无病毒试管苗，再进行扩繁，便获得无毒苗用于生产，例如香蕉束顶病和马铃薯病毒病的防治。

(二)搞好田园卫生

田园卫生是通过深耕灭茬、拔除病株、铲除发病中心和清除田间病残体等措施，减少病原生物接种体数量，从而达到减轻或控制病害的目的。例如在松材线虫病发生时，及早砍除病死树可避免该病的进一步扩散蔓延。铲除田间杂草的方法，可减少传毒昆虫越冬或越夏的野生寄主，从而减轻多种植物病毒的危害。梨园周围不种或砍除桧柏树可控制梨锈病，因为桧柏是梨锈菌的转主寄主。

作物收获后彻底清除、集中深埋或烧毁遗留田间的病残体可减少病菌的越冬或越夏菌源数量，这一措施对多年生作物或连作作物尤为重要。例如通过及时修剪、剪除病枝、摘除病果、刮除病斑和清理枯枝落叶等方式，可以有效地防治许多果树病害。叶类蔬菜收获后下茬播种前及时清除病残体，可使病菌对下茬蔬菜的初次侵染减少，从而减轻病害发生程度。深耕深翻可将表层病原物休眠体和病残体埋到土壤深处，减少田间有效接种体数量。水稻栽秧前，捞除水面带有菌核的浮渣，可减少减轻纹枯病的发生。

由于农事工具在操作过程中也通常可能携带病原生物，增加病害传播发生的机会。因此应对修剪工具、切割刀（如马铃薯块茎的切割刀）、铲子、农田机械等进行清洗或消毒处理，减少病原生物的传播。例如农田机械使用曾导致我国小麦胞囊线虫的进一步传播蔓延。

（三）加强栽培管理

通过调节播种期、优化肥水管理和改良土壤等措施，创造适合于寄主生长发育而不利于病原生物侵染的环境，可达到防治植物病害的目的。

1. 合理播种

由于土壤温度和湿度均对病原物的生长、发育和侵染有显著影响，而一些病原生物则有一定的土层分布，因此调整播种期、播种深度和种植密度均对病害有一定防治作用。例如早稻过早播种易引起烂秧，因此可适当推迟早稻播种期；冬小麦则可通过避免过早播种，防止因土温高而有利于小麦纹枯病菌的侵染和病害在秋苗上的发展蔓延的情况发生；而甜菜和马铃薯在早春低温期播种，则可减轻线虫的危害。作物过度密植，则可造成田间通风透光不良，湿度高，有利于病害发生，例如通过适当降低种植密度，可有效减轻水稻纹枯病、白菜软腐病的发生。调整播种深度的防病原理，实际上也是一种避病，例如通过深种桑树和茶树，可显著减少桑树和幼年茶树根结线虫病的发生。

2. 科学管理肥水

肥水管理与病害消长关系极为密切。肥料能改变植物根际化学物质组成，干扰根分泌物对病原物活动。如施用氮肥过多，往往会加重稻瘟病、水稻白叶枯病和水稻潜根线虫病发生；而氮肥过少，则有利于水稻胡麻斑病的发生。田间施肥时，要做到氮、磷、钾肥配合施用，避免偏施氮肥。

水分与病原物生长发育及侵染密切相关，水还是病原物传播的重要途径。通过调节水分也可调节植物对肥料的利用。水的管理不当会造成田间湿度过高，有利于病原真菌和细菌的繁殖和侵染，不利于农作物生长，从而诱发多种病害。例如瓜类疫病和白菜软腐病常因田间湿度过高而发生严重，香蕉枯萎病由于田间漫灌而使病害加重和蔓延。水分管理要求做到水田浅水勤灌，适时排水烤田；旱田排水降渍，排灌结合，避免大水漫灌，提倡滴灌、喷灌等节水灌溉。

3. 改良土壤

通过换土、施石灰和增施有机肥等方法改良土壤，是防治植物病害简单易行的措施。不同的土壤适合不同生物生长，例如根结线虫适合于沙性土壤生长，因此用塘泥或水稻土替代沙性土壤，可以防治根结线虫病。在种植或播种前施用石灰，往往可以减轻作物病害的发生，其原理可能是调节了土壤的 pH，改变了病原生物的生长条件，干扰了根的分泌物。例如在播种整土时施用石灰，通常可以减少茄枯萎病发生。增施有机肥有利于改良土壤而达到防治作物病害作用早已得到公认，尽管其作用机理还不清楚。可能机制是增加了土壤中的腐殖质，有利于植物生长，同时有机物在分解时产生的一些有机酸可能对病原生物有害，再者，增施有机肥可改变根系微生物区系，使天敌微生物数量增加，从而抑制病原微生物。

(四)建立合理的耕作制度

合理的耕作制度既可调节农田生态系统，改善土壤肥力和理化性质，有利于作物生长发育和土壤中有益微生物的繁衍，又能抑制病原物的生长，切断病害循环，减轻病害发生。耕作制度的改变会引起相应的农田生态条件和生物群落组成的变化，这些变化可导致一些病害的减轻和另一些病害的加重。

1. 轮作

轮作(crop rotation)是一项经济、易行、有效的控制土传病害的措施，这种防治病害措施正日益得到农民的接受。轮作的基本原理是通过种植非寄主植物，使有较强寄生专化性的病原生物因没有适宜寄主而丧失生活力。同时轮作还能调节土壤肥力，有利于作物生长，增强作物抗病力，还可使病原生物的生长发育因作物根际和根围微生物区系的改变而受到抑制。因此轮作的结果是病原物种群密度降低，病害得到控制。轮作作物必须是病原物的非寄主，轮作年限和轮作方式因病害而异，一般病害轮作 2～3 年。轮作可能对寄主范围窄、只能生长在植株上或在植株残体上存活的土壤病原生物有理想防病效果，但对抗逆性较强的土壤习居菌，则轮作效果较差或需要很长的轮作时间。通常水旱轮作是最理想的轮作方式。例如茄子田需连续种植非寄主作物 5～6 年，才可取得对茄子黄萎病较好防病效果，但与水稻轮作，则只需 1 年，就可大大降低发病率。

制定轮作方案时，要考虑以下因素：①病原生物的种、生理小种、寄主范围；②病原生物的繁殖能力、土壤中的存活能力及存活时间；③病原生物的致病性变化；④土壤微生物的群落结构；⑤轮作作物的抗病性和经济价值；⑥轮作作物的土壤适合度。

2. 其他种耕作制度利用

各地自然条件和作物种类不同，种植方式和耕作制度也很复杂，各种耕种措施对不同病害的影响不尽一致。除轮作外，一些地方采取间作、套作、土地休闲和少耕免耕等措施，也收到良好的防病效果。在实际生产中，要根据当地具体情况，兼顾丰产和防病控病的需要，建立合理的耕作制度。

四、生物防治

植物病害生物防治是通过直接的或间接的一种乃至多种生物因素，以削弱或减少病原物的接种体数量与活动，或者促进植物生长发育，从而达到减轻病害并提高产品数量和质量的目的。生物防治的原理主要是拮抗作用、竞争作用、重寄生作用、捕食作用、交互保护作用，以及诱导植物抗病性等。由于生物防治无污染、安全有效，近 20 多年来，植物病害生物防治日益受到重视，无论在科学研究，还是生产实践方面均有迅速发展。

(一)抗生菌的利用

抗生菌(antibiotic)是医学上用于产抗生素微生物的俗名。例如产青霉素的青霉菌，产链霉素的链霉菌等多种真菌和放线菌。植物病害生防抗生菌的利用是从 20 世纪 30 年代开始的。当时有人发现，在马铃薯疮痂病田中种植黑麦等绿肥作物后，会明显减轻这种由链霉菌引起的土传病害。不久由 Sanford(1926)分析证实，病害减轻是因为种过绿肥的土壤中含有大量抑制病原物的拮抗性放线菌，从此激发了植病工作者发掘土壤中抗生菌防治植物病害的兴趣。

植病生防抗生菌的发掘利用曾在60年代掀起高潮。当时主要以分离筛选拮抗性放线菌为主，所防治的对象主要是土传真菌病害，特别是种苗期病害。例如我国筛选的5 406和后来公主岭霉素等用于处理种子控制苗病和丝黑穗病效果都很好。但在生产实践中大量地使用的还是培养的抗生菌，这类拮抗性放线菌的大面积应用都受到一定限制。一是因为施用后很难在种子周围及根际形成持久的种群优势；二是培养抗生菌需要一定有机物作培养基，大面积使用有困难。因此拮抗性放线菌的利用大多限于小范围内经济作物的种苗期病害的防治。

(二)重寄生物的利用

重寄生(hyperparasitism)是一种寄生物被另一种生物所寄生的现象，这在自然界很普遍。植物病原微生物大多是寄生物，在它们生活的某些阶段也经常被另一些微生物寄生，从而失去侵染致病能力甚至被置于死地。利用重寄生物于植物病害防治是近年病害生物防治的重要领域之一，据已有的报道，病原物的重寄生有多种类型，其中较常见并已在生防实践中不同程度应用的有以下几种。

1. 重寄生真菌

植物病原真菌被另一种真菌寄生极为常见，低等真菌中有多种罗兹壶菌可以寄生并破坏其他卵菌和壶菌。腐霉等根腐病原也可被一些丛梗孢目真菌所寄生，以致菌丝、孢子囊和卵孢子等器官被破坏。锈菌上的重寄生菌已报道近百年，除锈菌寄生属外，其他如轮枝菌属、芽枝孢、盾壳孢属等真菌也可以在不同生活史类型的锈菌上寄生，破坏不同的器官。在植病生防实践中，被人们研究和应用较多的有木霉属(*Trichoderma*)真菌。木霉是土壤和腐木中常见的一种腐生真菌，已发现可以寄生在立枯丝核菌、腐霉、小菌核菌和核盘菌等多种病原真菌上。其中重要的生防菌种有哈次木霉(*T. harzianum*)、康宁木霉(*T. koningi*)和绿色木霉(*T. vivide*)等，已在一些大田经济植物上用于防病，不仅用于控制土传病害，而且用于地上部病害的控制。植物线虫被真菌寄生或捕食也是近年人们关注的领域。目前已知有150多种真菌袭击或寄生在线虫上，称为食线虫真菌。其寄生方式可以是外寄生，即先以菌丝束囊缚虫体，再逐步消解；也可以是内寄生，即从线虫体内消化瓦解虫体。目前研究并用于小范围防病试验的不少，但较大面积的防病实践还不多。

2. 寄生真菌的病毒

又称为真菌病毒或类似病毒的颗粒(VLPs)。最早是20世纪60年代初从患病的蘑菇上提纯得到病毒，迄今已从百多种真菌中发现了病毒，大多含有双链RNA基因组。植物病原真菌的病毒只能以颗粒形式存在，经常见到的完整病毒颗粒呈等轴球形，其中有少数可以改变或削弱致病力。例如在欧洲发现的栗疫病菌的低致病菌系就是因含有双链RNA而失去致病力，低致病系可经过昆虫介体传染，强致病系使之失去活力。因此在法国曾用人工接种低致病系的办法，在大面积栗树林控制了疫病的危害，成为大面积生物防治森林病害的先例。其他一年生作物病害如玉米黑粉菌、小麦全蚀病菌和立枯丝核菌等，也发现含有多种组分的双链RNA，其中也有低致病菌株，但用于大面积防病尚有困难，主要是低致病菌株的离体保存较难。

(三)抑制性土壤的利用

抑制性土壤(suppressive soil)其主要特点是：病原物引入后不能存活或繁殖；病原物可以存活并侵染，但感病寄主受害很轻微；病原物在这种土中可以引起严重病害，但发病高峰之后再经过几年或几十年则病害减轻至微不足道的程度。与抑制性土壤相反的是病原物正常存活并形成引起严重病害的“感病土”(conducive soil)、“利病土”或“无效土”。这两种类型的土壤经常在土质、品种等条件相似的地块中发生。从20世纪末至今先后发现各种类型的抑制土所涉及的作物和病害已有许多种,特别是真菌性土传病害。例如棉花枯萎病、小麦全蚀病、疫霉引致的鳄梨和菠萝根腐病,引致多种幼苗根腐的丝核菌、腐霉和某些病原线虫等。

有关抑制土壤发生的原因和性质曾经引起争论,焦点在于是理化因素还是生物因素所起的决定作用。就大多数的研究表明,各种类型的抑制土中,除极少数是由于理化因素起作用外,绝大多数是土壤中微生物因素所决定的。例如用极少量抑制土与大量感病土混合,会使感病土变为抑制病害的土壤;其次是抑制土经过60℃或100℃ 30 min或10 min高温处理后其抑制性丧失;再如取两种土壤分别进行微生物分离培养发现,抑制土中的微生物种群及拮抗性微生物都比感病土中高。

(四)根际微生物和菌根的作用

根际(rhizosphere)或根围是表示根的附近或贴近根四周的范围。这个特定区域是德国人Hiltner(1904)发现豆科植物根四周土壤中细菌种类和数量计数高于远离根际的土壤而提出的。后来发现这种根际效应是一切植物共有特征,这是生长中植物根的溢泌(或渗出)物所形成的。溢泌物来自两方面:一是地上叶部形成的光合产物,其中约有20%的量以根渗出物形式进入土中;另一个是根尖脱落的衰老细胞或组织的降解物。这些物质主要有糖类、氨基酸类、脂肪酸、甾醇、生长素、核酸和酶类等,聚集在根的四周富集成丰富的营养带,刺激了细菌等微生物的大量繁殖。这种现象又称根际效应,用R/S表示(R=根际微生物量,S=非根际微生物量),微生物计数比值一般在10∶1～20∶1,因物种、发育阶段、栽培管理等条件而异。与病害生防有关的根际微生物有:

1. 菌根真菌

菌根(mycorrhiza)是真菌和植物的根形成的共生体。许多木本和草本植物都可形成菌根。早在1887年已有人将菌根区分为外菌根和内菌根,并对其分类学、形态学和解剖学方面进行了研究。外菌根早已在造林育苗中广泛应用,特别是松柏科的外菌根,直接关系到一些国家的造林事业。大多数农作物根上主要是内菌根;主要是由藻状菌中的内囊霉科真菌寄生,在寄主细胞内形成囊状丛枝状菌根(即VAM),因其不易人工培养,在应用上受一定限制。具有菌根的植物细胞壁增厚,其维管束组织也较坚实,这都不利于病原物的侵染活动,还有的研究表明,菌根可以促进解磷和固氮细菌的活性,一些茄科和百合科蔬菜的内菌根,含有较高的氨基酸和还原糖,可以减轻病害的危害。因此,菌根具有间接和直接的防病作用。

2. 植物促生菌

促生菌的全名就是“促进植物生长的根细菌”(plant growth promoting rhizobacteria,PGPR),它是20世纪70年代末由美国Suslow(1978、1980)等从植物根际分离获得的一类假单胞杆菌。采用这种细菌的培养物处理马铃薯种薯片、甜菜种子,以及其他蔬菜种子和农作物种子之后,可以促进发芽和植株生长,且增产效果很显著;假单胞杆菌是植物根际的优势菌群;容易在根部定殖并可抑制根部一些有害真菌和细菌的活动,故能促进植物生长。根据对不同有效菌系的分析研究,促生菌的作用主要有:一是产生激素(如赤霉素等);二是改变根际微生态系,排斥或促进某些微生物种群;三是代谢产生特定物质,例如嗜铁素可夺取土壤中的铁,而使某些植物病原物得不到所需的铁,因此不能正常致病。

3. 增产菌

20 世纪 80 年代初,由中国农业大学陈延熙等从农作物的根际和体内分离获得的一类芽孢杆菌。经温室和田间试验证明,这类细菌对多种大田作物、蔬菜、果树等有明显的增产效果,同时可以减轻一些土传病害和叶斑病,因此在全国迅速推广应用,增产菌的不同菌种和菌系可以表现为广谱性和专化性的作用效果,可用作拌种、浸根和叶面喷雾。菌体在根面、叶表容易定殖和扩散,并在一段时间保持优势。其代谢产生的赤霉素和吲哚乙酸等激素与促进植物的生长有关。

五、物理防治

物理防治(physical control)主要利用热力、机械汰除、电磁波、超声波、核辐射等物理方法抑制、钝化或杀死病原物,达到防治植物病害的目的。物理防治方法主要用于处理植物种子、苗木、其他繁殖材料和土壤。

(一)机械汰除

机械汰除方法主要用于清除和植物种子混杂在一起的病原物。如油菜菌核病病菌、小麦线虫的虫瘿、小麦腥黑穗病菌的菌瘿和菟丝子的种子等,常和作物的种子在脱粒过程中混杂在一起,随种子的调运和播种而传播。因此在播种前就应该通过筛选的方法把病原物汰除。筛选的方法有机械汰除和比重法汰除。机械汰除可根据混杂物的形状、大小、轻重采用风选、筛选和汰除机汰除。例如小麦粒线虫虫瘿、大豆和胡麻菟丝子的种子,小规模清除用一般筛子过筛汰除,大规模清除则采用汰除机汰除。比重汰除法是根据混杂物密度的大小,用清水、泥水或盐水汰除。用盐水汰除较用清水汰除彻底,但成本较高。

(二)热力处理

1. 热水处理

用热水处理种子和无性繁殖材料,通常称为温汤浸种,可杀死在种子表面和种子内部的病原物。其原理是利用植物材料与病原物对温度的敏感性差异,选择适宜的水温和处理时间杀死病原物而不损伤植物。如果温度过高或时间过长就有可能伤害种子,影响发芽率,温度过低或时间过短,则起不到灭菌的作用。此外,不同的品种对温度的敏感性不同,浸种所需要的温度和时间也不同。因此在对大量种子进行热水处理前,要先进行浸种试验,以确定合适的浸种时间和温度。浸种后待种子晾干再播种。对于侵入到种子或无性繁殖材料内部越冬的病原物(如小麦散黑穗病菌、甘薯黑斑病菌、棉花枯萎病菌和黄萎病菌、水稻白叶枯病菌等),需要用热力处理来灭菌。浸种的方法是先把种子在冷水中预浸 4～6 h,使种子内部的病原物从休眠状态进入活动状态,然后再将种子移至所需的温度中浸泡,以提高种子在热水处理过程中的传热能力,从而提高灭菌效果。例如防治茄子褐纹病和茄子黄萎病,先用冷水将种子预浸 3～4 h,然后用 50℃的温水浸种 30 min,或 55℃温水浸种 15 min,浸种后用冷水降温。

2. 干热处理

干热处理对多种种传病毒、细菌和真菌的病害都有防治效果。将干燥的黄瓜种子置于70℃恒温箱中干热灭菌 72 h,可防治细菌性角斑病和枯萎病。萝卜种子经 60℃干热灭菌 6 h可防治萝卜黑腐病。黄瓜种子经 70℃干热处理 2～3 d 可使绿斑花叶病毒(CGMMV)失活。

对于含水量高的种子，应预热干燥后再进行干热处理。番茄种子先晒种，使其含水量降至7%以下，然后置于70～73℃的恒温箱中干热处理4 d取出浸种催芽，可预防多种病害。土传病害的病原物在土壤中存活或休眠，主要用烧土、烘土、晒土等方法，消灭土壤中的病原菌，减轻土传病害的发生。

3. 热蒸汽处理

热蒸汽也用于处理种子和苗木。热蒸汽处理对种子发芽的不良影响较干热灭菌和热水浸种小，热蒸汽处理可使带毒甘薯种茎脱毒为无毒种茎。在发达国家，蒸汽热处理已成为常规方法。温室土壤热处理用80～95℃热蒸汽处理30～60 min，可杀死绝大部分病原菌和线虫，并可减轻地下害虫的发生程度。

(三)微波处理

微波处理适用于处理少量种子、粮食和食品等。与其他方法相比，微波处理快速，效率高，清洁卫生。此法常应用于植物检疫，处理旅客携带或邮寄的少量种子与农产品，杀死由种子传带的病原微生物。

(四)核辐射

核射线对病原菌有抑制和杀灭作用，多应用于储藏期农产品的处理。常用的是^{60}Co γ射线辐照装置。用250 Gy/min的γ射线处理桃子，当照射总剂量达1 250～1 370 Gy时，可以有效地防止桃储藏期由褐腐病菌引起的腐烂。

六、化学防治

化学防治(chemical control)是指使用化学农药来防治病害的方法。化学防治具有高效、速效和使用方便等显著优点。但是如果使用不当，则容易造成环境污染、人畜中毒、植物药害和杀伤有益微生物。如果长期大面积连续使用单一农药品种，还会引起病原物产生抗药性。当前化学防治仍然是有害生物综合治理中的一项重要措施，对化学防治应该有正确的认识和合理的应用，尽可能使其发挥有效的作用，减少和避免不利的影响。植物病害化学防治的主要农药有：用于防治病原真菌和细菌病害的杀菌剂(fungicide)、用于防治线虫病害的杀线剂(nematicide)以及用于防治病毒病害的病毒钝化剂(virucide)。

(一)植物病害化学防治的原理

植物病害化学防治的原理包括化学保护(chemical protection)、化学治疗(chemical therapy)和化学免疫(chemical immunization)3个方面。

1. 化学保护

化学保护是指在病原菌侵入寄主植物之前施药把病菌杀死或阻止病菌侵入，使植物避免受害，用于化学保护的杀菌剂称为保护剂。这一类药剂不能进入植物体内，对已侵入植物体内部的病原物无效，必须在病原物侵入之前施用。有两种方法可达到化学保护的目的，一是在接种体来源部位施药，即在病原菌的越冬越夏场所、中间寄主、带菌种子和繁殖材料、带菌土壤和田间发病中心等部位施药，消灭或减少病原物的初侵染来源。另一种化学保护方法是在可能被病原物侵染的植物表面或农产品表面施药，使药剂在植物表面形成一层均匀的药膜，阻止病菌的侵入或将其杀死，从而控制病害的发生和蔓延。对于大多数气流传播的病害，在田间生长着的作物表面施药，是化学保护最有效的途径。此外喷洒或浸渍农产品，防治果品、蔬菜储运病害，也是一种化学保护作用。

2. 化学治疗

在植物发病或感病后施用化学药剂使其对植物或病菌发生作用，控制病害的蔓延，减轻或消除病害，使植物恢复健康的作用称为化学治疗。用于化学治疗的药剂一般具有内吸传导作用，可进入植物体内抑制或杀死已侵入内部的病原物，从而达到防治病害的目的。这种杀菌剂称为内吸性杀菌剂(systemic fungicide)。

化学治疗又可分为外部化学治疗、表面化学治疗和内部化学治疗3种类型。

(1)外部化学治疗　外部化学治疗通常应用于防治果树、林木树皮腐烂病害。当树干被病原物侵染发病后，采用外科手术的方法，用刀刮去患处病组织，然后用1∶1 000的氯化汞溶液消毒伤口，再涂以保护剂，使病树得到治疗和恢复。

(2)表面化学治疗　有少数病害的病原菌主要是附着在植物表面(如多种植物的白粉病菌)，可以在植物表面直接喷施杀菌剂，将表面的病原菌杀死而使植物得到治疗。表面化学治疗不要求药剂具有内吸作用。

(3)内部化学治疗　对于已经侵入到植物体内的病原菌，药剂必须能进入植物体内才起到治疗作用。由于病原菌与寄主已建立寄生关系，内吸剂必须具有明显的内吸传导作用，并且在植物和病菌之间有明显的选择毒性，否则容易对植物造成药害。药剂进入植物体内可直接作用于病菌，抑制病菌的生长，或通过影响植物本身的代谢过程，改变其对病原菌的反应。

3. 化学免疫

化学免疫是利用化学物质使植物获得免疫力。化学物质诱导植物体本身产生对病原菌的系统抗病性，并且这种系统抗病性是长期的和可以遗传的。化学诱导剂作为新型杀菌剂，其主要作用机制是诱导寄主产生具有杀菌或抑菌作用的物质，或改变寄主的形态结构使之不利于病原物的侵染和扩展。

(二)防治植物病害的农药种类和剂型

1. 杀菌剂的主要种类

根据杀菌剂防治病害的作用方式，其种类可分为保护性杀菌剂、治疗性杀菌剂和铲除性杀菌剂。

(1)保护性杀菌剂　这类杀菌剂在病原菌侵入前施于植物体外或体表，直接与病原菌接触，杀死或抑制病原菌。保护性杀菌剂对病菌的作用没有专化性，防病谱很广，病菌不易产生抗药性。保护性杀菌剂主要有以下几类：①硫及无机硫化合物；②铜制剂；③有机硫化合物；④取代苯类；⑤三氯甲硫基类；⑥二甲酰亚胺类。无机硫化合物中常用可湿性硫(wettable sulphur)防治白粉病和锈病。铜制剂中的波尔多液(bordeaux mixture)是最早期的保护性杀菌剂，目前仍应用于防治低等真菌病害、细菌性斑点病等。有机硫化合物中的代表品种代森锰锌(mancozeb)和福美双(thiram)，常与内吸剂混配使用，防治霜霉菌、疫霉菌和无性菌类等引起的病害。取代苯类最常用的药剂是百菌清(chlorothalonil)其杀菌谱广，可防治卵菌、无性菌类、子囊菌、担子菌等大部分真菌引起的病害。三氯甲硫基类的克菌丹(captan)，可防治腐霉菌、疫霉菌、灰霉菌和丝核菌等引起的病害。二甲酰亚胺类的主要品种腐霉利(procymidone)、异菌脲(iprodione)等，用于防治灰霉菌和核盘菌引起的病害。

(2)治疗性杀菌剂　治疗性杀菌剂即内吸性杀菌剂，施用于作物体的某一部位后能被作物吸收，并在植物体内运输到其他部位，抑制或杀死已经侵入植物的病原物。内吸性杀菌剂有两种传导方式，一种是向顶性传导，即药剂被植物体吸收后随蒸腾流向顶部传导至顶叶、顶芽及叶尖、叶缘。目前的内吸性杀菌剂多属此类。另一种传导方式是向基性传导，即药剂被植物体吸收后于韧皮部内沿光合作用产物的运输向下传导。还有些杀菌剂如乙磷铝等，可向上和向下两个方向传导。内吸性杀菌剂专化性很强，长期单一使用，容易使病菌产生抗药性。内吸性杀菌剂主要有如下几类：①苯并咪唑类；②有机磷类；③苯基酰胺类；④甾醇生物合成抑制剂；⑤抗生素类；⑥无杀菌毒性化合物。苯并咪唑类的主要品种有多菌灵(carbendazim)和甲基托布津(thiophanate-methyl)等，杀菌谱广，可防治除卵菌外的大部分病原真菌病害。有机磷杀菌剂的三乙膦酸铝(phosetyl-Al)及苯基酰胺类的主要品种甲霜灵(metalaxyl)和恶毒灵(oxadixyl)等，是防治霜霉和疫霉等低等真菌的特效药。甾醇生物合成抑制剂的品种较多，最常用的有三唑酮(triadimefon)、三唑醇(triadimenol)、烯唑醇(diniconazole)和丙环唑(propiconazole)等，主要用于防治禾谷类作物的白粉病、锈病和黑粉病等。抗菌素类的井冈霉素(jinggangmycin)用于防治水稻纹枯病，农用链霉素(streptomycin)可防治大白菜软腐病、番茄溃疡病、番茄青枯病、黄瓜细菌性角斑病、菜豆细菌性疫病等细菌性病害。无杀菌毒性化合物中的三环唑(tricyclazole)，是当前防治水稻稻瘟病的主要药剂。

(3)铲除性杀菌剂　铲除性杀菌剂施用后在短时间内对病原菌起强烈的杀伤作用，通过触杀、熏蒸或渗透植物表皮而发挥作用。其对植物药害较大，一般不在生长作物上直接施用，多用于播前土壤处理、植物休眠期或种苗处理，如石硫合剂、铜氨合剂等。

(4)甲氧基丙烯酸酯　甲氧基丙烯酸酯(strobilurin)杀菌剂具有保护、铲除和治疗作用，但并非专门的治疗剂。它是以天然产物野生蘑菇的杀菌活性物质为前体合成的，具有超广的杀菌谱和超强药效。可有效防治卵菌、子囊菌、担子菌、有丝分裂孢子菌等大多数真菌病害。其作用机制主要是通过抑制真菌线粒体呼吸作用，破坏 ATP 的形成，从而抑制真菌的生长或杀死真菌。

2. 杀菌剂的剂型

农药厂生产的原药一般都不能直接施用，必须按其性质和用途加工成适宜的制剂后才能使用。加工成制剂后的原药均匀分散于制剂中，施用时均匀地分布到农作物上，以达到节省原药、提高药效、防止药害和减少污染的目的。未经加工的农药称为原药，原药中含有的具杀菌、杀虫等作用的活性成分称为有效成分(active ingredient)。在加工后的农药中按其有效成分含量、用途不同等可生产成很多种产品，称为农药制剂(pesticide preparation)。而农药剂型(pesticide formulation)就是指农药制剂的形态，如乳油和可湿性粉剂等。制剂的名称通常由有效成分在制剂中的百分含量、有效成分的名称和剂型名称这 3 部分组成，例如 70%代森锰锌可湿性粉剂。病害防治最常用剂型有可湿性粉剂、悬浮剂、可溶性粉剂、乳油和颗粒剂等，粉剂、水剂和烟雾剂也较常见。

(三)农药施用方法

在使用农药时，需根据药剂、作物与病害特点选择施药方法，以充分发挥药效，避免药害，尽量减少对人畜和生态环境的不良影响。杀菌剂和杀线虫剂最主要的施药方法有田间作物喷药、种子处理和土壤处理等。

1. 田间作物喷药

利用喷药器械在植物表面喷施农药，以保护植物免受病原物的侵染，或防止病害的扩展蔓延。田间作物喷药主要是防治作物叶部的气流传播病害，特别是针对发展速率较快，重复侵染次数多的病害。施药的方法有喷雾法和喷粉法。喷雾法是使用喷雾器将药液雾化后均匀地喷在植物表面。所用的农药剂型为乳油、可湿性粉剂、可溶性粉剂、悬浮剂和水剂等。一般是先加少量水，将药粉调成糊状，然后再对水稀释到合适的浓度喷雾。喷粉法是利用喷粉器将粉剂的农药均匀地喷至植物表面上，适用于大面积作物病害防治，工作效率高，不受水源限制；但耗药多，喷药时易受风力影响，对环境污染较大，粉剂在茎叶上黏着性较差。

2. 种子处理

种子处理可杀死由种子传播和土壤传播的病菌，保护种苗使其正常萌发生长。种子处理方法用药量少，效率高，对环境污染小。用内吸剂处理种子，可通过植物转运体系，传导到地上部防治病害。常用的种子处理方法有拌种法、浸种法、闷种法以及种衣剂的应用。拌种法又分干拌和湿拌，干拌法用粉剂或可湿性粉剂，要求药剂和种子表面是完全干的。湿拌法可用乳剂或水剂，加水稀释后喷布在种子上拌均匀，或用药粉以高浓度分散于水中，制成药浆拌种。浸种法是用药液浸泡种子，要求用水溶性好的药剂。闷种是用少量药液喷拌种子后堆闷一段时间再播种。利用种衣剂处理种子，是在种子表面包上一层药膜，药剂可缓慢溶解释放，持效期长。

3. 土壤处理

土壤处理可在播种前或作物生长期进行。施用方法有喷雾、喷粉、浇灌、撒施、沟施和穴施等。播种前将药剂施于土壤，以防治土传病害。土壤的表层处理是用喷雾、喷粉或撒毒土的方法施药于土壤表面，再翻混到浅层土壤中。土壤的深层处理是在土表施药后深翻，或直接施药于较深土层。很多杀线虫剂(例如丙线磷、克线丹和棉隆等)就是采用穴施或沟施法进行土壤处理的。在作物生长期进行土壤处理，一般是将药剂稀释后浇灌于植物基部，或将毒土或杀菌剂颗粒剂直接撒施于作物根部周围。此外还可对土壤进行熏蒸消毒，即用土壤注射器将液态熏蒸剂注入土壤中，在土壤中形成气体扩散。施用土壤熏蒸剂应特别注意，在施药后需按规定等候一段时间，待药剂充分散发后才能播种，否则易产生药害。

其他施药方法还有灌根、熏蒸、涂抹等。

(四)合理使用农药

为了充分发挥药剂的效能，做到安全、经济、高效，必须合理使用农药。合理使用农药主要包括以下几方面。

1. 正确选用药剂，确定合适的施药量、施药时期和次数

任何一种药剂都有其特定的性能和一定的应用范围，而不同的病害种类其发生发展规律和危害部位又各有差异。因此化学防治应根据作物的种类和病害的种类来选择最合适药剂与剂型，做到“对症下药”。例如用甲基托布津防治花生叶斑病有特效，但对花生锈病却无效。又如铜制剂可防治卵菌病害，但不宜用于防治白菜霜霉病，因为白菜对铜剂敏感，易引起药害。

用药量的确定，主要是取决于药剂和病害的种类，也与作物种类、生育期、环境和气候条件有关。不同作物，或同一作物不同的生育期，对药剂的敏感性是不同的，因而使用剂量应有差别。如施药后马上下雨，应注意补施。

施药时期和次数主要是根据病害的发生发展规律和施药方式来决定。土壤处理大多在播种前或播种时进行。种子处理一般在播种前 1～2 d 进行。田间喷药应根据预测预报在病害

发生前或流行始期进行。对于单循环病害来说,应在侵染即将发生或发生初期施药;对于多循环病害,则要求在一个生长季节内多次施药,施药间隔期主要是根据药剂的持效期来确定。

2. 防止药害

在生产实践中,常常会出现由于药剂使用不当而致农药影响植物正常生长的现象,这种现象称为药害。植物药害按其症状出现的快慢可分为急性和慢性两种。急性药害是指在喷药后几小时或几天内出现的药害,慢性药害是指施药后较长一段时间内甚至到作物生长末期才表现出来的药害。药害的产生主要是由于药剂选用不当、农药加工质量差、杂质过多或变质、施于敏感的植物和环境条件不适宜等方面的因素造成的。在新农药使用时应先做药害试验。施药时应避免乱混乱配、剂量过大或在敏感作物上施药。一般来说,植物在幼苗期、开花期和孕穗期比较敏感,易产生药害;天气干旱炎热、高温、日照强烈、雾重和湿度高也容易引起药害,应尽量避免在这样的环境条件下施药。

3. 避免和克服抗药性

植物病原的抗药性是指原来对农药敏感的野生型植物病原物个体或群体,由于遗传变异而出现对药剂敏感性下降的现象。病原物产生抗药性的原因有很多。在 20 世纪 70 年代以前,化学防治使用的主要是传统保护性杀菌剂,杀菌谱很广,多作用位点,不易产生抗药性。而 70 年代后,内吸性杀菌剂大量应用,内吸剂特异性强,作用位点单一,病菌易通过单基因突变而获得抗药性。同时大面积连续使用单一药剂或同类药剂,或使用过高的浓度,过于频繁地用药,都会加大农药的选择压力,将病原物群体中的敏感种群抑制或杀死,而使抗性种群逐步成为优势种群,导致田间病原物抗药性产生。

为了有效地延缓和克服抗药性,应采取如下几项措施:①尽量降低用药量,减少施药次数,减轻农药对病原物的选择压力。②避免长期使用单一药剂,尤其是内吸剂,要交替使用不同类型和不同作用机理的药剂。③轮换使用或混合使用病原物不易产生交互抗药性的药剂。所谓交互抗药性(cross resistance),即病原物对某种药剂产生抗药性,对未曾接触过的其他药剂也有抗药性。化学结构与作用机制相似的药剂之间,往往存在着交互抗药性。对已产生抗药性的农药,应改用与其有负交互抗性的品种,负交互抗药性(negative-cross resistance),即病原物对某种药剂产生抗药性,对未曾接触过的其他药剂的敏感性增强。④内吸剂与传统剂混配使用,可延缓抗药性的产生。⑤加强对田间病原物抗药性的监测,防止抗药性发展。

4. 安全施药

大多数农药对人畜有一定的毒害作用,如果使用不当就会引起急性或慢性中毒。从事化学防治的工作人员应熟悉和遵守农药管理条例和安全使用的规定,在使用农药之前应先了解该药剂的毒性、中毒症状和解毒方法,在农药的储藏、搬运、配制和施用等各个环节都要做好防护工作,以防止中毒事故发生。禁用剧毒农药和高残留农药,在农药使用中要注意对环境,特别是农田生态的影响,防止过量的农药残留对农田、水域、地下水的污染,以保证人畜安全和农业生产的可持续发展。

复习思考题

1. 遇到一种新的植物病害时,如何进行快速、准确的诊断?

2. 柯赫氏法则的步骤有哪些？该法则是否适合于诊断所有的植物病害？

3. 简述如何区分下列病害：(1)侵染性病害和非侵染性病害；(2)真菌性病害和细菌性病害；(3)病毒病害与植原体病害。

4. 植物病害病原物的检测可以利用哪些分子标记技术？

5. 防治植物病害的主要措施有哪些？各种防治措施有何特点？

6. 试述植物病害综合治理的含义。

7. 举例说明农业防治的基本原理。

8. 说出植物抗病性利用的基本途径，如何进行抗病品种合理利用？

9. 生物防治的原理有哪些？有什么优缺点？

10. 化学防治的原理、优点和缺点有哪些？农药常见剂型有哪几种？如何施用？

11. 怎样才能合理使用农药？

下篇　农作物病害

第六章　粮食作物病害

水稻、小麦和玉米不仅是我国也是全世界的主要粮食作物，它们不仅为人类提供食粮和某些副食品，以维持生命的需要，并为食品工业提供原料，为畜牧业提供饲料，故粮食作物生产是多数国家农业的基础。谷子、高粱、马铃薯和甘薯在丰富人们饮食生活中有着不可替代的作用，近年来种植面积和消费都呈上升势头，越来越受到人们的喜爱。但这些作物在生产过程中经常遭受到一些病害的危害，造成不同程度的产量下降和品质变劣，据FAO统计，全世界每年都因病害造成近10%的粮食损失。

第一节　水稻病害

水稻是主要粮食作物之一，种植面积占全国耕地面积的20%以上，年产量约占全国粮食总产的一半。但由于病害的危害每年都造成水稻不同程度的减产。据报道，水稻病害有100多种，我国正式记载的就有70多种，其中，危害较大的有20余种。目前，从全国来看，稻瘟病、白叶枯病、稻曲病和纹枯病是水稻的主要病害，发生面积大，流行性强，危害严重。长期以来，我国对水稻病害的防治始终坚持以种植抗病品种为主，加强肥水管理和进行药剂防治的综合治理措施，许多稻区基本控制了危害。但由于病原菌变异频繁、发生规律复杂、地区间差异很大，给这些病害的防治带来了极大的困难，尤其是生产中的品种频频丧失抗性，新的抗源极度匮乏，药剂防治效果不佳，加之单一使用某些药剂，抗药性问题日趋突出。因此，这些重要病害的防治一直被列入国家攻关课题，是水稻育种和生产中的重点研究内容。

水稻病毒病是由多种病毒引起的一类水稻病害，且种类还在不断增多，至今我国已发现10多种，其中黄矮病、普通矮缩病、黑条矮缩病、条纹叶枯病等曾在我国南方稻区严重发生，20世纪60—70年代在江苏、浙江稻区多次流行成灾，损失极大。近20年来，病毒病虽然发生不重，但由于对发生规律还了解不清，某些稻区某些年份还在流行危害。

一、稻瘟病

稻瘟病(rice blast)是世界性分布、危害最重的病害之一，尤其在东南亚、日本、韩国、印度和我国发生特别严重。流行年份，一般发病田块损失为10%～30%，如不及时防治，局部田块会颗粒无收。

(一)症状

根据受害时期和部位不同，稻瘟病可分为苗瘟、叶瘟、叶枕瘟、节瘟、穗瘟、穗颈瘟、枝梗瘟和谷粒瘟。

1. 苗瘟

发生在3叶期以前。初期在芽和芽鞘上出现水渍状斑点，随后病苗基部变黑褐色，上部呈黄褐色或淡红色，严重时病苗枯死。潮湿时，病部可长出灰绿色霉层。

2. 叶瘟

发生在3叶期以后。随水稻品种抗病性和天气条件的不同，病斑分为白点型、急性型、慢性型和褐点型4种症状类型(图6-1)。

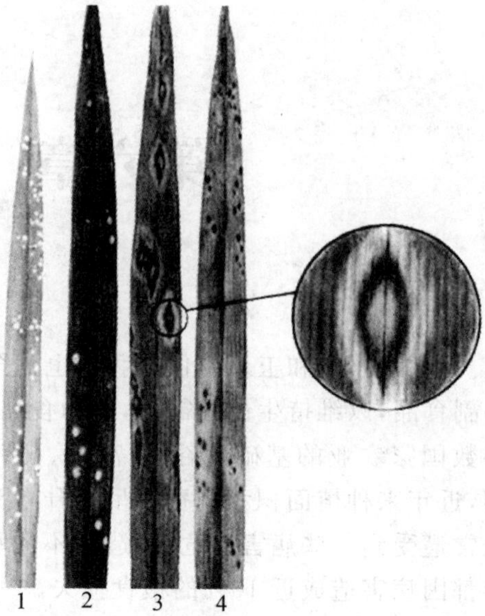

图6-1 水稻稻瘟病(叶斑类型)

1. 白点型 2. 急性型 3. 普通型 4. 褐点型

(1)普通型(慢性型) 为常见的典型病斑。初在叶片上产生暗绿色或褐色小斑点，病斑逐渐扩大成梭形，两端有沿叶脉纵向延伸的褐色坏死线，后期病斑中央灰白色，周围表现褐色，最外围常有黄色晕圈；病斑背面产生灰色霉层，黄色晕圈是由于病菌侵入后分泌的毒素使细胞中毒颜色变黄，称为中毒部；褐色部分是细胞中毒坏死变褐但尚未被破坏崩解，称为坏死部；灰白部分是细胞内含物及细胞壁全部被破坏崩解，称为崩解部。即“三部一线”，此“三部一线”是其主要特征，这种病变在一定条件下依次发展，称典型病斑。潮湿时，病斑背面生灰白色霉层。

(2)急性型 病斑暗绿色水渍状，多数近圆形，针头至绿豆大小，后逐渐发展为纺锤形。正、反两面密生灰绿色霉层。在温、湿度适宜及存在大量感病品种的条件下，很易引起病害流行，是该病流行的预兆。遇干燥天气或经药剂防治后，急性型病斑便转化为慢性型。

(3)白点型 感病品种的嫩叶感病，初期病斑白色，多为圆形，不产生分生孢子，遇适宜温、湿度能迅速转变为急性型病斑。

(4)褐点型 为褐色小点病斑，多局限于叶脉间，外围为黄色中毒部，中央为褐色坏死部，无分生孢子，常发生在抗病品种或稻株下部老叶上。

3. 叶枕瘟

病斑初为暗绿色，逐渐向叶环、叶舌、叶鞘及叶片不规则扩展，最后灰白色至灰褐色。潮湿时长出灰绿色霉层，病叶早期枯死，容易引起穗颈瘟。

4. 节瘟

以穗颈下第一、二节受害为主，病斑初为褐色或黑褐色小点，以后环状扩大至整个节部。潮湿时，节上生出灰绿色霉，易折断。常因水分和养料的输送受阻，影响谷粒饱满；发生早而重时，亦可造成白穗。籽粒成熟前发生造成白穗，籽粒将要成熟发病导致折穗。

5. 穗颈瘟和枝梗瘟

发生在穗颈、穗轴和枝梗上。病斑初呈浅褐色小点，逐渐围绕穗颈、穗轴和枝梗及向上下扩展，病部因品种不同呈黄白色、褐色或黑色。穗颈发病早的多形成全白穗，发病迟的则谷粒不充实，其危害轻重与感病迟早密切相关。

6. 谷粒瘟

发生在谷壳和护颖上。发病早的病斑大而呈椭圆形，中部灰白色，以后可延及整个谷粒，造成暗灰色或灰白色的瘪谷。发病迟的则为椭圆形或不规则形的褐色斑点。严重时，谷粒不饱满，米粒变黑。

稻瘟病其诊断要点是病斑具明显褐色边缘，中央灰白色，病斑梭形，有坏死线，遇潮湿条件，病部生灰绿色霉状物（分生孢子梗和分生孢子）。

（二）病原

有性态为灰色大角间座壳 *Magnaporthe oryzae*（Hebert）Bart.，属真菌子囊菌门大角间座壳属，无性态为稻梨孢 *Pyricularia oryzae* Cav.，属无性菌类梨孢属。病菌分生孢子梗 3～5 根成束或单生，从病部气孔或表皮伸出，不分枝，呈屈曲状。分生孢子洋梨形，成熟时通常有 2 个隔膜，顶细胞锥状，基部细胞钝圆，有脚胞。利用来源不同的水稻菌株杂交，成功地获得了子囊壳、子囊和子囊孢子，但自然状态下很少发生（图 6-2）。

图 6-2　水稻稻瘟病菌

病菌菌丝体发育温度 8～37℃，适温 26～28℃。分生孢子形成温度 10～35℃，适温 25～28℃，分生孢子常于夜间形成。分生孢子在适宜温、湿度下，经 6～8 h 就可以形成，其中饱和空气湿度最适；相对湿度降至 90%以下，形成大大降低（只有饱和湿度的 10%），且不能萌芽。光暗交替有利于分生孢子形成，有效波长为 290～410 nm 的近紫外光能诱发孢子大量形成。但直射阳光或光线则抑制孢子萌发。

稻瘟病菌存在明显的生理分化现象，人们常根据菌株在品种上的致病能力不同，采用不同水稻品种作为鉴别寄主将菌株分为不同的生理小种或类型。

（三）病害循环

病害循环见图 6-3。

1. 越冬

稻瘟病菌以分生孢子和菌丝在病稻草、病谷上越冬，是翌年病害的主要初侵染来源。未腐熟的粪肥及散落在地上的病稻草、病谷也可成为初侵染源。稻种带菌率高，播种后易引起苗瘟。病谷的传病作用因育秧时期和育秧方式不同而异。

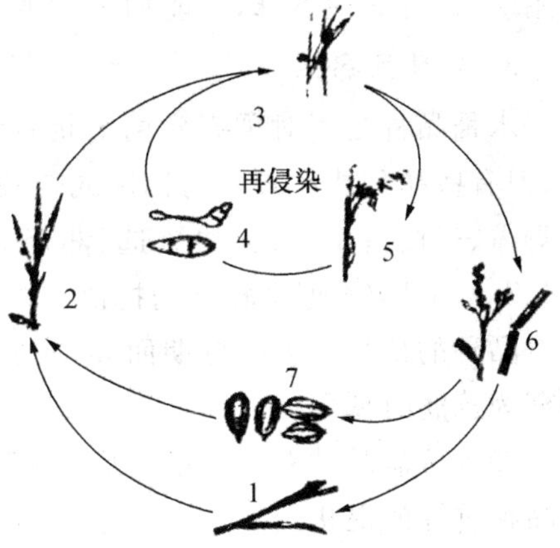

图 6-3　稻瘟病病害循环

1. 病残体　2. 苗瘟　3. 叶节瘟　4. 分生孢子
5. 穗茎瘟　6. 节瘟　7. 谷粒瘟

2. 传播

在草堆、草房等处越冬的病菌，当第二年气温回升到 20℃左右时，遇降雨后会不断产生分生孢子。孢子主要借风雨传播，昆虫也可传播。堆放在秧田或本田附近的病草更易引起周围秧田或本田植株首先发病，并在病组织上产生大量分生孢子传播危害，引起再侵染。

3. 侵入与发病

孢子接触稻株后，遇适宜温、湿度，萌发并直接侵入表皮。病菌以表皮上的机动细胞为主要侵染点，也从伤口侵入，但不从气孔侵入。

(四)发病条件

稻瘟病的发生及流行与栽培管理、环境条件和品种抗性关系密切。

1. 栽培管理

对水稻栽培的管理措施直接影响稻瘟病的发生轻重。

(1)施肥　偏施氮肥会造成稻株体内碳/氮比降低，游离态氮和酰氨态氮含量增加，硅化程度减弱，植株组织脆弱，引起植株徒长、组织柔软、叶披垂、含水量增加、色浓绿、无效分蘖增多，使株间郁闭，湿度增加，有利于病菌的生长、繁殖和侵入。同时，氮肥施用不当，易引起稻株早衰，至幼穗形成期，往往发生根系腐烂现象，降低稻株生活力，增加感病机会，加重发病程度。绿肥用量过多，常引起稻株后期猛长，发病严重。

(2)灌溉　长期深灌的稻田、冷浸田以及地下水位高、土质黏重的黄黏土田，常使根系不能良好生长，甚至引起稻根变黑腐烂，影响根系呼吸作用和减弱吸收养分的能力，致使水稻抗病力降低。但田间水分不足(如旱秧田、漏水田)也影响稻株的正常发育，易诱发稻瘟病的发生。

2. 气象因子

温度、湿度、降雨、雾露、光照等对稻瘟菌的繁殖和稻株的抗病性都有很大影响。

当气温在20～30℃时，湿度对稻瘟病的发生起关键作用，相对湿度达90%以上时，有利于稻瘟病菌孢子形成及萌发侵入。在24～28℃范围内，越高发病越重。病菌可不断产生孢子，传播危害。在适温、高湿时，病菌发芽侵入只需6～8 h，潜育期4 d。尤其是天气时晴时雨，或早晚常有雾、露时，最有利于病菌的生长繁殖。低温和干旱也有利于发病，尤其抽穗期忽遇低温，水稻的生活力削弱，抽穗期延长，感病机会增加，穗颈瘟较重。另外，光照不足时，稻株光合作用缓慢，抗病性下降，也能加重病害的发生和蔓延。

3. 品种抗病性

水稻品种之间对稻瘟病菌的抗性差异极大。尽管品种的抗病性有明显的地域性和特异性，但有些品种能在较广的稻区或较长时间种植而不感病。如谷梅2号、谷梅3号、谷梅4号、红脚占、三黄占1号、赤块矮选、湘资3150、魔王谷、青谷矮3号、毫乃焕、砦糖、中国31、奥羽244、Tetep、IR64等是较好的抗源。

品种的抗病性因生育期而异，一般成株期抗性高于苗期。苗期(四叶期)、分蘖盛期和抽穗初期为感病时期。

多数抗病品种在大田推广后3～5年便失去抗性。原因主要有两方面，即菌株致病性变异和品种抗性的退化。

4. 地理条件

山区地势高，因光照少、水温低、气流强、云雾多、结露时间长，水稻生活力减弱，往往发病重于平原稻区。

(五)病害控制

稻瘟病控制策略是以种植高产抗病品种为基础,减少菌源为前提,加强保健栽培为关键,药剂防治为辅助。具体方法有:

1. 种植抗病品种

我国在抗病育种方面进行了卓有成效的攻关协作,已筛选出了大批抗源和供生产应用的抗病高产良种。但因稻瘟病菌的分布具地域性,各地可因地制宜地选用。

湖南等南方稻区:杂交稻冈优 22、汕优 22、寻杂 36;

东北等北方稻区:稻吉粳 57、吉粳 60、京引 127、普黏 7 号、藤系 137、牡丹江 20、龙粳 8 号等品种可推广使用。

由于病菌群体易发生变异,故在大田生产中应采取相应措施合理地使用抗病基因资源,做到:

(1)抗病品种定期轮换　当抗病品种在一地种植 2～3 年后,应及时地轮换下来,用新的抗病良种替换老品种,避免单一抗病基因长期种植;

(2)抗病品种合理布局　在同一生态区内同时种植几个抗病基因不同的品种;

(3)应用多主效抗病基因和微效抗病基因品种　将携带多个不同的抗病基因品种或多个微效抗病基因品种应用于大田,可延长品种的使用年限。

2. 减少病源

一是不用带病种子,二是处理病稻草。收获时,对病田的稻草和谷物应尽量分别堆放,室外堆放的病稻草应在春播前处理完毕。三是带菌种子消毒:①1%石灰水浸种,15～20℃浸 3 d,25℃浸 2 d,并保持水层深 20 cm 左右和不搅动水层,以便病菌在水层和石灰形成膜层下窒息而死;②80%抗菌剂 402 浸种 2～3 d;③强氯精浸种 12～24 h。

3. 改进栽培方式,加强水肥管理

稻瘟菌孢子的形成和萌发均需要高湿条件,如果条件不适宜,即使感病品种也不会发病或发病很轻。云南农业大学朱有勇课题组利用与抗病品种生育期相当但高度感病的品种与抗病品种间隔一定距离种植,使高产、优质的感病品种病害减轻 80%～90%,延长了品种的使用年限。合理施肥,不偏施和过多施用氮肥,注意氮、磷、钾配合,适当施用含硅酸的肥料,如草木灰、矿渣、窑灰钾肥等,做到:施足基肥,早施追肥,中后期看苗、看天、看田酌情施肥。管水方面必须与施肥密切配合,做到:开设明沟暗渠,降低地下水位,合理排灌,以水调肥,促控结合,满足水稻各生育期的需要。

4. 药剂防治

根据预测预报和田间调查,注意易感品种,一旦发生及时施药,控制发病中心。

在叶瘟初期或始穗期叶面喷雾,20%和 75%三环唑是防治稻瘟病的专用杀菌剂,内吸性强,具预防保护作用,施药后能迅速被稻叶及稻根吸收,喷施 1 h 后遇雨也不需补喷。防治苗瘟还可用药液处理秧苗根部,即将洗净的秧苗根部浸泡在药液中 10 min,取出沥干后即可栽插,可预防早期叶瘟发生。其他有效药剂有:富士一号(稻瘟灵)、50%异稻瘟净、20%三环唑·井冈霉素、13%三环唑·春雷霉素、28%复方多菌灵(多井悬浮剂)、40%克瘟散等。

二、水稻白叶枯病

水稻白叶枯病(rice bacterial leaf blight)俗称剥叶瘟、游火病、地火病等,最早于1884年在日本福冈发现,目前已遍及世界各水稻产区。该病也是我国水稻种植区的重要病害,以前主要发生在长江以南局部地区,目前大部分省(市、区)均有发生。水稻受害后,叶片干枯、米质松脆、千粒重降低,一般减产20%~30%,严重的减产50%以上,发生凋萎型白叶枯的稻田,成丛死亡,甚至颗粒无收。

(一)症状

由于品种、环境和病菌侵染方式的不同,病害症状有以下几种类型。

1. 普通型

即白叶枯病典型症状。由于病菌多从水孔侵入,故发病多从叶尖或叶缘开始。初为暗绿色水渍状短侵染线,后沿叶脉从叶缘或中脉迅速向下加长加宽而扩展成黄褐色,最后呈枯白色病斑,可达叶片基部和整个叶片。病健组织交界明显,呈波纹状(粳稻品种)或直线状(籼稻品种)。有时病斑前端还有鲜嫩的黄绿色断续条状晕斑。清晨或湿度大时,病部易见蜜黄色珠状菌脓(图6-4)。

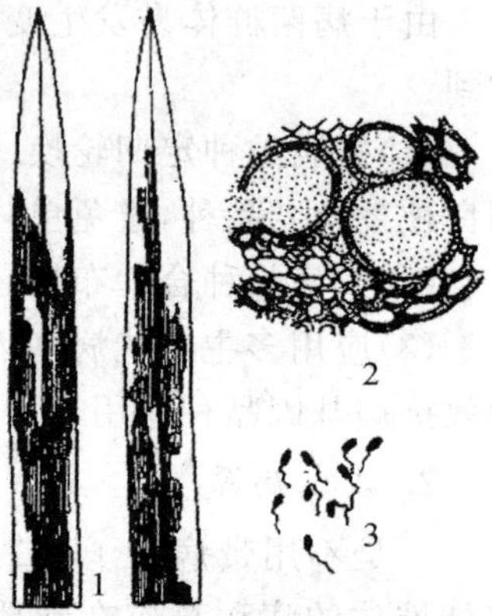

图6-4 水稻白叶枯病

1. 症状 2. 维管束中的细菌 3. 病原细菌

2. 急性型

病叶暗绿色,迅速扩展,几天内全叶呈青灰色或灰绿色,边缘不清,随即迅速失水纵卷青枯,病部也有蜜黄色珠状菌脓。此种症状的出现标志着病害正在急剧发展。发生在多肥栽培、温湿度条件适宜或感病品种上。

3. 凋萎型

病株心叶或心叶下1~2叶先呈现失水、青枯,随后其他叶片相继青枯,以叶脉为中心向内卷曲,最后枯萎,很像螟害造成的枯心。剥开刚刚青卷的枯心叶,也常见叶面有珠状黄色菌脓。这些特点以及病株基部无虫蛀孔,可与螟虫引起的枯心相区别。

此急性发作的凋萎枯死症状,国外称之为kresek。病轻时仅1~2个分蘖青枯死亡,病重时整株整丛枯死,如折断病株茎基部并用手挤压,有大量黄色菌脓溢出。多在秧田后期至拔节期发生,以移栽后15~20 d为最重。

4. 中脉型

表现为病菌从中脉伤口侵入,在剑叶下1~3叶中脉表现为淡黄色症状,沿中脉逐渐向上下延伸,并向全株扩展,成为发病中心,这类症状是系统侵染的结果,且在抽穗前便枯死。病田稻株在拔节以后枯心病株症状减少,至孕穗期前后,还会出现中脉症状。

此病的诊断要点是病斑沿叶缘坏死,边缘波纹状,呈倒"V"字,病部有黄色菌脓溢出,干燥时形成菌胶。

(二)病原

病菌为稻黄单胞杆菌水稻致病变种 *Xanthomonas oryzae* pv. *oryzae*(Ishiyama)Swing,为细菌薄壁菌门黄单胞杆菌属。

菌体杆状，两端钝圆，极生鞭毛1根，不形成芽孢和荚膜，但在菌体表面有一层胶状分泌物(图6-5)；在琼脂培养基上生长缓慢，菌落呈蜜黄色或淡黄色，圆形，边缘整齐，质地均匀，表面隆起，光滑发亮，无荧光，有黏性，G^-，好气性。一般不能利用无机氮和硝态氮，只能利用部分氨态氮。生长温度为5～40℃，最适温度26～30℃，致死温度在无胶膜保护下为53℃。

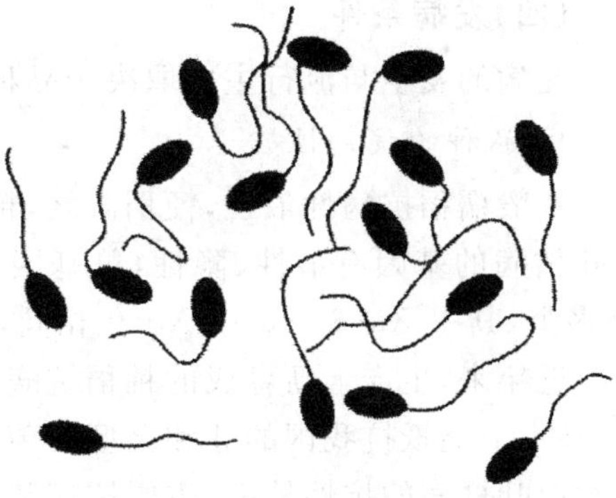

图 6-5　水稻白叶枯病菌

国内外根据白叶枯病菌对不同水稻品种的致病力不同，分为不同的生理小种。根据在IR26、Java14、南粳15、Tetep、金刚30等5个鉴别品种上的反应特征，可将我国的菌株分为7个致病型(Ⅰ～Ⅶ)，菲律宾和日本均分成6个生理小种。

(三)病害循环

1. 越冬

病菌主要潜伏于病稻草、病稻桩和稻种上越冬，作为翌年发病的初侵染源，病菌也能在马唐等多种杂草和茭白及紫云英上越冬；此外，我国海南及东南亚，病田长出的再生稻和落粒自生稻病株，也可成为初侵染源。带菌稻种调运是远距离传播的主要途径，也是新病区的主要初侵染源。老病区则以病稻草为主要侵染源。

2. 传播与侵入

病菌通过灌溉水和雨水传播。潜伏在田间、沟旁病稻草上的病菌，遇到雨水，容易冲到秧田和本田。稻根的分泌物可吸引周围的白叶枯病菌向根际聚集，并在活化增殖后，从叶片的水孔和伤口、茎基和根部的伤口以及芽鞘或叶鞘基部的变态气孔侵入。病菌在病株的维管束中大量繁殖后，从叶面或水孔大量溢出菌脓，借风雨、露滴或流水传播，进行再侵染。一个生长季节中，只要环境条件适宜，再侵染不断发生，致使病害传播蔓延和流行(图6-6)。

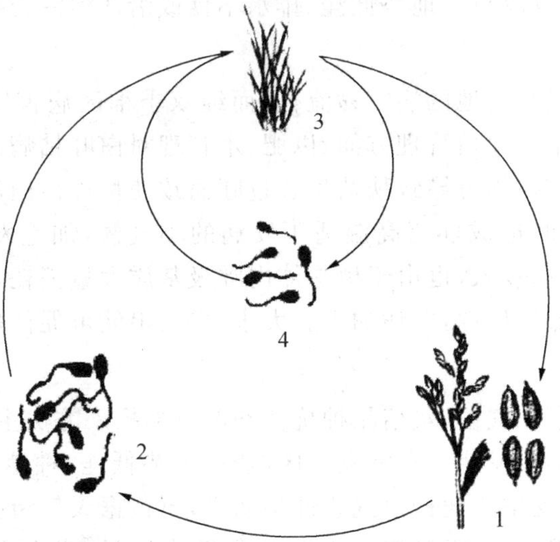

图 6-6　水稻白叶枯病病害循环

1. 带菌种子和病残体　2. 细菌　3. 病残体　4. 病菌再侵染

(四)发病条件

此病的发生与流行主要取决于品种的抗病性、气候因素、栽培条件与耕作措施等。

1. 品种的抗病性

一般糯稻抗病性最强，粳稻次之，籼稻最弱，籼稻品种间抗性也有明显差异。水稻品种抗白叶枯病的基因有显性、隐性，单基因和多基因。目前国际上统一鉴定的抗白叶枯病基因有30多个，其中 *Xa-3*、*Xa-6*、*Xa-9* 相同，多个基因已被克隆。

近年来，生产上新育成的籼稻抗病品种主要携带抗病基因 *Xa-4*，如青华矮6号、扬稻2号等，基本上能抵抗我国的Ⅱ和Ⅳ型两菌群病菌，但不抗华南稻区的Ⅴ型菌。我国的常规粳稻品种对白叶枯病的抗性较好，主要抗病基因为 *Xa-3*，多年来在粳稻产区基本上控制了白叶枯病的流行。不过它对分布在江淮稻区的Ⅳ型菌是无效的。杂交稻的抗性，除主要受恢复系的抗性基因控制外，也受不育系抗性的影响，在与野败型不育系配组的杂交稻中，抗性主要取决于恢复系的抗性基因型。

2. 病原菌致病型(小种)变化

病害流行在很大程度上取决于病菌的增殖能力和致病力的分化状况或致病型(小种)的组成情况。长期种植一种抗病品种的选择压力将加速病菌产生致病力的分化。抗病基因愈多，小种变化愈快，组成越不稳定。因此，在经常更换抗病品种或种植单基因高抗品种的地区，小种组成类型多，新小种或“毒性”小种产生快；而长期种植抗性基因相同的地区，小种组成较单一，变化小，不易产生新的“毒性”小种。目前，我国白叶枯病菌的优势小种为C1和C2，但有些小种上升较快。

3. 气候条件

此病的发生一般在气温25～30℃时最盛，20℃以下和33℃以上受抑制。气温主要影响病害的潜育期，22℃潜育期13 d，24℃，8 d，26～30℃，只需3 d。有时气温偏低，若遇高湿也有利于病害发生。适温、多雨和日照不足有利于发病，特别是台风、暴雨或洪涝有利于病菌的传播和侵入，更易引起病害暴发流行。地势低洼、排水不良或沿江河一带稻区发病也重。

4. 耕作与栽培措施

在早稻、中稻、晚稻混栽的地区病害易流行，而纯双季稻区病害发生轻。在北方单季种植的地区该病害则很少发生。栽培管理方面，以肥、水管理对白叶枯病的影响最大。氮肥施用过多或过迟，或绿肥埋青过多，均可导致秧苗生长过旺而致使稻株体内游离氨基酸和可溶性糖含量增加，抗病力减弱。同时造成郁闭高湿适于发病的小气候，加重发病。深水灌溉或稻株受淹，既有利于病菌的传播和侵入，也由于植株体内呼吸基质大量消耗，分解作用大于合成作用，可溶性氮含量增加而降低抗病性，发病加重。大水漫灌、串灌可促使病害扩展与蔓延。

(五)预测预报

主要根据影响的因素如气候、栽培品种抗性和菌量测报。方法主要两种有：

一是设立观测圃观察始发期。在常发病区，选择地势低洼，种植当地代表感病品种，多施N肥等促使发病，一旦发现中心病株出现急性型病斑，再根据天气情况，及时预报病害。

二是根据气象条件预测发病趋势。水稻分蘖期末以后，若旬气温26℃左右，RH大于80%，旬降雨量在100 mm以上，日照时间50%以下，田间就会出现发病中心，进一步延续，就可能病害流行。

(六)病害控制

在控制菌源的前提下,以种植抗病品种为基础,秧苗防治为关键,狠抓肥、水管理,辅以药剂防治是水稻白叶枯病的防治策略。

1. 杜绝种子传病

防止带菌种子传入无病区,保证不从病区引种,确需从病区调种时,要严格做好种子消毒工作。种子消毒方法有:①80%抗菌剂'402' 2 000 倍液浸种 48～72 h;②20%叶青双 500～600 倍液浸种 24～48 h。

2. 种植抗病品种

因地制宜种植抗病、丰产良种,目前各地都有抗病丰产性能较好的品种。籼稻抗病品种有华竹矮、晚华矮 1 号、青华矮 6 号、扬稻 1 号、扬稻 2 号;粳稻品种有秀水 48、矮粳 23、南粳 15、盐粳中作、中华等;杂交稻有抗优 63、两优 5189 等。由于不同地区小种的组成不同,故同一品种在不同地区的抗感反应不一。因此,要选用抗当地主要小种的丰产品种。

在利用抗病品种时,应注意以下几点:①品种合理布局,并不断更新品种。长江中下游及东南沿海台风登陆频繁地区要尽可能压缩感病或抗病基因单一的品种,种植高产和抗病性较稳定的常规稻品种。同时还要考虑与兼抗其他病害的品种合理搭配。②扩大利用其他抗病基因。在现有广谱抗白叶枯病基因中,*Xa-3*、*Xa-4*、*Xa-7* 和 *Xa-21* 均已导入具有育性恢复基因的强恢复系中,如 IR24、明恢 63 和 6078 等。③利用基因工程进行白叶枯病持久性抗病育种,发掘和利用新的抗病基因。水稻抗白叶枯病基因 *Xa-21* 和 *Xa-1* 的克隆开辟了白叶枯病抗病基因工程育种新领域。人们已将 *Xa-21* 直接转入常规稻和杂交稻品种中,获得了高抗、广谱水稻新品种。我国有丰富的稻资源和野生稻种质资源,许多单位已做了大量抗病性评价工作,不断地发现和挖掘新的抗病基因。

另外,将抗病基因累加至栽培品种中,既可以扩大基因抗谱,又能保持抗病性相对持久。有人采用经典育种方法辅以分子标记选择获得了白叶枯病抗病基因累加系,它们不但表现出抗病性强度的增加,而且也表现出抗谱的增加。

3. 培育无病壮秧和控制压低菌源

选用无病种子,选择地势较高且远离村庄、草堆、场地的上年未发病的田块做秧田,避免中稻、晚稻秧田与早稻病田插花种植;避免用病草催芽、盖秧、扎秧把;整平秧田,湿润育秧,严防深水淹苗;秧苗三叶期和移栽前 3～5 d 各喷药 1 次(药剂种类及用法同大田期防治)。肥、水管理应做到排灌分开,浅水勤灌,适时烤田,严防深灌、串灌、漫灌;要施足基肥,早施追肥,避免氮肥施用过猛、过量、过晚。

4. 药剂防治

喷药防治除应抓好秧田防治外,在大田期特别是水稻进入感病生育期后,要及时调查病情,对有零星发病中心的田块,应及时喷药封锁发病中心,防止扩散蔓延;发病中心多的田块及出现发病中心的感病品种高产田块,应进行全田防治。病害常发区在暴风雨之后应立即喷药。

目前常用的杀菌剂有 20%叶青双、20%龙克菌、25%叶枯灵及 10%叶枯净(5-氧吩嗪)等;秧苗田可用中生菌素浸种,用量 100 mg/kg,大田可用该药喷雾。

三、稻曲病

稻曲病(rice false smut)又称假黑穗病、谷花病等(图6-7)。该病在亚洲、美洲和非洲的30多个国家及我国各稻区都有不同程度发生。一般稻穗发病率为4%～6%,严重达50%以上。它不仅造成秕谷率、青米率、碎米率增加,而且当稻谷中含有0.5%病粒时能引起人畜中毒症状。

(一)症状

主要在水稻扬花以后至乳熟期的穗部发生。病菌菌丝块在病组织中逐渐增大,于颖壳合缝处微开时,露出淡黄色块状的孢子座。孢子座逐渐膨大,最后包裹颖壳,形成比健粒大3～4倍表面光滑的近球形体,黄色并有薄膜包被,随子实体生长,薄膜破裂,转为黄绿或墨绿色粉状物(厚垣孢子),一穗中仅几个或十几个颖壳变为稻曲病粒。

图6-7　水稻稻曲病

(二)病原

病菌有性态为 *Claviceps oryzae-sativae* Hashioka,属真菌子囊菌门麦角菌属稻麦角菌;无性态为 *Ustilaginoidea virens*(Cooke)Takahashi,是无性菌类绿核菌属绿核菌。病菌厚垣孢子墨绿色,球形或椭圆形,表面有疣状突起,由菌丝渐变粗短、原生质浓缩、胞壁加厚形成。发芽后产生短小而上细下粗、单生或分枝、有分隔的菌丝,在其顶端生几个椭圆形或倒鸭梨形的分生孢子。菌核扁平、长椭圆形,初为白色,老熟后变黑色,通常一病粒内生菌核2～4粒。子囊壳球形,埋生于子座顶部表层,孔口外露,使子座顶部表面呈疣状突起。子囊长筒形,无色,内并列着生8个无色丝状的子囊孢子。厚垣孢子中,黄

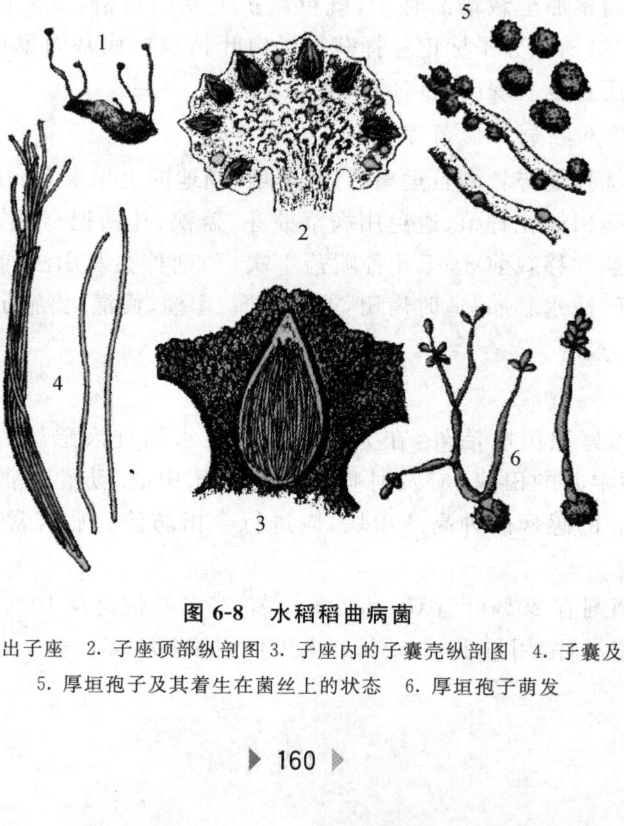

图6-8　水稻稻曲病菌

1. 菌核萌发出子座　2. 子座顶部纵剖图　3. 子座内的子囊壳纵剖图　4. 子囊及子囊孢子
5. 厚垣孢子及其着生在菌丝上的状态　6. 厚垣孢子萌发

色的能萌发，黑色的不能萌发。厚垣孢子萌发温度范围为 12～36℃，适温 25～28℃，50℃时致死；pH 2.77～9.05 都能萌发，但最适 pH 5～7；病菌能产生毒素，即稻曲菌素 A、B、C、D、E、F，它们对水稻胚芽有明显抑制作用，能阻碍水稻的有丝分裂。

（三）发病规律

1. 越冬与传播

稻曲病菌主要以菌核在地面越冬，第二年 7—8 月间开始产生子座，并形成子囊壳，其中产生大量子囊孢子；厚垣孢子也可在被害的谷粒内及健谷颖壳上越冬，随时可萌发产生分生孢子且可维持 6 个月的发芽力。子囊孢子和分生孢子都可借气流传播，侵害花器和幼颖。

2. 侵染与发病

在北方稻区一年只发生一次，在南方稻区则以早稻上的厚垣孢子为再次侵染源侵染晚稻，或早抽穗的水稻上的厚垣孢子可能成为迟抽穗水稻的侵染源。病菌在孕穗期侵害子房、花柱及柱头；后期则侵入幼嫩颖果的外表和果皮，蔓延到胚乳中，然后大量增殖，并形成孢子座。病粒则在水稻扬花末期至灌浆初期出现。

3. 发病条件

不同水稻品种间的抗性存在较明显差异。矮秆、叶片宽、角度小、枝梗数多的密穗型品种较感病，反之则较抗病。抗病性表现为一般早熟＞中熟＞晚熟，糯稻＞籼稻＞粳稻。

肥料过多，特别是花期、穗期追肥过多的田块发病较重；高密度和多栽苗的田块发病重于低密度和少栽苗的田块。

水稻抽穗、扬花期遇低温、多雨、寡日照天气有利于稻曲病发生。山区、丘陵稻田，由于山高雾多，日照少，湿度大，发病明显重于平原稻田。

（四）病害控制

以抗病育种为主，化学防治为辅，注意适期用药，合理整合农业栽培措施。

1. 选育和利用抗病品种

当前生产上较抗病的品种有辽盐 2 号、双糯 4 号、威优 29、减少桂朝 2 号、香粳 4 号、辽粳 5 号等。

2. 加强栽培管理

注意晒田，发病田块收割后要深翻；选用不带病种子，建立无病留种田，播种前及时清除病残体；合理施用氮、磷、钾肥，施足基肥、巧施穗肥、施适量硅肥；合理密植，适时移栽，勤灌浅灌。

3. 种子处理

可选用 15％三唑酮可湿性粉剂 1 000 倍液或 1％石灰水浸种 48 h，可以减少部分侵染源；还可用 50％苯菌灵可湿性粉剂 500～800 倍液浸种，早稻浸 72 h，晚稻浸 48 h，浸种后不需水洗可直接播种。这些处理可兼防稻苗瘟、稻恶苗病和绵腐病。

4. 药剂防治

有效药剂有：井冈霉素、18％纹曲清（井冈霉素＋烯唑醇）、50％稻后安（氧化亚铜＋三唑酮）、络氨铜、胶氨铜、可杀得、多菌铜等，在破口抽穗前 5～7 d 喷雾，但应注意在穗期用药对稻穗的安全性。也可使用 20％毒菌锡和 40％薯瘟锡等药剂，但应注意有机锡的残留与药害。

四、水稻纹枯病

水稻纹枯病(rice sheath blight)又称"花秆"、"烂脚病"、"富贵病"、"云纹病"等。是水稻重要病害,广泛分布于世界各产稻区。我国发生普遍,以长江流域一带和南方稻区危害较重,一些省份该病的危害已超过稻瘟病。发病后叶片枯死,结实率下降,千粒重减轻,秕谷增多,一般减产 5%～10%,严重时达 30%以上。

(一)症状

从苗期到穗期都会发生,以分蘖盛期到穗期受害最重,尤以抽穗期前后危害更重。主要危害叶鞘,也可危害叶片。严重时,可深入茎秆内部引起植株倒伏。在抽穗前如严重发生,可造成植株不能正常抽穗而出现"胎里死";当菌丝蔓延至穗顶,可造成瘪谷,有时形成白穗,甚至引起植株枯死(图 6-9)。

图 6-9 水稻纹枯病

叶鞘发病,初期为水渍状、暗绿色、边缘不清楚的小病斑,以后逐渐扩大成椭圆形或云纹状的病斑,中部灰绿色至灰褐色,最后病斑中部呈草黄色至灰白色,潮湿时则呈灰绿色至墨绿色,边缘呈褐色至暗褐色,外圈稍湿润状,经常几个病斑相互愈合成云纹状大斑块。重病株叶鞘上的叶片常发黄或枯死。

叶片上的病斑与叶鞘相似,但形状不规则。病情发展慢时,病斑外围褪黄;病情发展迅速时,病部暗绿色似开水烫过,叶片很快呈青枯或腐烂状。由于新叶片分蘖经叶鞘而出,当叶鞘受病时,就容易感染叶片或分蘖,所以病害常从植株下部向上部蔓延。

稻穗发病,穗颈、穗轴以至颖壳等都呈污绿色湿润状,受害较轻的穗呈灰褐色,结实不良,出现部分黑褐色瘪谷。受害较重时,常不能抽穗,造成"胎里死",或全穗枯死。

在阴雨多湿的情况下,病部长出白色或灰白色的蛛丝状菌丝体,最后变成褐色坚硬菌核。菌核以少数菌丝缠结在病组织上,很易脱落。在潮湿条件下,病组织表面有时常生一层白色粉末状子实层(担子和担孢子)。

此病的诊断要点为病斑云纹状,花秆烂茎,后期生鼠粪状菌核。

(二)病原

病菌有性态为 *Thanatephorus cucumeris*(Frank)Donk.,称瓜亡革菌,属担子菌门真菌。无性态为 *Rhizoctonia solani* Kühn,称立枯丝核菌,属无性菌类。致病的主要菌丝融合群是 AG-1 占 95%以上,其次是 AG-4 和 AG-Bb。

菌丝体初期无色,老熟时变成淡褐色,直径为 8～12 μm,分枝与主枝成锐角,分枝处显著缢缩,距分枝不远处有分隔。病组织表面的气生菌丝体可结成菌核。菌核单个呈扁球形似萝卜籽状,多个连接在一起呈不规则形,附在病部的一面略凹陷。担子及担孢子在病组织上形成灰白色粉状子实层。担子无色,倒棍棒状,顶端生有 2～4 个小梗,其上各生一个担孢子。担孢子无色,单胞,卵圆形或椭圆形,基部稍尖(图 6-10)。

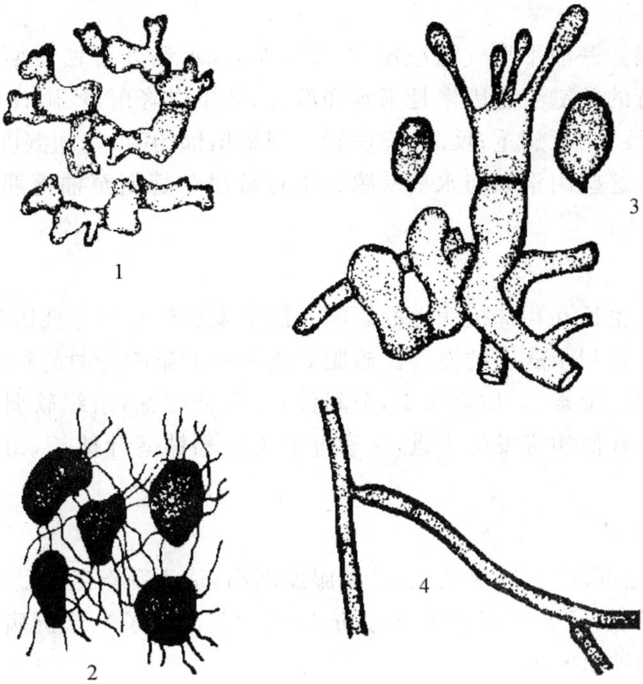

图 6-10 水稻纹枯病菌

1. 老熟菌丝 2. 菌核 3. 担子及担孢子 4. 初生菌丝

(三)病害循环

病菌主要以菌核在土壤中越冬,也能以菌丝和菌核在病稻草和其他寄主作物或杂草的残体上越冬。水稻收刈时落入田中的大量菌核是次年或下季的主要初侵染源。春耕浇水耕耙后,越冬菌核漂浮水面,在适温高湿的条件下,沉浮在水中的菌核均可萌发长出菌丝,菌丝在叶鞘上延伸并从叶鞘缝隙进入叶鞘内侧,先形成附着胞,通过气孔或直接穿破表皮侵入(图 6-11)。潜育期少则 1～3 d,多则 3～5 d。由于菌核随水传播,受季候风的影响多集中在下风向的田角,田面不平时,低洼处也有较多的菌核,因而这些地方最易发现病株。

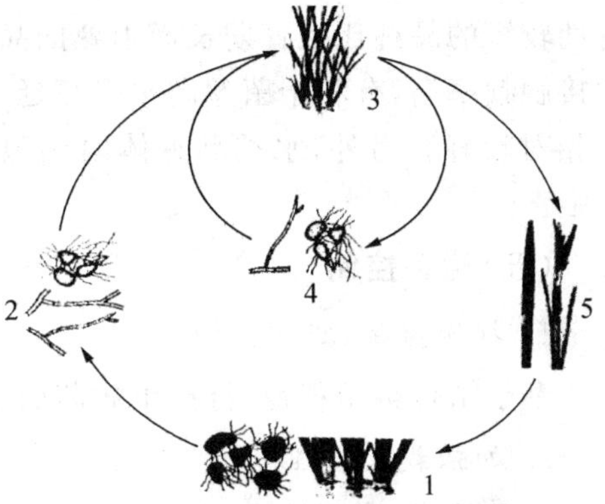

图 6-11 水稻纹枯病病害循环

1. 病残体上越冬 2. 菌丝及菌核 3. 病株 4. 菌丝及菌核再侵染 5. 病株后期

(四)发病条件

纹枯病的发生和危害受菌核基数、气象条件、稻田生态、种植密度、水稻抗病性特别是水肥管理等多种因素的影响。

1. 菌核基数

田间越冬菌核残留量的多少与稻田初期发病轻重有密切关系。历年重病田区,上季或上年重病田,越冬菌核残留量多,初期发病也较多。

2. 气象条件

该病喜高温高湿。一般平均气温稳定在22℃以上，水稻处于秧苗期或分蘖期即可发病。决定水稻纹枯病流行的关键生态因素是雨水和湿度，其中以降雨量、雨日、湿度（雾、露）为最重要。雨日多，相对湿度大，发病重；反之，发病轻。当稻田郁闭时，株间湿度常比大气湿度高，对病害发展就更有利。这些因素如与水稻易感的生育阶段孕穗期至抽穗期相吻合，病害流行程度就更严重。

3. 水肥管理

水肥管理对菌丝生长和稻株抗病性的影响是决定发病轻重的主要因素之一。长期深水灌溉，稻丛间湿度加大，有利于病害的发展。施肥对纹枯病的影响一般与稻瘟病相似。施氮肥过多、过迟，使稻株内部纤维素、木质素减少，节间伸长，茎秆变细，组织软弱，不仅有利于病菌侵入，而且易引起倒伏，致使病害发生更重，氮素过多也使稻株茎叶徒长，田间湿度一大，容易导致该病流行。

4. 种植方式和密度

一般而言，种植密度高时，通风就差，株间湿度增高，适于菌丝生长蔓延，而且光照差，光合效能低，不利于稻株积累足够的碳水化合物，抗病能力差。为了丰产抗病，必须在保证有效穗的基础上保持合理的种植密度。

5. 水稻抗病性及生育期

现有的水稻材料多为感病或中感，但感病程度有差异，少数中抗，未发现免疫和高抗品种。一般矮秆阔叶型比高秆窄叶型感病，粳稻比籼稻感病，糯稻最感病；杂交稻比常规品种感病；生育期较短的品种比生育期长而迟熟的品种发病重；植株矮、分蘖能力强的发病重。密度高，叶片接触频率高，有利于菌丝向水平蔓延，稻株矮有利于菌丝垂直蔓延危害。蜡质层厚的品种发病相对较轻。另外，水稻品种体内细胞硅化程度高、纤维素和木质素含量多的抗病性也相应增强。

(五)病害控制

1. 打捞菌核，减少菌源

春季结合整田耙地，打捞出病菌的菌核，并带出田外深埋。

2. 加强栽培管理

施足基肥，追肥早施，不可偏施氮肥，增施磷钾肥，采用配方施肥技术，使水稻前期不披叶，中期不徒长，后期不贪青。灌水做到分蘖浅水、够苗露田、晒田促根、肥田重晒、瘦田轻晒、长穗湿润、不早断水、防止早衰，要掌握“前浅、中晒、后湿润”的原则。

3. 选用良种

尽管还没有发现免疫和高抗品种，但根据各稻区的生产特点，在注重高产、优质、熟期适中的前提下，宜选用分蘖能力适中、株型紧凑、叶型较窄的水稻品种；以降低田间荫蔽作用、增加通透性及降低空气相对湿度、提高稻株抗病能力。

4. 合理密植

水稻纹枯病发生的程度与水稻群体的大小关系密切；种植密度越大，发病越重。因此，适当稀植可降低田间群体密度、提高植株间的通透性、降低田间湿度，从而达到有效减轻病害发生及防止倒伏的目的。

5. 药物防治

市场上防治纹枯病的杀菌农药很多，像己唑醇、井冈・己唑醇、井冈・蜡芽菌、戊唑醇等对水稻纹枯病的防治效果都很突出。在水稻分蘖盛期即水稻封行前（纹枯病暂未发病或发病初期），每亩用10％己唑醇40 mL＋营养叶面肥粒粒宝30 mL对水20～30 kg，或在水稻分蘖末期即水稻封行后（纹枯病进入快速扩展期），每亩用10％己唑醇55 mL＋营养叶面肥粒粒宝30 mL加水30～40 kg趁早晨露水未干时雾喷于水稻下部，可有效预防、控制水稻纹枯病的发生。井冈霉素与枯草芽孢杆菌或蜡质芽孢杆菌的复配剂，如纹曲宁等药剂可以选用，持效期长。

五、水稻胡麻斑病

水稻胡麻叶斑病（rice brown spot）又称水稻胡麻叶枯病，属真菌病害，分布较广，全国各稻区均有发生。一般由于缺肥缺水等原因，引起水稻生长不良时发病严重。新中国成立前为国内水稻三大病害之一。新中国成立后，随着水稻生产施肥水平的提高，危害已日益减轻。

（一）症状

从秧苗期至收获期均可发病，稻株地上部均可受害，尤以叶片最为普遍。

芽期发病，芽鞘变褐，芽未抽出，子叶枯死。

苗期叶片、叶鞘发病，多为椭圆病斑，如胡麻粒大小，暗褐色，有时病斑扩大连片成条形，病斑多时秧苗枯死。

成株叶片染病，初为褐色小点，逐渐扩大为椭圆斑，如芝麻粒大小，病斑中央灰褐色至灰白色，边缘褐色，周围有深浅不同的黄色晕圈，严重时连成不规则大斑。病叶由叶尖向内干枯，潮湿时，死苗上产生黑色霉状物（病菌分生孢子梗和分生孢子）。叶鞘上染病病斑初椭圆形，暗褐色，边缘淡褐色，水渍状，后变为中心灰褐色的不规则大斑。

穗颈、枝梗发病，病部暗褐色，造成穗枯。

谷粒染病，早期受害的谷粒灰黑色扩至全粒造成瘪谷。后期受害病斑小，边缘不明显。病重谷粒质脆易碎。潮湿条件下，病部长出黑色绒状霉层（即病原菌分生孢子梗和分生孢子）。

此病易与稻瘟病相混淆，其病斑的两端无坏死线，是与稻瘟病的重要区别。

（二）病原

有性态为*Cochliobolus miyabeanus*（Ito et Kurib.）Drechsl.，属真菌子囊菌门旋孢腔菌属，自然条件下不产生。无性态为*Bipolaris oryzae*（Breda de Haan）Shoeam.，属无性菌类平脐蠕孢属稻平脐蠕孢菌。

分生孢子梗基部膨大暗褐色，越往上渐细色渐淡，不分枝，顶端曲膝状，着生孢子处尤为明显，有2～25个隔膜。分生孢子倒棍棒形或圆筒形，弯曲或不弯曲，两端钝圆，有3～11个隔膜，多为7～8个隔膜，隔膜处不缢缩。菌丝生长温度为5～35℃，最适温度28℃左右，分生孢子形成温度为8～33℃，最适温度30℃左右；孢子萌发要求水滴或水层，同时相对湿度要在92％以上。

自然寄主有水稻、看麦娘、黍、稗和糁等，人工接种可侵染玉米、高粱、燕麦、大麦、小麦、粟、甘蔗等及十余种禾本科杂草。病菌有生理分化现象，不同菌系对寄主的致病力有差异。

(三)发病规律

病菌以分生孢子附着于稻种或病稻草上或以菌丝体潜伏于病稻草组织内越冬。稻草上越冬菌丝体产生大量分生孢子随气流传播，引起秧田或本田初次侵染。病菌传到寄主表面后，遇到适宜的温、湿度条件，1 h即可萌发产生芽管，其顶端膨大形成附着胞，伸出侵入丝，从表皮细胞直接侵入或从气孔侵入。

该病的发生与土质、肥水管理和品种抗性关系密切，受气候影响较小。一般土层浅、土壤贫瘠、保水保肥力差的砂质田和通透性不良呈酸性的泥炭土、腐殖质土等易发病。另外，缺氮、缺钾及缺硅、镁、锰等元素的田块易发病。

在通常情况下，籼稻较粳、糯稻品种抗病，早稻较晚稻抗病。植株在苗期和抽穗前后易感病。

(四)病害控制

选用抗病品种，加强农业防治特别是深耕改土、科学管理肥水，辅以药物防治。

1. 农业防治

(1)选择在无病田留种，病稻草要及时处理销毁，深耕灭茬，压低菌源。

(2)按水稻需肥规律，采用配方施肥技术，合理施肥，增加磷钾肥及有机肥，特别是钾肥的施用可提高植物株抗病力，预防植株早衰。酸性土要注意排水，并施用适量石灰，以促进有机肥物质的正常分解，改变土壤酸度。实行浅灌、勤灌，避免长期水淹造成通气不良。

2. 种子消毒处理

稻种在消毒处理前，最好先晾晒1～3 d，这样可促进种子发芽和病菌萌动，以利杀菌，之后用风、筛、簸、泥水、盐水选种，然后消毒。种子处理药剂及方法参见“稻瘟病”。

3. 药剂防治

重点在抽穗至乳熟阶段的发病初期喷雾防治，以保护剑叶、穗颈和谷粒不受侵染。有效药剂有30%苯醚甲环唑/丙环唑(爱苗、世高、嘉润)、25%咪鲜胺、50%咪鲜胺锰盐(施保功)、25%三环唑、春雷霉素等。水稻生育后期喷施叶面肥磷酸二氢钾或生长调节剂。30%爱苗用药量15～20 mL/667 m^2，防治两遍，兼治其他病害，具有保护和治疗双重功效，并且该药剂还具有调节水稻生长、延缓早衰的作用，施药后水稻叶色好，有增强叶片功能的功效，从而提高水稻自身的抗早衰、抗逆性。

六、水稻细菌性条斑病

水稻细菌性条斑病(Rice bacterial leaf streak)又称细条病、条斑病，主要为害叶片。主要发生于我国南方稻区，是一种检疫性病害。近年来在华南、中南一些稻区发病有加重趋势，甚至危害超过白叶枯的危害。

(一)症状

病斑初为暗绿色水浸状小斑，很快在叶脉间扩展为暗绿至黄褐色的细条斑，大小约1 mm×10 mm，病斑两端呈浸润型绿色。病斑上常溢出大量串珠状黄色菌脓，干后呈胶状小粒。白叶枯病斑上菌溢不多不常见到，而细菌性条斑上则常布满小珠状细菌液。发病严重时条斑融合成不规则黄褐至枯白大斑，与白叶枯类似，但对光看可见许多半透明条斑。病情严重时叶片卷曲，田间呈现一片黄白色。

(二)病原

病菌为 *Xanthomonas oryzae* pv. *oryzicola*(Fang)Swings,属细菌黄单胞杆菌属稻黄单胞菌稻生致病变种。菌体单生,短杆状,极生鞭毛一根,G^-,不形成芽孢荚膜,在肉汁胨琼脂培养基上菌落圆形,周边整齐,中部稍隆起,蜜黄色。生理生化反应与白叶枯菌相似,不同之处该菌能使明胶液化,使牛乳胨化,使阿拉伯糖产酸,对青霉素、葡萄糖反应不敏感,水稻细菌性条斑病菌生长适温 28～30℃。

(三)病害循环

病田收获的种子、病残株都带病菌,可成为下季初侵染的主要来源。病粒播种后,病菌侵害幼苗的芽鞘和叶梢,插秧时又将病秧带入本田,病菌主要通过气孔侵染。在夜间潮湿条件下,病斑表面溢出菌脓。干燥后成小的黄色珠状物,可借风、雨、露水、泌水叶片接触和昆虫等蔓延传播,也可通过灌溉水和雨水传到其他田块。远距离传播通过种子调运。粳稻通常较抗病,而籼稻品种大多感病,受害严重。一般籼型杂交稻(如南优 2 号,汕优 63 号)比常规稻感病,矮秆品种比高秆品种感病。对白叶枯病抗性好的品种大多也抗条斑病。

(四)发病条件

高温高湿有利于病害发生。台风暴雨造成伤口,病害容易流行。偏施氮肥,灌水过深加重发病。

病菌主要在病稻种、稻草和自生稻上越冬,成为主要初侵染源。病菌主要从气孔或伤口侵入,借风、雨、露等传播。在无病区主要通过带菌种子传入。高温高湿有利于病害发生。晚稻比早稻易感染,后期水稻易发病蔓延;台风暴雨造成伤口,病害容易流行;偏施氮肥,灌水过深加重发病;晚稻在孕穗、抽穗阶段发病严重。

(五)病害控制

1. 加强检疫

水稻细菌性条斑病是检疫对象,应防止调运带菌种子远距离传播。实施产地检疫,对制种田在孕穗期做一次认真的田间检查,可确保种子是否带菌。严格禁止从疫情发生区调种、换种。对可疑稻种采用温汤浸种的办法进行种子消毒处理,稻种在 50℃温水中预热 3 min,然后放入 55℃温水中浸泡 10 min,期间,至少翻动或搅拌 3 次。处理后立即取出放入冷水中降温,可有效地杀死种子上的病菌。

2. 选用抗(耐)病杂交稻

如桂 31901,青华矮 6 号,双桂 36,宁粳 15 号,珍桂矮 1 号,秋桂 11,双朝 25,广优,梅优,三培占 1 号,冀粳 15 号,博优等。

3. 加强管理

避免偏施、迟施氮肥,配合磷、钾肥,采用配方施肥技术。小水勤灌,不要串灌和深水灌溉。

4. 药剂防治

苗期或大田稻叶上看到有条斑出现时,应该立即喷药防治,常用的杀菌农药有噻森铜、叶青双、消菌灵等。86.2％铜大师(氧化亚铜)、20％硅唑咪鲜胺等。也可参照水稻白叶枯病防治方法。

七、水稻病毒病

水稻病毒病是广泛分布于世界各稻区的重要病害，已经报道的水稻病毒病近 20 种，我国发生的水稻病毒病主要有条纹叶枯病、普通矮缩病、黄矮病、黑条矮缩病等，其中黄矮病和普通矮缩病曾在 20 世纪 60—70 年代在我国稻区发生普遍，并造成严重危害。近年来，水稻条纹叶枯病、普通矮缩病又呈上升趋势，2009 年部分晚稻种植区发生严重，造成部分田块严重减产，一般发病率在 9%～27%，平均达 18.3%，该病正在成为危害我国水稻上的一种主要病害。

(一)症状

各种病毒病的症状表现不同，具体表现如下：

1. 水稻条纹叶枯病

苗期发病，心叶基部出现褪绿黄白斑，后扩展成与叶脉平行的黄色条纹，条纹间仍保持绿色。心叶黄白、柔软、卷曲下垂、成枯心状，也称“假枯心”。病毒病引起的枯心苗与三化螟为害造成的枯心苗相似，但无蛀孔，无虫粪，不易拔起。展叶型的心叶展开不枯心，但从心叶基部开始沿叶脉呈褪绿斑驳，向上扩展蔓延。病株常枯孕穗或穗小畸形不实。拔节后发病在剑叶下部出现黄绿色条纹，各类型稻均不枯心，但抽穗畸形，所以结实很少。

2. 普通矮缩病

病株矮缩，株形僵硬，色泽变暗绿，叶脉间排列有黄白色相间的点线斑，这种点线斑在叶片基部最明显，叶鞘上也有。病株分蘖一般显著增多，但幼芽早期得病的，分蘖反而减少。病株根系发育不良，早期病株不能抽穗，后期病株虽可抽穗，但包颈多，穗形小，结实程度很差，有的只在叶鞘上表现断续点线斑，结实基本正常。感病愈早，矮缩愈严重，损失愈大。

3. 黄矮病

黄矮病发病初期，心叶或心叶下的 1、2 叶叶尖褪色，出现碎绿斑块，因此病叶形成明显的黄绿相间条纹，最后病叶枯卷，但一般粳稻品种这种条纹症状不明显。病株叶片平伸，株形松散，分蘖停止，根系发育不良，黄矮病株矮缩程度不如普通矮缩病株明显，叶距缩短，叶枕重叠，叶片朝一边生长，形成错位。苗期感病植株容易枯死，后期感病植株往往在剑尖上表现症状，抽穗虽正常，但结实程度受到严重影响。

4. 黑条矮缩病

病株矮缩，叶色浓绿僵硬，叶背叶脉、叶鞘及茎秆表面有短条状不规则白色突起，后期变黑褐色，这是本病的主要特点。病叶基部叶脉常弯曲，使叶片表现纵皱状，病株分蘖增多，根系发育较差。感病早的不能抽穗，发病迟的虽能抽穗，但穗小且结实不良。

(二)病原

1. 水稻条纹叶枯病

病原为水稻条纹叶枯病毒 *Rice stripe virus*(RSV)侵染引起，属水稻条纹病毒组(或称柔丝病毒组)病毒。病毒粒子丝状，大小 800 nm×8 nm，分散于细胞质、液泡和核内，或成颗粒状、砂状等不定型集块，即内含体，似有许多丝状体纠缠而成团。病叶汁液稀释限点 10^{-3}～10^{-4}倍，钝化温度为 55℃ 3 min，体外保毒期(病稻)8 个月。本病毒仅靠介体昆虫传染，其他途径不传病。介体昆虫主要为灰飞虱，一旦获毒可终身并经卵传毒，至于白脊飞虱在自然界虽可传毒，但作用不大。获毒（饲毒）取食时间 10 min，循回期 4～23 d，一般 10～15 d。病毒在虫体内增殖，还可经卵传递。

2. 普通矮缩病

病原为 *Rice dwarf virus*（RDV），称水稻矮缩病毒，属植物呼肠弧病毒组病毒。病毒粒体为球状多面体，等径对称，大小 75 nm，粒体内含有双链 RNA。病毒钝化温度 40～45℃，稀释限点 10^{-2}～10^{-4}倍，体外存活期 2 d。病毒粒体多集中在病叶的褪绿部分。在白色斑点的叶部细胞内，含有近球形内含空胞的 X 体。RDV 由黑尾叶蝉、大斑黑尾叶蝉和电光叶蝉传播。病毒可经媒介昆虫的卵传至下一代。叶蝉在病株上取食，多数亲和性个体就可获得病毒，幼龄若虫更容易得到病毒，有的甚至饲养 1～3 min 就可获毒。已获得到病毒的个体须经 4～58 d 的循回期才能传毒，温度愈低，循回期愈长。已通过循回期的叶蝉，在健苗上取食 1 h 即可传毒。据报道，最短传毒时间黑尾叶蝉为 3 min，电光叶蝉为 10 min。传毒个体一般可连续的传毒，秋季新获毒的叶蝉越冬后，几乎死去一半，但活下来的个体其传毒力仍然一样。

3. 黄矮病

水稻黄矮病毒 *Rice yellow stunt virus*（RYSV）属弹状病毒科。病毒粒体为弹状，负单链 RNA，病毒具有外膜，病毒温度的钝化温度是 56～58℃，稀释限点是 10^{-5}～10^{-4}，体外存活期是 11 d。RYSV 由黑尾叶蝉、大斑黑尾叶蝉或二点黑尾叶蝉传播，病毒不能经带毒卵传至下一代。

4. 黑条矮缩病

水稻黑条矮缩病毒 *Rice black-streaked dwarf virus*（RBSDV）属于呼肠孤病毒科（*Reoviridae*）斐济病毒属。病毒粒体球状，直径 75～80 nm，存在于寄主植物韧皮部筛管及伴胞内，导致寄主植物矮化、沿叶脉瘤肿等症状；该病毒基因组由 10 片段双链 RNA 组成，由大到小分别命名为 S1～S10。RBSDV 以灰飞虱传毒为主，介体一经染毒，终身带毒，但不经卵传毒。白脊飞虱和白条飞虱虽也能传毒，但传毒效率较低，褐飞虱不能传毒。灰飞虱个体亲和性较高，传毒个体占 32%～80%，最短饲毒时间为 30 min，一般幼龄虫比老龄虫易获毒，循回期 4～35 d。最短传毒时间为 5～10 min，灰飞虱传毒几乎是连续不间断的进行的。

（三）发病规律

病毒在媒介昆虫体内或越冬卵内越冬，越冬个体传毒能力仍很强，冬季低温对其传毒能力并无影响，据试验－7～0℃的低温对带毒虫传毒能力无影响。第二年带毒成虫迁入秧田和早栽本田时，将病毒带入田间即为初次侵染源，以后继续随各代带毒成虫或若虫扩散蔓延。凡有利传毒媒介昆虫发生的条件，都是病毒病发生的有利条件之一。冬春干旱温暖或上年治虫不力，造成虫口基数大，以及玉米、小麦、杂草发病重的条件下，传毒媒介传播到水稻上的病毒源就多，发病就严重。

水稻感染病毒病的时期，主要在秧田期和本田返青分蘖期。水稻秧苗愈幼嫩则愈易感病，发病率愈高，发病程度愈严重。秧田期感病的，全田病株分布均匀；本田初期感病，田中间发病较轻，边行较重。一般晚稻重于早稻。

水稻品种抗病能力的强弱，与发病程度有密切关系。据调查，目前种植的水稻品种中，抗病性存在一定差异，但没有免疫或高抗品种。栽培管理水平的好坏也与发病程度有密切关系。

水稻播种与移栽期如与媒介昆虫的迁移高峰吻合，则发病重。种植的密度也能影响发病轻重，合理密植，增加有效苗数，可相对减轻发病程度。

(四)病害控制

由于水稻病毒病一般是在苗期最容易感病，且都由媒介昆虫传毒，因此重点是消灭带毒昆虫，预防秧田侵染，采取“切断毒源，治虫防病”的综合防治策略，抓好秧田期和本田初期的防治关键期，力争在灰飞虱、黑尾叶蝉等传毒之前将其消灭，就可以收到较好的防治效果。对常发区的晚稻田，当务之急是收割时不留下稻茬，及时焚烧发病稻草，并清除其他杂草等初侵染源，将来年秧田和本田毒源降至最低。

1. 选用抗(耐)病品种

目前虽未发现绝对抗病品种，但各品种间感病性有一定差异，如 2009 年重发区的品种间感病性就完全不同。目前较抗病品种有三农 3 号、闽晚 6 号、汕优 4 号、赤块矮 3 号等。

2. 栽培防治

(1)合理布局，提倡连作种植　生育期相同或相近的品种应连片种植，以减少黑尾叶蝉、灰飞虱等病毒昆虫相互迁移、传病机会，并有利于防治工作的开展。

(2)选好秧田位置　选择灌溉方便、土壤肥沃、上年未发病或发病轻的稻田做秧田。不能将秧田安排在紧靠麦地的地方，应尽量选择在离重病田较远处。河南等地利用防虫网隔离传毒介体，对水稻条纹叶枯病、黑条矮缩病等具有较好的防治效果。

(3)清除杂草　尽早翻耕稻田，在每季作物收获前铲除田边和灌溉沟渠上的杂草，破坏传毒叶蝉、灰飞虱的越冬场所，减少传毒害虫数量。由于黑尾叶蝉在看麦娘上以若虫形态越冬，灰飞虱有趋向稗草和看麦娘等杂草上产卵的习性，可推广化学除草，消灭看麦娘、稗草等杂草，可消灭中间寄主上的带毒昆虫，以减少毒源。

(4)加强肥水管理　不要让稻田积深水，漏水田小水勤灌；看苗情施肥，不要猛追肥；有黑根的病株，可混合磷肥追施，促使长出新根。

3. 治虫防病

(1)消灭病源　及时抓好传毒昆虫的综合防治，及早消灭传毒害虫于秧田之外。重点抓好黑尾叶蝉、灰飞虱两个迁移期的防治。首先，在越冬代成虫羽化前，防治好田间、田边、沟渠、路边和稻草堆边的传毒害虫；其次，在大小麦收割时，防治好临近早稻边行；在早稻收割时，防治好晚稻边行，可把带毒害虫消灭于迁飞传病前。治虫所用的农药和剂量与防治飞虱的相同。

(2)秧田及时用药　当黑尾叶蝉、灰飞虱等迁入秧田时，要立即喷药防治，亩用 80%敌敌畏 100 mL＋仲丁威 100 mL＋水 40 kg 喷雾。以后隔 5～7 d 喷 1 次，直至移栽为止，比较集中地把传毒害虫消灭于秧田，可省工省药，效果较好。

(3)喷药后拔病株　在大田零星出现病株时，先向病株及周围的水稻喷药，围歼带毒害虫，防止扩散传病，然后立即拔除病株，带出田外烧毁，消灭病源，控制蔓延。拔除后补上无病株，保证全苗。

八、水稻其他常见病害

见表 6-1。

表 6-1　水稻其他常见病害

病害名称及学名	症状要点	发病规律
稻恶苗病 (*Gibberella fujikuroi*)	病株徒长，叶片叶鞘狭长，淡黄绿色；节间显著伸长，节部外露，在基部数节上生出倒生须根；近地表病部生淡红色或白色粉状物，后期见蓝色小颗粒	病种和病草是初侵染源。播种病种或用病草做覆盖物，引起幼苗发病；在秧，本田可发生多次再侵染
稻条叶枯病 (*Cercospora oryzae*)	为害叶鞘、茎秆和穗颈。病部形成纵向短线状褐色条斑，后叶片枯死，茎秆变紫	病菌在病草病谷上越冬。分生孢子借风雨传播。缺肥，深灌，低温，发病重
稻叶黑粉病 (*Entyloma oryzae*)	为害叶片两面；沿叶脉纵向散生黑色短条斑，稍隆起，内为冬孢子堆；重病叶片枯黄，叶尖破裂成丝状	越冬病菌翌年产生担孢子；借气流传播；土壤瘠薄，缺磷、钾肥，发病较重，品种间抗性有差异
稻粒黑粉病 (*Tilletia barclayana*)	为害穗部；病谷米粒被破坏，露出黑色粉末(冬孢子)；病粒症状有三种	在土壤和种子内外越冬。随气流传播；水稻开花后，遇多雨、高温天气易感病
稻叶鞘腐败病 (*Sarocladium oryzae*)	多在孕穗期剑叶叶稍上产生暗褐色虎纹状病斑，幼穗腐烂，抽不出穗而呈包穗，病部可见淡红色霉	病菌在稻草和稻谷上越冬、氮肥过多或缺乏，氮磷钾比例失调，穗期螟害重，均加重发病
水稻云形病 (*Monographella albescens*)	为害叶片。病斑从叶尖或叶缘起呈灰褐色或暗褐色相交互的波浪状云纹。高温时，产生白粉状物，后期产生褐色小点	杂交稻最感病，籼稻较粳稻、糯稻发病重。孕穗后发病比苗期、分蘖期普遍，低温、多雨、通风排水不良田块病重
水稻霜霉病 (*Sclerophthora macrospora*)	病株矮缩分蘖减少，叶斑驳花叶，常有圆形或椭圆形黄白色褪绿斑点，心叶淡黄色；扭曲，不易抽出；重病株不能孕穗，轻病株穗小扭曲，不实	卵孢子在病残体或土壤中越冬，也可在其他寄主上越冬。游动孢子引起再侵染。低温、高温，串灌、漫灌发病重
稻菌核秆腐病 小球菌核病 (*Nakataea sigmoidea*)	主要为害稻株茎部；致使茎秆发黑腐烂，病株早枯，易倒伏。后期叶鞘内侧和茎秆内部产生大量灰褐至黑褐色菌核	以菌核在稻桩、稻草和稻田内越冬。深水灌溉或偏施氮肥或虫害重的田块发病重
稻叶鞘网斑病 (*Cylindrocladium scoparium*)	叶鞘上病斑椭圆形或纺锤形，淡黄褐色，病斑内充满褐色和表生白色子实体	病草可能为初次侵染源；排水不良加重病害
稻谷枯病 (*Phoma glumarum*)	谷粒尖端或全部变褐，病斑中央灰白色，上生黑色孢子器	病谷为翌年初侵染源。台风、暴雨有利发病，偏或迟施氮肥，植株倒伏病重

续表 6-1

病害名称及学名	症状要点	发病规律
稻一柱香 (*Ephelis oryzae*)	幼苗至穗期均发生。病剑叶及鞘上常发生与叶脉平行的白粉状条纹。稻颖壳常成为黑色子实体，小穗被菌丝缠绕呈圆柱状似线香	种子带菌为翌年主要侵染源；自幼芽系统侵染，当年发病或花器侵染翌年发病
水稻紫鞘病 (*Sarocladium sinense*)	叶鞘上出现众多小紫点，使叶鞘部分或全部变紫褐色，病健分界不明显	病残体及种子带菌为初侵染源。雨水传播。常规稻重于杂交稻，籼稻重于粳糯稻
稻褐纹病 (*Nigrospora oryzae*)	危害后期叶片及颖壳。病斑大小不一，不规则形，边缘不清楚，呈深褐色	病菌在病草和病谷上越冬，成为翌年初侵染源
水稻细菌性褐斑病 (*Pseudomonas syrjngae*)	病斑不规则，褐色，周围有黄晕，中央组织坏死，灰褐色。重病时，穗不能正常抽出	病菌在稻草、稻种及野生杂草上越冬；雨水传播
水稻细菌性基腐病 (*Erwinia chrysanthemi*)	分蘖期后发病。茎基部变褐至灰黑色，重病株心叶卷后变枯黄、全株枯死基部用手挤压可见乳白色菌液溢出，有恶臭	在病草和病残体中越冬。伤口侵入。气温 26℃以上有利于发病；氮肥过多，地势低，土质黏重，长期深灌田块病重
水稻黄矮病 (*Rice yellow stunt virus*)	又称暂黄病。黄矮枯是其主要特征。病叶呈明显黄绿相间的条纹，叶脉绿色而叶肉黄色，最后病叶黄化枯卷；病株株形松散，叶片平伸，分蘖停止	获毒的越冬黑尾叶蝉为主要初侵染源。在早、中、稻上繁殖的第 2～3 代获毒成虫，后期迁入晚稻而成为晚稻发病的重要侵染源
水稻黄萎病 (rice yellow dwarf phytoplasma)	叶片褪色；分蘖矮缩丛生，叶变窄小，质地柔软，有高节位分枝。早发病株不抽穗，迟发病株分蘖上显症	由叶蝉传播。获毒的越冬黑尾叶蝉为主要初侵染源。除水稻外，还可侵染看麦娘、甜茅和假稻等杂草
水稻赤枯病 (rice akagare disease)	分蘖中后期发病重。植株矮，分蘖少，心叶窄挺，老叶有铁锈状斑点，黄花下垂，枯死；远望似火烧状。根赤褐色，软腐，有臭味；穗小，不实	由缺钾、缺锌和土壤环境不良等因子引起的生理性病害

九、水稻病害的综合治理

水稻病害综合治理是根据稻田生态系的特点，在明确主要病害发生规律的基础上，因地制宜地协调应用各种必要措施，将病害控制在经济允许水平以下，获得最佳的经济、生态和社会效益。

(一)综合防治关键技术

1. 选用抗性品种

选用抗性品种,特别是多抗品种,是防治病害最经济有效的措施。目前,我国水稻抗性品种的主攻对象是稻瘟病、白叶枯病、纹枯病、病毒病等,现已经选培出一批高产、多抗或兼抗多种病虫的品种,如水源 290、丙 620 和汕优 63,可抗稻瘟病、白叶枯病和纹枯病。需要指出的是,水稻主要病害如稻瘟病菌、白叶枯病菌等,存在致病性分化,而现有的一些抗性品种大多为专化性抗性,若病菌小种发生改变,品种抗性就会丧失。因此在抗性品种利用中,加强小种监测,合理安排品种布局是极其重要的。

2. 栽培控害

栽培技术是农田生态系统多维、多变结构中的主要因素,也是水稻病害综合防治技术体系中的重要组成部分。栽培控害措施主要涉及栽培制度变更、培育壮秧和肥水管理等方面。栽培制度中,首先是熟制改革影响较大,往往引起大范围水稻主要病害的变化。其次是耕作方式的改变对稻田病虫害的发生也有影响,如 20 世纪 80 年代以来,由于长江下游地区推广免、少耕技术,纹枯病菌等在土中的积累增加,使得这些病害加重。另外,合理轮作可以减轻许多水稻病害的危害。培育壮秧,能提高秧苗素质,增强抗病能力。

肥水管理是栽培控害技术中重要的一环。多施、偏施氮肥,有利一些病害的发生。浅水灌溉,适时烤田,是控制纹枯病等病害的重要措施。

3. 生物防治

稻田生态系在长期自然进化过程中,形成了庞大的天敌类群。据调查,稻田中害虫天敌有 700 多种,如稻飞虱和纵卷叶螟有多种寄生蜂和捕食性蜘蛛等。生物防治首先就是保护和利用这些天敌来控制害虫的发生危害。一般结合农事操作活动,为天敌提供栖息或庇护场所。如冬前结合挖土清沟,在田埂边作堆,控制"三光铲草",保护蜘蛛、青蛙等天敌的越冬和隐蔽场所。绿肥、稻田耕翻前后田间撒放枯草有助蜘蛛转移。稻田田埂广种黄豆等小作物,可增加天敌的蜜源,创造天敌生存环境。生物农药是生物防治的一个重要方面。如 Bt 、阿维菌素可以防治稻螟、稻纵卷叶螟等,而井冈霉素则是防治纹枯病、稻曲病的主要药剂。

4. 合理用药

化学防治是防治水稻病害的重要手段。但是,是否需要用药和何时用药,必须依据防治指标。我国当前水稻产量损失的经济允许水平为 5%左右。根据这一原则,不同稻区确定了各主要病害的药剂防治指标。在田间,多种病害往往同步发生、混合危害,因此,需要建立防治两种或两种以上相关病害的复合指标。合理施用农药,还要选用选择性药剂,以避免或减少对稻田有益生物的杀伤。利用水稻分蘖期个体和群体补偿能力较强的特点,在这一时期尽量少用药,提倡兼治、挑治,也是稻田合理用药的重要部分。此外,正确的施药方法,是充分发挥药效、提高防治效果的重要一环。

(二)不同生育期病害的防治

根据病害的发生特点与水稻生育过程,水稻病害综合防治可划分为三个阶段,并采取不同的防治对策。

1. 秧苗期以"防"为主

播种前，一是要按稻区主要病害的种类和分布，合理选用和布局抗性品种，以发挥其自然控病作用；二是严格执行检疫，杜绝细菌性条斑病等检疫性病害的传入；三是认真进行种子消毒处理，以控制恶苗病、干尖线虫病等种传病害的发生，并减轻苗瘟等病害的危害。在秧苗期，首先要加强肥水管理，培育壮秧，提高秧苗抗病虫能力。其次，由于秧苗面积小，病害危害集中和易于防治。

2. 分蘖期"管"、"放"结合

这一时期要积极做好大田肥水管理工作，创造不利于病害发生的环境条件，达到控害目的，并充分发挥水稻补偿作用，放宽防治指标，减少用药次数。防治手段上，主要是适时烤田，以控制纹枯病等病害的蔓延；在放宽防治指标的基础上，注意防治稻瘟病等的危害。

3. 穗期突出"药保"

对不抗病的品种，穗期(孕穗至抽穗扬花期)是药剂防治的重点。要选用高效、长效、低毒、低残留农药，根据病害发生规律，进行复配兼治，一药多用，着重控制穗颈瘟、白叶枯病、纹枯病、稻曲病等主要病害的危害。杂交稻制种田要针对粒黑粉病进行喷药防治。

第二节　麦类作物病害

麦类作物主要包括小麦、大麦、燕麦、荞麦和黑麦等。我国以小麦种植为主，是主要的粮食作物。全世界记载的小麦病害有200多种，我国发生较重的有20多种。病害的为害不仅造成严重产量损失，而且大大影响小麦品质。由于小麦在我国分布很广，华北、西北、东北和长江流域等均有种植，因此各地病害种类和危害程度有所不同，

锈病是小麦上的主要病害，尤其是小麦条锈病，历史上曾经几度大流行，损失惨重。叶锈病的发生面积也在不断扩大。由于麦类锈菌变异频繁，生产中所推广小麦抗病遗传基因又很单一，病害流行的潜在危险始终存在，应加强对相关内容的研究，尤其是监测锈菌小种的分布和消长动态，以及生产中所推广品种的抗病性变化，做好病害的持续防控。

由于追求高产需要，生产上不断提高种植密度和肥水条件，导致近年来小麦纹枯病发生日趋严重，已经成为许多麦区的重要病害，由于目前缺乏抗病品种，为害还在加剧。小麦赤霉病以前是长江流域麦区的主要病害，近年来，该病害已经向北扩展到河北、山东等地，它不仅造成产量损失，而且赤霉菌产生的毒素，还对人、畜有毒性，社会危害性极大。20世纪90年代以后，小麦白粉病曾频繁流行，损失不断增加。尽管利用三唑类杀菌剂防治麦类白粉病效果很好，但研究表明，白粉菌对三唑类杀菌剂的抗性日益突出，应引起注意。

小麦全蚀病和小麦根腐病等根部病害，以前主要发生在黄河以北地区，近年来也在向长江流域麦区蔓延，应引起高度重视。小麦茎基腐病是黄淮海麦区发生的一种新病害，局部地区造成严重损失，已成为小麦生产上的新的威胁。麦类黑穗病等种传病害通过种子处理，在近20年中未严重发生。但由于放松了防治，最近在某些麦区又有加重发生的趋势。此外，小麦病毒病、小麦胞囊线虫病等病害也有加重趋势，防治和研究工作应引起高度重视。

一、小麦赤霉病

小麦赤霉病(wheat scab)在世界各产麦国发生普遍，尤其气候湿润多雨的温带地区受害严重，该病是一种毁灭性的病害，且容易暴发。该病在我国过去一直发生在小麦穗期湿润、多雨的长江流域和沿海麦区，但近年来黄淮海麦区发生逐年加重。1985年小麦赤霉病在河南省大流行，损失小麦8.9亿kg。从20世纪70年代以后，该病逐渐向北方麦区蔓延，2003年该病在河北省大流行，发生面积达67.13万hm^2。2012年小麦赤霉病在河南、安徽、山东等省市暴发，平均减产10%左右，个别地块绝收。目前，由于大面积推广秸秆还田，加上肥水条件改善，赤霉病已成为北方麦区流行频率较高的一种小麦病害。

赤霉病为害后小麦籽粒中含有脱氧雪腐镰刀菌烯醇(deoxynivalenol)和玉米赤霉烯醇(zearalenon)等有害毒素，导致小麦品质变劣，蛋白质和面筋含量减少，出粉率降低，加工性能受到明显影响。如人畜食用病麦后可引起中毒，发生呕吐、腹泻、头晕等现象，并具有致癌、致畸作用。

(一)症状

小麦赤霉病主要危害果穗。在苗期形成苗枯，成株期形成茎基腐烂和穗枯，以穗枯为害最重。常是1～2个小穗被害，有时多个小穗或整穗受害。被害小穗开始基部呈水渍状，后渐失绿褪色而呈褐色至灰白色，湿度大时颖壳的合缝处生出一层明显的粉红色霉层(分生孢子)。一个小穗发病后，不但可以向上、下蔓延，为害相邻的小穗，并可伸入穗轴内部，使穗轴变褐坏死，上部未发病的小穗因得不到水分提早枯死(图6-12)。后期病部潮湿时出现黑色粗糙颗粒(子囊壳)。病穗籽粒皱缩干瘪，苍白色或紫红色，有时籽粒表面有粉红色霉层。

图6-12 小麦赤霉病症状

种子带菌可引起苗枯症状，使根鞘及芽鞘呈黄褐色水渍状腐烂，地上部叶色发黄，重者幼苗未出土即死亡。茎基腐则主要发生于茎的基部，使其变褐腐烂，严重时整株枯死，形成白穗。

(二)病原

有性态为玉蜀黍赤霉 *Gibberella zeae*(Schw.)Petch.，属子囊菌门赤霉属真菌；无性态主要为禾谷镰孢 *Fusarium graminearum* Schw.，其他镰孢菌如黄色镰孢 *F. culmorum*(W. G. Smith)Sacc. 和燕麦镰孢 *F. avenaceum*(Fr.)Sacc. 等多种镰孢菌也可引起赤霉病。

禾谷镰孢大型分生孢子多为镰刀形，稍弯曲，顶端钝，基部有明显足胞。一般有3～5个隔膜，单个孢子无色，聚集成堆时呈粉红色。一般不产生小型分生孢子和厚垣孢子。有性态产生子囊壳散生或聚生于病组织表面，卵圆形或圆锥形，深蓝至紫黑色，表面光滑，顶端瘤状突起为孔口。子囊无色，棍棒状，两端稍细，内生8个子囊孢子，呈螺旋状排列。子囊孢子无色(图6-13)，弯纺锤形，多有3个隔膜。

菌丝生长的最适温度22～28℃，分生孢子萌发最适温度为28℃，低于4℃萌发缓慢，高于37℃则不能萌发。子囊壳形成的最适温度为15～20℃，子囊和子囊孢子形成的最适温

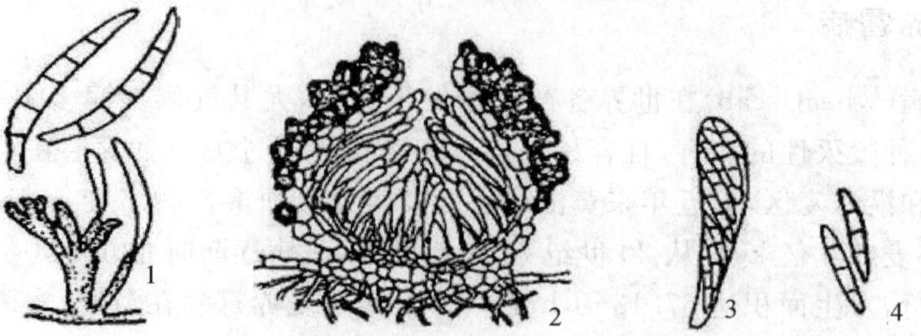

图 6-13　小麦赤霉病菌(引自董金皋，2007)

1. 分生孢子　2. 子囊壳　3. 子囊　4. 子囊孢子

度为 25～28℃；子囊孢子萌发最适温度为 25～30℃，基物湿润是子囊壳形成和发育的基本条件。较高的相对湿度对孢子萌发十分重要。分生孢子萌发要求 96% 以上的相对湿度，子囊孢子释放则要求相对湿度达 99% 以上，低于 95% 很少释放。水滴存在对病原菌孢子的萌发和释放比较有利。

小麦赤霉菌有生理分化现象，菌株间致病力有所不同。除为害小麦外，禾谷镰孢尚可侵染大麦、燕麦、水稻、玉米等多种禾本科作物。此外，该菌还可侵染大豆、棉花、红薯等作物。

(三)病害循环

小麦赤霉病菌腐生能力很强，病菌以子囊壳、菌丝体和分生孢子在各种寄主植物的残体上越冬，土壤和病种子也是重要的越冬场所。病残体上的子囊壳和分生孢子以及带病种子是下一个生长季节的主要初侵染来源。种子带菌是造成苗枯的主要原因，土壤中如有较多病菌则有利产生茎基腐症状。

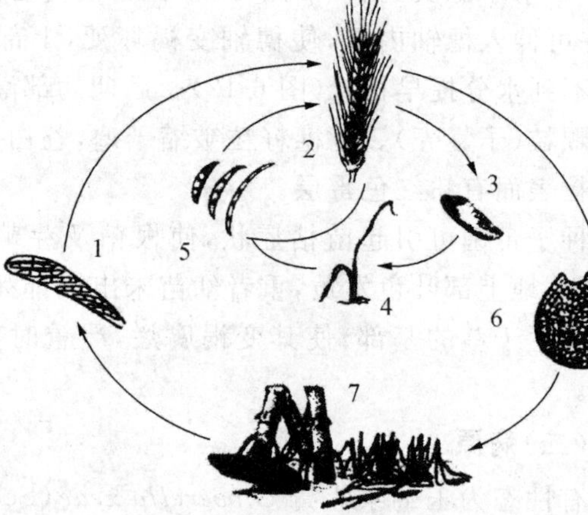

图 6-14　小麦赤霉病病害循环

1. 子囊孢子　2. 病穗　3. 病粒　4. 病苗
5. 分生孢子再侵染　6. 子囊壳　7. 病残体

小麦抽穗后至扬花期最易受病原菌侵染(此时正遇病残体上子囊孢子产生的高峰期)。由于残留于颖壳表面的花粉粒和花药可以作为病菌孢子发芽后的营养基质，因此，病菌主要通过凋萎的花药侵入小穗(少数可以从张开的颖缝处直接侵入)。子囊孢子借气流和风雨传播，孢子落在麦穗上萌发产生菌丝，先在颖壳外侧蔓延后经颖片缝隙进入小穗内并侵入花药。侵入小穗内的菌丝往往靠花药残骸或花粉作为营养，并不断生长繁殖，进而侵害颖片两侧薄壁细胞以至胚和胚乳，引起小穗凋萎。小穗被侵染后，条件适宜 3～5 d 即可表现症状(图 6-14)。

小麦赤霉病虽然是一种多循环病害，但因病菌侵染寄主的方式和侵染时期比较严格，穗期靠产生分生孢子再侵染次数有限，作用不大。穗枯的发生程度主要取决于花期的初侵染量和子囊孢子的连续侵染。对成熟参差不齐的麦区，早熟品种的病穗有可能为中晚熟品种和迟播小麦的花期侵染提供一定数量的菌源。

(四)发病条件

小麦赤霉病的发生轻重主要受气象条件、寄主抗病性及生育时期、菌源数量、栽培条件等因素影响。目前，由于病菌致病性强，菌源也充分，因此，只要具有适宜的气候条件并和小麦扬花期相吻合，就容易造成小麦赤霉病流行。

1. 气象条件

气候因素主要是湿度对小麦赤霉病的发生影响显著。经各地多年统计分析发现，气温对病害流行强度影响不大，而小麦抽穗扬花期的降雨量、降雨日数和相对湿度才是病害流行的主导因素。小麦抽穗后降雨次数多，降雨量大，日照时数少是构成穗腐大发生的主要原因。此外，穗期多雾、多露，或灌水次数多，田间相对湿度高，也可促进病害发生。在前期主要是影响基物上接种体的产生，后期则主要影响病原菌的侵入、扩展和发病。

2. 菌源数量

越冬菌源量和孢子释放时间与田间病害发生程度的关系十分密切。进行空中孢子捕捉结果表明，空中孢子出现早于地面 10～20 d。一般孢子出现期在小麦抽穗期以前，为穗期侵染提供了菌源条件。一般在病害大流行年份，空中孢子出现早，数量也相对多。另外，影响苗期发病的主要因素是种子带菌量。种子带菌量大，或种子不进行消毒处理，病苗和烂种率高。土壤带菌量则与茎基腐发生轻重有一定关系。在我国北方麦区，田间菌源量较多，一般不是流行的限制因素。

3. 品种抗病性和生育时期

据各地鉴定，小麦品种间对赤霉病抗病性存在有一定差异。但尚未发现免疫和高抗品种，特别是目前生产上大面积推广的主要栽培品种对赤霉病抗性均较差。我国育种工作者在抗小麦赤霉病育种方面做了大量工作，曾选育出苏麦 3 号、扬麦 4 号、华麦 6 号、宁 7840、宁麦 9 号和生抗 1 号等抗病品种。从抗病机制来看，抗病品种主要是抗扩展能力较强，发病后往往局限在受侵染小穗及其周围，扩展较慢，严重度较低；而感病品种则扩展较快，发病后常造成多个小穗或全穗枯死。许多研究证明，小麦对赤霉病的抗性遗传为细胞核遗传。感抗亲本杂交 F_1 的抗性处于双亲的中间类型，少数出现超亲现象，F_2 的抗性呈现连续分布的数量性状的遗传特征，遗传力偏低，抗性可能受几对部分显性基因控制。从生育期来看小麦整个穗期均可受害，但以开花期感病率最高，开花以前和落花以后则不易感染，说明病菌的侵入时期受寄主生育期的严格限制。

4. 栽培条件

地势低洼，排水不良，或开花期灌水过多造成田间湿度较大，有利发病；麦田施氮肥较多，植株群体密度大，通风透光不良或造成贪青晚熟，也能加重病情。近年，我国北方麦区实行秸秆还田和免耕措施，造成田间遗留大量病残体和菌源，发病呈普遍加重趋势。

此外，小麦成熟后因雨水不能及时收割，赤霉病仍可继续发生或收割后如遇多雨年份不能及时脱粒，病害可继续在垛内蔓延，以至造成霉垛，或收割时短期内大量籽粒进入晒场，常因雨不能及时晒干出场，籽粒在晒场内发热而引起霉堆。

(五)病害控制

防治小麦赤霉病应采取以农业防治和减少初侵染源为基础，充分利用抗病品种，及时喷施杀菌剂相结合的综合防治措施。

1. 选育和推广抗(耐)病品种

目前尚缺乏免疫与高抗品种,但利用中抗和耐病品种在生产上也发挥了一定作用。如太麦198、齐民7号、济麦22、济原502可用于山东及黄淮海地区,还有苏麦3号、苏麦2号、湘麦1号、扬麦4号、万雅2号、扬麦5号、158号,辽春4号、早麦5号、兴麦17、西农88、西农881、周麦9号、矮优688系、绵麦26号、皖麦27号、万年2号、郑引1号、2133、宁8026、宁8017等,春小麦有定丰3号、宁春24号,各地可因地制宜地选用。

2. 农业防治

播种时精选种子,减少种子带菌率。播种量不宜过大,以免造成植株群体过于密集和通风透光不良;要控制氮肥的施用量,实行按需合理施肥,氮肥作追肥时不能太晚;小麦扬花期应少灌水,更不能大水漫灌,多雨地区要注意排水降湿。

3. 消灭或减少菌源数量

采取必要措施消灭或减少初侵染菌源,小麦扬花前要尽可能处理完秸秆、玉米秸等植株残体;上茬作物收获后应及时翻耕灭茬,促使植株残体腐烂,减少田间菌源数量。小麦成熟后要及时收割,尽快脱粒晒干,减少霉垛和霉堆造成的损失。

4. 药剂防治

(1)种子处理:目的是防治芽腐和苗枯。可用50%多菌灵WP每100 kg种子用药100~200 g(a.i)拌种,或用戊唑醇、敌萎丹等种衣剂包衣。

(2)喷雾防治:防治穗腐的最适施药时期是小麦齐穗期至盛花期,比较有效的药剂是多菌灵和甲基硫菌灵等苯丙咪唑类内吸杀菌剂。每公顷用药450~600 g(a.i),对水喷雾。此外戊唑醇及其与福美双的混剂也是国内外最近发现的防治赤霉病最有效的杀菌剂,并对小麦生长有促进作用。一般当小麦扬花株率达到10%以上,气温高于15℃,气象预报连续3 d有雨或10 d内有5 d以上的降雨,就应开始施药,高发区隔7 d左右再施1次药,可起到良好的防治效果。

二、小麦锈病

小麦锈病(wheat rust)包括条锈病(wheat stripe rust)、叶锈病(wheat leaf rust)和秆锈病(wheat stem rust)3种,是我国小麦上发生面积最广,危害最重的一类病害。历史上曾几度大流行造成严重损失。1950年小麦条锈病大流行,小麦产量损失近60亿kg,之后的10几年间,小麦叶锈病在华北、小麦秆锈病在东北和华南都曾流行过,给小麦生产带来严重的威胁。针对小麦锈病流行及造成重大经济损失这一情况,我国广泛开展了选育和推广抗病品种工作,之后再没有发生过大面积小麦锈病流行。但条锈病在西北和华北一些地区的个别年份仍发生严重,叶锈病的发生面积也在逐年扩大,秆锈病基本未发生过严重的为害。由于小麦锈病菌变异频繁,生产中所推广的小麦品种抗性基因又很单一,加上它们都是典型的气传病害,可高空远距离传播,所以,对该病流行的潜在危险应时刻保持高度警惕。

(一)症状

1. 小麦条锈病

发病部位主要是叶片,叶鞘、茎秆和穗部也可发病。初期在病部出现褪绿斑点,以后形成鲜黄色的粉疱,即夏孢子堆。夏孢子堆较小,长椭圆形,在成株期叶片上沿叶脉排列成行,呈虚线状;幼苗期则不排列成行。后期长出黑色、狭长形、埋伏于表皮下的条状疱斑,即冬孢子堆,冬孢子堆多生于叶背。见图 6-15。

图 6-15　小麦条锈病症状

1. 叶片上夏孢子堆　2. 叶片上冬孢子堆
3. 茎秆上冬孢子堆

2. 小麦叶锈病

主要为害小麦叶片，有时也为害叶鞘和茎。发病初期出现褪绿斑，以后出现红褐色粉疱（夏孢子堆）。夏孢子堆较小，橙褐色，在叶片上不规则散生，偶尔叶锈菌也可穿透叶片，在叶片正反两面同时形成夏孢子堆，但叶背面的孢子堆比正面的小。夏孢子堆较秆锈菌小而比条锈病菌大，多发生在叶片正面。表皮破裂后，散出黄褐色夏孢子粉。后期在叶背面和茎秆上长出黑色阔椭圆形至长椭圆形、埋于表皮下的冬孢子堆。

3. 小麦秆锈病

为害部位以茎秆和叶鞘为主，也为害叶片和穗部。夏孢子堆较大，在 3 种锈病中最大，长椭圆形至狭长形，红褐色，不规则散生，常全呈大斑，孢子堆周围表皮撕裂，并向外翻起如唇状，散出锈褐色夏孢子粉，夏孢子可穿透叶片。后期病部长出黑色椭圆形至狭长形、散生、突破表皮、呈粉疱状的冬孢子堆。

3 种锈病的症状有时不易分辨。田间诊断时，可根据其夏孢子堆和冬孢子堆的形状、大小、颜色、着生部位和排列来区分，可简单概括为“条锈成行叶锈乱，秆锈是个大红斑”。在幼苗叶片上夏孢子堆密集时，叶锈病与条锈病有时亦难以区分，但因条锈病有系统侵染，其孢子堆有多重轮生现象。

（二）病原

1. 小麦条锈病

病菌为条形柄锈菌小麦专化型 *Puccinia striiformis* West. f. sp. *tritici* Erikss，属担子菌门柄锈菌属真菌。病菌夏孢子单胞，球形，表面有细刺，鲜黄色，孢子壁无色，具 6～16 个发芽孔。冬孢子双胞，棍棒状，顶部扁平或斜切，分隔处稍缢缩，褐色，上浓下淡，下部瘦削，柄短有色。小麦条锈菌可在小檗上产生有性世代锈子器和锈孢子。

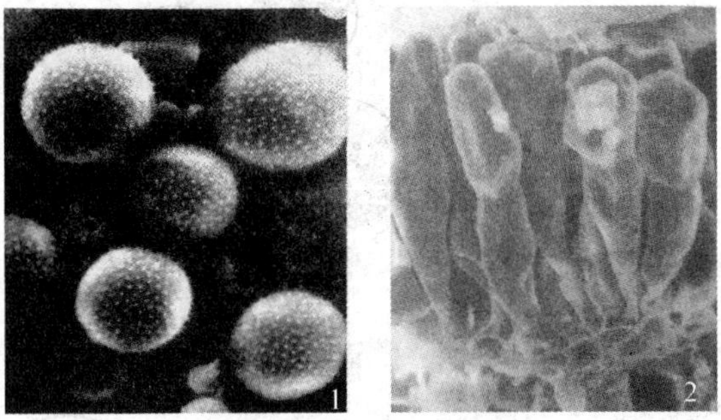

图 6-16　小麦条锈病菌形态

1. 夏孢子　2. 冬孢子

病菌生长发育所要求的温度较低，菌丝生长和夏孢子形成的适温为 7～15℃，夏孢子萌发的最低温度为 2～3℃，最高温度为 20～26℃，最适温度为 7～10℃；侵入的适温为 9～12℃。夏孢子的萌发和入侵需饱和湿度或叶面具有水滴（水膜）。条锈菌夏孢子不耐高温，在 36℃下经 2 d 即失去活力。

病菌存在明显的生理分化，通过鉴别寄主可以把条锈菌划分为不同的生理小种。由于各国生产上所用主栽品种不同，而且不断更换，因此，我国也不断充实和调整鉴别寄主。从 20 世纪 50 年代起，先后鉴定出条中 1 号至 32 号共 32 个小种和 40 多个致病类型。各个时期都出现了相应的优势小种。

2. 小麦叶锈病

叶锈病菌为 *Puccini recondita* Rob. et Desm. f. sp. *tritici* Erikss et Henn，属担子菌门柄锈菌属真菌。夏孢子单胞，球形或近球形，表面有细刺，橙黄色，具 6～8 个发芽孔。冬孢子双胞，棍棒状，暗褐色，分隔处稍缢缩，顶部平，柄短无色。

3. 小麦秆锈病

病菌是禾柄锈菌小麦专化型 *Puccini graminis* Pers. f. sp. *tritici* Erikss et Henn，属担子菌门柄锈菌属真菌。秆锈菌夏孢子单胞，长椭圆形，暗橙黄色，中部有 4 个发芽孔，胞壁褐色，具明显棘状突起。冬孢子双胞，棍棒状或纺锤形，浓褐色，分隔处稍缢缩，表面光滑，顶端圆形或略尖，柄上端黄褐色，下端近无色。

(三)病害循环

1. 小麦条锈病

小麦条锈病菌不耐高温，因此，越夏便成为小麦条锈病循环中的关键环节。病菌在旬平均气温超过 22℃，侵染便完全停止，受侵叶片也不能正常发病(图 6-17)。我国小麦大部分种植区夏季最热时旬均温都超过 22～23℃，因此，条锈菌在这些地区不能越夏。小麦条锈菌是以连续侵染的方式在夏季冷凉的山区和高原地区的晚熟小麦、自生麦苗和其他越夏寄主(如黑麦和禾本科杂草等)上越夏，并以前两种为主。其中西北和川西北越夏区是东部广大麦区秋苗感病的主要菌源基地，陇南和陇东是引起我国小麦条锈病流行的关键地区。云南、新疆越夏菌源的作用主要仅限于该地区。华北地区的越夏菌源很少。甘肃、青海、四川、云南等高寒地区，海拔高、气温低，因此，条锈菌可在晚熟冬麦、春麦及自生麦苗上越夏。

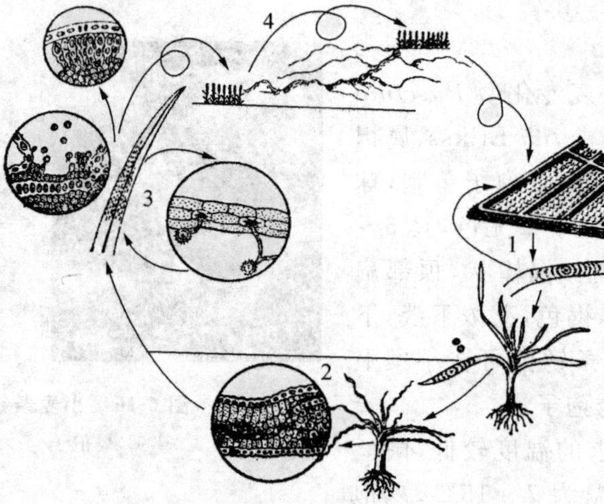

图 6-17　小麦条锈病病害循环

1. 秋苗发病　2. 越冬　3. 春季流行　4. 越夏

秋季小麦条锈菌随气流从越夏地区逐步向冬麦区传播蔓延，侵染秋苗。夏孢子萌发产生芽管沿叶片生长，遇气孔后顶端膨大，形成明显的附着胞，后长出侵入丝，钻入气孔并形成泡囊，再长出侵染菌丝，在寄主叶肉细胞间隙蔓延，以吸器伸入寄主细胞内吸收营养。距越夏区越近，播种越早，秋苗发病越重。陇东、陇南早播麦田 9 月上旬播种，9 月底至 10 月初就出现病叶。因各年越夏区菌量不等，因而各年田间病叶率变动较大。一般年份要先形成发病中心，最终才能导致全田发病；重病年份该地区发病田块一开始便出现多数单片病叶，不经发病中心阶段便可引致全田发病。距越夏区越远、播期越迟，秋田发病就越轻。关中东部和黄河以北麦区多在10—11月才出现病叶，江淮麦区要到11月以后才出现病叶，而且概率极低。

气温降至1～2℃时，条锈病便停止发展。此时，病菌以侵入叶组织的菌丝体休止越冬。条锈病菌越冬的临界温度为最冷月平均气温－6～－7℃，但麦田若有积雪覆盖，即使气温低于－10℃仍能安全越冬。以常年气温而言，我国条锈病菌越冬的地理北限为东起山东德州，经河北石家庄、山西介休，西至陕西黄陵一线。该线以北越冬率很低，以南则每年均可越冬，且越冬率较高。

在条锈病菌越冬区北部如华北、关中等地，秋苗发病程度与其越冬率有显著的相关性。单片叶片不能越冬，只有秋苗期形成的发病中心才能顺利越冬。华北平原南部以及以南各地，冬季温暖湿润，小麦仍呈缓慢生长状态，条锈病可以在冬季正常侵染，不存在越冬问题。在江淮、江汉、四川盆地等麦区，条锈病可在冬季持续侵染蔓延，成为来年侵染北方麦田的菌源基地，这些地区也被成为冬繁区。

目前已获得了自然条件下存在条锈菌有性生殖的证据，且表明小檗上产生的锈子器及锈孢子在小麦条锈病的病害循环中起作用。

2.小麦叶锈病

小麦叶锈菌以夏孢子世代完成侵染循环，其越夏和越冬的地区均较广。在我国大部分麦区，小麦收获后病菌转移到自生麦苗上越夏。在冬季温暖、湿润的西南及长江中、下游冬麦区，叶锈菌不仅可以越冬而且在一定程度上还有所扩展，为第二年的流行提供大量菌源。在春麦区，由于病菌在当地不能越冬，病害发生系外来菌源所致。

叶锈菌夏孢子萌发后长出芽管，沿叶表生长，遇到气孔后侵入。经6 d左右在叶面上产生夏孢子堆和夏孢子，经风雨传播进行多次重复侵染。

3.小麦秆锈病

小麦秆锈菌夏孢子不耐寒冷，在我国北方广大麦区不能安全越冬。但秆锈病可在南方麦区不间断发生，因此，这些地区是主要越冬区。据考察，秆锈菌的越冬区域比较小，主要越冬区在福建、广东等东南沿海地区和西南局部地区。由于我国现有的转主寄主在自然条件下都不起作用，所以，小麦秆锈菌只能以夏孢子世代在小麦上完成侵染循环。我国小麦秆锈菌是以夏孢子世代在南方为害秋苗并越冬，通过菌源的远距离传播，在北方春麦区引起春、夏流行，构成周年侵染循环。

（四）发病条件

影响小麦锈病发生和流行的主要因素是病菌生理小种的变化、小麦品种的抗锈性以及环境条件。

1.生理小种及变化

小麦锈菌生理小种种群结构的重大变化是导致大批抗病品种抗锈病丧失和锈病流行的主要原因。20世纪50年代，条锈病菌的条中1号上升为优势小种，碧蚂1号小麦品种丧失抗锈性，导致病害大流行；以后数次病菌生理小种的变化都导致生产上主推品种的抗病性丧失，病害发生严重。目前在小麦条锈病中已经形成条中32、水源14为主的格局，条中32已成为我国的优势小种。

利用 *Lr* 单基因系作为鉴别寄主，发现我国小麦叶锈菌的群体毒性很强，而且存在着明显的生态地域性。如云南、贵州等地的叶锈菌株毒性最强，毒性基因谱最宽。

小麦秆锈病菌生理小种 40、116、34C2、34C4 的毒性很强，但不是生产上优势种群，而毒性较弱的优势小种 21C3 自发现以来，长期稳定占据优势地位，这也是小麦秆锈病多年来很少流行的主要原因。

2.品种抗锈性

大面积种植感病品种或者大面积栽培的抗病品种丧失抗锈性，是锈病流行的基本条件。抗锈性是小麦与锈菌在长期协同演化过程中形成的复杂性状。它有多种类型，主要包括低反应性抗锈性、数量性状抗锈性和耐锈性等 3 大类型。其表现形式、强度、机制多样。

(1)低反应性抗锈性　低反应性抗锈性的抗锈程度可由免疫到中度抗病。特点是在锈菌侵入后迅速发生过敏性坏死反应，侵染点及周围的寄主细胞迅速坏死，抑制病菌扩展，形成较低的反应型。它是由少数主效抗性抗病基因控制的。目前，小麦抗秆锈病品种大多仍然为低反应型抗性，表现为过敏性坏死反应。

(2)数量性状抗锈性　数量性状抗锈性的抗病因素很复杂，品种间抗病性的差异表现为数量差异。包括侵染率、潜育期、孢子堆数量和孢子堆大小等，难以用定性的方法鉴别。

(3)耐锈性　指某些品种发病程度与感病品种相当，但其产量损失却显著低于感病品种的现象。

(4)避病性　在发病盛期到来时已处于生育阶段晚期，损失相对较小。此种避病性并不是真正的抗病性，在锈病发生比常年提早的大流行年份，也可遭受严重损失。

目前已有 50 多个抗条锈菌基因完成了染色体定位，抗叶锈基因(*Lr* 基因)也已经发现 90 多个，正式定名的有 56 个。基因鉴定工作非常重要，因为不同名称的抗源材料可能带有同一抗病基因，而育成的不同品种就可能携带同一抗病基因，种植这些品种就可能加速对该抗病基因有毒性小种的发展和由此导致抗病性的“丧失”。

3.环境条件

影响小麦锈病发生和流行的环境条件主要是雨水和结露。夏秋多雨，有利越冬越夏菌源繁殖和秋苗发病；冬季多雪，有利保护菌源越冬；3～5 月，尤其是 3～4 月份雨水多、结露时间长，有利病菌的侵染、发展和蔓延。在早春无雨的情况下，病叶死亡快，不利锈病流行。

耕作、播期、密度、水肥管理和收获方式等对麦田小气候、植株抗病性和锈病发生也有很大的影响。冬灌有利锈菌越冬，麦田管理不当，追施氮肥过多、过晚，使麦株贪青晚熟，加重锈病发生，大水漫灌能提高小气候湿度，有利于锈菌侵染。

(五)防治方法

小麦锈病的防治策略应以种植抗锈品种为主，栽培和药剂防治为辅，实施分区治理的综合防治措施。

1.种植抗性品种

利用抗性品种是防治小麦锈病最经济有效的措施，我国已经育出了一大批抗锈病新品种，各地可因地制宜选用。抗条锈病较好的品种有：京冬 8 号、京核 3 号(931)、京 411、冬麦 1 号、北农白、百农 64、郑州 8915、、周麦 9 号、矮优 688 系、新宝丰、豫麦 39、川麦 25、绵阳 26、川农麦 1 号、蜀万 41 号、冀审石 4185、冀麦 341、皖麦 28 号、渭麦 8 号、秦麦 12 号、西农 1376 号等，各地可因地制宜种植。并且，充分利用现有有效抗病基因，实施小麦不同抗锈基因品种的合理布局。

另外，培育和利用多基因聚合品种(将多个抗病基因聚合在一个品种中)、多系品种(抗不同生理小种的多个品系的组合)或多抗品种(抗多个种，或兼抗其它病害的品种)，实现生产品种抗病基因多样化，抑制病菌新毒性菌系的发展和优势小种的形成。在控制小麦群体基因结构的过程中，要重视基因多样性这一抗锈关键因素，避免小麦抗锈品种抗源单一化。

同时还要发掘利用新的抗病基因，充分利用外源基因来丰富小麦的抗锈基因，例如将长穗偃麦草的抗锈基因导入到普通小麦育成的中 4 号和中 5 号等品种。

目前，抗条锈基因的分子标记工作已取得重大进展，利用分子标记可快速、有效鉴别和监测不同抗病基因，避免传统生物学鉴定方法受条件影响大、效率低、难以准确鉴定不同基因的缺陷。它的应用可提高育种中的选择效率，加速育种进程，促进抗病基因的合理应用。

2. 实行抗锈基因合理布局

在条锈菌越冬和越夏区、其它不同的流行区域实施抗病基因的合理布局，以阻断锈菌的侵染循环，抑制病菌的繁殖、扩散和病害流行。在同一地区，更应实行抗源多样化。我国曾经由于实施了小麦抗锈基因的合理布局，即在不同流行区域具有不同的抗源，有效遏制了条锈菌和叶锈病菌的发展。在品种的合理利用方面，实行多品种分区布局。另外，还要注意应用具有避病性(早熟)、慢病性、耐病性和高温抗病性等特点的品种。

3. 栽培防治

在控制小麦条锈病方面可采取适期播种，避免早播，以减轻秋苗发病，减少秋季菌源的方法，及越夏地区要消灭自生麦苗，减少越夏菌原的积累和传播等措施。另外，在陇南等条锈病菌越夏易变菌源基地实施种植结构调整等，加强生态控制，进行综合治理。

在土壤缺乏磷钾肥的地区，应增施磷钾肥，增强植株抗病性，减少锈病发生；合理灌溉，将病害发生和产量损失减轻到最低程度。

4. 药剂防治

药剂防治是控制锈病流行的主要应急措施。

(1)种子处理。药剂拌种和种子包衣是在小麦锈病常发易变区控制菌量必不可少的重要手段，不但可以防病，也可以兼治多种病虫害。拌种：用种子量 0.03%的戊唑醇，或用种子量的 0.02%的粉锈宁或禾果利(有效成分)拌种。即用 15%粉锈宁 75 g 与 50 kg 种子，或 20%粉锈宁 EC 75 mL 与 50 kg 种子干拌，拌种力求均匀，拌药种子当日播完。用粉锈宁拌种要严格掌握用药量，避免发生药害。

(2)成株期喷药。用以防治锈病的药剂主要有粉锈宁、戊唑醇、丙环唑和速保利等三唑类和醚菌酯、密菌酯等甲氧基丙烯酸类杀菌剂。当春季田间病叶率达 2%～4%时，应进行叶面喷雾，用量为 105～210 g/hm^2，1 次施药即可控制成株期锈病危害，兼有保护和治疗作用。用量的大小视田间病情酌情增减，并及时查漏补喷，重病田要进行 2 次喷药。

三、小麦纹枯病

小麦纹枯病(wheat sharp eyespot)在世界各产麦国家均有发生，中国、美国、新西兰、英国等比较严重。近年来由于水肥条件的改善、种植密度增加及品种更换，纹枯病在我国长江中、下游地区和黄淮平原麦区逐年加重，成为生产上的主要病害之一，一般可使小麦减产 10%左右，严重地块减产 30%左右。

(一)症状

小麦染病，因时期可有多种症状。

(1)烂芽　种子发芽后，芽鞘受侵染变褐，继而烂芽枯死不能出苗。

(2)病死苗　主要在麦苗 3～4 叶期发生。在第一叶鞘上呈现中央灰白、边缘褐色的病斑，严重时因抽不出新叶而造成死苗。

(3)花秆烂茎　多发生在返青拔节后，病斑最早出现在下部叶鞘上，产生中部灰白色，边缘浅褐色的云纹状病斑，多个病斑相连接，形成云纹状的花秆。条件适宜时，病斑向上扩展，并向内扩展到小麦的茎秆，在茎秆上出现近椭圆形的“尖眼斑”，病斑中部灰褐色，边缘深褐色，两端稍尖。田间湿度大时，病叶鞘内侧及茎秆上可见蛛丝状白色的菌丝体，以及由菌丝纠缠形成的黄褐色的菌核。小麦茎秆上的云纹状病斑及菌核是纹枯病诊断识别的典型症状(图 6-18)。

图 6-18　小麦纹枯病

(4)倒伏　由于茎部腐烂，后期极易造成倒伏，尤其风雨后，常成片倒伏。

(5)枯孕穗和枯白穗　发病严重的主茎和大分蘖常抽不出穗，形成“枯孕穗”；有的虽然能抽穗，但结实减少，籽粒秕瘦，形成“枯白穗”。枯白穗在小麦乳熟期最为明显，发病严重时田间出现成片的枯死。此时若田间湿度较大，病植株下部可见病菌产生的菌核。菌核近似油菜籽状，极易脱落到地面上。

(二)病原

病菌是禾谷丝核菌 *Rhizoctonia cerealis* Van der Hoeven，属无性菌类丝核菌属。有性态为担子菌门角担菌属 *Ceratobasidium*，但自然情况下少见。也有报道立枯丝核菌(*R. solani* Kühn)也能侵染小麦引起纹枯病，但比例较低。

病原初生菌丝无色，较细，菌丝分枝呈锐角，分枝处大多缢缩变细，分枝附近常产生横隔膜。菌丝以后变褐色，分枝和隔膜增多，分枝和母枝之间近直角(图 6-19)。部分菌丝膨大成念珠状，以后菌丝相互纠结，在平板上形成菌核。菌核初为白色，后变成不同程度的褐色，表面粗糙，不规则，菌核之间由菌丝链接，大小如油菜籽。禾谷丝核菌菌丝细胞双核，菌核较小，色泽较浅，菌丝生长速度慢，较细；立枯丝核菌菌丝细胞多核，菌核色泽较深，菌丝生长较快，较粗。

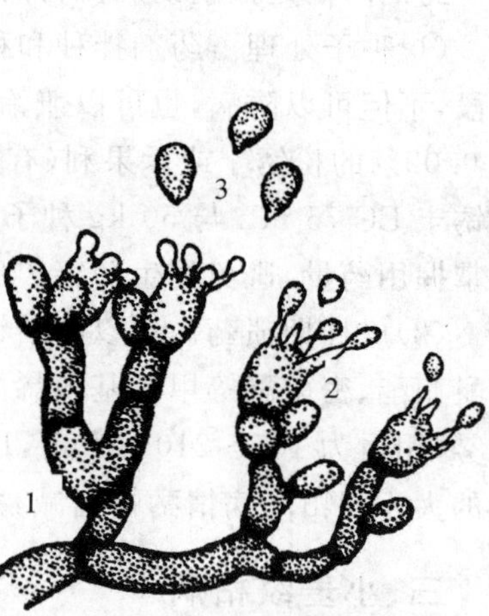

图 6-19　小麦纹枯病

1. 菌丝　2. 担子　3. 担孢子

菌丝生长适温为 22～25℃，13℃以下或 35℃以上生长受抑制。病菌生长 10～11 d 开始形成菌核。菌核萌发无休眠期，适温 4 d 即可萌发。病菌生长的 pH 4～9，以 pH 6 最适宜。

根据菌丝融合群(anastomosis group，简称 AG)划分，

我国小麦纹枯病菌的优势菌群是禾谷丝核菌的 CAG-1 群，约占 90%；立枯丝核菌 AG-5 及其他融合群数量较少。小麦纹枯病菌除侵染小麦外，对大麦也表现强致病力，而且还能侵染玉米、水稻等禾谷类作物，但致病力不及对小麦强，对大豆和棉花不致病。

(三)病害循环

1. 越冬

病菌以菌核和菌丝体在病残体中越夏、越冬，作为第二年的初侵染源，其中菌核的作用更为重要。试验表明，菌核在干燥条件下保存 6 年仍可以萌发。埋入田间持水量 55% 的土壤中，6 个月后 80%仍具有活力，而且萌发势好。

2. 传播

此病是典型的土传病害。带菌土壤可以传播病害，混有病残体和病土而未腐熟的有机肥也可以传病。此外，农事操作也可传播病害。

3. 侵染与发病

土壤中的菌核和病残体长出的菌丝接触寄主后，形成附着胞或侵染垫产生侵入丝直接侵入寄主，或从根部伤口侵入。冬麦区小麦纹枯病在田间的发生过程可分为 5 个阶段：①冬前发病期：土壤中越夏后的病菌侵染麦苗，在 3 叶期前后始见病斑，整个冬前分蘖期内，病株率一般在 10%以下，早播田块有些可达 10%～20%。侵染以接触土壤的叶鞘为主。冬前这部分病株是后期形成白穗的主要来源。②越冬静止期：麦苗进入越冬阶段，病情停止发展，冬前发病株可以带菌越冬，并成为春季早期发病的重要侵染来源之一。③病情回升期：本期以病株率的增加为主要特点，时间一般在 2 月下旬至 4 月上旬，随着气温逐渐回升，病菌开始大量侵染麦株，病株率明显增加，激增期在分蘖末期至拔节期，此时病情严重度不高，多为 1～2 级。④发病高峰期：一般发生在 4 月上中旬至 5 月上旬。随着植株拔节与病菌的蔓延发展，病菌向上发展，严重度增加。高峰期在拔节后期至孕穗期。⑤病情稳定期：抽穗以后，茎秆变硬，气温也升高，阻止了病菌继续扩展。一般在 5 月上中旬，病斑高度与侵染茎数都基本稳定，病株上产生菌核后落入土中。重病株因失水枯死，田间出现枯孕穗和枯白穗(图 6-20)。

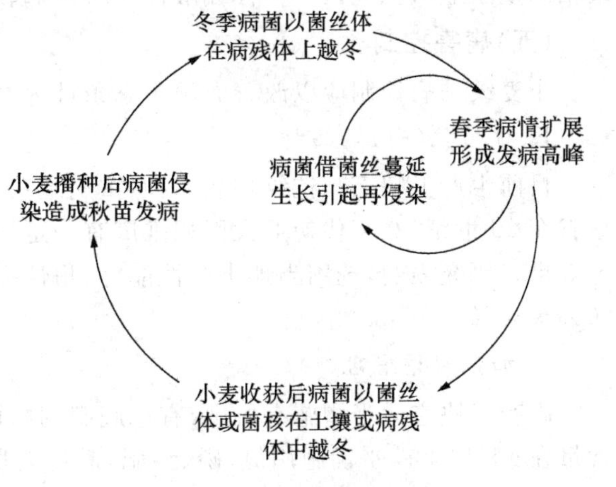

图 6-20　小麦纹枯病病害循环

(四)发病条件

影响小麦纹枯病发生流行的因素包括品种抗性、气候因素、耕作制度及栽培技术等。

1. 品种抗病性

感病品种的大面积推广，是当前小麦纹枯病严重发生的原因之一。20 世纪 60 年代以前我国北方麦区小麦品种以当地的农家品种为主，品种遗传上存在较大的异质性，纹枯病发病极轻。20 世纪 70 年代以来各地在品种推广上趋于单一化，大量推广矮秆品种。河南、山东、江苏、河北等省对各地推广的品种进行抗纹枯病鉴定的结果表明，目前生产上推广的品种绝大多数为感病品种,只有极少数表现耐病或中抗,缺乏免疫或高抗品种。河南农业大学研究报道,偃4110,郑麦11等品种抗性较好。

2. 耕作与栽培措施

20世纪60年代以前我国北方麦区一般是二年三作,随着生产集约化的发展和负重指数的提高,20世纪70年代后,北方麦区逐渐形成了有利病害发展的小麦、玉米一年二作的栽培制度。小麦地连作年限长,有利菌源积累,造成土壤中菌核数量多,发病重。另外,小麦早播,由于气温偏高,已造成田间群体过大,发病较重;适期迟播则纹枯病发生轻。灌溉条件的改善,播种密度的增高,化肥特别是速效氮肥施用量的增加有利纹枯病发生流行。20世纪70年代以来,我国农业灌溉条件得到改善,水浇麦田面积增加,化肥施用量增加,播种密度也加大,一些地区氮肥施用量达到270 kg/667 m^2,造成植株生长嫩绿,田间郁闭,相对湿度增加,纹枯病加重。高产田块纹枯病重于一般田块。

3. 气候条件

不同发病阶段对气象因子的反应有显著差异。一般冬前高温、多雨有利发病,春季气温已基本满足纹枯病发生的要求,湿度成为发病的主导因子。3—5月上旬的雨量与发病程度密切相关。河南省1997—1999年连续3年纹枯病大流行就与当年春季多雨有关;而2000年冬、春季干旱,至4月上旬调查病害仍然很轻,仅在下部叶鞘为害。

4. 土壤条件

小麦纹枯病发生与土壤类型也有一定关系。沙漠土地区纹枯病重于黏土地区,黏土地区纹枯病重于盐碱土地区。中性偏酸性土壤发病较重。

(五)病害控制

小麦纹枯病控制应以改善农田生态条件为基础,结合药剂防治等措施的综合防治策略。

1. 种植抗(耐)病品种

目前生产上缺乏高抗纹枯病品种,重病地块选用耐病品种明显减轻病害造成的损失。山东省在20世纪90年代初期大面积推广有一定抗性的小麦品种鲁麦4号,再生产中起到了一定效果。研究表明,选用当地丰产性能好、耐性强或轻度感病品种,在同等条件下可降低病情20%～30%。

2. 加强栽培管理

高产田块应适当增施有机肥,有机底肥的施用量达到37 500 kg/hm^2左右,使土壤有机质含量在1%以上。平衡施用氮、磷、钾肥,避免大量施用氮肥,小麦返青期追肥不宜过重。重病地块适期晚播,合理密植。田边、地头设置排水沟,以防止麦田积水,灌溉时忌大水漫灌。

3. 药剂防治

种子处理可用2%戊唑醇湿拌剂按药种比1∶500拌种,要注意药剂用量过大对出苗和生长有一定的抑制作用。利用2.5%适乐时悬浮种衣剂或3%苯醚甲环唑悬浮种衣剂按药种比1∶500进行种子包衣也有很好的防治效果,而且比较安全。在小麦返青拔节期应根据病情发展及时进行喷雾防治。喷雾可使用丙环唑、烯唑醇及嘧菌酯、醚菌酯等杀菌剂,还可兼治小麦白粉病和锈病。

4. 生物防治

目前,人们正在积极探讨一些生物方法防治小麦纹枯病。已知枯草芽孢杆菌和放线菌

S_{024}菌株及其所产生的抗生素对小麦纹枯病有良好的防治效果。

四、小麦白粉病

小麦白粉病(wheat powdery mildew)是一种世界性病害,在世界各产麦区均有发生。在我国,20 世纪 70 年代之前仅西南各省和山东沿海地区发生较重,但近 30 年来,由于小麦生产条件改善、品种感病和病菌毒力结构变异等原因,致使小麦白粉病从西南和东南沿海局部地区迅速蔓延至全国近所有麦区,发病面积从 1980 年的约 100 万 hm^2 扩展到 2010 年的 650 万 hm^2 左右。白粉病导致受害小麦叶片早枯,成穗率降低,千粒重下降,一般地块减产 10%左右,严重地块减产达 20%～30%,个别地块甚至达 50%以上,成为小麦生产上的重大病害之一。

(一)症状

小麦白粉病在苗期至成株期均可发生。地上部几乎都可以受害,但以叶片受害为主。病部初产生黄色小斑,后逐渐扩大为圆形或椭圆形的病斑,表生白色绒絮状霉斑(菌丝、分生孢子梗和分生孢子),后期霉层逐渐变为灰白色至浅褐色,其上密生黑色点状物(闭囊壳)(图 6-21)。病斑多时可愈合成片,导致叶片发黄枯死。发病严重时植株矮小、细弱,穗小、粒少,千粒重明显下降,产量和品质降低。

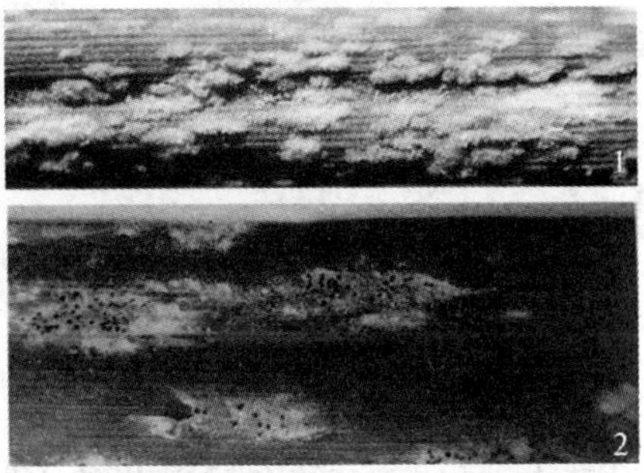

图 6-21　小麦白粉病病叶症状

(引自徐秉良,曹克强 2012)

1. 早期症状　2. 后期症状

(二)病原

病原无性态为串珠状粉孢菌 *Oidium monilioides* (Nees:Fr.)Link,为无性菌类粉孢菌属。有性态属子囊菌门布氏白粉菌,禾本科布氏白粉菌小麦专化型 *Blumeria graminis*(DC.)Speer f. sp. *tritici* E. Marchal。

菌丝体表寄生,以吸器在寄主表皮细胞内吸收营养。在与菌丝垂直的分生孢子梗端,形成串生的分生孢子。分生孢子椭圆形,单胞,无色。分生孢子寿命较短,侵染力仅持续 3～4 d。病部产生的小黑点,即病原菌的闭囊壳,黑色,球形,外有发育不全的丝状附属丝,内含 9～30 个子囊。子囊长圆形,内含 8 个或 4 个子囊孢子。子囊孢子椭圆形,单胞,无色(图 6-22)。

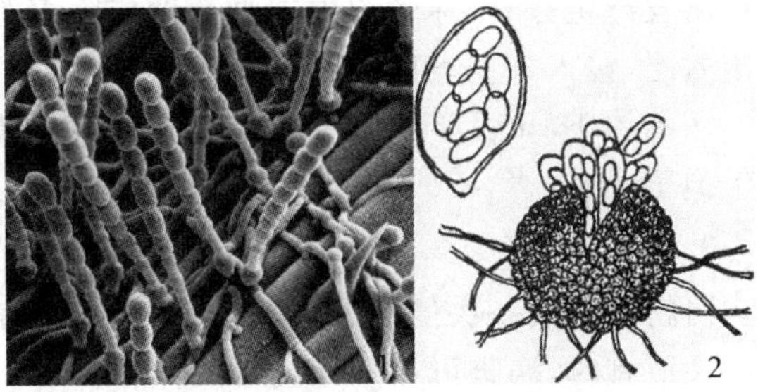

图 6-22　小麦白粉病病原

(引自康振生等)

1. 分生孢子及分生孢子梗　2. 子囊及子囊孢子

病菌对湿度和温度的适应范围很广,分生孢子在相对湿度 0%～100%之间均能萌发,一般湿度越大,萌发率越高,但在水滴中反而萌发率下降。分生孢子在 0.5～30℃均可萌发,以 10～17℃最佳。分生孢子不耐高温,夏季寿命很短,一般只有 4 d 左右。温度为 10～20℃时,适宜子囊孢子形成、萌发和侵入。

白粉菌属于活体寄生菌,只能在活的寄主组织上生长发育,具有明显的生理分化现象。目前已鉴定出七十几个生理小种。自然条件下除危害小麦外,有时还可侵染黑麦和燕麦,但不侵染大麦。

(三)病害循环

1. 病原菌的越夏

该病菌以分生孢子在夏季气温较低地区的自生麦苗上或夏播小麦植株上越夏,海拔较高的山区,如贵州的贵阳、四川雅安、川北阿坝藏族自治州、湖北鄂西北及鄂西山区、河南豫北和南阳山区、陕西关中秦岭北麓及渭北山区、甘肃天水等地区可作为越夏场所。也可通过病残体上的闭囊壳在干燥、低温条件下越夏,河南、江苏等地闭囊壳混杂于小麦种子内非常普遍,而且存活率高,是当地秋苗发病的主要侵染源。在新疆、内蒙古、宁夏、吉林、黑龙江等地存放的闭囊壳 10 月下旬仍具有活力,可能成为秋季初侵染的主要来源(图 6-23)。

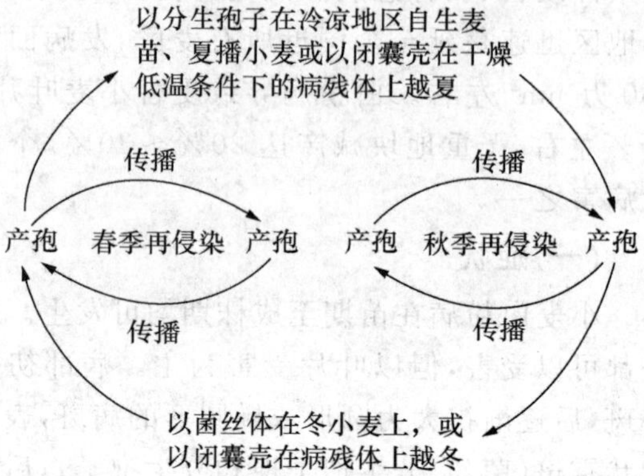

图 6-23 小麦白粉病病害循环

2. 病原菌传播、越冬

经越夏的分生孢子或子囊孢子经气流传播到秋苗上,导致发病。冬季以菌丝体潜伏在植株下部或叶鞘内越冬。越冬病菌先侵染底部叶片呈水平方向扩展,后向中上部叶片发展,发病早期发病中心明显。翌年春季,越冬病菌进行再侵染。

影响病菌越冬存活的主要因素是温度和湿度,如冬季温暖,雨雪较多或土壤湿度大,则有利于病原菌的越冬。

分生孢子和子囊孢子借高空气流做远距离传播。病菌孢子在感病品种上遇到合适的条件即可萌发产生芽管,芽管的顶端膨大形成附着胞,附着胞上再产生侵入丝,直接穿透寄主表面的角质层,侵入寄主表皮细胞。适宜条件下(10～20℃,相对湿度较高),病菌 1 d 即可完成侵入。病菌约 18 h 后形成指状吸器,5 d 后表生菌丝体上产生隆起,由此分化形成分生孢子梗和分生孢子。

3. 再侵染

白粉病完成一次侵染需要时间很短,在小麦整个生育期中有多次再侵染,种植感病品种,且条件适宜时,病害可在短期内暴发流行。

(四)发病条件

该病的发生和流行取决于品种的抗病性、气候条件、栽培条件和菌源量等。

1. 小麦品种的抗病性

培育利用抗病品种是防治小麦白粉病的安全、经济和有效的措施。已选育出许多高抗甚至免疫的小麦品种(系),如郑麦 004、郑麦 9023、豫麦 17、豫麦 66、郑州 831、周麦 18、白免 3 号、肯贵阿 1 号等。

生产上抗病育种的基础是多样化的抗源。在普通小麦基因组中,在迄今已正式命名的 55 个抗小麦白粉病主效基因中,有 33 个来源于小麦的近缘物种。其中簇毛麦(*Dasypyrum vil-*

tosum)是目前小麦育种中常用的小麦近缘种，其突出特性是抗病性好，对白粉病免疫，抗叶锈病和秆锈病，对全蚀病、眼斑病、小麦条斑病毒的传媒瘿螨、叶枯病和大麦黄矮病也具有较高的抗性，被认为是小麦品种改良的重要基因源。小麦-簇毛麦 6VS.6AL 易位系，含有簇毛麦染色体 6VS 上的抗病基因 *Pm21*，是目前最为有效的抗白粉病主效基因之一。该基因抗性强、抗谱广，直至 2004 年，*Pm21* 能抗目前我国流行的几乎所有白粉菌生理小种，因此被广泛用于育种。但是，小麦白粉菌在不同地理生态环境中与寄主长期相互作用下，毒性变异很快，能形成不同的生理小种，致使大部分已知的抗白粉病小麦品种(系)已失去或正在逐步丧失抗性。对于上述情况，除培育抗病品种之外，在生产上还应注重不同的抗病品种合理利用。研究表明，不同抗性的小麦混合种植对白粉病相对防效分布在 1%～57%之间。因此，小麦品种多样性种植可以用作调控小麦白粉病的一项措施。

2. 气候条件

气候变化主要是通过引发麦区的降水、温度异常影响小麦白粉病流行程度的变化，小麦易感病期 3—5 月份的降水、温度异常、厄尔尼诺事件、暖冬是影响我国小麦白粉病流行的主要气候条件。

白粉病发生适温为 15～20℃，18℃左右时发展最快，气温低于 10℃或超过 25℃发展缓慢；病害在潮湿条件下可发生，一般相对湿度达 60%～70%，白粉菌孢子即可侵染小麦，一般空气湿度高有利于病菌孢子的萌发和侵入，但雨水过多且集中对分生孢子的产生和传播反倒不利。直射阳光不利于白粉菌发病，在春季发病期，日照少，阴天多，病害发生重，反之则轻。小麦白粉病对外界环境条件适应性很强，适温、高湿、弱光照最有利于发病。

3. 栽培条件

水肥条件高，或氮肥施用过多时，植株生长过旺，贪青徒长，则有利于病菌的繁殖和侵染，主要原因是植株组织幼嫩，抗病力降低，所以此时病害往往严重发生。但是，在栽培管理不当、水肥不足，土地干旱时，植株生长衰弱，细胞缺水失去膨压，抗病力降低，本病也往往严重发生。

另外，播期不当、播量过大、通风透气性差，以及连年种植，加上多数病叶、病秆不作处理，致使田间病菌大量积累，也是造成白粉病发生严重的重要原因。

4. 菌源数量

秋苗发病轻重与越夏地菌源量有密切关系，而春季白粉病的病情与病原越冬存活率有一定关系。通常越夏区病原初侵染菌量越大，秋苗发病早且重；如果上一年越冬菌量大，翌年春天病害就重。在东北春小麦种植地区，白粉菌菌源来自胶东半岛冬麦区。因此，胶东半岛春季小麦白粉病的发生程度及菌源量对东北地区春小麦白粉病的发生影响较大。

(五)病害控制

白粉病的防治应采取以推广抗病品种为主，辅助利用减少菌源、栽培防病和药剂防治的综合防病技术措施。

1. 选用抗病品种

我国已经引进大量抗病材料，据统计，共鉴定了近万份小麦材料，选育出了一大批抗病品种(系)，其中抗病性表现较强的有：白免 3 号、肯贵阿 1 号、苏肯 1 号、阿勃、小黑小、黔花 4 号、郑州 831、花培 28、豫麦 17 号、鲁麦 14 号、冀麦 5418、宁 7840 等。需要引起注意的是由于小麦白粉病菌是专性寄生菌，病菌变异速度快，经常导致品种抗病性丧失，如目前含有来自黑麦系统的 *Pm8* 基因抗性已被克服，致使抗病性丧失。在抗白粉病育种时还要不断开发利用新的抗源，特别是从小麦近缘属种材料中寻找抗源。

2. 减少初侵染来源

由于自生麦苗上的分生孢子是小麦秋苗的主要初侵染菌源，因此在小麦白粉病的越夏区，在麦播前要尽可能消灭自生麦苗，以减少菌源，降低秋苗发病率。在病原菌闭囊壳能够越夏的地区，麦播前要妥善处理带病麦秸。

3. 农业防治

(1)适时适量播种，控制田间群体密度　在白粉病菌越夏区或秋苗发病重的地区可适当晚播以减少秋苗发病率，但过晚播种则会造成冬前苗弱，春季分蘖猛增，麦叶幼嫩，抵抗方差，发病程度较重。要根据品种特性和播种期控制播量，避免播量过高，造成田间群体密度过大，通风透光不良，相对湿度增加，植株生长弱，易倒伏，发病加重。

(2)合理施肥　应根据土壤肥力状况，控制氮肥用量，增加磷钾肥特别是磷肥施用量，可显著降低病情，要坚决避免偏施氮肥。

(3)合理灌溉　北方麦区应根据土壤墒情进行冬灌，减少春灌次数，降低发病高峰期的田间湿度，但发生干旱时也应及时灌水，促进植株生长，提高抗病能力。

4. 药剂防治

在目前抗病品种相对缺乏的情况下，药剂防治仍是小麦白粉病防治的关键措施。

(1)播种期拌种　在秋苗发病较重的地区，可采用粉锈宁拌种。用药量为种子重量的0.03%，用药量切忌过大，否则会影响出苗率，三唑酮拌种能有效控制苗期白粉病和锈病的发生，而且残效期可达 60 d 以上，还能兼防根部病害。也可用烯唑醇按种子量 0.02%进行拌种，对防治小麦苗期白粉病、锈病和根病亦有较好效果。

(2)春季喷药防治　小麦白粉病流行性很强，在春季发病初期(病叶率达到 10%或病情指数达到 1 以上)要及时进行喷药防治。常用药剂有 15%三唑酮 WP、20%三唑酮 WP、12.5%烯唑醇 WP 等。一般喷洒一次即可基本控制白粉病危害。其他杀菌剂如 25%丙环唑、50%硫黄、40%多·硫、十三吗啉、庆丰霉素、70%甲基硫菌灵、50%退菌特等对小麦白粉病都有较好的防治效果，但这些药剂残效期较短，一般需要喷洒 2～3 次，4～6 g/亩(有效成分)。

五、麦类散黑穗病

大(小)麦散黑穗病(wheat and barley smut)俗称“黑疸”、“灰包”等，在我国冬、春麦区均有发生，长江流域冬麦区和东北的春麦区发生较重。近年来，由于广泛推广种子处理技术，小麦散黑穗病得到有效控制。

(一)症状

散黑穗病主要为害穗部，少数情况下茎及叶等部位也可受害。穗部受害成一包黑粉，外部包被一层淡灰色薄膜，病穗抽穗时，薄膜破裂，黑粉(冬孢子)随风飞散，病穗只残留穗轴，在穗轴的节部还可见到残余的黑粉。一般病株主干及分蘖全部抽出病穗，偶有个别分蘖生长正常(图 6-24)。

(二)病原

大、小麦黑穗病病原分别为 *Ustilago nuda*(Jens.)Roster 和 *Ustilago tritici* (Pers.) Jens.,均属于担子菌门黑粉菌属真菌。

病菌冬孢子球形至卵形,浅黄色至褐色,一半色泽较暗,一半较淡,表面具微刺(图 6-25),直径 5～9 μm。冬孢子一般存活力不强,大麦散黑穗病冬孢子在室温 15～16℃时,仅能存活数月,一年后失去活性,但在 −2～0℃时,14 年后仍有侵染力。萌发产生先菌丝,不形成担孢子。

图 6-24　小麦散黑穗病症状

(引自 http://image.baidu.com/)

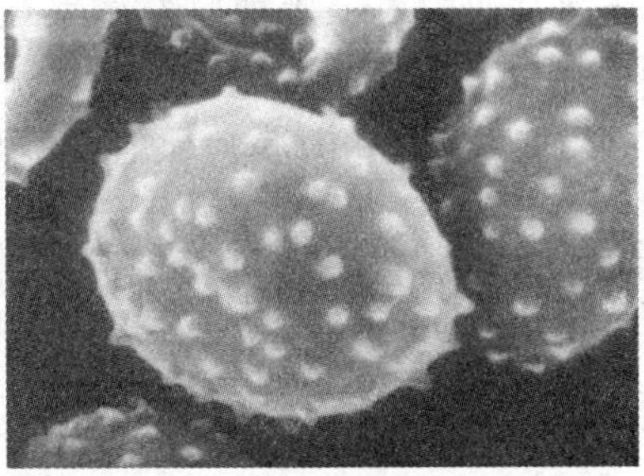

图 6-25　小麦散黑穗病菌冬孢子

(引自康振生)

散黑穗病菌有生理分化现象,大麦散黑穗病菌只侵染大麦,不侵染小麦。小麦散黑穗病菌只侵染小麦,不侵染大麦,有时侵染黑麦。病菌对不同小麦品种的致病力差异比较明显。已知圆锥小麦(*Triticum turgidum*)上的菌株对该种小麦有强的致病力,但不侵染普通小麦(*T. aestivum*)及密穗小麦(*T. compactum*)。普通小麦上的菌株则不能侵染圆锥小麦而对密穗小麦有弱的致病力。

(三)发病规律

1. 病害循环

病菌以休眠菌丝体潜伏在种子胚内越冬。带菌种子是唯一的初侵染菌源。冬孢子在田间只能存活几个星期,越冬后再无侵染能力(图 6-26)。

在田间,病原菌冬孢子主要由风力传播,通过伸出或张开的雄蕊颖壳裂口侵入内部。冬孢子一般可传播到距发病中心 100 m 以外的地方,最远可传播到 1 000 m 以外。

带菌种子播种后,潜伏在胚部的菌丝体开始萌动,菌丝随着小麦的生长点伸长而向上蔓延。到小麦孕穗期间,菌丝体在整个穗部迅速发展增殖,破坏花器并耗尽其营养,形成冬孢子。

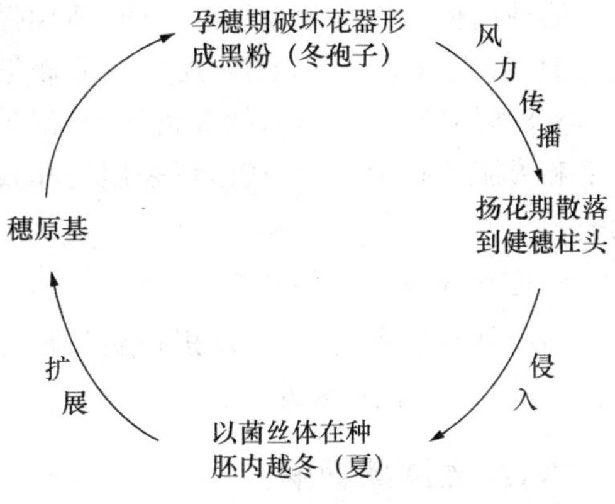

图 6-26　小麦散黑穗病病害循环

大、小麦扬花期和授粉期是病原菌侵染的最适宜时期。当成熟的冬孢子随风散落到柱头、花柱、子房壁上后,24 h 内即可萌发产生先菌丝,然后形成侵染菌丝,从子房壁表皮直接侵入，穿过珠被侵入珠心组织，再进入籽粒基部，潜伏于胚部。这一过程需要 18 d 左右。病菌也可从籽粒背部侵入，从种皮、珠心、糊粉层侵入至盾片，再进入胚的分生组织。当种子开始萌芽时，潜伏在盾片和生长点的菌丝体，随着上胚轴的伸长，侵入第一节和幼苗的根茎节，进入穗部和其他分生组织。小麦散黑穗病属于单循环病害，在小麦的一个生长季中只侵染一次。

2. 发病条件

大、小麦散黑穗病的发生轻重与上一年扬花期相对湿度的高低有密切关系。当相对湿度为 56%～85%时，人工接种后发病率达 91%；当相对湿度为 11%～30%时，发病率仅为 22%。小麦抽穗后，田间气温经常能满足发病要求，故湿度成为影响发病的主导因素。原因可能是相对湿度较高时，颖片张开角度大且张开时间较长，因而病菌侵入机会也较多。另外，高湿时，冬孢子萌发较快，芽管也较长。

微风有利于孢子的传播；多雾、多雨有利于孢子的萌发和侵入。大雨易将病菌冬孢子淋落在土中，故不利于翌年发病。

(四)病害控制

大、小麦黑穗(粉)病的防治应采用以加强检疫和种子处理为主，农业防治和抗病品种为辅的综合防治措施。

1. 建立无病留种田，繁育和使用无病种子

繁殖无病种子是消灭大、小麦黑穗病的有效方法。留种田要与生产田隔离 200 m 以上，播种的种子要在精选后严格进行消毒，田间管理时应注意施用无病肥，及时拔除病株等。

2. 药剂拌种和土壤处理

药剂拌种是防治大、小麦黑穗病最经济有效的措施。目前发现对多种黑穗病效果较好的药剂有：①12%三唑醇或 12.5%烯唑醇，每 100 kg 种子用药 20～30 g(a. i)拌种。②2%立克锈，每 100 kg 种子用药 20 g(a. i)拌种。③3%敌畏丹悬浮种衣剂按 1∶1 000(药∶种)进行种子包衣。④50%多菌灵、75%五氯硝基苯(PCNB)，每 100 kg 种子用药 200～300 g(a. i)拌种。⑤5.5%浸种灵Ⅱ号，每 100 kg 种子用药 1 g(a. i)拌种，对散黑穗病防效可达 90%以上。

3. 栽培防病

播种前要作好整地和保墒工作，适期播种，冬春播种不宜过迟，春麦播种不宜过早，播种不宜过深，可促进幼苗早出土，减少病菌侵染的机会而减少发病。播种时用硫铵等速效肥作种肥，每公顷用硫铵 225 kg，掺 5 倍细土，混匀后与麦种一起播下，也可获得良好的防病效果。以土壤和粪肥传播为主的病害，可采用与非寄主作物实行 1～2 年轮作，或 1 年水旱轮作，并要施无病肥。

4. 选育和推广抗病良种

国内外在选育抗大、小麦黑穗病品种方面都取得了一定成绩。如我国吉林扶余县曾推广合作 1 号，控制了黑穗病的危害。

六、小麦腥黑穗病

小麦腥黑穗(wheat stinking smut)病，俗称“鬼麦”、“乌麦”、“黑疤”等，包括普通腥黑穗病、矮腥黑穗病(*Tilletia controversa*)和印度腥黑穗病(*Tilletia indica*)三种。在我国，只有普

通腥黑穗病，后二者是重要的国际检疫性病害，也是我国对外检疫的危险性植物病害，在我国尚未发现。小麦普通腥黑穗病不仅使小麦减产 10%～20%，还降低小麦面粉质量。含有病菌的小麦，其面粉有鱼腥味，作为饲料会引起畜禽中毒。

(一)症状

普通腥黑穗病包括光腥黑穗病和网腥黑穗病，二者在症状上基本一致。病株一般较健株矮，但矮化程度因品种而异。病穗较短，直立，颜色较健穗深，开始为灰绿色，以后变为灰白色，颖壳略向外张开，露出灰黑色或灰白色病粒——菌瘿，外部有一层灰色薄膜，破裂后散出黑色粉末(病菌冬孢子)。病粒因含三甲胺而有鱼腥气味，故称腥黑穗病。小麦受害后，大多全穗麦粒变成病粒，在抗病或其他特殊情况下，少部分穗部麦粒变成病粒。在个别情况下，小麦分蘖减少，根系发育受阻，也可出现叶片数量减少和幼苗畸形的现象(图 6-27)。

图 6-27　小麦腥黑穗病症状

1. 病穗　2. 健穗　3. 健粒　4. 病粒

(引自 http://image.baidu.com/)

(二)病原

在我国引起小麦普通腥黑穗病的病菌有两种，一种为光腥黑穗病菌 *Tilletia foetida* (Wallr.) Lindr，另一种为网腥黑穗病菌 *Tilleia caries* (DC) Tul.。二者均属于担子菌门腥黑粉菌属真菌。二者冬孢子形态差异很大，前者冬孢子表面光滑、球形，后者表面有网纹、略呈球形(图 6-28)。

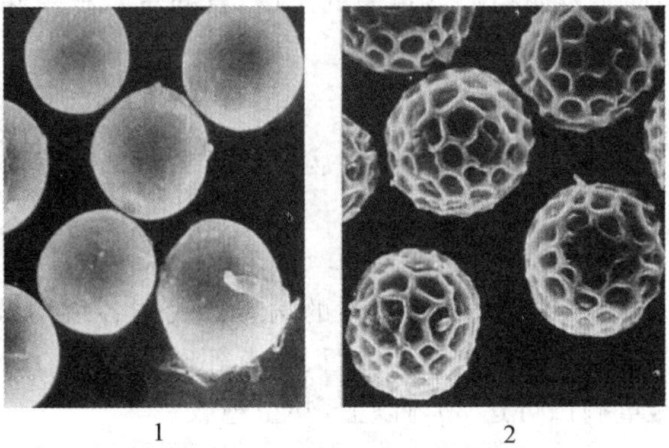

图 6-28　小麦腥黑穗病病原菌冬孢子

(引自康振生)

1. 光腥黑穗病病菌　2. 网腥黑穗病病菌

(三)发病规律

1. 病害循环

小麦腥黑穗病菌以厚垣孢子附着在种子外表或混入粪肥、土壤内越冬(夏)(图 6-29)。病菌的存活力很强。实验室内保存的光腥黑穗病菌冬孢子能存活 25 年,网腥黑穗病菌冬孢子能存活 18 年,在干土内能存活 7 年,在病粒中的冬孢子不易死亡,即使在土壤中也能存活 1 年以上,但分散在潮湿土壤中的冬孢子寿命很短,只有 1～2 个月。病菌冬孢子通过牛、马、骡、驴、羊、鸡、鸭的肠胃后,仍有萌发力和致病力。

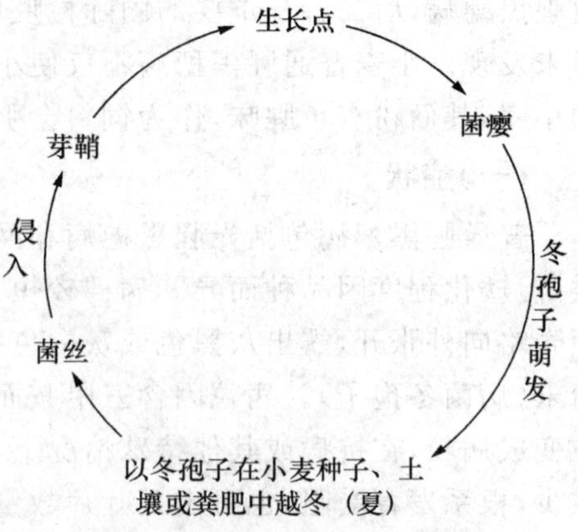

图 6-29 小麦腥黑穗病病害循环

小麦腥黑穗病是苗期侵染的单循环系统侵染性病害。小麦种子发芽时,冬孢子也开始萌发形成原菌丝,在其顶端形成 8～16 个担孢子,经 H 形交配而形成双核侵入丝,从种皮和胚芽鞘侵入而达到生长点。病菌在小麦植株体内以菌丝体随着麦株的生长而生长,以后侵入开始分化的幼穗,破坏穗部的正常发育,至抽穗时在麦粒内又形成冬孢子。每一子房内可形成 600 万～900 万个冬孢子。

2. 发病条件

发病率高低受菌量、土壤温度、光照、栽培管理条件等影响。

(1)菌量 种子上黏附的孢子量与发病率有关。一般带菌量越高,发病越重。

(2)土壤温度和湿度 由于病原菌只能侵染未出土的麦芽,因而小麦播种后至麦苗出土前这一阶段的土壤温度与冬孢子的萌发与侵入密切相关。当田间土温在 5～15℃时,病菌能够侵染,但最适宜的侵入温度是 9～12℃。病菌能在 20%～80%的土壤湿度范围内侵染,但较适宜的土壤湿度是 40%左右。土壤温度超过 20℃,及土壤太干或太湿均不利于侵染。

(3)栽培管理 冬麦晚播、春麦早播或播种较深、覆土较厚者,不利麦苗生长,出土慢,增加了病菌侵染的机会,发病重。地下害虫发生重的田块,幼苗出土后植株虫伤多,加大了病菌侵染的机会,发病较重。黏性土及腐殖质含量高的土壤,发病重。秋季深翻,或合理轮作,能减轻发病。酸性土壤不利于病原菌侵染,发病轻。

(四)病害控制

该病属检疫性病害,应加强检疫工作,防止病菌从病区随种子传入无病区。

七、小麦全蚀病

小麦全蚀病(wheat take-all)是一种世界性的病害。我国各地均有不同程度的发生,其中以山东胶东地区、河北、甘肃、内蒙古、陕西、山西、河南等省(自治区)的部分地区发生较重。一般病田减产 10%～20%,重病田可达 50%以上,甚至绝收。

(一)症状

病原菌仅为害小麦根部和茎基部第 1～2 节处。小麦苗期和成株期均可发病,以近成熟时病株症状最为明显。幼苗期病原菌主要侵染种子根、地下茎,使之变黑腐烂,部分次生根也受害。病苗基部叶片黄化,心叶内卷,分蘖减少,生长衰弱,严重时死亡。病苗返青推迟,矮小稀疏,根部变黑加重。拔节后茎基部1～2节叶鞘内侧和茎秆表面在潮湿条件下形成肉眼可见的黑褐色菌丝层,称为“黑脚”,这是全蚀病区别于其他根腐病的典型症状(图6-30-1)。重病株地上部明显矮化,发病晚的植株矮化不明显。小麦灌浆至成熟期,症状最明显,病株早枯,整个植株变白,呈特有的“白穗”症状(图6-30-2)。田间病株成簇或点片状分布,严重时全田植株枯死。在潮湿情况下,小麦近成熟时在病株基部叶鞘内侧生有黑色颗粒状突起(子囊壳)。但在干旱条件下,病株基部“黑脚”症状不明显,也不产生子囊壳。

图6-30　小麦全蚀病症状(引自徐秉良,2012)

1.“黑脚”型症状　2.“白穗”型症状

(二)病原

病原为子囊菌门顶囊壳属禾顶囊壳菌小麦变种 *Gaeumannomyces graminis* (Sacc.) Arx & Olivier var. *tritici* (Sacc.) Walker。自然条件下仅产生有性态。

病原菌的匍匐菌丝状,有隔。老化菌丝多呈锐角分枝,栗褐色,分枝处主枝与侧枝各形成一隔膜,呈现“∧”形。分枝菌丝一类裂瓣状,另一类圆筒状。子囊壳黑色,梨形或烧瓶状,顶部有一稍弯的颈(图6-31)。子囊无色,圆柱状至棍棒状,平行排列于子囊腔内。子囊内有8个平行排列的子囊孢子。子囊孢子线状,稍弯曲,两端较细,无色透明,有2～8个隔膜。

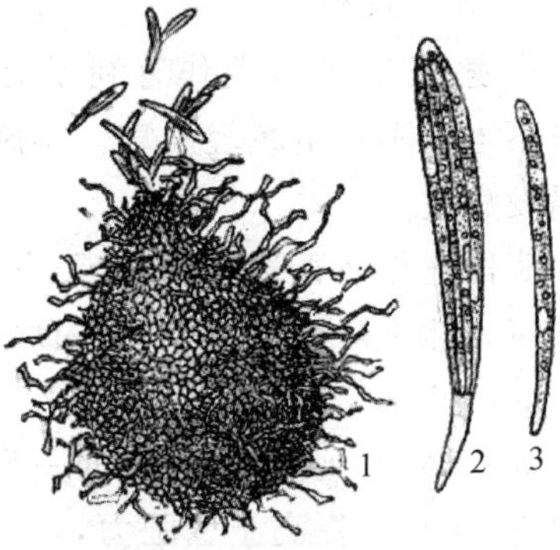

图6-31　小麦全蚀病病原菌

1. 子囊壳　2. 子囊　3. 子囊孢子

(引自 http://image.baidu.com/)

病菌生长温度范围3～33℃。子囊形成适温20℃左右,14℃以下不利于子囊壳和子囊孢子产生。子囊孢子萌发最适温20～25℃。病菌侵染最适温12～18℃,土壤温度在6～8℃仍能侵染。病菌生长发育要求较高的空气和土壤相对湿度,相对湿度80%～90%为适宜条件,低于50%则生长减慢,也不易产生子囊壳。子囊壳的形成需要光照,以室内散射光较好,光照过强不利于子囊壳产生。

G. graminis 包括4个变种,小麦全蚀病主要由小麦变种 *G. graminis* var. *tritici* 侵染所致,该变种除侵染小麦外,还能够侵染大麦、黑麦和燕麦等。

(三)病害循环

病菌主要以菌丝体随病残体在土壤中越冬(夏),成为下一季的初侵染源。存活于未腐熟有机肥中的病残体也可作为初侵染源。以寄生方式在自生麦苗、杂草或其他作物上的全蚀病菌也可以传染下一季作物。上述各类初侵染源中以病残体上的菌丝作用最大。子囊孢子落入土壤后，其萌发和侵染因土壤微生物的拮抗作用而受到抑制，因此，其传病作用远不如病残体中的菌丝重要。在土壤中，大多数病原菌在1年内失去活力。在浸水条件下，病菌存活率显著下降。播种后，病菌多从根毛区侵入，少数从根茎侵入。菌丝在根组织内繁殖蔓延，根组织细胞瓦解，细胞内含物外溢，在根部导管内形成大量的褐色堵塞物，使水分和营养运行受阻，小麦地上部分表现黄化、矮化和分蘖减少，到灌浆期出现早枯和白穗现象(图6-32)。

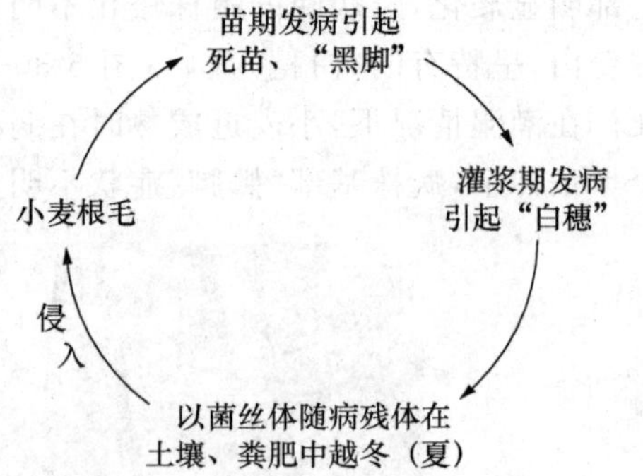

图6-32 小麦全蚀病病害循环

小麦全蚀病菌主要集中在病株根部及茎基部地上15 cm范围内，小麦收割后，病根茬大部分留在田间，土壤中菌源量逐年积累，致使病田的病情也逐年加重。而土壤中的病菌还可以通过犁耙耕种向四周扩展蔓延。经高温发酵沤制施入田中，即可把病菌带入田间，导致病害传播蔓延。关于小麦全蚀病种子传病，一直存在争论。因为将病残体混入种子或将收集的种子夹杂物混入土壤能够引起发病，但生产用种子中混杂的病残体数量很少，病区传病试验并未成功。

(四)发病条件

小麦全蚀病的发生受诸多因素的影响，主要与耕作制度、土壤条件、菌源数量、品种抗病性有关。

1. 耕作措施

小麦-玉米-小麦连作有利于土壤中病原菌积累，病害逐年加重，合理耕作能减轻发病，但轮作不当则不一定减轻发病。实施免耕或少耕，降低土壤的通气性，能减轻发病。早播较适期迟播发病重。

病田连作病害逐年加重，至发病率和严重度达到高峰，此后继续种植感病寄主作物，病情则逐年自然下降，作物产量则因病害的减轻而提高。这种现象称为"全蚀病自然衰退(take-all decline，TAD)"。研究发现，小麦连作区全蚀病从田间零星发病到全田块严重危害一般经3～4年，6～7年达到高峰，高峰期一般持续1～3年。此后病害开始衰退，多数地块1～2年，少数地块3～4年。提高土壤肥力，可减少高峰期的损失并促进TAD提早到来。TAD出现后，如果继续连作感病作物，则一般能长期稳定，地上部无明显症状，但根部仍可见病斑。如果在病害高峰出现后中断感病寄主连作或进行土壤消毒，则TAD不会出现。关于TAD的机制，目前有不同的假说，一般认为与土壤中的拮抗微生物有关，荧光假单胞菌(*Pseudomonas fluoresens*)是重要类群，自然界中假单胞杆菌存在于土壤有机质中或含营养丰富的根系表面，细菌在根系损伤部位生长繁殖，其分泌的抗生素(吩嗪-1-羟酸)可抑制全蚀病菌。出现TAD的土壤有明显的抑菌作用，如果将抑菌土经热力或杀菌剂处理后，其抑菌作用消失，间接证明了病害衰退机理与生物因素有关。

2. 营养条件

主要营养元素缺乏有利于全蚀病发生，但营养元素对全蚀病发生的影响较为复杂，一般认为土壤缺氮引起全蚀病严重发生，施用氮肥后全蚀病严重度降低。也有报道称施用铵态氮

(NH_4-N)能减轻小麦发病，施用硝态氮(NO_3-N)能增加全蚀病菌的侵染，降低产量。增施有机肥，提高土壤中有机质含量能明显减轻发病。土壤中严重缺磷或氮磷比例失调是全蚀病危害加重的重要原因之一。施用磷肥能促进植物根系发育，减轻发病，减少白穗，保产作用明显。钙等其他营养元素对病害也有一定的影响。

3. 土壤性质及温湿度

沙土地保肥保水能力差，利于发病。黏重土壤，病害较轻。偏碱性土壤发病重于中性或偏酸土壤。冬麦区冬季温暖、晚秋早春多雨发病重。水浇地比旱地发病重。夏季高温多雨有利于田间病残体的腐熟，降低菌量，能减轻冬麦发病。

4. 品种抗病性

目前国内外均缺乏抗全蚀病的小麦品种，小麦属和大麦属也缺乏可利用的抗源，仅在感病程度上有差异。普通小麦中未发现小麦全蚀病抗病品种，因此开展小麦全蚀病抗病育种必须利用外源抗病性。黑麦、燕麦、冰草属植物、粗山羊草、簇毛麦和华山新麦草中均含有全蚀病抗性基因，因此，将这些基因导入普通小麦种质中，培育农艺性状好、抗病性强的小麦新品种将是今后的一个重要研究方向。

(五)病害控制

应以农业措施为基础，充分利用生物、化学的防治手段达到保护无病区，控制初发病区，治理老病区的目的。

1. 保护无病区

无病区严禁从病区调运种子，不用病区麦秸作包装材料外运。从病区调进种子要严格检验，播前用 0.1%甲基硫菌灵浸种 10 min，杀死种子表面的病原菌。

2. 合理轮作

重病区轮作倒茬可控制全蚀病危害，零星病区轮作可延缓病害扩展蔓延。轮作应因地制宜，坚持 1～2 年与非寄主作物轮作一次，如花生、烟草、番茄、甜菜、蓖麻、绿肥等。有条件的地方可实行水旱轮作，效果更好。

3. 平衡施肥

增施有机底肥，提高土壤有机质含量，每公顷施用腐熟有机肥 10 万 kg 左右。无机肥施用应注意氮、磷、钾的配比，土壤速效磷达 0.06%、全氮含量 0.07%、有机质含量 1%以上，全蚀病发展缓慢；速效磷含量低于 0.01%发病重。

4. 生物防治

对全蚀病衰退的麦田或即将衰退的麦田，要推行小麦两作或小麦玉米一年两熟制，以维持土壤拮抗菌的防病作用。美国用荧光假单胞菌防治全蚀病，大田增产 30%，但效果不够稳定。中国农业科学院开发的生防菌，山东农科院开发的生防菌剂“蚀敌”“消蚀灵”均有防效。

5. 药剂防治

用 12%三唑醇 WP 按种子重量 0.02%～0.03%拌种(a.i)，2.5%适乐时种衣剂按 1：1 000 包衣处理，对小麦全蚀病有一定防效。

八、小麦黄矮病

小麦黄矮病(wheat yellow dwarf)又名“黄叶病”“嵌边黄”，是世界范围内普遍严重发生的病毒病害，也是我国小麦生产上的重要病害之一。全国各麦区均有发生，以黄河流域危害最重。该病于1950年首先在美国加利福尼亚州的大麦上发现，我国于1960年首先在陕西、甘肃小麦上发生。目前在西北、华北、西南及华东等近20个省、市、自治区的冬麦区及冬春麦混种区都有不同程度的危害。受害小麦一般减产10%～20%，严重的可达50%以上，个别地块甚至可造成绝产。如1970年在甘肃陇东、陇南发病面积近13.30万hm^2，损失小麦约1.5亿kg。

(一)症状

该病在秋苗期和春季返青后均可发病，以春季症状最明显。其主要症状是新叶和上部叶片变黄，植株变矮。病叶黄化先从叶尖开始，颜色金黄色或鲜黄色，新鲜具光泽，有时呈黄绿相间的条纹，黄化部分可达叶片的1/3～1/2处(图6-33)。

图6-33　小麦黄矮病症状

1. 田间症状　2. 病、健叶对比

(引自 http://image.baidu.com/)

植株不同发育期，症状及危害程度有差异。幼苗期发病，分蘖减少，主根变短且次生根少。叶片逐渐褪绿，叶尖变黄，叶片硬而脆，逐渐向基部发展，易于冬季死亡。春季发育缓慢，严重矮化。病株极少抽穗，已结出的穗结实率和千粒重都降低。

拔节期受侵染，叶尖变为鲜黄色，然后向叶片基部发展，多出现在新叶以下第一或第二叶。植株矮化不严重，一般都能抽穗，但秕穗率增加，千粒重降低。

穗期感病，仅剑叶变黄，一般能正常抽穗，但结实率下降。

(二)病原

病原为大麦黄矮病毒(*Barley yellow dwarf virus*，简称BYDV)，属黄症病毒属。病毒粒体为等轴对称的正二十面体，直径26～30 nm，病毒核酸为单链RNA。病毒致死温度70℃，稀释限点为1∶1 000，适宜繁殖的温度为15～20℃，－20℃可长期保存其活性。

BYDV由蚜虫以非持久性方式传毒，不能通过土壤、病株种子、汁液等传播。主要传毒蚜虫包括麦二叉蚜、麦长管蚜、禾谷缢管蚜、麦无网长管蚜及玉米蚜等。

BYDV寄主范围比较广泛，可侵染小麦、大麦等禾本科作物及野燕麦、鹅冠草等150多种单子叶植物，尤其是大麦、小麦、燕麦、水稻等多种禾谷类作物。

(三)病害循环

小麦黄矮病的病害循环在冬麦区和冬春麦混种区有所不同。对于冬麦区、冬春麦混种区，冬麦是毒源寄主和蚜虫越冬场所。小麦渐进入黄熟，麦蚜因植株老化，产生大量有翅蚜迁向越夏寄主(次生麦苗、其他禾谷类作物、野燕麦、虎尾草等禾本科杂草等)上取食、繁殖和传毒。秋季冬小麦出苗后，麦蚜迁回麦田传毒，并以成蚜、若蚜或卵在麦苗和杂草基部或根际越冬。冬前感病的小麦植株是翌年早春的发病中心。秋、春两季是黄矮病传播侵染的主要时期，春季更是主要流行时期。

在春麦区，蚜虫很难就地越冬。每年带毒蚜虫随气流由冬麦区远距离迁飞到春麦区危害病传毒，因而冬麦区黄矮病的大发生往往引起春麦区黄矮病的流行。

(四)发病条件

1. 传毒介体

该病流行的必要条件是毒源和有翅麦蚜,特别是与越冬毒源、麦蚜虫口密度密切相关。小麦黄矮病的发生与流行,同当地传毒蚜虫数量呈正相关,流行与优势介体蚜虫的猖獗及其所传播的主流株系蔓延密切相关。

2. 栽培条件

冬麦播种早,发病重;阳坡地重,阴坡地轻;旱地重,水浇地轻;管理粗放重,精耕细作轻;缺水、缺肥、瘠薄地重;点播稀植重,条播密植轻。

3. 气候因素

温度和降雨对病害发生有很大影响。温度和雨量影响蚜虫尤其是麦二叉蚜的发生早晚和数量,间接影响黄矮病发生早晚和程度。上一年10月平均气温和降雨量及当年1月、2月的平均气温与麦蚜及小麦黄矮病发生程度有密切关系。如果头年10月的平均气温高,降雨量小,当年1月、2月的平均气温高,则对麦蚜取食、繁殖、传播病毒、安全越冬及早春提早活动均有利,这样就容易导致麦蚜与小麦黄矮病的大发生和流行。小麦在拔节孕穗期遇低温,生长发育受影响,抗(耐)病性减弱,也易发生黄矮病。温度还同时影响病害潜育期长短。在16~20℃下,病毒的潜育期为15~20 d;温度降低,潜育期延长;25℃以上逐渐减轻,30℃以上出现隐症。

4. 品种抗病性

小麦品种中抗BYDV基因贫乏。大麦品种资源中已鉴定出*Yd2*、*Yd1*、*Yd3*抗病基因,但难以导入小麦,未能应用于小麦育种。20世纪80年代以后,在偃麦草属、冰草属、赖草属、披碱草属、鹅冠草属等小麦近缘属中鉴定出十几种对BYDV免疫或高抗的植物,其中在中间偃麦草(*Thinopyrum intermedium*)中发现了*L1*抗源和中4抗源,在偃麦草(*Agropyronpul cherrimum*,$2n=42$)中发现了CPI113500抗源。

(五)病害控制

应以选育抗(耐)病丰产良种为主,从治蚜防病入手,改进栽培技术,以达到防病增产的目的。

1. 选用抗病丰产品种

小麦品种之间抗病性的差异比较明显,尤其是耐病性较强的品种较多,应注意选用。

2. 栽培防病

重病区应着重生态防控麦田蚜虫,通过清除田间杂草,减少毒源寄主。增施有机肥,扩大水浇面积,创造不利于蚜虫繁殖,而有利于小麦生长发育的生态环境,以减轻危害。适期播种,避免早播。

3. 药剂治蚜防病

药剂拌种:75%吡虫啉按种子量的0.3%进行拌种,堆闷3~5 h播种。秋苗期喷雾重点防治未拌种的早播麦田,春季喷雾重点防治发病中心麦田及蚜虫早发麦田,可喷施40%氧化乐果。

九、麦类其他常见病害

见表6-2。

表 6-2 麦类其他常见病害

病害名称及学名		诊断要点	发病规律
小麦霜霉病 *Sclerophthora macrospora*		植株黄化矮缩，分蘖增多；叶色淡绿，上有黄白色条纹；穗畸形，呈龙头拐状，颖片变叶片状	卵孢子在病残体或土壤中越冬（夏）。游动孢子从幼芽侵入。系统性侵染
小麦炭疽病 *Colletotrichumgraminicola*		叶斑近圆形或椭圆形，边缘暗褐色，中间灰褐色。后期病斑连成一片，致叶片早枯。病部有小黑点	以分生孢子盘和菌丝体在病残体或上附着在种子上越冬（夏）。分生孢子借风雨传播
小麦根腐病 *Cochliobolus sativus*		苗期表现为芽腐和苗枯；成株期表现为茎基腐、叶枯、穗腐、枯白穗、黑胚粒等症状	以菌丝体潜伏于种子内外、病株残体或土壤中越冬（夏）。分生孢子借风雨传播
小麦叶枯病	小麦雪霉叶枯病 *Monographella nivalis*	表现为芽腐、叶枯、鞘腐、穗腐等症状，其中以叶枯最明显。上有砖红色霉层，潮湿时边缘有白色菌丝薄层，有时产生黑色小粒点	病菌在种子内或种子表面，或在病残体中越冬（夏）。孢子借风雨传播
	链格孢叶枯病 *Alternaria triticina*	有叶枯和黑胚两种症状。叶斑长圆形，中央灰褐色、边缘黄褐色，愈合成片时干枯。潮湿时上生灰黑色霉层	
	根腐叶枯病 *Cochliobolus sativus*	有苗腐、叶枯、根腐、穗腐和黑胚等症状。叶斑梭形，淡褐色，周围有黄色晕圈，愈合成片时叶枯。潮湿时上生黑色霉层	
	壳针孢叶枯病 *Septoria tritici*	主要有叶枯和穗腐症状。叶斑近圆形或长条形，扩大后浅褐色，可愈合成不规则形大斑。病斑上密生小黑点	
小麦黑胚病 *Alternaria alternata*		胚部产生黑点，籽粒变成暗褐色或黑色。种子发芽率降低，小麦制品颜色变劣	病菌以菌丝体随病残体在土壤中，或附着在种子表面或胚内越冬
小麦颖枯病 *Septorianodorum*		叶斑中央灰白色，边缘褐色，上生小褐点。护颖上产生深褐色斑点	病菌在种子、病残体上越夏（冬）
小麦褐斑病 *Ascochyta graminicola*		初生圆形至椭圆形褪绿病斑，后变紫褐色，后期病部产生黑色小粒点	以菌丝体和分生孢子器在病残体上越冬（夏）。分生孢子借风雨传播。植株生长茂密，田间湿度大易发病
小麦白秆病 *Selenophoma tritici*		叶片上沿叶脉出现水渍状条斑，病斑边缘深褐色。茎秆上症状同叶片	病菌在种子或病残体上越冬（夏）。仅发生在高寒地区。天气潮湿、冷凉有利于发病

续表 6-2

病害名称及学名	诊断要点	发病规律
小麦杆枯病 *Gibellina cerealis*	叶鞘或茎秆上产生椭圆形褐色斑，扩大后呈云纹状，病部有小黑点	以子囊壳随病残体在土壤、粪肥中越冬（夏）。三叶前受害重，迟播、连作发病重
小麦土传类花叶病		
小麦土传花叶病 *Wheat soil-borne mosaic virus*（WSBMV）	病叶上有短线条状斑驳，花叶至黄色花叶；穗小粒少	病毒在禾谷多黏菌（*Polymyxa graminis*）休眠孢子囊内随小麦病根残体在土壤中越冬。秋播后随孢子囊萌发传至游动孢子并侵入小麦根部表皮细胞。可随耕作、流水等扩大危害
小麦黄花叶病 *Wheat yellow mosaic virus*（WYMV）	心叶有黄色花叶，下部叶片有细长黄色条纹或斑驳；植株明显矮化	
小麦梭条斑花叶病 *Wheat spindle spot mosaic virus*（ASSMV）	新叶上产生大量淡绿色至橙黄色梭形斑点，后成黄色条纹；病株矮化，成穗少，穗小粒秕，千粒重降低	
中国小麦花叶病 *Chinese wheat mosaic virus*（CWMV）	叶片黄化、花叶、分蘖增多	
小麦丛矮病 *Northerncearal mosaic virus*，NCMV	植株矮化、丛生，分蘖增多；心叶卷曲；上部叶片产生黄绿相间的条纹	灰飞虱终身传毒，但不能经卵传毒。病毒随越冬若虫主要在麦田、杂草及其根际土缝中越冬。春季危害小麦
小麦蓝矮病 MRDV	叶色浓绿，病株矮化，呈现“蓝矮”，心叶扭曲，一般不抽穗	灰飞虱持久传毒。管理粗放，杂草多发病重
小麦红矮病 WRDV	病叶因品种不同变红或变黄，病株矮化，分蘖减少，不抽穗或形成秕穗	叶蝉传毒。高温干燥地区发病重，早播发病重
小麦黑颖病 *Xanthomonas campestris*	病叶上产生黑褐色条斑，颖壳上病斑黑褐色，种子干缩。潮湿时病部有细菌溢出	病菌在种子、病残体上越冬（夏）。生长期雨水多发病重
小麦胞囊线虫病 *Heterodera avenae*, *H. filipjevi*	病根分叉成“须根团”。病麦苗似缺水缺肥状，不分蘖或分蘖减少；根上有白色胞囊，后期变成褐色	以胞囊在土壤中越（冬）夏。小麦播种后以2龄幼虫从根尖生长点处侵入。品种间抗性差异显著，沙质、贫瘠土壤发病重
小麦粒线虫病 *Anguina tritici*	病穗颖壳外张，子房变为黑褐色、短而圆、较坚硬的虫瘿	以虫瘿混杂在麦种中越冬，传播

十、小麦病害的综合治理

小麦是我国主要的粮食作物，其病害是影响小麦安全生产的主要限制因素，每年给小麦生产带来重大损失。小麦病害的种类很多，包括叶部病害（锈病、白粉病、叶枯病等）、穗部和籽粒病害(黑穗病、赤霉病、黑胚病等)、根茎部病害(纹枯病、全蚀病、茎基腐病、根腐病、胞囊线虫病等)、全株性病毒病等,由于各种病害的病原不同,发病规律差异很大,防治技术也各有不同。同时,由于不同小麦种植区生态条件差异很大,因此,发生的病害种类、规律及其危害程度也有很大差异。即使在同一个地区,不同生育期也可能发生多种病害。

(一)综合防治策略

针对我国不同生态区小麦主要病害发生种类及危害状况,坚持突出重点、分区治理、因地制宜、分类指导的原则。贯彻“预防为主,综合防治”的植保方针,坚持以农业防治,物理防治和生物防治为主,化学防治为辅的综合防治理念。采取绿色防控与配套技术相结合,应急处置与长期治理相结合,专业化防治与群众联防相结合的防控策略。注重安全用药,保障小麦产量和品质安全。

按照分区治理的原则,将我国小麦种植区划分为:西北地区、西南地区、华北地区、东北地区、黄淮地区和长江中下游地区。各地区根据当地病害种类和农事操作实际情况,采取相应的综合防治技术措施。

(二)主要技术措施

1. 种植和推广抗病品种,抗病品种合理布局

各地根据当地实际情况,按照农作物品种布局公布的小麦品种,尽量选用高产优质抗病品种,避免使用高感品种。将含有不同抗病基因的品种进行合理布局,以阻隔病原菌的传播、延缓病菌优势生理小种的形成。

2. 种子包衣和拌种

根据当地主要病害种类,选用针对性强的种衣剂进行拌种或包衣,以延缓或减轻苗期病害发生的时间和程度,压低病害的初始菌量。

3. 农业栽培措施

利用各种农业措施,创造有利于农作物生长,不利于病害发生的田间小气候条件,达到控制病害的目的。例如:深翻土壤、调整播期和播量、合理施肥和灌水。

4. 生物防治

利用生物物种间的相互关系,以一种或一类生物抑制另一种或另一类生物。

5. 化学防治

在小麦的不同生育期,根据病害的发生程度,在其他防治措施效果不理想的情况下,可辅助化学防治。化学防治主要是利用高效低毒的化学农药,在病害发生的关键时期,也就是在病害发生到防治阈值时,及时进行针对性防治。

(三)我国小麦不同产区主要病害综合防治技术规范

1. 西北麦区

(1)主要防治对象　以小麦条锈病为主,兼顾小麦白粉病、赤霉病、霜霉叶枯病等病害。

(2)综合防治策略　西北地区是小麦条锈病的越夏区和菌源基地,也是新小种产生的策源地。以小麦条锈病菌源基地治理为核心,因地制宜,采取各种措施压低越夏菌量、减轻秋苗发病。在其他地区采取绿色防控与配套技术相结合,应急处置与长期治理相结合,专业化防治与

群众联防相结合的防控策略。新疆和宁夏地区可针对当地情况确定防治时期。

(3)主要技术措施 推广种植抗病品种为主,农业防治、生物防治和化学防治相结合的综合防治技术措施。在小麦不同生育期推广相应的防治技术,确保小麦生产安全。

①小麦播种期。主要防治对象:预防苗期小麦条锈病、白粉病、雪霉叶枯病和黄矮病。因地制宜地推广抗(耐)病小麦品种,减少高感品种种植面积。在条锈菌菌源基地的陇南地区、海东地区和宁南地区的不同区域和海拔地区、推广种植含有不同抗病基因的全生育期抗病品种。在土壤墒情许可的情况下,结合越夏期消灭自生麦苗,适当推迟播期 5～7 d,并铲除田间周围的条锈菌转主寄主小檗。对于成株期抗病品种采用种子包衣或拌种。在小麦玉米两熟且实施秸秆还田地区推广精细整地,清洁地表玉米秸秆,减少赤霉病初始菌量;在地下害虫发生严重的地区,拌种时需要与防治地下害虫的药剂结合施用。在关中西部和陕南地区,采用种植抗/耐病品种,结合药剂拌种防治苗期条锈病、白粉病和地下害虫,关中东部地区推广成株期抗病品种或慢锈性品种;渭北旱塬地区采用药剂拌种控制苗期地下害虫和蚜虫危害,预防小麦黄矮病的发生。种子处理药剂可选用三唑酮、丙环唑、咯菌腈、戊唑醇、噻虫嗪、吡虫啉、辛硫磷等,药剂浓度严格按照农药包装说明推荐的剂量使用,避免药害发生。

②小麦出苗-越冬期。主要防治对象:条锈病菌源基地及冬繁区点片发病麦田,兼治苗期白粉病,预防小麦黄矮病。重点监控陇南麦区、海东麦区条锈病秋苗发病情况,在病害发生严重时,需进行打点保面。在条锈菌冬繁区的陕南地区,加强监测,对早发病田进行控制。在渭北旱塬地区、甘肃陇东地区、陇南地区、宁夏南部冬麦区注意防治苗期蚜虫,预防小麦黄矮病的发生。

③小麦返青期-拔节期。主要防治对象:条锈病冬繁区早发麦田,可以兼治白粉病。春季在小麦条锈病冬繁区早发病田,采取普查与系统调查相结合,发现田间单片病叶时应以病点为中心及时在病点 2 m 直径的区域防治,发现单个发病中心时及时喷 20 m 直径区域,封锁发病中心,防止病害扩散蔓延。3 月下旬至 4 月下旬,结合田间病情监测情况,及时控制发病中心;当田间条锈病平均病叶率达到 0.5%～1%时,白粉病病叶率达到 10%时,组织开展大面积应急防治。防治药剂可选用三唑酮、烯唑醇、戊唑醇、氟环唑、腈菌唑、丙环唑等,药剂浓度严格按照农药包装说明推荐的剂量使用。

④小麦孕穗期-扬花期。主要防治对象:条锈病、白粉病、赤霉病、霜霉叶枯病等。根据田间病害发生种类和状况,结合穗期主要病害,实施"一喷三防"措施,根据主要病害种类选用相应的杀菌剂、杀虫剂和植物生长调节剂或叶面肥等合理混用。当田间发生单一病时,进行针对性防治。当田间病害达到防治指标时,组织开展大面积应急防治。防治药剂可选用三唑酮、烯唑醇、戊唑醇、氟环唑、腈菌唑、丙环唑等,药剂浓度严格按照农药包装说明推荐的剂量使用。

在小麦抽穗至扬花期遇有阴雨、露水和多雾天气且持续 2 d 以上,注意预防赤霉病的大发生。抓住小麦扬花初期主动施药预防;对高感品种,首次施药时间提早至破口抽穗期。药剂可选用氰烯菌酯、烯肟菌酯、戊唑醇、咪鲜胺、多菌灵等,用量及浓度严格按照农药包装袋推荐剂量,施药后 3～6 h 内遇雨应及时补喷。在赤霉病菌对多菌灵产生抗药性的地区,应停止使用多菌灵等苯丙咪唑类药剂;根据短期天气预报,若 5～7 d 后仍有连阴雨或露雾,应进行第二次药防。

对于穗蚜发生严重的地区,当田间百株蚜量达500～800头时,可选用啶虫脒、吡虫啉、抗蚜威等药剂喷雾防治。

2. 西南麦区

(1)主要防治对象　以小麦条锈病为主,兼顾小麦赤霉病和白粉病。

(2)综合防治策略　西南麦区是小麦条锈病的冬季繁殖区和春季菌源基地。以小麦条锈病防治为核心,兼顾赤霉病、白粉病和麦蚜等病虫害,因地制宜,采取绿色防控与配套技术相结合,应急处置与长期治理相结合,专业化防治与群众联防相结合的防控策略,构建综合防治技术体系。

(3)主要技术措施　以推广种植抗病品种为基础,采取治理菌源区初始菌源,农业防治和化学防治相结合的综合防治技术措施。在小麦不同生育期采用相应的防治技术,确保小麦生产安全。

①播前阶段。首先要按照病害综合防治方案,做好作物种植计划、小麦品种布局规划和良种调运计划;二要根据本区域常年发生的主要病虫害种类,贮备足量的农药和器械,注意选用高效低毒低残留的特效或选择性农药品种和剂型,经常检修和妥善保管药械;三要开展技术培训,掌握主要病害的诊断识别技术、监测与防控技术、药械使用的操作规程以及病害发生规律、综合防治理论等基本知识。

②小麦播种期。主要防治对象:预防苗期条锈病、白粉病等。

秋播阶段的重点是做好栽培、作物品种布局和种子处理工作。推行秸秆还田、精耕细作,大力提倡小麦与蚕豆、豌豆等其他豆科作物按1∶1比例间作套种,有显著的防病增产效果;选用抗病品种,在冬繁区尽量选用全生育期抗病品种;药剂拌种,秋播时采用三唑酮、戊唑醇、苯醚甲环唑等高效内吸性杀菌剂进行药剂拌种,兼治条锈病和白粉病。

③小麦出苗-越冬期。主要防治对象:冬繁区秋苗条锈病、白粉病。

做好病越冬基数的普查和发生趋势的预测预报工作。秋冬季系统监测条锈病发生发展动态,采取普查与系统调查相结合,发现田间单片病叶时应以病点为中心及时在病点2 m直径的区域喷防治锈病化学药剂,发现单个发病中心时及时喷20 m直径区域,封锁发病中心,防止病害扩散蔓延。

④小麦返青期-拔节期。主要防治对象:条锈病、白粉病等。

春夏季加强赤霉病、白粉病和麦蚜等病虫害的普查、系统观察和预测预报工作,按照全国农作物病虫害预测测报办法,及时准确地发布病害发生时期和发生程度预报,达到防治指标后及时开展统防统治。

春季在小麦条锈病冬繁区早发病田,及时监测田间病情,发现单片病叶对其10 m直径范围内的麦类作物进行药剂防治,预防春季菌源的扩散和蔓延。3月下旬至4月下旬,结合田间病情监测情况,发现单个发病中心时及时喷50 m直径区域;当田间条锈病平均病叶率达到0.5%～1%时,白粉病病叶率达到10%时,组织开展大面积统防统治,防止病害流行危害。防治药剂可选用三唑酮、烯唑醇、戊唑醇、氟环唑、己唑醇、腈菌唑、丙环唑等,药剂浓度严格按照农药包装说明推荐的剂量使用。

⑤小麦孕穗期-灌浆阶段。主要防治对象:条锈病、白粉病、赤霉病等。

当田间病害如条锈病、白粉病、赤霉病等混合发生时，实施“一喷三防”措施，选用相应的杀菌剂和植物生长调节剂或叶面肥等合理混用。当田间发生单一病害时，则进行针对性防治。当条锈病病叶率达0.5%～1%时，或白粉病病叶率达10%时，组织开展大面积应急防治，防止病害流行危害。

在小麦抽穗至扬花期遇有阴雨、露水和多雾天气且持续3 d以上或10 d内有5 d以上阴雨天气时，要全面开展赤霉病的防控；对高感品种，首次施药时间提早至抽穗期。药剂品种可选用氰烯菌酯、烯肟菌酯、戊唑醇、咪鲜胺、多菌灵等喷雾。施药后3～6 h内遇雨，雨后应及时补治。在赤霉病菌对多菌灵产生抗药性的地区，应停止使用多菌灵等苯丙咪唑类药剂，以保证防治效果。

旱地小麦灌浆阶段易遭遇条锈病、白粉病等多种病危害，以及脱肥、高温天气等不良影响，在4月上中旬进行“一喷多防”。

3. 华北麦区

(1)主要防治对象　山西、河北中南部麦区以纹枯病、白粉病为主，兼顾条锈病、赤霉病和叶枯病；北部麦区以叶锈病、白粉病和叶枯病为主。

(2)综合防治策略　针对华北麦区不同生态区域、小麦不同生育阶段的重点病发生种类及状况，从麦田生态系统的整体出发，突出重点、分区治理，采取绿色防控与配套技术相结合，应急处置与长期治理相结合，专业化防治与群众联防相结合的防控策略。以农业措施为基础，协调运用物理、生物、生态、化学等其他各种措施，将麦田主要有害生物的种群密度控制在经济允许的水平以下，达到经济、社会和生态效益同步增长的目的。

(3)主要技术措施　推广种植抗病品种为基础，采取治理菌源区初始菌源，农业防治和化学防治相结合的综合防治技术措施。在小麦不同生育期推广相应的防治技术，确保小麦生产安全。

①小麦播种期　主要防治对象：黑穗病、土传病害、黄矮病等。

加强麦田整治培肥和种植结构调整。做到精耕细作、合理密植、科学灌溉、配方施肥，推行秸秆还田、适期播种等抗害防灾的栽培措施；调整品种布局和推广抗性品种，避免单一化种植。为了兼治其他地下害虫，推行种子处理，采用复合型高效内吸性杀菌剂和杀虫剂进行种子包衣或药剂拌种。在多种地下害虫混合发生区或单独严重发生区要采用土壤处理进行防治。为减少土壤污染和避免杀伤天敌，应提倡局部施药和施用颗粒剂，随耕翻入土中。种子处理药剂可选用三唑酮、苯醚甲环唑、咯菌腈、戊唑醇、噻虫嗪、吡虫啉、辛硫磷等，土壤处理可选用辛硫磷、甲基异柳磷、毒死蜱等，药剂浓度严格按照农药包装说明推荐的剂量使用，避免药害发生。

②小麦出苗-越冬期　主要防治对象：在山西、河北中南部麦区重点小麦纹枯病。北部麦区根据气温、土壤墒情，选择合适时机在冬前浇好防冻水，冬小麦播种早、出苗早的田块重点监测小麦纹枯病和小麦叶锈病。

③小麦返青期-拔节期　主要防治对象：白粉病、纹枯病等。

重点监测小麦白粉病和纹枯病，当小麦白粉病病叶率达到10%或病情指数达到1以上，小麦纹枯病病株率达10%左右，在中南部麦区田间小麦叶锈病平均病叶率达到0.5%～1%时，组织开展大面积应急防治，药剂可选用三唑酮、烯唑醇、腈菌唑、丙环唑、氟环唑等，进行叶面喷雾。

④小麦孕穗期-扬花期　主要防治对象：蚜虫、条锈病、赤霉病、白粉病等。

针对病害发生种类，实施“一喷三防”措施，选用相应的杀菌剂、杀虫剂和植物生长调节剂或叶面肥等合理混用。当田间百株蚜量达 500～800 头，益害比低于 1∶150 时，可选用啶虫脒、吡虫啉、抗蚜威等药剂喷雾防治。当田间叶锈病病叶率在 1%～2%之间，应及时防治，控制病点。药剂选用三唑类杀菌剂。

山西、河北南部麦区重点防治小麦条锈病、赤霉病、白粉病等，当小麦条锈病田间平均病叶率达到 0.5%～1%时，组织开展大面积应急防治。防治药剂选用三唑类药剂。小麦赤霉病采用主动预防，在小麦抽穗至扬花初期遇有阴雨、露水和多雾天气且持续 2 d 以上，应于小麦扬花初期主动喷药预防，做到扬花一块防治一块；对高感品种，首次施药时间提前至抽穗期。药剂可选用氰烯菌酯、戊唑醇、咪鲜胺、多菌灵、烯唑醇、氟环唑、己唑醇、腈菌唑、丙环唑等，施药后 3～6 h 内遇雨，雨后应及时补治。

小麦生长中后期小麦锈病和蚜虫混合发生，建议三唑酮、抗蚜威混配进行防治；赤霉病、白粉病、穗蚜混发区，多菌灵、三唑酮、抗蚜威混合施药。

⑤小麦灌浆期　主要防治对象：蚜虫、白粉病、叶锈病、纹枯病等。

小麦灌浆期主要防治蚜虫、白粉病、叶锈病和纹枯病。实施“一喷三防”措施。当田间发生单一病害时，则进行针对性防治。当叶锈病病叶率达 3%～5%时，或白粉病病叶率达 10%时，组织开展大面积应急防治，防止病害流行危害。当病害发生较重，田间病数量仍高于防治指标时，应进行第二次防治。小麦灌浆期当麦蚜百株蚜量达 800 头以上，立即喷雾防治，此时禁用氧化乐果等剧毒和高毒农药。

4. 东北春区

(1)主要防治对象　以赤霉病、白粉病、黑穗病和麦蚜为主，兼顾叶锈病、秆锈病、根腐病。

(2)综合防治策略　坚持贯彻“预防为主、综合防治”方针，全面树立“科学植保、公共植保、绿色植保”现代植保理念；因地制宜，采取绿色防控与配套技术相结合，应急处置与长期治理相结合，专业化防治与群众联防相结合的防控策略，将麦田主要病害的种群密度控制在经济允许的水平以下，达到经济、社会和生态效益协调的目的。

(3)主要技术措施　推广种植抗病品种、农业防治、生物防治和化学防治相结合的综合防治技术措施。在小麦不同生育期推广相应的防治技术，确保小麦生产安全。

①小麦播种期　主要防治对象：根腐病、白粉病、黑穗病等。

因地制宜地推广抗/耐白粉病、赤霉病和秆锈病的小麦品种。大力推行种子药剂处理。通过杀菌剂拌种或种子包衣，有效控制苗期小麦根腐病、白粉病以及穗期的黑穗病等；可选用的杀菌剂有苯醚甲环唑、咯菌腈、戊唑醇等。药剂浓度严格按照农药包装说明推荐的剂量使用。各地根据实际情况，适量播种，以控制田间群体密度。

②小麦拔节期　主要防治对象：白粉病等。

重点监测白粉病发生，当田间白粉病病叶率达到 10%，组织开展大面积应急防治，药剂品种可选用三唑酮、烯唑醇、戊唑醇、氟环唑等。药剂浓度严格按照农药包装说明推荐的剂量使用。要做好麦田清沟理墒工作，确保麦田沟系畅通。

③小麦孕穗期-扬花期　主要防治对象：赤霉病、白粉病、叶锈病、秆锈病、蚜虫等。

重点防控小麦赤霉病、白粉病、蚜虫，兼顾秆锈病和叶锈病。东北春麦区是赤霉病常发区，应以预防为主、主动出击防治赤霉病。小麦生长中后期加强栽培管理，平衡施肥，增施磷、钾肥；控制中后期小麦群体数量，并做到田间沟渠通畅，创造不利于病害流行的生态小环境。在小麦抽穗至扬花期遇有阴雨、露水和多雾天气且持续 2 d 以上，应于小麦齐穗至扬花初期主动喷药预防，做到扬花一块防治一块；对高感品种，首次施药时间提前至破口抽穗期。药剂品种可选用多菌灵、甲基硫菌灵、氰烯菌酯等，要足量用药，施药后 3～6 h 内遇雨，雨后应及时补治。根据中短期天气预报，若有持续降雨，第一次用药后 5～7 d 再防治一次，确保药剂防治效果。防治赤霉病时可兼治白粉病、秆锈病、蚜虫等。当百株蚜虫量达 800 头以上，可选用吡虫啉、抗蚜威、高效氯氰菊酯等药剂喷雾防治，同时兼治黏虫。小麦穗期病害混合发生时，及时开展杀虫剂、杀菌剂混用喷雾防治。

5. 黄淮麦区

(1)主要防治对象　以条锈病、赤霉病、纹枯病、白粉病、叶枯病为主，兼顾茎基腐病、全蚀病、胞囊线虫和土传花叶病毒病等。

(2)综合防治策略　依据麦田生态调控和区域控制的原则，以小麦高产、优质、高效、生态和安全生产为目标，以重大病害为对象，贯彻“预防为主、综合防治”的植保工作方针，因地制宜，采取农业栽培耕作措施、抗性品种与化学防治技术相结合，应急处置与可持续长期治理相结合，专业化统防统治与群众联防相结合的防控策略。

(3)主要技术措施　推广种植抗病品种为基础，采取治理菌源区初始菌源，农业防治和化学防治相结合的综合防治技术措施。在小麦不同生育期推广相应的防治技术，确保小麦生产安全。

①小麦播种前　主要防治对象：胞囊线虫，预防根腐病、茎基腐病、赤霉病等。

在整地阶段，尽量将秸秆粉碎细度增加并且深翻、耙匀，增加地下害虫的死亡率，减少镰孢菌等根茎病原菌的侵染概率，防止播种后因秸秆大而导致种子根悬空加重根腐病、孢囊线虫的危害。做好播种田间规划，预留出大型植保机械的作业道。

②小麦播种期　主要防治对象：黑穗病、白粉病、纹枯病、茎基腐病、根腐病、全蚀病等。

因地制宜推广抗/耐病小麦品种，减小高感品种种植面积。在土传花叶病毒病发生严重的地区，种植抗病品种是控制该病害的主要措施。对苗期不抗病的品种实施种子药剂处理。要根据当地主要防控对象，慎重选择相应的农药产品。药剂可分别选用三唑类、苯醚甲环唑、咯菌腈、新烟碱类农药、毒死蜱、辛硫磷等。胞囊线虫可采用阿维菌素处理种子；全蚀病发生区，采取硅噻菌胺或苯醚甲环唑进行种子处理。

③小麦出苗-越冬期　主要防治对象：根腐病、胞囊线虫等。

做好地下害虫、蚜虫、纹枯病、锈病、白粉病和胞囊线虫病的发生危害动态监控，在病害发生严重时对早发病田进行控制。孢囊线虫、根腐病发生严重的地块，在出苗后尽快采取防治措施。

④小麦返青期-拔节期　主要防治对象：条锈病、纹枯病等。

重点开展流行性、暴发性病害的早期预防。黄淮麦区南部，春季注意防控条锈病早发麦田，做到控制发病中心。当田间条锈病平均病叶率达到0.5%～1%时,白粉病病叶率达到10%时,及时组织开展大面积应急防治,防止病害流行危害。防治药剂可选用三唑类杀菌剂等。小麦纹枯病病株率达10%时,选用井冈霉素、三唑类等杀菌剂喷施麦苗茎基部,每7～10 d喷药一次,连喷3次。

⑤小麦孕穗期-扬花期　主要防治对象:蚜虫、赤霉病、白粉病、条锈病、蚜虫。

根据各种病害的发生种类、状况和防治指标,当多种病虫混合发生危害时,要大力推行"一喷三防"技术。当田间发生单一病虫害时,进行针对性防治。当田间百穗蚜量达到800头以上,天敌与麦蚜比例小于1∶150时,可用选择性杀虫剂如抗蚜威、新烟碱类、菊酯类等药剂喷雾防治。

当白粉病病叶率达10%或条锈病病叶率0.5%～1%时,可选用三唑类等杀菌剂及时喷药防治,若病情重,持续时间长,间隔15 d后可再施用1次。小麦抽穗至扬花期,若遇阴雨、露水和大雾天气且持续3 d以上或10 d内有5 d以上阴雨天气时,要全面开展赤霉病的防控工作,可选用氰烯菌酯、戊唑醇、咪鲜胺、多菌灵、甲基硫菌灵等杀菌剂。施药后3～6 h遇雨,应在雨后及时补喷。

⑥灌浆期　主要防治对象:蚜虫、白粉病、叶锈病、叶枯病、条锈病、蚜虫等。

在每百穗蚜量超过800头、白粉病、叶锈病和叶枯病病叶率超过10%时,可采用杀虫剂和杀菌剂混合喷雾防治。采用菊酯类或新烟碱类杀虫剂、三唑类杀菌剂与磷酸二氢钾混合喷雾。在收获前15 d停止使用农药和生长调节剂。

6. 长江中下游麦区

(1)主要防治对象　以赤霉病、纹枯病、白粉病为重点,兼顾条锈病、叶锈病、全蚀病。

(2)综合防治策略　坚持贯彻"预防为主、综合防治"方针,全面树立"科学植保、公共植保、绿色植保"现代植保理念;因地制宜,采取绿色防控与配套技术相结合,应急处置与长期治理相结合,专业化防治与群众联防相结合的防控策略,将麦田主要病害的种群密度控制在经济允许的水平以下,达到经济、社会和生态效益同步增长的目的。

(3)主要技术措施　推广种植抗病品种、农业防治、生物防治和化学防治相结合的综合防治技术措施。在小麦不同生育期推广相应的防治技术,确保小麦生产安全。

①小麦播种期　主要防治对象:苗期小麦纹枯病、白粉病、条锈病、全蚀病等。

因地制宜推广抗/耐白粉病和赤霉病的小麦品种。大力推行种子处理。可选用苯醚甲环唑、咯菌腈、戊唑醇、硅噻菌胺等杀菌剂拌种或包衣。在地下害虫和苗期蚜虫发生比较严重麦区,可选用吡虫啉、辛硫磷等杀虫剂进行拌种或种子包衣。药剂浓度严格按照农药包装说明推荐的剂量使用,避免药害发生。各地根据实际情况,适量播种,控制田间密度。此外,基肥适当增施磷、钾肥,提高小麦的抗性。

②小麦出苗-越冬期　主要防治对象:纹枯病、条锈病等。

重点监控纹枯病。及时清沟理墒、清除田间杂草,以减轻纹枯病等病害的发生。鄂西北小麦条锈病越冬或冬繁麦区重点监控小麦条锈病秋苗发病情况,发现田间单片病叶时应以病点为中心及时在病点2 m直径的区域喷防治锈病化学药剂,发现单个发病中心时及时喷20 m直径区域,封锁发病中心,防止病害扩散蔓延。

③小麦返青期-拔节期　主要防治对象：纹枯病、白粉病、条锈病等。

重点监测纹枯病和白粉病。在返青拔节期，当田间病株率达10%时，应尽早用井冈霉素、丙环唑等对准植株中下部均匀喷雾防治，重病田隔7～10 d再防治1次。3月下旬至4月下旬，当田间白粉病病叶率达10%或条锈病平均病叶率达到0.5%～1%时，组织开展大面积应急防治，防止病害流行危害，药剂可选用三唑类。

④小麦孕穗期-扬花期　主要防治对象：小麦赤霉病、白粉病，兼顾条锈病和叶锈病等。

长江中下游地区是赤霉病常发区，应加强栽培管理、主动用药预防，遏制病害流行。小麦生长中后期加强栽培管理，平衡施肥，增施磷、钾肥；控制中后期小麦群体数量，并做到田间沟渠通畅，创造不利于病害流行的环境。在小麦抽穗至扬花期遇有阴雨、露水和多雾天气且持续2 d以上，应于小麦齐穗至扬花初期主动喷药预防，做到"扬花一块、防治一块"；对高感品种，首次施药时间可适当提前。药剂品种可选用氰烯菌酯、咪鲜胺、多菌灵或相应的混配药剂等，要用足药量，施药后3～6 h内遇雨，雨后应及时补治。对多菌灵产生高水平抗性的地区，应停止使用多菌灵等苯丙咪唑类药剂，改用氰烯菌酯、戊唑醇等进行防治，以保证防治效果；如遇持续阴雨，第一次防治结束后，需隔5～7 d进行第二次防治，确保控制流行危害。防治赤霉病时可兼治白粉病、锈病等。小麦穗期病害混合发生时，选用相应的杀菌剂混合施用。

第三节　玉米及其他杂粮作物病害

玉米学名玉蜀黍，俗称棒子、玉茭、苞米、苞谷。玉米用途较广，除食用外，还是发展畜牧业的优良饲料和化工、燃料、医药等行业的重要原料。据报道，全世界玉米病害有100多种。目前发生普遍而又严重的病害有大斑病、小斑病、灰斑病、弯孢菌叶斑病、圆斑病、锈病、茎基腐病、纹枯病、丝黑穗病、瘤黑粉病、穗腐病、粗缩病、矮花叶病等，有些地区北方炭疽病、褐斑病、穗腐病、霜霉病、黑粉病等发生严重，以上病害常常造成严重的经济损失。玉米枯萎病、霜霉病和萎蔫病是三种检疫性病害，应引起重视。

其他杂粮作物主要包括高粱、谷子、糜子等，全世界报道高粱病害近50种，中国报道约30种，以黑穗病类危害较重。20世纪50年代以来，通过种子处理和利用抗病品种已基本控制了黑穗病类的危害。近年来，炭疽病、紫斑病等叶部病害在北方地区发生较为严重；全世界报道谷子病害50多种，发生普遍而严重的有白发病、锈病、谷瘟病、纹枯病、红叶病和谷子线虫病等。

病害是影响玉米和杂粮作物生产的主要因子之一，每年所造成的损失占6%～10%。由于气候条件的变化尤其是极端天气的频繁出现，栽培措施的变更，主栽品种的不断更换，玉米和杂粮作物病害发生情况也随之变化。具体表现为：一是由于品种更替原因，过去许多发生严重的病害逐渐减轻后又再次成为主要病害，如玉米大斑病；二是由于栽培制度的变化，过去在局部地区零星发生的病害，近年来连续多年严重发生，如玉米粗缩病；三是过去曾在局部地区对生产造成严重威胁的病害，目前成为常发性病害，如玉米弯孢菌叶斑病等；四是少数病害由于气候条件的变化在个别年份局部地区严重发生，如玉米北方炭疽病等。目前，我国玉米病害年际间发生既有普遍规律性，又存在一定的特殊复杂性，给玉米高产稳产造成了一定的困难，因此防治病害已成为玉米可持续发展的关键环节。

一、玉米大斑病

玉米大斑病(northern leaf blight of corn)是玉米上重要病害,在世界玉米种植区都有发生。在我国主要发生在东北、华北和黄淮等玉米产区,20 世纪 70 年代曾在吉林省等北方玉米主产区大流行,感病品种产量损失 50%以上。之后,随着抗病品种的广泛推广与应用,该病害得到较好控制。但近年来由于忽视了抗病品种利用,又有逐年加重趋势,个别地方已经严重发生,应引起重视。

(一)症状

玉米大斑病在玉米整个生育期都可以发生,但多见于生长中后期,特别是抽穗以后发生严重。病菌主要侵染叶片,严重时叶鞘和苞叶也可受害,一般先从植株底部叶片开始发生,逐步向上扩展,但也有从植株中上部叶片开始发病的情况,严重发生时中下部叶片干枯死亡(图 6-34)。

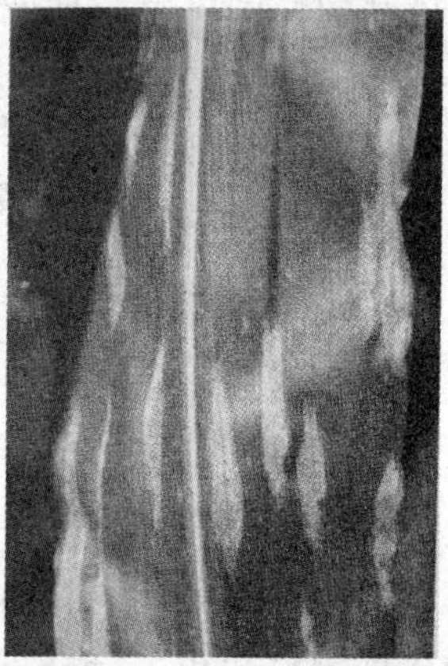

图 6-34 玉米大斑病

该病初期症状表现为叶片先出现水渍状青灰色斑点,然后沿叶脉向两端扩展,形成边缘暗褐色、中央淡褐色或青灰色的大斑,其最显著特点是叶片上形成大型梭状或纺锤形病斑,一般长 5～10 cm,宽 1 cm 左右,严重的可达 15～20 cm,宽 2～3 cm。病斑的大小、形状、颜色因品种抗病性不同而异。在感病品种上,病斑大而多,斑面有明显的黑色霉层,严重时病斑互连汇合成更大斑块,使叶片枯死;在抗病品种上,病斑小而少,或产生褪绿病斑,外具黄色晕圈,其扩展受到一定限制。近年的田间调查表明,许多品种的病斑类型正在发生变化,病斑长度常常达到 30～40 cm。严重发病时,多个病斑相互汇合连片,致使植株过早枯死。田间湿度较大或大雨过后或有露时,病斑表面常密生一层灰黑色的霉状物(病菌的分生孢子梗和分生孢子)。叶鞘、苞叶发病,病斑也多呈梭形,灰褐色或黄褐色。

此外,叶片病斑类型因玉米材料(自交系或杂交种或品种)上所带抗病基因的不同分为两大类:①褪绿斑:在带有 *Ht* 基因的材料上,病斑很小,椭圆形,病斑沿叶脉扩展,常形成褐色的坏死条纹,周围黄褐色或淡褐色;②萎蔫斑:在不带 *Ht* 基因的感病材料上,病斑初期为椭圆形、黄色或青灰色的水渍状小斑点,病斑逐渐沿叶脉扩大,形成长梭形,大小不等的萎蔫斑。

玉米大斑病在田间的发病往往是从下部叶片开始,逐渐向上扩展。

该病在田间诊断要点:一是看叶片上是否出现梭形大斑(一般长度为 10 cm 左右),二是看病部有无灰黑色的霉状物出现。生产中玉米大斑病常与生理性大斑病混淆,前者病斑梭形,患病组织极易破碎,保湿后出现大量的分生孢子;后者病斑一般不呈梭形,患病组织不易破碎,保湿不出现大斑菌的分生孢子。

(二)病原

病原有性态是子囊菌门球腔菌属大斑刚毛球腔菌 *Setosphaeria turcica* (Luttrell) Leonard & Suggs,自然条件下很少产生,但人工培养可以产生子囊壳。子囊壳黑色,椭圆形或近球形。子囊圆筒形或棍棒状，在子囊壳中平行排列。子囊内大多含2～4个子囊孢子，成熟的子囊孢子无色透明，纺锤形，具有3个隔膜且隔膜处缢缩。病原无性态为玉米大斑凸脐蠕孢菌[*Exserohilum turcicum*(Pass.) Leonard & Suggs]，分生孢子梗单生或2～3根束生，不分枝，青褐色，直立或上部稍弯，有2～8个隔膜，分生孢子梭形或长梭形，橄榄褐色，直或略向一边弯曲，中部粗，两端渐狭，顶端细胞钝圆形，脐点明显，突出于基细胞以外，具2～7个隔膜(图6-35)。

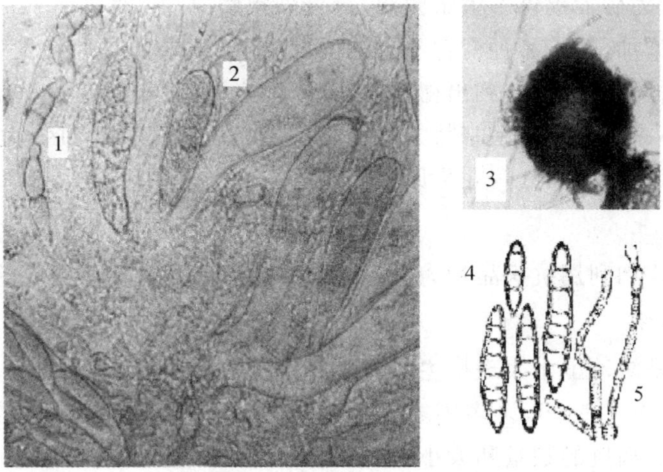

图6-35 玉米大斑病菌(仿董金皋)

1. 子囊孢子 2. 子囊 3. 子囊壳 4. 分生孢子 5. 分生孢子梗

大斑病菌具有明显的生理分化现象，被划分成两个专化型，即玉米专化型和高粱专化型。目前，国外根据在 *Ht* 单基因抗性品系上病斑反应型已鉴定出5个生理小种，国内生理小种鉴定结果较复杂。1号小种对具有 *Ht1*、*Ht2*、*Ht3*、*HtN* 显性单基因玉米无毒力，只引致褪绿斑，不形成孢子，为绝大多数玉米种植区的优势小种。2号小种对具有 *Ht1* 显性单基因玉米有毒力，引致萎蔫斑，并产生大量的分生孢子，但对具有 *Ht2*、*Ht3*、*HtN* 的玉米无毒力；3号小种对带 *Ht2*、*Ht3* 基因的玉米有毒力，但对带 *Ht1*、*HtN* 基因的玉米无毒力；在美国夏威夷发现了4号小种和5号小种。采用毒力公式法在国内已陆续发现16个生理小种包括0、1、2、3、N、12、13、1N、2N、3N、123、12N、13N、23、23N、123N等，其中在吉林省鉴定出全部上述16个小种，0号和1号小种仍为优势小种。但年度间各小种的发生频率比较接近，但小种的组成不同。地区间大斑病菌生理小种的组成和发生频率均不同。

(三)发病规律

病菌主要以菌丝体或分生孢子在田间病残体、种子和含有未腐烂病残体堆肥中越冬，成为来年的初侵染来源。据研究，残留在地表、玉米秸、室内的病组织和埋在地中(10 cm以上)病残体上的病菌只要遇到适宜的环境条件就能产生分生孢子，但越冬的分生孢子的萌发率不高。越冬期间的分生孢子，往往细胞壁加厚，原生质浓缩，而成为厚壁孢子。一个分生孢子可以形成2～3个厚壁孢子，厚壁孢子的抗逆性较强。

病菌越冬后产生的分生孢子，主要借风雨和气流传播，一旦条件适宜，2 h即可萌发。分生孢子萌发产生芽管，芽管顶端产生附着胞，附着胞再产生侵入丝。侵入丝大多直接侵入，少数也可从气孔侵入，而且叶片两面都可以成功侵入。整个侵入过程如果温度条件适宜（23～25℃）6～12 h 即可完成。侵入丝侵入玉米后产生泡囊组织，再从泡囊产生次生菌丝向四周扩展蔓延。菌丝在叶片细胞中扩展很慢，一旦侵入到木质部导管和管胞后则扩展加快。病菌从侵入到发病需要 7～10 d，但不同的品种其潜育期长短不一。

病菌侵入 10～14 d 以后，在潮湿的条件下，分生孢子梗从气孔伸出，并产生大量分生孢子，又可随风雨传播进行再侵染。在玉米整个生长期内可进行多次再侵染。特别是在春、夏玉米混作区，由于前者为后者提供了大量菌源，再侵染频繁。

在菌源量持续增加、栽培品种变化不大的情况下，气候条件是病害发生轻重的决定因素。温暖高湿有利病害的发生。拔节到出穗期间，若降雨集中，田间湿度大，气温适宜，可造成病害流行。多年连作、不深翻地病原菌基数大，发病重。在黄淮海玉米产区，大斑病主要发生于海拔较高的冷凉地区（如豫西山区），在平原地区一般年份发生较轻。

（四）病害控制

防治策略以推广和利用抗病品种为主，加强栽培管理，及时辅以必要的药剂防治。

1. 种植抗病品种

种植抗病品种是防治玉米大斑病主要而最经济有效的措施。

20 世纪 40—60 年代期间，许多国家利用的玉米品系大多属多基因控制的水平抗病性。这些品系可减少萎蔫病斑的数量和大小，在控制玉米大斑病的发生和流行方面起到了重要作用。我国 20 世纪 70 年代后期至 80 年代初期所推广的大多数品系也属于这些类型，如吉单 101 等。这些抗大斑病材料在多年来流行性强、流行过程长的东北玉米产区发挥了积极作用。80 年代末期，各国纷纷将一些单基因（*Ht1*、*Ht2*、*Ht3* 和 *HtN*）转移到农艺性状优良的自交系中，如我国在 80 年代中后期推广的丹玉 13（Mo17*Ht1*×E28）就曾在生产上发挥过重要作用。目前，我国推广的抗大斑病的自交系、杂交种或品种各地差别较大，主要有农大 108、登海 605、郑单 958 等。

2. 加强栽培管理，及时清除菌源

玉米大斑病菌属于弱寄生菌，当植株从营养生长过渡到生殖生长时最容易受到病菌的侵染，增施粪肥可提高寄主的抗病性。如施足底肥，适时追肥，N、P、K 合理配施。还应注意合理密植，以降低田间湿度，一般来讲，高产地块掌握在 55 000 株/hm^2，中等肥力地块在 45 000 株/hm^2，低肥力地块在 40 000 株/hm^2。

在病残体中越冬的病菌是第二年的初侵染来源，因此搞好田间卫生，及时清除病株（叶）效果较好，如深埋病残体，及时打除底叶等。

3. 药剂防治

尽管使用化学药剂防治玉米大斑病在生产上较难推广，但在极端情况下（抗病品种大面积丧失抗性）以及在发病初期仍不失为一种补救措施。目前，防治大斑病的有效药剂有 10%世高、70%代森锰锌、70%可杀得、50%扑海因、50%菌核净、25%丙环唑等，还有一些传统药剂如 50%多菌灵、50%退菌特、75%百菌清、70%甲基硫菌灵等在生产上也可以发挥较好的作用。

二、玉米弯孢菌叶斑病

玉米弯孢菌叶斑病(corn curvalaria leaf spot)在我国以前是次要病害，但20世纪80年代在北京、河南和河北等地的玉米制种田发生严重，造成部分地块绝收，制种失败，之后逐步蔓延至生产田，现已扩展到全国各地。1996—2001年，连续几年该病大发生，仅辽宁省1996年发生面积就达16.8万hm^2，严重地区减产高达50%以上，有1.6万hm^2玉米绝产，损失玉米约2.5亿kg。2003—2005年玉米弯孢菌叶斑病在河南驻马店、周口、漯河、南阳等地市发生严重，一般减产15%～20%，发生严重的减产50%以上。目前，该病害已经成为继玉米大小斑病后，玉米上又一主要叶部病害。

(一)症状

玉米弯孢菌叶斑病一般发生在成株期，主要危害叶片，也可为害叶鞘和苞叶。发病初期叶部病斑为水浸状褪绿小斑点，逐渐扩展为圆形或椭圆形淡黄色褪绿透明斑点，后逐渐扩大呈圆形、椭圆形病斑。病斑中心呈苍白色，边缘黄褐或红褐色，外围具黄色晕圈，病斑大小一般为(0.5～3.0) mm×(0.5～2.0) mm，最大可达5.0 mm×3.0 mm。在潮湿条件下，病斑正、反面均可产生分生孢子梗及分生孢子，以背面为多，呈灰黑色霉状物。发病严重时植株布满病斑，导致叶片枯死。品种抗性不同而症状表现不同，感病品种病斑较大，扩展快，多个病斑联合后叶片提前枯死。抗病品种病斑小而少，扩展慢，多为褪绿半透明斑点。该病害易与玉米北方炭疽病相混淆。北方炭疽病可以侵染叶片中脉和叶鞘，产生褐色小斑点，而弯孢菌叶斑病一般不侵染中脉和叶鞘。

(二)病原

病原无性态为新月弯孢 *Curvularia lunata* (Wakker) Boed.，无性菌类弯孢属真菌。病菌分生孢子梗分化明显，直或弯，上部多呈屈膝状弯曲，褐色有隔膜，单枝或有分枝，分生孢子连续生成；分生孢子梭形，偶见三角形、星形等不规则形状；分生孢子有3个隔膜，褐色，从基部向上数第3个细胞处向一侧明显弯曲；第3个细胞膨大，色泽最深，两端细胞色泽明显浅于中间两细胞(图6-36)。

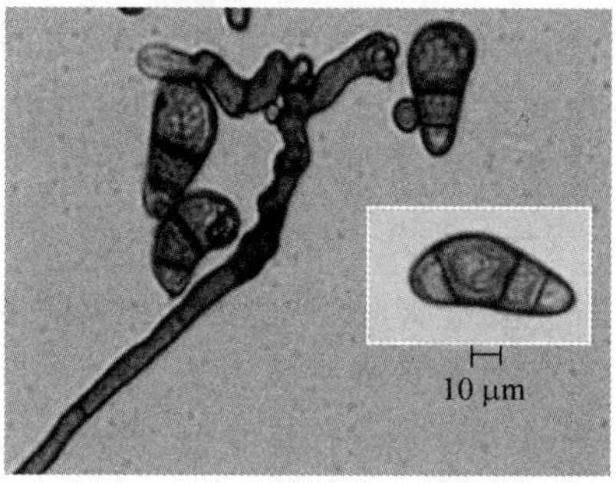

图 6-36 玉米弯孢叶斑病菌分生孢子梗和分生孢子

(三)发病规律

病菌以菌丝体在田间病残体上越冬，也可以分生孢子或菌丝体通过种子携带而成为初侵染源，但后者对病害流行的作用较小。越冬阶段，病残体翻入土壤后腐烂，则其上的病菌一般不能存活。翌年，当气候条件适合，未腐烂的病残体上的菌丝体萌发产生分生孢子。分生孢子随气流、风雨传播到玉米叶片上，湿度适合，便可萌发侵入，5～10 d后叶片上产生病斑，随后产生分生孢子梗和分生孢子。分生孢子随气流传播，进行多次再侵染。下部叶片首先发病并向上叶部叶片扩展，在叶片上产生大量小而圆的病斑，病斑多时造成叶片干枯，严重影响植株光合作用，籽粒灌浆不足，产量降低。

病害发生轻重与气象条件、品种抗性及栽培措施关系密切，降水多、湿度大、温度高的年份发病重。品种间抗病性差异明显。重茬地或邻近玉米秸垛的地块发病重。平地发病重，山地发病轻，低洼积水田和连作田发病较重。不同发育阶段抗病性不同，苗期比较抗病。

(四)病害控制

此病的防治策略应采取以抗病品种为主的综合防治措施。

1. 选育和种植抗病品种

经过抗病性鉴定，目前在田间发病较轻的自交系和杂交种有农大108、鲁单50、郑单958、先玉335、农大951、浚单20等。此外，应广泛收集抗病种质资源，积极培育抗病品种。

2. 加强栽培管理，减少越冬菌源

加强玉米田间管理，合理轮作和间作套种，合理密植，前期施足底肥，后期适时追肥，防止脱肥，提高植株抗病力。玉米收获后及时清理病株和落叶，集中处理或深耕深埋，减少初侵染来源。

3. 药剂防治

由于目前缺少抗病品种，一旦发生弯孢菌叶斑病后要及时喷药防治。有效药剂有45%大生、25%丙环唑、75%百菌清、50%多菌灵、50%甲基硫菌灵、80%炭疽福美、40%新星、70%代森锰锌、50%福美双、50%退菌特等。喷药时期一般在田间发病率10%时，防治效果明显。在玉米制种田或高产试验田采取药剂防治十分必要。

三、玉米灰斑病

灰斑病(gray leaf spot in maize)又称尾孢叶斑病，是一种世界玉米产区普遍发生的叶部病害。1925年最早发现于美国伊利诺斯州，20世纪70年代由于免耕法或少耕法的广泛应用，土表玉米残留物增多，导致该病严重发生。1991年辽宁丹东、庄河等地大发生，目前已蔓延到全国各玉米产区。1996年，辽宁省发生面积20多万 hm^2，损失玉米2亿多kg。沿海地区发生更重，减产50%以上。

(一)症状

主要危害叶片，也可侵染叶鞘和苞叶。在感病品种上病斑呈长方形(2～4) mm×(1～6) cm。早期坏死斑很小、淡褐色、具褪色晕圈，然后扩展至整个病斑。扩展的病斑初期呈褐色，当病菌在叶背开始产孢时，病斑变成灰色长条病斑，与叶脉平行。该病最典型的特征是成熟病斑具有明显的平行边缘，病斑不透明(图6-37)。这种明显的边缘主要是由于病菌无法穿过叶片主脉的厚壁组织，限制了病斑扩展。病斑不透明则是由于病菌形成了由暗色坚硬菌丝组成的子座组织，填满气孔下室。严重时病斑汇合连片，叶片枯死，叶片两面产生灰色霉层(分生孢子梗和分生孢子)，以叶背产生的多。

图6-37 玉米灰斑病

(二)病原

无性态为玉蜀黍尾孢菌 *Cercospora zeae-maydis* Tehonet Daniels,属于无性菌类尾孢属(图 6-38)。有性态为子囊菌门球腔菌属(*Mycosphaerella*),很少见,在病害循环中作用不大。菌落铺散状,菌丝体多埋生,常生小型子座。分生孢子梗 3～10 丛生,暗褐色,1～4 个隔膜,直或稍弯,着生分生孢子处孢痕明显。分生孢子倒棍棒形,细长,直或稍弯,无色,具 1～8 个隔膜,基部倒圆锥形,脐点明显,顶端渐细,稍钝。病菌在不同培养基上产生不同类型的菌落。人工培养可形成有性态。在 25～28℃,V8 汁培养基上能大量形成分生孢子,光暗交替有利于分生孢子的形成。在 25℃条件下,分生孢子萌发需要 90%以上的湿度。玉蜀黍尾孢菌至少有两个近似种,高粱尾孢玉米变种也可引起灰斑病。

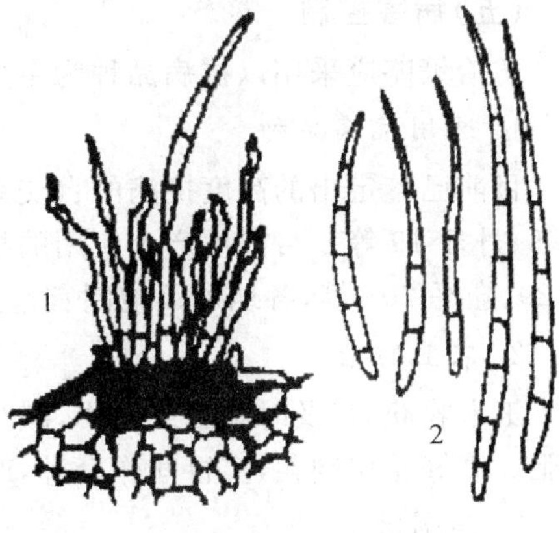

图 6-38　玉米灰斑病菌

1. 分生孢子梗　2. 分生孢子

(三)病害循环

此病以菌丝体、子座在病株残体上越冬,成为第二年田间的初侵染来源。该菌在地表病残体上可存活 7 个月,但埋在土壤中病残体上的病菌则很快丧失生命力。第二年春季,从子座组织上产生分生孢子,借风雨传播,进行再侵染。

分生孢子着落在叶表后萌发产生芽管,芽管在气孔表面形成附着胞,然后通过侵染钉进入气孔。一般在叶背接种 4～5 d 后,在气孔上形成很多附着胞,6～7 d 侵入,9 d 后可见褪绿斑点,12 d 后出现褐色的长条病斑。该病主要在玉米抽雄后侵染植株叶片。在玉米幼苗叶片上也能侵染发病,3～4 d 后病斑上产生分生孢子(比成株叶片早)。温暖湿润条件下,接种 16～21 d 后病斑上可形成大量分子孢子引起再侵染。

(四)发病条件

1. 品种抗性

抗灰斑的自交系通常表现水平抗病性,杂交种中抗病品种较少。从美国引进的 78599 玉米杂交种选出的沈 137、沈 799、沈 3130、丹黄 18、武 125、武 9195 等,78641 杂交种中选出的丹黄 19 都高抗灰斑病。

玉米对灰斑病的抗病性主要取决于一个主效基因(*GLSl*),也有报道认为抗病性属数量性状遗传。利用 RFLP 技术,在玉米的 10 条染色体上的 78 个分子标记位点中发现:有三条染色体上(第一、第四、第八条)具数量性状位点(QTL),这些位点有不同程度的变异率。

2. 气候条件

气候条件对该病的流行有明显的影响,其中湿度是关键,相对湿度大于 90%维持 12～13 h 有利于病害的发生和发展,所以该病多在温暖、湿润的山区和沿海地带发生。

3. 耕作与栽培措施

国外免耕或少耕的田块发病重,主要由于田间地表残留的病残体是该病的主要初侵来源。耕作后如残留的病残体超过 35%可引起该病的大流行。植株叶片的生理年龄也影响此病的发展,发病初期在抽雄的下部叶片,继而发展到中部和上部叶片。

(五)病害控制

防治策略应采用以抗病品种为主加强栽培管理的综合防治措施。

1. 选用抗病品种

目前已鉴定出的高度抗病的自交系有:沈137、齐319、沈799、沈3130、丹黄18、武125、武9195、丹黄19等。目前生产上应用的抗病品种有:登海605、登海6702、中单909、浚单20、浚单29、隆平208等,各地可因地制宜选用。

2. 农业防治

玉米收获后,及时深翻或轮作,减少越冬菌源数量。播种时施足底肥,及时追肥,防止后期脱肥。搞好轮作倒茬,实行间作套种,改善田间小气候。

3. 药剂防治

灰斑病发生偏重的制种田或试验田可采用75%百菌清、50%菌霜(菌核净+福美双)、50%多菌灵等药剂进行喷药防治,间隔7~10 d喷1次,连续2~3次,有较好的防治效果。

四、玉米茎基腐病

玉米茎基腐病(corn stalk rot)又称茎腐病、青枯病,是由多种病原菌单独或复合侵染造成根系和茎基腐烂的一类病害总称,在世界各玉米产区普遍发生。20世纪60—70年代曾在我国发生严重,成为玉米上的主要病害,目前在我国一些玉米种植区仍然是一种重要病害。一般年份发病率10%左右,严重年份发病率达30%以上,减产25%,甚至绝收。

(一)症状

该病在玉米灌浆期开始发病,乳熟末期至蜡熟期为显症高峰。病原菌侵染危害玉米茎秆、叶片、果穗苞叶、根部和茎基部,严重时可导致植株死亡。

1. 根部和茎部症状

病菌一般从根部开始侵染,造成根系变褐腐烂,在茎基节间产生纵向扩展的不规则状褐色病斑,随后缢缩,变软或变硬,后期茎内部空松,剖茎检视,组织腐烂,维管束呈丝状游离,可见白色或粉红色菌丝,后期病部茎秆表面产生蓝黑色粒状物,即病菌的子囊壳。茎秆腐烂自茎基第一节开始向上扩展,可达第二、三节,甚至第四节,极易倒折。

2. 叶片症状

主要有青枯和黄枯2种类型。青枯型也称急性型,多发生在玉米生长后期遇乍雨乍晴的天气,发病速度快通常1~2 d内全株叶片自下而上迅速枯死,呈灰绿色,水烫状或霜打状,该类型主要发生在感病品种上和条件适合时。黄枯型也称慢性型,发展缓慢,一般在5~10 d全株才表现症状,整株叶片自下而上逐渐黄枯,显症历期较长,该症状类型主要发生在抗病品种上或环境条件不适合时。

病株果穗下垂,穗柄柔韧,不易掰下;籽粒干瘪,无光泽,脱粒困难。千粒重下降。根部受害表现为根腐烂变短,根表皮松脱,髓部变为空腔,须根和根毛减少,致根部极易拔出。

我国茎基腐病的症状主要有青枯和黄枯两种类型。镰孢菌引起的茎基腐病为黄枯型,主要表现为叶片黄化、茎基部松软严重者组织腐烂呈丝状、髓组织红褐色,茎秆表面可见黑色小黑点状物,果穗倒垂。

腐霉菌引起的茎基腐病主要表现为叶片呈青灰色并干枯,茎基部变褐变软,剖茎后可见髓部变褐、组织分解，仅残存维管束组织，植株易倒折，根系变黑腐烂，果穗倒挂。

(二)病原

玉米茎基腐病是由多种病原菌单独或复合侵染引起的。关于病原国内外报道很不一致，至今已报道引起茎腐病的病原菌有20余种，不同国家或同一国家的不同地区病原菌种类也存在较大差异。大致可分：镰孢菌侵染、腐霉菌侵染、腐霉菌和镰孢菌复合侵染。

镰刀菌主要种类有：禾谷镰孢菌 *Fusarium graminearum* Schwabe 和拟轮枝镰刀菌 *F. verticillioides*(Sacc.)Nirenberg，属无性菌类丝孢纲瘤座孢目镰孢属。禾谷镰孢菌的有性态为玉蜀黍赤霉菌 *Gibberella zeae*(Schw.)Petch.；拟轮枝镰孢菌的有性态为串珠赤霉菌 *Gibberella moniliformis* Wineland。禾谷镰孢菌气生菌丝棉絮状，白色至草珠红色。大型分生孢子多数3～5个隔膜，不产生小型分生孢子和厚垣孢子，有性阶段子囊壳黑色球形，子囊棍棒形，子囊孢子纺锤形，双列斜向排列，1～3个隔膜。拟轮枝镰孢菌所生菌丝绒毛状至粉状，白色至淡青莲色，小型分生孢子串生，卵形或纺锤形，大型分生孢子多3～5个分隔，有性阶段的子囊壳球形，光滑，蓝黑色。子囊长椭圆形，子囊孢子，双行排列，较直，两端渐尖，多为1个隔膜，分隔处缢缩。

腐霉菌主要种类为肿囊腐霉 *Pythium inflatum* Matth.，其次是禾生腐霉菌 *Pythium graminicoia* 和瓜果腐霉菌 *Pythium aphanidermatum*，属卵菌纲霜霉目腐霉科腐霉属。肿囊腐霉菌丝纤细，游动孢子囊呈裂瓣状膨大，形成不规则球形突起，藏卵器球形，光滑，顶生或间生，雄器异生，每个藏卵器上有2～3个雄器。卵孢子球形，光滑，满器或近满器。禾生腐霉菌菌丝不规则分枝。游动孢子囊由菌丝状膨大和不规则的复合体组成，顶生或间生，萌发产生游动孢子，藏卵器球形，光滑；雄器棍棒形，卵形，亚球形或桶形，通常雌雄同丝，偶见异丝，每个藏卵器上有1～6个雄器，卵孢子球形，光滑。瓜果腐霉菌菌丝发达，白色棉絮状；游动孢子囊丝状不规则膨大，小裂瓣状，分枝简单或复杂；游动孢子7～14个，藏卵器平滑，雄器多数异丝，很少同丝，近圆形或长圆形，每个藏卵器与1～2个雄器相结合。卵孢子壁平滑。

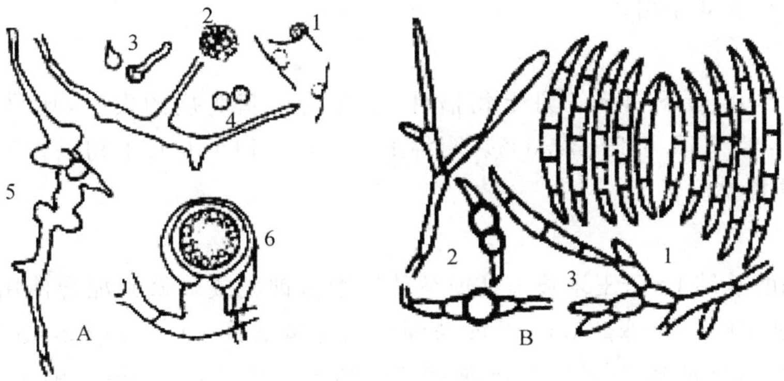

图6-39 玉米茎腐病菌

A. 瓜果腐霉菌(1. 游动孢子囊 2. 游动孢子囊萌发 3. 游动孢子 4. 休止孢 5. 休止孢萌发形成芽管 6. 卵孢子)(仿余永年和马国忠，1989) B. 禾谷镰刀菌(1. 分生孢子 2. 厚垣孢子 3. 产孢细胞)(仿陈鸿逵和王洪振，1992)

(三)发病规律

玉米茎基腐病是一种土传病害，主要病原菌以卵孢子或休眠孢子在土壤、病残体和种子上越冬。腐霉菌为土壤习居菌，以卵孢子、厚垣孢子或菌丝体越冬，第二年玉米生长季节，病菌萌发产生菌丝体和游动孢子，借雨水传播，游动孢子萌发产生芽管侵染玉米根系，卵孢子和厚垣孢子也可萌发产生芽管直接侵染根系。镰孢菌可以大型分生孢子和厚垣孢子越冬，条件适宜萌发侵入寄主根系，后扩展至茎基部，造成腐烂。镰孢菌主要侵染胚根，腐霉菌主要侵染次生根和须根。玉米品种间抗性存在着显著的差异，一般感病品种发病高峰从散粉盛期开始，而抗病品种则从灌浆期开始。在正常气候条件下，玉米黄熟期病株率高于乳熟中期，乳熟中期又高于灌浆期。一般来说，中晚熟品种较抗病，而早熟品种发病较重。玉米茎基腐病的发生与气候的关系十分密切，其中与雨水关系最大，8月份的降雨与该病的发生关系密切，玉米生长中后期遇久旱，而乳熟末期至蜡熟期雨水偏多，雨后突然转晴，发病迅速而严重，常在1～2 d之内全株叶片迅速失水青枯，果穗下垂，其症状全部呈现急性型。而在玉米生育后期如遇连续阴雨天气的年份，田间病株发生少，其症状多属普通型。

(四)病害控制

1. 选育和种植抗病、耐病优良品种

近几年选育的抗病自交系有获白、吉815、870、337、Va35、冀524、保102、沈219、承191和京系01等。杂交种和杂交组合中有中单11号、陕单9号、沈单7号、吉单141、122、118、唐玉1号和津唐1号等。应因地制宜的选取品种。

2. 清除田间病株残体

对制种玉米在抽雄时及时将发病雌雄株拔除。玉米收获后彻底清除发病株，集中烧毁或结合深翻土地而深埋。

3. 轮作

实行玉米与其他非寄主作物轮作，防止土壤病原菌积累。发病重的地块可与水稻、马铃薯、蔬菜作物实行2～3年轮作。

4. 适期晚播

北方春玉米区，4月下旬至5月上旬播种，能防治茎基腐病的发生，比早播的发病率低11.3%～67.5%，增产12.6%～32.3%。套种玉米5月下旬至6月上旬播种发病轻。夏玉米6月15日左右播种发病轻。

5. 合理施肥

在施足基肥的基础上，于玉米拔节期或孕穗期增施钾肥或磷氮肥配合使用。严重缺钾地块，一般施硫酸钾100～150 kg/km^2；一般缺钾地块施硫酸钾70～105 kg/km^2。在玉米播种和抽雄时，将硫酸锌与尿素、三元复合肥按22.5～30.0、225、225 kg/km^2 施入土壤，可明显减轻病害，并增产8.4%～10.2%。

6. 生物防治

利用增产菌按种子重量0.2%拌种，对茎基腐病有一定的控制作用。采用1 g风干土中接种 1×10^6 个哈茨木霉或绿色木霉的孢子悬浮液，对镰刀菌厚垣孢子的萌发有显著的抑制作用，或在土壤中接种木霉菌并加入4～6 $\mu g/g$ 微量的三唑酮防治效果比单独使用更显著。同时在种子包衣之前，采用玉米生物种衣剂(ZSB)按 1∶40 拌种，或诱抗剂浸种，或用根保种衣剂等对玉米茎基腐病都有一定的抑制作用，防治效果比较明显。另外，利用 2.5%咯菌清悬浮种衣剂 1∶500 包衣，对该病害防治也有较好效果。

五、玉米黑粉病

玉米黑粉病(corn smut)又名玉米瘤黑粉病，俗称“乌霉”，是常见的玉米病害之一，由玉米黑粉菌侵害所致。该病害一般北方比南方严重，山区比平原地区严重，春播比夏播严重。减产程度因发病时期、为害程度和发病部位而异，一般减产 10%左右，严重时 80%以上。

(一)症状

玉米黑粉病最显著的特征是病菌通过伤口侵染植株的所有地上部分，包括茎秆、叶片、叶鞘、雌穗和雄穗等，产生形态各异，大小不一的菌瘿。苗期多在幼苗基部或根茎交界处产生菌瘿，造成幼苗扭曲抽缩，叶鞘及心叶破裂紊乱，严重的造成早枯。植株在拔节前后感病，叶片或叶鞘上可出现菌瘿，叶片上的较小，多如豆粒大小，常从叶片基部向上成串密生。雌穗侵染后，多在果穗上半部或个别籽粒上形成菌瘿，严重的全穗变成较大的肿瘤。菌瘿外包有由寄主表皮组织形成的薄膜，未成熟时白色发亮或淡红色，有光泽，内部含有白色松软组织，受轻压常有水流出，随后随着冬孢子的形成而呈现灰白色或黑色。病瘤直径一般在 3～15 cm。当菌瘿成熟后，外膜破裂散出大量黑粉，即冬孢子(或称厚垣孢子)。若细胞迅速成熟，菌瘿的发育受阻而出现小而硬的形态，不产生或只产生少量的冬孢子。一般同一植株上可多处生瘤，有的在同一位置有数个病瘤堆聚在一起。受害的植株茎秆多扭曲，变得矮小，果穗变小甚至空秆(图 6-40)。

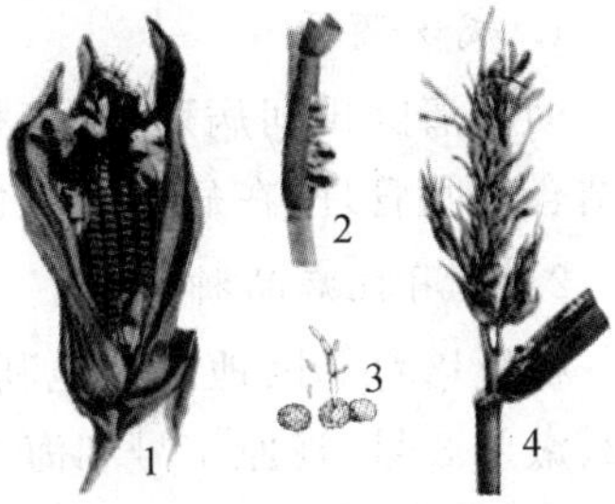

图 6-40　玉米黑粉病

1. 雌穗　2. 茎秆　3. 雄穗　4. 冬孢子及萌发

(二)病原

病原为玉蜀黍黑粉菌 *Ustilago maydis*(DC.)Corda.，属担子菌门黑粉菌属。冬孢子暗褐色、浅橄榄色，球形或椭圆形，表面有明显细刺(图 6-41)。冬孢子萌发后生出有 4 个细胞的担子，侧生 4 个梭形担孢子。担孢子萌发产生侵染丝或以芽殖方式反复产生次生担孢子，再萌发产生侵染丝。玉蜀黍黑粉菌为异宗配合菌，冬孢子萌发产生的 4 个担孢子，分为“＋”、“－”两种交配型，不同交配型担孢子产生的初生菌丝，才能进行性结合，形成双核菌丝。性结合可以在寄主体内，也可在寄主体外进行。双核菌丝成熟后，菌丝断裂。再形成冬孢子，即黑粉菌孢子。病原菌的冬孢子没有休眠期，成熟后即可萌发。在自然条件下，分散的冬孢子不易长期存活，但集结成块的冬孢子，无论在地表或土内存活期都较长，干燥后保存在室内经 4 年仍有 24%的萌发率。

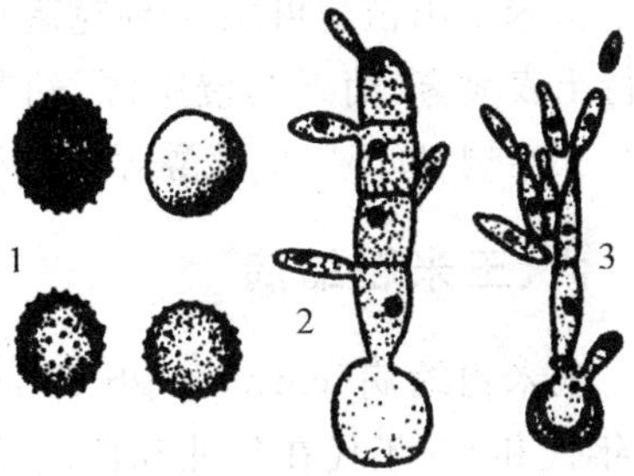

图 6-41　玉米黑粉菌形态

1. 冬孢子萌发　2. 担子　3. 担孢子

(三)发病规律

瘤黑粉菌在玉米整个生育期都可侵染。冬孢子在土壤、田间病残体和粪肥中越冬,这些带菌的土壤和病残体均可成为初侵染源,种子表面带菌对该病的远距离传播有一定作用。越冬的冬孢子在适宜的条件下萌发产生担孢子和次生担孢子,经风雨传播至玉米的幼嫩组织上,萌发并直接穿透寄主表皮或经由伤口侵入。在玉米的整个生育期可进行多次再侵染,在抽穗期前后一个月内为玉米瘤黑粉病的盛发期。高温高湿及暴风雨造成损伤有利于病害发生,抽穗前后干旱有利于穗部发病。一般马齿型品种较硬粒型品种抗病,早熟品种较晚熟品种发病轻,甜玉米易感病,果穗苞叶紧密、苞叶长而厚的较抗病,而苞叶短小、包裹不严的则感病,而且春播比夏播玉米易感病。

(四)病害控制

防治策略应采取以减少菌源、种植抗病品种为主的综合防治措施。

1. 减少菌源

彻底清除田间病残体,秸秆用作肥料时要充分腐熟。重病田实行 2～3 年轮作。玉米生长期结合田间管理,在病瘤未变色时及早割除,并带出田外处理。

2. 选用抗病品种

积极培育和因地制宜地利用抗病品种。目前,登海 605、浚单 20、农大 108、农大 60、科单 102、嫩单 3 号、辽原 1 号和海玉 8 号等均为抗病品种,其中海玉 8 号为高抗品种。农家品种中野鸡红、小青稞、金顶子等也较抗病。

3. 加强栽培管理

合理密植,避免偏施、过施氮肥,适时增施磷钾肥。灌溉要及时,特别是抽雄前后要保证水分供应充足。及时防治玉米螟,尽量减少耕作时的机械损伤。

4. 种子处理

可用于种子处理的药剂很多,如用 0.1%401 抗菌剂、35%戊唑醇粉剂、25%粉锈宁 WP 等。

5. 药剂防治

玉米未出苗前可用 50%克菌丹 200 倍液,或 15%三唑酮 750～1 000 倍液,每公顷 1 500 kg 进行土表喷雾,消灭初侵染源,幼苗期再喷洒 1%的波尔多液具较好防效。在病瘤未出现前喷 15%三唑酮、12.5%烯唑醇等三唑类杀菌剂可降低发病率。

六、玉米粗缩病

玉米粗缩病(corn rough dwarf)俗称“万年青”、“坐坡”,在我国 20 世纪 60 年代初发现,于 70 年代和 90 年代在华北和西北等地区的玉米上局部流行成灾。至今全国已报道玉米粗缩病发生省市有十几个。山东省 1996 年发病面积 66.7 万 hm^2,发病率达 30%以上有 20 万 hm^2,改种和绝产的有 2.4 万 hm^2,江苏省 2000 年玉米发病面积 13.3 万 hm^2,重病田导致产量损失 70%～100%。2008 年该病害在我国黄淮海区再次大发生,对玉米安全生产构成了严重威胁。

(一)症状

该病在玉米整个生育期均可发生,以苗期发病最为严重,其中出苗至 5 叶期最为感病。

发病初期在心叶基部中脉两侧出现透明虚线斑点状条纹，后逐渐扩展到整个叶片，病株的叶背、叶鞘及苞叶的叶脉上具有粗细不一的蜡白色蜡泪条状突起，即脉突，用手触摸有明显的粗糙不平感。整个植株生长受到明显抑制，严重矮化，茎秆高度比同期播种健康植株矮一半甚至更多。病株节间粗肿缩短，节间距显著缩小，节部明显膨大。叶片宽短，厚硬僵直，叶色浓绿，顶部叶片簇生。轻病株尚可抽穗，但雄花发育不良，散粉少，雌穗短，花丝少，籽粒减少；重病株雄穗不能抽出，即使抽出也全无花粉，雌穗畸形不实或籽粒极少。病株根系少而短，不及健株的一半（图 6-42）。

图 6-42　玉米粗缩病

1. 健株　2. 病株

（二）病原

病原是水稻黑条矮缩病毒（*Rice black streaked dwarf virus*，RBSDV）、南方水稻黑条矮缩病毒（*South rice black streaked dwarf virus*，SRBSDV）、玉米粗缩病毒（*Maize rough dwarf virus*，MRDV）和里奥夸尔托病毒（*Mal de rio cuarto virus*，MRCV），均属于呼肠孤病毒科（*Reoviridae*）斐济病毒属（*Fijivirus*）。在欧洲、中东地区及北美洲引起玉米粗缩病的病毒为 MRDV。MRCV 主要分布在阿根廷、巴西和乌拉圭等南美国家，而我国玉米粗缩病的病原主要是 RBSDV。近年来通过序列分析，在山东省济宁地区的感病玉米植株中发现了 SRBSDV。

水稻黑条矮缩病毒（RBSDV）粒体球状，存在于寄主植物韧皮部筛管及伴胞内，病毒钝化温度 50～60℃，稀释限点 10^{-3}～10^{-4}倍，体外保毒期 5～6 d。RBSDV 的寄主范围较广，现已知的寄主有 28 种，其中主要为害禾本科植物如水稻、大麦、小麦、玉米、高粱、粟、稗草、看麦娘和狗尾草等。

（三）发病规律

玉米粗缩病毒主要在小麦和杂草上越冬，也可在传毒昆虫体内越冬。当玉米出苗后，小麦和杂草上的灰飞虱即带毒迁飞至玉米上取食传毒，引起玉米发病。在玉米生长后期，病毒再由灰飞虱携带向高粱、谷子等晚秋禾本科作物及马唐等禾本科杂草传播，秋后再传向小麦或直接在杂草上越冬，构成发病循环。

玉米粗缩病发生与灰飞虱的虫口密度直接相关，病毒通过灰飞虱以持久性方式传毒。病毒寄主主要是单子叶禾本科植物。在黄淮海夏玉米区春季第 1 代灰飞虱成虫在越冬寄主稻茬麦田或杂草越冬，取食得毒，并陆续从稻茬麦田或杂草向旱作小麦和玉米田迁移，6 月上旬大量迁飞至旱作麦田，6 月中旬由旱作麦田向玉米田迁飞，随着玉米成熟和温度升高，灰飞虱迁至禾本科杂草越夏或转迁到麦田传毒危害并越冬，形成周年侵染循环。夏玉米区播期影响玉米粗缩病的发生，山东济宁地区从 5 月下旬至 6 月上旬播种，玉米粗缩病发生严重，6 月中旬以后播种，玉米粗缩病发病率明显下降。另外，玉米靠近树林、蔬菜或耕作粗放、杂草丛生，一般发病都重，主要是这些环境有利于灰飞虱的栖息活动，而且许多杂草本身就是玉米粗缩病毒的寄主。

玉米粗缩病的发生与灰飞虱在田间的活动有密切的关系。当田间小麦近于成熟时，第一代灰飞虱带毒传向玉米，所以播种越早，发病越重，一般春玉米发病重于夏玉米。夏玉米套种发病重于纯作玉米，原因是套种玉米与小麦有一段共生期，玉米出苗后有利于灰飞虱从小麦向玉米上转移。

(四)病害控制

防治策略应选种抗耐病品种和加强栽培管理、配合药剂防治的综合措施。

1. 选用抗耐病品种

目前没有发现对粗缩病免疫的品种，抗病品种也少，生产上有较耐病的品种，可选择使用。青农105、鲁单50、农大108、山农3号对粗缩病抗性较强，其中青农105高抗。

2. 加强和改进栽培管理

调整播期，适期播种，避开5月中下旬灰飞虱传毒高峰。山东春玉米应在4月中旬以前播完，夏玉米应在5月底到6月上旬播种，尽量在麦收后抢茬播种，或麦收前5～7 d播种。同时避免感病品种的大面积单一种植，避免与蔬菜、棉花等插花种植。对早播玉米发病重的，应尽快拔除改种，发病轻的地块应结合间苗拔除病苗，并加大肥水，使苗生长健壮，增强抗病性，减轻发病。

3. 预防措施

改套种为纯作，并在播种前深耕灭茬，彻底清除杂草(包括地头、地边)，减少侵染来源。用噻嗪酮种衣剂进行包衣防治苗期害虫。对早播玉米，于出苗前和出苗后分别2次喷洒杀虫剂，如吡虫啉、噻嗪酮、氧化乐果等。

另外还可喷洒植病灵、83-增抗剂、菌毒清等药剂，每隔6～7 d喷1次，连喷2～3次。这些药剂应早喷，如出苗后，主要作用是促幼苗生长迅速，减轻发病。

七、玉米锈病

玉米锈病(corn rust)是一种气流传播大区域发生和流行的真菌病害。我国只有普通型和南方型两种锈病，即玉米柄锈菌(*Puccinia sorghi* Schw.)引起的普通型锈病，玉米多堆柄锈菌(*Puccinia polysora* Underw.)引起的南方型锈病。普通型锈病需低温(16～23℃)和高湿，我国玉米产区均有发生，主要分布在张家口、承德、唐山、秦皇岛一带，从未造成大流行，也未引起人们足够的重视。南方锈病需高温和高湿，该病一旦暴发流行，会造成严重损失。几年来在黄淮海和华南玉米产区发生严重，部分地区造成玉米绝收，成为又一重要病害。

(一)症状

玉米锈病主要侵害玉米叶片，严重时果穗、苞叶、叶鞘和雄花也受危害(图6-43)。

发病初期在叶片基部和上部主脉及两侧散生或聚生淡黄色长形、卵形或梭形凸起或病斑，叶面和叶背均可有病斑。这些病斑是病原菌未成熟的夏孢子堆。随着病菌的发育和成熟，病斑扩展为圆形至长圆形，且明显隆起，颜色加深为黄褐色，终致表皮破裂散出铁锈色粉状物，即病原菌的夏孢子。夏孢子球形或卵形，镜检可见细胞壁上具有明显可见的细刺。到后期，病斑上或其附近又出现黑色疱斑，即病原菌的冬孢子堆，病斑破裂散出黑褐色粉状物，即病原菌冬孢子(南方锈病很少发生)。在南方温暖地区，如广东、海南等地区，病原冬孢子堆不一定产生。玉米锈病发生严重时，叶片上布满孢子腔和孢子堆，影响光合作用，造成大量叶片枯干。

南方锈病症状与普通锈病相似，在叶片上初生褪绿小斑点，很快发展成为黄褐色突起的疱斑，即病原菌夏孢子堆。与普通锈病不同的症状特点主要有，夏孢子堆生于叶片正面，数量多，分布密集，很少生于叶片背面。有时叶背出现少量夏孢子堆，但仅分布于中脉及其附近。夏孢子堆圆形、卵圆形，比普通锈病的夏孢子堆更小，色泽较淡。覆盖夏孢子堆的表皮开裂缓慢而不明显。发病后期，在夏孢子堆附近散生冬孢子堆。冬孢子堆深褐色至黑色，冬孢子堆的表皮多不破裂。

图 6-43　玉米南方锈病症状

(二)病原

Puccinia sorghi Schw. 称玉米柄锈菌，属担子菌门真菌。夏孢子堆黄褐色。夏孢子浅褐色，椭圆形至亚球状，具细刺。大小(24～32) μm×(20～28) μm，壁厚 1.5～2 μm，有 4 个芽孔。冬孢子裸露时黑褐色，椭圆形至棍棒形，大小(28～53) μm×(13～25) μm，顶端圆，分隔处稍缢缩，柄浅褐色，与孢子等长或略长。性子器生在叶两面。锈孢子器生在叶背，杯形。锈孢子椭圆形至亚球形，大小(18～26) μm×(13～19) μm，具细瘤，寄生在酢浆草上。*P. polysora* Unedrw. 称多堆柄锈菌，引起南方锈病，夏孢子金黄色，卵圆形，冬孢子黄褐色，常呈棱角状，顶端部分加厚不明显(图 6-44)。

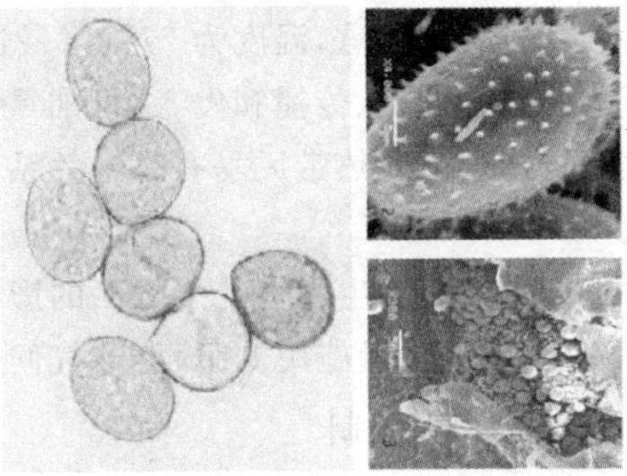

图 6-44　玉米南方锈病菌

此外，*Physopella zeae* (Mams) Cuminins Ramachar 能引起热带型玉米锈病。

据 Robert 等(1962)和 Le Roux 等(1975)报道，玉米柄锈菌有 14 个生理小种，但据台湾省研究，未发现有生理小种存在。Ryland 等(1955)报道，多堆柄锈菌有 9 个生理小种，叶忠川(1992)报道台湾省有 13 个生理小种，即小种 3～13、15 和 16，以小种 16、10、15、3 和 5 较多，分别占 29.4%、18.0%、15.4%、12.1%和 10%。由于国际上没有标准的鉴别品种，使各国所确定的生理小种无法统一编号和比较。

(三)病害循环

我国发生的普通型、南方型玉米锈病在南方以夏孢子辗转传播、蔓延，不存在越冬问题。北方则较复杂，菌源来自病残体或来自南方的夏孢子及转主寄主——酢浆草，成为该病初侵染源。田间叶片染病后，病部产生的夏孢子借气流传播，进行再侵染，蔓延扩展。生产上早熟品种易发病。高温多湿或连阴雨、偏施氮肥发病重。烟台 14 号、农大 60 号、黄早四、5003 不抗病。

我国南方锈病的病原菌初侵染源依发生地也不同，海南省、广西和云南等主要是当地一年四季都有玉米种植或以海南省越冬菌源为主，而东部地区包括福建、浙江、江苏、安徽及华北地区发生的玉米南方锈病的初侵染来源目前还不是清楚，推测来自中国台湾或菲律宾等一年四季有玉米种植的东亚地区。玉米锈病从 8 月中旬开始发病，夏孢子靠气流传播，重复侵染，9 月中下旬为发病盛期。

(四)发病条件

玉米南方锈病菌孢子萌发与温度、湿度、水滴、光色、pH 等均有密切关系。在适宜的条件下,夏孢子约经 1 h 即可发芽,4 h 后发芽率基本稳定在 75%左右。夏孢子萌发温度为 5～35℃,最适温度为 25～28℃。普通玉米锈病夏孢子萌发最适湿度为 100%,最适 pH 为 7,最适碳源为蔗糖;南方锈病夏孢子在有水滴时平均发芽率达 61.3%,无水滴但空气湿度饱和时仅 3.3%。病菌孢子萌发率随储藏时间的延长逐渐下降,其中普通锈病夏孢子在室温下可存放 45 d,在 18℃条件下为 40 d,－20℃条件下可存放 180 d 以上,而冬孢子室温下可存活 75 d 或更长时间;南方锈病在 12～20℃条件下,夏孢子在新鲜叶上活力能保持 10 d,在风干老叶可保持 15～30 d。

在有病原菌菌源存在的条件下,合适的气候是造成玉米锈病流行暴发的主要因素。玉米普通锈病以温暖高湿天气适于发病,气温为 16～23℃有利于病害发生;南方锈病则在高温高湿的环境发病严重,温度为 27℃时最适发病。降雨是影响病害的重要因子,降雨次数多,有利于病菌孢子萌发、传播和侵入,可加重病害的发生为害。据报道,黄淮地区夏玉米南方锈病发生流行与台风或热带风暴有一定关系,如夏秋南方台风多波及区域大,有利于该地区南方锈病发生。

玉米锈病发生为害受多方面的影响,近年来感病品种的推广种植、秸秆还田的推广应用、高密度种植、过量施用氮肥、全球气候变暖等因素都直接或间接促成锈病暴发流行。

(五)病害控制

根据玉米锈病的发生为害特点,其防治应基于选育利用抗病品种,同时加强农业防治,病害发生后辅以化学防治加以控制。

1. 选用抗病品种

植物自身具有抵御病虫害的能力,种植抗病品种是玉米锈病防治最经济有效的方法。目前中国推广应用的玉米品种尚缺乏抗锈病品种,生产栽培种较抗锈病的品种有农大 108、鲁单 50、浚单 20、登海 605、金海 5 号、聊玉 22 号、鲁单 818 等。

2. 改变耕作制度

根据当地气候条件和以往锈病发生情况,适当调节玉米播种期,使玉米主要发病期错开田间锈病发病高峰;合理密植,增加田间通风透光率,改善田间小气候,降低湿度;尽量减少连作,实行轮作;推广间套种模式,如玉米与甘蓝以 2∶4 带型间作种植,减轻玉米锈病传播为害。

3. 加强田间管理

注意中耕松土,防止土壤过分板结;避免大水漫灌,及时排水;合理施肥,避免偏施 N 肥,适量增施 P、K 肥,提高植株自身抗病力;重视清洁田园,玉米感病初期摘除发病中心植株病叶,带离种植区,玉米收获后及时清除茎叶残株,减少田间菌源。

4. 做好锈病监控结合

田间栽培管理,定时开展田间取样调查,病株率达 5%以上即可用药防治。

5. 化学防治

在锈病发病期,使用药剂防治可有效抑制孢子萌发,其中有机硫、有机汞、氨基磺酸及氟化物类药剂均具有较好的抑制作用。生产上可用的药剂包括有25%粉锈宁可湿性粉剂1 000～1 500倍液、25%三唑酮可湿性粉剂1 000～1 500倍液、12.5%烯唑醇可湿性粉剂1 000～1 500倍液、50%多菌灵可湿性粉剂500～1 000倍液、20%萎锈灵乳油400倍液、50%吡喃灵可湿性粉剂1 500倍液、85%代森锰锌可湿性粉剂750倍液、75%百菌清800倍液、70%甲基托布津500倍液等。田间喷药尽量选择晴天上午9:00之前或下午4:00之后使用,药后24 h内如遇下雨应在雨后及时补药。

八、玉米纹枯病

玉米纹枯病(corn sheath blight)在我国玉米种植区都有发生,是玉米上一种重要病害,尤其是近年来玉米种植密度的增加和化学肥料的大量施用,该病害逐年加重。

(一)症状

玉米纹枯病发生部位主要是叶鞘,其次是叶片、果穗和苞叶。最初多由近地面的1～2节叶鞘发病,后侵染叶片并向上蔓延。病斑开始为水浸状,椭圆形或不规则形,中央灰褐色,边缘深褐色,常多个病斑扩大汇合成云纹状斑块,包围整个叶鞘,使叶鞘腐败,并引起叶枯,严重时使茎秆组织解体,造成倒伏;果穗受害,苞叶上同样产生褐色云纹状病斑,内部籽粒、穗轴均变为褐色腐烂;茎秆被害病斑褐色,形状不规则,后期露出纤维素。环境潮湿时,病斑上可见白色菌丝体。病部组织内或叶鞘与茎秆间常产生褐色不规则颗粒状菌核,成熟的菌核极易脱离寄主,遗落田间。

(二)病原

病原为立枯丝核菌 *Rhizoctonia solani* Kühn.、玉蜀黍丝核菌 *R. zeae* Voorhees 和禾谷丝核菌 *R. cerealis* Van der Hoeven,其中立枯丝核菌是引起我国玉米纹枯病的最主要致病菌。立枯丝核菌有多个菌丝融合群可侵染玉米,但主要是AG-1-IA菌丝融合亚群。该菌无性阶段不产生任何孢子,菌丝粗壮,分枝呈直角,分枝不远处有分隔,分隔处缢缩。病菌侵染主要靠营养体菌丝和其组织体菌核。立枯丝核菌的有性阶段是担子菌门亡革菌属的瓜亡革菌[*Thanatephorus cucumeris*(Frank)Donk],自然条件下很少见。

(三)发病规律

病原菌以菌核在土壤、杂草和病残体上越冬,第二年温湿度适合后,菌核萌发侵入叶鞘内,发病后,可反复再侵染。玉米植株相互接触和雨水反溅是主要传染途径。玉米纹枯病流行还与气候、品种、种植密度、肥水条件和地势等因素有关,其中气候因素对玉米纹枯病的发展有重要影响,玉米纹枯病发生的最低温度为13～15℃,最适温度20～26℃,最高温度29～30℃。病害发生期内,雨日多、湿度高,病情发展快,而少雨低湿则明显抑制病害发展。

(四)病害控制

1. 选用抗(耐)病的品种或杂交种

在当前缺乏抗病和免疫品种的条件下,种植耐病品种。如渝糯2号(合糯×衡白522)、本玉12号等。

2. 农业防治

清除病原及时深翻消除病残体及菌核,发病初期摘除病叶,并用药剂涂抹叶鞘等发病部位;实行轮作,合理密植,注意开沟排水,降低田间湿度,结合中耕消灭田间杂草,改善田间通风透光条件;科学施肥,施足基肥,适施氮肥,增施有机肥,补施钾肥,配施磷锌肥;建立合理配套的田间沟系,降低田间湿度,控制发病条件。

3. 药剂防治

用浸种灵按种子重量0.02%拌种后堆闷24～48 h。发病初期喷洒1%井冈霉素0.5 kg对水200 kg或50%甲基硫菌灵可湿性粉剂500倍液、50%多菌灵可湿性粉剂600倍液、50%苯菌灵可湿性粉剂1 500倍液、50%退菌特可湿性粉剂800～1 000倍液;也可用40%菌核净可湿性粉剂1 000倍液或50%农利灵或50%速克灵可湿性粉剂1 000～2 000倍液。喷药重点为玉米植株基部,保护叶鞘。提倡在发病初期喷洒移栽灵混剂。

九、玉米小斑病

玉米小斑病(southern leaf blight of corn)也称玉米斑点病,是一种世界性病害,在我国玉米种植区都有发生,但主要危害在南方玉米种植区。由于种植感病品种,20世纪70年代玉米小斑病在美国大流行,导致10亿美元损失,目前,由于我国种植制度的变化和受全球气候变暖的影响,小斑病在我国北方一些玉米种植区危害有加重的趋势。

(一)症状

玉米小斑病从苗期到成熟期均可发生。病菌主要侵染叶片,还可侵染玉米茎部和果穗的苞叶、子粒等部位。叶片的病斑可分为3种类型:①病斑椭圆形或近长方形,多限于叶脉之间,黄褐色,边缘褐色或紫褐色,多数病斑连片以后病叶变黄枯死。②病斑椭圆形或纺锤形,较大,不受叶脉限制,灰色或黄褐色,边缘褐色或无明显边缘,有的后期稍有轮纹。苗期发病时,病斑周围或两端形成暗绿色浸润区,病斑数量多时叶片很快萎蔫死亡。③病斑为黄褐色坏死小斑点,病斑一般不扩大,周围有黄色晕圈,表面霉层极少,通常多在抗病品种上出现。

(二)病原

玉米小斑病菌为玉蜀黍平脐蠕孢菌 *Bipolaris maydis* (Nisikado et Miyake) Shoem.,有性态为 *Cochliobolus heterostrophus* Drechsl. 称异旋孢腔菌,子囊座黑色,近球形,子囊顶端钝圆,基部具短柄,每个子囊内有4个或3个或2个子囊孢子。子囊孢子长线形,彼此在子囊里缠绕成螺旋状,有隔膜;分生孢子从分生孢子梗的顶端或侧方长出,长椭圆形,多弯向一方,褐色或深褐色,具隔膜1～15个,一般6～8个,脐点不明显或凹陷于基细胞内。病菌具有生理分化现象,可区分为T、O和C小种3个生理小种。T小种和C小种分别对T型和C型细胞质玉米具有强毒力,O小种对不同细胞质玉米的毒力无专化性。目前,我国O小种出现频率高,分布广,为优势小种。

(三)发病规律

病菌主要以菌丝或分生孢子在病残体内越冬,带菌种子也可导致幼苗发病。越冬病原菌翌年遇到适宜温、湿度条件,产生大量分生孢子,借气流或雨水传播到田间玉米叶片上,在一个生长季节,病菌可反复侵染。玉米小斑病最初在植株的下部叶片上发生,逐步向周围的植株扩展(水平扩展),然后再向植株上部的叶片扩展(垂直扩展)。7、8月份雨量,雨日,温湿度是影响夏玉米小斑病发生轻重的决定因素。26～29℃,多雨潮湿天气有利于小斑病发生;另外,密植、晚播地块发病重。小斑病比大斑病需要更高的温度条件，所以两种病害主要发生地区有所不同。目前小斑病除东北地区以外，在我国华北及南方地区发生普遍。

(四)病害控制

1. 因地制宜选种抗病杂交种或品种

如金海5号、登海605、浚单20、聊玉22号、鲁单818、天泰33号、鲁单9066、德利农988、登海618、隆平206、连胜188、沈单7号、丹玉16号、农大108、农大3138、农单5号、冀单31号、冀单33号等。

2. 加强农业防治

清洁田园，深翻土地，控制菌源；摘除下部老叶、病叶，减少再侵染菌源；降低田间湿度；增施磷、钾肥，加强田间管理，增强植株抗病力。

3. 药剂防治

发病初期喷洒75%百菌清可湿性粉剂800倍液或70%甲基硫菌灵可湿性粉剂600倍液、25%苯菌灵乳油800倍液、50%多菌灵可湿性粉剂600倍液，间隔7～10 d 1次，连防2～3次。或12.5%烯唑醇WP1500倍液，25%丙环唑EC2000倍液在发病初期喷施，可兼防玉米锈病。

十、谷子白发病

谷子白发病(millet downy mildew)又称粟白发病，俗称"糠谷老"、"刺猬头"，是谷子主要病害，分布广泛，全国各地谷子产区都有发生，但以内蒙古、东北、西北等春谷种植区受害最重。

(一)症状

该病属于系统侵染病害，谷子从萌芽到抽穗后，在各生育阶段表现出多种不同症状(图6-45)。

1. 烂芽

幼芽出土前被侵染，扭转弯曲，变褐腐烂，不能出土而死亡，造成田间缺苗断垄。烂芽多在菌量大、环境条件特别有利于病菌侵染时发生，少见。

2. 灰背

从2叶期到抽穗前，病株叶片变黄绿色，略肥厚和卷曲，叶片正面产生与叶脉平行的黄白色条状斑纹，叶背在空气潮湿时密生灰白色霉层，为病原菌的孢囊梗和游动孢子囊。这一症状被称为"灰背"。苗期白发病的鉴别，以有无"灰背"为主要依据。

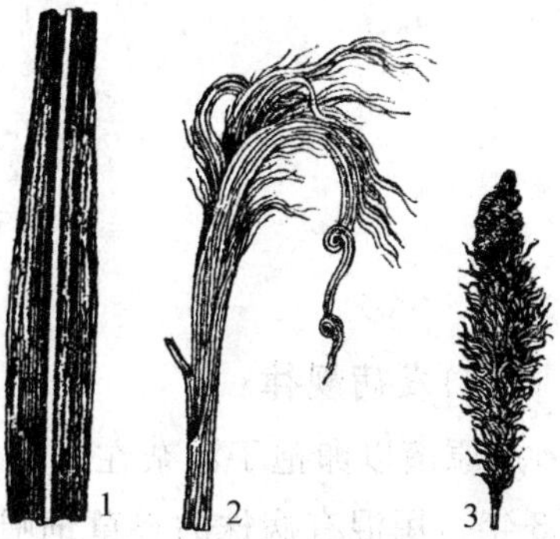

图6-45 谷子白发病

1. 灰背 2. 白尖 3. 看谷老

3. 白尖、枪杆、白发

症状为病株上部2～3片叶片不能展开，卷筒直立向上，叶片前端变为黄白色，称为"白尖"。7～10 d后，白尖变褐，枯干，直立于田间，形成"枪杆"。以后心叶薄壁组织解体纵裂，散出大量褐色粉末状物，即病原菌的卵孢子。残留黄白色丝状物(维管束)，卷曲如头发，称为"白发"，病株不能抽穗。

4. 糠谷老

有些病株能够抽穗，但穗子短缩肥肿，全部或局部畸形，颖片伸长变形成小叶状，有的卷曲成角状或尖针状，向外伸张，呈刺猬状，称为"糠谷老"。病穗变褐干枯，组织破裂，也散出黄褐色粉末状物。

5. 局部病斑

苗期病叶"灰背"上产生的病原菌游动孢子囊，随气流传播到健株叶片上，局部侵染形成叶斑。叶斑为不规则形或长圆形，初淡绿至淡黄色，后变为黄褐色或紫褐色，病斑背面密生灰白色霉层。老熟叶片被侵染后，形成褐色小圆斑，霉层不明显。

产生灰背的病苗后期多形成白尖、白发或糠谷老，但也有症状消失而正常抽穗。也有的病苗前期不出现灰背，后期却变为白尖、白发或糠谷老。

(二)病原

病菌为禾生指梗霉 *Sclerospora graminicola*(Sacc.)Schrot.，属卵菌中指梗霉属。孢囊梗通常粗壮，单轴分枝，顶端不规则二叉状分枝，顶生卵圆形具乳突的游动孢子囊，萌发时释放出游动孢子。藏卵器球形或不规则形，器壁有明显的纹饰，内含一个卵球，充满藏卵器，卵孢子在病组织中大量产生(图 6-46)。

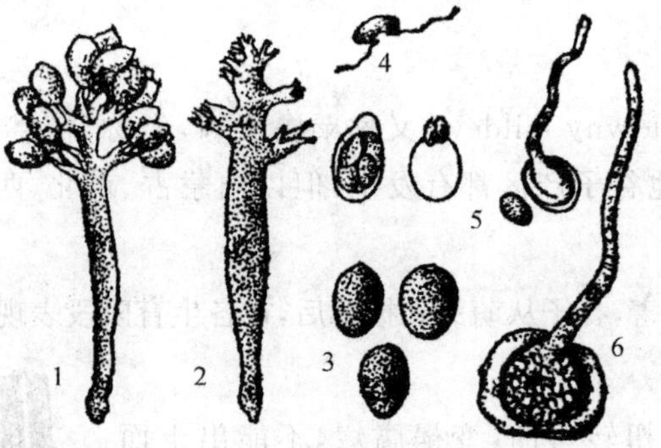

图 6-46 谷子白发病症状

1. 孢子囊 2. 孢囊梗 3. 孢子囊 4. 游动孢子 5. 休眠孢子 6. 卵孢子萌发

(三)发病规律

病原菌以卵孢子混杂在土壤中、粪肥里或黏附在种子表面越冬。卵孢子在土壤中可存活2～3年。用混有病株的谷草饲喂牲畜，排出的粪便中仍有多数存活的卵孢子。土壤带菌是主要越冬菌源，其次是带菌厩肥和带菌种子。卵孢子萌芽产生芽管，从胚芽鞘、中胚轴或幼根表皮直接侵入，蔓延到生长点，随生长点分化而系统侵染，表现各种症状。土壤温湿度和播种状况影响侵染和发病程度。幼苗在土温 11～32℃都能发病，最适发病温度为 18～20℃，土壤相对湿度 40%～50%，发病较多。"灰背"上产生的大量游动孢子囊随风雨传播，重复进行再侵染，在叶片上形成局部病斑。游动孢子囊在夜间高湿时产生。气温在 20～25℃时产生最多。游动孢子囊萌发最适温度为 15～16℃，遭遇多雨高湿而温暖的天气后，再侵染发生较多。连作田土壤或肥料中带菌数量多，病害发生严重，而轮作田发病轻。播种过深，土壤墒情差，出苗慢，发病也重。谷子品种间抗病性有明显差异。

(四)病害控制

采用合理轮作、药剂拌种和种植抗病品种等综合措施进行防治。

1. 种植抗病品种

较抗病的有晋谷 21、晋谷 40、晋汾 97、冀张谷 5 号、大同谷 30 号、长生 07、张农 12 等，谷子白发病菌致病性分化明显，有不同生理小种，在抗病育种和种植抗病品种时应予注意。

2. 农业防治

轻病田块实行 2 年轮作，重病田块实行 3 年以上轮作，适于轮作的作物有大豆、高粱、玉米、小麦和薯类等。施用净肥，不用病株残体沤肥，不用带病谷草做饲料，不用谷子脱粒后场院残余物制作堆肥。在“白尖”出现但尚未变褐破裂前拔除病株，并带到地外深埋或烧毁。要大面积连续拔除，直至拔净为止，并需坚持数年。

3. 药剂防治

用 25%甲霜灵可湿性粉剂或 35%甲霜灵拌种剂，以种子重量 0.2%～0.3%的药量拌种。或用甲霜灵与 50%克菌丹，按 1∶1 的配比混用，以种子重量 0.5%的药量拌种，可兼治黑穗病。用甲霜灵拌种可采用干拌、湿拌或药泥拌种等方法，湿拌和药泥拌种效果更好。土壤带菌量大时，可沟施药土，每公顷用 40%敌克松 3.75 kg，掺细土 15～20 kg，撒种后沟施盖种。

十一、高粱黑穗病

高粱黑穗病(sorghum smut)是高粱上发生普遍的病害，以东北和华北高粱产区受害最重，尤其是辽宁省西部地区。已知高粱黑穗病有丝黑穗病、散黑穗病、坚黑穗病等多种类型，但主要以上述 3 种发生最普遍。

(一)症状

1. 高粱丝黑穗病

病株一般较矮，有的穗略歪向一面，剥去苞叶，穗部成为白色的棒状物，即“乌米”。病穗外部有一层白膜，抽穗后外膜破裂，散出大量黑色粉末，即冬孢子。病穗散出冬孢子后，里面有一成束的黑色丝状物，即残存维管束组织。叶片染病，在叶片上形成红褐色条状斑，扩展后呈长梭形条斑，后期条斑中部破裂，病斑上产生黑色孢子堆，但孢子量不大，维管束组织不受破坏(图 6-47-1)。

2. 高粱散黑穗病

病株稍矮，分蘖增加。被害植株的花器多被破坏，子房内形成黑粉，即病原菌的冬孢子，但也有少数籽粒未遭破坏，能正常结实。病粒破裂前有一层灰白色薄膜，孢子成熟后，膜即破裂，黑粉散出，露出长而稍弯曲的黑色中柱，为寄主维管束残余组织，是高粱散黑穗病症状特点之一(图 6-47-2)。

3. 高粱坚黑穗病

病株不矮化，只侵染子房，形成一个坚实的冬孢子堆。一般全穗都变成卵形的灰包，外膜较坚硬不破裂或仅顶端破裂，内部充满黑粉。病粒受压后散出黑色的粉状物即病菌的冬孢子，中间留有一短且直的中轴(图 6-47-3)。

图 6-47　3 种高粱黑穗病症状

1. 高粱丝黑穗　2. 高粱散黑穗　3. 高粱坚黑穗

(二)病原

高粱丝黑穗病病原为 *Spoisorium reilianum*(Kühn) Longdon et Full.，属担子菌门孢堆黑粉菌属。病原菌具有高粱、玉米两个寄主专化型。

高粱散黑穗病病原为 *Sorisporium cruenta*(Kühn) Pott.，病菌具有生理分化和异宗配合现象。

高粱坚黑穗病病原为 *Sorisporium sorghi*(Link) Clinton，病菌有生理分化现象，我国已发现 8 个生理小种，但只侵染高粱属植物。

(三)发病规律

1. 高粱丝黑穗病

病菌以冬孢子在土壤和粪肥中越冬，也可混在种子中间或附在种子表面。该病为幼苗侵染系统性病害，病菌冬孢子萌发后以双核侵入丝侵入幼芽。土温 28℃、土壤含水量 15% 发病率高。春播时，土壤温度偏低或覆土过厚，幼苗出土缓慢易发病。连作地发病重。病害发生与连作和土壤温湿度有关。

2. 高粱散黑穗病

高粱散黑穗病为芽期侵入系统性侵染的病害。病菌以种子传播为主，借冬孢子附着在种子表面来传播。附在种子表面的冬孢子萌发形成双核侵入丝侵染幼苗。高粱散黑穗病菌对环境条件有广泛的适应力。冬孢子在 12～36℃ 均能萌发，而以 25℃ 为最适，侵染适温也为 25℃。生产上播种过早，土温较低时高粱出土较慢，致使发病率增加，病害较重。

3. 高粱坚黑穗病

坚黑穗病的侵染循环与散黑穗病相似，也是幼苗系统侵染病害。黏附健粒表面的冬孢子，是翌年主要初侵染源，冬孢子侵染的土温略低于萌发温度，一般在 24℃ 以下，即能发生侵染，土温超过 24℃ 时侵染即受到抑制。侵入方式与高粱散黑穗病相似。

(四)病害控制

(1)选用抗病品种。种子经筛选、风选扬净杂质和秕粒后，用药剂处理，并喷施新高脂膜，可防水分蒸发，防病菌感染，抗冻保温，延长保鲜期。

(2)在无病田或发病很少的田块穗选留种，用新高脂膜800倍液喷雾土壤表面，可保墒防水分蒸发、防晒抗旱、防土层板结，窒息和隔离病虫源，提高出苗率。

(3)在种植结构上实行3年以上轮作，以减少土壤病菌、减轻其危害。

(4)发现病株及时剔除，并掌握在灰包破裂之前将病株砍掉，拉到地外销毁。如果用病穗喂牲畜或沤粪，必须使粪肥腐熟才能使用，以减少菌源；在抽穗期前喷施壮穗灵，能强化农作物生理机能，提高授粉、授精、灌浆质量，增加千粒重。

做好预防工作，发病初期喷施针对性药剂加新高脂膜，提高农药有效成分利用率，杀菌消毒，抑制病害发生，提高产量。

十二、玉米及其他杂粮作物常见病害

见表6-3。

表6-3　玉米及其他杂粮作物常见病害

病害名称及学名	诊断要点	发病规律
玉米褐斑病(*Physoderma maydis*)	主要为害叶鞘和叶片；病斑多从叶鞘开始发生，随后向叶片基部蔓延，病斑褐色或紫褐色，隆起呈疱状；后期病斑表面破裂，散出黄褐色粉状物(休眠孢子)	休眠孢子囊在土壤或病残体中越冬；风雨传播；多年连作发病重，玉米生长中、后期温度高、湿度大发病重
玉米圆斑病(*Bipolaris carbonum*)	叶片病斑圆形或卵圆形，有同心轮纹，中央淡褐色，边缘褐色，具黄色晕圈，穗上部变黑凹陷，穗轴变形，长满黑霉	以菌丝、分生孢子在病残体和种子上越冬。气流传播，有多次再侵染。低温、高湿发病重
玉米疯顶病(*Peronosclerospora maydis*)	幼苗分蘖，植株矮化，不抽雄穗或雄穗叶化，果穗无花丝，苞叶变为小叶，不结实	卵孢子萌发产生游动孢子侵入，系统侵染；种子带菌，低洼积水地，多雨年份病重
玉米炭疽病(*Colletotrichum graminicola*)	病斑圆形、椭圆形，中央淡褐色，边缘深褐色，上密生小黑点，病斑连叶，叶片干枯	以菌丝体、分生孢子在病残体或种子上越冬。风雨传播，有再侵染，高温、高湿发病重
玉米根结线虫病(*Meloidogyne* spp.)	为害根部。根尖受害后膨大成纺锤形或不规则形虫瘿或须根团	为内寄生线虫。寄主范围广泛。沙壤土病重
玉米全蚀病(*Gaeumannomyces graminis* var. *maydis*)	被害根系呈栗褐或黑褐色条斑，重病株根系腐烂，须根，根毛减少，茎基部变黑，呈黑膏药状，有时根茎表面有黑色小粒点	以菌丝在土壤病残体中越冬。幼苗根部侵入。多雨年份病重。沙土和壤土病重

续表 6-3

病害名称及学名	诊断要点	发病规律
高粱紫斑病 (*Cercospora sorghi*)	为害叶片或叶鞘。病斑圆形，紫红色有时略生轮纹	分生孢子座或菌丝团在病残体内越冬。分生孢子直接或气孔侵入。风雨传播，有再侵染
高粱大斑病 (*Exserohilum turcicum*)	为害叶片和叶鞘。病斑长梭形，较长，黄褐色，边缘深褐色或紫红色，表生灰黑色霉层，严重时病斑连片，叶片枯死	以菌丝体在病残组织上越冬
高粱粗斑病 (*Aschochyta sorghi*)	为害叶片，病斑椭圆形，灰褐色，边缘红褐色，病斑上密生小黑点（分生孢子器），手摸有粗糙感	以分生孢子器在病残体上越冬
高粱纹枯病 (*Rhizoctonia solani*)	为害中、下部和叶鞘，病斑椭圆形或不规则，中央黄褐色，边缘红褐色，病斑汇合成云纹状大斑；叶鞘上生白色菌丝和菌核	以菌核、菌丝在土壤中越冬
高粱轮斑病 (*Gloeocerospora sorghi*)	为害叶片。病斑初水渍状，红褐色，后期不规则，有轮纹，老病叶内产生菌核	以菌丝团或菌核在病残体内越冬。风雨传播。直接或气孔侵入
高粱细菌性条斑病 (*Xanthomonas vasicola* pv. *holcicola*)	为害叶片。典型病斑长卵圆形，中央黄褐色，边缘红色。潮湿时有菌脓	维管束黄单胞菌绒毛草致病变种随病残体越冬。风雨传播。伤口或自然孔口侵入。高湿发病重
高粱长粒黑穗病 (*Sporisorium ehrenbergii*)	侵染部分小穗。子房增长，灰白色冬孢子团突出于护颖之外，外包浅黄色膜，破裂之后散出黑粉，仅残留维管束	以冬孢子在土壤中或黏附在种子表面越冬。田间无再侵染
谷瘟病 (*Pyricularia setariae*)	主要为害叶片。病斑青褐色，梭形至纺锤形。湿度大时，表生灰色霉层，可形成叶枯或穗枯	以菌丝和分生孢子在种子及谷草上越冬。风雨传播。有多次再侵染
谷子线虫病 (*Aphelenchoides besseyi*)	主要症状表现在穗部。病株小花呈暗绿色，最后呈暗褐色；穗形瘦小，直立而不下垂。病株一般较健株稍矮，上部节间和穗茎稍短，叶片暗绿色，较脆	以成虫、幼虫潜伏在秕粒及谷壳内休眠越冬。从幼芽及胚根侵入。种子、土壤及粪肥传病。播种晚病害重。孕穗开花期雨水多、湿度大病重

续表 6-3

病害名称及学名	诊断要点	发病规律
谷子粒黑穗病 (*Ustilago crameri*)	病穗短小，直立不下垂。受害谷粒膨大，颖片白色，外有灰白色薄膜包被，破裂后散出黑粉	冬孢子黏附在种子表面活在土壤中越冬。芽鞘侵入，没有再侵染
谷子锈病 (*Uromyces setariae-italicae*)	为害叶片和叶鞘。叶片上产生黄褐色、椭圆形隆起疱状小斑点，后散出黄色粉末；后期病部生黑色疱状小点，散出黑色粉末	华北地区夏粟区以夏孢子越冬越夏，成为初侵染源。气流传播；雨多病重
谷子胡麻斑病 (*Drechslera setariae*)	为害叶、叶鞘、茎秆和穗部。病斑椭圆形，暗褐色，外有黄晕，病斑连片，组织枯死，病斑上密生黑色霉层	以菌丝和分生孢子在病种和病组织上越冬
谷子叶斑病 (*Phyllosticta sorghina*)	叶片病斑椭圆形，大小 2～3 mm，中部灰褐色，边缘褐至红褐色；后期病斑上生黑色小粒点(分生孢子器)	以分生孢子器在病残体上越冬。风雨传播，有多次再侵染。多雨病重，缺肥病重
谷子纹枯病 (*Rhizoctonia solani*)	为害叶片叶鞘，病斑椭圆形，中央灰白色，边缘暗黑色，汇合后呈云纹状。潮湿时，叶鞘内生白色菌丝及菌核	以菌核在土壤中越冬
谷子丛矮病 (*Northern cereal mosaic virus*)	心叶沿叶脉形成褪绿条点，发展成坏死条纹，植株矮化，叶片丛生，不结穗或穗小	自然条件下由灰飞虱传播
谷子红叶病 (*Barley yellow dwarf virus*)	紫秆品种发病后，叶片及叶鞘和穗的向阳面颖芒变红变紫；青秆品种病株不呈紫红色，病叶顶端开始变黄，产生黄色条纹，最后全叶黄化干枯	病毒主要在田间多年生杂草寄主上越冬。蚜虫传毒。春季干燥年份病重；夏季雨少年份病重，早播的一般病重

十三、玉米病害的综合治理

玉米上发生的病害种类较多，防治重点有所侧重，但总的原则应以种植抗病品种，合理布局为主，结合栽培和农业措施，并辅以药剂处理。

(一)叶部病害

玉米叶部病害种类较多，加之我国玉米种植区域广泛，各地发生的叶部病害种类有所差异，但仍以大、小斑病为主，此外还包括弯孢菌叶斑病、灰斑病、圆斑病、褐斑病和锈病等，叶部病害发生的主要特点：一是气流传播发生范围广；二是除锈病外均能以病残体在本地越冬；三是病原菌有明显的生理分化现象；四是再侵染比较频繁；五是与当年气候条件尤其是温湿度关系密切。针对玉米叶部病害发生的特点，防治措施上应在重点监测病原菌生理小种和致病类型的基础上，种植抗病品种，科学布局，另外，减少初侵染来源，加强栽培管理，在预测预报基础上，早期施用药剂防治。

1. 选育和利用抗病品种

种植抗病品种是防治玉米叶部病害的主要措施。1985 年，丹东农业科学院玉米所选育的品种丹玉 13，因其高抗丝黑穗病，抗大、小斑病，而得到大面积推广种植，一直到 2000 年左右，玉米大斑病和丝黑穗病在北方春玉米区始终得到了有效的控制，丹玉 13 也成为 80—90 年代的主栽品种。各地均有适合本地的抗叶斑病品种，可因地制宜地选择，合理布局，保持和延长品种抗病性。

2. 搞好田间卫生、减少初侵染来源

减少玉米叶部病害的初侵染来源需做两方面工作，一是在生长期及时发现并摘除发病叶片，减少再侵染概率并最终减少初侵染源；二是收获后集中处理田间残留病株残体和田间杂草，带出田外烧毁，避免用病株残体沤肥，从根本上减少越冬菌源量。

3. 加强栽培管理，改善田间小气候，避开发病高峰期，提高植株抗病性

(1)适期播种　根据当年当地的天气情况和品种栽培特点，适期播种，既可促进植株的早生快发，又能使植株避开适于发病的天气条件，达到减少病害发生的目的。

(2)合理密植　对于玉米等高秆作物，种植密度过大，田间湿度大，通风透光差，造成郁蔽的田间小气候，叶部病害发生重，玉米田实行间作和套作，可改善田间小环境，降低湿度，创造不利于病原菌侵染的条件，叶部病害轻。

(3)合理施肥　氮、磷和钾肥配合使用，不偏施氮肥，增施有机肥，施足基肥，拔节期和大喇叭期及时追肥，后期避免脱肥早衰，促进植株健壮生长，提高抗病能力。

(4)轮作换茬　实行玉米与其他非寄主作物轮作，可以防止病原菌积累。在发病重的地块可与水稻、甘薯、马铃薯、大豆等作物实行 2～3 年轮作。

4. 加强病情监测，及时药剂防治

根据天气情况和品种栽培特点，定时定点进行病情预测预报，做到及时掌握病情，预测病情发展趋势，根据病害防治阈值，及时喷药防治。可选用的药剂包括苯并咪唑，苯醚甲环唑，吡唑醚菌酯、代森锰锌、丙环唑、甲基硫菌灵、戊唑醇和三环唑等，可根据病害发生情况，确定防治次数，一般在施药 7～10 d 后进行第二次防治。

(二)土传病害

玉米土传病害主要包括茎腐病、纹枯病、丝黑穗病、黑粉病和穗腐病等重要病害。此类病害发生流行有四个特点：一是病原复杂；二是与品种抗性关系密切；三是种植制度和栽培耕作措施影响病害发生；四是对产量和品质影响较大。因此，应根据病害发生和流行的特点，采用处理种子，减少初侵染来源，结合农业措施等防治方法。

1. 种子处理

可选择粉锈宁、戊唑醇、丙环唑、乙环唑、烯唑醇以种子量的 0.2%～0.6%拌种或包衣防治土传病害。

2. 加强栽培管理，及时清除菌源

(1)田间卫生　在玉米生长期间于丝黑穗病和黑粉病未散粉之前，及时摘除并带出田间处

理，玉米收获后彻底清除田间病株残体，集中烧毁，避免用病株残体沤肥，减少侵染来源。

(2)适期播种　在北方春玉米区，如吉林、辽宁、河北北部一带，4月下旬至5月上旬播种能减轻茎腐病的发生，比早播的发病率低11.3%～67.5%，增产12.6%～32.3%，套种玉米5月下旬至6月上旬播种发病轻。夏玉米6月15日左右播种发病也轻。玉米丝黑穗病菌萌发后从玉米的幼芽或幼根侵入，玉米播种至出苗期间的土壤温度、湿度与发病关系最为密切。一般土温在20℃左右，土壤含水量在20%～24%时，玉米发芽生长迅速，6～10 d即可出苗。这种条件虽也适于病菌孢子萌发和侵染，但由于玉米出苗快，缩短了易感染的期间，发病常轻；当土温在15℃左右，土壤含水量低于20%，则不利于种子萌发和生长，出苗迟缓，延长了易受侵染的期间，为病菌侵染提供了有利条件，发病常严重。

(3)加强田间管理，增施肥料，合理轮作　钾肥与玉米茎腐病的发生关系密切，为了促进玉米植株生长健壮而增强抵抗病害的能力，在施足基肥的基础上，应于玉米拔节期或孕穗期增施钾肥或氮磷钾配合混合施用，以增强防病效果。严重缺钾地块，每公顷施硫酸钾100～150 kg，一般缺钾地块每公顷可施硫酸钾75～105 kg。大田试验表明，每公顷用硫酸锌30 kg做种肥，防效可达90%以上。

(三)病毒病害

玉米病毒病主要包括粗缩病和矮花叶病。病毒病害发生流行有三个特点：一是由介体传播，可通过控制介体数量防治病害；二是病害的流行暴发与品种抗病性关系密切；三是种植制度影响病害的发生。针对病毒病发生流行特点，可以采用灭虫切断毒源，辅以农业措施等综合防治策略。

1. 灭虫防病

玉米粗缩病和矮花叶病的传播介体是灰飞虱和蚜虫。在大量传毒介体迁飞时，采用杀虫剂处理，同时，铲除田间地头杂草，减少传毒介体的越冬寄主，降低虫源基数。

2. 推广抗病品种

山东春玉米种植区可选用青农105、鲁单50、山农3号等，对粗缩病抗性较强，其中青农105高抗。

3. 种子处理

用内吸杀虫剂对玉米种子进行包衣和拌种，可以有效防治苗期灰飞虱，减轻粗缩病的传播。如可采用70%高巧按种子量的0.6拌种或包衣，或每100 kg玉米种子用10%吡虫啉125～150 g拌种，或满适金100 mL＋锐胜100 g拌种100 kg，可有效控制灰飞虱在玉米苗期发生量，对玉米粗缩病有一定的防治效果，同时要及时拔除田间病株。

4. 适期播种

通过早播或晚播措施，错开灰飞虱迁飞高峰和玉米感病时期，减轻玉米粗缩病的发生，玉米4～5叶期易感病，10叶期以后发病轻，在河北省5月中旬播种粗缩发病最重，4月份和6月上旬播种的发病较轻，麦收后播种最轻。5月中旬播种后玉米苗期遇上第一代灰飞虱成虫发生期，所以发病最重。4月中旬播种的到麦收前后玉米已长大，抗病性增强，发病较轻。6月上旬播种的，玉米出苗后，第一代成虫已近尾声，故发病轻。早播是重要的避玉米矮花叶病增产措施，尤其是夏玉米早播防病增产效果更好。

十四、杂粮作物其他病害的综合治理

杂粮作物中高粱和谷子上发生的病害较多，防治方法各有侧重，应以选用抗病品种为主，叶部病害结合清除病残体和轮作等农业措施，土传病害和种子传播的病害以种衣剂包衣和拌种等种子处理方法为主要措施，必要时施用化学药剂喷雾处理。

(一)播种期

1. 加强栽培管理

播种前精细整地，适时播种，这样可以缩短幼苗出土时间，减轻黑穗类病害的发生；与非寄主作物如小麦、豆类和薯类等进行3年以上的轮作；清除病残体和杂草，减少病害越冬场所，结合春、秋整地，在翌年4月底前，将杂草等清除干净，可以减轻病害的发生。

2. 选用抗病品种

防治高粱黑穗病选择421A等为母本组配的杂交种，也可选用以莲塘矮、LR625和晋5/恢7等恢复系为父本组配的杂交种。其他高粱病害根据当地情况选择抗病品种；防治谷子白发病选择朝谷、铁谷、冀谷、京谷、鲁谷和晋谷等抗病品种，其他谷子病害根据当地情况选择适合的抗病品种。

3. 种子处理

①晒种。播种前1周，选晴天将种子摊放在席上2～3 cm厚，翻晒3 d，可提高谷子发芽率和发芽势，并可通过太阳照射杀死黏附在种子表面的病菌。

②浸种。将种子放于55℃的温水中浸泡10 min，捞出漂浮的秕谷和杂质，将下沉的籽粒取出晒干即可。

③药剂拌种。防治高粱丝黑穗病选择三唑醇等内吸型杀菌剂以种子量的0.2%～0.6%拌种；防治谷子白发病可选用甲霜灵等拌种剂按种子量0.2%～0.5%拌种，拌后应立即播种。谷瘟病可用50%萎锈灵按种子量的0.7%拌种。

(二)苗期

这一时期病害主要是防治病毒病、白发病。可在出苗后、间苗前，用1.8%阿维菌素乳油和4.5%高效氯氰菊酯乳油，按1∶2混配2 500倍液常规喷雾，预防灰飞虱、蚜虫等传毒介体为害，控制病毒病发生。防治白发病应注意拔除灰背病株，防止发生再侵染。

(三)拔节至孕穗期

这一时期应注意纹枯病、谷瘟病的防治。同时，应注意拔除白发病株。拔节至抽穗前，防治谷瘟病可用40%克瘟散乳油500～800倍液或6%春雷霉素可湿性粉剂1 000倍液喷雾。防治纹枯病，选用12.5%禾果利可湿性粉剂400～500倍液，或15%的粉锈宁可湿性粉剂600倍液，茎基部喷雾防治，7～10 d后补防1次。合理密植，铲除杂草，改善田间的通风透光条件，科学施肥，主要施用有机肥，增施磷钾肥，改善土壤结构，提高植株的抗病力，在谷子出穗前追施氮、磷配合的肥料。及时追肥和中耕，增加植株抗病性，可减轻病害的发生。

(四)成株期

成株期主要病害有锈病和谷瘟病，在春谷区和夏谷区均有发生。锈病当病叶率达1%～

5%时，可用15%的三唑酮可湿性粉剂600倍液进行第1次喷药，隔7～10 d后酌情进行第2次喷药。叶瘟病发生较重田块可针对穗部补防1次。另外，白发病、线虫病及黑穗病在这一时期都表现症状，需及时拔除田间病株。拔除灰背、白尖病株可有效防治第二年白发病的发生，要及时拔、连续拔、整株拔、连年拔，方能奏效，一定要在病株卵孢子散落前拔除，拔除病株要带出田外集中烧毁，不要用以喂牲畜及沤肥。高粱叶部病害及时喷药处理，可选择50%多菌灵。

(五)收获后

及时清除病残体，带出地外深埋，不能喂牲畜或沤肥，结合秋耕耙地，拾烧谷茬，并集中烧毁。减少和消灭初侵染来源。

第四节 薯类作物病害

薯类作物主要包括甘薯和马铃薯。全世界已报道的甘薯病害有50余种，我国报道的甘薯侵染性病害大约23种，其中真菌性病害14种、病毒性病害5种、线虫病害2种、细菌性病害和植原体病害各1种。发生普遍而危害较重的有黑斑病、茎线虫病、根腐病、甘薯瘟和软腐病等。

全世界报道的马铃薯病害有近100种，在我国为害较重，造成较大损失的有10余种。在北方马铃薯产区，主要病害有晚疫病、病毒病、黑胫病、黑痣病、黄萎病、环腐病和早疫病等，长江以南地区主要病毒病、晚疫病、早疫病、青枯病和疮痂病等。

一、马铃薯晚疫病

马铃薯晚疫病(potato late blight)又称马铃薯瘟、马铃薯疫病，是一种导致马铃薯茎叶死亡和块茎腐烂的毁灭性病害。凡是种植马铃薯的地区都有发生，在我国中部和北部大部分地区发生较普遍。在多雨、冷凉、适于晚疫病流行的地区和年份，该病经常发生并造成严重损失，病害可使植株提前枯死，减产达20%以上。19世纪40年代，晚疫病在爱尔兰的流行和为害震惊世界，仅800万人口的爱尔兰就有约100万人因饥饿而死亡，约150万人逃往海外。近年来由于推广了一些抗病品种，该病为害大为减轻，但个别流行年份造成的损失仍然很大。

(一)症状

该病主要危害叶片、叶柄、茎和块茎。田间发病最早症状出现在下部叶片。叶片发病，病斑多在叶尖和叶缘处，初为水浸状褪绿斑，后扩大为圆形暗绿色斑，病斑边缘界限不明显。在空气湿度大时，病斑扩展迅速，可扩及叶的大半以及全叶。边缘有一环白色稀疏的霉轮，在叶背或雨后清晨尤为明显。病斑可扩展到叶柄或叶脉形成褐色条斑，叶片萎蔫下垂，最后全株焦黑，呈湿腐状。天气干燥时，病斑干燥成褐色，不产生霉轮，质地易裂，扩展慢。

茎部受害，可形成长短不一的褐色斑。潮湿时，也产生白霉，但较稀疏。受害部位组织坏死、软化甚至崩解，造成病斑以上叶片和茎叶死亡。

块茎发病，初为褐色或紫褐色不规则的病斑，稍凹陷。病斑下的薯肉不同深度的褐色坏死,与病健交界不是明显,病部易受其他病菌侵染而腐烂。土壤干燥时,病部发硬,呈干腐状。薯块可在田间发病后烂在地里或在贮藏期发病烂在窖里(图6-48)。

图6-48　马铃薯晚疫病症状

1. 病叶片　2. 病薯　3. 病薯切面

(二)病原

马铃薯晚疫病菌为致病疫霉 *Phytophthora infestans* (Mont.) de Bary,卵菌门疫霉属。

病菌营养菌丝初无色,无隔膜,在寄主细胞间隙生长,以吸器伸入寄主细胞吸取养分。在病叶上出现的白色霉状物是病原菌的孢囊梗和孢子囊,孢囊梗2~3丛从寄主的气孔伸出,纤细,无色,分枝,每个分枝的顶端膨大产生孢子囊。孢囊梗顶端形成一个孢子囊后,可继续生长,而将孢子囊推向一边,顶端又形成孢子囊,并导致孢囊梗粗细不均衡或节状膨大,而顶端尖细。孢子囊无色,单胞,卵圆形,顶部有乳状突起,基部有明显的脚胞。在自然条件下,晚疫病菌在世界大多地区都不产生有性态,只有在原产地墨西哥一带,病叶中经常产生大量卵孢子。两种不同的交配型(A1,A2)在人工培养基上交配可以产生卵孢子。卵孢子圆形,直径24~56 μm,卵孢子萌发产生芽管,在芽管的顶端产生孢子囊。此外,晚疫病菌还能在菌丝内部形成休眠的褐色厚垣孢子。

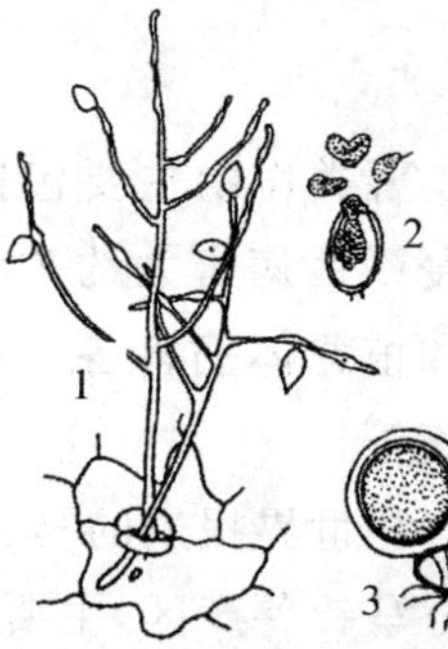

图6-49　马铃薯晚疫病菌

1. 孢囊梗和孢子囊
2. 孢子囊释放游动孢子　3. 卵孢子

病原孢子囊和游动孢子需要在水中才能萌发,孢子囊产生游动孢子的温度为10~13℃,孢子囊直接萌发为芽管的温度为4~30℃,多在15℃以上形成。孢子囊形成的温度为7~25℃。当相对湿度达到85%以上时,病菌从气孔向外伸出孢囊梗。孢子囊需要达到95%~97%的湿度才能大量形成。孢子囊在低湿高温的条件下很快失去生活力,游动孢子寿命更短,但在土壤中的孢子囊,在夏季条件下可以维持生活力达2个月。晚疫病菌是一种寄生专化性很强的真菌,一般在活的植株或薯块上才能生存,但在特定的培养基上可以生长,如在煮麦片、菜豆粉和V8等培养基上生长并形成孢子囊。

晚疫病菌有许多生理小种,目前采取"致病疫霉生理小种国际命名方案"(Black,1953)命名。此方案用16个抗病型品种作鉴别寄主,它们由4个基因型 *R1*、*R2*、*R3*、*R4* 组合而成。相应的马铃薯晚疫病菌有(0)、(1)、(2)、……(1,2)、(1,3)……(1,2,3,4)等16个生理小种。

(三)病害循环

1. *越冬和初侵染*

我国马铃薯主产区,病菌主要以菌丝体在病薯中越冬,也可以卵孢子越冬,但病株茎、叶上的菌丝体及孢子囊都不能在田间越冬。在双季作薯区,前一季遗留土中的病残组织和发病的自生苗也可成为当年下一季的初侵染源。番茄也可能是初侵染源之一或成为病菌的中间寄主植物。播种前淘汰的病块茎,任意弃置室外,也可能成为初侵染源之一(图6-50)。

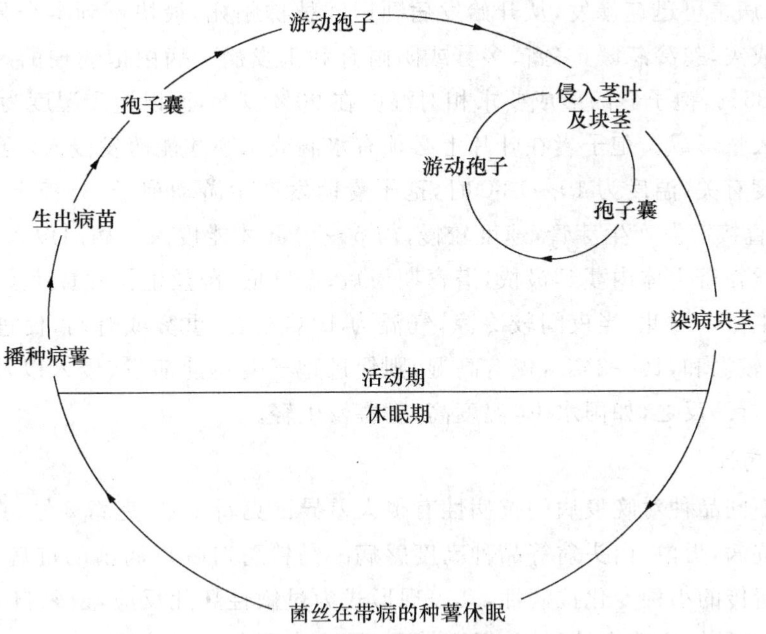

图 6-50 马铃薯晚疫病侵染循环

2. 传播

病菌的孢子囊借助气流进行传播。病薯播种后，多数病芽失去发芽力或出土前腐烂，另一些病芽尚能出土形成病苗。病菌以幼苗茎基部沿皮层向上发展，形成通向地上部的茎上条斑，病苗与病菌长期共存，温湿度适宜时，病部产生孢子囊，这种病苗成为田间的中心病株。以这种方式形成的中心病株数量较少，在大田出现率一般不超过 0.1%。此外，病薯上产生的病菌，能借助土壤水分的扩散作用而被动的在土壤内移动，还可在病薯与健薯上繁殖。土壤内的病菌可通过起垄、耕地等农业操作传至地表，被风雨传到附近植株下部的叶片上侵染底部叶片。

3. 侵入与发病

低温高湿条件时，孢子囊吸水后间接萌发，内含物分裂形成 6～12 个双鞭毛的游动孢子，在水中游动片刻后，便收缩鞭毛，长出被膜，成球形，随即长出芽管。当温度高于 15℃时，孢子囊可直接萌发成芽管。形成的芽管都可以从气孔侵入，也可以直接从角质层侵入叶片；侵入薯块则通过伤口、皮孔或芽眼外面的鳞片；侵染靠近地面的块茎，则主要借助于由雨水渗入土中的孢子囊或游动孢子。

4. 再侵染

中心病株上的孢子囊借助气流传播，萌发后从气孔或表皮直接侵入周围植株，经过多次重复感染引起大面积发病。病株上的孢子囊也可随雨水或灌溉水进入土中，从伤口、芽眼及皮孔等处侵入块茎、形成新病薯，尤以地面下 5 cm 以内为多。

(四)发病条件

1. 气候条件

此病是一种典型的流行性病害，气候条件对病害的发生和流行有极为密切的关系。当条件适于发病时，病害可迅速暴发，从开始发病到田间植株枯死，最快不到半个月。此病在多雨年份容易流行成灾，忽冷忽暖，多露、多雾或阴雨有利于发病。病菌孢囊梗的形成要求空气相对湿度不低于85%，孢子囊的形成要求相对湿度在90%以上，而以饱和湿度为最适。因此，孢囊梗常在夜间大量形成。孢子囊在叶片上必须有水滴或水膜才能萌发侵入。孢子囊萌发的方式和速度与温度有关，温度为10～13℃时，孢子囊萌发产生游动孢子，3～5 h即可侵入；温度高于15℃时则直接萌发产生芽管，速度较慢，需5～10 h才能侵入。病菌侵入寄主体内后，以20～23℃时菌丝在寄主体内蔓延最快，潜育期最短；温度低，菌丝生长发育速度减缓，同时也减少孢子囊的产生量。因此，当夜间较冷凉，气温为10℃左右，重雾或有雨，促进菌丝产生大量的孢子囊；白天较温和，16～24℃，伴有高湿，则促进孢子囊迅速萌发、侵入以及菌丝的生长发育，病害极易流行。反之，如雨水少，温度高，病害发生轻。

2. 品种抗病性

马铃薯的不同品种对晚疫病的抗病性有很大差异。克新1号、克新2号、克新3号、跃进、克疫等品种较抗病，男爵、白头翁等品种高度感病。马铃薯对晚疫病菌的抗病性有两种类型。一种是寡基因遗传的小种专化抗病性，其表现形式为过敏性坏死反应，由来自 *S. demissum* 的 *R* 基因所控制，这种抗病性容易利用，但不持久，因为它只能抗非亲和的小种。这种抗病性较易因病原菌突变或有性重组而被克服。另一种类型是非小种专化抗病性，多基因遗传的部分抗病性或田间抗病性，是持久的，它与某些环境组分如日长度、温度、光强度等互作，在某一环境下表现具有足够抗性水平的品种，而在另一环境下变得感病。

3. 耕作与栽培措施

地势低洼、排水不良的地块发病重，平地较垄地重。密度大或株形大可使小气候湿度增加，也利于发病。施肥与发病有关，偏施氮肥引起植株徒长，土壤瘠薄、缺氮或黏土等使植株生长衰弱，有利于病害发生。增施钾肥可减轻为害。

(五)病害控制

马铃薯晚疫病防治的策略是选用抗病品种，种植无病种薯，消灭中心病株，结合病情预报全面喷药保护。具体防治方法如下：

1. 选用抗病品种

我国已育出了上百个抗病品种，大大减轻了晚疫病的威胁。目前培育的抗病良种主要有：中薯2号、内薯7号、底西芮(Desiree)等。另外一些老的抗晚疫病品种种植也比较广泛，如克新3号、郑薯4号、胜利1号、同薯8号、乌盟601等。这些品种在晚疫病流行年份，受害比较轻，各地应因地制宜选用。晚疫病菌容易发生变异，常由于出现新的小种而使一些抗病品种丧失抗病性。因此，在推广寡基因抗病品种时要注意品种搭配，避免品种单一化，要根据当地生理小种的分布、组合和消长规律，合理利用抗病品种，进行品种轮换。多基因抗病性品种，抗病性比较稳定，马铃薯晚疫病流行年份受害比较轻。如四川武隆山区的滑石板洋芋种植长达50年，虽然长期受病害侵袭，无论在什么条件下，病情上升总是很慢。因此应进一步开发和利用具有保产、稳产、稳定小种组成的多基因抗病品种。马铃薯对晚疫病多基因抗病性的主要表现是潜育期长、侵染率低、病斑面积小、扩展慢、孢子囊形成的数量少。

2. 建立无病留种地，选用无病种薯

由于带病种薯是主要的初侵染来源，严格选用无病种薯对晚疫病防控起着重要作用。要建立无病种薯田，无病留种田应与大田相距2.5 km以上，以减少病原菌传播侵染的机会，并严格实施各种防治措施。在收获时应进行严格挑选，选取表面光滑、无病斑和无损伤的薯块留种用，晾晒数日后单收、单藏等。在播种催芽和切块时还应仔细检查，彻底清除遗漏的病薯，剔除的病薯要集中处理。

3. 加强栽培管理

选择高燥、沙性较强的或排水好的地块种植马铃薯。适时早播，不宜过密。合理使用氮肥，适当增施钾肥，保持植株健壮，增强植株的抗病力。合理灌溉，结薯后增加培土成高垄，减少薯块受侵染。及时清理中心病株或去除病叶，同时深埋或烧毁。

4. 药剂防治

做好病情测报工作，及时发现中心病株，喷药保护全田。封锁和消灭中心病株是大田防治的关键。发现中心病株后立即喷药，尤其是在中心病株的附近。防治晚疫病有效药剂有：47%加瑞农、72%克露、72%霜脲锰锌、72.2%普立克、25%阿米西达、50%烯酰吗啉、58%甲霜灵锰锌、64%杀毒矾等。为防止抗药性的产生，建议几种药剂轮换使用，或将内吸性和保护性制剂混合使用。

二、马铃薯环腐病

马铃薯环腐病(potato ring rot)又称轮腐病，俗称黄眼圈、转圈烂。1906年首先发现于德国，目前在欧洲、北美、南美及亚洲的部分国家均有发生，是一种世界性的由细菌引起的维管束病害。在我国，此病于20世纪50年代在黑龙江省最先发现，20世纪60年代在青海、北京等省市也有发生。目前已遍及全国各马铃薯产区，其中以20世纪70年代前期为害最为猖獗。1972年内蒙古自治区22个旗县的调查，病株率一般在20%，重病地块减产达60%以上。此病不仅影响产量，还造成贮藏时的烂窖，影响块茎质量。

(一)症状

田间发病一般在开花期以后，初期症状为叶脉间褪绿，呈斑驳状，以后叶片边缘或全叶黄枯，并向上卷曲，发病先从植株下部叶片开始，而后逐渐向上发展至全株(图6-51)。由于环境条件和品种抗病性的不同，植株症状也有很大差别，它可引起地上部茎叶萎蔫和枯斑，地下部块茎维管束发生环状腐烂。

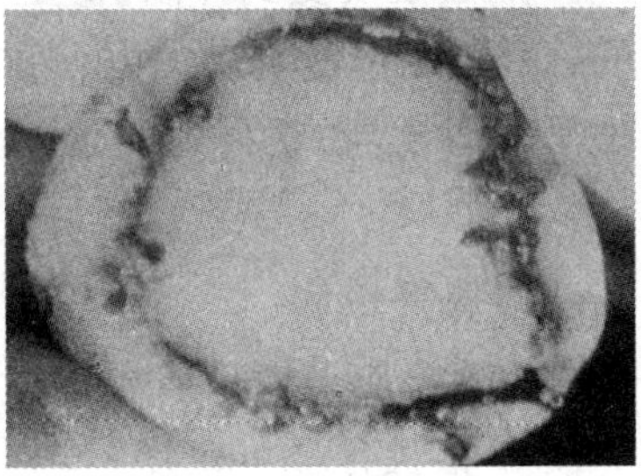

图6-51　马铃薯环腐病症状

1. 枯斑型

多在植株基部复叶的顶上先发病，叶尖和叶缘呈绿色，叶肉为黄绿或灰绿色，具明显斑驳，叶尖变褐枯干，叶片向内纵卷，病茎部维管束变褐色。

2. 萎蔫型

从现蕾时发生，叶片自下而上萎蔫枯死，叶缘向叶面纵卷，呈失水状萎蔫，茎基部维管束变淡黄或黄褐色，植株提前枯死。块茎轻度感病外部无明显症状，随着病势发展，皮色变暗，芽眼发黑枯死，也有表面龟裂，切开后可见维管束呈乳白色或黄褐色的环状部分，轻者用手挤压，流出乳黄色细菌黏液，重病薯块病部变黑褐色，生环状空洞，用手挤压薯皮与薯心易分离，常伴有腐生菌侵入。

马铃薯青枯病和黑胫病也是细菌性病害，与本病有相似之处。青枯病多发生在暴雨过后，病叶无黄色斑驳，不上卷，迅速萎蔫死亡，病部维管束变褐明显，病薯的皮层和髓部不分离。黑胫病虽然在北方也有发生，但病薯无明显的维管束环状变褐，也无空环状空洞。此外，两种菌都是革兰氏阴性菌。

(二)病原

病原为密执安棒形杆菌环腐亚种 *Clavibater michiganense* subsp. *sepedonicum*(Spieckermann & Kotthoff) Davis *et al.*，异名为：*Corynebacterium sepedonicum* (Spieck. & Kotth.) Skapt. & Burkh.。菌体短杆状，有的近圆球形或棒状，无鞭毛，不能游动；无芽孢和荚膜，好气，G^+。生长温度范围 1～33℃，适温 20～23℃，致死温度为 56℃，生长最适 pH 为 7～8.4。在培养基上菌落白色，表面光滑，薄而半透明，有光泽；在 PDA 及牛肉汁蛋白胨培养基上，生长缓慢，在酵母蛋白胨葡萄糖培养基上生长较快。

病菌在自然条件下只侵染马铃薯，人工接种可侵染 30 余种茄科植物。

(三)发病规律

马铃薯环腐病菌在种薯中越冬，成为翌年初侵染来源。病菌也可以在盛放种薯的容器上长期成活，成为薯块感染的一个来源。病菌主要靠切刀传播，据试验切一刀病薯可传染 24～28 个健薯。经伤口侵入，不能从气孔、皮孔、水孔侵入，受到损伤的健薯只有在维管束部分接触到病菌才能感染。昆虫、水流在病害传播作用不大。病薯播种后，病菌在块茎组织内繁殖到一定的数量后，部分芽眼腐烂不能发芽。出土的病芽中，病菌沿维管束上下扩展，引起地上部植株发病。马铃薯生长后期，病菌可沿茎部维管束经由匍匐茎侵入新生的块茎，感病块茎作种薯时又成为下一季或下一年的侵染来源。收获期是此病的重要传播时期，病薯和健薯可以接触传染。在收获、运输和入窖过程中有很多传染机会。

影响马铃薯环腐病流行的主要环境因素是温度，病害发展最适土壤温度为 19～23℃，超过 31℃病害发展受到抑制，低于 16℃症状出现推迟。一般来说，温暖干燥的天气有利于病害发展。贮藏期温度对病害也有影响，在温度 20℃上下贮藏比低温 1～3℃贮藏发病率高得多。播种早发病重，收获早则病薯率低。病害的轻重还取决于生育期的长短，夏播和二季作一般病轻。

(四)病害控制

防治策略应采取以加强检疫，杜绝菌源为中心的综合防治措施。

1. 严格执行检疫制度

环腐病的侵染来源主要是带菌种薯，只要不用病薯作种，病区会逐渐缩小，为害会逐渐减轻。调种时应进行产地调查，加强种薯检验，确定无病方可调运。

2. 建立无病留种基地

繁育无病种薯可与脱毒生产体系相结合，从无病试管苗和原种繁育到各级种薯的生产，每一环节控制环腐病的侵染，以确保种薯无病。

3. 选用健薯，汰除病薯

播种前把种薯先放在室内堆放 5～6 d，进行晾种，不断剔除烂薯，使田间环腐病大为减少。此外用 50 μg/kg 硫酸铜浸泡种薯 10 min 有较好效果。提倡小种薯作种，避免切刀传染，如用切块播种，应进行切刀消毒。

4. 培育和选用抗病品种

利用波友 1、波友 2 号，东农 303、郑薯 4 号、克新 1 号、高原 3 号、长薯 4、长薯 5 号等抗病品种。

5. 栽培管理

施用磷酸钙作种肥，在开花后期，加强田间检查，拔除病株及时处理，防治田间地下害虫，减少传染机会。

三、马铃薯病毒病

马铃薯病毒病(potato viral diseases)是马铃薯的主要病害。在我国大部分地区发生均十分严重，一般使马铃薯减产 20%～50%，严重的达 80%以上。过去错误地把这种现象称作种性“退化”。其实，退化现象由病毒引起，温度只是病毒病发生条件之一。感染病毒的马铃薯通过块茎无性繁殖进行世代积累和传递，致使块茎种性变劣，产量不断下降，甚至失去利用价值，不能留种再生产。根据症状表现常常将马铃薯病毒病分为马铃薯花叶病和马铃薯卷叶病两大类。马铃薯花叶病毒病(*Potato mosaic virus*，PMV)是由多种病毒单独或复合侵染的一类病害。普遍分布于世界马铃薯种植区，在我国也广为分布，但由于高温降低植株对花叶病毒病的抵抗力，因此以南方发生较为严重。不同病毒单独侵染或复合侵染在不同品种上可引起不同的症状和产量损失。马铃薯卷叶病是一种马铃薯种性退化的主要病害，也是最早发现的马铃薯病毒病，在我国广泛分布，尤其是东北、西北等北方地区，其造成马铃薯产量损失一般为 30%～40%，严重时可达 80%～90%。马铃薯纺锤块茎病由类病毒(PSTV)引起。1967 年，由 Dienner 和 Raymer 发现并证实。据报道，马铃薯纺锤块茎病在美国、加拿大、苏联的马铃薯种植区均有发生；在南非，该类病毒也引起番茄病害。轻型株多于重型株，其比例约为 10∶1。轻型病株引起严重损失为 15%～25%；重型株引起严重症状，造成产量损失可达 65%。

(一)症状

不同病毒单独或复合侵染在不同品种上可引起不同症状。

1. 普通花叶病

植株感病后，生长正常，叶片平展，但叶脉间轻花叶，表现为叶肉色泽深浅不一。叶片易见黄绿相间的轻花叶。在某些品种上，高温和低温下都可隐症，受害的块茎不表现症状。但随着马铃薯品种、环境条件及病毒株系的不同而有一定的差异，毒性强的株系也可引起皱缩、条纹、坏死等。

2. 重花叶病

发病初期，顶部叶片产生斑驳花叶或枯斑，以后叶片两面都可形成明显的黑色坏死斑，并可由叶脉坏死蔓延到叶柄、主茎，形成褐色条斑，使叶片坏死干枯，植株萎蔫。不同品种反应不同，如植株矮小，节间缩短，叶片呈普通花叶状，叶、茎变脆。带毒种薯长出的植株可严重矮化皱缩或出现条纹花叶状，也可隐症。病株薯块变小。

3. 皱缩花叶病

病株矮化，叶片小而严重皱缩，花叶症严重，叶尖向下弯曲，叶脉和叶柄及茎上有黑褐色坏死斑，病组织变脆。为害严重时，叶片严重皱缩，自下而上枯死，顶部叶片可见斑驳。病株的薯块较小，亦可有坏死斑。

4. 卷叶病

典型的症状是叶缘向上弯曲，病重时呈圆筒状。初期表现在植株顶部的幼嫩叶片上，先是褪绿，继而沿中脉向上卷曲，扩展到老叶。叶片小，厚而脆，叶脉硬，叶色淡，叶背面可呈红色或紫红色。病株不同程度的矮化，因韧皮部被破坏，在茎的横切面可见黑点，茎基部和节部更为明显。块茎组织表现导管区的网状坏死斑纹。

5. 纺锤块茎病

受害植株分枝少而直立，叶片上举，小而脆，常卷曲。靠近茎部，节间缩短，现蕾时明显看出植株生长迟缓，叶色浅，有时发黄，重病株矮化。块茎变小变长，两端渐尖呈纺锤形。芽眼数增多而突出，周围呈褐色，表皮光滑。

(二)病原

马铃薯病毒病由多种病毒侵染引起，国际上已报道20多种病毒能侵染马铃薯。国内主要病原病毒经鉴定与国际上一致，在主要栽培品种上均有相当高的发病率，并普遍存在着病毒复合侵染现象。

在我国，马铃薯病毒病的毒源种类有以下几种：马铃薯X病毒(PVX)、马铃薯Y病毒(PVY)、马铃薯卷叶病毒(PLRV)、马铃薯潜隐花叶病毒(PVS)、马铃薯皱缩花叶病毒(PVM)、马铃薯纺锤块茎病毒(PSTV)、马铃薯A病毒(PVA)、马铃薯古巴花叶病毒(PAMV)等。马铃薯黄矮病毒(PYDV)为我国对外检疫对象。

1. 普通花叶病

Potato virus X(PVX)属马铃薯X病毒组。PVX为单链RNA，线状粒体，钝化温度68～74℃，稀释限点10^{-5}～10^{-6}，体外存活期为几周至数月，接触摩擦传毒；贮藏期间通过幼芽接触也可传毒，还可以借助马铃薯癌肿病的游动孢子传播，但后者在生产中并不重要；种传也是PVX传播的一种方式。尚未发现传毒昆虫介体。根据是否含基因*Nx*、*Nb*马铃薯品种的反应，可将PVX分为4个株系。PVX的寄主植物很广，除马铃薯外，还可侵染番茄、辣椒、茄子、曼陀罗、龙葵等。在指示植物毛曼陀罗、白花刺果曼陀罗上引起花叶；在千日红、指尖椒上引起枯斑；在苋色藜上引起坏死；致病力强的株系在普通烟上引起系统坏死。

2. 重花叶病

Potato virus Y(PVY)属马铃薯Y病毒组。PVY为单链RNA，粒体线状，钝化温度52～62℃，稀释限点为10^{-4}～10^{-5}，在室温下存活两周。现已知至少有3个株系：YC株系在田间并不广泛，蚜虫不能传；YO株系为普通株系；YN(YR)株系为烟草坏死株系。YN株系能引起马铃薯植株产生明显斑点，不能引起典型垂叶和条纹花叶，有时能看到叶脉坏死，严重时看到明显的花叶。桃蚜是YN株系最有效的传毒介体，YN也可接触传毒。PVY可以侵染马铃薯、番茄、烟草、酸浆、矮牵牛、龙葵等，可隐存于芜菁、甘蓝、红苜蓿及豌豆等植物上。在指示植物普通烟上引起明脉，在洋酸浆、枸杞、苋色藜引起枯斑症状。

3. 皱缩花叶病

由 PVX 和 PVY 复合侵染。在我国发生的马铃薯退化，主要是由 PVX 和 PVY 病复合侵染引起的。

4. 卷叶病

Potato leaf roll virus（PLRV）属黄矮病毒组。PLRV 为单链 RNA，无包膜，球状粒体，钝化温度 70～80℃，稀释限点 10^{-5}，体外存活期 3～5 d。PLRV 已鉴定有几个株系，但它们在马铃薯和其他寄主上症状类型是相同的，只是严重程度不同。寄主植物有马铃薯、番茄、千日红等多种植物。在指示植物洋酸浆上引起系统失绿，在白花刺果曼陀罗上引起系统卷叶。

5. 纺锤块茎病

Potato spindle tuber viroid（PSTV）属类病毒。PSTV 只有核酸，无衣壳蛋白，有病原性的 RNA，呈环状，分子质量为 1.27×10^5 u，其钝化温度为 70～80℃，在酚处理液中为 90～100℃，稀释限点为 10^{-2}～10^{-3}，体外存活期 3～5 d。在番茄上引起相似的症状，重型株可以在番茄上引起心叶皱缩、叶脉坏死和严重束顶；轻病株对后接种的重病株有交叉保护作用。莨菪可以作为鉴别寄主，首先出现坏死斑，两周后系统坏死。茄科大多数属的植物为无症侵染。也可侵染苋科、沙参科、石竹科、菊科、旋花科、无患子科、玄参科和缬草属等植物。

（三）发病规律

1. 普通花叶病

初侵染来源主要是带毒种薯，其次是田间自生苗和其他寄主植物；种子带毒和传病的很少。在田间主要通过病株、带毒农具、人手、衣服等与健株接触摩擦及蝗虫取食等扩大再侵染。马铃薯生长季节，尤其当结薯期遇上高温时容易发病。高温干燥有利于传毒介体昆虫的大量繁殖，发病加重。

2. 重花叶病

初侵染来源主要是带毒种薯，其次是其他寄主植物。可借汁液摩擦传染，在自然界主要是由桃蚜等多种蚜虫传染。当年感染的植株块茎约 30%～70%带毒，其后代的块茎则 100%带毒。干旱温暖年份，蚜虫发生量大，有利于病害发生；在海拔较高的地区，由于多雾、高湿、风大，不利于蚜虫繁殖，病害发生轻。

3. 皱缩花叶病

初侵染来源主要是带毒种薯，其次是其他寄主植物；种薯一般都带 PVX，调运到长城以南各地种植区后，若再感染上 PVY，则当年此病发病率高达 30%～50%。若在生长后期才感染上 PVY，病株不一定表现症状，其所结薯块只能感染 PVX；若在其生育前期感染上 PVY，病株表现此症状，所结薯块多数同时带有两种病毒，该薯块翌年作种薯，就会 100%表现症状。高海拔、低温、昼夜温差大的生态环境对病毒的繁殖有抑制作用。

4. 卷叶病

由种薯传带作为初侵染来源。蚜虫传染，汁液接触不能传染，传毒介体有桃蚜、棉蚜、马铃薯蚜，但后两者侵染率不高。蚜虫取毒饲育 2 h，接毒饲育 15 min 即可侵染，但期间有数小时的潜育期，带毒蚜虫可持久传毒，甚至可以终生传毒，但不能传给下一代。蚜虫传毒的范围不远，一般是在病株附近 3～4 行内的马铃薯最易感染。除蚜虫外，二十八星瓢虫及田椿象也可传毒。天气干旱，高温有利于蚜虫生长繁殖，发病则重。在气温低，温度高而多雨的地区，对于蚜虫的繁殖不利，发病就轻。在海拔高的山区，由于夜间温度低、湿度大，不利于蚜虫生长繁殖，发病轻。

5. 纺锤块茎病

主要是机械传播，可经切刀和嫁接传染；咀嚼式口器昆虫如马铃薯甲虫也可传毒；刺吸式口器昆虫传播还未被证实。

(四)病害控制

防治策略应以采用无毒种薯为主，结合选用抗病品种及治虫防病等综合防治措施。

1. 生产和采用无毒种薯

马铃薯生产上应采用无毒种薯，种薯是否带毒可采用下列 3 种方法检查：

①着色检查法　取茎基与块茎相连处做切片，在缓冲性的(pH 4.5)1∶20 000 的品红溶液内染色 1～2 min，再在磷酸缓冲液 pH 4.5 中冲洗 5～6 min，如坏死的筛管组织染成红色即说明薯块带毒。

②紫外线检查法　把薯块切开，将剖面在紫外光下照射，如病薯内含有莨菪素则发生荧光，说明含有病毒。

③血清检查法　植物病毒的血清学鉴定发展很快，几乎所有的马铃薯病毒都可以制成抗血清，并用来检测，乳胶凝集、酶联免疫吸附法也属血清学方法，不但可以定性，而且可以定量，还可以在肉眼看不到症状含病毒很低的植株和种子中检测出来。PSTV 目前广泛应用聚丙烯酰胺凝胶电泳法，酶联免疫吸附法和免疫吸附电镜诊断。

一般采用单株混合选择、株系选择和实生苗留种等方法选取及培育无病毒种薯。实生苗留种，因为马铃薯种子不带病毒，近年来利用抗病的杂交组合种子播种的实生苗所结的块茎作为第二年的种薯，有好的防病效果。但田间应注意防蚜，避免植株当年感染病毒。

近年来，利用茎尖组织培养法的生物技术，获得健康种薯，已成为一个重要手段。首先利用茎尖组织培养出脱毒核心材料(试管苗)，作为原始种源。其次脱毒试管苗扩繁，采用单节茎切段培养基扦插法，得到的块茎即为脱毒原原种。再用脱毒原原种在隔离条件下，田间继续繁殖为一代脱毒种薯，即一级脱毒原种，以后逐级繁育至三级脱毒原种和一、二级良种大面积生产应用。

2. 选用抗病良种

马铃薯病毒病种类很多，且一种病毒往往有几个株系，各株系在马铃薯各品种上反应不同，因而抗病毒育种十分复杂，很难得到兼抗多种病毒的品种，因此要针对当地主要病毒选育品种。目前种植广泛的抗病毒品种有：内薯 7 号、大西洋、中薯 2 号等。其他老的品种东农303、白头翁、丰收白、疫不加、克新 1 号、克新 2 号、克新 3 号及广红 2 号均抗花叶病；马尔卓、燕子、阿奎拉、渭会 4 号、抗疫 1 号等抗卷叶病。

3. 夏播和两季作留种

这是防止种薯退化解决就地留种的有效方法。在无霜期短的北方一季区，可将正常的春播推迟到夏播留种(6 月下旬至 7 月上中旬播种)；在无霜期长的南方两季作地区，一年种两茬马铃薯，即春秋两季播种，以秋播马铃薯作种用。这样南北两地的种薯形成期都在低温季节。既有利于马铃薯生长健壮，又可以控制病毒增殖扩展的速度。

4. 化学防治

在留种地及时防蚜对减轻退化有显著效果，尤其对卷叶病毒效果明显。也可选用病毒钝化剂，如20%病毒A等，在发病初期使用，对减轻病害有一定效果。

5. 加强栽培管理

目的是促早熟，保证增产，并避免在高温下结薯。为此，须因地制宜适时播种，高畦栽培，合理用肥，拔除病株，勤中耕培土，注意改良土壤理化性状。

6. 热处理

国外资料，种薯经35℃处理56 d或36℃处理39 d，可除卷叶病毒。芽眼切块后变温处理(每天40℃ 4 h，16～20℃ 20 h，共处理56 d)也可以除去卷叶病毒。

四、马铃薯黑胫病

马铃薯黑胫病(potato black leg)又称黑脚病，是以茎基部变黑的症状而命名的。东北、西北、华北地区均有发生。黑胫病虽只发生在马铃薯上，但在其他植物上可以分离到病原菌。近年来，南方和西南栽培区有加重趋势，多雨年份可造成严重减产，马铃薯黑胫病不但造成缺苗断垄，而且引起贮藏期的烂窖。

(一)症状

主要侵染根茎部和薯块，从苗期到生育期均可发病。受侵植株的茎呈现典型的黑褐色腐烂。播种发病的种薯，腐烂成团状，不发芽或刚发芽即烂在土中，不能出苗。幼苗发病，一般株高15～18 cm出现症状，植株矮小，节间缩短，叶片上卷，叶色褪绿，茎基部组织变黑腐烂。

早期病株萎蔫枯死，不结薯。发病晚和轻的植株，只有部分枝叶发病，症状不明显。块茎发病始于脐部，可以向茎上方扩展几厘米或扩展至全茎，病部黑褐色，横切可见维管束呈黑褐色。用手压挤皮肉不分离，湿度大时，薯块黑褐色腐烂发臭，区别于青枯病等。植株的茎、叶和叶柄还可以通过叶痕、雹害或风害、虫害、农业操作造成的机械伤口被侵染。侵染可沿着茎或叶柄向上或向下扩展，然后在未受感染的植株上产生典型的黑胫病症状。在潮湿多雨天气，可很快使整株发病，并导致死亡(图6-52)。

图6-52 马铃薯黑胫病症状

(二)病原

病原为胡萝卜软腐欧文氏菌马铃薯黑胫病亚种 *Erwinia carotovora* subsp. *atroseptica* (Van hall)Dye，属欧氏杆菌属中造成软腐的一个低温类型。菌体杆状，单细胞，极少双连，周生鞭毛能运动，G^-，无荚膜、芽孢。在肉汁胨培养基上形成乳白色至灰白色菌落。圆形、光滑、边缘整齐、稍凸起，质地黏稠，为兼性厌气菌，可使葡萄糖厌气产酸。此菌与其他软腐菌的主要鉴别特性为，可使麦芽糖和α-甲基葡萄糖苷产酸，使蔗糖产生还原物质，对红霉素不敏感，在36℃以上不生长。

(三)发病规律

黑胫病的初侵染来源是带菌种薯。病菌在块茎或田间未完全腐烂的病薯上越冬。病菌可直接经幼芽进入茎部,引起植株发病。发病后细菌大量释放到土壤里,可在根系和某些杂草的周围生殖和繁殖,并对健康植株的幼根、新生的块茎和其他部分进行再侵染。感病的薯块收获后又成为次年或下一季的侵染源。病菌在冷凉、潮湿下比在温暖、干燥下存活的时间要长。发病植株残茬或块茎的存在,使细菌存活期延长。病菌在土壤和水里可移动一定的距离,并传染邻近植株正在生长的子代块茎。在整个贮藏期间,病菌也能在发病的块茎里存活。在切薯块和手工操作时,很容易传播病菌。

温湿度是病害流行的主要因素。温暖潮湿病害蔓延迅速,冷湿地块薯块伤口木栓化速度慢易发病,田间积水烂薯严重。在潮湿的土壤和温度比较低时(一般不低于18～19℃),对欧氏杆菌的传播侵染有利。从腐烂的种薯里释放到土壤里的欧氏杆菌可存活不同的时间,这主要取决于土壤温度,土壤水分影响较小。2℃时病菌可存活80～100 d。在较高的温度时,存活时间较短。干燥条件下产生的块茎,较少受到侵染,因为在这种条件病菌存活较少。病菌在干燥高温土壤条件下比冷凉和潮湿条件下的土壤里的传播距离短。在冷凉潮湿的土壤中,在种薯出苗后,紧接高温,有利于黑胫病的发生;较高的土壤温度促进种薯腐烂和幼芽在出土前死亡。

黑胫病不能直接侵入寄主组织,主要是通过块茎的皮孔、生长裂缝和机械伤口侵入;因此,一些地下害虫如金针虫、蛴螬造成的伤口以及镰刀菌侵染,有利于此病的发生和加重。

此外,中耕、收获、运输过程中使用的农机具以及雨水、灌溉等,都可能起传病的作用。贮藏窖内通风不好或湿度大、温度高,有利于发病。

(四)病害控制

1. 选用抗病品种

研究报道马铃薯克新1号、郑薯2号品种抗黑胫病菌侵入能力较强,克新4号、郑薯3号和高原7号等抗扩展较强,而品种疫不加对侵入和扩展均有较好抗性。因此要因地制宜地利用和选用优良抗病品种。

2. 选用无病种薯

建立无病留种田,生产健康种薯。

3. 加强栽培管理

选择地势高、高燥、排水良好的地块种植,播种、耕地、除草和收获期都要避免损伤种薯,以及拔除病株,减少病害扩大传播。清除病株残体,避免昆虫从侵染源传播欧氏杆菌。注意农具等器械的清洁,必要时用次氯酸钠和漂白粉或福尔马林消毒处理,防止传染。种薯入窖前要严格挑选,先在温度为10～13℃的通风条件下放置10 d左右,入窖后要加强管理,贮藏期间也要加强通风换气,窖温控制在1～4℃,防止窖温过高、湿度过大。

五、马铃薯早疫病

马铃薯早疫病(potato early blight)也称轮纹病,是马铃薯生产上最常见的真菌病害之一,一般可减产10%左右,发生严重的地块可减产30%以上,严重时全株枯死。近年来在我国河北、内蒙古、黑龙江、甘肃和山东等省份发生与危害呈上升趋势,干燥高温条件下该病发生严重，特别在干旱地区或贫瘠地块因早疫病造成的损失要高于晚疫病。

（一）症状

叶片上的症状最明显，叶柄、茎、块茎、果实等部位也都可发病。叶片上初生黑褐色、形状不规则的小病斑．直径 1～2 mm，以后发展成为暗褐色至黑色，直径 3～12 mm，有明显的同心轮纹的近圆形病斑，有时病斑周围褪绿。潮湿时，病斑上生出黑色霉层。通常植株下部较老叶片先发病，逐渐向上部叶片蔓延。严重发生时大量叶片枯死，全株变褐死亡。发病块茎上产生黑褐色的近圆形或不规则形病斑，大小不一，大的直径可达 2 cm。病斑略微下陷，边缘略突起，有的老病斑表面出现裂缝。病斑下面的薯肉变紫褐色，木栓化干腐，深度可达 5 mm（图 6-53）。

图 6-53　马铃薯早疫病症状

（二）病原

病菌为茄链格孢 *Alternaria solani*（Elli Martin）Sorauer，属真菌无性菌类链格孢属。分生孢子梗单生或丛生，圆筒形，1～7 个分隔，暗褐色。分生孢子单生，很少有两个成串，倒棍棒形，黄褐色，4～9 个分隔，0～4 个纵隔，分隔处变细，喙细胞细长，与孢体等长或更长，色淡，有 2～6 个分隔，孢身至喙逐渐变细（图 6-54）。

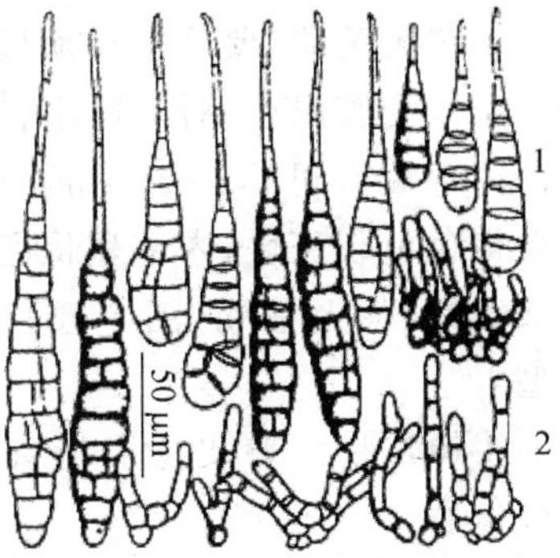

图 6-54　马铃薯早疫病菌

1. 分生孢子　2. 分生孢子梗

（三）发病规律

病菌以分生孢子和菌丝体在土壤或种薯上越冬，条件适宜时以分生孢子借风雨传播，从气孔、皮孔、伤口或表皮侵入，引起发病。叶面湿润时，降落在叶片上的孢子萌发，由气孔和伤口侵入，几天后形成新病斑，新病斑上又产生分生孢子，分散传播；在一个生长季节可以进行多次反复侵染，以致造成全田发病。雨水可以促进分生孢子的产生。病原菌还可以危害大棚和温室栽培的番茄、辣椒等蔬菜。度过冬季，侵染春、夏季的大田马铃薯。

降雨有利于孢子形成，雨后 2～3 d，空中飞散的孢子数量明显增多，孢子传播高峰期后 10～20 d，田间发病数量急剧增多。生长早期雨水多，有利于早疫病流行。

重茬地，邻近辣椒、番茄棚室的田块，菌源较多，发病早而重。土壤瘠薄，植株脱肥，生长不良，抗病性降低，发病加重。

(四)防治方法

防治策略是在利用抗病品种和加强农业措施的基础上,后期以化学防控为主导。

(1)应选用早熟和抗病品种、耐病品种,如克新 13 号、克新 19 号等,适时提早收获。

(2)加强栽培管理,收获后清除田块的病残体,以减少下一年的初侵染源。有条件的地方,可实行轮作倒茬,重病地最好与豆科、禾本科作物轮作 2 年以上。花期后适量增加氮肥,延缓叶片衰老,从而有利于提高植株的抗病性。

(3)轮作倒茬,应与十字花科(非茄科)蔬菜实行 3 年以上轮作。

(4)选择土壤肥沃的高燥田块种植,增施有机肥,提高抗病力。要实行高垄栽培,合理施肥,定殖缓苗后要及时封垄,促进新根发生。结果期要定期摘除下部病叶,深埋或烧毁。

(5)化学药剂防治

在马铃薯盛花期后,田间下部叶片早疫病的病斑率达到 5%时,进行早疫病的初次用药,以后每隔 7～10 d 喷施一次,直至收获。目前,防控早疫病有效化学药剂包括嘧菌酯、代森锰锌、苯醚甲环唑和烯肟菌胺 · 戊唑醇等,其中嘧菌酯防控效果最好。为了使药液能均匀喷施到叶片的正反两面,喷药时需不断改变喷头朝向,以保证施药效果。在块茎发生早疫病较严重的地方,马铃薯收获后,用代森锰锌药液喷施于块茎,可有效防止贮藏期块茎腐烂。

六、甘薯茎线虫病

甘薯茎线虫病(sweet potato stem nematode)又称糠心病、空心病、空梆、糠裂皮等,是一种毁灭性病害。以山东、河北、河南、北京和天津等省市发病较重。该病不仅在田间危害薯块和茎蔓,还引起贮藏期烂窖,育苗期烂床,减产可达 10%～50%,严重时绝收。该病害已被列为国内检疫对象。

(一)症状

可危害薯块、薯蔓以及须根,以薯块和近地面的秧蔓受害最重。

苗期受害出苗率低、矮小、发黄。纵剖茎基部,内有褐色空隙,剪断后不流乳液或很少。严重苗内部糠心可达秧蔓顶部。大田期受害,主蔓茎部表现褐色龟裂斑块,内部呈褐色糠心,病株蔓短、叶黄、生长缓慢,甚至枯死(图 6-55)。薯块受害症状有 3 种类型:

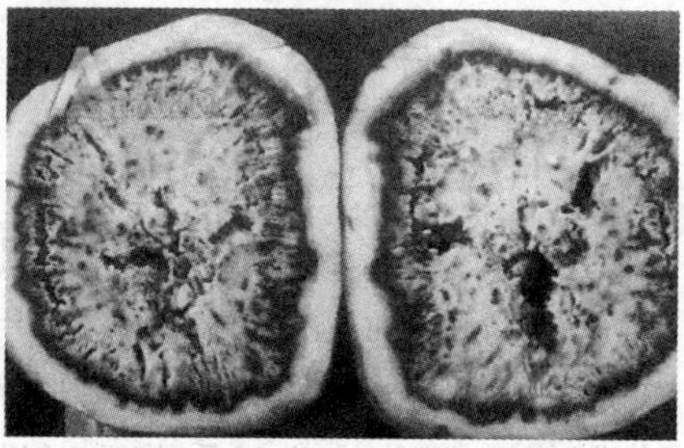

图 6-55 甘薯茎线虫病症状

①糠皮型 薯皮皮层呈青色至暗紫色,病部稍凹陷或龟裂。

②糠心型 薯块皮层完好,内部糠心,呈褐、白相间的干腐。

③混合型 生长后期发病严重时,糠皮和糠心两种症状同时发生呈混合型。

(二)病原

病原为腐烂茎线虫 *Ditylenchus destructor* Thorue,属于线虫纲垫刃目茎线虫属。腐烂茎线虫为迁移型内寄生线虫,一生中有卵、幼虫、成虫 3 个时期。雌雄虫均呈线形,虫体细长,两端略尖,雌虫较雄虫略粗大。表面角质膜上有细的环纹,侧带区刻线 6 条。唇区低平,稍缢缩。

口针粗大如钉，食道属垫刃型。尾圆锥状，稍向腹面弯，尾端钝尖。雄虫具交合伞一对，交合伞不包到尾端，约达尾长的3/4。

据报道，腐烂茎线虫的寄主植物达70多种。除为害甘薯外，还可危害马铃薯、山药、胡萝卜、萝卜、薄荷、大蒜和当归等。

(三)病害循环

腐烂茎线虫以卵、幼虫和成虫在土壤和粪肥中越冬，也可随收获的病薯块在窖内越冬，成为翌年的初侵染来源。病薯和病苗是进行近、远距离传播的主要途径，轻病薯外观无病变，易混入种薯外调及用于育苗。用病薯育苗，线虫从薯苗茎部附着点侵入，沿皮层下及髓向上活动，营内寄生生活。病秧栽入大田，线虫主要在蔓内寄生，也可以进入土壤。结薯期，线虫由蔓进入新薯块顶端，并向薯块纵深发展，形成典型糠心型病薯。病土和肥料中的病原线虫也可从秧苗根部的伤口侵入或从新形成的小薯块表面通过口针直接侵入，多在块根上形成糠皮症状。线虫侵入寄主，每头雌虫每次产卵1～3粒，一生可产100～200粒，20～30 d完成一代。为害的盛期在薯块生长阶段的最后1个月，这时单块病薯内的线虫数量可以高达30万～50万条，近地面33 cm左右的茎内一般也有数千条线虫。虫态不整齐，卵、幼虫、成虫可同时存在。腐烂茎线虫抗干燥能力强，薯干中也含有比率相当高的活线虫，因此薯干也可成为线虫的传播媒介。此外，流水、农具及耕畜的携带都可传播线虫。

(四)发病条件

腐烂茎线虫耐低温而不耐高温。−2℃处理1个月全部存活，−25℃下7 hm即死亡；43℃干热处理1 h或49℃热水浸10 min，则全部死亡。2℃开始活动，7℃以上能产卵和孵化，生长最适温度为25℃左右。该线虫耐干、耐湿，病薯含水量12%时，成虫死亡率第一年仅24%。遇到干旱呈休眠状态，有雨时即恢复活动。幼虫浸在水中半个月仍能存活。在自然条件下，线虫多集居在干湿交界(10～15 cm)的土层内。

甘薯的栽培方式对病害发生影响很大，种薯直栽地发病重于秧栽春薯地。春薯生长期长，线虫繁殖代数多，发病重于夏薯。连作地土壤中虫量积累多，发病重。甘薯适当提前收获，可缩短线虫侵染时期，减轻为害。湿润、疏松、通气及排水好的砂质土发病较重；黏土地、有机质多的地块，极端潮湿和过分干燥的土壤发病较轻。品种间抗病性差异很大，腐烂茎线虫严重发生往往与大面积长期种植高感品种有关。

(五)病害控制

腐烂茎线虫抗逆力强，传播途径广，在土壤中存活年限长，一经传入较难控制。在综合防治中要加强植物检疫，保护无病区；病区应建立无病留种地，选用抗病品种。

1. 严格种薯种苗检疫

在甘薯生长期、收获期以及入窖、出窖、育苗阶段进行查苗、查薯，严禁病区的病薯、病苗向外调运，或不经消毒直接用于生产。对病区薯干外调也应实行检疫。

2. 选用抗病品种

目前尚未发现免疫品种，但品种间抗性差异显著。可根据不同地区选用农青2号，美国红，79-6-1，32-16，鲁薯3号、7号，济薯10号、11号，郑薯22，豫薯13，北京553等抗病品种，也可选用鲁薯5号，济薯2号，济73135，济78268，烟3，烟6，海发5号，短蔓红心王等耐病品种。

3. 建立无病留种地，繁殖无病种薯

选5年以上未种甘薯地作为无病留种地，严格选种、选苗，并用50%辛硫磷浸苗半小时。取无病蔓栽植，防止农事操作传入茎线虫。无病种薯单收且用新窖单藏。

4. 实行轮作

重病地应与玉米、小麦、高粱、谷子、棉花、花生、芝麻等实施5年以上轮作，水旱3～4年轮作效果更佳。

5. 消除病残体

病薯、病苗和病蔓是主要侵染来源，在春季育苗、夏季移栽和甘薯收获入窖贮藏三个阶段严格清除病薯残屑、病苗、病蔓，集中烧毁或深埋。

6. 药剂防治

药剂浸种薯：用甲基异柳磷浸种薯24 h，有一定防效，药剂浸薯苗：辛硫磷浸薯苗15 min，土壤处理：10%益舒宝颗粒剂，每公顷用药1 500～2 000 g(a. i)，在移栽苗前条施于垄中，或用滴滴混剂和80%二溴乙烷熏杀土壤内线虫，或用5%涕灭威颗粒剂土施效果也很好。其他药剂如阿维菌素、甲基异柳磷、三唑磷、茎线灵颗粒剂等也都有不同程度的防治效果。

七、甘薯黑斑病

甘薯黑斑病(sweet potato black rot)又称甘薯黑疤病、“黑膏药”，世界各甘薯产区均有发生。1890年首先发现于美国，1905年传入日本，1937年由日本鹿儿岛传入我国辽宁省盖县。随后，该病逐渐由北向南蔓延危害，已成为我国甘薯产区危害普遍而严重的病害之一。据统计，我国每年由该病造成的产量损失为5%～10%，此外，病薯中可产生黑疤霉酮、甘薯醇等毒素，家畜食用后，可引起中毒，严重者死亡。用病薯块作发酵原料时，能毒害酵母菌和糖化酶菌，延缓发酵过程，降低酒精产量和质量。

(一)症状

苗期、生长期及贮藏期均可发生。主要危害薯苗、薯块，不危害绿色部分。

苗期症状：受侵染的幼芽基部产生凹陷的圆形或梭形小黑斑，后逐渐纵向扩大至3～5 mm，重时则环绕苗基部形成黑脚状。地上部病苗衰弱，矮小，叶片发黄，重病苗死亡。湿度大时，病部可产生灰色霉状物(菌丝体和分生孢子)，后期病斑丛生黑色刺毛状物(子囊壳)。

生长期症状：病苗移栽到大田后，病重的不能扎根而枯死，病轻的在接近土面处长出少数侧根，但生长衰弱，叶片发黄脱落，遇干旱易枯死，造成缺苗断垄。即使成活，结薯也少。薯蔓上的病斑可蔓延到新结的薯块上，多在伤口处产生黑色斑块，圆形或不规则形，中央稍凹陷，生有黑色刺毛状物及粉状物。病斑下层组织墨绿色，病薯变苦(图6-56)。

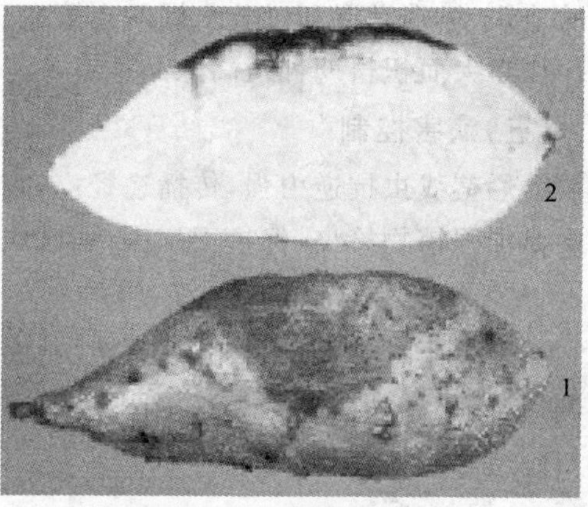

图6-56　甘薯黑斑病症状

1. 病薯外观　2. 病薯的切面

贮藏期症状:贮藏期薯块上的病斑多发生在伤口和根眼上,初为黑色小点,逐渐扩大成圆形、椭圆形或不规则形膏药状病斑,稍凹陷,直径 1～5 cm 不等,轮廓清晰。病部组织坚硬,可深入薯肉 2～3 mm,薯肉呈黑绿色,味苦。温湿度适宜时病斑上可产生灰色霉状物或散生黑色刺状物(病菌子囊壳的颈),顶端常附有黄白色蜡状小点(病菌的子囊孢子)。贮藏后期常与其他真菌、细菌病害并发,引起腐烂。

(二)病原

病原为薯长喙壳 *Ceratocystis fimbriata* Ellis et Halsted 属子囊菌门长喙壳属真菌。菌丝体初无色透明,老熟后深褐色或黑褐色,寄生于寄主细胞间或偶有分枝伸入细胞内。无性繁殖产生内生分生孢子和内生厚垣孢子。分生孢子无色,单胞,圆筒形或棍棒形。孢子可随时萌发生出芽管,芽管顶端再串生次生内生孢子,可连续产生 2～3 次,然后生成菌丝,也可在萌发后形成内生厚垣孢子。厚垣孢子暗褐色,球形或椭圆形,具厚壁。大量产生于病薯皮下,有较强的抵抗逆境的能力,需经一段时间休眠后才可萌发。有性生殖产生子囊壳,子囊壳呈长颈烧瓶状,基部球形,颈部极长,称壳喙。子囊梨形或卵圆形,内含 8 个子囊孢子。子囊壁薄,成熟后自溶,子囊孢子散生在子囊壳内,潮湿时,子囊壳吸水产生膨压,将子囊孢子排出孔口,聚集成黄白色蜡状物。子囊孢子无色,单胞,钢盔形。见图 6-57。子囊孢子形成后不经休眠即可萌发,在病害的传播中起重要作用。病菌在培养基上生长的温度范围为 9～36℃,适温为 25～30℃。3 种孢子的形成对温度要求不同,分生孢子在较低的温度下(10℃,30 d)形成,厚垣孢子在较高的温度下(15℃,8 d)形成,子囊孢子的形成要求更高的温度(15℃,15 d;20℃,4.5 d)。病菌的致死温度为 51～53℃。生长的 pH 范围为 3.7～9.2,最适 pH 6.6。3 种孢子在薯汁、薯苗茎汁、1%蔗糖溶液中或薯块伤口处很易萌发,但在水中萌发率很低。

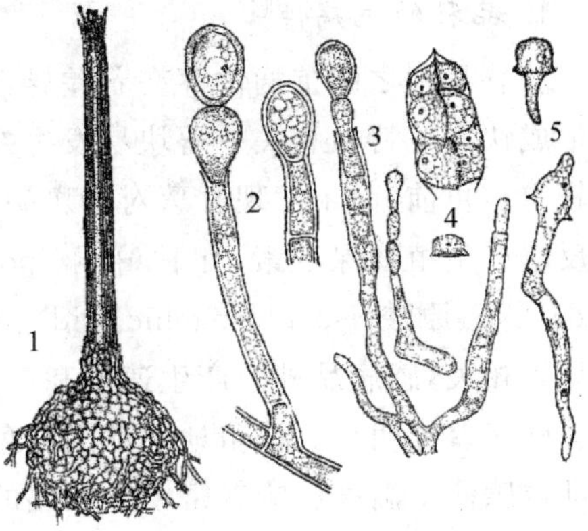

图 6-57 甘薯黑斑病菌

1. 子囊壳 2. 卵圆形分生孢子和分生孢子梗 3. 柱形分生孢子和分生孢子梗 4. 子囊和子囊孢子 5. 子囊孢子萌发

甘薯黑斑病菌为同宗结合,易产生有性态。种内包括很多株系,形态相似但有高度寄生专化性。在自然情况下,主要侵染甘薯,人工接种能侵染月光花、牵牛花、绿豆、红豆、四季豆、大豆、橡胶树、椰子、可可、菠萝、李子、扁桃等植物。

(三)病害循环

病菌以子囊孢子、厚垣孢子和菌丝体在薯块或土壤中病残体上越冬。在田间 7～9 cm 深处的土壤内,病菌能存活 2 年以上。带菌种薯和秧苗是主要的初侵染来源,其次是带有病残组织的土壤和肥料。

病菌附着于种薯表面或潜伏在种薯皮层组织内,育苗时,在病部产生大量孢子,传播并侵染附近的种薯和秧苗,发病轻则减少拔苗茬数,重则造成烂床。带病薯苗插秧后,污染土壤导致大田发病,重病苗在短期内死亡,轻病苗生根后,在近土表的蔓上病斑易形成愈伤组织,病情有所缓解。大田土壤带菌传病率较低，病菌一般是由薯蔓蔓延到新结薯块上，形成病薯。鼠害、地下害虫、收获和运输过程中人的操作、农机具、种薯接触有利于病菌的传播和侵染。入窖前，如果已造成大量创伤，入窖后温湿度适宜病菌侵入，可造成大量潜伏侵染，春季出窖病薯率明显增加。贮藏期一般只有一次侵染。

黑斑病菌寄生性不强，主要由伤口侵染。甘薯收刨、装卸、运输、挤压及虫兽伤害造成的伤口是病菌侵染的重要途径，也可从根眼、皮孔等自然孔口及其他自然裂口侵入。分生孢子和子囊孢子在田间主要靠种薯、种苗、土壤、肥料和人畜携带传播；收获、贮藏期，病菌可借人、畜、昆虫、田鼠和农具等媒介传播。

(四)发病条件

1. 品种的抗病性

甘薯品种之间抗病性存在着差异，其抗病性与皮层薄厚、薯块质地、含水量多少、伤口木栓层形成快慢等特性有关。薯块易发生裂口的或薯皮较薄易破裂、伤口愈合速度较慢的品种发病较重。目前，尚未发现甘薯对黑斑病免疫的品种。任何甘薯品种被病菌侵入后，都会引起免疫反应产生植物保卫素，如甘薯酮（ipomeamarone）、莨菪素（scopoletin）、氯原酸（chlorogenic acid）、异氯原酸（isochlorogenic acid）、香豆素（coumarin）等酚类化合物，其产生量与寄主抗病性呈正相关，感病品种的产生速度和产生量不能阻止病菌的扩展和发病，因而病重。植株不同部位感病差异明显。秧苗地下部的白色部分组织幼嫩，易于病原菌侵入，因此，较地上部的绿色部位感病。温度影响着寄主木栓层的形成和植物保卫素的产生，从而影响寄主的抗病性，在20～38℃范围内，温度越高，寄主抗病性越强。

2. 温度和湿度

黑斑病的发病温度与病菌的发育温度一致，土温在15～30℃均能发病，最适温度为25℃，低于8℃或高于35℃病害即停止发展。甘薯贮藏期间，15℃以上利于发病，最适发病温度为23～27℃，10～14℃较轻，35℃抑制发病。田间发病与土壤含水量有关。在适温范围内，土壤含水量在14%～60%时，病害随湿度的增高而加重，超过60%，又随湿度的增加而递减。多雨年份，地势低洼，土壤黏重的地块发病重；地势高燥，土质疏松的发病轻。

3. 伤口

伤口是病原菌侵入的主要途径。薯块裂口多或虫鼠危害重，有伤口的薯块，病害也相应加重。在收获、运输和贮藏过程中造成大量伤口，附着在薯块表面的病菌乘机侵入，加之此时薯块呼吸强度大，散发水分多，病害蔓延较快。

(五)病害控制

防治策略应采取无病种薯为基础，培育无病壮苗为中心，安全贮藏为保证，药剂防治为辅助的综合防治措施。

1. 严格执行检疫制度

严禁从病区调运种薯、种苗。

2. 选用无病种薯

可采用以下几种途径和方法得到无病种薯。

(1)无病留种田 要求秧苗、土壤、粪肥不带菌,并注意防止农事操作传入病菌。因此必须做到:①采用高剪苗,结合药剂浸苗,或在春薯蔓上剪蔓插植夏薯;②留种地要选3年未栽种甘薯的生地;③留种地收获的种薯,要单收、单运、单藏,收获运输工具及贮藏窖物应不带菌,必要时可用药剂消毒;④注意粪肥不要带菌。

(2)精选种薯 种薯出窖后,育苗前要严格剔除有病、有伤口、受冻害的薯块。实行种薯消毒,清除所带病原菌,方法有:①温汤浸种:薯块在40～50℃温水中预浸1～2 min后,移入50～54℃温水中浸种10 min,水温和处理时间要严格掌握,注意上下水温应一致,对新品种处理后应进行发芽试验。浸种后要立即上床排种,且苗床温度不能低于20℃。②药剂浸种:可采用45%代森铵水剂、50%多菌灵WP、70%甲基硫菌灵WP、88%乙蒜素EC(402抗菌剂)等对种薯进行药剂处理。

(3)培育无病壮苗 尽量用新苗床育苗。用旧苗床时应将旧土全部清除,并喷药消毒。施用无菌肥料。育苗初期,可用高温处理种薯,促进愈伤组织木栓化的形成,阻止病菌从伤口侵入。高温处理是在种薯上床育苗后,保持温床34～38℃,以后降至30℃左右,出芽后降至25～28℃。也可采用间歇高温(顿水顿火)育苗法,即种薯上床前,一次浇足水。种薯上床后,将温度迅速上升到34～38℃,保持4 d,以后床温保持28～30℃。拔苗前,降温至20～22℃。以后每拔一次苗浇足一次水,并将温度升到28～30℃。实行高剪苗,获得不带菌或带菌少的薯苗。苗床上的春薯苗,要求距地面3～6 cm处剪苗栽插。将剪取的苗再密植于水肥条件好的地方,加强肥水管理,然后再在距地面10～15 cm处高剪,栽插大田,此为二次高剪苗。有的地方从春薯田中剪取薯秧栽夏薯,也是一种高剪苗的防病措施。育苗过程中,可用药剂喷床法和药剂浸苗法防治黑斑病。药剂有:50%多菌灵WP、70%或50%甲基硫菌灵WP等。浸苗时,要求药液浸至秧苗基部10 cm左右。

(4)安全贮藏 留种薯块应适时收获、严防冻伤,精选入窖,避免损伤。种薯入窖后进行高温处理,35～37℃ 4昼夜,相对湿度保持90%,以促进伤口愈合,防止病菌感染。入窖前用多菌灵或甲基硫菌灵药液浸薯后晾干再入窖,可有效减轻贮藏期发病率。

(5)选用抗病品种 抗病品种有:济薯7号、南京92、华东51、夹沟大紫、烟薯6号等。

(6)加强栽培管理 实行轮作换茬,增施不带病残体的有机肥,及时防治地下害虫。

八、甘薯根腐病

甘薯根腐病(sweet potato root rot)俗称"烂根病"。1970年以来,在我国山东、河南、河北、陕西、江苏、安徽、湖北、四川、江西、福建、浙江等省发生为害,一般减产20%～30%,严重时绝收。近年来,由于抗病品种的推广,根腐病明显减轻。

(一)症状

主要发生在大田生长期,苗床期虽也发病,症状一般较轻。苗床期病薯较健薯出苗晚,出苗率低。幼苗发病,叶色较淡,生长缓慢,须根上有褐色病斑,拔秧时易自病部折断。大田期秧苗受害,先在须根中部或根尖出现赤褐色至黑褐色病斑,中部病斑横向扩展环绕一周后,病部以下的根段很快变黑腐烂,拔苗时易从病部拉断。地下茎受侵染,产生黑色病斑,重病株地下茎大部腐烂。轻病株近地面处的地下茎能长出新根,多为柴根。病株不结薯或结畸形薯,而且薯块小,须根多。块根受侵染产生凹陷的黑色病斑,表皮有轻度开裂。病株地上部节间短,植株矮小，分枝少，直立生长不倒秧。秋季气温下降，茎蔓仍能继续生长，但每节叶腋处都能现蕾开花。叶片自下而上变黄，增厚，反卷，干枯脱落，主茎自上而下逐渐干枯死亡。

(二)病原

有性态为血红丛赤壳 *Nectria sanguinea*(Bolt.)Fr.，属子囊菌门丛赤壳属。无性态为无性菌类镰孢菌属腐皮镰孢甘薯专化型 *Fusarium solani*(Mart.)Sacc. f. sp. *batatas* Me Clure。产生大、小型分生孢子及厚垣孢子。大型分生孢子纺锤形，略弯，两端钝圆，足胞不明显，4～7个分隔，多数有5个隔膜。小型分生孢子卵圆形至椭圆形，多数单胞，在瓶梗顶端聚成假头状。厚垣孢子球形，表面光滑或粗糙，淡黄色或棕黄色。病菌子囊壳散生或聚生，不规则球形，初期浅橙色，成熟后红色至棕色，表面产生疣状突起。子囊棍棒形，内生8个子囊孢子。子囊孢子椭圆形，中央有一分隔，在隔膜处稍缢缩。在自然界尚未发现有性世代，在病害的侵染循环中起的作用尚不清楚。

病菌除为害甘薯外，还可侵染裂叶牵牛、圆叶牵牛、茑蔓、田旋花和月光花等旋花科植物。

(三)发病规律

甘薯根腐病是一种典型的土传病害，带菌土壤和土壤中的病残体是翌年的主要初侵染来源。土壤中的病原菌至少可以存活3～4年，其垂直分布可达100 cm土层，但以耕作层土壤中密度最高。病菌自甘薯根尖侵入，逐渐向上蔓延至根、茎。病种薯、病种苗、病土及带菌粪肥均能传病，田间病害的扩展主要借水流和耕作活动，远距离的传播靠的是种薯、薯苗和薯干的调运。

此病的发生与温、湿度密切相关。发病温度范围在21～30℃之间，适温为27℃。在温度变化不大的情况下，降雨是影响发病程度的重要因素。土壤含水量在10%以下有利于发病。因此，沙质土，肥力低的土壤，保水能力差，发病重；结构良好的肥沃土壤发病轻。连作病重，轮作病轻，连作年限越长，土壤中病残体积累越多，含菌量越大，发病也越重。甘薯不同品种对根腐病的抗性差异显著，连年大面积种植感病品种的地区，根腐病危害严重。其中，胜利百号最为感病。

(四)病害控制

防治策略主要是选用抗病丰产良种为主。

1. 选用抗病丰产良种

由于品种间抗病性差异明显，各地已陆续选出适于本地栽培的抗病丰产品种，现栽培面积最大的抗病品种为徐薯18。其他抗病性较强的品种还有烟薯3号、丰薯1号、海拔5号、郑州红4号、一窝红、丰收红、鲁薯3号、5号、豫薯1号、3号、济薯10号、南京92等。但南京92高度感染枯萎病，不易扩大种植。

2. 实行轮作换茬

病地实行与花生、芝麻、棉花、玉米、高粱、谷子等作物轮作或间作，轮作年限3年以上。在发病严重的地块，应及时改种或补种其他作物，减少损失。

3. 适时早栽，防止干旱

春薯应适时早育苗，多育苗，育壮苗，保证适期早栽。栽苗后注意防旱，如果无雨应及时浇水，提高甘薯抗病力。

4. 清洁田园

病田中的残体应集中烧毁，减少田间菌量。

5. 增施肥料，加强田间管理

增施腐熟的有机肥和复合肥，尤其是增施磷肥有较好的防病增产效果。追施氮肥，要优先选择生理酸性氮肥，如硫酸铵等。

6. 药剂防治

用50%硫菌灵（托布津）喷雾有较好的防效。

九、薯类其他常见病害

见表6-4。

表6-4　薯类其他常见病害

病害名称及学名	诊断要点	发病规律
马铃薯软腐病（*Erwinia* spp.）	为害薯块，生褐色圆形或不规则形凹陷斑，组织软腐，病健界限明显，可致整个薯块腐烂。也可为害叶、茎	在种薯病残体或土壤中越冬。随种薯、流水、农事操作传播。块茎受伤、漫灌淹水，温暖、高湿发病重
马铃薯青枯病（*Ralstonia solanarearum*）	植株不变色即很快萎蔫，茎出现褐色条纹，维管束变褐；块茎切口处有白色菌溢，皮肉不分离	病菌随病残体在土壤中或侵入薯块在窖里越冬。雨水灌溉水传播。高温、高湿、连作田、低洼地则病重
马铃薯疮痂病（*Streptomyces scabies*）	块茎产生暗红色斑，四周凸起，中央稍凹陷；可形成不整齐的开裂，最后形成圆形或不规则形疮痂状硬斑	病菌在土壤中腐生或在病薯上越冬。高温、干燥、中性或偏碱性的疏松土壤发病重
马铃薯干腐病（*Fusarium* spp.）	储藏期块茎局部变褐，稍凹陷，多折叠，呈同心轮纹，薯内部变褐色，常呈空心，最后僵缩、干腐，变轻变硬	病菌以菌丝或分生孢子在病残体或土壤中越冬。从伤口或芽眼处侵入。通风不良利发病
马铃薯茎线虫病（*Ditylenchus destructor*）	块茎表皮褐色龟裂或外部症状不明显，内部出现空隙或糠心状，重量减轻	茎线虫可以终年繁殖和为害。种薯、土壤、粪肥及秧苗传播。多以成虫或幼虫在土壤中越冬
马铃薯金线虫病（*Heterodera rostochiensis*）	植株矮小，生长慢或茎细瘦，下部叶尖先凋萎，不开或极少开花，重者枯死；根及块茎表面有金黄色孢囊	以卵在胞囊里随病残体在土壤中越冬，种薯也可带虫越冬。土壤，块茎，根均可传病
马铃薯枯萎病（*Fusarium oxysporum*）	病株萎蔫，茎内维管束变褐色。后期在病部表面生白色菌丝或粉红色霉	以菌丝体厚垣孢子在土壤或在病薯上越冬。雨水或灌溉水传播。湿度大、重茬地、低洼地病重

续表 6-4

病害名称及学名	诊断要点	发病规律
马铃薯黄萎病 (*Verticillium dahliae*)	地上部叶片发黄,叶片稍向上卷,茎内维管束变色,无黏液,无粉红色霉	以菌丝体、微菌核随病残体在土壤中越冬。从根毛伤口、枝条和叶面侵染
马铃薯黑痣病 (*Rhizoctonia solani*)	地上部茂密簇生,茎基部常有白色丝状霉或小菌核,块茎数多,表面散生很多黑褐色粒点	病菌以菌核随病残体在土壤中越冬
马铃薯癌肿病 (*Synchytrium endobiaticum*)	块茎、块茎上的芽及匍匐茎形成癌肿症状,包括畸形、增生枝条和叶片生长在一起	病菌以休眠孢子囊在土壤中越冬。在低温、多湿,气候冷凉,昼夜温差病重
马铃薯粉腐病 (*Phytophthora erythroseptica*)	块茎深褐色水渍状脱色及有时出现橡皮似的质地;切薯块几分钟后由正常颜色变成粉红色	土壤水分过多病害加重
马铃薯白绢病 (*Scleratium rolfsii*)	在茎上、块茎上或土壤里产生白色菌丝体,像扇形一簇,后变成黄色硬块	土壤或病残体中的菌核为初侵染来源;炎热和潮湿条件有利病害发生
马铃薯黑心病 (生理性病害)	储藏期病害,薯心有黑褐色略呈放射状的病斑	下窖过早,储藏温度过高,窖小,储藏量大,通风不良,均易发生此病
甘薯根结线虫病 (*Meloidogyne incognita*)	病株薯块小而少,畸形,表面有褐色裂口,重者不结薯,毛根多;细根上生小根结,内有粒状白雌虫;重病株地上部生长停滞,叶色黄,脱落,甚至枯死	线虫随病薯块根散落于土壤粪肥中越冬,随寄主薯块根土和流水等传播;病田连作及沙壤土,碱性土发病重
甘薯储藏期冻害	薯皮无光泽,手指轻压有弹性感。剖开冻薯,薯皮附近薯肉变褐,用手挤压有清水渗出。受冻薯块常形成硬心硬皮,且发苦	甘薯长期处于 9℃以下就会产生冻害。低温持续的时间越长,遭受冻害越重;温度越低,腐烂越快
甘薯软腐病 (*Rhizopus stolomifer*)	为害薯块,病组织软化,呈淡褐色水渍状,破皮后流出黄褐色汁液,有酒味;病部长出白色绵状菌丝,上生灰黑色小粒。条件适合时,可很快致全薯腐烂	伤口侵入,以孢子囊随气流传播。可为害多种作物的果实和储藏器官。薯块伤口多,受冻,环境条件不利伤口愈合等发病重
甘薯干腐病 (*Fusarium* spp., *Diaporthe batatatis*)	薯块上生褐色海绵状圆形或不规则形凹陷斑,后干缩变硬,产生白色或粉红色霉层;或在薯块两端发病,表皮褐色,逐渐变软,薯肉深褐色,后期仅剩柱状残余物,表面生黑色瘤状突起	干腐病菌从伤口侵入,储藏期扩大为害,收获时过冷、过湿、过干都有利储藏期干腐病的发生

续表 6-4

病害名称及学名	诊断要点	发病规律
甘薯灰霉病 (*Botrytis cinerea*)	初期与软腐病症状相似。但水烂现象较轻。纵切病薯可见许多暗褐色或黑色线条,后期病薯失水干缩形成干硬的僵薯。病部表面生灰色霉层	该菌腐生性强,寄主范围广。薯块有冻害造成的伤口时极易受侵染。发病适温为 7.5～13.9℃,20℃以上发病缓慢
甘薯青霉病 (*Pnicillium* spp.)	为害薯块。初生圆形凹陷的暗褐色病斑,病部湿润发软,严重时,可使整个薯块软腐;病部生出青色霉层,有酒味	该菌腐生性强,寄主范围广,薯块受冻害后易发病
甘薯炭腐病 (*Macrophomina phaseoli*)	病薯皮灰色,易翻起,薯肉灰褐色,密布黑色小点,后逐渐加深成炭黑色,干腐	储藏温度高有利该病发生
甘薯紫纹羽病 (*Helicohasidium purpureum*)	为害薯块和薯拐。植株黄化,薯表面覆盖白色网状丝状物,后变紫红色,向上扩展至薯拐表面;病薯由下而上,由外向内腐烂,皮层坚韧,最后残留僵壳	病菌以菌索在土壤中和病残体上越冬
甘薯病毒病(SPFMV,SPLV,SPYDV,SPYCV,MLO+PVY)	叶片褪绿斑点型,花叶型,卷叶型,叶片皱缩型,叶片黄化型	薯苗和薯块均可带毒。机械或蚜虫、烟粉虱及嫁接传播
甘薯瘟病 (*Ralstonia solanacearum*)	病苗萎蔫,茎基部、地下部维管束变褐枯死。薯块切面维管束呈黄褐色小斑点	病菌在土中存活。靠病苗、病薯、病土远距离传播。连作田、多施氮、肥排水不良、土质勃重、高温、多雨,发病重
甘薯蔓割病(枯萎病) (*Fusarium* spp.)	系统性病害。地下蔓茎表皮纵裂,呈纤维状,维管束黑褐色。病薯维管束变黑,切面呈黑褐色环状	以菌丝和厚垣孢子在种薯内或附着在土壤中病残体上越冬。伤口侵人。降雨量大、连作、沙地或沙壤土,病重
甘薯黑痣病 (*Monilochaetes infuscarts*)	薯块初为淡褐色小斑点后扩大为黑褐色圆形或不规则的大斑,有灰黑色霉层。严重病部硬化,轻微龟裂	病菌在种薯及薯藤或土壤中越冬。温度偏高、多雨、土质黏重、施厩肥多、排水不良或盐碱土,发病重
甘薯斑点病 (*Phyllosticta batatas*)	叶片形成圆形或不规则形病斑。初红褐色,后变灰色,边缘稍隆起,病组织散生黑色小点	以菌丝和分生孢子器随病残体遗落土中越冬。分生孢子借雨水溅射侵染。高温、高湿发病重
甘薯菌核病 (*Sclerotinia sclerntiorum*)	贮藏期薯块呈水渍状软腐,长有白色菌丝和黑色鼠粪状菌核	病菌以菌核在薯块或土壤中越冬。湿度大易发病
甘薯拟黑斑病 (*Thielavia basicola*)	一般只为害薯块表层,生不规则而略凹陷的淡褐色或黑褐色病斑,有苦味,后期生黑霉	病菌在土壤或薯块上越冬。湿度大发病重
甘薯白锈病 (*Albugo ipomoeae-panduranae*)	叶面出现黄绿色的斑块,在斑块背面生白色突起疱斑,破后散出白粉,重时叶畸形	卵孢子在病残组织中越冬,风雨传播

十、薯类病害的综合防治

薯类病害以马铃薯晚疫病、早疫病、环腐病、病毒病，甘薯黑斑病、茎线虫病、根腐病等发生普遍，危害为主，但不同地区发生的种类主次有所不同，马铃薯和甘薯不同生育期发病种类和轻重也不一样，防治应采取选用抗病品种为主，结合培育无病壮苗，加强田间管理，以及化学防治为辅的方法进行综合治理。

（一）建立留种基地，采用无病种薯

带病种薯是薯类病害的重要初侵染源，因此建立无病留种基地，是防治马铃薯和甘薯病害的根本措施。方法有两种：一是从大量种薯中通过各种检验方法选出无病种薯建立留种田。种薯在收获时要进行严格挑选，选取表面光滑、无病斑和无损伤的薯块，单独贮藏；催芽和切薯时仔细检查，最好采用小整薯播种；生长期间及时喷药，确保田间无感染。二是采用实生苗留种、芽栽和茎尖组织培育无毒苗，建立留种基地。

（二）严格检疫制度，防止病害蔓延

严格检疫，是防止薯类病害扩散蔓延的必需措施。调入薯种前，应派专人进行产地检查或进行种薯检验，证实无病后方可调种，防止病薯传入；疫病区必须严格禁止调出或寄出带病种薯，防止疫病输出。

（三）选用抗病良种，实行合理轮作

生产上要大力引进、推广和选用熟期适宜，丰产性好，抗病力强的良种，一般情况应近距离引种。马铃薯连作会引起严重病虫害，宜实行合理轮作，但不能与烟草、茄子、番茄、辣椒等茄科作物轮作，否则茄科作物共有病害如青枯病、疫病、癌肿病、病毒病等危害严重；也不能马铃薯和甘薯等块根作物相互轮作，否则会使共同病害疮痂病、线虫病等危害严重。宜与禾谷类、豆类作物、纤维作物轮作，轮作年限在3年以上。

（四）抓住最佳播期，精细挑选种薯

适期播种，是防止种薯腐烂、保证苗全、确保苗壮、增强抗病力的可靠措施，如黑龙江中部适宜播种期在5月初。播种时，若遇连绵阴雨，可将已催出芽的薯块摊开见光，绿化锻炼，推迟至天气转晴后再播种，以防烂种。

严格选择种薯，应选取具有本品种特征，无病虫害，无伤冻，表皮柔嫩，色泽光鲜，大小适中，刚过或将过休眠期的薯块作种薯，坚决剔除病薯。建议应用脱毒种薯，脱毒种薯由于经过严格的茎尖脱毒、组织快繁、扦插育苗、网室繁种等技术环节，能有效地防止种薯带菌，切断初侵染源，能极大地降低马铃薯病毒病发病率。选用优质脱毒种薯具有明显的防病增产作用。

（五）抓好种薯消毒，防止切薯传病，培育无病壮苗

挑好种薯后，必须进行种薯消毒，方法是用1%的石灰水或0.1%的高锰酸钾液浸种薯1 h后再晾干，或用0.2%的福尔马林液喷洒薯堆或浸种薯5 min后，用薄膜覆盖闷蒸2 h，再摊开晾干。切块时间以播种前1～2 d为宜，切块过早，通风不良时易感染病菌，造成腐烂；切块过晚，伤口未充分愈合，在田间仍易感染病菌，在秋播条件下腐烂更重。切种薯时，要仔细检查，彻底清除病薯，并做到每人准备两把切刀轮换消毒，用75%酒精、0.1%高锰酸钾液或3%来苏儿液浸泡切刀5～6 min即可，提倡用小整薯播种。

甘薯苗床选择新苗床或将旧床土清除换成新土，并进行消毒。加强苗床管理，控制好温

度，不能忽冷忽热。采用高剪苗并结合药剂消毒处理。

(六)消灭中心病株，搞好田间施药

各地要加强马铃薯和甘薯病害田间监测，一旦发现中心病株，应立即拔除销毁，并及时在病中心 30～50 m 的范围内喷施药剂，严重者应立即全田喷药。马铃薯晚疫病，用波尔多液或瑞毒霉或克露等药剂防治。马铃薯早疫病可用嘧菌酯、代森锰锌、苯醚甲环唑和烯肟菌胺·戊唑醇等药剂防治，每 7 d 1 次，连喷 2～3 次即可。马铃薯病毒病，要在蚜虫迁飞前用抗蚜威或涕灭威等药剂进行全田喷雾，防止蚜虫传毒。

(七)适时收获，安全贮藏

留种薯块应适时收获，严防冻伤，精选无病薯块入窖，避免损伤。种薯入窖后进行高温处理，35～37℃ 96 h，相对湿度保持 80%～90%，以促进伤口愈合，防止病菌感染。贮藏期间应将窖温控制在 10～14℃，前期敞窖排湿散热，中期盖窖保温防冻，后期适时敞窖散热。

复习思考题

1. 水稻稻瘟病症状有什么特点，发病规律是什么？如何防治？
2. 水稻纹枯病症状特征是什么？肥水条件对水稻纹枯病有什么影响？
3. 如何区分水稻纹枯病和水稻白叶枯病？
4. 简述水稻稻曲病的发生规律及防治技术。
5. 小麦白粉病是如何完成侵染循环的？影响发病的因素有哪些？如何防治？
6. 小麦 3 种锈病如何区分，发生规律有什么异同？
7. 小麦赤霉病症状特点及发病规律如何？如何防治？
8. 几种小麦黑穗病的症状和病害循环有何异同点？如何防治？
9. 小麦全蚀病危害症状和发生规律有何特点？如何防治？
10. 小麦病毒病有哪些种类？其发生特点有何不同？如何防治？
11. 玉米叶部病害有哪些？各自的特点是什么？
12. 请说出玉米茎腐病的症状类型和病原菌种类。
13. 根据当地玉米病害发生情况，制定综合防治措施。
14. 玉米瘤黑粉和丝黑穗病的侵染循环有何异同？
15. 解释并说明影响玉米纹枯病发生和流行的主要因素。
16. 解释近年来玉米大斑病在东北地区流行危害的主要原因。
17. 请说明谷子白发病的初侵染来源，并制定防治措施。
18. 高粱 3 种黑穗病在症状、侵染循环等方面有何异同？
19. 影响玉米粗缩病发生流行的因素有哪些？
20. 马铃薯晚疫病症状特点，发生和流行的条件是什么？
21. 甘薯黑斑病的侵染循环有什么特点？可采取哪些措施防控该病害？

第七章 经济作物病害

第一节 棉花病害

棉花是我国重要的经济作物。目前，我国棉花种植面积在400万 hm^2 左右，棉花病害是棉花减产的重要因素之一。全世界棉花病害有120多种，我国也发现50多种，严重危害的有10多种，包括苗期的立枯病、炭疽病、疫病和红腐病，成株期的黄萎病和枯萎病，铃期的疫病、红腐病、红粉病、炭疽病等。这些病害给棉花生产带来严重的危害，有些也成了限制棉花生产的重要因素。

一、棉花苗期病害

我国已报道的棉苗病害有20余种，主要分为两类：一类以引起烂种、烂芽、烂根和茎基腐为主，多数棉苗病害属于这类；另一类以为害幼苗叶片和茎为主，如炭疽病等。在几大棉花种植区中内陆棉区发病重于北方棉区，北方棉区发病重于南方棉区。由于各地自然条件不同，棉苗病害种类和为害程度存在差别，北方棉区以立枯病、炭疽病和红腐病危害最重，称为棉花苗期三大病害，近些年来红腐病发生逐步严重，危害占第一位。南方棉区以炭疽病为主，部分区域立枯病和红腐病也严重发生。南方移栽苗的苗床上，红腐病和猝倒病为害较重。新疆早熟棉区，以立枯病和红腐病为主，定苗后若遇低温回寒天气，可造成大量死苗，致使缺苗断垄，甚至毁种重播，是全国棉苗病害发生最重的地区，我们以三大苗病为主加以介绍。

(一)症状

1. 立枯病

能形成烂种、烂芽、烂根和幼苗枯死等几种不同症状类型。棉花播种后至出苗前被病菌感染，内部变褐腐烂，即烂种。受害轻的种子虽能萌发，但幼芽被害呈黄褐色，不久腐烂，即烂芽。幼苗出土后，被病菌感染的幼苗，在根部和近地面茎基部出现黄褐色长条形病斑，以后逐渐扩大呈黑褐色，包围整个根茎部位，形成黑褐色环状缢缩，病苗很快萎蔫枯死，即烂根。有时病斑凹陷不明显，但上、下扩展较快，并产生长短不等的纵裂。拔出病苗，在病部可见菌丝体和小土粒纠结在一起。子叶受害，多在被害子叶上产生不规则形黄褐色病斑，病部干枯脱落后形成穿孔(图7-1)。轻病株仅根和根茎部皮层受害变褐或黑褐色，气温上升后可恢复生长。

2. 红腐病

棉苗出土前感染也可造成烂籽和烂芽。出土后感病，一般先侵入根尖，使根尖呈黄褐色，以后扩展到全根和茎基部，病部变褐腐烂。病斑一般不凹陷，其土面以下受害的嫩茎常略肥肿，后呈黑褐色干腐，群众称“大脚苗”。也可产生褐色纵向的条纹状病斑，有时侧根坏死形成肿胀的光根。子叶感病，多在叶缘产生半圆形或不规则形褐斑。高湿条件下，在病部可见粉红色霉状物(图 7-2-1)。

图 7-1　棉花立枯病症状

3. 炭疽病

棉苗出土前感染可造成烂芽，出土后感染，则在幼苗根茎部或茎基部产生褐色条纹，以后扩展成褐色、稍凹陷的菱形大斑。严重时纵裂、下陷，四周缢缩，幼苗枯死。子叶受害，多在叶缘产生褐色半圆形或近圆形病斑，天气潮湿时，可扩展到整个子叶。真叶被害，初为黑色小型斑点，后扩展为圆形或不规则形暗褐色大斑。叶柄受害，可造成叶片早枯。幼茎基部发病，多产生红褐色或褐色稍凹陷的病斑。茎部被害，多先从叶痕处发病，初为暗红色纵向条斑，后变为暗黑色圆形或长条形凹陷病斑(图 7-2-2)。

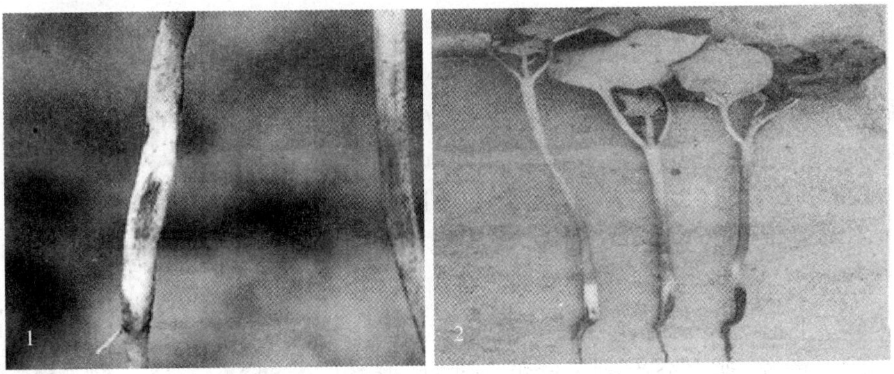

图 7-2　棉花红腐病(1)和棉花炭疽病(2)症状

(二)病原

1. 立枯病

有性态为瓜亡革菌 *Thanatephorus cucumeris* (Frank.)Donk，属担子菌门亡革菌属；无性态为立枯丝核菌 *Rhizoctonia solani* Kühn，属于无性菌类丝核菌属。该菌是一种土壤习居菌，无性阶段不产生任何无性孢子，仅以菌丝和菌核存在于自然界。菌丝发达，初期无色、较细，近似直角分枝，离分枝点不远处生 1 个隔膜。后期产生菌核，菌核不规则形，褐色至暗褐色，由许多桶状细胞交织而成(图 7-3)。有性态自然情况下很少发生，只在酷暑和高湿的情况下偶尔出现，人工诱发情况下可产生担子和担孢子。立枯丝核菌寄主范围极广，可寄生 50 科 200 余种植物。该菌在 5～40℃均可生长，20～35℃生长良好。

2. 红腐病

由镰孢菌属(*Fusarium* spp.)的几种真菌侵染所致。在我国为害棉苗的镰孢菌共分离到

8种，它们所占比例在不同地区，不同年份间有较大差别，以拟轮枝镰孢(*F. verticillioides*)为主，其次为腐皮镰孢(*F. solani*)。拟轮枝镰孢可产生两种类型的分生孢子，大型分生孢子新月形(图7-4-1)；小型分生孢子卵形或椭圆形，不产生厚垣孢子(图7-4-2)。此菌的寄主范围较广，除棉花外，还为害水稻、麦类、玉米、高粱、甘蔗、甜菜等作物。病菌在2～40℃均可生长，最适温度25～30℃。

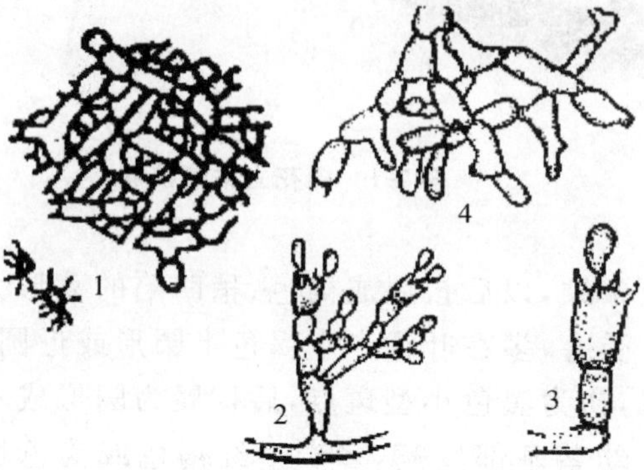

图7-3 棉花立枯病菌

1. 菌核 2. 初生菌丝 3. 老熟菌丝 4. 担子和担孢子

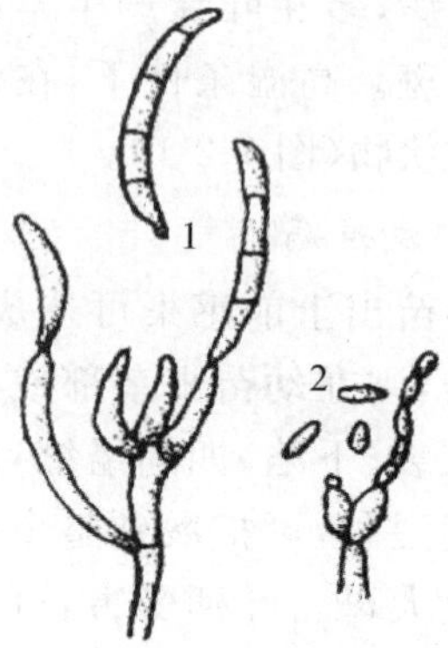

图7-4 棉花红腐病菌

1. 大型分生孢子 2. 小型分生孢子

3. 炭疽病

炭疽病病原物无性态为棉刺盘孢菌 *Colletotrichum gossypii* Soutllw.，属于无性菌类刺盘孢属；有性态为棉小丛壳菌 *Glomerella gossypii* (Southw.)Edg.，属于子囊菌门小丛壳属，有性阶段在自然情况下很少发生。该菌分生孢子盘周围生有许多褐色刚毛，盘上产生许多根棒状、无色的分生孢子梗，梗顶端各生一个分生孢子。分生孢子长椭圆形或一端稍窄短棒状，无色、单胞，许多分生孢子聚集一堆时，形成橘红色的黏质物(图7-5)。孢子发芽适温为25～30℃，35℃以上发芽少，芽管伸展慢，10℃以下时不萌发。病菌的致死温度为51℃ 10 min。但种子内部菌丝体在50～60℃温水中经过30 min，也不会全部死亡。病菌在微碱性条件下发育较好，在pH 5.8以下则停止生长。

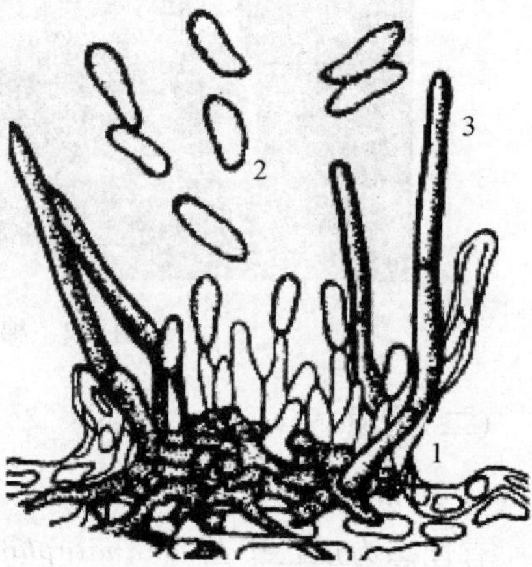

图7-5 棉花炭疽病菌

1. 分生孢子梗 2. 分生孢子 3. 刚毛

(三)发病规律

1. 立枯病

棉苗立枯菌主要营寄生生活，也可腐生。病菌以菌丝体或菌核在土壤中或病残体上越冬，在土壤中形成的菌核可存活数月至几年。棉苗立枯菌可抵抗高温、冷冻、干旱等不良环境条件，适应性很强，一般能存活2～3年或更长，但在高温高湿条件下只能存活4～6个月。耐酸、碱性强，在pH 2.4～9.2均可生长，因此分布很广。立枯病的初次侵染主要来自土壤中的菌丝、菌核和担孢子，特别是菌丝和菌核，带菌种子也可传染。这些初侵染的菌源在萌动的棉籽和幼苗根部分泌物的刺激下开始萌发，可以从自然孔口、伤口或直接侵入寄主。棉苗子叶期最易感病，棉苗出土的1个月内如果土壤温度持续在15℃左右甚至遇到寒流或低温多雨（发病的适温在20℃以下），立枯病就会严重发生，造成大片死苗。病组织上的菌丝可以向四周扩散，继续侵染危害，引起成片的棉苗发病甚至死亡。若收花前低温多雨，棉铃受害，病菌可侵入种子内部，成为下一年的初次侵染来源。播种过早，气温偏低，棉花萌发出苗慢，病菌侵染时间长，发病重；多年连作棉田发病重；地势低洼，排水不良和土质黏重的棉田发病较重。

2. 红腐病

病菌可随病残体或者在土壤中腐生越冬，翌年产生的分生孢子和菌丝体成为初侵染源；苗期初侵染源还可以是附着在种子短绒上的分生孢子和潜伏于种子内部的菌丝体，播种后即侵入为害幼芽或幼苗。该菌在棉花生长季节营腐生生活。棉铃期，分生孢子或菌丝体借风、雨、昆虫等媒介传播到棉铃上，从伤口侵入造成烂铃，病铃使种子内外部均带菌，形成新的侵染循环。红腐病菌在3～37℃温度范围内生长活动，最适20～24℃。高湿对侵染有利。潜育期3～10 d，其长短因环境条件而异。日照少、雨量大、雨日多可造成大流行。苗期低温、高湿发病较重。铃期多雨低温、湿度大也易发病。棉株贪青徒长或棉铃受病虫为害，机械伤口多，病菌容易侵入发病重。棉铃开裂期气候干燥，发病轻。

3. 炭疽病

病菌以分生孢子和菌丝体在种子上或随病残体越冬，种子带菌是重要的初侵染来源，病菌以分生孢子在棉籽短绒上越冬，或以菌丝体潜伏于棉籽种皮内或子叶夹缝中越冬，第二年棉籽首先发病，继而侵入幼苗，然后在病株上产生大量分生孢子，随风雨或昆虫等传播，形成再次侵染。病部产生分生孢子借风雨、昆虫及灌溉水传播。棉铃染病后病菌可侵入棉籽，随种子越冬和传播。

（四）病害控制

棉苗病害的防治应采取“以栽培管理为基础，种子处理和喷药保护为辅助”的策略。

1. 加强栽培管理

首先，要做好播前准备工作。良好的播前准备，可减轻棉苗病害的发生。

（1）种子准备　一定要选果实饱满、发芽率高和发芽势强的良种作为生产用种。为减少损伤，棉种只能脱一次短绒，精量点播的条田更应做到这点。要求种子纯度≥90%，发芽率≥85%，含水量≤12%、破损率≤5%，整齐度≥94%。生活力强的种子会明显降低棉苗病害的发生。

（2）土地准备　秋季应进行秋耕冬灌，并尽量深翻25～30 cm，将表层病菌和病残体翻入土壤深层，使其腐烂分解，减少表层病原，利于出苗。冬灌还可避免春灌造成的土壤过湿、地温较低。播前耙地整地，使其达到“齐、平、松、碎、净、墒”，可促使出苗整齐迅速，减少病菌侵染。

（3）种子处理　由于引起棉苗病害的病原种类比较复杂，且不同地区病原种类有所不同，各地可根据本地情况选用种子量0.5%的70%五氯硝基苯、0.5%的50%多菌灵、30%苗菌敌、0.3%的甲基立枯磷、0.8%～1%的苗病净，也可用种子量0.3%的30%敌唑酮、0.5%的20%敌菌酮、0.6%的50%甲基硫菌灵、0.3%的拌种灵等拌种。拌种时的加水量一般不要太多，100 kg种子用2～3 kg水将药剂稀释，喷拌即可。还可采用种衣剂包衣或生防菌拌种等措施。

(4)适期播种 过早播种容易引起烂种死苗，早而不全；过晚播种又全而不早，不能发挥应有的增产作用，所以掌握适期早播非常重要。确定最佳播期取决于地温和终霜期，一般当平均气温稳定在12℃，即可露地播种；当平均气温稳定在10℃，则膜下5 cm地温可达12℃以上，即可铺膜播种。

2. 加强田间管理

出苗后应及早中耕松土，雨后注意中耕，破除板结，使土壤通气良好，提高地温，可减轻发病。棉苗病害发生较重的条田应增加中耕次数；间苗时应剔除病苗和弱苗；重病田定苗时应增加留苗密度。低洼棉田应注意开沟排水，重病田应进行水旱轮作，或与禾本科作物轮作等，都可减轻病害发生。

3. 药剂防治

若苗期发生炭疽病等，可用50%福美双、20%稻脚青、50%多菌灵、70%代森锰锌和70%甲基硫菌灵等药剂喷雾，以控制病害扩展和蔓延。

二、棉花枯萎病

棉花枯萎病(cotton fusarium wilt)是棉花上最重要的病害之一，最早于1892年在美国发现，以后随棉种调运而迅速扩散蔓延。我国于1934年在江苏南通和上海川沙县等地最早发现此病，20世纪70—80年代初期遍布全国各主要产棉区，并造成严重为害。20世纪80年代中期以后，随大量抗病品种的推广，枯萎病在我国南北棉区基本得到控制，仅局部棉区仍然发生较重，特别是新疆长绒棉区的重要病害，常造成棉花大片死亡，目前，枯萎病仍然是棉花生产上的一个重要问题。

(一)症状

棉花枯萎病菌能在整个生长季节侵染和危害。从出苗至3～4片真叶期即可发病，到现蕾期达到发病高峰，即每年的6月下旬至7月上旬病症最为明显，重病株大量死亡。现蕾期过后，未死的病株逐渐恢复生长，症状趋向不明显或隐蔽。到结铃后期，温度下降，病株可再次表现症状，致叶片、蕾铃大量脱落，重者植株枯死。因生育阶段和气候条件不同，田间常表现多种不同的症状类型。见图7-6。

图7-6 棉花枯萎病症状

1. 皱缩型(A病株、B正常植株) 2. 黄色网纹型 3. 维管束变色 4. 青枯型

1. 苗期的症状

(1)皱缩型 5～6片真叶时，有些叶片往往出现皱缩、畸形，叶色深绿，叶片变厚，节间缩

短,病株比无病株明显变矮,但并不枯死。

(2)紫红型 在早春气温偏低或不稳定的条件下,病株的子叶或真叶局部或全部变紫红色,随着病情的发展,叶片萎蔫脱落,植株死亡。紫红型症状叶部的叶脉多呈深紫红色。

(3)青枯型 病株的子叶或真叶突然失水,叶色呈深绿色叶片变软,下垂,最终植株青枯干死,但叶片不脱落。一般是出苗期遇高温天气,相对湿度大于 62%,日照强烈时本症状多。

(4)黄色网纹型 棉苗出土 20 d 后,子叶和真叶的叶脉逐渐褪绿,变成黄白色,而叶肉部分保持绿色。叶片局部或全部呈现纵横交错的黄白色网纹状。叶脉变色多由叶缘和顶部开始,以后向内逐渐扩展,形成块斑,有时可扩至整个叶片。最后叶片凋萎、干枯、脱落,植株死亡。黄色网纹状的症状发展较慢,自症状出现至棉苗枯死,一般需要 15~20 d。

(5)黄化型 子叶或真叶多先从叶缘或顶部开始变色,局部或整个叶片变黄,但不出现黄白色网纹,最终叶片凋萎脱落。

2. 成株期常见症状

(1)矮缩型 叶片深绿,皱缩不平。与健康植株叶片比较,病株叶片变厚、粗糙,叶缘向下卷曲;主茎和果枝的节间短缩,有时呈现扭曲。有的病株呈现半边枯萎症状。严重罹病植株早期枯死;轻病株虽可带病存活,但多数生长畸形,发育不良,影响结蕾。

(2)网纹黄化型 有时中下部叶片局部或全部叶脉变黄呈网纹化,或叶片局部或全部变黄。

(3)急性凋萎型 暴雨后骤晴,重病田常出现急性凋萎症状,植株突然失水,萎蔫,青枯下垂,叶,蕾,花大量脱落成光秆,枯萎病株维管束显褐色或黑褐色连续条纹,这是田间识别的重要依据。

同一病株有时也可出现几种症状类型。各种症状病植株的共同特征是根、茎内部的导管变黑褐色。秋季多雨潮湿条件下,枯死的病株茎秆及节部产生粉红色霉层。

病株不同症状类型的出现与环境条件有一定关系,一般在适宜发病条件下,黄色网纹型的症状较多,气温较低时易出现紫红型,而在气温急剧变化,如阴雨后迅速转晴变暖或灌水后,则容易出现黄化型和凋萎型的症状,成株期以凋萎和矮缩型最常见。

(二)病原

棉花枯萎病的病原为尖镰孢菌萎蔫专化型 *Fusarium oxysporium* Schl. f. sp. *vasinfectum* (Atk.)Snyder & Hanson,属无性菌类镰孢属真菌。棉花枯萎病病菌在人工培养基和自然条件下都可产生 3 种类型的孢子,即小型分生孢子、大型分生孢子和厚垣孢子(图 7-7)。小型分生孢子无色、单胞,呈卵圆形、肾脏形等,假头状着生,产孢细胞短,单瓶梗。大型分生孢子无色、多胞,呈镰刀形,略弯曲,两端细胞稍尖,足胞明显或不明显,多数有 3 个隔膜,一般在气生菌丝上形成,很少在分生孢子座上形成。厚垣孢子淡黄色,近球形,表面光滑,壁厚,间生或顶生,单生或串生,对不良环境抵抗力很

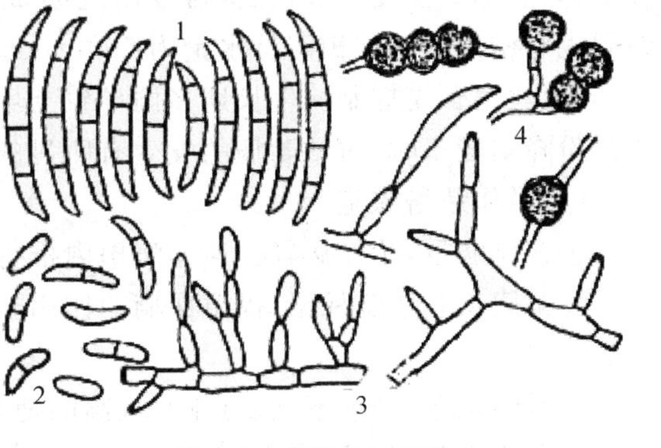

图 7-7 棉花枯萎病菌

1. 大型分生孢子 2. 小型分生孢子 3. 产孢细胞 4. 厚垣孢子

强。其孢子大小常因不同温湿度、营养和 pH 变异较大。

棉花枯萎病菌致病机制包括两个方面：一方面枯萎病菌可以堵塞导管，影响水分输导而引起枯萎，这又包括病菌菌丝体和孢子等大量繁殖后堵塞和病菌分泌大量细胞壁降解酶，如果胶酶和甲基酯酶等造成导管内壁组织降解，形成一些胶类侵填体堵塞导管，阻滞了水分输导；另一方面，棉花枯萎病病菌能产生镰刀菌酸等毒素，导致植物萎蔫。镰刀菌酸是一种特异性毒素，可破坏寄主的防卫系统，改变寄主细胞原生质膜的透性，引起植物细胞内电解质的渗漏，降低细胞的吸水及保水能力，造成植株失水萎蔫，并且镰刀菌酸通过螯合寄主体内的铜、铁、镁等而影响叶绿素合成，造成叶片失绿、枯死等症状。而病菌侵染后棉株体内酚类化合物被多元酚氧化酶氧化，是导致导管及其周围组织变黑的主要因素。

(三)发病规律

1. 侵染循环

棉花枯萎病菌可以菌丝体在棉籽的短绒、种壳和种子内部越冬，也能以菌丝体、分生孢子及厚垣孢子在病残体及土壤中越冬，成为来年的侵染来源。土表中的病残体携带的病原可存活 1 年以上，即使病残体分解后病菌仍可在土壤中腐生存活 5～6 年。病菌远距离传播主要随种子带菌，近距离传播主要与农事操作有关，包括耕地、灌水、施用农家肥等。病菌最易从棉株根部伤口侵入，也可由根梢直接侵入，在自然情况下根部所受的各种虫伤、机械损伤均有利于病菌侵入。病菌侵入后其菌丝先在表皮细胞和皮层中扩展，4～5 d 后便会穿过内皮层进入导管。其菌丝沿导管壁生长发育，产生吸胞深入导管壁。病菌通过导管向上扩散，并通过棉铃和种皮上的小维管束传到种子上。病菌以苗期侵入为主，一个月开始显症。病害在发病严重、秋季多雨条件下可以发生再侵染，但对当年病害流行作用不大。

2. 发病条件

棉花枯萎病的发生流行除与病菌的生理小种有关外，还与土壤中病菌数量、气候条件、棉花品种的抗病性、土壤线虫的为害和耕作栽培措施等有密切关系。

(1)气候条件　棉花枯萎病的发生与温度有关。当土壤 10 cm 地温达 20℃左右开始发病，当棉花现蕾期温度达 25～30℃时，出现第 1 个发病高峰，常造成大量死苗。在夏季高温季节，棉花植株生长势加强而病菌的生长受到抑制，病势停止发展，症状隐蔽。及至秋季多雨，气温下降，病菌又恢复生长，棉株再度出现第 2 个发病高峰。棉花枯萎病的发生与土壤湿度和降雨也有密切关系。田间持水量为 50%～60%时，最适于该菌生长和发育；超过 70%或低于 40%，菌丝生长受抑制。生长期多雨导致土壤温度下降，又增加了土壤湿度，病情上升。故五六月份降雨较多时，对枯萎病的发生有明显的促进作用。

(2)耕作栽培措施

①连作病重，轮作病轻。连作病田内推行秸秆还田，更会加重病害的发生。

②覆膜具有增温保温、提温保墒的作用。覆膜棉田枯萎病的发生比不覆膜棉田发病提前、病情加重。

③地势低洼、排水不良、地下水位高的地块发病较重。

④偏施氮肥、营养失调，会促进病害发展。

(3)寄主抗性　不同棉花品种对枯萎病的抗病性和感病性不同，亚洲棉对枯萎病的抗病性较强，陆地棉次之，海岛棉较差。棉花品种对枯萎病的抗病性，可分为组织抗病性和化学抗病性。一般根茎表皮细胞厚、木质部结构坚实，细胞间隙较小，并且有多列髓和较厚细胞壁的棉花品种不利于病菌侵入。关于生理生化抗性报道较多，棉花体内含糖水平、PAL 酶活性、本质素的含量与抗枯萎性有关；棉花种子内凝集素活性程度与品种的抗枯萎性呈正相关；棉花根际微生物与棉花抗病性也有密切关系。

(4)土壤线虫的为害　土壤线虫为害重的棉田，枯萎病发病重于一般棉田。为害棉花的线虫主要有根结线虫、刺线虫、肾状线虫、螺旋线虫和矮化线虫等。因线虫为害造成伤口，有利枯萎病菌的侵入，故线虫多的棉田发病重。

(四)病害控制

棉花枯萎病属系统侵染的维管束病害，至今尚缺乏有效药剂，一旦发生，难以根除。必须采取以种植抗病品种和加强栽培管理为主的综合防治措施。

1. 保护无病区

目前我国无病区的面积仍然较大，因此应控制病区棉种向无病区调运。必须引种时，应进行消毒处理，种子经硫酸脱绒后，再在 80%402 抗菌剂 55～60℃药液中浸 0.5 h，或用有效成分 0.3%的多菌灵胶悬剂在常温下浸泡毛籽 14 h，经过 2～3 年试种、鉴定和繁殖，再大面积推广；同时要严防随调种将致病力更强的菌株引到新区。要建立无病留种田，选留无病棉种。

2. 种植抗病品种

种植抗病品种是防治棉花枯萎病最经济、有效的措施。20 世纪 60 年代我国育成以陕 401 为代表的 13 个抗病品种，到 1977 年推广面积达 16.7 万 hm^2，使枯萎病在重病区的危害得到缓解。90 年代后，我国南北棉区育成的品种基本上都是抗枯萎病的，如中棉所 24 号、中棉所 27 号、中棉所 35 号、中棉所 36 号、豫棉 19 号等，新疆也育出新陆早 9 号、10 号等，对控制枯萎病的发生都发挥了重要作用。在选育和推广抗病品种时应注意以下几点：①抗病品种并非完全不带菌，有些品种生长期外部症状不明显，但剖秆检查，发病率和病情指数都较高。这类病株对产量的影响有待继续调查，但种子带菌不可忽视。目前在新疆棉区发现，有些抗病品种在无病区或轻病区种植后，再种当地感病品种，发病常有明显加重，甚至成片死亡的现象。②抗病品种应采取措施，不断提纯复壮，同时与优良的栽培措施相结合，即良种良法配套，这样才能使抗病性得到充分发挥。目前不少抗病品种引到新区后，其抗病性在短短几年中很快丧失，究其原因，除与当地病原数量大、致病性较强有关外，也与品种抗病性的稳定性及机械混杂等有关。③密切注意生理小种的分布、消长和变异，及时为抗病育种提供依据。

3. 轮作倒茬

在重病田采取玉米、小麦、大麦、高粱、油菜等与棉花轮作 3～4 年，对减轻病害有明显作用，实行稻棉水旱轮作或苜蓿与棉花轮作以及种植绿肥等效果更佳。

4. 加强栽培管理

棉田增施底肥和磷钾肥，适期播种，合理密植，及时定苗，拔除病苗，在棉苗 2～3 片真叶时喷施 1%尿素液有利于棉苗生长发育，可提高抗病力。在病田定苗、整枝时及时将病株清除，田外深埋，施用热榨处理的棉饼和无菌土杂肥，均具有减轻发病的作用。在棉花育苗移栽地区用无病土育苗可明显减轻枯萎病的危害。

近年来国内外有不少用生防菌和诱导剂防治枯萎病的报道，这方面的研究亟须加强。

三、棉花黄萎病

棉花黄萎病(cotton verticillium wilt)从1914年美国首次发现至今,现已遍布世界各主要产棉区。是棉花生产中最重要的病害,也是植物检疫对象之一。我国于1935年在由美国引进斯字棉时传入,后随调种不断扩大,到20世纪80年代末,棉花黄萎病已遍及全国18个省、自治区和直辖市。进入90年代,黄萎病扩展速度更快,出现成片病株落叶成光秆的棉田,损失相当严重。据统计,我国每年黄萎病的发生面积大约在266.7万hm^2,占全国植棉面积的一半,重病田133.3万hm^2,每年损失皮棉约100万kg。棉花黄萎病已成为我国棉花持续高产、稳产的主要障碍。

(一)症状

棉花整个生育期均可发病,但自然条件下幼苗发病少或很少出现症状,一般在棉花现蕾后开始表现症状,棉花开花结铃期大量发病。由于病菌致病力强弱不同,症状表现亦不同,根据病症的不同,可以划分为:

1. 普通型

症状自下而上扩展,初在植株下部叶片上的叶缘和叶脉间出现浅黄色斑块,后逐渐扩展,叶色失绿变浅,主脉及其四周仍保持绿色,病叶出现掌状斑驳;随后变色部位的叶缘和斑驳组织逐渐枯焦,呈现花西瓜皮症状;发病叶肉变厚,叶缘向下卷曲,重病株的叶片由下而上逐渐脱落,仅剩顶部少数小叶,蕾铃稀少,棉铃提前开裂,后期病株基部生出细小新枝。开花结铃期,有时在灌溉或中量以上降水之后,在病株叶片主脉间产生水渍状褪绿色斑块或青枯,但植株上枯死叶、蕾多悬挂而不很快脱落。夏季暴雨后出现急性型萎蔫症状,棉株突然萎垂,叶片大量脱落,造成严重减产。纵剖病茎,木质部上产生浅褐色变色条纹(图7-8)。

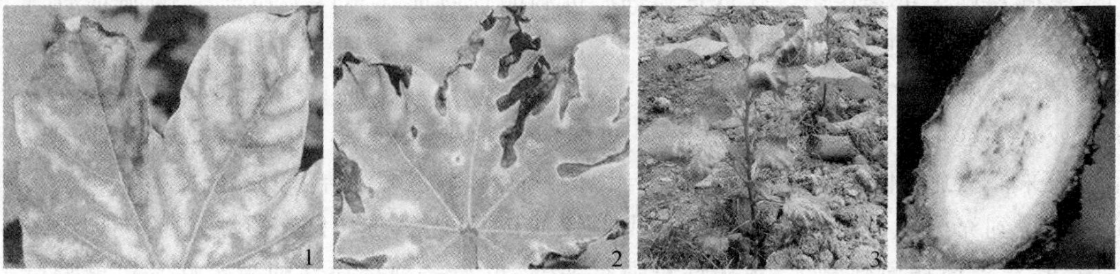

图7-8　棉花黄萎病症状

1. 前期病叶　2. 后期病叶　3."半边疯"症状　4. 维管束变色

2. 落叶型

该菌系致病力强,危害严重。病株叶片叶脉间或叶缘处突然出现褪绿萎蔫状,病叶由浅黄色迅速变为黄褐色,病株主茎顶梢、侧枝顶端变褐枯死,病铃、苞叶变褐干枯,蕾、花、铃大量脱落,仅经10 d左右病株成为光秆,并造成植株枯死,对产量影响大。纵剖病茎维管束变成黄褐色,严重的延续到植株顶部。

田间要注意区分黄萎病和枯萎病,以及二者与青枯病等其他棉花病害。棉花黄、枯萎病均会造成维管束变色,不同于青枯病和立枯病等病害。

※黄萎病不同于枯萎病的症状包括:①枯萎病发病早,出苗即可发生,现蕾期达到高峰期;

而黄萎病发病较晚，一般现蕾期开始发生，花铃期达到高峰；②枯萎病既可由下向上发展，也可从上向下扩展，表现为顶枯型；而黄萎病一般从下向上扩展。不形成顶枯型；③枯萎病株常表现明显矮化、早期枯死症状；而黄萎病一般不表现矮化和早期死亡；④枯萎病叶脉变黄，呈黄色网纹状；黄萎病叶脉附近保持绿色，常表现为掌状斑驳；⑤枯萎病维管束变色较深，而黄萎病维管束变色较浅。

(二)病原

引起棉花黄萎病的病原包括大丽轮枝孢 *Verticillium dahliae* Kleb. 和黑白轮枝孢 *V. albo-atrum* Reinke & Berthold，均为无性菌类轮枝孢属真菌。中国棉区的病原主要为大丽轮枝孢。该菌菌丝体白色，分生孢子梗直立，呈轮状分枝，每轮 3～4 个分枝，轮枝顶端或顶枝着生分生孢子，分生孢子长卵圆形，单胞、无色。孢壁增厚形成黑褐色的厚垣孢子，许多厚壁细胞结合成近球形微菌核，大小 30～50 μm(图 7-9)。该菌在不同地区，不同品种上致病力有差异。美国分化有 T 型(落叶型)和 SS-4 型(非落叶型)两个生理小种。T 型引起的症状是顶叶向下卷曲褪绿，迅速脱落，后顶端枯死。SS-4 型引致叶片主脉间呈黄色斑驳，向上稍卷，病叶脱落略缓，植株矮化。T 型比后者致病力高 10 倍。苏联分为 0 号小种、1 号小种、2 号小种，其中 2 号小种致病力强。我国分为 3 个生理型，生理型 1 号致病力最强，以陕西泾阳菌系为代表；生理型 2 号致病力弱，以新疆和田菌系为代表；生理型 3 号在江苏发现与美国 T 菌系相似。

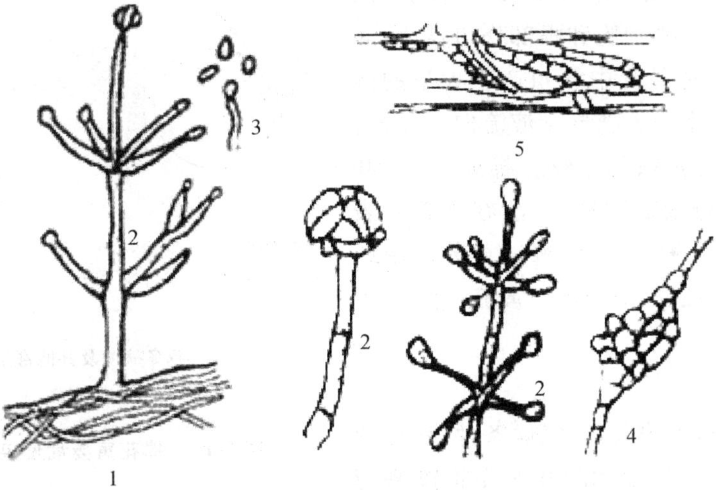

图 7-9　棉花黄萎病菌

1. 菌丝　2. 分生孢子梗　3. 分生孢子　4. 微菌核　5. 厚垣孢子

大丽轮枝孢在 PSA 培养基上生长缓慢，长出白色或淡白色菌丝体。根据培养基中的菌落气生菌丝的发达与否和形成微菌核的数量，可将菌落分成 3 种类型，即菌核型、菌丝型和中间型。研究发现菌落类型和致病性强弱有一定相关性，一般菌丝型致病力弱，而另外两种的致病力较强。

大丽轮枝孢在 10～30℃均可生长，最适生长温度为 20～25℃，33℃以上绝大多数菌株不生长。该菌产生的微菌核对不良环境具有较强的抵抗能力，可忍耐 80℃高温和－30℃低温，因此该菌在自然生长环境中难以根除。微菌核的形成与土壤含水量有关，土壤含水量 20%左右有利于其形成，大于40%对微菌核形成不利。

大丽轮枝孢的寄主范围很广，可危害38个科660种植物，其中农作物184种，杂草153种，大田作物包括棉花、向日葵、花生、大豆、茄科和葫芦科蔬菜等，一般禾本科植物不受侵害。

棉花黄萎病菌对棉花致病机理也包括导管堵塞和毒素致害两个方面。导管堵塞又包括几方面，一是菌丝和孢子大量繁殖会影响导管水分输导；二是侵入后分泌的果胶酶等细胞壁降解酶分解导管细胞壁的果胶类物质，引起组织解体，会堵塞导管；三是能刺激寄主导管附近细胞形成侵填体阻塞导管中水分输导。同时黄萎病菌可产生毒素轮枝菌素（VD-toxin）造成植物细胞通透性改变、细胞死亡，引起萎蔫症状，并且毒素作用是更主要的萎蔫机制。

（三）发病规律

1. 侵染循环

棉花初侵染来源主可以来自土壤、病残体、未腐熟的粪肥、带菌的棉籽、棉籽饼和棉籽壳等材料，另外田间的带病杂草也是重要的初侵染源。其中病残体和土壤中的微菌核是主要初侵染来源，而种子带菌是病害远距离传播的主要初侵染源，种子带菌主要是短绒带菌。微菌核抗逆力强，在土壤中可存活8～10年，遇到合适的条件和寄主后萌发侵染。

棉花黄萎病菌远距离传播主要随种子带菌；田间病株传播主要与农事操作有关，包括耕地、灌水、施用农家肥等。在适宜的条件下棉花黄萎病菌的微菌核或分生孢子萌发产生菌丝从棉花根毛细胞、根表皮细胞和根部伤口侵入，经皮层进入导管，并在导管中繁殖产生大量的菌丝和分生孢子，分生孢子随导管液流向上传导。人工接种后3 d可扩散到全株。棉花2～6叶期是黄萎病最易侵染的时期，一般在现蕾后表现症状，开花结铃期达发病高峰。黄萎病菌以初侵染为主，再次侵染对田间病害流行作用不大（图7-10）。

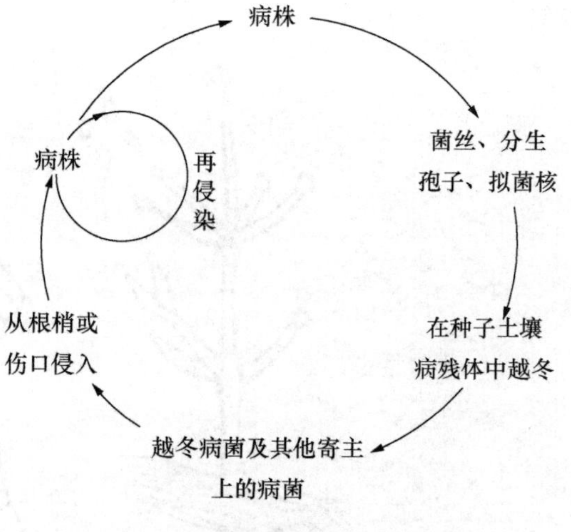

图7-10　棉花黄萎病侵染循环示意图

2. 影响条件

该病的发生与土壤菌量、气候条件、病菌的致病性变异、品种抗病性和耕作栽培措施密切相关。

（1）菌源数量　种子上和土壤中菌源数量决定病害能否流行，而土壤带菌数量更是病害流行的决定因素，土壤中微菌核到0.3～1.0时病株率可达20%～50%，连作田块菌源会逐年积累，病害愈来愈重。

（2）气候条件　黄萎病发病的最适温度为22～25℃，高于30℃和低于22℃发病缓慢，35℃以上时，症状暂时隐蔽。在6月份，棉苗4～5片真叶时开始发病，田间出现零星病株；现蕾期进入发病适宜阶段，病情迅速发展，花铃期达到高峰，北方棉区6月下旬到7月中旬为第一次发病高峰，7、8月份高温季节病害受到抑制。8月份以后随气温降低出现第二次发病高峰。在温度适宜范围内，湿度、雨日、雨量是决定该病消长的重要因素。地温高、日照时数多、雨日天数少发病轻，反之则发病重。在田间温度适宜，雨水多且均匀，月降雨量大于 100 mm，雨日 12 d 左右，相对湿度 80%以上发病重。

(3)棉花种及品种抗病性　棉花种和品种不同，对黄萎病的抗性差异较大，不同棉种中海岛棉抗性最强，陆地棉次之，亚洲棉较弱。另外品种间抗性差异也非常明显。如中棉 12、豫棉 19 等都是 20 世纪培育出的高抗黄萎病的品种，对于减轻黄萎病发生起到了重要作用。

(4)棉花生育期不同，抗病也不同　棉花由营养生长进入生殖生长时，抗病性开始下降，黄萎病的发生逐渐加重。

(5)耕作栽培条件不同，黄萎病发生率也不同　棉田连作，土壤中病菌数量累积愈多，病害愈重；排水不良，大水漫灌，病传播快，发病重；营养失调也是促成寄主感病的诱因，氮是棉花不可缺少的营养，但偏施或重施氮肥，反能助长黄萎病的发生，缺少磷、钾肥的棉花抗性差、易发病。施用未腐熟的带菌有机肥、秸秆还田地块发病重。

(四)病害控制

采取加强植物检疫，种植抗病品种和加强栽培管理为主的综合防治措施。

1. 加强植物检疫，保护无病区

加强检疫，应严格禁止落叶型病区黄萎病菌随种子调运传入无病区和普通黄萎病区。

2. 培育和种植抗病品种

自 20 世纪 60 年代开始，我国抗病育种工作者一直把培育抗黄萎病的高产优质品种作为重要方向，各地都相继育成一批适于当地种植的抗耐黄萎病的优良品种。

如 70 年代育成耐黄萎病品种辽棉 5 号，80 年代育成兼抗枯黄萎病的中棉所 12，90 年代育成兼抗枯、黄萎病的豫棉 19 等，这些品种的推广，对减轻当地黄萎病的发生起了重要作用。同时也育出一批抗黄萎病性能较好的抗源品种，如川 737、川 2802、86-6、BDi8、淮 910 等，为进一步培育抗病品种打下基础。20 世纪 90 年代以后，我国棉花抗病育种的主攻方向是选育兼抗枯黄萎病的优质高产品种，但在抗黄萎育种中仍存在不少问题：①高抗黄萎病的陆地棉抗源缺乏，品种抗性水平急待提高。抗源(特别是高抗抗源)缺乏是当前抗黄萎病育种取得较大进展的主要障碍。目前生产上推广的一些抗病品种一般达不到高抗水平，有些只能达到耐病的水平，且抗性遗传基础狭窄，基本上都由少数几个抗源及其后代相互杂交选出，亟待开发和创造新的抗源，采用包括生物技术在内的多种育种方法，提高其抗病性。②应制定一套统一的、规范的抗黄萎病鉴定方法。如各省都要确定 1～2 个条件较好的单位，在发病均匀的病圃或重病田内统一进行鉴定，在一定范围内要设统一的感病对照，把以病情指数划分抗性反应型，改用相对抗病指数或抗病效果来划分，更好反映其抗病的真实性、合理性和一致性。③品种抗病性丧失的原因及强致病性落叶型菌系的分布等也应进一步开展调查和研究，以便为抗病育种和品种合理布局提供依据。

3. 药剂防治

在棉花开花期连续 2 次喷施 1 kg 水加 40 mg 的缩节胺对抑制黄萎病有明显效果，新疆棉区在棉花生长期采取全程化控对黄萎病有一定效果。在 2～5 叶期喷施 1.5%的尿素也有减轻发病的作用。

4. 消灭病点

对个别零星病区特别是落叶型黄萎病的零星病区，除拔除病株烧毁外，可采取氯化苦土壤熏蒸，方法是：拔除病株后，在病株周围 1 m^2 土壤内打孔 25 个，孔距和孔深均为 20 cm，每孔注入药液 5 mL，立即盖土踏实并盖上塑料薄膜或在土表泼水，防止挥发，提高药效。10～15 d 后翻土，使残留药气挥发干净后再行播种。这一工作应力求做到及时发现，及时消灭，扑灭一点，保护一片。

5. 轮作倒茬、加强栽培管理

参照棉枯萎病进行。

四、棉铃病害

棉花在结铃期常受到多种病原菌的侵染危害，引起烂铃或形成僵瓣，严重影响棉花的产量和品质。世界已报道为害棉铃的病菌有 40 余种，常见的 10 余种。我国棉铃病害发生普遍，以黄河流域和长江流域受害较重。黄河流域棉区以棉铃疫病、红腐病、炭疽病为主；长江流域棉区以棉铃疫病为主，炭疽病、角斑病、红腐病为害也比较严重；新疆棉区过去以角斑病为主，目前以灰霉病和软腐病发生较为普遍，但由于气候干燥，铃病为害并不严重。

(一)症状

1. 棉铃疫病

主要为害棉株下部的大铃。发病时多先从棉铃基部、铃缝和铃尖侵入，产生暗绿色水渍状小斑，不断扩大，使全铃变青褐色至黄褐色，3～5 d 整个铃面呈青绿色或黑褐色，一般不发生软腐。潮湿时，铃面生一层稀薄的白色至黄白色霉层(图 7-11-1)。

2. 炭疽病

棉铃被害后，在铃面初生暗红色小点，以后逐渐扩大并凹陷，呈边缘暗红色的黑褐色斑。潮湿时，病斑上生橘红色或红褐色黏质物或薄霉层，霉层常呈同心轮纹状。严重时，病斑可扩展到铃面一半，甚至全铃腐烂，使纤维呈黑色僵瓣(图 7-11-2)。

3. 红腐病

病菌多从铃尖、铃面裂缝或青铃基部易积水处侵入。发病后初成墨绿色、水渍状小斑，迅速扩大后可波及全铃，使全铃变黑腐烂。潮湿时，在铃面和纤维上产生白色至粉红色的霉层。重病铃不能开裂，形成僵瓣(图 7-11-3)。

4. 红粉病

在不同大小铃上都可发生。病菌多从铃面裂缝处侵入，发病后先在病部产生深绿色斑点，7～8 d 后产生粉红色霉层，后随病部不断扩展，可使铃面局部或全部布满粉红色厚而紧密的霉层。高湿时棉玲腐烂，铃内纤维上也产生许多淡红色粉状物，病铃不能开裂，常干枯后脱落(图 7-11-4)。

5. 黑果病

棉铃被害后僵硬变黑，铃壳表面密生突起的黑色小点，后期表面布满黑色烟煤状物或白色粉状物。病铃内的棉絮也变黑僵硬，不能开裂(图 7-11-5)。

图 7-11　棉花铃期病害症状

1. 棉铃疫病　2. 棉花炭疽病　3. 棉花红腐病　4. 棉花红粉病　5. 棉花黑果病

(二)病原

1. 棉铃疫病

病原为苎麻疫霉 *Phytophthora boehmeriae* Sawada.,属于卵菌疫霉属。菌丝初无色,不分隔,老熟后具分隔。孢囊梗无色、单生或假轴状分枝。孢子囊初无色,后变黄至褐色,卵圆形或近球形,顶端具一乳突,孢子囊遇水释放出游动孢子。藏卵器球形,幼时淡黄色,成熟后为黄褐色;雄器基生,附于藏卵器底部,椭圆形或近圆形;卵孢子球形,满器或偏于一侧;厚垣孢子球形,薄壁,淡黄至黄褐色(图 7-12-A)。

2. 炭疽病

同棉苗期炭疽病。

3. 红腐病

同苗期红腐病(图 7-12-B)。

4. 红粉病

病原为玫红复端孢 *Cephalothecium roseum*(Link et Fr.)Corda,属无性态菌类复端孢属。分生孢子梗细长,直立而不分枝,顶端略弯曲,有 2～3 个隔膜,分生孢子簇生于梗端。分生孢子梨形或卵形,无色至淡粉色,双胞,分隔处略缢缩,大小为(9.28～27.20) μm×(5.44～12.80) μm(图 7-12-C)。有资料报道,粉红聚端孢[*Trichothecium roseam*(Bull.)Link]也可危害棉铃,引起红粉病。

5. 黑果病

病原为棉色二孢 *Diplodia gossypina* Cooke,属无性菌类色二孢属,分生孢子器球形或近球形,黑褐色,分生孢子开始无色、单胞,后变为深褐色双胞,顶端钝圆,基部平截(图 7-12-D)。

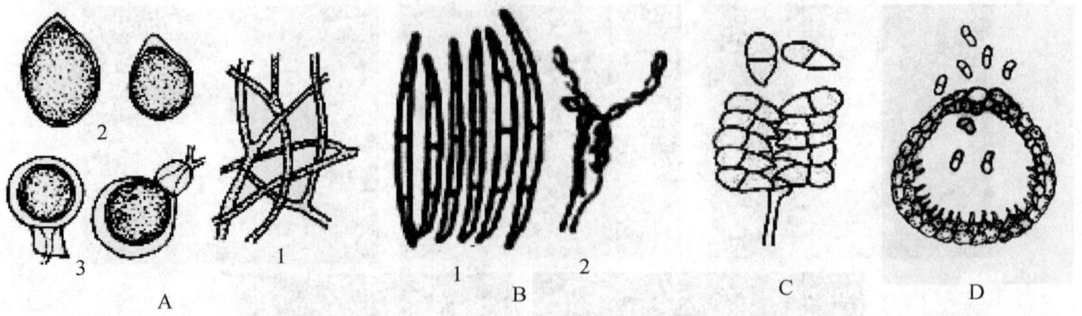

图 7-12 棉铃病害病原

A. 棉铃疫病菌(1. 菌丝 2. 孢子囊 3. 雄器、藏卵器和卵孢子) B. 棉花红腐病病菌(1. 大型分生孢子 2. 小型分生孢子) C. 棉花红粉病菌 D. 棉花黑果病菌

(三)发病规律

1. 棉铃疫病

遗落在土壤中烂铃组织内的卵孢子、厚垣孢子和孢子囊是翌年的初侵染源。病菌在铃壳中可存活 3 年以上,且有较强耐水能力,病菌随雨水溅散或灌溉水等传播。积水可造成疫病大发生。暴风雨侵袭、虫害重、伤口多,疫病发生重。铃期多雨、生长旺盛、果枝密集,易发病。迟栽晚发,后期偏施氮肥棉田发病重。郁闭,大水漫灌,易引起该病流行。果枝节位低、短果枝、早熟品种受害重,地膜覆盖棉田,成铃早,烂铃率高于未覆膜棉田。

2. 炭疽病

种子带菌是田间发病主要初侵染来源,土中的病残体和已经被侵染的茎、叶片及其产生的孢子,也是侵染棉铃的菌源。不同棉种及品种对炭疽病抗性有差异。高温、高湿有利于侵染危害,一般 25 d 以上的棉铃最易感病,棉株生长健壮的棉田也有炭疽病发生。

3. 红腐病

拟轮枝镰孢 *Fusarium verticillioides* Sheld 属弱寄生菌,不能直接侵染棉铃,主要从伤口侵入引起发病,棉铃角斑、铃疫病、铃炭疽病等造成的病斑均可诱发红腐病,在病铃上产生大量分生孢子经风雨传播,进行多次再侵染。

4. 红粉病

主要以菌丝和分生孢子随病残体在土壤中越冬,以伤口侵入为主,虫伤和病斑处均可引起侵染。红粉病的发生与气候、品种、铃期病虫害、耕作栽培技术有密切关系。高温多雨利于发病;连阴雨天,日照不足,气温偏低也助于病原菌侵入。一般气温在 25~30℃、相对湿度 85%以上时发病严重。害虫为害严重时,发病重。土壤黏重、排水不良、种植密度大、整枝不及时或施用氮肥过多时,棉株旺长的田块发病重。

5. 黑果病

病菌以分生孢子器的形式在病残体上越冬。翌年条件适宜,残留的分生孢子器会产生分生孢子进行初侵染和再侵染。黑果病发生的温度范围较宽,对湿度要求高,相对湿度 90%以上发病重,雨量大发病重。棉铃伤口多,如虫伤、机械伤、灼伤等可诱发黑果病的发生。

(四)病害控制

棉铃病害种类很多,不同地区病原种类和为害程度又有较大差别,为做到对症治疗,必须首先搞清当地棉铃病害的种类及其优势种,然后采取以农业防治为基础的综合防治措施,才能取得较好的防治效果。

1. 选育抗病品种

当前生产中尚无良好的抗病品种,一般具有窄卷包叶,小苞叶或无苞叶、无蜜腺(没有花外蜜腺)以及早熟性好的品种,棉铃病发生较轻。

2. 加强栽培管理

(1)合理施肥和灌水　应掌握施足基肥,早施、轻施苗肥,重施花铃肥的原则,同时氮、磷、钾要配合施用,使棉株生长稳健,不徒长,不早衰,通风透光好,并采取浅水沟灌,切忌大水漫灌,地下水位高的棉田要注意排水,均可减轻铃病的发生。

(2)及时打顶、整枝、摘叶　生长过旺的棉田,打顶时要剪除空枝、老叶,并结合打边心,推株并拢等措施,使棉田通风透光,可减轻铃病发生。巧用生长调节剂可以调节棉株生长,减少烂铃危害。

(3)及时采摘烂铃,减少损失　棉田铃病发生后,应及时采摘,并将烂铃带出田外集中处理,以减少再侵染来源。

(4)合理密植,及时化控　各地都要根据本地实际情况,选留合适的密度,特别是新疆不少棉田种植密度已达 15 万株/hm^2 以上,相当部分棉田达 22.5 万～27 万株/hm^2,一定要及时化控,以防棉株徒长、棉田荫蔽,诱发棉铃病害发生。轮作也有减轻铃病发生的作用。

3. 药剂防治

棉田铃病发生初期,应及时防治。根据具体病害种类,可选用以下药剂:0.5%的波尔多液、70%代森锰锌、50%多菌灵、50%福美双、80%大富丹、64%杀毒矾、40%乙磷铝、25%瑞毒霉、25%甲霜灵等,后几种药剂主要针对棉铃疫病。药剂复配或药液中加入展着剂可提高防治效果。另外,要加强对棉铃虫、红铃虫和金刚钻等害虫的防治,减轻这些害虫的为害,可以达到治虫防病的目的。

五、棉花其他常见病害

见表 7-1。

表 7-1　棉花其他常见病害

病害名称	诊断要点	发病规律
棉花细菌性角斑病 (*Xanthomonas axonopodis* pv. *malvacearum*)	危害叶、茎、铃,病斑初为深绿色、油渍状,后变为黑褐色。叶片上病斑多为圆形或不规则形、沿叶脉病斑多为锯齿状;棉铃病斑近圆形,凹陷;茎秆发病易折断	病菌主要通过种子带菌越冬。通过种子、雨水、灌溉水传播。高温多雨有利于病害发生,品种抗病发病轻,连作地发病重,用硫酸脱绒处理后病害明显减轻
棉花轮纹斑病 (*Alternaria macrospora*)	为害叶片。病斑圆形或不规则形,红褐色,有时具明显同心轮纹,潮湿病斑上生黑色霉层	主要在病残体和种子上越冬。遇持续低温、高湿抗病力下降,易发病。地膜棉田后期脱肥早衰病重

续表 7-1

病害名称	诊断要点	发病规律
棉花褐斑病 (*Phyllosticta gossypina*)	为害叶片。病斑灰褐色,边缘紫红色,略隆起,中央散生黑色小点	以菌丝体在病残体上越冬。分生孢子侵染传播。低温、高湿,苗弱利于发病
棉苗猝倒病 (*Pythium aphaniderrnatu*)	出土前被害引起烂籽、烂芽;出土后病部黄褐色水渍状,后腐烂,变褐倒伏	在土壤及其病残体上越冬。伤口侵入,也可直接侵入。有多次再侵染。低温、高湿利发病
棉花黑色根腐病 (*Thielazriopsis basicola*)	为害根部。病斑黑褐色,严重时根茎部变黑,缢缩腐烂,整株萎蔫枯死	病菌主要在病残体上越冬。苗期低温、多雨,7—8 月份温度较低,雨量较多病重;连作病重
棉花软腐病 (*Rhizopus nigrecans*)	为害铃壳。病斑褐色,边缘紫红色稍凹陷,梭形,表面生白色短毛状物,其上密布黑色小点,病铃腐烂,内部呈湿腐状	在土壤、病残体、感病寄主上越冬。伤口或裂缝侵入,风雨、流水传播。结铃中,后期遇持续低温、高湿病重,种植过密、生长过旺病重
棉花曲霉病 (*Aspergillus flavus*)	受害棉铃在裂缝或虫蛀处产生黄绿色到黑褐色粉状物,病铃不能正常吐絮	与软腐病基本相同
棉花茎枯病 (*Ascochyta gossypii*)	病斑边缘紫红色,中间淡褐色,圆形。在茎及叶柄基部产生边缘紫红色,中间淡褐色的梭形凹陷病斑;病斑上生黑色小点	病菌主要在病残体上越冬,也可在种子上越冬。低温、高湿利发病。早期棉蚜为害可加重病害发生

六、棉花病害的综合防治

我国是世界上主要产棉国家之一,有悠久的植棉历史和广阔植棉地带,温度、光照、降水和土壤条件都能满足棉花生长需要。东起长江三角洲沿海棉区及辽河流域,西迄新疆塔里木盆地西缘,南自海南,北至新疆玛纳斯垦区均可植棉。各种棉花病害也遍及各棉区。

棉花病害是制约棉花生产的重要因素。我国棉花病害有 50 多种,造成严重危害的也在 20 种左右。每年因各种病害年损失皮棉约为 36 万 t,约人民币 70 亿元。因此应该重视棉花病害的防治工作。棉花病害防治应贯彻预防为主、综合防治的方针,依据不同地区病害种类,采取多种措施防控主要病害,兼治次要病害,主要措施包括:

(一)加强检疫,控制枯、黄萎病的蔓延

加强检疫,保护无病区,不从病区向无病地区调种,最大限度地控制枯、黄萎病的进一步蔓延。

(二)选育抗病品种,杜绝随种子传播病害

1. 培育和种植抗病品种

种植抗病品种是控制棉花病害最安全、经济、有效的措施,在继续利用现有抗病品种的同时,应采用传统育种方法和现代生物技术相结合来培育抗病品种,尤其应注重培育多抗的棉花品种,既重视对黄萎病、枯萎病的抗性选育,也要尽可能兼抗多种苗期病害。例如耐黄萎病的

中棉5号、中棉12号、豫棉19等和抗黄萎病的川737、川2802、BD18、淮910等。抗枯萎病的也很多，如20世纪90年代之后育成的中棉24、中棉27、中棉35、豫棉19等对于控制枯萎病起到了重要作用。

2. 采用无病种子及种子处理

建立无病留种地，培育无病种子。种子带菌是许多棉花病害的重要侵染源，因此搞好种子处理是切断这些棉病传播途径的有效措施。常用的种子处理方法有硫酸脱绒、种衣剂包衣、拌种(拌种双、甲基立枯磷、五氯硝基苯等)、浸种等(温汤、多菌灵和乙蒜素等)。尤其硫酸脱绒后用种衣剂包衣或用内吸性杀菌剂浸种是较好的处理方法。

选种、晒种。精选健康饱满种子。每年开春后(2月下旬至3月份)，选择晴朗天气，将种子进行晒种2～3次，以利用太阳辐射杀死种子带菌。

(三)加强栽培管理

1. 改善耕作制度

提倡麦棉套作，推广地膜覆盖，可有效减轻苗期病害和枯萎病的发生。

2. 合理轮作

对重病田实行轮作换茬，南方可水旱轮作2～3年，其中与水稻田轮作(可适当增加钾肥，用量225 kg/hm^2)2年以上是预防棉花枯萎病发生的较好办法，因为枯萎病病菌的厚壁孢子可在无氧窒息的环境条件下被迅速杀灭。北方可与小麦、玉米等禾谷类作物轮作3～4年。

3. 适时播种

5 cm地温稳定在12℃以上方可播种。过早播种，地温低，不利于棉苗出土和生长，而有利于病菌的侵入。

4. 推广育苗移栽

选择无病区田块作苗床，不要选择病地田块作苗床，也不可将病土作为营养钵及盖籽泥。

5. 加强肥水管理

增施有机肥，分次追肥，即蕾期和花铃期分阶段施肥，重施花铃肥；增施磷钾肥，每公顷施钾450 kg，同时增施磷肥可有效增强抗病性；注意结合后期叶面喷施磷酸二氢钾等肥料，对黄萎病和铃期病害等病害发生和扩展有一定抑制作用。合理灌水，不能大水漫灌。

6. 搞好棉田卫生

对枯黄萎病的病株及时拔除，并将残枝败叶带出田外，及时摘除病铃，集中烧毁各种病害的病残体，注意清除田间杂草，减少菌源。

(四)药剂防治

棉苗出土以后，如果气象预报将有寒流、降温和阴雨，气温降至10℃以下，并持续2 d以上，随后气温上升到18℃以上，苗病可能流行，应及时喷药保护。可用的药剂及用量如下：50%多菌灵500～800倍液、65%代森锰锌可湿性粉剂500～800倍液、15%粉锈宁(三唑酮)可湿性粉剂、70%甲基托布津等化学药剂叶面喷施或者灌根处理2～3次，当田间发现病苗时，应及时用上述药剂进行喷雾或者灌根处理，同时喷施一些生长调节剂以增强其抗病力。当病情严重时，拔除病株后，用氯化苦、棉隆等进行土壤熏蒸消毒，防止病害扩大蔓延，并通过移苗、补种等方法尽可能减少经济损失。

现蕾开花期注意防治棉花黄枯萎病，在发病初期用50%多菌灵1 000倍液、70%甲基托布津1 000倍灌根。在零星发病田拔除病株后，可用棉隆、氯化苦等进行土壤熏蒸，以防止枯萎病、黄萎病的扩展蔓延，同时结合喷施缩节胺，控制旺长，提高棉花对枯萎病、黄萎病的抵抗力。

铃期喷药保护棉铃 8、9月份蕾铃期若多雨，棉铃病害会流行，喷药保护是必要的措施，常用药剂有：80%代森锰锌可湿性粉剂400倍液、40%乙磷铝可湿性粉剂500倍液等。喷药主要集中在植株中下部，为了提高药液的展着性能可添加高脂膜液以提高药效。并在棉花生长后期加强其他叶部病害的防治，同时喷施植物生长调节剂和叶面肥，以提高植株的抗病能力。

（五）生物防治

目前棉花大部分病害主要以土传或种传为主，利用生防微生物进行棉花病害的控制是可行而有潜力的防治方法。包括木霉菌、非致病的镰刀菌菌剂、芽孢杆菌等生防菌，能够抑制和杀死病原菌并可诱导对致病的枯萎镰刀菌产生抗性。

可以利用多种抗菌素防治棉花病害，如用抗菌素"401"和"402"2 000倍液浸种，可有效地杀死种子内外的病原菌；农抗120的200 mg/L药液在播种前，以沟施、穴施或苗床泼浇法，每亩150 kg药液处理土壤，可抑制早期枯萎病的发生；利用内疗素（一种放线菌——吸水刺孢链霉菌产生的抗菌素）也可防治棉花苗期枯萎病。利用金色链霉菌产生的放线菌酮抗菌素，每升含8 000 u的药液喷雾可防治棉花角斑病。利用5%井冈霉素水剂1 000～2 000倍药液浇灌苗床，每平方米3～4 L药液，可有效地防治棉花立枯病。农用链霉素则可用于棉花立枯病、黄萎病和角斑病的防治等。

可以采用药用植物来防治棉花病害，例如利用薄荷防治棉花枯萎病。撒施薄荷干草粉或每亩150 kg薄荷药液处理土壤，对防治棉花枯萎病具有较好效果；棉花和洋葱间作可减轻棉花铃病的发生，防病效果为36.4%，并且经济效益明显提高；油菜压青对防治棉花枯萎病具有一定效果；河南农业大学王守正等研究指出，施用菜籽饼等饼肥，对棉花枯萎病有一定的防治效果。

第二节 烟草病害

我国烟草种植面积在100多万 hm^2，烟草病害发生愈来愈重，种类也在不断增多。除了烟草黑胫病、烟草赤星病和烟草普通花叶病毒病等传统烟草病害依然严重外，烟草野火病、烟草黄瓜花叶病毒、马铃薯Y病毒、烟草根结线虫病等逐渐加重。截至目前我国共发现烟草真菌病害29种，病毒病害16种，细菌病害8种，线虫病害6种，其中有几种病害是中国特有的，如烟草低头黑等。病害的发生不仅造成烟草减产，并且降低烟草品质，影响了烟草生产的经济效益。

一、烟草赤星病

烟草赤星病（tobacco brown leaf spot）世界各国均有发生，在美洲、非洲、亚洲均已成为烟草上严重发生的病害，有些年份会造成毁灭性损失。该病也是我国烟草上的主要病害之一，全国各地烟区均有发生，每年发生面积占种植面积的30%～35%，主要危害成熟期烟草，影响烟草产量和内在品质。

(一)症状

烟草赤星病是烟草成熟期的主要叶部病害，一般在烟株打顶后，下部叶片进入成熟阶段开始发病。赤星病主要为害部位是叶片，严重时茎秆、花梗、蒴果也受为害。赤星病先从烟株下部叶片开始发生，随着叶片的成熟，病斑自下而上逐步发展。赤星病病斑最初在叶片上出现黄褐色圆形小斑点，以后变成褐色。病斑的大小与湿度有关，湿度大病斑大，干旱则小，一般来说最初斑点不足 0.1 cm，以后逐渐扩大，病斑直径可达 1～2 cm。病斑圆形或不规则圆形，褐色，病斑产生明显的同心轮纹，病斑边缘明显，外围有淡黄色晕圈，病斑中心有深褐色或黑色霉状物，为病菌分生孢子和分生孢子梗。病斑质脆、易破，天气干旱时有可能在病斑中部产生破裂。病害严重时，许多病斑相互连接合并，致使病斑枯焦脱落，进而造成整个叶片破碎而无使用价值。茎秆、蒴果上也会产生深褐色或黑色圆形、椭圆形凹陷病斑(图 7-13)。

图 7-13　烟草赤星病

1. 烟草赤星病早期病叶　2. 烟草赤星病后期病叶

(二)病原

病原为茄链格孢菌 *Alternaria alternata* (Fries) Keissler，属无性菌类链格孢属。另有资料报道 *A. longipes*、*A. tenuis*、*A. tabacima* 也能引起烟草赤星病。链格孢菌菌丝具有隔膜，无色；分生孢子梗有隔膜 1～3 个，顶端串生分生孢子；接近孢子梗的分生孢子较大，上端则较小，分生孢子倒棒槌形或长圆筒形，有纵隔 1～3 个，横隔 3～7 个，有时微弯曲，嘴胞长短不等，在潮湿条件下，还可以产生一些具柱状长喙的孢子。分生孢子的大小因菌龄和产孢时间不同而有差异(图 7-14)。烟草赤星病菌在培养基上，生长适宜温度为 25～30℃，最适宜温度 26～

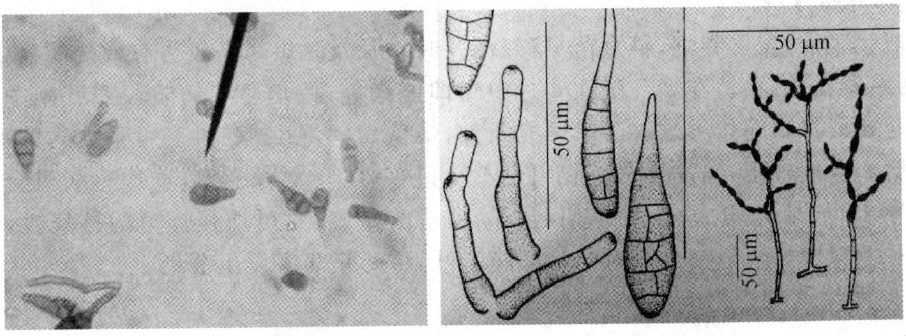

图 7-14　烟草赤星病菌分生孢子梗和分生孢子(右图来自张天宇)

28℃，最低5℃，最高38℃，致死温度在湿热条件下53℃下5 min，干热条件下115℃下5 min。病叶上的分生孢子在干燥条件下，经5，15，25℃变温处理可保持生活力370 d。菌丝生长最适pH为6～8，孢子萌发最适pH 6～7，生长和萌发最低pH均为3。在5～27℃下，随着温度降低，不仅孢子萌发率下降，萌发所需时间也相应延长。在24～27℃下，孢子在液滴中5 h萌发率达90%以上；相对湿度98%下，经5，12，24 h萌发率则分别为0，6%和28%。该菌生长速度快，可产生毒素。

（三）发病规律

赤星病菌主要以菌丝在遗落在田间的烟叶等病株残体上越冬或杂草上越冬。病残体上的分生孢子也可直接越冬，作为初侵染来源。病害菌原主要通过气流传播（越冬菌丝产生的分生孢子）。长距离传播主要靠气流和风力，雨水只能作短距离传播。种子和移栽的病烟苗可能是初侵染的次要来源。华致甫等研究表明，种子带菌率可达18%，种子表面，种子内部及胚乳中病菌均可能存活越冬。越冬后的赤星病菌，在第二年春天，气温回升，温度达到7～8°C，相对湿度大于50%的条件下，开始产生分生孢子，由气流、风、雨传播到田间烟株上侵染下部叶片（初侵染），形成分散的多个发病中心。这些发病的烟株病斑上再产生分生孢子，又由风雨传播，形成再次侵染。经过多次再侵染，使病害逐渐扩展流行。病菌可以侵染花梗、蒴果、侧枝和茎等任何部位。后期病原菌病潜伏于发病组织内随病残体落入土壤越冬，成为来年的初侵染源。病菌以菌丝体在病残体上越冬。翌年产生分生孢子，借气流传播进行初侵染，种子和移栽苗也能成为田间初侵染源。病菌多从寄主气孔、伤口侵入，病部长出分生孢子进行再侵染。烟株有明显的抗病阶段，幼苗期较抗病，叶片老化生理成熟期较感病。病菌发病适温25～30℃。若有12 h露水存在，12～20℃下，病菌就能完成侵入为害。温度适宜经48 h潜育显症，遇低温潜育期延长。雨日多、湿度大是病害流行的重要因素，采收期遇雨常致赤星病大流行。移栽迟、晚熟、追肥过晚、施氮过多及暴风雨后发病较重。种植密度大、田间荫蔽、采收不及时发病重。

（四）病害控制

防治策略应以种植抗（耐）病品种为主，结合栽培管理和药剂处理的综合防治措施。

1．种植抗（耐）病品种

目前生产上使用的品种中未发现免疫品种，但品种间抗病性有较明显的差异，可根据情况适当选用。较抗的品种有K346、Coker176、许金4号、中烟90、中烟86、辽烟10、净叶黄等。

2．加强栽培管理

利用地膜覆盖，发展春烟，早育苗早移栽，及时采收及时烘烤是较为有效的防病措施之一。据山东、河南省经验，种植春烟一般在8月中旬即能烤完，使烟草感病阶段避开雨季。适当加大行距或与矮秆作物间作可改善通风透光条件，降低田间湿度，不利于病原物的繁殖和侵染，可减少发病。合理施肥，尤其注意氮肥用量不可过多，防止贪青晚熟，增加感病机会。适当提高钾肥用量，于团棵期、旺长期、平顶期叶面喷施磷酸氢二钾，可增强烟草的抗病性，使病害明显减轻。科学打顶、适量留叶、及时清除底脚老叶，可防止病害发生蔓延。

3．药剂防治

在田间出现零星病斑的发病初期就要用药，喷药前先摘除底脚老叶，然后喷施50%退菌特或50%施保功或40%菌核净，一般7～10 d喷1次，连续2～3次；若喷后遇雨，雨后应补喷。为防止产生抗药性,可与其他杀菌剂交替使用,常用效果较好的药剂有50%速克灵、50%扑海因、75%百菌清等。另外,多抗霉素也有良好的防治效果。

二、烟草野火病

1917年,美国人Wolf和Foster首次报道了烟草野火病(tobacco wildfire disease),1917—1918年在美国北卡罗来纳州严重发生,1921年造成佛吉尼亚州烟草减产2 000万kg,以后陆续在世界30多个国家发生。自20世纪40年代在云南零星发生后,在我国危害不断加重,80—90年代在我国的山东、黑龙江等省严重流行,许多地块发病率100%,1990年山东重病田667 hm^2,绝产田2 007 hm^2,目前该病已成为我国烟草上的常发病害。

(一)症状

野火病在烟草苗期和大田期均可发生。主要为害叶片,也能侵害花、蒴果和种子。叶上症状初为水渍状圆形褪色的小斑点,周围产生很宽的黄色晕圈,后来斑点扩大,直径可达1~2 cm,中心变成褐色,于幼苗期或气候潮湿时最为明显。病斑合并后成不规则的大斑,上有不规则的轮纹。天气潮湿时病部表面有薄层黏稠溢脓,天气干燥时,病斑褐色部分枯焦破碎,穿孔脱落,叶片被毁。嫩茎,蒴果和萼片发病后生有不规则形的小斑,初呈水渍状,以后变褐色,病斑略有下陷,周围晕圈不如叶片明显。在多雨潮湿天气,幼苗密集的情况下,病害蔓延迅速,往往引起幼苗成片腐烂倒伏死亡或只剩顶芽直立,苍白细弱,生长极慢,甚至造成大片死苗,如被野火焚烧状。野火病与赤星病常常相混淆,但赤星病的轮纹是规则的同心轮纹,而野火病的轮纹往往是弯曲的多角形和不规则的(图7-15)。

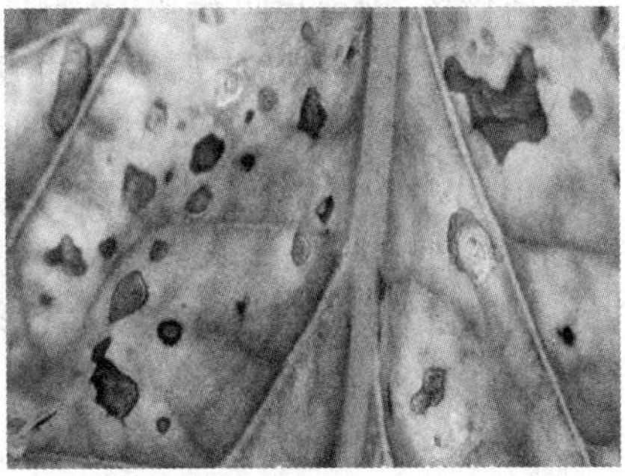

图7-15 烟草野火病症状

(二)病原

烟草野火病病原为丁香假单胞烟草致病变种 *Pseudomonas syringae* pv. *tabaci*(Wolf et Foster)Young & Dye Wikie。烟草野火病病菌为短杆状,无荚膜,不产生芽孢,单生,两端钝圆,革兰氏染色阴性,单极鞭毛1~4根,长4~5 μm;在肉汁胨培养基上生长良好,菌落圆形,灰白至乳白色,微突起,边缘透明,中心不透明,菌落均匀无颗粒,中心暗黄色;在肉质冻培养液中呈云雾状生长;在孔氏培养液中生长良好。在金氏KB培养基、Clara和孔氏培养液中均可产生绿色荧光。病菌好气性,最适发育温度为29~30℃,最高为32~34℃,最低0~2℃,致死温度为49~50℃ 10 min。在马铃薯琼脂培养基上只能存活12 d,而在牛肉汁培养基上可活300 d(室温),在5℃的温度下可存活0.5~3年,在灭菌水及纯琼脂上,亦可活0.5~3年。野火菌培养短期后常失去侵染力。

病菌能产生毒素,称为野火毒素,是一种特殊的氨基酸。野火毒素可以使病斑周围产生一圈很宽的黄晕。在24~25℃下,24 h培养可在各种培养基上产生一定量的毒素,如将培养液滤掉病菌,仍可使健叶上产生黄晕。野火毒素为非专化性毒素,在野火病菌的非寄主植物叶片上也能引起晕圈症状。而且此种毒素对其他生物如细菌,藻类,哺乳动物有毒害作用,这种毒素是一种新陈代谢抑制物,它通过干扰植物细胞的蛋氨酸代谢而使植物受害。最新研究证明，野火毒素还可以干扰植物的谷氨酸或者 RNA 代谢，并阻止某些代谢产物穿过细胞膜。

根据已有的研究结果证明，野火病菌和角斑病菌的菌体形态培养性状和生理生化反应相同或相似。野火病菌能产生野火毒素，从而在植物上产生明显的黄色晕圈；而角斑病菌周围则不产生黄色晕圈。

（三）发病规律

野火病的初侵染来源主要是田间越冬的病残体和带菌种子。病菌在病残组织腐烂分解后很快死亡，在干燥的病组织中则可存活 6 年之久；种皮内外及胚均可带菌，感病品种带菌率 8%～16%。带病种子和未经分解的病残组织为主要的初次侵染源。有的学者认为，烟草野火病菌在自然情况下存在于其他作物、杂草和牧草根部，借暴风雨传播，引起烟草发病。据中国多年观察证明野火病的初侵染源主要是病残体和被病残体污染的水源和粪肥。

病菌借风、雨或昆虫传播，从自然孔口及伤口侵入，但必须叶片湿润，气孔中有水时才易于侵入内部。病部溢脓也需要雨水冲溅方能传播。侵入后 3～5 d 即表现症状。

病害的发生和流行轻重与温湿度、烟草的抗病性和栽培条件等有密切关系。

每年夏天暴风雨或大雨后，野火病常常大发生，往往数日之内叶片破烂枯焦，一般认为，28～32℃条件下有利于野火病的发生。试验证明，在烟草能正常生长的温度范围内，气温的高低对野火病的是否发生或发生轻重影响不大。从中国野火病发病趋势看，云南、贵州、吉林、辽宁和黑龙江等稍温凉烟区发病和危害程度比气温较高的烟区重。湿度则是影响野火病发生和流行的重要因素。如天气干燥、少雨、相对湿度低，野火病少发生或不发生。如降雨多、土壤湿度高、大气湿度饱和，使烟叶细胞充满水分，病原细菌就可以迅速侵入并大量繁殖扩张蔓延，产生急性病斑，导致野火病大流行，特别是暴雨后，雨水不仅有利与细菌的传播，而且易在叶片造成伤口，有利于病菌侵入，造成病害大流行。高湿条件下并且温度达 29～30℃时，最利发病。

发病除决定于菌源及气候条件外，在很大程度上还决定于寄主的抗病能力和栽培条件。一般氮肥过多，钾肥不足，烟株生育后期生长过旺的植株感病性高；在施肥较多的烟田，如植株打顶过早或过低，也都会促使发病严重。

（四）病害控制

1. 选用优质抗病良种

烤烟中 G80、益延 1 号等，白肋烟中白肋 21、Ky12、Ky165 等都有较好的抗性，可选择使用。育苗前加强种子处理，可用 1%硫酸铜或 0.1%硝酸银液处理 10 min，清水冲洗干净后晾干播种。育苗时苗床土应选用非烟田土，施用腐熟的有机肥，采用配方施肥技术，培育壮苗，移栽时认真剔除病苗，防止带病烟苗移入大田。

2. 农业防治

防治此病应从杜绝菌源及苗床清洁着手，结合栽培措施，促使烟草健壮生长。另外，还要实行合理轮作的制度，提倡与禾本科作物、棉花等实行 3～5 年轮作。避免与茄科作物、十字花科蔬菜等轮作。发病田块的烟草收获后要深耕翻土；对带病烟秸应在翌春前处理完毕。根据土壤肥力，合理密植，科学施肥，适当增施钾肥；适时打顶，病害发生早期及时摘除病叶，收获后清洁田园。

3. 化学防治

田间发现病叶后及时喷洒72%农用链霉素200 mg/kg或50%DT胶悬剂，间隔7～10 d 1次，连续3～5次。

三、烟草黑胫病

烟草黑胫病(tobacco black shank)于1896年由Bred de Haan在爪哇首次发现，1924年再次在波多黎各报道，以后陆续在世界各地发现，迅速成为了美国等世界产烟地区的毁灭性病害。在我国于1934年在山东省先鉴定，到40年代已扩展到黄河流域、长江流域和珠江流域的产烟区，是当时烟草上第一大病害。新中国成立后随着抗病品种的引进和选育以及综合治理，控制了该病危害，但常年发病率仍在10%～20%。

(一)症状

俗称"黑根""黑秆疯"。多发生于成株期，少数苗床即可发生。烟草黑胫病菌主要侵染烟草的根和茎的基部。在其上形成黑色凹陷的病斑，故称黑胫病。在苗床期，烟草黑胫病病苗的部分或全部根系受侵染后腐烂变黑，茎基部出现污黑色病斑，或从底叶发病沿叶柄蔓延至幼茎，引致幼苗猝倒，湿度大时病部长满白色菌丝。大田烟株是主要侵染对象，可为害成株烟的根、茎秆和叶片。茎秆染病，茎基部初呈水渍状黑斑，后向上下及髓部扩展，绕茎一周时，植株萎蔫死亡。纵剖病茎，可见髓部黑褐色坏死并干缩呈"笋节"状，节间长满白色絮状菌丝。叶片染病，初为水渍状暗绿色小斑，后扩大为中央黄褐色坏死、边缘不清晰，隐约有轮纹的"膏药"状黑斑，潮湿条件下表面也生白色绒毛状物。

成株期症状常有以下几种类型(图7-16)：

图7-16　烟草黑胫病症状

1."黑膏药"　2."黑胫"　3."穿大褂"　4. 髓部蝶片状

1."黑胫"

茎基部受害后出现黑斑，并环绕全茎向上部延伸，有时病斑可达病株高度的1/3～1/2，病株叶片自下向上依次变黄。

2."穿大褂"

烟株茎基部受害后向髓部扩展，叶片自下而上依次变黄：大雨后遇烈日、高温，则全株叶片突然凋萎，故称"穿大褂"。

3."黑膏药"

在多雨潮湿条件下，中下部叶片常发生圆形大斑，直径可达4～5 cm。病斑初期，多无明显边缘，水渍状、暗绿色，然后迅速扩大，中央呈褐色，形如膏药状，故称“黑膏药”。

4. 碟片状

茎部发病后期，剖开病茎，髓部干缩呈“碟片状”，其间生有棉絮状物；在天气潮湿时，病部产生白色绒毛状物，即病菌的菌丝体和孢子囊。

5. 腰烂

烟株中部叶片发病后，病斑可通过主脉、叶基蔓延到茎部，造成茎中部出现黑褐色坏死，俗称“腰烂”，同时茎部病斑上的叶片萎蔫。

（二）病原

寄生疫霉烟草致病型 *Phytophtorapar asitica* var. *nicotianae* Tucker，属于卵菌门疫霉属。病菌菌丝无色透明，粗细不一致，内含泡沫状颗粒，有分枝；孢囊梗从病组织气孔中伸出，无色透明，无隔膜，单生或2～3根在一起；孢子囊顶生或侧生，梨形或椭圆形，顶端有一乳头状突起，无色透明，内含有颗粒，孢子囊成熟脱落，得到足够的湿度即萌发，生出5～30个游动孢子；游动孢子呈圆形，不整圆形或肾形，内含许多颗粒，有侧生鞭毛2根，能在水中游动，经过一个短时期后或遇适宜寄主，鞭毛收缩进入静止状态，然后萌发抽生芽管，侵入寄主。在高温等不适宜条件下，孢子囊也能直接萌发产生芽管，由气孔、伤口或穿透幼嫩表皮细胞的角质层侵入寄主。病菌在病组织中能形成卵孢子和厚垣孢子，卵孢子球形，黄色，膜很厚，萌发时在芽管先端产生孢子囊。厚垣孢子的形态与藏卵器相似，萌发时产生芽管形成菌丝（图7-17）。

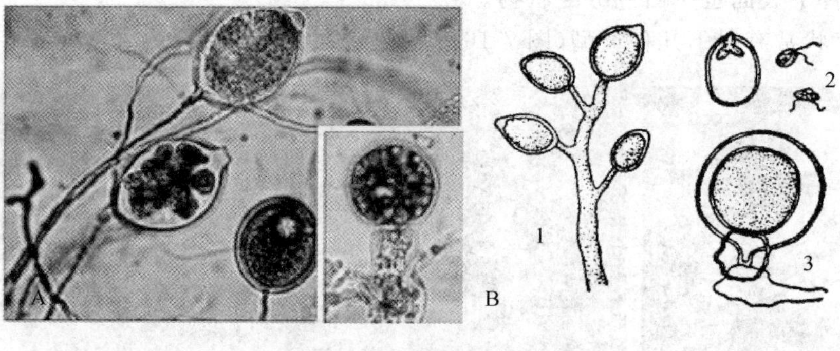

图 7-17　烟草黑胫病菌

A. 病原显微照相图　B. 病原模式图（1. 孢子囊　2. 游动孢子　3. 藏卵器和雄器结合）

（三）发病规律

烟草黑胫病菌主要以休眠菌丝体在病株残体上越冬。带菌的土壤、粪肥及灌溉水是烟草黑胫病的主要初侵染源，其次为带病烟苗。病原产生的孢子囊和游动孢子借雨水或灌溉水传播，引起再浸染。烟草黑胫病菌主要集中在距土表5 cm的范围内活动，通过伤口或直接侵入，侵染部位主要是茎基部。烟草黑胫病以土传为主，风雨、流水、灌溉水、粪肥、病土、病苗、农事操作等都是其传播途径。

烟草黑胫病属高温高湿病害，其发生流行与温湿度有密切的关系，平均气温24～35℃适合病害侵染，28～30℃发病最快，低于20℃很少发病，平均气温达到20～22℃开始发病，23℃以上大量发生并迅速蔓延。湿度是烟草黑胫病流行的限制因子，雨后相对湿度保持在80%以上3～5 d，田间就会出现一个发病高峰，全年第一场大雨（雨量在40 mm以上）后7 d

左右、烟草黑胫病开始流行，在烟株现蕾前雨量大，则病害加重。烟草黑胫病菌属于半水生病原生物，在温度适宜的条件下，多雨高湿有利病害发生，土壤中保持自由水和活动水，有助于游动孢子向根系移动和侵染，而地表流水有利于病菌在株间和较大范围内传播。黏重、低洼排水不良地块发病重；连作重茬地块发病重；感病品种田发病重；根结线虫等病害发生田块黑胫病发生重。

(四)病害控制

防治策略应以利用抗病品种为基础，加强栽培管理为中心，辅之以药剂防治。

1. 利用抗病品种

目前推广的品种中比较抗病的有中烟 90、许金 1 号、K346、K394、NC82、NC89、G28、G80、K326 等，可适当选用。

2. 加强栽培管理

合理轮作是较为有效的防治措施之一。在河南推广的四年两头栽烟制(即间隔 2 年不栽烟)有较好的防病效果。轮作作物以禾本科或甘薯较好。并提倡超高垄栽培，垄高 30～40 cm，使地面流水不与茎基部接触，减少病菌侵染机会。适时早育苗早移栽，可使感病期避开雨季，减轻危害。

3. 药剂防治

苗床在移栽前用 58%甲霜灵锰锌可湿性粉剂 500 倍液均匀喷雾。移栽后 1 个月内，零星发病时，用 25%甲霜灵 500 倍液喷雾叶面或去掉喷头喷淋茎基。或在移栽时，每亩用 95%敌克松 100～200 g 拌细土 5 kg，将药土撒施于烟株茎基周围，并用土封实。移栽后或培土前可喷 58%甲霜灵锰锌、95%敌克松 500 倍液，隔 10～15 d 1 次，连续 2～3 次。此外，乙磷铝、杀毒矾等药剂对黑胫病也有较好的防治效果。

四、烟草病毒病

烟草病毒病(tobacco viral diseases)在烟草上的危害已超过真菌和细菌病害，成为烟草生产上威胁最大的一类病害。而且病毒病种类不断增多，目前我国已鉴定出 16 种烟草病毒。20 世纪 60 年代之前以 TMV 危害为主，目前以蚜虫传播为主的 CMV、PVY 等已上升为主要毒源，并且许多地块可以由几种病毒复合侵染而加重危害，同时病毒的株系也日渐复杂，如 TMV 已鉴定出 4 个株系，CMV 至少也有 3 个株系。因此应该重视烟草病毒病研究和防控工作，防止其危害进一步加重。

(一)症状

1. 烟草普通花叶病毒病

烟草普通花叶病毒病自苗期至成株期均可发生，移栽后 20 d 到现蕾期，为发病高峰期，打顶后田间病株仍呈上升趋势。幼苗被侵染后，新叶的叶脉组织变浅绿色，呈半透明的明脉症状，几天后叶片形成黄绿相间的花叶。大田期，烟株受侵染后，首先在心叶上发现明脉现象，以后呈现花叶、泡斑、畸形、坏死等典型症状。轻型花叶只在叶片上形成黄绿相间的斑驳，叶形不变。重型花叶症状叶色黄绿相间成镶嵌状，深绿色部分出现泡斑，叶子边缘逐渐形成缺刻并向下卷曲，叶片皱缩扭曲，有些叶片甚至变细呈带状。除典型花叶症状外，在旺长期病株中上部叶片还会出现红褐色大坏死斑，称为“花叶灼斑”。烟草普通花叶病的个别株系在烟叶上形成系统花叶的同时，还可以在中下部叶片上产生环斑或坏死斑。早期发病的植株严重矮化，生长缓慢，不能正常开花结实。能发育的蒴果小而皱缩，种子量少且小，多不能发芽(图 7-18-1)。

2. 烟草黄瓜花叶病毒病

烟草黄瓜花叶病毒病的症状随侵染的黄瓜花叶病毒株系不同而有所差异。初期发病，首先在心叶上表现明脉症，叶色浓淡不均，出现黄绿相间的花叶症状。严重时，叶片变窄、扭曲，伸直呈拉紧状，表皮茸毛脱落，失去光泽等。早期患病，植株严重矮化，基本无利用价值。大田期的典型症状有：①叶片颜色深浅不均，形成典型的花叶症。②上部烟草叶狭窄、叶柄拉长，叶缘上卷叶尖细长，呈畸形状。③有时病叶上出现深绿色的泡斑。④中部叶或下部叶可形成闪电状坏死，褐色至深褐色。⑤小叶脉或中脉形成深褐色或褐色坏死。CMV 与 TMV 的症状区别：TMV 引起的病叶边缘时常向下翻卷不伸长，叶面绒毛不脱落，泡斑多而明显，有缺刻；而 CMV 危害的叶片，病斑边缘时常向上翻卷，叶基拉长，两侧叶肉几乎消失，叶尖成鼠尾状，叶面绒毛脱落，泡斑相对较少，有的病叶粗糙，革质状(图 7-18-3、图 7-18-4)。

3. 烟草马铃薯 Y 病毒病

由于病毒株系不同而表现出不同症状。发病初期，新叶上表现明脉现象，此后由于病毒株系不同，引起的症状也有差异。有脉带花叶型、脉斑型和褪绿斑点型。①脉带型：在烟株上部叶片呈黄绿花叶斑驳，脉间色浅，叶脉两侧深绿，形成明显的脉带，严重时出现卷叶或灼斑，叶片成熟不正常，色泽不均，品质下降，烟株矮化；②脉斑型：下部叶片发病，叶片黄褐，主侧脉从叶基开始呈灰黑或红褐色坏死，叶柄脆，摘下可见维管束变褐，茎秆上出现红褐或黑色坏死条纹；③褪绿斑点型：初期与脉带型相似，但上部叶片出现褪绿斑点．后中下部叶产生褐色或白色小坏死斑，病斑不规则，严重时整叶斑点密集，形成穿孔或脱落(图 7-18-2)。

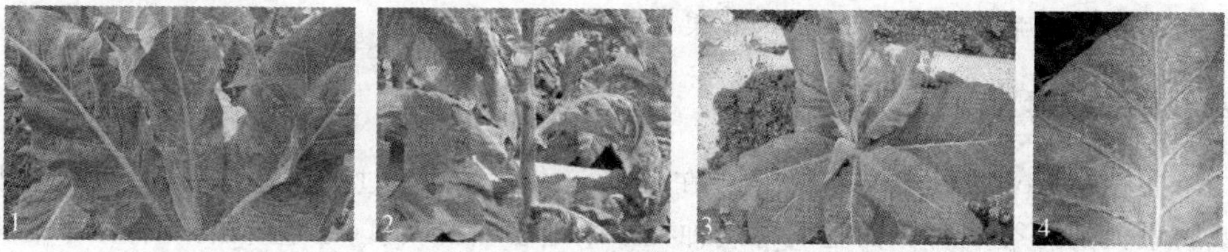

图 7-18　烟草病毒病症状

1. 烟草普通花叶病毒病(TMV)　2. 马铃薯 Y 病毒病　3. 黄瓜花叶病毒病(花叶畸形)　4. 黄瓜花叶病毒病(坏死型)

(二)病原

1. 烟草花叶病毒(TMV)

也称烟草普通花叶病毒(*Tobacco mosaic virus*，简称 TMV)，属于烟草花叶病毒属(*Tobamovirus*)，病毒粒体杆状。粒体由 2 130 个相同的蛋白亚单位的蛋白外壳和内部为一个链状 RNA 核酸分子组成，它们装配成一个螺旋棒状粒体。每个亚单位由 158 个氨基酸组成。致死温度 90～93℃，稀释限点 10^{-7}，病毒汁液体外保毒期 2 个月以上，干燥叶片中可存活 30 年以上。该病毒有不同株系，我国主要有普通株系、番茄株系、黄斑株系和珠斑等 4 个株系，因致病力差异及与其他病毒的复合侵染而造成症状的多样性。TMV 寄主范围广，可危害 36 个科 350 多种寄主植物，田间主要靠汁液机械摩擦进行传播。

2. 黄瓜花叶病毒(CMV)

黄瓜花叶病毒(*Cucumber mosaic virus*,简称 CMV),属于雀麦花叶病毒科(*Bromoviridae*)黄瓜花叶病毒属(*Cucumovirus*)。病毒粒体为近球形的二十面体,病毒粒体分子量 5.0×10^6~6.7×10^6,核酸为单链 RNA,核酸包含 4 个 RNA 片段,即 RNA1、RNA2、RNA3 和 RNA4,三分体病毒,四条链分别包含在 3 个粒体中,控制合成不同的蛋白,分别与病毒的症状、温度敏感性、虫传特性、寄主范围等性状有关。CMV 体外抗逆性比 TMV 低得多,致死温度 60~75℃,体外保毒期 3~7 d,稀释限点 10^{-4}。黄瓜花叶病毒寄主范围很广,自然条件下能侵染近 500 种单、双子叶植物,人工接种可侵染 1 000 多种植物。CMV 主要通过蚜虫介体传播,传毒方式为非持久性。CMV 也可随摩擦接触传播,但非其主要传播方式。

3. 马铃薯 Y 病毒

马铃薯 Y 病毒(*Potato virus* Y,简称 PVY),属于马铃薯 Y 病毒科(*Potyviridae*)马铃薯 Y 病毒属(*Potyvirus*)。粒体为微弯曲线状,核酸为 1 单链正义 RNA,外包衣壳蛋白,氨基酸数在 263~330 之间。该病毒增殖最适温度 25~28℃,35℃以上停止增殖。致死温度 55~65℃,稀释限点 10^{-4}~10^{-6},病毒汁液体外保毒期 2~6 d。干燥叶片中保存时间较长,可存活 10 几个月。寄主范围广,可侵染 34 个属的 170 多种寄主植物,以茄科受害最重,如马铃薯、番茄、辣椒受害严重,近些年成为了烟草上主害病毒之一。主要随蚜虫取食传播,也可随摩擦接触传播。

(三)发病规律

1. 烟草普通花叶病

自苗床期至大田成株期均可发生,移栽后 20 d 到现蕾期为发病高峰期,打顶后病害仍呈上升趋势。TMV 可在土壤中的病残体上存活 2 年多。苗期的初侵染源包括:①土、粪、肥携带的病残体带毒;②种子中混杂病残体携带病毒;③风及人为操作携带病残体带毒;④带病的其他寄主和野生寄主。幼苗发病后,通过摩擦使叶片产生微小伤口引起再侵染。大田发病主要来源于病苗、病土及其他带毒植物等,烟草普通花叶病毒主要靠汁液接触传染,自然摩擦接触和农事活动造成病毒传播流行。普通花叶病毒侵入后在薄壁细胞内繁殖,后进入维管束组织再传染到整株。该病毒在已烤烟叶、病残体、马铃薯等其他寄主植物上都能存活,人为传播起到重要作用。该病发生流行的与多种因素有关,如品种的抗病性丧失,感病品种面积增大;移栽后气温变化大,烟株根系发育不良;施肥不足,地力瘠薄,管理不当;连作或与茄科植物套种使毒源增多等,均造成发病加重。

2. 黄瓜花叶病毒

CMV 主要在越冬蔬菜、多年生树木及农田杂草上越冬。可通过蚜虫和机械接触传播,而蚜虫传播对病害流行起决定性作用,有 70 多种蚜虫可传播该病毒。蚜虫传播 CMV 为非持久性传毒,且传毒效率高,吸食 1 min 就可引起传毒。病害流行轻重和蚜虫数量、温度条件、寄主生长期等密切相关。大田发病率通常在有翅蚜量高峰后 10 d 左右出现为害高峰,高温干燥气候有利于有翅蚜虫发生,发病发生较重;在杂草较多、距菜园较近、蚜虫发生较多的烟田,发病时间早,且受害较重。烟草不同阶段抗病性强弱不同,现蕾前旺长阶段较感病,现蕾后抗病力增强。

3. 马铃薯 Y 病毒

PVY 主要在农田杂草、马铃薯种薯和其他茄科植物上越冬，亚热带地区可在多年生植物上连续侵染。可通过蚜虫、汁液摩擦、嫁接等方式传播，自然条件下仍以蚜虫传毒为主。介体蚜虫主要有棉蚜、烟蚜、马铃薯长管蚜等，以非持久性方式传毒。PVY 发病轻重主要受传毒蚜虫、气候因素和烟草生育状况等多方面影响。幼嫩烟株较老株发病重，苗期一般不发病，团棵期开始轻微发病，旺长至封顶前后则大量发生；蚜虫为害重的烟田发病重；天气干旱易发病；在氮肥充足时，烟草生长迅速，组织幼嫩，较易感病，且出现症状较快；烟田离马铃薯地块越近，发病率越高，为害越重。

(四)病害控制

由于烟草病毒病的病毒种类多，且多为混杂侵染，传播途径广，因此，对烟草花叶病毒病的防治，必须严格实行“预防为主、综合防治”的植保方针，搞好农业、化学、生物等综合防病措施。防治策略应以选用抗(耐)病品种为基础，结合栽培管理，培育壮苗，防蚜治蚜，减少毒源等方法。

1. 选用抗(耐)病品种

栽种抗耐病品种是防治烟草病毒病既经济又有效的根本途径。目前已培育出一批抗 TMV 和耐 CMV 的品种。如 H-423、辽烟 6 号、辽烟 9 号等高抗 TMV。还有一些品种如辽烟 8 号、辽烟 10 号、广黄 54、广红 12、辽 44 等对 TMV 也分别有较好的抗病性或耐病性。广东培育的 C151、C152、C212 等品系对 CMV 有很强的耐病性，台湾的 TT6、TT7 品种及中烟 14 等对 CMV 也有一定的耐病力。有些品种如 NC89、G28、G80 等品种对 CMV 存在阶段耐病性。这些品种的利用对防治烟草病毒病都起了积极的作用。

2. 培育无病烟苗

选用无病株上的种子，从无病株上采种，单收、单藏，并进行细致汰选，防止混入病株残屑。苗床土应选非烟田土和非菜园土，苗床应远离烤房、晾棚等场所；间苗、除草等过程中，手及用具应用肥皂水等消毒。

3. 农业防治

尽量避免病地重茬或与茄科、十字花科等连作，重病地实行 2～3 年轮作。适时早育苗，早移栽，严禁移栽已发病烟苗。在 CMV 和 PVY 发生重的地区，烟田应远离蔬菜园，并适当调节移栽期，使烟苗易感病期避过蚜虫迁飞高峰。合理的小麦-烟套作或用银灰塑料薄膜覆盖烟地避蚜均有良好的防病作用。如结合小麦喷洒防蚜药剂，效果更好。如出现花叶，应及时追施速效肥如 1%尿素，及时浇水，减轻病害发生。

4. 化学防治

发病初期喷施 20%病毒 A、1.5%植病灵或 2%宁南霉素，可起到缓解病毒危害的作用。用药程序为苗期 1～2 次，移栽前一天用药 1 次，防止病毒移栽时通过接触传染，移栽后的生长前期用 2～3 次，可明显减轻病毒病的发生。发病初期喷洒硫酸锌对病害有一定的减轻作用对 CMV 和 PVY 发生重的地区，应注意及时防蚜，在烟蚜迁飞盛期及时喷施 50%抗蚜威。除烟田外，还应及时防治邻近作物上的蚜虫，以免相互传播。中国科学院与河南农科院合作研制出转基因抗花叶病烟草 NC89，高抗花叶病，品质也很好，考虑到安全问题，目前已停止种植。

五、烟草其他常见病害

见表 7-2。

表 7-2　烟草其他常见病害

病害名称及学名	诊断要点	发病规律
烟草低头黑病（*Golletotrichum capsici* f. sp. *nicotiance*）	烟草整个生育期均可发病。初在茎部一侧产生黑色条斑，病斑沿茎迅速扩展至顶芽，使顶芽向有病斑一侧弯垂，故称低头黑；典型特点是半边枯萎	以分生孢子盘和菌丝体，厚垣袍子在病残体或土壤中越冬。水流、风力传播。发病与年降水量，降水次数有关。高温、多雨发病重
烟草根黑腐病（*Thielazriopsis basicola*）	主要为害烟草根系。受病后根系变黑是其显著特点。苗期发病可造成死苗，形如猝倒，可根据根部变黑区别。成株期发病根系腐烂，地上部矮化	以厚垣孢子及菌丝体在病残体或土壤中越冬。冻年形成分生孢子经流水及农事操作传播。发病适温 17～230℃，酸性土质很少发病
烟草炭疽病（*Colletotrichum nicotianae*）	主要为害叶片，幼茎和叶柄亦可发病。病斑圆形，中央稍凹陷，边缘红褐色隆起，天气潮湿时，病斑上有同心轮纹	以分生孢子盘、菌丝体及分生孢子随病残体或带菌粪肥越冬，种子亦可带菌。分生孢子经风雨传播。多雨、多雾，多灌溉有利病害发生
烟草猝倒病（*Pythium aphanidermatu*）	子叶期至 2 片真叶期发生重。病苗茎基部呈湿腐状。后变褐腐烂，病苗倒伏。单株幼苗发病后，很快以此为中心向四周扩展，引起成片倒伏。湿度大时，地表和病苗上有白色菌丝体	以卵孢子或厚垣孢子或菌丝体在土壤或病残体越冬。越冬后形成的游动孢子或孢子囊借雨水或灌溉水传播。地温 10℃左右最适于该病发生
烟草白粉病（*Erysiphe cichoracearum*）	主要为害叶片。显著特点是叶片正反两面着生一层白粉。此病通常先从下部叶片开始，逐渐向上扩展。严重时，病叶片变黄褐色枯死	以闭囊壳或菌丝体在病残体上越冬，也可在多年生野生寄主上越冬。气流、雨水传播。温暖、潮湿，日照少病重；偏施氮肥，烟株过密植易发病
烟草蛙眼病（*Cercospora nicotianae*）	主要为害叶片。多发生在大田生长后期。病斑圆形，褐色，中央灰色或灰白色，似蛙眼。病斑中央有灰色霉状物	以菌丝体随病残体在土壤中越冬。风雨传播。高温、多雨易流行。种植密度过大，播期越晚，发病越重
烟草白绢病（*Sclerotium rolfsii*）	主要为害茎部。病初茎部变褐，病茎上长出大量白色绢丝状菌丝体，并在病部产生米粒状小菌核，初白色，成熟菌核褐色。湿度大时病部易腐烂	病菌以菌核或菌丝块在土壤中越冬为主。菌核可随灌溉水传播。连作地块，多雨年份病害发生重
烟草早疫病（*Alternaria tenuissima*）	主要为害叶片。病斑圆形，黑褐色，有同心轮纹。天气潮湿时，病斑上可产生黑色霉层	以菌丝体在病残体上越冬。风、雨水、流水传播。与马铃薯连作，高温、多雨、潮湿病重
烟草枯萎病（*Fusarium oxysporum* f. sp. *nicotianae*）	病菌一般从采收后的叶痕侵入，侵入点形成褐色病斑并向茎四周扩展，使烟株枯萎，有时出现半边枯萎现象	以厚垣孢子在病残体或土壤中越冬。气温 28～31℃易发病，暴雨过后高温天晴及沙土地病重

续表 7-2

病害名称及学名	诊断要点	发病规律
烟草破烂叶斑病 (*Ascochyta nicitianae*)	主要在中、下部叶片上发生。病斑近圆形或不规则，褐色或灰褐色，病斑大有同心轮纹，病斑易破烂脱落	以菌丝体和分生孢子器在病残体上越冬。经流水和雨水飞溅传播蔓延。田间湿度大时有利病害发生
烟草青枯病 (*Ralstonia solanacearum*)	病株多呈现一侧枯萎现象，特别是在中午烈日下，病茎一侧出现长条形凹陷的黑色坏死斑，剖开病茎，可见到污白色茹液，为病原细菌形成的菌脓	病菌在病残体或土壤中越冬为主。田间借灌溉水、雨水及农事操作而传播，通过根部伤口侵入；高温、高湿对病害发生有利
烟草空茎病 (*Erwinia carotovora* subsp. *carotovora*)	受害烟株茎内髓组织变褐软腐，并很快失水而干枯，致使茎内中空。病株叶片陆续脱落，常只剩一条光秆	细菌在土壤或病残体上越冬。通过地下昆虫和人工打杈造成的伤口侵染。高温、高湿及阴雨发病重
烟草剑叶病 (*Bacillus cereus*)	典型症状是病株矮化，叶片狭长呈剑状叶。剑状叶片抽出量是正常植株叶片的数倍，因而出现丛生，并且植株的底部叶片变黄，根变粗短	由土壤中的枯草芽孢杆菌分泌毒素后破坏寄主所致。一般在潮湿透气性差的土壤，盐碱地缺乏氮素，土壤温度高于35℃以上易发病
烟草丛枝病 (*Phytoplasma*)	发病植株严重矮化，侧芽丛生，产生许多硬而小的细枝，新生叶小，主叶脉短硬而皱缩，叶色暗淡	寄主范围广，在多种野生寄主上越冬。主要通过叶蝉传播；还可通过嫁接、菟丝子传播。越冬叶蝉虫口密度大，发病野生寄主多，发病重
烟草环斑病毒病 (TRSV)	受病植株叶片产生同心轮纹状或波浪状的坏死斑纹，茎和叶柄产生褐色条斑或凹陷溃烂	病毒在多年生茄科、葫芦科、豆科植物上越冬。靠汁液机械摩擦传播，线虫及某些昆虫可传毒。土壤中线虫多或田间野生寄主多时病重
烟草胞囊线虫病 (*Heterodera tabacum*)	受病植株地上部生长缓慢或停滞；地下部主要表现为根系变褐色，须根少，根表面附着白色或褐色小颗粒，为病原线虫的雌虫	线虫的胞囊在土壤中越冬。条件适宜，卵孵化成幼虫而侵入寄主。田间通过流水或农事操作等传播。连作地或土质松软砂壤地发生重
烟草根结线虫病 (*Meloidogyne incognita*)	苗期症状不明显；成株期根部形成大小不等的瘤状物，有时一条根上多个根结串在一起，使整个根系粗细不匀，形成鸡爪状畸形根。剖开根结，内有黄白色或乳白色粒状物(雌虫)	主要以卵或卵囊及幼虫在病残体或其他寄主根上越冬。通过灌溉、耕耙、锄等农事操作传播。移栽带病烟苗、施用带虫粪肥等也是重要的传播途径；连作等病重

六、烟草病害的综合防治

必须依据各地病害发生情况，制定好防治方案，采取多种措施，搞好病害防治，综防措施包括：

(一)选育选用抗病品种

种植抗病品种是防治黑胫病、野火病和病毒病等主要病害的基本措施。目前我国生产上种植的抗黑胫病的品种有 G80、NC89、K394 等，抗野火病的 G80、G28、云烟 2 号等，抗病毒病的品种包括 NC89、K326 等，应该结合不同区域病害发生情况因地制宜地选择使用。

(二)种子处理和苗床消毒

1. 种子消毒

种子带菌是多种烟草病害初侵染来源之一，因此通过种子消毒处理可减少初侵染源，减轻病害发生。包括温汤浸种、药剂拌种等措施来消除种子带菌。

2. 搞好苗床消毒，培育无病壮苗

苗床选择背风向阳、土层深厚、排灌方便的生茬地，同时采用恶霉灵、多菌灵等药剂处理土壤，杀死苗床病原菌，培育无病壮苗。

(三)加强栽培管理

1. 合理轮作

苗床地和烟田均要避免连作重茬，最少每间隔 2～3 年要轮作一次，可与禾本科作物、葱蒜类作物轮作，不能与辣椒、茄子、番茄等茄科作蔬菜和十字花科蔬菜轮作换茬。

2. 合理密植

大田烟草要合理密植，避免田间叶片互相遮阴，通风透光不良的状况，以减轻病害发生。

3. 合理排灌

整平土地，防止烟田积水；起垄培土、开沟排水；尽量排、灌系统分开，防止漫灌现象发生。

4. 合理施肥

施足基肥，不能过施氮肥，防止植株贪青徒长，田间通风透光不良现象；增施腐熟的农家肥，增施磷钾肥，注意补施微量元素，促植株健壮生长，提高抗病力。

5. 搞好田园卫生

生长期及时拔除田间病株、病枝、病叶等集中销毁，并结合地膜覆盖栽培，减少土壤菌原向植株扩散；收获后清除病残体，减少初侵染菌源。

6. 其他栽培防病措施

提早育苗移栽能控制黑胫病发生危害；及时修枝打顶，改善通风透光条件，有利于植株健壮生长，增强抵抗力；及时中耕培土、防除杂草、成熟之后及早收获烘烤等均能减轻病害危害。

(四)治虫防病

通过银灰薄膜避蚜和及时防治蚜虫等传毒介体可控制烟草 TMV 和 PVY 等多种虫传病毒病的发生危害。

(五)适时采用化学药剂防治

充分了解各地块病害发生状态，搞好测报，及时用药防治多种烟草病害，如喷施 2% 吩嗪-2 羧酸科防治多种真菌病害和病毒病，喷洒杜邦克露、普力克、烯酰吗啉等防治烟草黑胫病，喷施菌核净、施保功等防治赤星病，喷洒农用链霉素防治烟草野火病，土壤使用阿维菌素等可防治根结线虫病等。

(六)搞好生物防治，提高烟草产量和品质

包括采用木霉菌(*Trichodrema harzianum*)、芽孢杆菌(*Bacillus* spp.)等微生物防治真菌

病害，采用多抗霉素和多种植物源农药防治真菌病害，采用链霉素防治细菌病害，采用淡紫拟青霉(*Paecilomyces lilacinrs*)、厚垣轮枝菌(*Verticillum chllamydosporiun*)防治根结线虫病，采用弱株系交叉保护、宁南霉素等来防治病毒病等。并不断研制和开发新的植物源和微生物源农药，来保护烟草生产，提高烟叶品质。

第三节　麻类病害

我国栽培的麻类作物主要有亚麻、红麻、苎麻、黄麻等，国内外报道麻类作物病害有近200种，主要病害包括炭疽病、枯萎病、立枯病、锈病、根结线虫、斑点病、白粉病等。其中，红麻炭疽病曾一度在我国严重发生，严重阻碍了红麻的种植业发展，但是通过利用抗病品种及整合其他防治方法取得了预期的控制效果。

一、麻类炭疽病

麻类炭疽病(fiber crop anthracnose)是我国麻类生产上的一种重要病害，常年发生，主要有亚麻炭疽病、红麻炭疽病、黄麻炭疽病和苎麻炭疽病等，因地区不同和种类不同该病害的危害程度存在较大差异，一般减产15%左右，但严重的地块可达30%以上，甚至绝收。尤其是红麻炭疽病曾是制约红麻生产的主要障碍。

(一)症状

1. 亚麻炭疽病症状

亚麻整个生育期植株地上各部分均可受侵染。叶上病斑多发生在边缘而呈半圆形，深褐色或灰褐色，边缘色稍深。在子叶中央的病斑则呈圆形，黄褐色，渐扩大，可使子叶枯死；成株期叶部病斑近圆形，紫红色至褐色，直径0.5～2 mm，其上有小黑点，为病菌的分生孢子盘，严重时，病斑密布，叶片枯死；茎部病斑椭圆形，褐色，边缘模糊，常互相汇合，产生大量分生孢子盘，影响纤维质量。蒴果上病斑圆形至椭圆形，褐色，菌丝可侵入内部到达种皮，病种子常不能发芽或发芽不久即烂死土中；烂死的幼苗上或病叶、病茎、病蒴果上，天气潮湿时可长出许多橙红色点状黏质物，为病菌的分生孢子。

图7-19　亚麻炭疽病症状

2. 红麻炭疽病症状

苗期、成株期均可受害。幼芽染病胚轴呈黄褐色腐烂，有的出土不久病部软化缢缩或猝倒而死。子叶染病，初生紫红色小点，后变为近圆形至不规则形黄褐色或灰白色病斑，四周紫红色。真叶染病症状与子叶相似，但可沿叶脉扩展，使叶片局部扭曲。茎部染病产生黄褐色近椭圆形略凹陷病斑，四周红褐色或紫红色。顶芽染病变黑腐烂，周围组织稍肿胀或抽生横枝状杈头造成植株停止生长。蕾、花染病常腐烂脱落，蒴果变为畸形。湿度大时病部产生桔红色黏质状分生孢子堆。

3. 黄麻炭疽病

为害幼苗和成株，是圆果种黄麻重要病害。苗期染病茎基产生黑褐色病变，缢缩，终致萎蔫折倒枯死。成株叶部染病叶痕部生黑褐色或黑色不规则凹陷干裂斑，长达数厘米，病部表面现黑色小粒点，即病菌分生孢子盘。叶上病斑近圆形或不规则形，黑褐色，沿脉扩展变黑。成株茎部染病产生不规则形稍隆起的黑褐色病变，一般不深入到纤维层，也不产生分生孢子盘。蒴果染病变为黑色，严重时扩展到全果或侵入到种子，使种子不能正常发育。

4. 苎麻炭疽病

主要为害叶片、叶柄和茎秆。叶片染病产生圆形至椭圆形四周褐色、中间灰色的病斑，大小 1～3 mm，有的 1 个叶片上生数十个病斑。叶柄、茎染病现中间凹陷的灰色梭形斑，边缘褐色，严重时茎部病斑深入韧皮部，致纤维上出现红褐色斑点。

（二）病原

1. 亚麻炭疽病

病原为亚麻炭疽菌 *Colletotrichum lini*（Wester.）Tochinai，属无性菌类真菌。分生孢子盘上刚毛具 1～3 个隔膜，不分枝，黑褐色。分生孢子盘黑褐色。分生孢子梗短条状，单胞无色。分生孢子直或略弯，圆筒形至近梭形。

该菌有生理分化现象，已知有 7 个生理小种，其中小种 3C 和小种 1 发生最普遍。

2. 红麻炭疽病

红麻炭疽菌为 *Colletotrichum hibisci* Pollacci，属无性菌类炭疽菌属真菌。分生孢子盘上刚毛少见，分生孢子梗长圆筒形，单胞无色。分生孢子椭圆形至长椭圆形，单胞无色。孢子萌发、病菌生长温度范围是 5～35℃，适宜温度是 25℃，最适相对湿度近 100%。病菌有 1 号、2 号 2 个生理小种。

3. 黄麻炭疽病

病原是 *Colletotrichum corchorum* Ikata et Tanaka，称黄麻炭疽菌，属无性菌类真菌。分生孢子盘内刚毛褐色，直或稍弯，具隔膜 2～5 个。分生孢子梗无色，短棒状，分生孢子单胞无色，月牙形。病菌生长适宜温度是 25～30℃，分生孢子形成适宜温度是 30～32℃，最适 pH 5.5～6.5。分生孢子经 4 h 保湿即萌发，16 h 后产生附着胞。菌丝、分生孢子 50℃ 经 10 min 致死。

4. 苎麻炭疽病

病原是 *Colletotrichum boehmeriae* Sawada，称苎麻炭疽菌，属无性菌类真菌。分生孢子盘暗褐色，四周生数根黑褐色刚毛，具 2～4 个隔膜，基部膨大，顶端细、略尖，直或稍弯曲，分生孢子单胞无色，长椭圆形。

（三）发病规律

麻类炭疽病菌多以菌丝体、分生孢子盘在病残体内越冬，并在土中能存活多年；病菌也可以在种子内外越冬，种子带菌是病害远距离传播和异地传播的主要途径。

播种病种子，发病重者不出苗，病菌还可在土中扩展到周围的苗上；发病轻者可以出土，但幼苗很快发病，病菌从子叶再侵染到真叶上，天气潮湿时产生分生孢子盘和分生孢子随风雨传播为害。

土中病菌也可侵害幼芽或幼苗，严重的可造成死苗。当春季低温时间持续较长，多雨，湿度大时常常发病严重。苗期发病可延续到苗高 10 cm 左右才停止。成株期如果 6、7 月份多雨，病情发展也快，可使茎叶严重受害，严重时叶上病斑密布，叶片大量干枯。茎上病斑多则影响纤维质量，有时还可引起植株多层分裂造成短纤维。有的植株不能很好成熟，影响纤维品质和种子含油量。后期侵染蒴果，可深入到种子内部，使种子带菌。

连作病重，品种间抗病性有较大差异。

(四)病害控制

1.选择抗耐病品种

推广优质抗病良种。采用种子成熟正常，籽粒饱满，带菌率低的良种，是防治该病最经济有效的措施。最好经抗病性鉴定、试验筛选后，再在本地区种植为宜。亚麻抗炭疽病的品种有黑亚 3 号、4 号，坝上 1018，蒙选 063，定亚 1 号，狄亚娜，天星 7 号，阿里亚娜等；红麻抗炭疽病的品种有湘红麻 2 号，美国的埃弗格莱兹 41、71，古巴的古巴 961、1087 等；苎麻抗炭疽病的品种有黑皮蔸、安仁蔸麻、黄金蔸、湘苎 3 号等。

2.药剂拌种

播种前晒种 2～3 d，然后进行药剂拌种。药剂可选用 50%退菌特或 80%福·福锌(炭疽福美)，用量为种子重量的 0.5%。方法是先在种子上洒少许清水拌匀，使种子湿润，再拌入药粉，使其均匀黏附在种子上即可。对炭疽病的防效可达 85%以上。

3.加强栽培管理

轮作，应与其它作物如豆科、禾本科植物轮作 3～5 年。适时晚播，覆土不宜太深，收获后要清除残株，深翻地等。精细整地，以田平土细为标准，提高播种质量，使种子均匀分布不堆积；增施磷、钾肥，合理使用氮肥；保证灌好出苗水，视墒情灌好苗期、快速生长期、开花期等用水，为麻类作物正常生长创造良好的环境，培育健壮植株，提高抗病能力。

4.田间喷药

发病初期，用 40%多福混剂 800 倍液，或 80%炭疽福美 1 000 倍液，或 70%代森锰锌 800 倍液，或 50%多菌灵、70%甲基托布津、50%苯菌灵或 50%退菌特 1 000 倍液喷雾，喷施药液 50～75 kg/667 m^2，间隔 7～10 d，共喷 2～3 次。

二、麻类立枯病

麻类立枯病(fiber crop sheath blight)是麻类作物苗期重要病害，分布广，尤其在亚麻上危害严重，是亚麻生产上的主要病害。在亚麻生产过程中，播种后如遇低温、多雨天气，易导致立枯病发生，致使种子腐烂，而不能发芽，种子发芽后造成烂芽，幼苗发病还会造成枯死苗。

(一)症状

病苗在近地面茎基部即子叶下胚轴处产生水浸状病斑，呈黄褐色条斑，上下扩展，严重时茎基部缢缩变细，地上部叶片发黄，顶梢萎蔫，茎直立而死，也有折倒死亡的，很难连根拔出。此病常与炭疽病混合发生，有时症状不易区别，一般幼苗在 2 片真叶以前引起死亡的主要是炭疽病，6～10 cm 高时主要是立枯病。难以确诊时可切割少许折断的茎组织，置 25℃下用清水培养数日，病部如长出疏松的菌丝和褐色颗粒，即为立枯病。

(二)病原

病菌为立枯丝核菌 *Rhizoctonia solani* Kühn，属于无性态菌类丝核菌属。菌丝初无色，老熟后呈黄褐色。菌丝分枝呈直角，分枝处略缢缩，近分枝处有隔膜，部分菌丝细胞逐渐膨大，互相纠结成菌核，菌核形状不规则，褐色，直径 1～3 mm，常数个互相连在一起，无内外部分化，切面呈薄壁组织状，菌核之间有少数菌丝相连。

(三)发病规律

病菌主要以菌丝体和菌核在病残体或土中越冬，并可在土中腐生生活，也可混在种子中越冬。播种后条件适宜时病菌便萌发生长，侵染长出的幼苗。苗期低温多湿及土质黏重条件下发病重。病菌寄主范围广，可为害茄科、锦葵科等多种作物。

(四)病害控制

1. 选种抗病或耐病品种

黑亚 3 号、4 号，坝上 10182 号，雁农 1 号，雁杂 10 号，匈牙利 1 号等亚麻品种对立枯病都有一定抗性，可因地制宜选用。

2. 种子消毒处理

播种前用种子重量 0.5%的 40%五氯硝基苯，或 50%多菌灵，或 50%甲基托布津拌种可起到防治立枯病的效果。

3. 加强栽培管理

收获后清除病残株，严整土地，合理施肥，增施磷钾肥，以促进幼苗生长健壮，增强抗病力。还可以与其他作物轮作，一般可与禾本科作物轮作，年限 5～6 年。

三、亚麻枯萎病

亚麻枯萎病(flax fusarium wilt)是亚麻主要病害之一，各地区都有发生，给亚麻生产带来很大的影响。

图 7-20 亚麻枯萎病症状

(一)为害症状

苗期至成株期均可发病。苗期染病幼茎萎蔫，叶片黄枯，根部变为灰褐色；成株染病病株矮小黄化，顶梢垂萎，剖开病茎维管束变褐，严重的全株萎蔫枯死。湿度大时病部可见粉红色霉状物，即病原菌分生孢子梗和分生孢子。该病流行时，可导致亚麻植株成片枯死。

(二)病原

病菌为 *Fusarium oxysporum* f. sp. *lini*(Bolley)Snyder et Hansers，称尖镰孢菌亚麻专化型，属无性菌类镰孢属真菌。分生孢子梗丛生，子座无色至褐灰色或肉色，培养时易产生大量小型孢子，单胞或少量双胞。分生孢子座上有时产生大型分生孢子，纺锤形或镰刀形，无色至肉红色，多为 3 个隔膜。厚垣孢子顶生或间生，球形或梨状，平滑或皱缩，直径 5～13 μm，灰黄色。

(三)发病规律

病菌以潜伏在种皮内的菌丝体和黏附在种子表面的孢子，或以在病残组织内、土壤中的菌丝体及厚垣孢子越冬，成为翌年初侵染源。早期病死株上的病原菌通过雨水或农事活动进行传播，从根系侵入为害。侵染适温 16～32℃，此时土壤湿度高有利于其侵入和扩展。生产上连作地发病重，低洼积水地块发病重。

(四)病害控制

1.选用抗病品种

亚麻可选用陇亚7号、天亚5号、晋亚6号、定亚17号、德国1号、黑亚6号、美国亚麻、抗38、瑞士红、伊亚1号、美国高油、黑亚2号、新亚1号等品种,都较抗亚麻枯萎病。胡麻选用胡麻新品系83059。

2.种子消毒

用种子重量0.2%的15%三唑酮或0.3%～0.4%的25%多菌灵或0.2%的40%福美双粉剂拌种。

3.加强栽培管理

实行5年以上轮作。前作收获后及时深耕晒田,熟化土壤,最好采用机播,667 m^2 播种量控制在4.5～5.5 kg,保苗22～30万株。667 m^2 施用沤制的堆肥2 000 kg,纯氮6 kg,P_2O_5 3 kg,尤其是增施磷肥,能促进根系发育,提高抗病力。合理灌水,采用小地块、小流量、小定额灌溉,提高水利用的效益,防治该病发生。

四、亚麻锈病

亚麻锈病(flax rust)是世界性的病害,在我国各亚麻产区也都有发生。亚麻感病后,病菌孢子堆散布于亚麻植株的茎、叶、花器各部位,影响叶绿素合成和寄主生长,常常造成亚麻植株提早枯萎。

(一)症状

亚麻整个生育期均可受到锈病的受害。

病菌可侵染亚麻子叶、真叶、茎、花梗和蒴果等绿色部分,发病初期叶片上产生黄色小斑点,为病菌的性孢子器和锈孢子器,性孢子器不明显。

在亚麻生长的中后期,叶、茎和蒴果上均产生淡黄色至橙黄色小点,微隆起成疱斑,为病菌的夏孢子堆,成熟前在夏孢子堆周围产生暗褐色至黑色的光滑小疱斑为病菌的冬孢子堆。冬孢子堆埋生于寄主表皮下,不突破表皮,有光泽,主要发生于茎部,排列不规则,严重时孢子堆密集,相互汇合,长可达2～15 mm。叶片和茎上的病斑颜色和形状略有差异,在叶上,病斑呈鲜桔黄色,圆形或卵圆形,夏孢子堆生于叶片正、背两面,大小为0.8～1.8 mm,在茎秆上夏孢子堆呈梭形,大小为1.5～15 mm,也有更长的。茎部受害严重时,可导致茎秆折断,甚至植株早枯。

(二)病原

病菌为亚麻栅锈菌 *Melampsora lini*(Ehrenb.)Lév.,属担子菌门真菌。该菌为单主寄生,冬孢子堆椭圆形,冬孢子圆筒形,单胞,无柄,外壁平滑,红褐色,在寄主表皮下紧密排列成栅栏状;冬孢子萌发产生担孢子,担孢子球形。性孢子器小,淡黄色,在叶上不明显,性孢子球形或卵形,无色。锈孢子器圆形,橘黄色,裸生于叶片两面并稍突出于寄主表皮,锈孢子球形,壁无色,有细疣,内容物橘黄色。夏孢子堆桔黄色,具护膜,成熟后散出夏孢子。

(三)病害循环

病菌以冬孢子堆在病残体上越冬,也可以冬孢子在蒴果和种子上越冬。冬孢子耐低温能力很强,在−20～−30℃下仍具生命力。通常冬孢子在雪下越冬后才能萌发,在种子上的冬孢子不萌发。当春季温度回升并有降雨时，田间病残体上越冬的冬孢子萌发产生担孢子，借风雨传播，侵染亚麻的幼叶和幼茎，并产生性孢子器和锈孢子器。锈孢子借风雨传播，从气孔侵入叶片，形成夏孢子堆，夏孢子借风雨传播，再侵染亚麻叶、茎、花序、小枝及萼片等部位，环境条件合适时，5～7 d 就能产生 1 代夏孢子，在亚麻生长期间可反复再侵染，到亚麻生育后期，夏孢子堆周围形成冬孢子。

（四）发病条件

亚麻锈病是一种流行性很强的病害，受寄主品种抗病性和气候条件影响很大，冬孢子要求较长时期低温的冷冻环境后才能萌发，在春季 14～18℃下 2～3 d 就萌发。锈孢子和夏孢子萌发温度范围是 0.5～27℃，最适温度 18℃左右，侵染温度 16～22℃，最适温度 18～20℃。病害在田间发生发展期间的温度与孢子萌发侵染适温相吻合。据黑龙江省克山观察，亚麻锈病于 6 月末出现夏孢子堆，7 月中旬为发病盛期，当地的温度条件有利于锈病发生。

冬孢子、锈孢子和夏孢子在水滴中才能萌发和侵入，故 6—7 月份降雨多，田间湿度大发病重；低洼地比岗地发病重；亚麻品种间对锈病的抗病性有很大差异，华光 1 号和公交 75 均为高感品种，蒙选 198、集宁红、宁亚 2 号、匈牙利 1 号等抗病。此外，氮肥施用过多、播种晚、地势低洼排水不良的地块发病都重。

（五）病害控制

（1）收获后立即翻耕麻田，将病残体埋入地下以减少菌源。

（2）选育和种植抗病品种。

（3）适期早播，增施磷钾肥，避免偏施氮肥过多，注意开沟排水等可减轻发病。

（4）发病初期，用 25%粉锈宁 WP 1 500 倍液，或 20%萎锈灵 WP 400～600 倍液，50～75 kg/667 m^2，连喷 2 次，间隔 10 d 左右。

五、麻类病害综合防治

针对麻类作物生长期间不同病害的发生规律，合理整合不同的防治措施进行各病害的综合防控。

（一）选用抗病品种

麻类作物的枯萎病、炭疽病和褐斑病等病害的发生与流行同品种的抗病性关系密切，选用适合于当地生长、抗病、高产品种可以有效地控制这些病害的危害。如在亚麻炭疽病发生较重的地方，可以推广种植蒙选 063、定亚 1 号、狄亚娜、天星 7 号、阿里亚娜等品种。

（二）合理轮作

麻类作物许多重要的病害，如枯萎病、立枯病等都是典型的土传病害，病菌在土壤中可以长期存活，难以根除。轮作是防治这些病害最有效的措施。一般要与非寄主植物轮作 2～3 年后再重新种植麻类作物。如实行与水稻、玉米、棉花轮作可以有效控制亚麻、红麻、黄麻根结线虫病，种植水稻 3 年后再种植麻类作物，基本上不发生亚麻、黄麻和苎麻枯萎病。在与非寄主植物轮作时，以水旱轮作防病效果最好。

（三）种子处理

麻类作物的炭疽病、枯萎病和褐斑病等可以通过种子带菌进行初侵染。因此，在播种前要精选优质种子，及实行收后和播前晒种方法进行杀菌，通过清水淘种去除伪劣种子，并进行种子处理。药剂处理：由真菌引起的病害可以用种子重量0.5%的25%多菌灵WP、40%拌种双WP或401抗菌剂在55～60℃下闷种30 min，晾干后播种。由细菌侵染的种传病害，可以用农用链霉素浸种30 min，捞出后晾干再播种。还可以温汤浸种，在55～60℃温水中浸种30 min后，捞出晾干，再与草木灰搓种，效果显著。

(四)加强栽培管理

1.适时播种

用于播种的田块要精耕细作，彻底清除病残体，播种时覆土不宜过厚，播期因地而异。黄麻是喜温作物，一般当地5 cm下土温在15℃以上或日平均气温稳定在16℃以上即可播种。适时播种的麻田出苗好，出苗齐，长势壮，立枯病和炭疽病发生少。

2.科学施肥

要根据不同麻类作物的需肥规律平衡施肥，做到施足底肥，施好种肥，及时追肥。轻施勤施苗肥，中施长秆肥，酌施壮尾肥。在追施氮肥时，应配施磷钾肥，以提高植株的抗病力。

3.加强田间管理

种植的麻田不可以有杂草，杂草多争夺养分，使麻类作物早衰。因此，应及时中耕除草。在生产期间如遇连续降雨，应及时开沟放水，防止积水。

(五)药剂防治

针对不同的病害使用不同的化学农药。在药剂防治时要注意用药时间、用药浓度和施药的方法，中心病株是防治的重点对象。10%世高、25%阿米西达和25%多菌灵可防治麻类炭疽病、立枯病和褐斑病等多种真菌病害；发病初期喷施农用链霉素、新植霉素溶液对亚麻和苎麻青枯病具有良好的防治效果；5%硫线磷和10%涕灭威颗粒剂可有效防治麻类根结线虫病。

第四节　甜菜病害

甜菜是重要的糖料作物，甜菜发生的病害是甜菜生产的主要障碍，每年都因病害造成甜菜10%～30%的产量损失，有些病害还影响甜菜的含糖量，造成甜菜品质严重下降。全世界报道的甜菜病害有100多种，在我国为害较重的有褐斑病、根腐病、蛇眼病、黄化病和丛根病等，但近年来一些甜菜种植区黑脚病、白粉病、霜霉病等病害发生有加重趋势，对甜菜的品质和产量造成一定的影响。

一、甜菜褐斑病

该病是甜菜主要病害之一，常使甜菜减产10%～20%，含糖量降低1°～2°，黄淮平原及黄河中下游降低2°～3°。原料甜菜、采种甜菜均可发病。

(一)症状

叶片染病初现褐色至紫褐色圆形至不规则形小斑点，后逐渐扩至3～4 mm，斑点四周由花青素形成褐色至赤褐色边缘，病斑中间较薄易破裂。叶面病斑多于叶背，每张叶片病斑数可高达数百个。

图7-21　甜菜褐斑病症状

后期病部中央产生灰白色霉状物，即病原菌的分生孢子梗和分生孢子，病斑多融合成片干枯而死。株丛外叶先发病，逐渐向中层叶扩展，使新叶不断受害，造成根冠肥大、青头外露。叶柄染病形成梭形褐斑(图 7-21)。

(二)病原

甜菜褐斑病病原为 *Cercospora beticola* Sacc.，称甜菜生尾孢，属无性菌类真菌，有性态自然条件下尚未见到。病菌菌丝橄榄色，生在寄主细胞间，集结成菌丝团。分生孢子梗褐色，2～17 根束生，顶端色淡或无色，不分枝。分生孢子无色，鞭形，直或弯曲，顶端尖，具 6～12 个隔膜(图 7-22)。在甜菜叶琼脂培养基上，置于 25℃连续荧光照射 7 d，能产生大量分生孢子。分生孢子发育适温 25～28℃，高于 37℃或低于 5℃发育停滞。45℃处理 10 min 即死亡。萌发最适相对湿度 98%～100%，在水滴中最好。菌丝团生活力强，在种球或叶片上能存活 2 年。

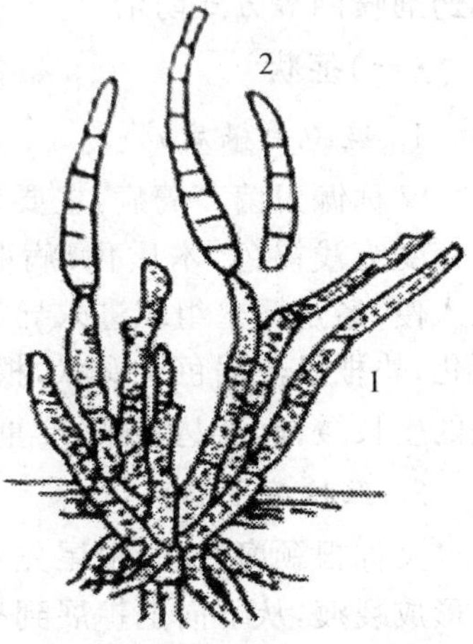

图 7-22　甜菜褐斑病菌

1. 分生孢子梗　2. 分生孢子

(三)发病规律

病菌以菌丝体在种球或病残体上越冬，成为翌年初侵染源。春季温湿度适宜时产生分生孢子，借风雨传播 500～1 000 m。分生孢子在叶片上的水滴或露滴中萌发产生芽管，次日在气孔处形成附着器，第 3 天靠侵入丝由气孔侵入，形成吸器伸入到活细胞里。

气象条件中温湿度是影响该病害发生的关键因素。日均温度 19～23℃适其侵染，潜育期仅 5～8 d。侵染的最高温度是 25～29℃，最低温度为 13℃以上时。该病发生严重度取决于侵染次数。生产上平均气温高于 15℃，最低气温高于 10℃，降雨量多于 10 mm，且再有 1 次降雨，孢子就可以产生并传播蔓延，再经 10～15 d 潜育期即出现第 1 批病斑。此后平均气温 10～25℃，最低 13℃以上，每旬降雨 1～2 次或以上，每次雨量 20 mm 左右，病害就可能流行。

(四)病害控制

1. 选用抗病品种

如甜研 201、甜研 301、甜研 302、甜研 303、双丰 8 号、范育 1 号等。

2. 加强栽培管理

收获后及时清除病残体，集中烧毁或沤肥，减少越冬菌源；实行 4 年以上轮作；当年甜菜地与去年甜菜地应保持 500 m 以上距离。

3. 药剂方法

发病前开始进行预测，于发病初期开始喷洒 50%多霉灵可湿性粉剂 800 倍液或 70%甲基硫菌灵可湿性粉剂 1 000 倍液、50%多菌灵可湿性粉剂 800 倍液、40%灭病威胶悬剂 700 倍液、40%百霜净胶悬剂 600～700 倍液。上述药剂不能奏效时改用 50%苯菌灵可湿性粉剂或 50%扑海因可湿性粉剂 1 500 倍液、65%甲霉灵可湿性粉剂 1 000 倍液，隔 10～15 d 1 次，连续防治 2～3 次。

二、甜菜根腐病

甜菜根腐病是甜菜块根生育期间受几种真菌或细菌侵染后引起腐烂的一类根病的总称。

主要有5种。其中4种由真菌引发，一种由细菌引发。该类病害会导致甜菜块根腐烂，造成大量经济损失(图7-23)。该类病害可以通过田间整理或药剂喷洒等方式防治。

图7-23　甜菜根腐病症状

(一)症状

1. 镰孢菌根腐病

又称镰刀菌萎蔫病，主要侵染根体或根尾，维管束变为浅褐色，木质化，病菌从主根或侧根、支根入侵，经过薄壁组织进入导管，造成导管褐变或硬化，块根呈黑褐色干腐状，根内出现空腔。发病轻的生长缓慢，叶丛萎蔫，严重的块根溃烂，叶丛干枯或死亡。

2. 丝核菌根腐病

又称根颈腐烂病，根尾先发病，初现褐色斑点，逐渐扩展腐烂，凹陷0.5～1 cm，后在病斑上形成裂痕，从下向上扩展到根头。病组织呈褐色或黑色，严重的整个根部腐烂，有时病部可见稠密的褐色菌丝。

3. 蛇眼菌黑腐病

根体或根冠处现黑色云纹状斑块，略凹陷，从根内向外腐烂。表皮烂穿后出现裂口，除导管外全都变黑。

4. 白绢型根腐病

根头先染病，后从根头开始向下蔓延，病组织开始变软凹陷，呈水渍状腐烂，外表皮或根冠土表处长出白色绢丝状菌丝体，后期其上长出油菜籽大小深褐色的小菌核。

5. 细菌性尾腐根腐病

细菌从根尾、根梢侵入，病组织变为暗灰色至铅黑色水浸状软腐，由下向上扩展，造成全根烂腐，常溢有黏液，散出腐败酸臭味。

(二)病原

甜菜根腐病由5种病菌侵染引起，其中4种为真菌，1种为细菌。

1. 镰孢菌根腐病

病原为黄色镰孢菌 *Fusarium culmorum*(W. G. Smith) Sacc.，属无性菌类镰孢属真菌。大型分生孢子镰刀型，无色，具隔膜3～5个，小型分生孢子卵圆形，单胞，厚垣孢子间生或顶生，该菌出现频率最多。此外茄镰孢(*F. solani*)、尖镰孢(*F. oxysporum*)，也能引起甜菜根腐病。

2. 丝核菌根腐病

病原为立枯丝核菌 *Rhizoctonia solani* Kühn.，属无性菌类丝核菌属真菌。菌丝粗壮，直角分枝，分枝处缢缩，分枝不远处分隔，分隔处也缢缩，后期产生菌核。

3. 蛇眼菌黑腐病

病原为甜菜茎点霉 *Phoma betae* Frank，属无性菌类茎点霉属真菌。

4. 白绢型根腐病

病原是 *Athelia rolfsii* (Curzi) Tu et Kimbrough 称罗耳阿太菌，属担子菌门真菌。在

PDA 培养基上菌丝体白色，茂盛，呈辐射状扩展；菌丝直径 2～8 μm，分枝不成直角，具隔膜；菌核初为乳白色，后变浅黄色至茶褐色，球形至卵球形，表面光滑有光泽。

5. 细菌尾腐根腐病

病原为 *Erwinia carotovora* subsp. *betavasculorum* Thomson，Hildebrad et Schroth，胡萝卜欧文氏菌甜菜亚种，属欧氏杆菌属细菌。菌体杆状，大小(1.2～2.5) μm×(0.6～0.8) μm，单生、双生或链状。无荚膜，无芽孢，周生 2～6 根鞭毛，G^-，兼性嫌气性。

(三)发病规律

引起甜菜根腐病的几种真菌主要以菌丝、菌核或厚垣孢子在土壤、病残体上越冬；病原细菌在土壤及病残体中越冬，翌年借耕作、雨水、灌溉水传播。主要从根部伤口或其他损伤处侵入。

6 月中下旬开始发病，7 月中旬至 8 月中旬进入发病盛期。该病发生情况与甜菜生育状况和环境条件关系密切，生育不良的根、畸形根、虫伤根、人为造成的伤根均有利于病菌侵入。7—8 月份雨多、土壤水分过大，或土壤过干，都易诱发该病。低洼地块，春季土壤温度低，甜菜生长缓慢，植株根系的细胞渗透压在低温中影响水分通过，造成细胞原生质被破坏，根系生长缓慢或停滞或损伤，而导致发病。品种间有明显抗病差异。细菌引起的尾腐根腐病伤口多、雨水多、排水不良地块发病重。

(四)病害控制

1. 培育和选用抗根腐病的甜菜品种

如甜研 301、甜研 302、甜研 303 等。

2. 加强栽培管理

改进耕作栽培方法，改善栽培环境，选择土壤肥沃，轮作时间长的平地或地下水位低的田块，避免重茬和迎茬，注意深耕、深松土，做到及时中耕，破除土壤板结层。干旱严重时要及时灌水，可大大减轻镰刀菌根腐病。防治细菌引起根腐病从注意选择地块、防治地下害虫减少伤口入手，加强肥水管理。

3. 化学防治

育苗移栽时用敌克松和五氯硝基苯进行土壤消毒。生长期必要时喷洒或浇灌 14%络氨铜水剂 300 倍液、47%加瑞农可湿性粉剂 800 倍液、12%绿乳铜乳油 600 倍液、95%绿亨 1 号(恶霉灵)4 000 倍液。

三、甜菜其他常见病害

见表 7-3。

表 7-3 甜菜其他常见病害

病害名称	诊断要点	发病规律
甜菜白粉病 (*Erysiphe communis*)	根、茎、花枝、种球均可受害。初期叶面出现白粉状小圆斑，之后整个叶面出现一薄层白粉；后期白色霉层中产生大量黑色小粒(闭囊壳)	以闭囊壳或菌丝体在种球或病残体及母根上越冬。分生孢子借气流传播。田间干旱、植株生长衰弱，尤其高温，甜菜缺水受旱易发病

续表 7-3

病害名称	诊断要点	发病规律
甜菜立枯病 (*Rhizoctonia solani* *Fusarium* sp. *Phoma betae*)	幼苗茎基部病斑柠檬色或浅褐色，稍凹陷，逐渐变细致幼苗萎蔫或猝倒；由茎点霉引起的黑脚病，病组织呈暗褐色干腐，引致幼苗近土表部位出土前腐烂或出土后猝倒	病原菌在土壤或病残体上越冬。以分生孢子或菌丝进行侵染。土壤温度低、湿度大，土质薪重，发病重
甜菜软腐病 (*Erwinia carotovora*)	根部软化，内部呈水渍状，稍变黄，有时有特殊酸臭气味	病菌在病残体、土壤中越冬。伤口侵入。借昆虫、雨水等传播进行再侵染
甜菜黄化毒病 (BMYV)	先由老叶顶端黄化，7～8 d 扩展致全叶变黄，叶厚而脆。后期在最早变黄的部位发生坏死	病毒在母根、菠菜、藜科和苋科杂草上越冬。由桃蚜和豆蚜传播。发生流行与毒蚜、蚜虫数量及影响蚜虫活动的气候条件有关
甜菜丛根病 (BNYVV)	病株为根毛坏死，次生侧根、根毛异常增生或陆续坏死，大量次生侧根和根毛成团集结，块根、侧根剖面维管束有黄褐色条纹，且地上部症状多变。生产上可进一步分为坏死黄脉型、黄化型和黄色焦枯型及黑色焦枯型 4 种类型	甜菜丛根病是由甜菜多黏菌传播的

四、甜菜病害综合防治

甜菜病害的防治应本着预防和减轻病害危害的策略，采取种植抗病(耐病)品种为主，结合农业防治和化学药剂防治的综合措施。

(一)育苗期防治

甜菜育苗前应彻底清除遗留在田间的病残体，认真做好育苗管理工作，选用适合当地种植的抗病品种。

1. 选用抗病品种

选用抗病品种是防治甜菜褐斑病、根腐病、丛根病和黄化病毒病等病害的一项重要措施。目前，我国甜菜产区普遍种植了自己培育的抗病品种，基本上控制了一些重要病害的流行，提高了甜菜产量和含糖量。抗甜菜褐斑病、根腐病的品种有：甜研 301、甜研 302、甜研 303、甜研 304、甜研 201、双丰 8 号、范育 1 号等，抗(耐)甜菜丛根病的品种有：内 C9203、工农 301、双斗 305 和德国的 5007、5075 等，抗丝核菌根腐病的遗传品种：FC101、FC102 等，抗(耐)黄化病毒病的品种有：工农 2 号、内蒙 3 号、甜研 3 号等，可因地制宜选用。

2. 做好育种工作

由甜菜黄脉坏死病毒引起的坏死黄脉型、黄化型和黄色焦枯型甜菜丛根病，提倡用纸筒育苗，偏酸性无病土育苗，以减少传毒介体的侵染。对黑色焦枯型丛根病则应从杀灭传播该病的长针线虫入手。应搞好土壤消毒，控制线虫的发生危害。用恶霉灵、甲基立枯灵、敌克松、退菌特等药剂以种子重量的0.8%拌种，能减轻苗期立枯病的发生，可以控制甜菜多黏菌的初次侵染，从而减轻丛根病的危害；育苗移植时用敌克松进行土壤消毒，对减轻根腐病用良好作用。

3. 合理选择种植地

选择地下水位较低，排水灌溉条件良好、土壤肥沃的平川土地种植，低洼潮湿、排水不良的地块不宜种植甜菜。种植甜菜年久的老病区，必须实行轮作，一般至少轮作4年以上，切忌重茬和迎茬。当年的甜菜地还应与前一年的甜菜地相距500～1 000 m。采种田必须与原料田分区种植或隔离种植。

4. 搞好田园卫生

秋季甜菜收获后，仔细清理田间遗留的病残体，作饲料或集中销毁或深埋，土壤实行深翻，消灭越冬菌源，减少第二年病菌的初侵染来源，可减轻甜菜褐斑病、根腐病、丛根病的危害。

(二)大田防治

甜菜移栽后大田生长期，应重点加强栽培管理，控制蚜虫发生及危害，发生初期及时施药防治。

1. 合理施肥，及时中耕松土

以足够的农家肥作底肥，播种时施磷酸二铵作种肥，可促进幼苗生长和根冠形成，增强植株抗病能力，对减轻根腐病有较好的作用。追肥时控制氮肥施用量，适当增施磷钾肥，及时中耕松土和采用行间深耕的方法，增强土壤的通气性，有利于调节土壤湿度，防止过旱或过湿，促进植株生长，促进根系发育，提高抗病能力。

2. 除草保苗，培育壮株

及时清除甜菜田的杂草，尤其是禾本科杂草，可减轻甜菜黄化病毒病的中间寄主、传毒蚜虫和越冬场所，在有翅蚜迁飞甜菜田之前喷施抗蚜威，对减少虫源和毒源，降低发病率都有良好作用。

3. 化学防治

根据对当地甜菜生产上病害的发生情况，有针对性地选用化学农药及时施药防治，控制病害蔓延。硫菌灵、甲基硫菌灵、复方多菌灵、异菌脲等对甜菜褐斑病有较好的防治效果；喷洒或浇灌络氨铜、加瑞农、恶霉灵等对细菌性烂尾病有较好的效果；病毒克星、甲壳素水剂和病毒宁等对黄化病毒病有一定的控制作用，最好在发病初期施用。

第五节 甘蔗病害

目前世界上已知的甘蔗病害达160多种，我国发现有60多种。对甘蔗生产造成较大影响的病害有：凤梨病、黑穗病、宿根矮化病、花叶病、黄斑病、红腐病、黑腐病等。

一、甘蔗凤梨病

甘蔗凤梨病(pineapple diseases of sugarcane)是一种重要病害，常使种茎受害不能发芽，造成田块出现缺苗而影响产量；也使贮藏的种茎受害引起腐烂，而造成严重损失。

(一)症状

凤梨病主要为害甘蔗种茎,也为害宿根蔗头。感病初期,种茎两端切口出现红色,数天后切口处变为黑色,纵剖种茎有凤梨(菠萝)香味,故称凤梨病。当菌丝通过茎节而侵入节间时,种茎节间变红褐色至黑褐色,种茎髓部变为黑色,导致组织和蔗芽坏死(图 7-24)。

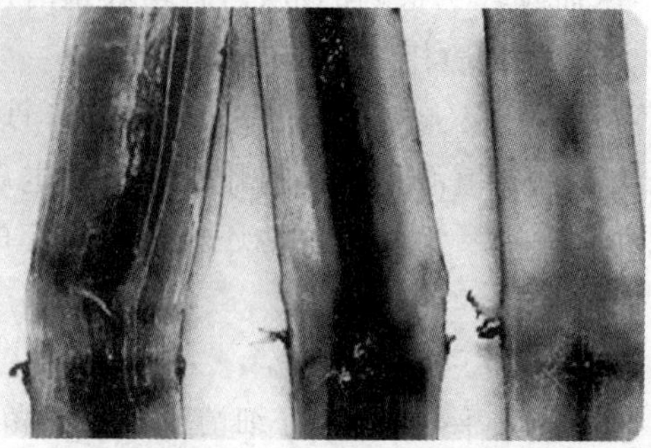

图 7-24 甘蔗凤梨病病茎剖面

(二)病原

无性态为 *Thielaviopsis paradoxa*(de Segnes) V. Höhnel,属无性菌类奇异根串珠霉菌,有性态为 *Cerotocystis paradoxa*(Dade)Moreau,为子囊菌长喙壳属奇异长喙壳菌。分生孢子长方形或短圆筒形,薄壁,初无色,后变褐色,为内生,以分生孢子梗末端口依次成串逸出;也能产生厚垣孢子,但不常见,厚垣孢子呈珠形、椭圆形,厚壁,黄棕色至黑褐色,周边有刺状突起。子囊壳由一球状体和一条长而细的嘴构成,球状体无色或淡色,嘴黑色发亮,子囊卵形或近棍棒形,内生单孢、椭圆形的子囊孢子 8 个(图 7-25)。

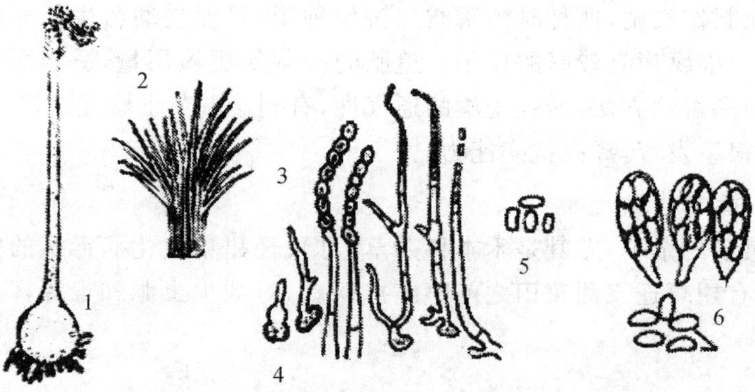

图 7-25 甘蔗凤梨病菌

1. 子囊壳 2. 子囊壳孔口须状菌丝 3. 大型分生孢子和分生孢子梗 4. 大型分生孢子萌发 5. 小型分生孢子和分生孢子梗 6. 子囊及子囊孢子

(三)发病规律

甘蔗凤梨病菌是以菌丝体和厚垣孢子在病组织中或与之在土壤中越冬。病菌从切口或伤口侵入,之后继续向内部组织扩展蔓延,使组织和蔗芽坏死。病菌可以随气流、水、昆虫、工作人员和工具等传播而引起多次再侵染。田间一般低温高湿是甘蔗凤梨病发生的主要诱因;其次是土壤和耕作制度,连作、地势低洼的地块发病重。

(四)病害控制

甘蔗凤梨病防治应以选用优质抗病品种为前提,药剂浸种消毒防病为中心,加强农业防治为辅助的综合措施。

1. 选用优质无病和抗病种苗

提倡选用无病的梢头苗，芽势强，萌发迅速，发病轻。高产优质的抗病品种是控制甘蔗凤梨病发生危害最为经济有效的手段，抗病品种有广东 3、粤蔗 64/395，Co281 等。

2. 加强栽培管理

冬春栽植甘蔗时，采用地膜覆盖，提高地温，使甘蔗早生快发，减少发病。精耕细作，土壤黏重、水位高的地块要破碎整平，开沟排水，下种后浅覆土。实行轮作。

3. 药剂防治

种苗浸泡后必须消毒，这是种植甘蔗成败的关键。栽植前用 2%石灰水或清水浸 1 d 后，再用 50%多菌灵可湿性粉剂或 36%甲基硫菌灵悬浮剂或 50%苯菌灵可湿性粉剂 1 000 倍液浸苗 5～10 min 消毒。窖藏的蔗苗可用 0.2%的上述药液淋浸切口。常发病的蔗区每 667 m^2 沟施石灰 75 kg。

二、甘蔗黑穗病

（一）症状

甘蔗黑穗病(sugarcane smut)又称甘蔗鞭黑穗病、黑粉病。该病最明显特征是病蔗梢头具一条向下卷曲的黑色鞭状物，长几厘米至数十厘米不等。病鞭在形成初期，外包一层白色薄膜，后破裂散出大量黑粉，最后只剩下心轴。感病种蔗萌芽早，叶细小，茎细长，分蘖增多，分蘖上也常长出鞭黑穗(图 7-26)。

图 7-26　甘蔗黑穗病症状

（二）病原

病原为 *Ustilago scitaminea* Syd.，称甘蔗鞭黑粉菌，属担子菌门真菌。其冬孢子近圆形，棕色或黑色，单胞，表面有凸起，萌发长出长短不一的担子。担子 3～4 个细胞，每一细胞产生 1 至数个担孢子。担孢子透明，椭圆形。

（三）发病规律

带菌土壤和宿根病蔗为病害初侵染源。冬孢子借气流、雨水、灌溉水和昆虫传播后，到达蔗芽的鳞片间，遇水后萌发形成侵染菌丝侵入蔗芽，菌丝经暂时休眠后随蔗芽萌发而恢复活动并随生长点蔓延，生长点受病菌刺激后形成白色鞭状物，后形成黑色冬孢子堆，散发的冬孢子可进行多次再侵染。

冬春干旱有利于孢子存活，春季高温多雨有利于黑穗病发生和流行。宿根蔗田比新植蔗田发病重，宿根年限越长，发病越重。氮肥施用过多发病重。

（四）病害控制

1. 选用抗病品种

病区可因地制宜选用抗病品种，如华南 56/12、粤糖 57/423、粤糖 63/237、川蔗 7 号、川蔗 11 号等。

2. 农业防治

实行轮作，与水稻、玉米、甘薯、花生或苜蓿等作物轮作。增加新植面积，种植无病种苗。病田不留宿根，病株残茬也要烧毁。从无病区调种，在病区要选留无病株的第一度梢头苗做种。在抽出黑穗前拔除病株，抽出黑鞭的要小心剪下放在塑料袋内，带出田外集中烧毁。施足基肥，注意氮磷钾肥合理配合施用。适时灌水，及时培土，防止倒伏，减少侧芽生长。

3. 药剂处理

种苗消毒，带菌种苗用 52℃热水浸种 18～30 min，加入 25%三唑酮可湿性粉剂或 80%喷克可湿性粉剂 500 倍液效果更好。也可用 1∶100 的 43%福尔马林液浸种 5 min，然后用薄膜覆盖闷种 2 h，或 70%代森锰锌可湿性粉剂 1∶500 倍浸种 5～7 min，也可用 3%石灰水浸种 24 h。

三、甘蔗其他常见病害

见表 7-4。

表 7-4 甘蔗其他常见病害

病害名称及学名	诊断要点	发病规律
甘蔗赤腐病 (*Colletotrchum falcatum*)	主要为害叶片、叶鞘、茎，叶片病斑四周红黑色，中部黄白色，其上具分散的小黑点；被害茎早期外部症状不明显，但茎纵剖时，可见蔗肉红色，中间有白色圆形或长形斑块，并有酸味	病菌以菌丝、分生孢子和厚垣孢子在蔗种和病株上越冬。病菌孢子借风雨、昆虫及流水传播，主要由伤口侵入。螟虫及飞虱为害重的地块发病重，冬春土壤过湿或偏酸发病重
甘蔗眼斑病 (*Bipolaris sacchari*)	蔗叶上病斑沿叶中脉扩大成为梭状，中央呈红褐色，四周有一狭窄黄色带环绕病斑，酷似“眼睛”。另外，病斑顶端常出现一条与叶脉平行向叶尖伸展的枯黄条纹，后变红褐色	病菌在田间病株和病残体上越冬，借助风雨传播，在适宜的温湿度条件下萌发，从植株的气孔或叶片上直接侵入。湿度是影响病害的关键因素，高湿(特别是连续阴雨或露水重)环境条件下易发病
甘蔗花叶病 (JGMV)	主要为害叶片，尤以新叶基部症状最为明显。一般出现黄绿相间不规则的嵌纹、条斑或斑驳，长短大小不一，布满叶片。病株叶色较健株浅，生长也缓慢，矮化明显	带毒的蔗种及田间病株是该病主要初侵染源。传毒介体主要是蔗刀和蚜虫。种植感病品种，在甘蔗生育期遇高温少雨环境是病害严重发生主要原因

四、甘蔗病害的综合防治

甘蔗病害的综合防治措施，包括抗病品种利用、栽培防治、生物防治和药剂防治等措施。

（一）选取优良品种及种子处理

在甘蔗品种的选择上，要选取优良的具备一定的抗病的品种。一般优先选用桂糖类的甘蔗品种，因这些品种具备大量的纤维，耐病虫侵袭。如桂引 9 号高抗黑穗病和花叶病，中抗赤腐病；另外，粤糖 63～237 抗黑穗病和锈病，粤引 9 号抗黑穗病和赤腐病，中抗花叶病；新台糖

16号对眼斑病抗性较好，但较感梢腐病。在甘蔗进行栽植的过程中，要对甘蔗种子进行一定程度的消毒处理，并按照规范严格执行浸种时长，从根本上杜绝病害的发生。建议使用脱毒蔗苗，在有条件的地方抗战优质品种的脱毒工作，建立无毒种苗基地，种植脱毒复壮种苗。

(二)严格检疫制度

在甘蔗种子调运的过程中，要严格检疫制度，一旦发现携带病菌的种子，尤其是黑粉病以种子带菌传播的病害，要及时进行检查处理，严控病区扩大。

(三)农业防治

1. 提升甘蔗的栽培技术

在甘蔗种植的过程中，要不断地提升甘蔗的栽培技术，提高甘蔗的栽培水平，在播种的过程中，要选择合适的播种期，根据经验，避开病虫害高发的季节。在甘蔗种植前，还应该对土地进行深翻处理，并利用日光照射来杀死土地中的病虫灾害。在甘蔗种植的过程中，还应该选择合适的肥料进行施肥处理，并提高灌溉的科学性，一旦发现甘蔗产区存在杂草，要及时进行除草工作，对于甘蔗叶面发黄，也需要进行及时的摘叶工作。

在甘蔗产区，一旦发现有病株的存在，要进行及时清理，将病株进行移除。如果病株只发生在局部地区，可将局部地区病株剪摘，以免导致危害扩散。

2. 合理套种和轮作

在甘蔗产区适当的栽植花生等植物，采用科学套种的方式，可以有效地提高土地利用率，还能利用这种套种植物，实现甘蔗产区病害的有效控制。

在甘蔗产区，虽然甘蔗是主要的种植物，但如果在同一产区或者在同一块地连续栽培甘蔗，不仅不利于甘蔗生产，还可能会为病害的发生发展提供良好的条件。所以要加强甘蔗产区的合理轮作制，减轻病害发生。可根据甘蔗产区的具体情况，实行“五年二甘蔗”或者“三年二甘蔗”的轮作制度。可与水稻、大豆、甘薯、花生等作物实行2年以上的轮作。避免与玉米、高粱等轮作、间作。

(四)药剂防治

发病初期，先将发病中心的病叶剪除销毁，及时在发病区周围喷洒农药，防止病菌的蔓延。用药防治害虫，减少因害虫危害造成的伤口，这样可有效减轻赤腐病、凤梨病的发生。

花叶病、黄花病等病毒病的防治重点防治介体昆虫，尤其蚜虫要及时喷药防治；同时在甘蔗生长期施用抗病毒药剂，增强甘蔗的抗病性。

第六节　茶树病害

茶树主要生产于热带或亚热带地区，气候温暖高湿，适合各种病菌繁衍和传播，因而茶树的病害种类较多，对茶叶产量和品质造成损害。据报道，我国茶树病害的种类有130余种，常见病害30余种，其中高温高湿的低纬度茶区发生的种类多、危害程度严重。由于我国种茶历史悠久，茶区面积大，生态条件差异明显，各地茶树病害种类不尽相同，有些病害是普遍发生的，如茶云纹叶枯病、茶轮斑病等，也有些病害的发生表现一定的区域特点，流行模式亦不一致。

一、茶云纹叶枯病

茶云纹叶枯病是最常见的茶树叶部病害之一，分布很广。一些主要产茶国如日本、印度、斯里兰卡、越南、坦桑尼亚以及牙买加等均有报道。国内各产茶省(自治区)均有发生。茶云纹叶枯病在树势衰弱的茶园发生严重，特别是丘陵地区植被少、土壤贫瘠的茶园发生更重，对茶树生长发育影响较大。

(一)症状

主要发生在成叶和老叶部位，有时也能侵染嫩叶、枝梢和果实。成、老叶上的病斑先出现在叶尖和叶缘，初为黄褐色、水渍状病斑，渐变为褐色、灰白相间的云纹状，最后形成半圆形、近圆形或不规则形，且具有不明显轮纹的病斑。病斑边缘褐色，病健分界明显或不明显。通常在病斑的正面散生或轮生许多黑色的小粒点，这是病菌的子实体。成、老叶上的病斑很大，可扩展至叶片总面积的 3/4，此时会出现大量的落叶，嫩叶、嫩芽病后，产生褐色病斑，并逐渐扩大，直至全叶，后期叶片卷曲，组织死亡；嫩枝发病后，出现灰色斑块，渐枯死，可向下扩展至木质化的茎部；果实上的病斑常为黄褐色，最后变为灰色，其上着生黑色小粒点，有时病斑开裂(图 7-27)。

图 7-27　茶树云纹叶枯病

(二)病原

茶云纹叶枯病菌为 *Guignardia camelliae*(Cooke)Butler，属子囊菌门球座菌属；其无性阶段为 *Colletotrichum camelliae* Massee，属无性菌类炭疽菌属。病斑上小黑点是病菌的分生孢子盘，生于叶片的表皮下，成熟时，突破表皮外露，并释放大量的分生孢子。分生孢子盘直径为 180～320 μm，盘内着生分生孢子梗，其大小为(9～18) μm×(3～5) μm，顶生 1 个分生孢子，梗丛中有刚毛间生。分生孢子长椭圆形或圆筒形，两端圆或略弯，无色，单胞，内含 1～2 个油球。

病菌于秋末冬初产生有性世代。子囊果球形或扁球形，壁膜质，有孔口，有时孔口呈乳头状突起，常埋生于病斑反面的海绵组织中，有时也埋生于病斑正面表皮下。子囊棍棒状，顶端略圆，基部有小柄。每个子囊内有 8 个子囊孢子，常排成 2 行，大多呈纺锤形、椭圆形或卵圆形. 两端圆或稍尖，无色，单胞，有 1～3 个油球(图 7-28)。

病菌的生长适温为 23～29℃，最高温度 40℃。对高温和低温的抵抗力均较强。在 −2～

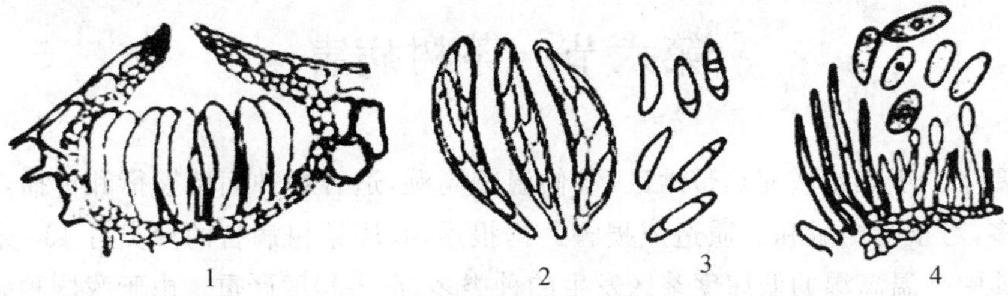

图 7-28　茶云纹叶枯病菌

1. 子囊壳切面　2. 子囊　3. 子囊孢子　4. 分生孢子盘和分生孢子

4℃低温下可存活30～60 d，致死温度60℃。生长最适pH为5.2～5.8。在人工培养基上培养的菌落初为白色，后逐渐变为墨绿色。据报道，在PDA培养基上把病菌先在低温(－2～4℃)下培养10 d，移至24℃下培养4 d，再放在室温下培养3周，可形成有性世代，而且发现紫外光对于囊果的形成和成熟有促进作用。

(三)发病规律

茶云纹叶枯病菌以菌丝体、分生孢子盘或子囊果在病叶组织或病残体中越冬。病残体中病菌存活期长短取决于枯枝落叶的腐烂速度。如果落叶早，再遇秋季多雨、温度偏高，残体腐烂快，病菌存活期较短，成为翌春初侵染源的可能性不大。埋于土中的病叶易腐烂，病菌也极易死亡。茶树上残留的病叶是翌春最主要的初侵染源。当温湿度条件适宜时，病叶上的分生孢子盘产生分生孢子，借风雨和露滴在茶树叶片间传播，在叶片表面萌发，长出芽管，从叶表的伤口、自然孔口侵入；亦可穿透角质层直接侵入。病菌侵入后，一般经5～18 d的潜育期，出现病斑。继后，病斑上又产生分生孢子，进行新一轮的侵染过程。在茶树的一个生长季节里，能进行多次再侵染。我国南方冬季气温较高，病菌无明显的越冬现象。分生孢子可全年产生，周年浸染。北方茶区病叶中发现有子囊果越冬的现象，但在病害的侵染循环中的作用远不及分生孢子盘和菌丝体重要。

该病属高温高湿型病害。在一定的温度范围内，病菌生长发育随着温度的升高而加速，潜育期缩短，病害流行速度加快。高湿多雨有利于孢子的形成、释放、传播、萌发和侵入，所以，降雨和高湿利于病害的发生和发展。当旬平均气温大于或等于26℃，平均相对湿度大于80%，如遇大面积感病品种，病害往往容易流行。就皖南、苏南等地茶园的发生情况来看，春季病菌往往在嫩叶上侵染，明显症状却表现在成、老叶上，一般高峰期出现在8月下旬至9月中下旬。湖南分别在5—6月份、9—10月份出现两个高峰。我国南方茶区，常遇台风袭击，茶树叶片上伤口较多，利于病菌的侵入，高温多雨的7—8月份常成为病害发生的高峰期。

茶树品种间存在明显的抗性差异。一般大叶种较中小叶种感病。在皖南茶区像凤凰水仙一类叶片较大的品种，发病率常年明显高于一些中、小叶种。据洪北边等对30份材料进行离体抗性鉴定，发现大叶种抗病性较弱，中叶种抗性较强。病害的潜育期与病情紧密相关，即病菌在某品种上潜育期越短，发病率越高，病情指数越大。

茶园管理水平与病害的发生发展密切相关。一般管理粗放、杂草丛生的茶园，病害发生较重。凡是土层浅、土质黏重，排水不良的茶园，茶树根系不发达，生长势衰弱，降低了树体自身的抗病性，病害容易发生和流行。长江中、下游一带的茶区往往遇到伏旱，茶树叶片常出现日灼斑，树体抗性大大削弱，再遇雨水、雾滴，病菌容易侵入，造成病害流行。

(四)病害控制

(1)建茶园时选择适宜的地形、地势和土壤。

(2)因地制宜选用抗病品种。如龙井、福鼎、台茶13号、毛蟹、清明早、瑞安白毛茶、铁观音、福鼎白毫、藤茶、梅占、龙井群体种等较抗病。

(3)秋茶采完后及时清除地面落叶并进行冬耕，把病叶埋入土中，减少下年菌源。

(4)施用酵素菌沤制的堆肥、生物活性有机肥或茶树专用肥提高茶树抗病力。

(5)加强茶园管理，做好防冻、抗旱和治虫工作，及时清除园中杂草。

(6)初夏气温突然升高,成叶、老叶罹病率10%～15%,喷洒75%百菌清可湿性粉剂800～900倍液或40%百菌清悬浮剂600倍液、50%苯菌灵可湿性粉剂1 500倍液、70%甲基硫菌灵可湿性粉剂1 000倍液、10%多抗霉素水剂或庆丰霉素100 mg/kg。

(7)非采摘茶园可喷洒30%绿得保悬浮剂500倍液或12%绿乳铜乳油600倍液、0.6%～0.7%石灰半量式波尔多液。

二、茶轮斑病

茶轮斑病是我国茶区常见的成叶、老叶病害之一,各大茶区都有分布。世界各主要产茶国家均有发生,其中日本发生较重。

(一)症状

主要发生于当年生的成叶或老叶。病害常从叶尖或叶缘开始,逐渐向其他部位扩展。发病初期病斑黄褐色,渐变褐色,最后呈褐色、灰白色相间的半圆形、圆形或不规则形的病斑;病斑上常呈现有较明显的同心轮纹,边缘有一褐色的晕圈。病健分界明显。病斑正面轮生或散生有许多黑色小粒点。如果发生在幼嫩芽叶上,自叶尖向叶缘渐变褐色,病斑不规则,严重时,病芽叶呈焦枯状,芽叶上散生许多扁平状黑色小粒点(图7-29)。

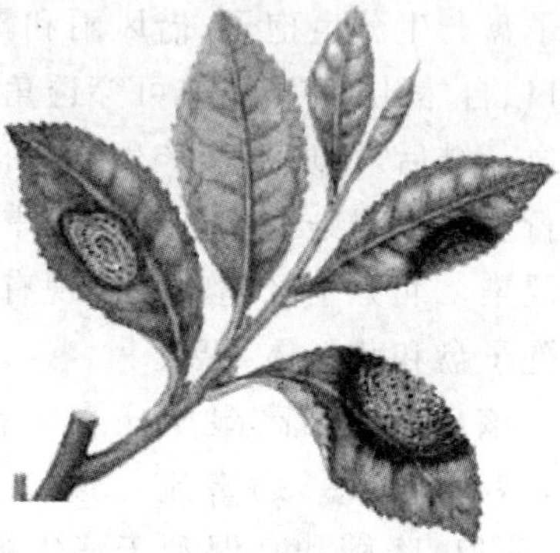

图7-29 茶轮斑病

(二)病原

茶轮斑病菌 *Pestalotiopsis theae* Sawata 属无性菌类拟盘多毛孢属真菌。病斑上的小黑点是病原菌的分生孢子盘,在病斑上常呈轮纹状排列,或散生在病斑上。其直径120～180 μm,着生在表皮下的栅栏组织间。分生孢子梗在子座上形成。无色,圆柱形、倒卵形,有层出现象。分生孢子纺锤形,4个分隔,5个细胞,分隔处有缢缩,中间3个细胞褐色,两端细胞无色。分生孢子的顶端有2～3根附属丝,其顶端稍膨大,无色透明。茶轮斑病菌的分生孢子比云纹叶枯病菌的分生孢子要大,加上有附属丝,显微镜下容易辨认。茶轮斑病菌在PDA上的菌丝体无色,有白色气生菌丝,菌丝层上形成分生孢子盘,并产生墨绿色的孢子堆。菌落上的分生孢子盘往往也呈同心轮纹状排列。光对于分生孢子盘及分生孢子的形成是必不可少的条件,只有在直接接受光刺激的部位才能产生(图7-30)。

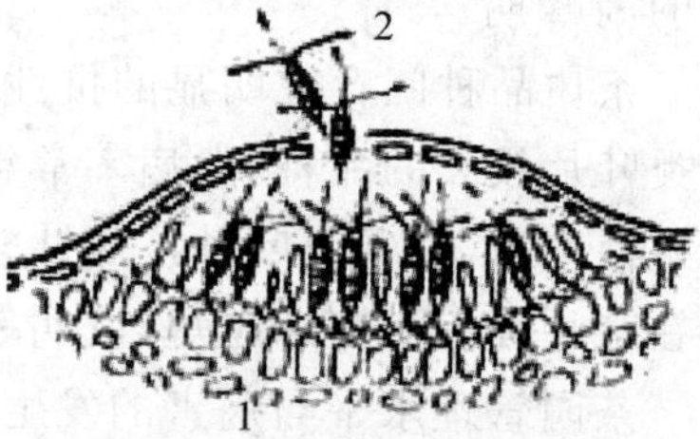

图7-30 茶树轮斑病菌
1. 分生孢子盘 2. 分生孢子

(三)发病规律

茶轮斑病菌属死体营养寄主菌,寄生性较弱,常侵害损伤组织和衰弱的茶树。病菌以菌丝体或分生孢子盘在病组织中越冬。翌春环境条件适宜时,产生分生孢子。分生孢子萌发引起初侵染,分生孢子萌发后主要从伤口(包括采摘、修剪以及害虫为害的伤口等)侵入,苗丝体在叶片细胞间隙蔓延,经1～2周后产生新的病斑。新病斑上又产生分生孢子盘和分生孢子。孢子成熟后由雨水溅射传播，进行多次再侵染。

茶轮斑病是一种高温高湿型病害。病原菌在温度28℃左右生长最为适宜，夏、秋季高温高湿利于该病的发生和发展。所以，皖南、苏南等茶区茶轮斑病的高峰期常出现在夏、秋季，高湿度条件利于孢子的形成和传播。9月，小雨不断，温度偏高，病害仍有蔓延的趋势。湖南在春末、夏初有一个发病高峰。

管理粗放、施肥不当或肥料不足、土壤板结、排水不良、树势衰弱的茶园发病往往较重。一些人为管理措施可以加重病害的发生，特别是采摘、修剪造成的大量伤口，为病菌提供了侵入途径。据日本报道，病菌均从嫩梢切口处侵入，由于修剪机、采茶机的普及导致茶园内大量发生茶轮斑病。

品种间存在明显抗性差异。云南大叶种、凤凰水仙、湘波绿等大叶种比龙井长叶、毛蟹、藤茶和福鼎等中、小叶种感病。曾莉在云南对34份大叶种材料进行了抗轮斑病的鉴定，结果表明，各材料间抗性有明显的差异。虽然未发现免疫或高抗材料，但发现了16份材料具有中等程度的抗性，占总数的47.1%。这也说明在大叶种中也可找到抗性材料。

该病害与茶云纹叶枯病间存在着互作关系。高旭晖等在连续7年(1987—1994年)的田间调查中发现，茶云纹叶枯病对茶轮斑病具有抑制作用，后者随着前者的上升而下降，随之下降而上升，呈明显的负相关。日本人在室内实验两病原菌同皿对峙培养和室外田间观察也发现同样的结论。

(四)病害控制

(1)选用龙井长叶、藤茶、茴香茶、毛蟹等较抗病或耐病品种。

(2)加强茶园管理，防止捋采或强采，千方百计减少伤口。机采或修剪，或者发现害虫后及时喷洒杀菌剂和 杀虫剂预防病菌入侵。雨后及时排水，防止湿气滞留，可减轻发病。

(3)进入发病期，采茶后或发病初期及时喷洒50%苯菌灵可湿性粉剂1 500倍液或50%多霉灵(万霉灵2#)可湿性粉剂1 000倍液、25%多菌灵可湿性粉剂500倍液、80%敌菌丹可湿性粉剂1 500倍液、75%百菌清可湿性粉剂600倍液、36%甲基硫菌灵悬浮剂700倍液，隔7～14 d防治1次，连续防治2～3次。

三、茶树其他常见病害

见表7-5。

表7-5　茶树其他常见病害

病害名称及学名	诊断要点	发病规律
茶炭疽病(*Gloeosporium theae-sinensis*)	发生于当年生的成叶上。一般从叶片边缘或叶尖开始，逐渐扩大，最后变为灰白色，病健分界明显近圆形病斑。后期在病斑正面散生许多细小的黑色粒点，是病菌的分生孢子盘	以菌丝体或分生孢子盘在茶园病叶上越冬。翌年春季病菌便产生分生孢子，分生孢子借风雨传播，有多次再侵染。该病菌只能侵染幼嫩叶片，从叶片茸毛基部侵入。茶炭疽病属高温、高湿型病害

续表 7-5

病害名称及学名	诊断要点	发病规律
茶赤叶斑病 (*Phyllosticta theicola*)	主要为害当年生的成叶。病斑多从叶尖、叶缘开始，病斑不规则形，呈红褐色至赤褐色，边缘有深褐色隆起线，病健分界明显。后期病斑上生许多黑色小粒点	病菌的菌丝体和分生孢子器在病叶组织中越冬。翌年适宜条件下产生分生孢子，分生孢子借风雨传播，侵染当年成熟叶片，引起发病。以后又可不断地进行多次再侵染。凡 6—8 月持续高温，降水量少，茶树易受日灼伤的最易发病
茶白星病 (*Phyllosticta theaefolia*)	主要在嫩叶、嫩芽、幼茎上发生。发病初期，叶面呈现红褐色小点，边缘有淡黄色晕圈，病健分界明显。成熟病斑中央灰白色，其上散生黑色小粒点。新梢上受害，病斑呈暗褐色，后渐变为圆形灰白色病斑。重时，病部以上组织全部枯死	以菌丝体或分生孢子器在活体病叶组织中越冬。翌年春季病菌产生分生孢子，经风雨传播，在水湿条件下萌发进行侵染。主要从茶树幼嫩组织的气孔或叶背茸毛基部细胞侵入，可多次再侵染
茶褐色叶斑病 (*Cercospora* spp.)	主要发生于叶缘、叶尖。初生褐色小点，后扩大为不规则形或半圆形的暗褐色斑块，病健部分界不明显，湿度大时有块状灰色霉层，干燥时病部常呈小黑点状	病菌的菌丝体或子座在病叶组织或病株残体上越冬。翌年春季产生分生孢子，并借风雨传播，侵害茶树叶片引起发病。以后以分生孢子不断进行再侵染。此病为低温高湿型病害
茶煤病 (*Neocapnodium theae*)	主要发生在茶树中、下部的成叶、老叶上。叶片正面病斑黑色圆形或不规则形，严重时黑色煤粉状物覆盖全叶。有时向上蔓延至幼嫩枝梢芽叶上，后期在煤层上簇生黑色短茸毛状物	以菌丝体、分生孢子器或子囊果在病叶中越冬。翌春产生分生孢子或子囊孢子，随风雨传播，落到粉虱、蚜虫和蚧虫类的分泌物上，吸取养料生长繁殖，再次产生各种孢子，又随风雨或昆虫传播，引起再侵染。病害发生的轻重与害虫发生数量的多少紧密相关
茶藻斑 (*Cephaleuro viorescens*)	病部形成较隆起的灰绿色毛毡状物。病斑多呈圆形或近圆形，稍隆起，具纤维状纹理，边缘不整齐。病斑于叶片正反面均可发生，以正面为多，多时可形成不规则形大斑	以营养体在病叶上越冬，翌春产生孢子囊和游动孢子，孢子借风雨传播，有多次再侵染。病原是一种弱寄生藻，高湿多雨利于该病的发生
茶根结线虫病 (*Meloidogyne* spp.)	在根部形成肿瘤，即虫瘿。瘤状物小的如油菜籽大小，大的似黄豆。若主根早期受害，侧根、须根少发或不发。病部变粗糙，根结表皮破裂，后期常因土壤内其他微生物的侵染，引起全根腐烂	茶苗根结线虫以幼虫在土壤中或以成虫和卵在病根的根结中越冬。病根与病土均可通过人为活动作远距离传播。根结线虫病的发生与土壤状况关系密切。2 龄幼虫为侵染幼虫；通过土壤或虫瘿组织到达新根

四、茶树病害的综合防治

随着茶园面积的不断扩大，种茶时间的延长，茶园病虫害种类呈增加的趋势，逐渐成为实现茶叶优质高产高效的威胁。随着科学技术的不断进步，病害防治技术也有了很大发展。但是依赖单一方法要想解决茶树病虫害的防治问题是不可能的。因此茶树病虫害的综合防治被提出，并符合我国现阶段的植物保护方针“预防为主，综合防治”。

（一）农业防治措施

农业防治是茶树病害综合防治的基础，通过农事操作，有目的地定向改变某些环境因子，使之不利于病害的发生与为害，达到防病保护茶树的目的。它具有预防和长期控制病害的作用。在设计和应用上既要满足茶叶生产的需要，又充分发挥其对病害的调控作用。茶园病害综合防治应提倡以农业技术为基础。

1. 避免大面积单一栽培，丰富茶园群落结构

大规模的单一栽培，易诱发特定病害的猖獗，茶叶生产的实践也说明了这一点。凡是大面积单一栽培的茶园，某些病害流行和扩散的概率就大。如茶饼病、茶白星病等在大面积茶园中往往发生较重。对于自然条件较差的丘陵和平地茶园，要采取植树造林、种植防风林、行道树、遮阳树，增加茶园和周围的植被。如海南和云南的茶与橡胶间作，长江流域的茶与柑桶、茶与梨树、茶与乌柏树间作等。部分茶园还应该调整作物布局，退茶还林、退茶种果。这样使茶园成为较复杂的中态系统，从而改善茶园的生态环境，增强茶园小气候和茶园环境的稳定性，有利于恢复和维持茶园生态系统平衡。

2. 优化茶园生态环境，增强茶园自然调控能力

选择自然条件较好，植被丰富，气候适宜的山区和半山区建立茶园。同时，由于环境的多样性，生物群落结构复杂，病害的优势种也不容易造成大的危害，因而化学农药的使用也会相应减少。山坡开辟茶园可推广“山顶戴帽子，山脚穿鞋子，山腰围裙于”的模式，即山顶保留一定的植被，山脚留出道路和缓冲带，山腰开辟茶园。这样有利于水土保持和生态环境的多样性。

3. 选育和推广抗性品种，增强茶树抗病能力

选育和推广抗性品种是防治病虫害的一项根本措施，各地要因地制宜选用优质抗病茶叶品种。茶树品种间抗病性差别很大，如单宁含量高、叶片厚且硬的品种，对茶炭疽病有较强的抗性；大叶种、叶片厚且柔软多汁的品种最易感染茶饼病。在推广抗性品种时，要根据各地的气候、土质、适制茶类，尤其是要了解主要病害与品种的关系等来选用。并加强各种病害的综合抗性研究，使“垂直抗性”向“水平抗性”发展。

4. 加强植物检疫，严防危险性病害远距离传播

茶根结线虫、茶饼病等都能随苗木传播。调运前应进行检查，最好从无上述病害茶园调运。对有病害的苗木、插穗在出圃后要采取有效防治措施（如化学药剂熏蒸、浸根）才能调运。

5. 增施有机肥，严格控制化肥的使用

合理施肥，增施有机肥是促进茶树生长、提高茶树营养的需要，也有助于提高茶树的抗病害能力。如施肥不当，某些病害易发生，尤其是要防止过量施用氮肥、偏施氮肥。土壤肥力不足，茶树抗性降低，也会使病害加重。秋、冬季节，茶树处于休眠状态，茶园可进行翻耕施肥。

基肥应以农家肥、沤肥、堆肥、枯饼等有机肥为主，适当补充磷、钾肥。厩肥、粪肥等有机肥要经腐熟才能施用。每年茶叶生产季节可及时适量追施生物菌肥和复合肥。有机茶园要严格禁止化学肥料的使用。对茶饼病、茶白星病等叶部病害发生严重的茶园，可配合使用磷酸三氢钾、增产菌等进行叶面施肥。

6. 及时采摘，抑制芽叶病害的发生

芽叶是茶叶采收的原料，营养物质高，病虫发生也严重。达到采摘标准，要及时分批多次采摘。茶饼病、茶芽枯病、茶白星病等多种重要病虫主要发生在幼芽嫩梢上，经过采摘，可减少病害的侵染寄主。

7. 合理修剪、台刈控制枝叶上的病害

茶饼病、芽枯病、白星病等主要发生在幼芽嫩梢上，藻斑病、炭疽病、云纹叶枯病等主要发生在成熟的叶片上，这些叶部病害均可发生在上、中、下层叶片上。而苔藓、地衣等主要发生在中、下层的枝干上，通过不同程度的轻修剪、深修剪、重修剪，可以剪去其寄生在枝叶上的病原菌。

8. 及时排灌，加强茶园水分管理

排水不良的地块，不宜选作苗圃。地下水位高或靠近水源的茶园要开沟排水，及时排水不仅有助于茶树生长，对茶根腐病、白绢病、藻斑病等有明显的抑制作用。高温干旱季节，菜园缺水会引起赤叶斑病的发生，茶园灌水或喷灌可以减轻病害的危害。

(二)生物防治措施

目前发现枯草芽孢菌株(*Bacillus subtilis*)TL2 对茶轮斑病菌的防病效果好。从茶树体内分离筛选出的有益微生物芽孢杆菌(TBM)，其对茶树有增强抗逆性和增产的效应，在室内和田间试验研究结果：不仅对茶树病害具有一定抑制作用，而且促进茶树芽叶提早生长和增产。在肯尼亚，有研究者已从茶园土壤中筛选出 11 种木霉菌，另外从西黄松树根际发现了 2 种寄生线虫的真菌，能够有效地防治茶树根腐病菌的为害。

(三)化学防治措施

化学防治是其他防治措施的补充。茶园用药要比其他作物更加严格，应根据靶标病虫发生情况，合理使用。优先选用生物农药和植物诱抗剂，化学农药应选择高效、低毒、低残留农药品种，对剧毒、高毒、残留期较长的农药，禁止在茶园推广使用。

(1)常年发病的茶园可结合冬季封园喷施 0.5 波美度的石硫合剂。

(2)可在春茶萌发至展叶期，喷洒 75%百菌清 800 倍液(95～125 g/667 m^2)，或 70%甲基托布津 1 000 倍液(75～100 g/667 m^2)。

(3)早春或晚秋发病初期开始喷洒 0.6%～0.7%石灰半量式波尔多液或 0.5%的 96%以上硫酸铜液或 30%绿得保悬浮剂 400 倍液或 12%绿乳铜乳油 600 倍液。

(4)春茶结束后，在病害盛发前喷药保护，可选用 25%灭菌丹 400 倍液，50%苯菌灵 1 000～2 000 倍液，75%百菌清 800 倍液，70%甲基托布津 1 000 倍液。

复习思考题

1. 如何区别棉花枯萎病和棉花黄萎病？两者发生规律有何异同？

2. 棉花苗期病害有哪些？简述症状特点。
3. 烟草黑胫病的主要症状特点是什么？影响烟草黑胫病流行的因素有哪些？
4. 蚜虫传播烟草病毒病的特点是什么？根据这一特点，对我们的防治工作有何启示？
5. 简述烟草赤星病的病害循环过程以及如何防治烟草赤星病的危害。
6. 简述茶树上主要病害症状特点，制定一个茶树病害的综合防治方案。
7. 甜菜褐斑病的症状特点有哪些？如何防控该病害？

第八章　油料作物病害

第一节　大豆病害

大豆是我国重要的油料作物，播种面积逐年增加。但由于病害的危害，减产严重。目前世界上已经报道的病害种类有120种，其中真菌病害60多种，病毒病害28种，线虫病害20种，细菌病害10种，植原体病害3种，高等寄生植物2种。我国已报道的有50多种。其中，发生普遍、危害严重的有大豆胞囊线虫病、花叶病、霜霉病、疫霉根腐病和一些叶斑病类，每年因病害造成的损失在10%左右，严重的可高达30%以上。

一、大豆灰斑病

大豆灰斑病(soybean frogeye leaf spot)又名蛙眼病，世界各地大豆产区均有发生，多数不造成危害。但在有的年份可严重危害。1947年在美国印第安纳州曾流行此病，1985年及1986年在黑龙江省严重为害，全省受害面积达134万hm^2，病粒率一般在20%以上，重者达50%～70%。每年因灰斑病减产2.5亿kg。病害不仅影响产量，籽粒斑还影响外观，品质变劣，使商品豆降价，出口受限制。病粒发芽率降低，含油量降低约2.9%，蛋白质含量降低约1.2%。

(一)症状

主要危害叶片，也可侵染幼苗、荚、茎和种子。带菌种子长出幼苗，子叶上病斑明显，多是半圆形、圆形、稍凹陷，深褐色。多雨年份病斑可蔓延至生长点，使幼苗枯死，但这种情况较少见；天气干旱，病斑不发展，仅限于子叶。叶片发病，初为褪绿小圆斑，后逐渐扩展为边缘褐色，中央灰色或灰褐色、直径为1～5 mm的蛙眼状病斑(图8-1)。有时病斑也可扩展至椭圆形或不规则形的。潮湿时叶背中央密生灰色霉层(分生孢子梗和分生孢子)。病重时病斑合并，布满叶片，使叶片枯死，脱落。茎上病斑为椭圆形或纺锤形，荚上病斑为圆形或椭圆形，稍凹陷，因豆荚表面多毛，肉眼不易见到霉层；种子上病斑明显，多为圆形蛙眼状，与叶斑相似。病轻时仅产生褐色小点。

图8-1　大豆灰斑病

(二)病原

病原为大豆尾孢菌 *Cercospora sojina* Hara，属无性菌类尾孢属。分生孢子梗 5～12 根成束从寄主气孔伸出，不分枝，淡褐色。有膝状屈曲，孢痕明显。分生孢子圆柱形或倒棍棒状，无色透明，基部钝圆，顶端尖细，具 1～9 个隔(图 8-2)。分生孢子萌发时从两端细胞长出芽管，有时也从中部细胞长出。

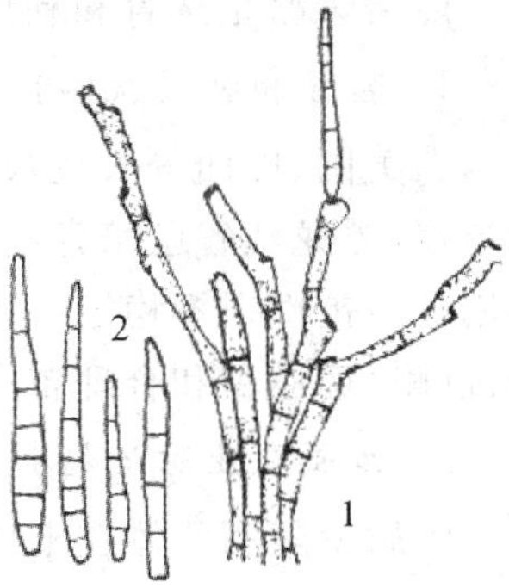

图 8-2　大豆灰斑病菌

1. 分生孢子梗　2. 分生孢子

病菌生长最适温度 25～28℃，温度范围 15～32℃。孢子萌发适温 28～30℃，温度范围为 10～40℃，适温下分生孢子在水中 1 h 即可萌发。病菌在 PDA 培养基上生长缓慢，产孢量少。在利马豆琼脂培养基上产孢比在 PDA 培养基上高 10 倍。

灰斑病菌寄主范围较窄，除大豆外，仅能侵染野生大豆。病菌有明显的生理分化现象，在美国采用 16 个鉴别寄主，共鉴定出 11 个生理小种。我国黑龙江省筛选出 6 个鉴别寄主，鉴定出 11 个小种，并初步确定它们在黑龙江省分布。1 号、7 号和 10 号分布最广，其出现频率分别为 50%、22%和 9%。

(三)发病规律

此病以菌丝体在种子或病残体上越冬。种子带菌对病害流行关系不大，而病残体为主要初侵染来源。表土层的病残体越冬后遇适宜环境可产生分生孢子进行初侵染，田间主要靠气流传播。带菌种子长出幼苗，子叶上可出现病斑，温暖潮湿时病斑上长出分生孢子或土表层残体上产生大量分生孢子侵入寄主引起发病。分生孢子寿命较短，在干燥情况下，叶面降落的分生孢子 2 d 后侵染率降低 26%，4 d 降低 94%，6 d 失去侵染力。由初侵染产生的病斑上产生大量分生孢子，借气流传播，成为田间再侵染源。在适宜条件下，再侵染频繁，易造成病害流行。

大豆灰斑病的发生流行与品种抗病性有关。品种抗性对发病程度有明显的影响。如高感品种“红丰 3 号”“荆山璞”大豆在田间发病早、蔓延快、病斑多。籽粒的抗性与叶部反应不一致，如合丰 24 号叶部病情比合丰 22 严重，但籽粒感病率却比较轻，前者 33.3%，后者 68.2%。其原因可能与荚部感病时期的长短及所遇环境条件有关。灰斑病菌适应性较强，生理分化现象明显，抗病品种抗性容易发生变化。

气候对灰斑病发生与流行影响较大。当春季平均气温达 17℃以上病残体表面湿润时就可产生分生孢子。温度影响潜育期，20℃时潜育期 12～16 d，25℃为 7～8 d，30℃为 6～7 d。病菌孢子只能在水中萌发，在田间只有当叶面湿润保持一定时间，孢子才能侵入寄主。侵染要求的叶面湿润时数与温度有关，适温下要求的叶面湿润时数短，温度越低，要求的叶面湿润时数越长。最适温度下 25～28℃叶面湿润 2 h 即可侵入。在适温范围内，湿度 98%以上 4 h 开始形成孢子，湿度保持时间越长，形成孢子数量越多。

地势低洼易积水，田间湿度大，发病重，病叶与病粒率均高于平地和岗地。连作地一般发病较重。在大流行年，由于条件特别适合，轮作的作用也不明显。老病区发病普遍重于偶发区。大豆灰斑病病粒率的多少和轻重与大豆豆荚受侵染时间有关，结荚初期侵染占总病粒率的 70%左右，甚至可占 90%左右，而在结荚盛期或鼓粒中后期感病的，病粒率只占总病粒率的

10%左右。

(四)病害控制

防治策略是选育和利用抗、耐病品种,加强农业防治和药剂防治。

1. 选育和利用抗(耐)病品种

在美国、巴西等大豆灰斑病育种已在生产上广泛推广应用。我国抗灰斑病的大豆抗性资源丰富,黑龙江省已培育出较多抗病品种有的已在生产上大面积推广,对控制病害流行起显著作用。但抗性很不稳定,持续时间短,需经常监测各地病菌生理小种组成的变化,以便选择新的抗(耐)病品种和合理布局,防止抗性退化。

2. 加强农业防治措施

因病菌随病残体在土壤越冬,因此合理轮作,避免重茬迎茬,收获后及时清除散落田间的病残体并翻耕,对减少越冬菌量和防控该病害都有明显效果。另外,要合理密植,加强田间管理,清除田间杂草,降低田间湿度。

3. 药剂防治

根据气象预报和病情发展,做好药剂防治准备。一般于结荚与籽粒形成期为易感期,即结荚盛期喷药控制籽粒病害。常用的药剂有40%多菌灵、70%甲基硫菌灵、50%退菌特、75%百菌清等。

二、大豆胞囊线虫病

大豆胞囊线虫病(soybean cyst nematode)又称黄萎病,俗称“火龙秧子”。美国、日本、朝鲜等国均有发生。我国主要分布于东北、华北及河南、安徽、江苏、山东等到地,一般减产10%~20%,重者可达30%~50%,甚至颗粒无收。该病是我国目前大豆上危害最大、发生最普遍的一种病害,尤其在黑龙江、吉林等省的西部干旱地带发生普遍,黑龙江省三江平原各大农场发病面积占45%,超过53万hm^2,有的地方因大面积严重发生而毁种,致使5~6年不能种植大豆。

(一)症状

在大豆整个生育期均可危害。

大豆受害后,植株明显矮化,叶片褪绿变黄,瘦弱,似缺水、缺氮状。病株根系不发达,根瘤稀少并形成大量须根,须根上附有大量白色小颗粒,即线虫的胞囊(雌成虫),后期胞囊变褐色,并脱落土中。病株根部表皮常被雌虫胀破而被其他腐生菌侵染引起根系腐烂,使植株早枯(图8-3)。病株叶片常脱落,结荚少或不结荚,籽粒小而瘪,质量严重下降。

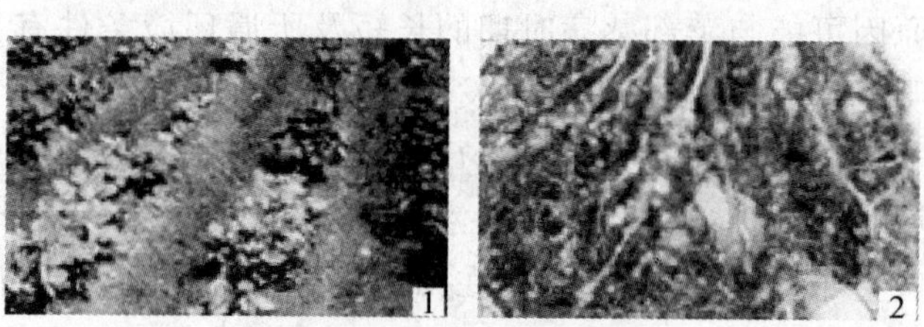

图8-3　大豆胞囊线虫病症状

1. 田间为害状　2. 受害植株根部

(二)病原

病原为大豆胞囊线虫 *Heterodera glycines* Ichinoche,属异皮科胞囊线虫属。线虫的卵初为蚕茧形,一侧微弯。形成于雌虫体内,贮存于胞囊中。幼虫分4龄,脱皮3次后变成成虫。

1龄幼虫在卵内；2龄幼虫破壳而出，雌雄难分，均为线状，线虫在土中自由活动数周后从根冠侵入寄主；3龄幼虫雌雄可辨，雄虫仍为线状，雌虫腹部膨大成囊状；4龄幼虫形态与成虫相似。成虫雄虫线状，雌虫梨形(图8-4)。

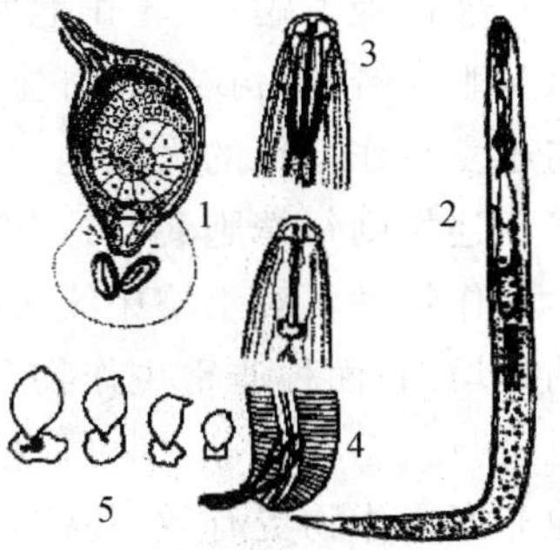

图8-4　大豆胞囊线虫

1. 雌虫及卵囊　2. 雄虫　3. 头部　4. 雄虫尾部　5. 胞囊及卵囊

线虫发育温度范围为10～35℃，适温为17～28℃，10℃以下幼虫不能发育，31℃以上幼虫开始衰退，至35℃时幼虫不能发育为成虫。在适温范围内，温度越高，幼虫发育越快，完成一个世代所需日数就越少。胞囊线虫对干旱的抵抗力较强而对高温的抵抗较弱。发育湿度一般以土壤湿度60%～80%为最适宜，土壤过湿，氧气不足，线虫容易死亡。

胞囊线虫生殖方式为雌雄交配，交配后产卵在雌虫体内，一般可产卵200～500粒。雌虫尾部形成胶质、不定型的卵囊，卵囊中的卵粒几天内即孵化成为1龄幼虫。

除危害大豆外，大豆胞囊线虫还可危害小豆、绿豆、白羽扁豆。其他多为不常见作物和杂草：金沙草、水棘针、苜蓿、野豌豆、野生大豆等，多数杂草线虫只能侵入而不能繁殖。大豆胞囊线虫有生理分化现象，美国1983年报道以3号和4号小种为主，也有1号和5号小种。我国黑龙江及吉林为3号、辽宁兼有1号和3号小种，山东、山西、安徽、江苏为4号小种，此外安徽还发现5号小种，山东、河南发现7号小种。

(三)病害循环

大豆胞囊线虫主要以胞囊在土中越冬，带有胞囊的土块也可混杂在种子间成为初侵染来源。胞囊抗逆性很强，可保持侵染力达8年。线虫在田间传播主要通过田间作业时农机具和人、畜携带含有线虫或胞囊的土壤，其次为排灌水和未经充分腐熟的肥料。线虫本身活动范围极小，在土中一年仅能移动30～65 cm。种子中夹杂的胞囊在贮存条件下可存活2年，种子的远距离传播是该病传至新区的主要途径。美国还发现鸟类可远距离传播线虫，胞囊和卵粒通过鸟的消化道仍可存活。

胞囊中的卵在春季气温变暖时开始孵化为1龄幼虫，1龄幼虫存在卵壳内，2龄幼虫冲破卵壳进入土壤，雌性幼虫从根冠附近侵入寄主根上经皮层进入中柱，其唾液使原生木质部或附近组织形成愈合细胞，堵塞导管。线虫则以吻针插入愈合细胞吸收营养。经3龄、4龄期幼虫发育为成虫。其后雌虫体随着卵的形成而肥大成柠檬状，即大豆根上所见的白色球状物。后期雌虫体壁加厚，呈褐色越冬胞囊。在根中发育为4龄幼虫，不再取食，发育成的雌成虫重新进入土中自由生活，性成熟后与雄虫交尾。

大豆胞囊线虫因土温差异每年发生的代数不同，一般认为东北为3～4代，上海为10代左右。在5 cm土层内温度在17.8～23.3℃时，胞囊线虫一代需24～41 d。

(四)发病条件

此病的发生和流行主要决定于土壤条件、耕作制度、气候条件和作物种类等。通气良好的沙土和沙壤土，或干旱瘠薄的土壤有利于线虫生长发育；黏重土壤，氧气不足，线虫死亡率高；碱性土壤更适于线虫的生活。据调查，当pH=5时，线虫几乎不能繁殖；pH高的土壤中胞囊数量远高于pH低的土壤。

连作地发病重，轮作地发病轻。由于禾谷类作物的根分泌能刺激线虫卵孵化的物质，使幼虫从胞囊孵化后找不到寄主而死亡，因此与禾本科作物轮作可使土壤中线虫数量急剧下降。与小麦轮作3年的大豆地，每株只有胞囊0～15个，而2年连作的地块每株胞囊50～90个，而多年连作则每株胞囊高达70～150个。

作物种类对土壤中线虫的增减有明显影响。在有线虫的土壤中，种植寄主植物，线虫数量明显增加；而种非寄主作物，线虫数量急剧下降。如种植线虫能侵染而不能繁殖的作物，如菜豆、豌豆、三叶草等，则可促使线虫卵孵化，但不增加后期胞囊数量，这种植物比休闲或种植其他非寄主作物更有效，往往称这类作物为"诱捕作物"。

土温影响线虫发育速度。10℃以下线虫停止发育，35℃以上不能发育成成虫。适温范围内温度越高发育愈快。

（五）病害控制

防治策略是首先注意防止把虫源传到无病区。在病区应采取以合理轮作和加强栽培管理，种植抗、耐病品种，辅以药剂防治的综合措施。

1. 选育抗、耐病品种

目前我国栽培品种中尚无经济性状好的高抗品种，但品种间对胞囊线虫的抗性存在着显著差异。我国曾对4 000多份材料进行抗性鉴定，结果感病占60%以上，高抗的很少。虽也发现一些品种如黑龙江省的小黑豆、辽宁的长粒黑、山东省齐河小老鼠眼黑豆等免疫或高抗品种，但它们都是小粒黑豆，品质差、产量低、生育期长，尚未发现可作抗源的大粒黄豆。在生产上利用耐病品种可增产10%～15%，但耐病品种只能减轻当年受害不能减少土壤中胞囊数量。美国曾从2 800个原始材料中筛选出了"北京"等抗源都来自我国，说明我国抗源丰富。用这些抗源与优良品种杂交，或将黑大豆抗性基因转移到黄大豆中，选育出适于各地种植的抗病黄大豆品种前途光明。河南省对当地推广的大豆品种进行了抗性鉴定，结果发现晋豆31、齐黄5号、邯豆10号、商丘7680、跃进5号耐病性较强。

2. 加强栽培管理，及时消灭虫源

轮作是防治胞囊线虫病最主要措施。轮作年限一般不能低于3年，实践证明，轮作年限越长，效果越好。一般与禾谷类作物等非寄主植物轮作，有条件的地方实行水旱轮作防病效果更好。在大豆播种面积大的地区，轮作还可与种植抗病品种相结合。即轮作制中加入一季抗病品种或诱捕作物如绿肥作物等，可减少轮作年限提高防病效果。适当增施有机肥料，提高土壤肥力，促进植株生长，可减轻线虫危害。在高温干旱年份注意适当灌水，效果尤为明显。

3. 药剂防治

目前可用于防治大豆胞囊线虫的杀线虫剂有3类：种衣剂（含呋喃丹等杀线虫剂）、熏蒸剂和非熏蒸剂。大面积应用种衣剂，省时省事，防效明显。

熏蒸剂，如25%DD混剂，有效成分用量为120～150 kg/hm^{2}于播前15～20 d处理土壤，防效较好，但运输使用困难，已很少使用；二溴氯丙烷，有效成分用量45 kg/hm^{2}于播前10 d施入深20 cm沟中随即覆土播种。非熏蒸剂，有涕灭威、呋喃丹、力满库等，3%呋喃丹颗粒剂有效成分用量为30～45 kg/hm^2，随播种一齐施入土壤，防效显著。还可用复合药剂防线1号（13%灭克磷＋甲拌磷）及甲基异硫磷，其效果与以上药剂相似。也可用甲基异硫磷拌种，其用量为种子量的0.3%～0.5%，也有较好效果。

三、大豆紫斑病

大豆紫斑病(soybean purple seed stain)广泛分布于世界各地，1979 年美国南方 15 个州减产 5 亿 kg，巴西曾因此病减产 15%～30%。我国各大豆产区均有发生，南方重于北方，温暖地区较严重。病粒除表现醒目的紫斑病外，有时龟裂，瘪小失去生活能力，感病品种紫斑粒率 15%～20%，最高可达 50%以上，严重影响豆粒质量和产品质量。

(一)症状

主要危害豆粒和豆荚，也侵害幼苗、叶片、茎秆。

幼苗期子叶发病，形成云纹状近圆形褐色斑。

成株期叶片发病，初生紫色圆形小点，后沿中脉或侧脉两侧逐渐扩大成受叶脉限制而成多角形或不规则形病斑。病斑中央灰褐色，边缘紫色，大小约 2 mm，严重时可合并成大块枯死组织。天气潮湿时，病斑两面密生灰色霉层(分生孢子梗和分生孢子)。

茎及叶柄病斑长条形或梭形，红褐色，常合并成不规则形。严重时整个茎或叶柄呈紫黑色，边缘不清晰。

图 8-5　大豆紫斑病

豆粒上症状发病轻时，在脐周围形成浅紫色斑纹，严重时，种皮大部分呈深紫色，常有龟裂条纹(图 8-5)。

(二)病原

病原为菊池尾孢 *Cercospora kikuchii*(Matsumoto et Tomoyasu)Chupp，属无性菌类尾孢属真菌。病菌子实体生于叶片正反两面，子座小，褐色；分生孢子梗分枝或不分枝，多数束生，淡褐色或浅褐色，多隔膜，孢痕显著，具 0～2 个膝状节；分生孢子无色，鞭形至圆筒形，直形或弯曲，基部截形，顶端略尖，隔膜 20 个以上。

病菌生长最适温度 24～28℃；分生孢子形成适温 23～27℃，萌发温度 16～31℃，最适温度为 28℃。分生孢子在水中 2 h 可萌发，3 h 后萌发率达 90%。分生孢子的每个细胞均能萌发，以两端萌发较多。病菌在胡萝卜浸汁大豆培养基上可大量产孢，但在 PDA 培养基产孢很少。

(三)发病规律

此病主要以菌丝体潜伏在种皮内越冬，也可以菌丝和分生孢子在病残体上越冬，成为第二年初侵染源，但以种子带菌为主。播种带菌的种子，10 d 后子叶便出现褐色龟裂，在幼茎上看到病斑。在病残体上越冬的菌丝和分生孢子遇适宜环境可成为初侵染源。

紫斑病在田间主要靠气流和雨水传播。播种病种子后，病菌从种皮扩展到子叶产生大量的分生孢子，气候适宜时病残体和病株上产生的分生孢子随气流和雨水传播到叶片、豆荚和子粒上，从气孔、伤口和表皮直接侵入寄主引起发病，田间有多次再侵染。

紫斑病的发生与流行主要决定于品种抗性、栽培条件和耕作制度。大豆紫斑病在田间发病最适温度为 28～30℃，长期高湿有利于发病。尤其是 8 月份结荚期多雨高湿，温度适宜有利于病害流行,大豆开花期和成熟期的适宜气候与紫斑病的发生有密切关系。

连作地,植株密度大,田间通风透光差发病重;反之,发病轻。

(四)病害控制

防治策略是以农业措施为基础,选育抗病品种,种子处理,辅以田间喷药的综合防治措施。

1. 选育和利用抗病品种

品种间抗性存在差异,各地均有较抗病品种,野生大豆抗性较强,各地可因地制宜选用抗病、优质、丰产的大豆品种。

2. 耕作栽培措施

合理轮作,大豆收获后,及时清除病残体,深翻地,促进病残体腐烂。选用无病种子,减少初侵染源。

3. 种子处理

用种子量0.4%的40%拌种双,0.5%～0.8%的50%福美双等药剂拌种,也可用2.5%适乐时悬浮种衣剂。

4. 田间喷药

开花结荚初期,可喷施40%多菌灵、70%甲基硫菌灵、65%代森锌等杀菌剂。

四、大豆根腐病

大豆根腐病(soybean root rot)在大豆整个生长发育期都能发生,并可引起大豆根部腐烂,是一种世界性土传病害。大豆根腐病主要危害大豆根系,减弱植株根系对土壤中水分和养分的吸收,使大豆减产10%～60%,严重时甚至绝产。在中国大豆产区黑龙江、安徽、福建等地都有大豆根腐病的发生,其中以黑龙江省东北部地区发生最重。近年来,随着大豆种植面积不断扩大,大豆重茬和迎茬情况严重,根腐病病情越来越难控制。

(一)症状

大豆感染根腐病后,在大豆生长到复叶期时地上部分的叶片由下而上逐渐变黄,植株矮化,结荚少,严重时植株死亡;地下部侧根从根尖开始变成褐色、水浸状并逐渐变褐腐烂,主根下半部先出现褐色条斑,逐渐扩大,表皮及皮层变黑,严重时主根下半部分全部腐烂。不同的病原菌引起大豆根腐病的症状也不相同。

1. 镰孢菌根腐病

危害大豆时,首先从根尖开始变色,主根下半部出现褐色条斑,病斑多不凹陷,以后逐渐扩大,表皮及皮层变黑坏死,有时根和茎的中下部维管束变为淡褐色,在潮湿条件下,病部表皮出现白色或粉红色霉层,部分病株还产生红色子囊壳,严重时主根下半部全部烂掉,造成整株死亡。

2. 丝核菌根腐病

在种子萌发前侵染时,引起烂种,出苗后侵染则出现立枯,检查茎基部及地下根部可看到褐色至红褐色、不规则形的凹陷病斑,严重时病斑绕茎引起环割,引起严重缺苗断垄。

3. 腐霉菌根腐病

则引起根部呈现褐色的湿腐病斑,病斑呈椭圆形,略凹陷,茎基部常呈水渍状,细缩变软,迅速猝倒死亡。

4. 疫霉菌根腐病

在大豆的任何生育阶段都可发生。在高湿条件下引起烂种、烂芽。苗期发病则在近地表茎部出现水渍状病斑、根系腐烂、叶片变黄萎蔫、严重时猝倒死亡。成株期受侵染后叶片自下而上逐渐变黄并很快萎蔫，植株死亡后叶片仍不脱落，近地面茎部产生黑褐色（巧克力色）病斑，并可向上扩展至 10～11 节，茎的皮层及髓变褐，中空易折断，根腐烂，根系极少；病株结荚数明显减少，空荚、瘪荚较多，籽粒皱缩（图 8-6）。

图 8-6　大豆疫霉菌根腐病

1. 萌发期发病　2. 苗期发病　3. 成株期发病

（二）病原

1. 镰孢菌根腐病

病原有尖孢镰孢菌 *Fusarium oxysporum* Schlecht、燕麦镰孢菌 *F. graminearum*(Fr.)Sace.、茄腐镰孢菌 *F. solaui* (Martius) App. et Wr.、木贼镰孢菌 *F. equseti*(Corda) Sacc.、三隔镰孢菌 *F. tricinctum*(Corda) Sacc.、壳生镰孢菌 *F. episphaeria*(Corda) Sacc.，均属于无性菌类镰孢属真菌。病菌产生两种类型分生孢子，大型分生孢子镰刀形或新月形基部有足细胞，多具有 3～5 个分隔；小型分生孢子卵圆形或椭圆形，单胞或双胞（图 8-7）。有些种类可产生厚垣孢子。

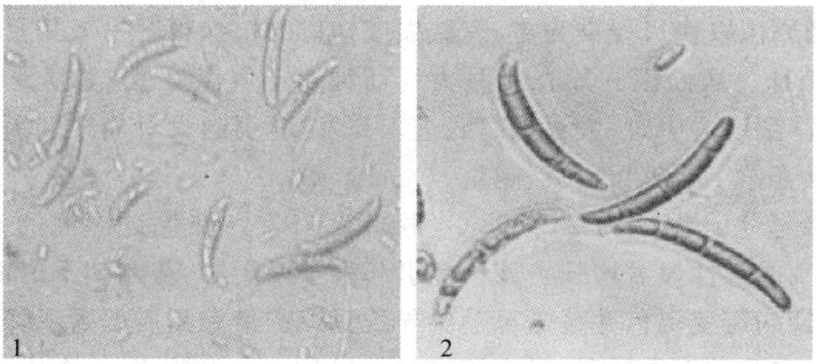

图 8-7　大豆根腐病菌

1. 尖镰孢菌　2. 茄镰孢菌

2. 丝核菌根腐病

病原为立枯丝核菌 *Rhizoctonia solani* Kühn.，属无性菌类丝核菌属真菌。菌丝淡褐色，蜘蛛网状，粗壮分枝处呈直角、缢缩，分枝不远处有分隔，后期产生鼠粪状菌核。

3. 腐霉菌根腐病

病原为终极腐霉菌 *Pythium ultimum* Trow.,为腐霉属卵菌。菌丝白色,无隔膜,纤细。游动孢子囊球形,产生于菌丝状孢子囊的顶端。

4. 疫霉菌根腐病

病原为大豆疫霉 *Phytophthora sojae* Kaufmaun & Gerdemaun,属卵菌门疫霉属。有性态产生卵孢子,卵孢子球形,壁厚而光滑。卵孢子在不良条件下可长期存活,条件适宜可萌发形成芽管,发育成菌丝或孢子囊。卵孢子为同宗配合,雄器多侧生。孢子囊萌发可产生游动孢子,也可直接形成芽管。游动孢子是主要侵染源。孢囊梗分化不明显,顶生单个卵形、无色,单胞孢子囊,无乳突(图 8-8)。

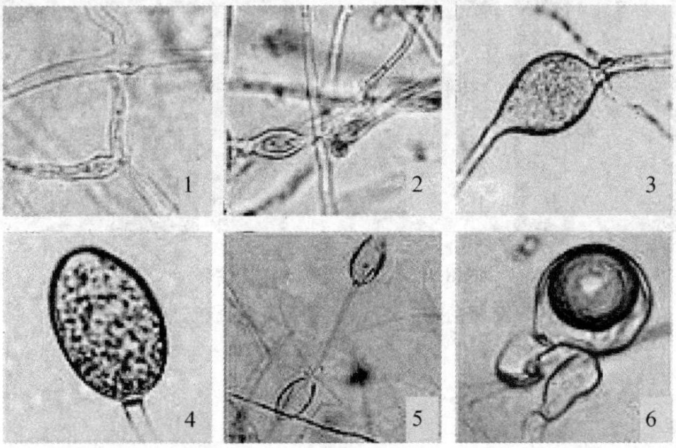

图 8-8 大豆疫霉根腐病菌

1. 菌丝分枝处呈近直角,基部缢缩 2、3. 菌丝膨大体 4. 游动孢子囊 5. 内层出游动孢子囊 6. 雄器侧生卵孢子

(三)发病规律

大豆根腐病病原菌:镰孢菌、疫霉菌、腐霉菌和丝核菌都是土传真菌,以休眠菌丝、卵孢子或菌核等随病残体越冬度过不良环境,在土壤中存活期很长。

大豆根腐病病原菌以伤口侵染为主,有破损或伤口的植株很容易被其浸染,但不易通过自然孔口直接侵染植株。病原菌一般在 4 月大豆播种期土壤温度低、湿度大时侵染大豆植株。在 5、6 月温度适宜、湿度适中时,大豆根腐病进入高发期,引起大豆侧根变黑腐烂,病株开始大量枯萎死亡。大豆连作年限越长,发病越重。

大豆疫霉菌最适生长温度为 24～28℃,最高为 35℃。在保证湿度的条件下,温度高于 30℃时,大豆疫霉菌的毒性显著增强。该菌能引起种子腐烂,幼苗期茎干出现油渍状斑点且叶片发黄萎蔫,成株期病斑变褐色并蔓延至荚尖导致豆荚产量和品质严重下降。

镰孢菌根腐病主要在春季低温、降水较多时易发病。大豆根腐病镰刀菌主要为害大豆植株皮层的维管束系统。且该菌在代谢过程中通过产生毒素危害大豆,导致幼苗期植株根、茎部位产生褐色或红褐色长条不规则病斑,病株发黄变矮,根系不发达,叶片提前脱落,结荚少而且小,甚至造成植株萎蔫死亡,产量和质量明显下降。

腐霉菌侵染引起的大豆根腐病在中国东北及黄、淮海大豆产区都有发生。这种根腐病虽不及镰孢菌引起的根腐病发生普遍,但危害性更大。腐霉菌以腐生的方式在土壤中可长期存活，其菌丝体和卵孢子可在病组织和土壤中越冬，在不良环境下主要以卵孢子越冬。高温、高湿条件有利于腐霉菌引起的根腐病发生，发病部位以及附近的土壤表面有白色棉絮状菌丝体，并呈油滑状外观。而在较干燥的条件下，腐霉菌侵染植株根系和近地面幼茎部分，导致病株生长缓慢、黄化，引起出土前或出土后幼苗猝倒、根部腐烂。

立枯丝核菌主要为害大豆幼苗根系及近地面茎部，造成大豆染病部位收缩、干枯，病株呈萎蔫状，随之逐渐枯死。

(四)病害控制

1. 选育抗(耐)病品种

由于根腐病菌从大豆种子发芽期到生长中后期都能侵染大豆，所以选育优良的抗(耐)病品种是防治大豆根腐病十分有效和可靠的方法。目前，中国已经筛选和鉴定出多个抗(耐)病大豆品种，种质资源十分丰富，抗性品种(系)有冀豆 17、绥农 10、东农 3 号、垦农 4 号、嫩丰 13 号等；耐病品种有鲁豆 6 号、临 338 、豆交 5986-4069 和 86-31004 等。

2. 生物防治

至今已发现的大豆根腐病生防菌主要为真菌、细菌和放线菌 3 大类。其中研究最多、应用最广泛的是木霉菌，它对大豆根腐病有明显的防治效果，且能促进植物生长。大豆根腐病生防细菌主要有芽孢杆菌(*Bacillus*)、假单胞杆菌(*Pseudomonas*)等植物促生菌。而放线菌链霉菌及其变种大部分都能产生对病原菌具有抑制作用的次生代谢产物，如链霉菌产生的链霉素等。

3. 农业防治

实行大豆与禾本科作物 3 年以上轮作，尽量避免重茬、迎茬，以降低发病率；完善排水系统，以降低田间湿度；及时进行中耕培土，促进地上茎基部侧生新根的形成，以促进植株生长；提高土壤质量，增加有机肥和磷、钾及微肥用量，提高大豆植株根部的抗病和耐病能力；及时清除田间的病株残体和积水，防治大豆植株根部害虫以减少根部的伤口。

4. 化学防治

用 35％多克福种衣剂按药种比 1：80 拌种，不但能控制苗期各种致病菌引起的根腐病，还对大豆孢囊线虫和地下害虫有一定的防效。也可将该种衣剂与益微增产菌混用，益微增产菌在大豆体内经过 1 个月寄生和繁殖达到高峰期，可减少大豆根腐病的侵染和危害，且促进大豆幼苗生长、抗旱、抗寒、抗叶部病害。

药液灌根或喷施，以灌根效果为好。18％的福克悬浮剂、36.8％的阿多福悬浮剂和 40％的卫福悬浮剂在重病区的防效高达 90％以上，并且能有效降低大豆根腐病的发病率，其中以阿多福悬浮剂防效最好。

此外，大豆根腐病在物理防治上可采取田间盖膜晒土，这对镰刀菌引起的根腐病有较好的防效，可使田间发病率降低 65％，病菌存活率可降低 41.6％，效果比土壤熏蒸消毒要好。

5. 加强检疫

疫霉菌根腐病尚属于局地发生病害，并可随种子调运远距离传播，各地要做好种子的检疫工作，无病区不从病区引进种子，病区引种也要控制种子带菌，防治进一步扩展蔓延。

五、大豆花叶病

大豆花叶病(soybean mosaic)是世界各地大豆上的一种普遍发生的重要病毒病害。该病在日本、朝鲜、苏联、北非均为影响产量重要的因素。我国东北三省生产田中发生的病毒病中花叶病占90%以上，山东占80%。皖北、江汉平原、山东等地因此病减产40%以上。该病不仅引起减产还使质量下降，所导致的种皮斑驳形成褐斑粒，使商品豆降价，影响出口。

(一)症状

症状因寄主品种、病毒株系、侵染时期和环境条件的不同差别很大。主要症状类型有：

轻花叶型：肉眼观察有轻微淡黄色斑驳，抗病品种和后期感病植株多表现此状。

重花叶型：病叶呈黄绿相间斑驳，严重皱缩，叶肉呈突起，叶缘向后卷曲，叶脉坏死，植株矮化，暗绿色。

皱缩花叶型：叶片皱缩、歪扭，叶脉泡状突起，植株矮化，结荚少。

黄斑型：轻花叶和皱缩花叶混生。

芽枯型：病株顶芽萎缩卷曲，呈黑褐色枯死，发脆易断，植株矮化。开花期花芽萎缩不结荚，豆荚多畸形，上生圆形或不规则形的褐色斑块。

褐斑粒：花叶病在种子上的表现，病株种子常产生斑驳，斑纹为放射状或云纹状。病株种子受气候或品种的影响，有时无或很少有斑驳。

(二)病原

病原为大豆花叶病毒(*Soybean mosaic virus*，简称SMV)，属马铃薯Y病毒组(*Potato virus* Y)。病毒线状，大小(650～725) nm×(15～18)nm。病毒在寄主体外稳定性较差，钝化温度55～65℃，稀释限点为10^{-2}～10^{-3}，体外保毒期为1～4 d。血清反应和交互保护作用证明，SMV与普通豆花叶病毒和豆类黄化花叶病毒很相近。

SMV寄主范围很狭窄，除侵染大豆外还能侵染细茎豆类，如蚕豆、豌豆、紫云英并显症。在绿豆和某些菜豆品种上无症带毒。野生寄主有田菁、白羽扁豆、洋刀豆等。

(三)发病规律

大豆花叶病毒主要在种子内越冬成为第二年的初侵染来源。种子带毒率的高低与品种感病性和不同生育期的气候条件有关。感病品种的种子带毒率高，重者可达100%；在大豆感病的生育期内，感病愈早，种传率越高；大豆开花前发病种子带毒率高，多数品种盛花期以后受病种子不再传毒，但某些高感品种初荚期发病仍有较低种传率。

气温直接影响潜育期，适温条件下潜育期短，流行速度快。平均气温29.5℃，潜育期4 d；24℃时为6 d；18.5℃为14 d，但温度高于30℃时病株可出现隐症现象。所以气温较高的黄淮流域比东北发病重。带毒种子不一定都形成褐斑粒，即种子表面无褐斑不一定不带毒。

该病在田间主要通过介体传播引起多次再侵染。已证明有30多种蚜虫传播，如大豆蚜、桃蚜、玉米蚜、棉蚜等。介体蚜虫的发生时期、数量和迁飞着落频次和距离直接影响田间病害的发生早晚、流行速度和为害程度。SMV还可通过汁液摩擦传播。

(四)病害控制

防治策略应采用不带毒种子，选育抗病品种和治蚜防病的综合防治措施。

1. 建立无病留种田，选用不带毒种子

建立无病田，提倡在无病田留种。种子田防病措施一是播种前严格筛选，清除褐斑粒；二是大豆生长期间彻底拔除病株；三是种子田应与周围毒源(大豆及其他寄主作物)隔离100 m以上，以防外源传播；四是避免晚播，使大豆易感期避开蚜虫高峰期。

2. 选育抗病品种

我国现有栽培品种中多数属高感品种，目前也选育出一些抗病品种如铁丰 18 号（辽宁）、科系 8 号（黄淮地区）、吉林 3 号、绥农 3 号（黑龙江）等，可因地制宜选用。

3. 治蚜防病

大豆花叶病发生流行与蚜虫数量和高峰出现早晚关系密切，所以将蚜虫消灭在点片阶段，才能取得防病效果。除用药剂灭蚜外，新疆用银灰薄膜放置田间驱蚜，防病效果达 80%，此法适用于小规模田应用。

六、大豆菌核病

大豆菌核病（soybean sclerotinia stem rot）也称白腐病，在世界各地均有发生。国外主要分布于巴西、加拿大、美国、匈牙利、日本、印度等国。我国以黑龙江、内蒙古大豆产区发病重，发病率可达 60%～100%，可造成绝产。

（一）症状

从苗期至成熟期均可发生，以花期危害严重。

地上部发病，可产生苗枯、叶腐、茎腐、荚腐等症状，最后导致全株腐烂死亡，严重影响产量。

幼苗发病，茎基部呈湿润状变褐，潮湿时病部生长出絮状菌丝，病部干缩呈黄褐色，苗倒伏枯死，表皮撕裂状。

叶片发病，多从植株下部叶片开始，初为暗绿色水渍斑，后渐扩展成圆形或不规则形斑。病斑中心灰褐色，边缘暗褐色，外具黄色晕圈。潮湿时产生絮状菌丝，叶片腐烂，可提早脱落。

图 8-9　大豆菌核病

茎秆发病（主要侵染部位），多从茎中下部分枝处开始，病斑褐色，水渍状，后褐色变浅近白色，故称白腐病。病斑不规则形，可扩展环绕茎部并上下蔓延，造成折断。潮湿时亦产生絮状菌丝，其中形成黑色鼠粪状菌核（图 8-9）。后期干燥时茎部皮层纵向撕裂，维管束外露呈乱麻状。严重时全株枯死，颗粒不收，病轻时部分枯死，种子不饱满。豆荚发病，形成水渍状不规则病斑，潮湿时产生絮状菌丝，病荚内外均可形成菌核。

（二）病原

病原为核盘菌 *Sclerolinia sclerotiorum*（Lib.）de Bary，属子囊菌门核盘菌属真菌。病菌不形成无性孢子，菌丝集结成粒状菌核，一般为圆柱状、鼠粪状或不规则形。菌核表面黑褐色，内部浅粉色，经长期干燥后变米黄色。菌核萌发先形成褐色子囊盘柄，顶端膨大成子囊盘，一个菌核可陆续形成 1～30 个子囊盘。子囊盘浅褐色，肉质。子囊棍棒状，无色，内生 8 个斜列成一排的子囊孢子，子囊孢子单胞，无色透明，椭圆形。在子囊间杂生丝状侧丝，无色。

菌丝生长温度范围为 0～30℃，以 18～25℃最适。形成菌核温度范围为 5～30℃，适温为 10～25℃；菌核萌发温度范围为 5～20℃，土壤相对湿度范围 70%～80%。菌核萌发不需要光照，但形成的子囊盘柄必须有足够的散射光才能膨大形成子囊盘。菌丝生长最适 pH 2～8，子囊孢子形成的最适 pH 6.0～9.7。缺乏氮素时，菌丝生长衰弱，形成菌核少，反之则菌丝生长茂盛，形成菌核多。碳素营养供应不足时，也影响菌丝和菌核的正常生长发育。

子囊孢子对温度的适应范围较广，在－1～35℃ 范围内都可发芽，以 5～20℃ 时发芽最快，侵入适温为 15～25℃。子囊孢子耐干燥，在干燥环境下经 2 个月后，只要有 85%以上的大气湿度，子囊孢子发芽率仍为 100%。但日光直射 4 h，子囊孢子即丧失发芽力。

大豆菌核病菌寄主范围很广，能侵染 64 科 225 属 383 种植物，而以豆科、十字花科、锦葵科、茄科为最重。该菌生理分化现象不明显，变异较少。

(三)病害循环

此病以菌核在土壤、种子、堆肥和病残体内越冬或越夏。土壤和病残体内的菌核是此病主要初侵染源。大豆菌核病在田间主要靠气流传播，即气候适宜时土壤表层的菌核陆续萌发产生子囊盘，子囊盘成熟释放大量子囊孢子，喷射高度可达 80 cm，飘浮在空气中，随气流传播，侵染大豆茎及其他部位。此病以初侵染为主，再侵染对本病影响不大。在相对湿度达 85%以上的田间小气候条件下，受害茎叶的菌丝体通过接触或气流传播引起再侵染。混杂在种子间菌核可随种子调运远距离传播。

大豆菌核病菌的子囊孢子在大豆植株表面萌发后产生压力胞，并借助侵入丝机械压力直接侵入寄主，或通过伤口和自然孔口侵入寄主。侵入寄主的菌丝在寄主细胞间蔓延，并分泌果胶酶、纤维素酶和毒素，使病部软化、腐烂、落花、落果。该菌不能直接侵染健康的茎叶而只能侵染花瓣及老叶、黄叶。所以茎、叶上的病斑先发病于中下部。

(四)发病条件

此病的发生与流行主要决定于气候条件、栽培和耕作制度等。

地表温湿度直接影响菌核的萌芽，子囊盘的形成和子囊孢子的成熟；空气湿度则影响子囊孢子的萌芽与侵入。由于大豆菌核病菌对温度的要求范围较广，所以流行的关键是湿度。据东北农业大学报道，大豆开花期旬降雨量 50 mm，发病率高达 30%以上；旬降雨量 30 mm，发病率为 15%左右；旬降雨量 17 mm，病害不能流行；旬降雨量 10 mm，基本不发病。

此外，空气相对湿度，寄主生育期和田间植株郁闭程度均影响田间小气候，也影响发病程度与流行。

田间有效菌核数量越多，发病越重。田间土壤菌核数量的多少决定于土壤、肥料、病残体和种子带菌核的数量。因此，连作地发病重，轮作地发病轻。在气候相同条件下，连作大豆发病率高达 76%，而轮作 2 年地块发病率低于 20%。而且土壤中菌核的存活数量和存活率随轮作年限延长而锐减。轮作的作物以禾本科作物为好，不能与向日葵、油菜和其他十字花科蔬菜轮作。

田间排灌良好、通风透光地块发病轻，而积水、低洼地植株密度大发病重；偏施过量氮肥，植株徒长，或田间郁闭早发病重；深翻可将土表层菌核深埋土下，阻止菌核萌发形成子囊盘；中耕培土也能破坏和阻止子囊盘形成。

(五)病害控制

防治策略应采用以农业防治为基础的综合防治措施。

1. 选用无病种子和抗病品种

从无病田留种或用过筛法严格选种，清除种子中菌核，避免通过种子作远距离传播。大豆品种间存在抗性有差异，但至今未发现高抗或免疫品种，各地可因地制宜选用抗(耐)病品种。

2. 加强栽培管理，清除初侵染源

由于土壤和病残体中的越冬菌核是主要初侵染源，再侵染又影响不大，因此清除初侵染源，在疫区实行 3 年以上轮作是防治此病的关键措施。一般与禾本科作物轮作 1 年就有明显效果，避免连作或与向日葵、油菜等轮作或隔作。病田收获后应深翻，并清除或烧毁残茬。大豆封垄前应及时中耕培土，防止菌核萌发出土或形成子囊盘。注意排淤治涝，平整土地，开沟排水，防治积水和流水传播。

3. 药剂防治

在菌核萌发出土后到子囊盘形成盛期，即在大豆开花期，于土表喷洒杀菌剂，主要有：50％菌霜(菌核净＋福美双)、50％速克灵、50％多菌灵、50％农利灵或 70％甲基硫菌灵等。

七、大豆其他常见病害

见表 8-1。

表 8-1　大豆其他常见病害

病害名称及学名	症状要点	发生规律
大豆褐斑病(*Septoria glycines*)	主要危害大豆叶片，从下向上蔓延；病斑多角形，褐色，具轮纹，散生小黑点。茎、叶柄上病斑短条状	以菌丝体在病叶、茎和种子上越冬。通过风雨传播，有多次再侵染；温暖、潮湿、密植是发病有利条件
大豆炭疽病(*Colletotrichum destructivum*)	主要危害茎秆、豆荚。病斑近圆形或不规则形，灰褐色，上生小黑点，略呈轮纹状排列	以菌丝体在病残体和种子上越冬。借风雨传播进行再侵染
大豆立枯病(*Rhizoctonia solani*)	幼苗主根或茎基部形成红褐色略凹陷病斑，皮层开裂呈溃疡状；严重时茎基部变褐，绕缩折倒枯死	以菌丝和菌核在土壤中越冬。直接或从伤口侵入根；多雨、地温低、低洼地，重茬地发病重
大豆轮纹病(*Ascochyta glycines*)	主要危害叶片，产生圆形或近圆形褐斑，后中央褪为灰褐色，有同心轮纹，散生小黑点	在病残体上越冬。借风雨传播，种子也可传病；幼苗长势弱，多雨，重茬病重
大豆锈病(*Phakopsora Pathyrhizi*)	主要危害叶片，散生黄褐色夏孢子堆，破后散出茶褐色粉末，后期产生黑褐色冬孢子堆	以夏孢子越冬越夏；阴雨天多，湿度大有利病害发生
大豆细菌性斑点病(*Pseudomonas savastanoi* pv. *glycinea*)	主要危害叶片。初为水渍状斑，逐渐变褐，扩大成黄色大斑，边缘具黄绿色晕环，易破碎	病菌在种子和病残体上越冬。翌年引起幼苗发病；借风雨传播；暴风雨后易流行
大豆细菌性斑疹病(*Xanthomonas axonopodis* pv. *glycinea*)	侵染幼苗、叶、茎；初为小斑点，后变深褐色，有褪绿晕环，叶背有透明发亮菌脓	病菌为地毯草黄单胞菌大豆致病变种，其他同细菌性斑点病

八、大豆病害的综合防治

大豆病害种类较多,不同大豆种植区病害发生的种类和危害程度不一样,目前,国内其中发生较普遍,且危害严重的有大豆胞囊线虫病、根腐病、灰斑病和病毒病。细菌性斑点病、霜霉病、褐斑病和疫霉根腐病在局部地区发生严重。各地可根据当地大豆病害种类和流行规律,有应针性地制定一套病害综合防治措施。

(一)种植抗病、耐病品种

种植抗病和耐病品种是控制大豆病害的根本措施。黑龙江、山东等地利用我国丰富的大豆资源,针对当地主要病害的种类和病原物生理小种的变化进行了品种抗性鉴定,并在此基础上,培育出一批抗(耐)病品种供生产部门使用,如黑龙江省培育出的抗线1～3号大豆品种和合丰系列品种能分别有效的控制大豆胞囊线虫和疫霉病的危害;合江农科所首先育成的合丰系列抗灰斑病品种,如合丰27、28、29、30、32、34号等,在病害发生区通过种植抗灰斑病品种,灰斑病得到了有效控制。

(二)轮作换茬

轮作换茬可以降低土壤中病原物初侵染或再侵染的数量,从而减轻病害的发生。大豆胞囊线虫、根腐病、疫霉病、菌核病等病害的病菌可以在土壤中越冬,将大豆与水稻,小麦、玉米等和谷类作物轮作3年以上,防病增产效果明显。在生产上可以根据当地的实际情况采用麦—杂粮—大豆、麦—麦—大豆—杂粮等轮作制度。同一地块连续种植抗线虫病品种4～5年,就可出现新的生理小种,所以抗病品种要与非寄生作物或其他抗病类型品种轮作,保持品种的抗性的相对稳定性。大豆与水稻轮作是防治线虫病一种较好的防治措施,但是这种措施在一些种植区不易实施。

(三)种子处理

大豆病害中有很多病害如病毒病、霜霉病、菌核病、紫斑病、灰斑病能够通过种子带菌传播,做好种子处理工作是防治此类病害的关键措施。通过精选种子、药剂拌种、种子包衣等技术措施,可以减少种子中病源菌数量,提高种子出苗率,有利于培育全苗,壮苗,减轻苗期病害的发生。在病害发生严重的地方,播种前应严格筛选,清除褐斑种粒。用可杀得浸种可以预防细菌性病害发生,用大豆种衣剂包衣,对许多真菌病害有较好的防治效果。如防治疫霉病可用种子量0.2%的瑞毒霉拌种,防效可达75%～80%;中国农科院的大豆种衣剂26号,种子包衣防效 达73.7%,增产12.7%。

(四)加强栽培管理

田间遗留的病残体是许多病害的初侵染来源,秋季将病残体翻入地下或集中在厢面焚,可减少越冬病原菌数量,从而减轻翌年病害发生程度。合理施肥,增施农家肥,注意氮、磷、钾肥平衡施用,可以调节土壤养分,培肥地力,促进根系生长发育,增强植株抗病力。如酸性土壤应施用生石灰或草木灰等碱性肥料或化合物,以控制根腐病的发生。适时晚播可以起到避病作用,减轻大豆病毒病和叶斑类病害的发生。合理密植,清沟排渍,降低田间相对湿度,不利于病害的发生与蔓延。

(五)生物防治

近几年来对大豆线虫病、疫霉根腐病的生物防治研究较多,并有一些成功的例子。巴氏杆菌、草酸青霉、镰刀菌，茄孢镰刀菌、淡紫拟青霉等生防菌可以寄生线虫的卵或幼虫，对线虫病的防治效果可以达到60%以上。“C95”，“818”等生物菌剂拌种，保苗效果好，持效期长，对大豆疫霉等病害有较好的防病效果，比对照增产10%以上。施用方法可用0.02%的“C95”拌种。

(六)化学防治

不同的病害应采取不同的防治方法和施药时间。在播种前15～20 d用25%D-D混剂、二溴丙烷熏蒸剂处理土壤或将毒性较低的化学杀线剂在播种时施入土壤可以减轻大豆胞囊线虫病的发生。防治灰斑病等叶斑病害可用40%多菌灵、70%甲基硫菌灵、50%退菌特、75%百菌清等(喷雾)处理，能显著降低病情指数，起到防病控病作用。另外用井冈霉素防治叶部灰斑病也有良好的防效。对大豆病毒病的防治主要是通过防治传毒介体昆虫的数量来预防和控制病害的发生。病毒病发生后可以使用抗病毒剂1号、病毒王、植病灵等药剂防治。对于真菌和细菌性病害，发病前期一般有中心病株出现，在病害扩散之前，选用相应的杀菌剂进行防治，可以控制病害的进一步蔓延与危害。在防治过程中，应根据具体病害的发生情况，确定施药次数、防治时期和施药部位。

第二节　花生病害

全世界报道花生病害有50多种，其中真菌病害30余种，细菌病害2种，病毒病害10余种，线虫病害11种。我国已发现花生病害有30多种，危害较重的有叶斑病(褐斑病和黑斑病)、网斑病、白绢病、根结线虫病、病毒病、茎腐病和青枯病等，引起的产量损失一般在10%～30%。

一、花生叶斑病

花生叶斑病(peanut cercospora leaf spot)包括黑斑病和褐斑病，是花生上常见的两种叶部病害，在田间常同时发生，症状相似，主要造成叶片枯死、脱落，发生普遍，一般减产10%～20%，严重的可达40%以上。

(一)症状

主要发生在花生生长的中后期，褐斑病始发期比黑斑病稍早，因此国外把前者称作早斑病(peanut early spot)，把后者称作晚斑病(peanut late spot)。两种病害都以为害叶片为主，也可为害叶柄和茎秆。两种病害发病初期均形成褐色小点，扩大后形成褐色或黑褐色圆形病斑，但两种病斑存在显著差异(图8-10)。

1. 黑斑病

病斑相对小，直径多为2～5 mm，病斑颜色较深，呈黑褐色，且叶斑正面和背面颜色基本相同。老病斑周围常有淡黄色晕圈，但较窄，并在叶片背面病斑上产生大量黑色小点(子座)，黑点排列呈同心轮纹状。发病严重时，一张叶片上病斑可达几十个，造成叶片干枯、脱落，茎秆上病斑长椭圆形，常导致茎秆枯死。

2. 褐斑病

病斑相对较大，直径4～10 mm，病斑颜色较浅，叶斑背面比正面更浅，一般正面为茶褐

图 8-10 花生叶斑病症状

1. 黑斑病病叶 2. 黑斑病病茎 3. 褐斑病病叶

色，背面则为黄褐色，初期病斑就有明显的黄色晕圈，晕圈宽大明显。主要在叶片正面病斑上产生小黑点（子座），散生且不明显。

潮湿时，两种病害在小黑点上均产生灰褐色霉层（分生孢子梗和分生孢子），但黑斑病比褐斑病明显、突出。

（二）病原

花生黑斑病的病原为球座尾孢菌 *Cercospora personata* Berk. et Curt，褐斑病的病原为花生尾孢菌 *C. arachidicola* Hori，均属无性菌类尾孢属真菌。两菌的有性态均为子囊菌门球腔菌属 *Mycosphaerella*，前者为伯克利球腔菌 *M. berkeleyi* Jenk.；后者为落花生球腔菌 *M. arachidicola*（Hori）Jenkins，国内未发现。

1. 黑斑病菌

子座主要产生于叶斑背面，半球形，暗褐色；分生孢子梗丛生，褐色，不分枝，短粗，0～2 个分隔，上部呈膝状弯曲，大小为（24～54）μm×（5～8）μm；分生孢子倒棍棒状或圆筒状，短粗，褐色，分隔少，多数为 3～5 个（图 8-11-2）。

2. 褐斑病菌

子座主要产生在叶斑正面，暗褐色，不明显。分生孢子梗丛生或散生，黄褐色不分枝，较细长，0～2 个分隔，上部呈膝状弯曲；分生孢子倒棍状或鞭状，细长，大小为（38～108）μm×（3～6）μm；无色或淡褐色，分隔多，多数为 5～7 个（图 8-11-1）。

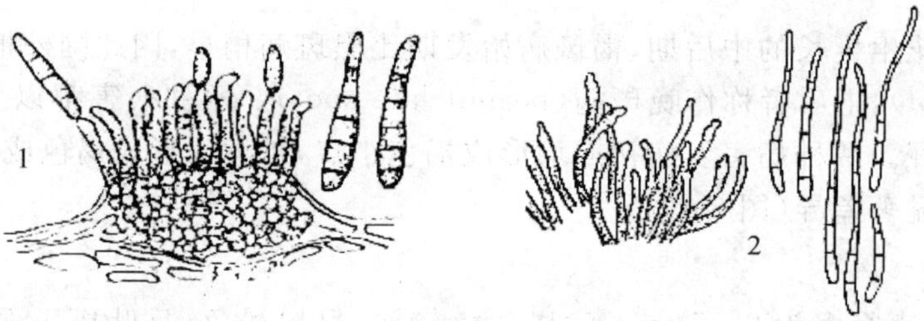

图 8-11 花生叶斑病菌

1. 黑斑病菌分生孢子梗和分生孢子 2. 褐斑病菌分生孢子梗和分生孢子

黑斑病菌生长发育温度范围为 10～37℃，最适温度为 25～28℃；褐斑病菌最适温度也为 25～28℃，但最低温度为 5～10℃，最高为 33～36℃。

病菌生理分化现象明显，国外报道，花生褐斑病菌有 3 个生理小种。

(三)发病规律

花生叶斑病菌主要以分生孢子座、菌丝团、分生孢子在病残体中越冬，也可以子囊壳在病残体内，或以分生孢子附着在种壳、种子上越冬。来年当外界条件适宜时，分生孢子座和菌丝团产生分生孢子，靠风、雨、昆虫传播，由气孔或直接穿透表皮侵入寄主，在22～23℃时，潜育期为3～4 d,1周后开始产孢，进行再侵染。

病菌分生孢子的形成、萌发和侵染均需较高的温度和湿度，在7—9月份若降雨多，发病就重。

连作田比轮作田发病重。土壤肥力差，生长缓慢、植株衰老、分枝稀少的植株黑斑病和褐斑病发生都重。当肥料充足，枝叶茂盛时，植株褐斑病发生也较重。

品种间发病轻重存在差异，一般直立型品种较蔓生型品种抗病，同一品种幼嫩器官、生长前期较抗病。

(四)病害控制

根据黑斑病和褐斑病的发生规律，病害控制应以农业防治为主，注重消灭初侵染菌源，选用抗病品种，必要时进行药剂防治。

1. 选育和种植抗病品种

鉴于病菌有明显的生理分化，故应注意合理利用抗病品种，实行多个品种搭配与轮换种植，防止因品种单一化和病菌优势小种的形成而造成品种抗病性退化或丧失。较抗病的品种有花育17号、花育19号、鲁花11号、鲁花13号、鲁花9号、豫花14号、豫花15号、群育101、P12、湛油1号、浪油3号、粤油22号等。

2. 合理轮作

花生与甘薯、玉米、水稻等作物轮作1～2年均可减少田间菌源，从而明显减轻病害发生程度。花生收获后，及时清除田间残株病叶，深耕深埋或用作饲料，均可减少菌源基数，减轻来年病害发生程度。

3. 加强栽培管理

适期播种、合理密植、施足基肥，应避免偏施氮肥，增施磷钾肥，适时喷施叶面肥，加强田间管理，可促进花生健壮生长，提高抗病力，减轻病害发生；整治排灌系统，雨后清沟排水降湿。

4. 药剂防治

应用杀菌剂是防治花生叶斑病的重要措施。用于褐斑病防治的杀菌剂有50%多菌灵WP 800～1 000倍液，75%百菌清WP 500～800倍液，70%代森锰锌WP 300～400倍液，1∶2∶200(硫酸铜∶石灰∶水)波尔多液，农抗120 200倍液等。病害防治指标以5%～7%病叶率，病情指数3～5时开始第一次喷药，以后视病情发展，相隔10～15 d喷一次。病害重的喷药2～3次，可有效控制病害发生。

美国20世纪70年代初广泛而频繁应用苯莱特防治花生叶斑病，但2年之后，导致耐苯莱特病菌菌株的产生，苯莱特防治效果明显下降。我国目前频繁使用多菌灵防治花生叶斑病地区，应注意监测耐药菌株的产生。防止耐药菌株产生的方法是交替使用不同类型的杀菌剂。

二、花生网斑病

花生网斑病(peanut web blotch)又称叶斑病、云纹斑病、污斑病、网纹斑病(net blotch)、泥褐斑病(muddy spot)等。我国1982年首次在山东、辽宁等省市花生产区发现。近年来由于耕作制度变更和气候条件的原因,该病害蔓延迅速,发生逐年加重,许多地方为害程度已超过黑斑病和褐斑病,一般减产10%左右,严重时可达30%以上。

(一)症状

主要发生在花生生长的中后期,以为害叶片为主,茎、叶柄也可受害。一般先从下部叶片发生,通常表现污斑型和网纹型两种类型。

1. 污斑型

病斑相对小一些,0.7~1.0 cm,近圆形,黑褐色,病斑边缘较清晰,病斑周围有黄色晕圈,病斑可以穿透叶片,但在叶片背面形成的病斑比正面的还要小。

2. 网纹型

病斑较大,直径可达1.5 cm,在叶正面产生边缘白色网纹状或星芒状、中间褐色病斑,病斑不规则形,边缘不清或模糊,周围无黄色晕圈,病斑着色不均匀,一般不透过叶面,该类型往往是多个病斑连在一起形成更大病斑,甚至布满整个叶片(图8-12)。

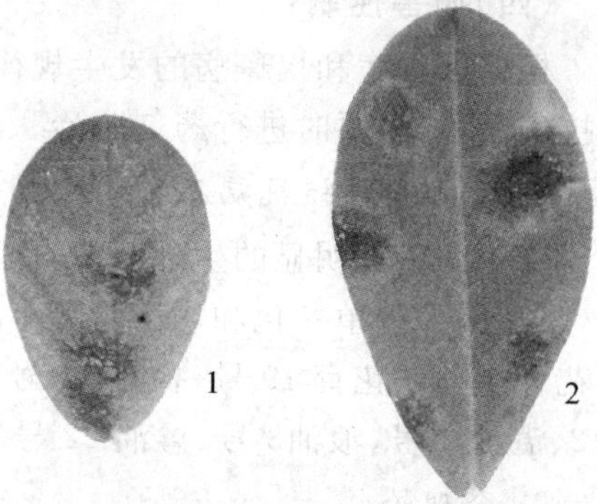

图8-12　花生网斑病症状

1. 网纹型　2. 污斑型

污斑型病斑的出现多在高温多湿的雨季,污斑型大量出现说明环境条件很适合病害发生。两种类型病斑能在同一个叶片上发生,两种类型病斑可相互融合,扩展至整个叶面。污斑型和网纹型症状也可以独立发展,当外界条件不利时多形成网纹型症状。后期病斑上出现栗褐色小粒点,即病菌分生孢子器,老病斑后期干枯易破裂。感病叶片很快脱落,田间病害发生严重时,植株很快叶片落光,造成光秆,对花生危害极大。

(二)病原

花生网斑病菌无性世代为 *Phoma arachidicola* Marasas Pauer & Boerema,属于无性菌类球壳孢目茎点霉属真菌。病菌有性世代划分比较混乱,曾分别报道为 *Mycosphaerella*、*Didymosphaeria* 和 *Didymella* 属的一个种,尚待进一步明确,但该阶段在病害侵染中不起作用。

在寄主组织上,分生孢子器埋生,褐色,球形,有孔口。分生孢子无色,长椭圆形,多为双胞,分隔处稍缢缩,个别为单胞。人工培养产生的孢子器稍大,分生孢子多为单细胞,球形至椭圆形,无色,个别为双胞。温度可影响孢子大小,随着温度降低,产生的孢子体积增大(图8-13)。厚垣孢子褐色,圆形至不规则形,单胞或多胞,厚壁,单生或串生。有性态产生的子囊腔为球

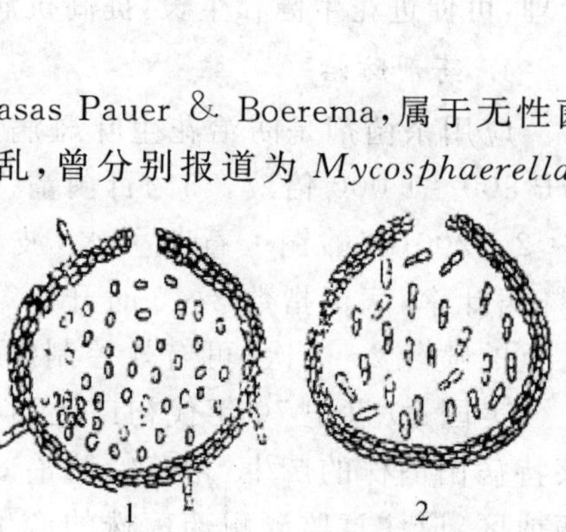

图8-13　花生网斑病菌

1. 人工培养条件下的分生孢子器和分生孢子
2. 田间病组织上的分生孢子器和分生孢子

形，暗褐色，有孔口，直径为 65～154 μm，通常埋生于寄主组织内。子囊透明，柱状或棒状，多有一个分化的足胞，8 个子囊孢子呈双列排列，子囊孢子椭圆形，有一个隔膜，初无色，成熟后变为黑色。

在麦芽汁琼脂培养基上，菌丝生长的温度范围为 5～34℃，最适为 20℃。分生孢子在 5～30℃均能萌发，最适为 20～25℃，低于 0℃或高于 30℃不能萌发。近紫外光可刺激繁殖，25℃最有利于分生孢子器形成。

(三)发病规律

此病以菌丝和分生孢子器在病残体上越冬。翌年春季条件适宜时释放出分生孢子，借风雨传播，穿透表皮侵入，菌丝在表皮下蔓延，引起细胞死亡，形成网状坏死斑。病部产生分生孢子器和分生孢子，进行多次再侵染。

网斑病发生的轻重受气候条件影响较大，在冷凉(15～29℃)、潮湿(相对湿度 85%以上)条件下，病害发生严重，在适宜温度下，保持高湿时间越长发病越重。一般雨后 10 d 左右便出现 1 次发病高峰。

耕作与栽培措施对发病也有明显影响。连作田比轮作田发病重，水浇地和涝洼地比旱地和干燥地发病重，覆膜田比露栽田发病重，平种比垄种发病重。

不同品种感病程度存在很大差异。国外研究认为，费吉尼亚型和蔓生型通常比西班牙型更抗病。国内鉴定，鲁花 8 号、花育 22 号、豫花 3 号、白沙 1016 等都是感病品种。只有花育 17 号、花育 19 号、群育 101、鲁花 14 号等个别品种有一定抗性，目前还没有发现免疫品种。播后 50 日龄之前的植株很少发病，另外，在感染褐斑病的叶片上不再发生网斑病，这可能是由于花生植株与褐斑病菌相互作用产生的植保素能抑制网纹病菌的生长。

(四)病害控制

控制花生网斑病应以农业防治为主，消灭初侵染源，注意选育种植抗病品种，必要时进行药剂防治。

1. 清除初侵染来源

花生收获后要尽量清除田间病残体，深耕或翻转深耕 30 cm，将土表病菌翻入土壤底层，使病菌失去侵染能力。也可在花生播种后 3 d 内，结合目前花生大面积应用除草剂的现状，将杀菌剂与除草剂混合，喷洒地面，如用乙草胺 2 250 mL/hm^2 加百科喷洒具有明显的减轻和推迟病害发生的作用。重病地应与甘薯、玉米等非寄主作物轮作。

2. 选育种植抗病品种

国外在抗网斑病品种选育方面做了大量工作，筛选出了一些抗病的基因型、抗源材料和杂交组合。目前国内已鉴定出较多抗病的品种，可根据当地情况选择种植。发病重的地区可种植花育 17 号、花育 19 号等抗性品种。

3. 加强栽培管理

适时播种，合理密植，施足基肥，特别是花生专用肥(氮：磷：钾＝1：1.5：2)，以及加强其他栽培管理措施，促进花生健壮生长，提高抗病力，减轻病害发生。

4. 药剂防治

7 月中下旬，网斑病发生初期及时喷药防治，防治效果较好的药剂有：百科、抗枯灵、百科＋高脂膜、百科＋农抗 120、80%大生 M-45、70%代森锰锌、80%喷克、75%百菌清等，一般每隔 10～

12 d喷1次，共2～4次。

三、花生白绢病

花生白绢病又名白脚病、菌核茎腐病。世界各地均有发生，在印度和美国花生白绢病危害严重。我国的广大花生产区都有白绢病的分布，山东、江苏、福建、湖南、广东、广西、河南、江西、台湾、湖北和安徽等地都有发生。一般在南方花生产区发生较多，北方花生产区发生较少，但近年来北方花生产区也逐年加重，成为重要病害；2004年山东省临沂市调查一些地块平均病株率为67.3%，病情指数为56.8，造成花生当年减产30万t以上，而且其危害有逐渐加重的趋势，一些花生产生甚至造成毁灭性损失，已经成为生产上的严重问题。

(一)症状

白绢病多发生在花生生长的后期，前期发病较少。花生地下部的根、荚果、果柄以及茎基部都能感病，地上部的茎、叶一般不感病。

病菌多从近地面的茎基部和根部侵入，受害病组织初期呈暗褐色软腐，不久即长出白色绢丝状的菌丝，覆盖受病部位。环境条件适宜时，菌丝迅速向外蔓延，花生近地面中下部的茎秆以及病株周围的土壤表面，都可长出一层白色绢丝状的菌丝层，所以也叫“白脚病”或“棉花脚”(图8-14)。后期在病部菌丝层中形成很多菌核，菌核初期白色，后变黄褐色，最后变黑褐色；菌核大小不一，一般似油菜籽。随着受害病组织的腐烂，使水分和养分不能正常运输，因而病株地上部先是叶子变黄，而后逐渐枯死。病部腐烂，皮层脱落，仅剩下一丝丝的纤维组织，很易折断。

图8-14　花生白绢病症状

(二)病原

花生白绢病菌无性阶段为齐整小核菌 *Sclerotium rolfsii* Sacc.，为无性菌类小核菌属真菌，有性世代是 *Pellicularia rolfsii* (Sacc.)West.。菌丝初期白色，后变黄褐色，常见有锁状联合，菌丝在基物上往往形成菌丝束。后期菌丝紧密聚集形成菌核，菌核初期为白色小球体，以后菌核增大变黄褐色，最后变黑褐色或茶褐色。菌核坚硬，表面光滑，圆球形；在培养基上形成的菌核要大些(图8-15)。

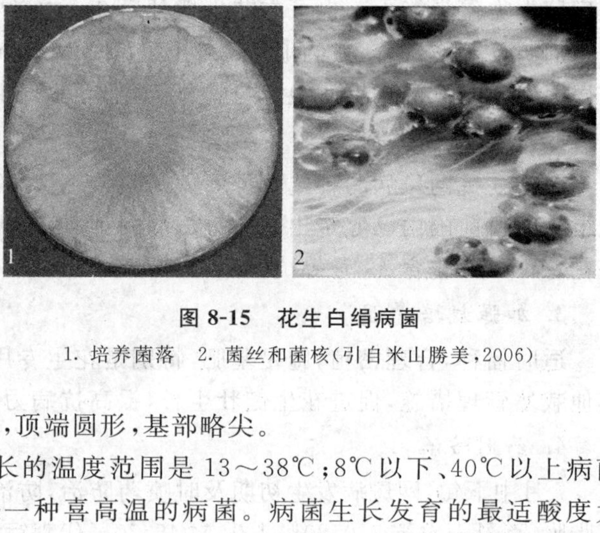

图8-15　花生白绢病菌

1. 培养菌落　2. 菌丝和菌核(引自米山勝美，2006)

病菌的有性世代在自然情况下很少产生。菌丝的分枝顶端形成棍棒状的担子，担子无色，单细胞。担子顶端长出4个小梗，小梗无色，每个小梗的顶端生一个担孢子。担孢子无色，单细胞，倒卵圆形，顶端圆形，基部略尖。

病菌生长发育的适温为31～32℃，生长的温度范围是13～38℃；8℃以下、40℃以上病菌停止生长；42℃经过2 d病菌还不死亡，是一种喜高温的病菌。病菌生长发育的最适酸度为

pH 5.9，生长的酸碱度范围是 pH 1.9～8.8；在培养基上长期培养，易丧失致病性。

该菌能产生大量的草酸和琥珀酸，草酸在该菌侵染过程中具有重要作用。另据 Cooper 报道，该菌存在明显的生理分化现象，不同菌株间致病力差异显著，病菌长期离体培养容易失去致病力。

(三)发病规律

病菌以菌核或菌丝体在土壤中和病株残体中越冬。菌核在土壤中可以存活 5～6 年，尤其在较干燥的土壤中存活时间更长，菌核多存在于 3～7 cm 的表土层中；菌丝还能在土壤中腐生。因此土壤中的病菌就成为病害发生的主要初侵染源。病菌也可以混入堆肥中越冬；果壳和果仁也可能带菌。

由于病菌在土壤中越冬，因此连作花生田发病重，连作年限越长，发病越重。安徽省调查指出，当年种花生的地块发病率 0.5%～2%，连种 3 年的发病率 20%～30%，连种 5 年的发病率 25%～51%；轮作地发病轻，前茬是水稻或其他禾本科作物的发病较少；前茬是烟草、马铃薯、甘蔗、甘薯等感病作物的，发病较重。春播花生比夏播花生发病重。施用带菌肥料，或偏施过多肥料，引起花生徒长，造成田间通风透光不良、湿度过大，对病害发生有利。

此病在酸性土壤中发生较多。土质疏松，通气良好的沙质土壤适合于病害的发生；过于黏重和潮湿的土壤不适合于病害的发生。地势高的病轻，地势低的病重。

白绢病是一种喜高温、高湿的病害，花生生长中后期遇高温多雨、株间湿度大，病害发生严重；干旱年份发生很轻。一般情况下，温度高低决定发病早晚，湿度的大小影响发病的轻重。

品种间抗性差异明显，尚未发现免疫品种，白沙 1016 相对较抗病，其他品种如鲁花 9 号、鲁花 12 号、鲁花 15 号、花育 16 号、花育 17 号等比较感病。抗病性与生长习性有关，直立型品种比一般蔓生型容易感病。种壳的厚度和荚果的感染程度呈正相关。

(四)病害控制

防治花生白绢病应以农业防治为基础，辅之以药剂防治。

1. 种植抗病品种

目前还没有高抗的品种，但品种间的抗病力有差异。国内据董炜博等报道白沙 1016 较抗病，台湾‘早熟蔓生’也较抗病，国外的‘NC-2’和‘E. G. 红’抗病。

2. 轮作

由于白绢病是土壤传染的病害，病菌在土壤中存活的时间较长。因此，合理轮作是防治白绢病的基本措施。虽然白绢病菌的寄主植物种类很多，但是不同寄主植物的感病程度仍有很大差异，其中禾本科植物比较抗病。因此，与禾本科植物实行 3～5 年轮作，可以大大减轻病害的为害。在南方，花生与水稻轮作则效果更好。试验表明，淹水 10 d 左右菌核有 50% 以上死亡。

3. 适当推迟播期

目前多数地区实行地膜覆盖栽培，在山东省鲁南地区花生的播期一般提前到 4 月 20～25 日，如果在 4 月中下旬遇低温多雨天气，容易引起花生白绢病的发生。据调查 4 月 20 日前播种的苗期病株率为 14.6%，4 月 25 日播种的为 7.3%，而 4 月 30 日播种的仅为 2.1%。因此，适当晚播 5～7 d，可有效减轻苗期发病率。

4. 合理施肥灌水

科学使用氮、磷、钾肥，增施锌肥、钙肥及生物菌肥，如哈茨木霉菌等，既能调节花生植株营养平衡，又可增加土壤中有益微生物，抑制白绢病菌发育，促进花生植株健壮生长，提高抗病能力。山东省鲁西南山区最佳施肥水平一般为 10 km^2 施有机肥 45 000 kg，草木灰 7 500 kg，纯氮 20 kg，五氧化二磷 90 kg，氧化钾 82.5 kg，硼肥 15 kg。田间开好内沟，雨季便于排水，降低湿度，促进根系生长，增强抗逆力。

5. 适时化控，防止徒长，改善田间小气候

据调查，花生白绢病的发生多集中在中上等肥力的地块，凡株高超过 45 cm 且田间密度大的地块，病株率平均达 46.67%；而株高在 45 cm 以下的地块病株率为 15.38%。因此，应根据田间花生长势和气候特点适时控制地上生长，当株高达 35 cm 左右时，及时喷施多效唑等控制旺长，将株高控制在 45 cm 左右。

6. 处理病株及深耕改土

花生收获后，及时清除遗留田间的病株残体，集中烧掉或沤肥。及时深耕，将菌核和病株残体翻入土中。在南方，对于偏酸性的土壤，结合翻耕，每亩施 30～50 kg 石灰或石灰氮。在有条件的地方还可以进行冬灌，这些措施都可以减轻病害的为害。

7. 化学药剂防治

(1)药土拌种：用种子重量 0.25%～0.5%的 25%多菌灵 WP 拌种。先将药粉与 5～10 倍的细干土掺匀配成药土，花生种子先用水湿润种皮，然后再用药土拌种，要使每一粒花生种子都拌上药土。也可以用 75%卫福 WP 300 mL、40%多硫悬浮液 300 mL、哈茨木霉液 500 mL 拌种 100 kg。

(2)药土盖种：用 70%五氯硝基苯和 60%福美双等量混合。每亩用混合药粉 1 kg，再加细土 15 kg 混合配成毒土，覆盖病穴，每穴用药土 50～100 g。

(3)淋灌：用 40%菌核净 WP 1 500 倍液、25%多菌灵 WP 500 倍液、50%克菌丹 WP 500 倍液淋灌病株茎基部周围，每株用药液 100 mL；还可以使用 43%好力克 WP 1 500 倍液、50%扑海因 WP 1 000 倍液、25%敌力脱 WP 1 000 倍液、50%甲基硫菌灵 WP 800 倍液、20%甲基立枯磷 WP 500 倍液、40%～60%的井冈霉素、5%田安 800～1 000 倍液淋灌病株。每隔 7～10 d 用药 1 次，连续 3～4 次，防治效果可达 65%以上。

(4)茎部喷施：40%菌核净 WP 120 g/km^2、40%克菌灵 WP 120 g/km^2 兑水 112 kg/km^2，于 7 月下旬至 8 月上旬喷洒植株茎基部。

(5)在发病初期，用 5%井冈霉素 150 g/km^2＋70%代森锰锌 225 g/km^2 兑水 1 500 kg 喷雾，还能防治花生叶斑病。在药剂灌墩防治地下害虫蛴螬时与 5%井冈霉素混用也能明显防治白绢病，降低烂果率。

四、花生青枯病

花生青枯病(peanut bacterial wilt)在印度尼西亚、越南等东南亚国家及非洲一些国家发生普遍而严重。在我国过去主要分布于长江以南各省市，为害很大。近年来在山东中南部、河南南部等部分地区发生为害也较严重，再往北部的河北、辽宁等省也有少量发生。发病率一般 10%～20%，严重的达 50%以上，甚至整片枯死。损失程度因发病早晚而异，结

荚前发病损失达100%，结荚后发病损失达60%～70%，收获前半个月发病的损失亦可达20 %～30%。

(一)症状

从苗期至收获期均可发生，但以盛花期发病最重。该病是典型的维管束病害，症状特点是叶片急性凋萎和导管变色。

病株地上部首先看到主茎顶梢叶片在中午失水萎蔫，晚上和早晨可以恢复，数天后早、晚也不能恢复，病株叶片自上而下很快凋萎下垂，叶色暗淡，但仍呈青绿色，故称青枯病(图8-16)。病株地下部首先从主根尖端开始变褐湿腐，根瘤呈墨绿色，以后向上扩展，最后全根腐烂。病株上荚果、果柄亦呈黑褐色、湿腐状。

图8-16　花生青枯病

剖视根或茎部，可见维管束变为淡褐色至黑褐色。潮湿条件下，用手挤压切口处，可渗出污白色细菌黏液。一般植株从发病到枯死需7～15 d，少数达20 d以上。

(二)病原

病原为青枯劳尔氏菌 *Ralstonia solanacearum* Smith，属劳尔氏菌属细菌。菌体短杆状，两端钝圆，极生鞭毛1～4根，无芽孢和荚膜，革兰氏染色阴性。好气性，致死温度52℃。在牛肉汁琼脂培养基上菌落圆形，光滑，稍突起，乳白色，具荧光反应。最适pH 6.6，含盐量达1%时生长受到抑制，对多种糖、醇均能发酵产酸。

该菌寄主范围很广，已发现可侵染44科近300种植物，根据寄主反应及在*L*-酪氨酸培养基上产生黑色素情况，国外发现该菌有4个生理小种，我国鉴定侵染花生、番茄、姜、甘薯等作物的青枯菌为1号小种。我国各地花生青枯病菌致病力有明显差异，南方菌种比北方菌种致病力强，可划分为7个致病型，以Ⅱ、Ⅴ型为主。

(三)发病规律

此病是一种土传病害，病菌主要在土壤中越冬，并能存活5～8年，在病残体及混有病残体的农家肥和以病株作饲料的牲畜粪便中也可存活，成为翌年初侵染源。病菌在田间主要随流水传播，昆虫、人畜和农事活动也可传播。由根部伤口或自然孔口侵入寄主，通过皮层进入维管束。病菌在维管束内迅速繁殖蔓延，造成导管堵塞，并分泌毒素引起植株中毒，产生萎蔫和青枯症状。病菌还可从维管束向四周薄壁细胞组织扩展，分泌果胶酶，消解中胶层，使组织崩解腐烂。腐烂组织上的病菌可借流水等途径传播后进行再侵染。

病害潜育期在适温(30℃以上)下仅4～5 d。此病发生轻重主要受耕作、气候条件和品种抗病性的影响。一般连作田发病重，连作年限越长，发病越重。轮作田，特别是水旱轮作田发病轻。管理粗放、地下害虫多、积水、串灌、伤根、烂根多都有利于病害发生。土壤瘠薄的粗砂田发病重，土壤肥沃、富含有机质或增施草木灰、尿素、茶麸饼、塘泥等肥料的田块发病轻。

青枯病喜高温多湿，当旬平均气温稳定在20℃以上，土壤又潮湿时，病害开始发生。当气温上升到27～32℃，遇多雨天气，雨后突然转晴，或时晴时雨，病害往往发生严重或暴发。

花生品种间抗病性存在明显差异，一般蔓生型品种较直立型品种抗病。播种后30～40 d

发病最重。

(四)病害控制

防治策略应采用以合理轮作、种植抗病品种为主的综合防治措施。

1. 清除菌源

花生青枯病是一种典型的土传病害，一旦土壤中带有病菌，要想彻底根除是很困难的。但是，花生收获后，及时清除田间病残体，带出田外集中烧毁，田间病株及早拔除深埋或烧毁等措施对控制病害也很有作用。

另外，不用花生病残体作堆肥，尽量减少和控制病菌的扩散，降低次年发病的初侵染来源，对减轻次年病害发生具有重要作用。

2. 选用抗病品种

粤油 256、粤油 92、粤油 200、粤油 79、粤油 114、泉花 646、鲁花 3 号、150-70-3、抗青 10 号和抗青 11 号等均是高抗青枯病的品种，各地可因地制宜选用。

3. 合理轮作

对重病区，水源条件较好的地块，实行水旱轮作是控制花生青枯病发生危害的最有效措施。对旱坡地花生种植区，不能进行水旱轮作，可与青枯病菌的非寄主植物轮作，如玉米、甘薯、大豆等轮作，一般轮作 2～3 年，具有明显减轻病害的作用。

4. 加强栽培管理

田间栽培管理措施对控制花生青枯病的发生和危害具有明显的作用。在花生青枯病发生区，应注意田间水肥管理。对旱坡地在播种花生前，进行短期灌水浸泡，可促使土壤中病菌大量死亡，从而减少病菌侵染机会，降低发病率。田间增施有机肥，采用配方施肥技术，施足基肥，增施磷、钾肥，使花生植株健壮生长，提高抗病性。对酸性土壤可施用石灰，降低土壤酸度，减轻病害发生。同时，做好田间的清沟排水，防止雨后积水，早期零星病株及时拔除，集中处理，不施用带菌肥料等，这些措施既具有防病作用，也具有增产效果。

5. 药剂防治

据报道，用 1 kg 硫酸铜加含氮 15％的氨水 20 kg，密封备用，或用硫酸铜 1 kg 加碳酸铵 11 kg，分别磨碎后，充分混合后密封 24 h 备用。以硫酸铜计，加水 1 200～1 500 倍，发病时浇灌病株及附近土壤，每株约用药液 0.25 kg，对防治青枯病有一定效果。注意施药液时，不能用于叶面处理，否则，容易引起药害。

用 85％强氯精 500 倍液在花生开花至结荚期灌根，可有效地控制花生青枯病的发展，也可用绿亨二号、绿亨一号、代森锰锌替代。

五、花生茎腐病

花生茎腐病(peanut diplodia collar rot)是花生的常见病害，各花生产区均有发生，以江苏、山东、河南等地发生最重，发病率一般为 10％～20％，严重的达 60％～70％，常造成整株枯死，减产 60％。该病还可为害棉花、甘薯、柑橘、赤豆、绿豆等 20 多种作物。

(一)症状

为害子叶、根和茎等部位。从苗期到成株期均可发生，但有两个发病高峰，即苗期和结果期。

种子萌发后即可感病，受害子叶黑褐色，呈干腐状，并可沿子叶柄扩展到茎基部，茎基受害，初产生黄褐色、水渍状不规则形病斑，随后变为黑褐色腐烂，病株叶片变黄，萎蔫下垂，数天后即可枯死。潮湿条件下，病部密生黑色突起小点(分生孢子器)；干燥时病部皮层紧贴茎秆，髓中空。

图 8-17　花生茎腐病

花生成株期多为害主茎和侧枝的基部，初期产生黄褐色水渍状病斑，以后病斑向上向下扩展，造成根、茎基变黑枯死，有时可扩展到茎秆中部，或直接侵染茎秆中部，使病部以上茎秆枯死，病部以下茎秆仍可生长。但最终仍向下扩展造成全枝和整株枯死。病部易折断，地下荚果不实，或脱落腐烂，病部密生小黑点(图 8-17)。

(二)病原

病原为棉色二孢 *Diplodia gossypina* (Cooke) Mc Guire & Cooper.，属无性菌类色二孢属真菌。有性态为柑橘囊孢壳 *Physalospora rhodina* (McGuire & Cooper.) Looke。病部的小黑点即病菌的分生孢子器，常突出于寄主体表，黑色，近球形，顶端孔口部呈乳头状突起。分生孢子梗细长，不分枝，无色。分生孢子初期无色透明，单细胞，椭圆形，后期变为暗褐色，双细胞(图 8-18)。两种分生孢子都能萌发，且萌发及生长速度很快，在27℃水滴中经 105 min 开始发芽，2 h 萌发率可达 60%，25 h 芽管长度可达孢子长度的 8～10 倍。

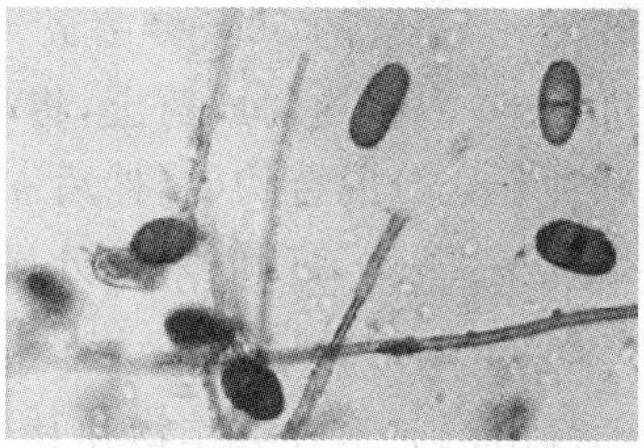
图 8-18　花生茎腐病菌症状

在马铃薯琼脂培养基上，菌落初为灰白色，菌丝绒毛状，培养 3～5 d 后，底部变为黑色。在麦粒培养基上能产生分生孢子器和分生孢子。菌丝生长温度为 10～40℃，最适为 23～35℃，致死温度为 55℃ 10 min，在－1～－3℃下经 27 d 仍有侵染力。病菌耐水和耐干燥能力很强。

(三)病害循环

病菌在遗留田间的病株残体、土壤、果壳、种子和粪肥中越冬，成为次年初侵染源。病菌在土壤中分布很深，在多年连作的轻沙土中深 60 cm 处仍有病菌，但以 0～15 cm 的表层土内最多。病株喂牛后排出的粪便及用病残体、病土沤制的粪肥，若不经高温发酵，病菌并不完全死亡。经山东省分离，病株果壳、果仁的带菌率分别达 37.4% 和 65.4%。花生茎腐病菌是一种弱寄生菌，主要从伤口侵入，尤其是从阳光直射和土表高温造成的灼伤侵入，也可直接侵入，但直接侵入潜育期长、发病率低。病菌在田间主要借流水、风雨传播，也可靠人、畜、农具在农事活动中传播，进行初侵染和再侵染。调运带菌的荚果、种子可使病害远距离传播。

(四)发病条件

花生品种及种子质量对病害发生轻重影响很大。花生品种间抗病性有差异，一般直立型的花生发病重。花生在收获前受水淹，使荚果带菌率提高；或收获后遇阴雨天气，种子没有及时晒干，贮藏中发霉，播种后发病都重。据调查，播种发霉种子，田间发病率可达 25%，正常种子发病率仅为 3%～4%。

气候条件对病害发生也有很大影响。当 5 cm 土温稳定在 23～25℃，相对湿度 60%～

70%，旬降雨量 10～40 mm，有利于病害发生。当大雨后骤晴，或气候干旱，土表温度高，植株易受灼伤，病害发生亦重。因此沙土地、红土地亦利于病害发生。

耕作栽培管理措施对病害发生也有很大影响。一般连作田发病重，轮作田发病轻；深翻田比不深翻田发病轻；施腐熟有机肥多的田比施肥少的田发病轻；播种早的比播种晚的发病重；管理粗放田比管理精细田发病重；地下害虫多的田块比地下害虫少的田块发病重。

(五)病害控制

控制花生茎腐病首先要保证种子质量，做好种子消毒工作，其次要加强农业防治，必要时进行药剂防治。

1. 选用抗病品种、无病种子和进行种子消毒

在病区，首先选用抗病花生品种，较抗病的有巨野小花生、农花 26、蓬莱白粒小花生等，各地可因地制宜选用。其次，选无病或发病轻的田块留种，在霜冻前选晴天收获，收后及时晒干，贮藏期要防止种子受潮发霉，播前进行选种、晒种，剔除瘪小、发霉及受伤的种子，用种子重 0.25%～0.5%的 50%多菌灵+50%福美双(1∶1)拌种，拌种方法是：在药剂中加入 5～10 倍的细干土，混合均匀成药土，将种子用水喷湿或浸种催芽 24 h 后捞出，淋去多余水分，再将药土和种子充分混合均匀，拌后立即播种；也可用 0.5%～1%多菌灵液浸种 24 h，据江苏、山东等地试验，防病增产效果十分显著，并可兼治根腐病、冠腐病、立枯病等病害。

2. 农业防治

病田可与禾谷类作物和其他非寄主作物轮作，轻病田轮作 1～2 年，重病田轮作 2～3 年，不要与棉花、甘薯及豆类等寄主作物轮作。花生收获后及时清除田间病残体，并进行深翻。施足基肥，追施草木灰，根据土壤墒情，适时排灌。

3. 药剂防治

用 50%多菌灵，在花生齐苗后和开花前各喷 1 次，或在发病初期喷药 1～2 次，对该病也有一定防治效果。

六、花生根结线虫病

花生根结线虫病(peanut root knot nematode)又名花生线虫病，俗称地黄病、地落病、矮黄病、黄秧病等，是一种世界性病害，几乎所有种植花生的国家和地区都有发生。我国最早发现于山东省，目前在山东、安徽、江苏、河北、北京、辽宁、吉林、河南、湖南、湖北、广东、广西、贵州、陕西、甘肃、海南等省(市、区)均有发生，其中以山东发病最为普遍。花生感病后根的吸收功能被破坏，植株矮小发黄，结果少而稀。一般减产 20%～30%，严重的可减产 70%以上，甚至绝收。

(一)症状

主要为害植株的地下部，因地下部受害引起地上部生长发育不良。

幼苗被害，一般出土半个月后即可表现症状，植株萎缩不长，下部叶变黄，始花期后，整株茎叶逐渐变黄，叶片小，底叶叶缘焦灼，提早脱落，开花迟，病株矮小，似缺肥水状，田间常成片成窝发生。雨水多时，病情可减轻。

花生播种半个月后，当主根开始生长时，线虫便可侵入主根尖端，使之膨大形成纺锤形虫

瘿(根结)，初期为乳白色，后变为黄褐色，直径一般2～4 mm，表面粗糙。以后在虫瘿上长出许多细小的须根，须根尖端又被线虫侵染形成虫瘿，经这样多次反复侵染，根系就形成乱丝状的须根团。被害主根畸形歪曲，停止生长，根部皮层往往变褐腐烂。在根颈、果柄上可形成葡萄穗状的虫瘿簇。在果壳上则形成疮痂状虫瘿，初为乳白色，后变为褐色，较少见。剖视虫瘿，可见乳白色针头大小的雌线虫。病株根瘤少，结果亦少而小，甚至不结果(图 8-19)。

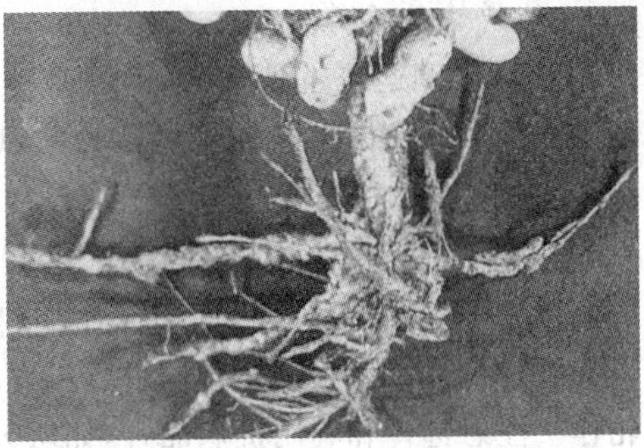

图 8-19　花生根结线虫病症状

(二)病原

病原线虫有 3 个种，即花生根结线虫 *Meloidogyne arenaria* Neal、北方根结线虫 *M. hapla* Chitwood 和爪哇根结线虫 *M. javanica* Treub.。我国发生的主要是北方根结线虫，在广东湛江和海南发生的有花生根结线虫，均属侧尾腺口纲根结线虫属线虫。花生根结线虫和北方根结线虫在形态上基本相同，都是雌雄异形。北方根结线虫雌虫梨形或袋形，会阴花纹圆形至扁卵形，背弓低平，侧线不明显，尾端区常有刻点。雄虫线状，头冠高而窄，头区与体躯有明显界线，侧区有 4 条侧线。

两种根结线虫的寄主范围都很广，已知北方根结线虫可侵染花生、大豆、绿豆、冬瓜、南瓜、甜瓜、黄瓜、萝卜、油菜、甘蓝、芝麻、马铃薯等 550 余种植物；花生根结线虫可侵染花生、小麦、大麦、玉米、番茄、柑橘等 330 种植物。

(三)病害循环

病原线虫主要以卵在土壤中的病根、病果壳及粪肥中越冬。翌年平均地温回升至 11.3℃以上时，卵开始孵化成 1 龄幼虫，蜕皮后为二龄幼虫，然后破壳而出。线虫可在在土壤中活动，但距离有限，整个生长季节移动距离一般只有 20～30 cm。在田间主要随土壤、流水、人畜及工具传播，由花生根尖侵入，并引起根组织过度生长形成根结。幼虫在根结内生长发育，经 3 次蜕皮变成成虫。雌雄成虫交配后，雄虫死亡，雌虫产卵于胶质卵囊内，卵囊存在于根结内或一端露于根结外，雌虫产卵后死亡。卵可继续孵化为害，北方根结线虫在山东一般一年发生 3 代。

(四)发病条件

此病发生的轻重主要受土壤温湿度、土质和栽培管理条件的影响。土壤温度和湿度对幼虫侵染影响很大。幼虫侵染的温度范围为 12～34℃，最适为 20～26℃。土壤含水量在 20%以下和 90%以上都不利于幼虫侵入，最适侵入的土壤含水量为 70%左右，但从为害程度来看，雨水少、灌溉不及时为害重，雨水多或灌溉及时为害轻。

土质疏松的沙壤土和沙土地发病重，黏土和低洼碱性土壤发病轻，甚至不发病。轮作田发病轻，连作田发病重。春花生比麦茬花生发病重，早播比晚播发病重。田间寄主杂草及病残体多的发病重。

(五)病害控制

防治策略是加强植物检疫，保护无病区，病区以农业防治为基础，辅以药剂防治。

1. 加强检疫工作

不从病区调运花生种子，如确需调种时，应剥去果壳，只调果仁，并在调种前将其干燥到含水量10%以下，在调运其他寄主植物时，也应实施检疫。

2. 加强农业防治

病地花生要就地收获，不要带出田外。收获后，清除田间病残体和杂草，就地晒干，集中烧毁。不用未经干燥处理的病株残体作饲料或沤粪，减少初侵染源。改良土壤，增施腐熟的有机肥，增强植株抗病力。改善灌溉条件，不要串灌，防止水流传播。与甘薯或禾本科作物实行2～3年轮作。注意选育和利用抗病品种，如从天府4号、大花生品种中已选出高抗单株。

3. 药剂防治

重病田播种前15～20 d进行土壤熏蒸处理，每公顷沟施98%棉隆75～150 kg，也可在播种时每公顷用3%米乐尔颗粒剂120 kg，或10%克线丹颗粒剂22～44 kg或力满库颗粒剂30～60 kg，沟施或穴施，注意前3种药剂不要直接与种子接触，否则易发生药害。也可用10%防线一号30～37.5 kg，加细土300 kg，混匀后施入穴中，撒土后播种，都有明显的防病增产效果。

4. 生物防治

应用淡紫拟青霉等生物制剂对根结线虫也有较好的控制效果。

七、花生病毒病

花生病毒病(peanut viral diseases)是花生上的一类重要病害，我国20世纪70年代以来发病趋于严重。1976年，病害在我国北方花生产区大流行，受害面积50多万 hm^2，减产花生20多万 t。近20年来，病害流行频繁，给花生生产造成很大损失。侵染花生的病毒种类很多，已报道的有近20种。我国发生普遍、为害严重的主要有花生条纹病毒病(花生轻斑驳病毒病)、花生黄花叶病毒病、花生矮化病毒病(花生普通花叶病)等。

(一)症状

1. 花生条纹病毒病

感病植株先在顶端嫩叶上出现褪绿斑，后发展成浅绿与绿色相间的斑驳，沿叶脉形成断续绿色条纹或橡叶状花纹，或一直呈系统性的斑驳症状。感病早的植株稍有矮化(图8-20-1)。

2. 花生黄花叶病毒病

病株先在顶端嫩叶上出现褪绿黄斑，叶脉变淡，叶色发黄，叶缘上卷，随后发展为黄绿相间的黄花叶症状，病株中度矮化。该病常与花生条纹病毒病混合发生，表现黄斑驳、绿色条纹等复合症状(图8-20-2)。

3. 花生矮花叶病毒病

病株顶端叶片出现褪绿斑，并发展成绿色与浅绿相间的花叶，新长出的叶片通常展开时是黄色的，但可以转变成正常绿色，叶片变窄小，叶缘有时出现波状扭曲。病株结荚少而小，有时畸形或开裂(图8-20-3)。

图 8-20　花生病毒病症状

1. 花生条纹病毒病　2. 花生黄花叶病毒病　3. 花生矮花叶病毒

(二)病原

1. 花生条纹病毒病

由花生条纹病毒(*Peanut stripe virus*,PStV)引起,该病毒属马铃薯 Y 病毒属。病毒粒体线状,大小为 752 nm×12 nm,沉降系数为 150 s,蛋白外壳亚基只有一个组分,分子质量为 33 500 u,基因组为+ssRNA,分子质量为 3.1×10^{6} u。钝化温度为 60～65℃,稀释限点为 10^{-3}～10^{-4},体外存活期为 3～5 d。自然条件下,除侵染花生外,还可侵染大豆、芝麻等作物(图 8-21-1)。

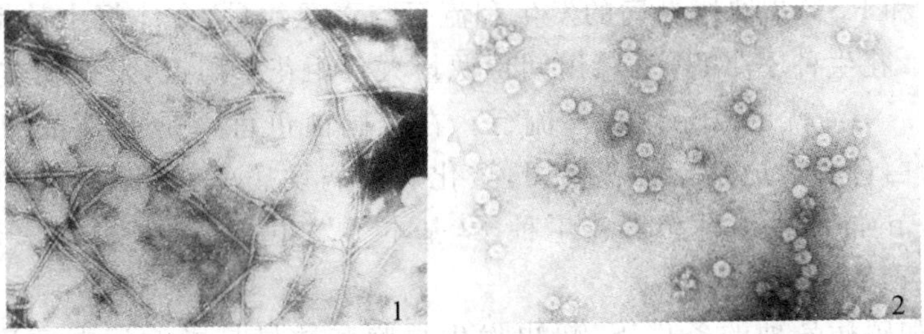

图 8-21　花生条纹病毒(1)和花生黄花叶病毒(2)

人工摩擦接种可系统侵染决明、望江南、绛三叶草、克氏烟和白羽扁豆等植物,在苋色藜上产生局部枯斑,不侵染心叶烟、普通烟和曼陀罗等常见鉴别寄主。

2. 花生黄花叶病毒

病原为黄瓜花叶病毒中国花生株系(*Cucumber mosaic virus-China arachis*,CMV-CA),属黄瓜花叶病毒属(*Cucumovirus*)。病毒粒体球形,直径 28.7 nm,衣壳蛋白的分子质量为 26 000 u,有 4 个 RNA 组分,分子质量分别为 1.16×10^{6}、1.05×10^{6}、0.81×10^{6} 和 0.39×10^{6} u。稀释限点 10^{-2}～10^{-3},致死温度 55～60℃,体外存活期 6～7 d(28℃)(图 8-21-2)。

寄主范围很广,人工接种可侵染供试的 6 科 36 种植物中的 31 种。系统侵染千日红、甜菜、菠菜、刀豆、绛三叶草、豇豆、克氏烟、心叶烟、黄瓜、番茄等,但在黄瓜、番茄上不表现症状。局部侵染苋色藜、昆诺藜、灰藜、曼陀罗等。不侵染大豆、杂三叶草、红三叶草、白三叶草等。

3. 花生矮化病毒病

病原为花生矮化病毒(*Peanut stunt virus*,PSV),属黄瓜花叶病毒属。病毒粒体球形,直径约 30 nm。钝化温度为 50～60℃(50～55℃),稀释限点为 10^{-3}～10^{-4},体外存活期为 84～96 h。

该病毒寄主范围较广,自然条件下可侵染花生、菜豆、大豆、烟草、苜蓿、三叶草、刺槐等作物,人工接种可侵染许多豆科植物,还可侵染藜科、菊科、葫芦科和茄科的一些植物。根据病毒的寄主范围、寄主反应和血清学反应的差异，已报道有 PSV-E、W、J、H、B、T、Tp、M、Ag、G、Mi、C 等株系。我国学者将分离自河南非严重矮化病株的分离物定名为新的轻型株系（PSV-Mi）；有人将分离自山东省的严重矮化病株的分离物定名为新的 C 株系（PSV-C）。有人根据对我国 6 个花生矮花病毒分离物的血清学和壳蛋白基因序列分析，建议将我国 PSV 株系划分为一个新 PSV 亚组，即 PSV 亚组Ⅲ。1998 年将分离自河南、北京、山东、河北的 29 个 PSV 分离物根据症状严重程度划分为致病力强、中、弱 3 种类型，其中河南开封、郑州以弱型为主，河北迁安、滦县以强型为主，北京、山东 3 种类型均有。

（三）病害循环

PStV、CMV 和 PSV 引起的 3 种病毒病均可通过花生种子传播，传毒率分别达 1%～10%、1%～3%和 0.1%。种子带毒率与品种和侵染时期有关，感病早带病率高，如花生生育早期人工接种 PStV，种子带毒率可高达 37%。带毒种子是 PStV 和 CMV 的主要初侵染源，CMV 和 PSV 还可在田间越冬寄主上存活，成为来年病害的初侵染源。在花生生长季节，3 种病毒均主要靠蚜虫以非持久性方式在田间传播。豆蚜、棉蚜、桃蚜等多种蚜虫均可传播，以豆蚜传播 PStV 和 PSV 的效率最高。汁液摩擦也均可传毒。

（四）发病条件

PStV、CMV 和 RSV 3 种病毒病的发生和流行与毒源数量、介体蚜虫数量、花生品种和生育期有密切关系。花生种子带毒率高、田间毒源量大且距花生田近，发病就重。如 PStV，花生种子带毒率达 2%～5%就足以导致病害流行。在美国白色苜蓿是 PSV 的主要越冬寄主，凡是与感染 PSV 的白色苜蓿地邻近的花生田，矮化病毒病发病率就高。国内外研究均表明，在离毒源 PStV 100 m 的田中播种无毒花生种子，基本不发生条纹病毒病。一般大粒种子带毒率低，小粒种子带毒率高。

在存在毒源和感病品种的条件下，蚜虫发生早晚和数量是影响病毒病流行的主要因素。传毒蚜虫发生早、数量多、传毒效率高，病害就易于流行。花生生长前期的降雨量是影响蚜虫发生和活动程度的主要因素，降雨量小，气候温和、干燥，蚜虫发生量和活动程度就大。蚜虫传毒效率与蚜虫种类和病毒株系类型有关。豆蚜传 PStV 的效率最高，每株 10 头蚜虫，饲喂 1～2 h，植株发病率达 90%～100%，而棉蚜传毒的发病率仅为 33%，同等条件下，豆蚜对 PStV-mild mottle 株系的传毒率为 10%，而对 PStV-blotch 株系的传毒率仅为 3%。

不同花生品种对病毒病的抗性存在一定的差异，但没有发现高抗和免疫品种。国内外已对上万份花生材料进行了抗病毒鉴定，均未发现理想的抗性材料，只是选出了一些症状较轻、发病迟、种子带毒率低、损失率小的具田间抗病性或耐病性的材料。但在野生种中已发现了多种对 PStV 免疫的材料。

（五）病害控制

控制花生病毒病应采用以选用无毒种子和治蚜防病为主的综合防治措施。

1. 选育和利用抗病品种

通过常规育种和生物技术相结合，培育抗病毒病的花生品种是很有希望的。在野生花生品种资源中已发现 2 份免疫材料。目前研究最多的是向植物体内导入病毒的外壳蛋白基因。国外许多科学家正在积极研究将 PStV 外壳蛋白基因导入花生中去，有望得到抗 PStV 的转基因花生材料。当前可选择种植感病程度轻和种子传毒率低的品种有：豫花 1 号、海花 1 号、豫花7号、徐花3号、冀油2号、鲁花11号、中花4号和鲁花14号等。

2. 选用无毒或带毒率低的种子，杜绝或减少初侵染毒源

调运的花生种子要经过检测，防止病毒随种子远距离传播到无病区。在美国由于实行了严格的种子检测计划，在很大程度上阻止了PStV的蔓延。要选无病田或无病株留种，无病留种田应与大田花生隔离100 m以上，并选大粒子仁作种子。苗期及时拔除病株。

3. 治蚜防病

采用地膜覆盖栽培技术驱避蚜虫；播种时穴施3%呋喃丹颗粒剂37～56 kg/hm^2，或用其他杀蚜虫药剂处理种子；清除田间和周围杂草，减少蚜虫来源；苗期及时喷药治蚜等措施，以阻止蚜虫的传病作用，可延缓和减轻病害的流行及为害。

4. 药剂防治

苗期喷施病毒钝化剂，如20%毒病毒、菌毒清、病毒A、83增抗剂、抗毒剂1号、病毒王等，每隔7～10 d喷1次，连喷3～4次，均有一定防治效果。

八、花生其他常见病害

见表8-2。

表8-2 花生其他常见病害

病害名称及学名	症状要点	发生规律
花生叶腐病（*Rhizoctonia solani* AG-1-IA）	主要危害叶片，初期水浸状，后形成褐色或灰褐色病斑，圆形或不规则形，病斑外有褐色晕圈；湿度大时叶片腐烂，病部初期菌核白色，后变成褐色	病菌在菌核在土壤中越冬或以菌丝体在病残体上越冬，土壤传播；田间湿度大、通风不畅，植株茂密、倒伏是发病的有利条件
花生锈病（*Puccinia arachidis*）	叶背产生黄褐色隆起夏孢子堆，表皮破后散出褐粉	靠夏孢子周年循环为害；多雨、高湿发病重
花生炭疽病（*Colletotrichum trrcncatum*）	叶斑近圆形或不规则形，灰褐色，边缘深，上密生小黑点	病菌在病残体上越冬。靠风雨传播
花生枯斑病（*Leptosphaerulirna crassiusca*）	叶尖、叶缘产生楔形或半圆形褐斑，有黄色晕圈和小黑点	病菌在病残体上越冬，风雨传播；高温高湿、植株生长衰弱病重
花生灰斑病（*Phyllosticta* sp.）	叶生近圆形紫红褐色斑，后中央呈灰白色，散生小黑点	病菌在病残体上越冬，湿度高发病重
花生轮斑病（*Alternaria alternata*）	常在叶缘生黑褐色轮斑，与黑斑病、褐斑病混生或重生，生黑霉层	病菌在病残体上越冬，通过气流传播
花生灰霉病（*Botrytis cinerea*）	植株顶部茎叶变褐腐烂，表面密生灰色霉层	灰霉病菌在病残体上越冬。低温、高湿、氮肥过多或生长不良发病重
花生果壳褐斑病（*Rhizoctonia* sp.）	在果壳上形成褐色病害，不规则形，轻则仅侵染果壳外皮，重则可深达果仁，形成褐色病斑	病菌在病残体或土壤中越冬，土壤传播
花生纹枯病（*Thanatephoras sasakii*）	下部叶、茎生云纹状灰绿色斑，边缘褐色，生白色菌丝和菌核	在病残体和土壤中越冬。多雨、高湿、密植、氮多、积水发病重

续表 8-2

病害名称及学名	症状要点	发生规律
花生立枯病 (*Rhizoctonia solani*)	根茎生褐色凹陷斑，绕茎，枯死，拔出病株可见蛛网状菌丝	在土壤、病残体和果仁上越冬。高温、高湿、长势弱发病重
花生小菌核病 (*Sclerotinia arachidis*)	茎变褐，软腐，生灰褐色毛状物和灰白色粉状物，内有小菌核	病菌在土壤和病残体上越冬。连作、高湿，发病重
花生大菌核病 (*Sclerotinia miyabeana*)	茎部变褐软腐，生白色菌丝，表皮纵裂成丝，内有鼠粪状菌核	在土壤和病残体上越冬。连作、高温、高湿、积水田，发病重
花生冠腐病 (*Aspergillus niger*)	病苗根茎部变褐干腐，皮层破裂，露出丝状物，产生黑霉	在土壤、种子病残体上越冬。种子差、连作、高温、高湿，发病重
花生炭腐病 (*Macrophomina phaseoli*)	茎基部变褐腐烂，病表皮内有黑色微菌核	在土壤中越冬。连作、伤口多、高温、高湿病重
花生紫纹羽病 (*Helicobasidium mompa*)	根，茎基表面生紫褐色网状菌索或绒状菌丝层，组织腐烂	在土壤，病残体中越冬。连作、土壤湿重、生长弱发病重
花生根腐病 (*Fusarium* spp.)	根变黑腐烂，无侧根或侧根很少，生长不良，严重时枯死	在土壤、病残体和种子上越冬。连作、积水发病重
花生黄萎病 (*Verticillium dahliae*)	下部叶出现黄斑，植株稍矮，萎蔫枯死，维管束变褐	在土壤、病残体中越冬。连作发病重，干旱为害大
花生荚绵腐病 (*Pythium* sp.)	荚果、果针和根变淡褐色湿腐，荚壳变薄或完全腐烂	在病残体中越冬。土质黏重、地势低洼、积水发病重
花生根腐线虫病 (*Pratylenchus* sp.)	根、果壳和果柄产生黑色斑点或腐烂，植株矮小，发黄	在土壤、果壳中越冬。病田连作、沙土地发病重
花生轮线虫病 (*Macroposthonia curvata*)	根系腐烂，荚果变黑，叶片变黄、硬、小，植株矮缩	同花生根腐线虫病
花生芽枯病毒病 (TSWV)	顶叶生伴坏死的黄斑或环斑，或沿脉变褐坏死，顶枯，矮化	在其他寄主体内越冬。蓟马传播。毒原和蓟马多发病重
花生斑驳病毒病 (PeMoV)	叶片呈现深绿与浅绿相嵌的斑驳，表皮细胞有风轮状内含体	靠汁液接触、蚜虫、种子传毒；低温，早播。传毒蚜虫多发病重
花生丛枝病 (Phytoplasma)	枝叶丛生，叶小、厚、脆，色深，花器、果针畸形，严重矮化	主要靠叶蝉传播。干旱、少雨、杂草多、叶蝉多发病重

九、花生病害的综合防治

在我国，花生叶部发生的主要病害有黑斑病、网斑病、褐斑病和叶腐病等，根茎病害主要是茎腐病、白绢病、根结线虫病、冠腐病和青枯病等。不同地方病害发生种类和危害情况不尽相同，病害发生的特点也有差异。因此在拟订花生病害的综合防治措施时，应以当地主要病害为防治对象，根据各个病害的发生特点和作物的生长特性，因地制宜地选用抗病良种，优化农业栽培管理措施，针对不同对象合理使用化学药剂的综合防治措施。

(一)播种前防治

加强农田基本建设，平整土地，做好水利排灌设施，杜绝花生根结线虫病及青枯病等借助降水或灌溉水传播，深耕深刨加厚土层，增施有机肥，防止根腐病等病害的发生。由于多数叶部病害、根结线虫病害和根茎部病害的病原物可以在病残体或土壤中越冬，特别是白绢病、茎腐病和青枯病的病原菌在土壤中存活时间较长，因此实行轮作，与禾本科等非寄主植物轮作2～3年，可以明显减少病菌的初侵染源数量，减轻病害的发生。在花生青枯病、白绢病、线虫病害发生较重的田块实行4～5年的轮作，可将病害的发生率控制在10%以下。在使用肥料时，农家肥要经过高温腐熟后方能使用，结合施用化肥，保证底肥充分。结合早春耕地，于花生播种前1个月。用氯化苦处理土壤，可有效防治花生根结线虫病。

(二)播种期防治

1. 选用抗病品种

可选用远杂9102、远杂9307、豫花9327、豫花14号、中花2号、中花6号、鲁花3号、粤油3号、粤油92等高抗青枯病品种；选用花育17号、鲁花11号、豫花7号、豫花9327、中花7号、中花9号、豫花9号、豫花14号等可在一定程度上减轻病毒病造成的损失。此外。地膜覆盖栽培可促进花生的生长发育。增强花生植株体对各种病害的抗性，同时由于覆膜有一定的避蚜效果可减轻病毒病的危害。

2. 适期播种

前期苗期病害较重，后期病毒病发生严重的地区，可根据情况适当推迟播期减轻病害的发生。由于病害种类繁多，发生情况不同，各地需要综合考虑当地的气候条件、品种特性和病害的发生时期来确定适宜的播种时期，通过避病作用减轻病害发生。

3. 种子处理

很多花生病害能够通过带菌种子传播，如根结线虫病、果壳褐斑病等，在播种之前进行种子处理可以明显减少烂种、烂芽和苗期病害的发生。用50～55℃的温水浸种，12.5%特普唑、2.5%的扑力猛等药拌种有较好的防病保苗效果。用10%克线磷颗粒剂30～60 kg/hm^2或15%涕灭威颗粒剂15 kg/hm^2。播种时盖种或撒于播种沟内。防止花生根结线虫病并兼治花生苗期蚜虫，对控制病毒病的发生也有一定作用。用50%多菌灵可湿性粉剂按种子量的0.3%拌种，催芽种子以胚根刚顶破种衣(露白)时为宜；用咯菌腈包衣，也可用噻呋酰胺、多菌灵可湿性粉剂按种子量的0.5%浸种24 h，药水被种子吸干后播种，可防治花生茎腐病等病害。

(三)苗期防治

搞好水肥管理。很多病害在植株旺长、田间湿度大时发生较重，通过水肥管理可以减轻病害的发生。田间积水阻碍植株的正常呼吸，植株生长衰弱，容易遭受病菌侵染造成死亡，出现死苗，及时除草治虫防病。

花生苗期病害防治的重点是在播种时没用内吸性药剂处理的地块，可用40%乐果乳油，或20%广克威乳油1 000倍液，或40%辛硫磷乳油1 000倍液喷施防治蚜虫和蓟马。以减轻各种病毒病的危害。苗期要注意田间检查，发现病毒病的种传病苗要及时拔除。

(四)结荚期防治

不同作物在不同的生育期需肥规律不一样，应根据供需肥特点实行均衡配方施肥，控制氮肥用量，适当增施磷钾肥有利于提高植株的抗病力，防止植株徒长。

花生进入结荚期后，各花生产区要重点防治花生叶斑病。当病叶率达到10%～15%，病情指数 3～5 时即可喷施第 1 遍药。可用 75%百菌清 WP 500～800 倍液，或 50%多菌灵 WP 800～1 500 倍液，或 70%代森锰锌 WP 300～400 倍液，或 1：2：200(硫酸铜：石灰：水)波尔多液，或农抗 120 200 倍液等。视病情情况，每 10～15 d 喷 1 次，病害重的喷 2～3 次。南方花生产区要重点防治锈病，北方花生产区在高温、湿度大的年份也应特别注意对锈病的防治。当发病率达到 15%～30%或近地面 1～2 片叶有 2～3 个病斑时要开始喷药防治。用 75%百菌清 600 倍液，或 20%三唑酮乳油 450～600 mL/hm^2 对水 750 kg/hm^2 喷雾，可有效地控制病害的发展。对于病毒病的防治，应重点抓好药剂防治传毒介体的工作，通过控制初侵染和再侵染传毒昆虫的数量从而减轻病害的发生与流行，病毒病发生后可以喷施枯病灵、病毒 A 的等药剂进行辅助治疗。对青枯病、枯萎病、白绢病的等病害的防治可采用灌根和地上部喷雾两种施药方式，叶部病害的防治以叶片喷雾为主。在防治时应针对不同的病害选用低毒、安全、有效的杀菌剂。

(五)收获期防治

发霉的种子是导致花生根部病害和苗期病害的主要因素。花生的收获、晾晒及储藏等各个环节都要保持通风、干燥，确保种子及时晒干、不发霉。花生根结虫病发生严重的地块，收获时要尽量清除病根。花生收获后要进行冬耕，通过冷冻、干燥杀死线虫病原。花生收获后要清除田间病残体，以减少第 2 年叶斑病、茎腐病等多种病害的初侵染源。

第三节　油菜病害

全世界报道油菜病害有 100 多种，我国发现 34 种，其中真菌病害 22 种，病毒病害 4 种，细菌病害 4 种，线虫病害 2 种和生理性病害 2 种。主要有菌核病、病毒病、根肿病、萎霜霉病和白锈病等。严重年份造成产量损失 30%以上。

一、油菜菌核病

油菜菌核病(rape sclerotinia rot)是一种世界性病害，欧洲春油菜发病较重，一般损失 5%～10%，严重时可达 50%。我国所有油菜产区均有发生，以长江流域和东南沿海地区最为严重，发病率为 10%～80%，产量损失 5%～30%。

(一)症状

1. 苗期

接近地面的根颈与叶柄上，形成红褐色斑点，后转为白色。病组织变软腐烂，长出大量白色棉絮状菌丝，后期长出黑色菌核。重者可致苗死亡。

2. 成株期

茎、叶、花、角果及种子均可感病。叶发病后，初为暗青色水渍状斑块，后扩展为圆形或半圆形斑，有 2～3 种不同颜色轮层，中央黄褐或灰褐色，中层暗青色，外围淡黄色。潮湿时病斑迅速扩展，全叶腐烂；干燥时病斑破裂穿孔。茎与分枝发病，初为淡褐色长椭圆形、菱形、长条形绕茎大斑，稍凹陷，有同心轮纹，水浸状。后变为灰白色，边缘深褐色。组织腐烂，髓部消解，皮层碎裂，维管束外露呈纤维状，病部长有白色菌丝，故称“白秆”“霉秆”等，后期转变为黑色菌核。花瓣感病产生水浸状暗褐色无光泽小点，后整个花瓣为暗黄色，水浸状。潮湿时可长出白色菌丝。角果发病，形水浸状成褐色斑，后变白色，边缘褐色。潮湿时全果变白腐烂，长有白色菌丝，后形成黑色菌核。种子发病，表面粗糙，无光泽，灰白色(图 8-22)。

图 8-22 油菜菌核病

1. 叶片症状 2. 茎秆症状

(二)病原

病原为核盘菌 *Sclerotinia sclerotiorum*(Lib.)de Bary，属子囊菌门核盘菌属。菌核黑色，鼠粪状或球形、不规则形，成熟菌核外皮黑色，髓部粉色至米黄色，为疏丝组织组成。菌核萌发可产生 1 至数个柄，柄褐色，顶部膨大形成子囊盘。子囊盘黄褐色，子实层由子囊与侧丝栅状排列组成。子囊长圆形，顶部钝圆，内生 8 个子囊孢子，子囊孢子无色透明，椭圆形。在老熟的营养菌丝上或菌核的子囊盘原基突破表皮萌发时，可产生小分生孢子，分生孢子圆形，无色，呈链状，有人认为起精子作用(图 8-23)。

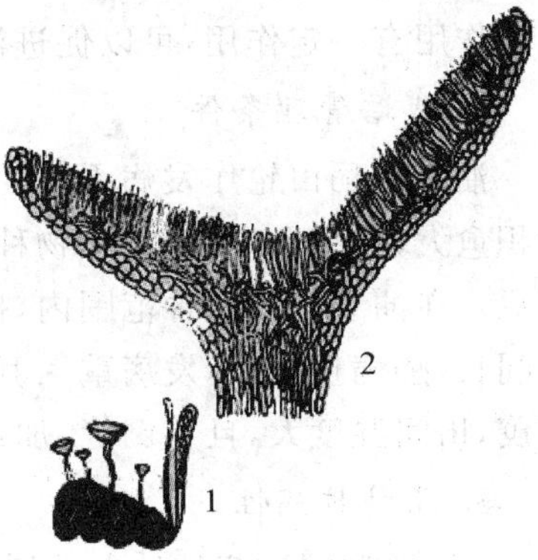

图 8-23 油菜菌核病菌

1. 菌核、子囊盘、子囊和子囊孢子

2. 子囊盘剖面

此菌寄主范围很广，能寄生于 64 科 225 属的 383 种植物上，其中以十字花科、菊科、豆科、茄科、伞形科和蔷薇科植物为主，我国发现 36 科 199 种植物被侵染，其中重要的经济作物除油菜外，还有向日葵、大豆、花生等。

(三)病害循环

此病主要以菌核在土壤、种子和病茎中越夏越冬。其次以菌丝在病种中或以菌核、菌丝在野生寄主(如荠菜、紫罗兰、刺儿菜、金盏菊等)中越夏(冬油菜区)越冬(冬、春油菜区)。越夏菌核在秋季有少量萌发，产生子囊盘或菌丝侵染油菜幼苗，在自然条件下仅四川盆地发现较多。大多数菌核越夏越冬后，至翌年 2—3 月才萌发，主要产生子囊盘，51 d 后成熟，释放大量子囊孢子，子囊孢子和黏性物质一道放射出来，黏附在油菜组织上，条件适合时可萌发侵入寄主。在田间条件下存活期可长达 12 d，存活时间与气候条件密切相关，特别是温度与水分。空气传播子囊孢子放射高度为 1 m 以上，大多数在 16 cm 高度沉降，浮游在空中的子囊孢子可随气流飘至数十米至数千米距离。孢子侵染花瓣和花药，感病的花瓣和花药落到叶上，引起叶片感病。病叶腐烂黏附在茎秆上导致茎发病，在病部产生菌核，菌核可随排水沟或田间灌溉水流传播，在流水中可存活 10～21 d，混入种子或土中越夏越冬。

(四)发病条件

油菜菌核病的发生与气候、品种抗病性和栽培条件关系密切。

1. 气候因素

我国冬油菜区因温度不同播种期不一致，开花结果期相差较大，一般长江上游区早，下游区迟，相差约1个月；江南早，江北迟，相差约半个月。地区间病害发生期也相应地迟早不同，这主要是受温度的影响。温度还影响油菜花期长短，油菜开花期气温降至适宜范围(14～18℃)以下，花期明显延迟，寒流到来的天气，造成花器受冻大量脱落，有利病菌侵染。除温度降低外，还伴随大风与降雨，造成油菜倒伏与田间高湿度，加重病害发生。雨量多少和雨日持续时间会影响土壤含水量与田间空气湿度。在油菜抽薹开花期主要影响菌核萌发、子囊盘形成与子囊孢子释放、萌发及侵染，菌核萌发与子囊盘形成需要连续10 d以上的土壤湿润。开花后期至结果期降雨主要影响病菌在田间的传播。雨量多，雨日长，田间湿度大，油菜叶片易衰老，病斑扩展快而大，可使整叶腐烂粘贴在茎上，病菌易传播至茎，同时茎、枝上的病菌由于湿度大长出繁茂菌丝，利于接触传染。在子囊盘形成期间，日照时间长、空气和土壤湿度低，子囊盘寿命很短。日照充足，油菜木质化程度高，抗病力增强。长江中、下游，油菜开花期间，平均月日照时数在160 h以下，相对湿度80%以上病害重。风对降低油菜株间湿度，调节蒸腾和光合作用有一定作用，可以促进油菜生长发育健壮，减轻病害。

2. 栽培管理条件

油菜与稻田轮作发病不重，主要是淹水条件减少了菌源。油菜与旱地作物轮作时间愈长，面积愈大，效果愈好，轮作作物种类不同，效果各异。与大、小麦轮作发病最轻，其次为蚕豆和豌豆。在油菜正常播种范围内，播种愈早发病愈重。播种早，开花期长，与子囊盘形成期吻合时间长，感病机会多，发病重。氮肥施用过多，促进茎叶生长，植株组织柔嫩，抗病力低。植株繁茂，田间湿度大，且易倒伏，加重病害。氮素用量由1 kg增至7.5 kg，病害加重1倍。

3. 品种抗病性

3种类型的油菜品种中，以芥菜型抗性较好，甘蓝型次之，白菜型最感病。但油菜品种中无高抗的品种，中国油料研究所选出6个抗病性好的材料，即RVS-1、2、3、4、5和6，大部分从甘蓝型油菜中选出。

(五)病害控制

防治策略是以农业措施为主，药剂防治为辅的综合防治。

1. 选用抗病品种

如中油821、中成4号抗性较高。

2. 减少初侵染源

水旱轮作，旱地油菜的轮作年限应在2年以上，且应大面积实施；选种和种子处理，选无病株留种，筛去种子中的大菌核，然后用盐水(5 kg水加食盐0.5～0.75 kg)或硫酸铵水(5 kg水加硫酸铵0.5～1 kg)选种，并用清水洗种；也可用50℃温水浸种10～20 min或1∶200福尔马林浸种3 min。油菜收后深耕，在油菜抽薹期培土。

3. 改善油菜生态环境

如重施基肥、苗肥，早施或控施蕾苔肥，施足磷、钾肥，防止贪青倒伏。深沟窄畦，清沟防渍。在油菜开花期摘除病、黄叶。适时播种，适当迟播。

4. 药剂防治

常用药剂为：40％菌核净（纹枯利）、50％多菌灵、50％异菌脲、40％灭病威、70％甲基硫菌灵、50％速克灵、50％氯硝胺、50％菌霜、50％扑海因等。油菜开花期，叶病株率10％以上，茎病株率1％以下时开始喷药，每次间隔7～10 d。

5. 生物防治

一般将生物制剂施入土壤中，以盾壳霉（*Coniothyrium minitans*）和木霉（*Trichoderma viride*，*T. harzianum*）效果较好。

二、油菜病毒病

油菜病毒病（rape viral disease）又名花叶病，全国各产区均有发生，重病区流行年份产量损失20％～30％。目前国内外报道的油菜病毒病有13种，其中芜菁花叶病毒在世界各地均有分布，是油菜病毒病中最主要的病原病毒。

（一）症状

不同类型油菜上的症状差异很大（图8-24）。甘蓝型油菜苗期症状有：

1. 黄斑和枯斑

两者常伴有叶脉坏死和叶片皱缩，老叶先显症。前者病斑较大，淡黄色或橙黄色，病健分界明显。后者较小，淡褐色，略凹陷，中心有一黑点，叶背面病斑周围有一圈油渍状灰黑色小斑点。

2. 花叶

与白菜型油菜花叶相似，支脉和小脉半透明，叶片成为黄绿相间的花叶，有时出现疱斑，叶片皱缩。成株期茎秆上症状有：①条斑。病斑初为褐色至黑褐色梭形斑，后成长条形枯斑，连片后常致植株半边或全株枯死。病斑后期纵裂，裂口处有白色分泌物。②轮纹斑。在菱形或椭圆形病斑中心开始为针尖大的枯点，其周围有一圈褐色油渍状环带，整个病斑稍凸出，病斑扩大，中心呈淡褐色枯斑，上有分泌物，外围有2～5层褐色油渍状环带，形成同心圈。病斑连片后呈花斑状。③点状枯斑。茎秆上散生黑色针尖大的小斑点，斑周围稍呈油渍状，病斑连片后斑点不扩大。发病株一般矮化，畸形，薹茎短缩，花果丛集，角果短小扭曲，上有小黑斑，有时似鸡爪状。白菜型和芥菜型的主要症状，苗期为花叶和皱缩，后期植株矮化，茎和果轴短缩。

图8-24　油菜病毒病

1. 苗期花叶皱缩症状　2. 叶片明脉　3. 叶片黄斑及坏死斑点（①正面，②背面）　4. 叶片的枯斑　5. 茎和叶的枯斑　6. 传毒介体大豆蚜虫　7. 萝卜蚜虫

(二)病原

芜菁花叶病毒(*Turnip mosaic virus*,TuMV)、黄瓜花叶病毒(CMV)、甜菜西部黄化病毒(*Beet western yellow virus*,BWYV)、花椰菜花叶病毒(*Cauliflower mosaic virus*,CaMV)、油菜花叶病毒(*Youcai mosaic virus*,YMV)等是引起油菜病毒病的主要毒源。其中芜菁花叶病毒(TuMV)是最主要的毒源。芜菁花叶病毒属马铃薯Y病毒属成员,粒体线状,(720～750) nm×(12～15) nm,蛋白质分子质量为27 000 u,共有226个氨基酸。核酸分子质量为3.2×10^3 u。$A_{260}/A_{280}=1.23$。病组织中可见风轮状内含体,钝化温度为62℃,稀释限点为$10^{-3}\sim10^{-4}$,体外保毒期为3～4 d。

TuMV寄主范围广,为害十字花科、菊科、茄科、藜科和豆科植物。系统侵染萝卜、白菜、芜菁、菠菜、茼蒿和花生等,局部侵染黄花烟与苋色藜。汁液和蚜虫传播,已知有40～50种蚜虫传毒,主要蚜虫为桃蚜、萝卜蚜和甘蓝蚜,非持久方式传毒。

TuMV的致病性有分化现象。根据甘蓝型油菜上的症状分为黄斑株系与枯斑株系。将30个油菜上的TuMV分离株接种在Green鉴别寄主上,鉴定为CR1、CR2和CR3 3个株系。

(三)病害循环

TuMV主要在车前草和辣根等上越夏,也可在茄科和豆科作物中越夏,由有翅蚜在越夏寄主上吸毒后,迁飞到油菜苗上引起初侵染。早播的十字花科蔬菜,主要是萝卜、小白菜、红菜苔和大白菜等,也是TuMV的主要来源。土中病残体和带毒种子偶尔传病但作用不大。TuMV的再侵染主要是通过田间油菜病株及邻近油菜田的十字花科蔬菜上的病株,由有翅蚜传播至油菜健株上引起。TuMV还可通过人工汁液摩擦传播。

(四)发生条件

(1)品种感病性　我国冬油菜区主要栽培甘蓝型油菜,品种约150多个,此外有少量白菜型和芥菜型品种。甘蓝型品种中,低抗品种占73.7%,高抗品种占7.1%,白菜型品种大部分属高感类型,占96.2%,低感类型占3.8%。

(2)播种期　一般播种期愈迟发病愈轻,早播则发病较重。

(3)油菜苗期迁飞蚜虫的数量　传播病毒的3种蚜虫(桃蚜、萝卜蚜和甘蓝蚜),占迁飞总量的82%,但3种蚜虫的比例各地不同,北方为50.1∶49.2∶0.7;长江流域为92.8∶6.8∶0.45;华南为96.7∶3.3∶0;云贵高原为52.8∶14.9∶32.3。

(4)毒源作物　秋季较油菜早播的十字花科蔬菜是油菜病毒病重要的毒源作物。冬油菜病毒病的主要毒源作物是萝卜,其次是大白菜,另外北方冬油菜区的自生油菜,长江流域的芥菜类和红菜薹,也是重要的毒源作物。

(5)夏秋气象因素　油菜病毒病的流行主要决定于传毒蚜虫发生和迁飞的生态环境。我国冬油菜区大部分地区夏季气温很高,高温是制约蚜虫越夏的重要因素,而各地秋季有一段适于蚜虫传病和病毒感染的气温期(15～20℃),由于地区间秋季降雨相差悬殊,因而秋季降雨情况就成为影响蚜虫传病和油菜发病的一个决定性因素。

(五)病害控制

油菜病毒病的防治应以栽培高产抗病品种为基础,结合适时播种,隔离毒源,培育壮苗,抓好苗期避蚜、诱蚜、治蚜的综合防治措施。防治重点在油菜苗期,集中育苗移栽大田有利于病害防治。

1. 选用抗病品种

抗病的品种有：宁油 7 号、81-23、当油 3 号、甘油 5 号、大仓 8001、新都 42 等。

2. 调整播种期

可根据当年 9—10 月份雨量的预报决定播种期，雨少天旱可适当迟播，多雨可适当早播。

3. 栽培管理

苗床远离十字花科蔬菜地特别早播萝卜、甘蓝、大白菜地。适当稀播，间苗和移栽时拔除病苗，天旱注意灌水，可显著减轻病害。

4. 防蚜、避蚜、诱蚜和治蚜

苗床选择周围种植高秆作物的地块，可预防蚜虫迁飞传病。利用有翅蚜厌恶银灰色和白色特性，可用银灰塑料薄膜或窗纱或普通农用薄膜涂上银灰色漆，平铺畦面四周以避蚜。利用蚜虫对黄色的趋性，每公顷油菜田插 90～120 块黄色诱蚜板。治蚜的重点应放在越夏杂草和早播十字花科蔬菜上，以防传毒到油菜苗上，油菜苗要注意前期(3～6 叶期)治蚜。常用药剂有：吡虫啉、吡蚜酮、灭蚜净、功夫等。

三、油菜霜霉病

油菜霜霉病是我国各油菜区重要病害，长江流域、东南沿海受害重，一般发病率在 10%～50%，严重的地块可 100%发病，造成单株 10%以上。该病春油菜区发病少且轻。

(一)症状

该病主要为害叶、茎和角果，致受害处变黄，长有白色霉状物。

叶片发病初为淡黄色小斑点，后逐渐扩大成黄褐色大斑，受叶脉限制呈多角形或不规则形，叶背面病斑上出现白色霜霉状物。

茎、蔓、分枝和角果发病，初生褪绿斑点，后逐渐扩大呈黄斑，长出白色霉层。

花梗染病，顶部肿大弯曲，呈“龙头拐”状，花瓣肥厚变绿，不结实，上生白色霜霉状物(图 8-25)。

图 8-25　油菜霜霉病

1. 叶片症状　2. 花梗症状

(二)病原

病原为 *Peronospora parasitica* (Pers.)Fr.(异名 *P. brassicae* Gaumann)称寄生霜霉，属卵菌。菌丝无色，不具隔膜，蔓延于细胞间，靠吸器伸入细胞里吸收水分和营养，吸器圆形至梨形或棍棒状。从菌丝上长出的孢囊梗自气孔伸出，单生或 2～4 根束生，无色，无分隔，主干基部稍彭大，作重复的两叉分枝，顶端 2～5 次分枝，主轴和分枝成锐角，顶端的小梗尖锐、弯曲，每端常生一个孢子囊。孢子囊无色，单胞，长圆形至卵圆形，萌发时多从侧面产生芽管，不形成游动孢子。卵孢子球形，单胞，黄褐色，表面光滑，胞壁厚，表面皱缩或光滑，抗逆性强，条件适宜时，可直接产生芽管进行侵染(图 8-26)。

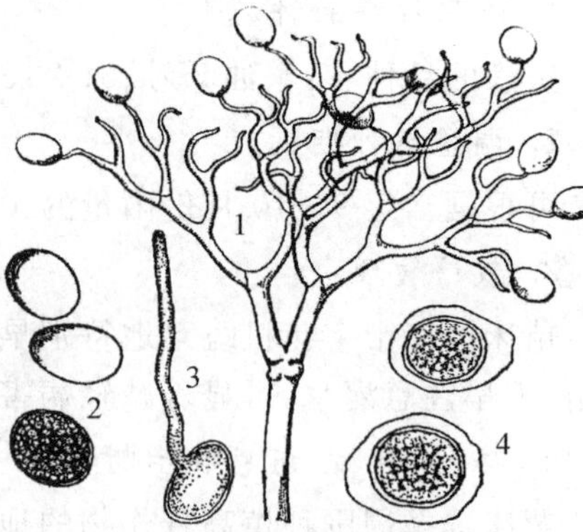

图 8-26 油菜霜霉病菌

1. 孢子囊梗及孢子囊 2. 孢子囊 3. 孢子囊萌发 4. 卵孢子

油菜霜霉菌产生孢子囊最适温度 8～12℃。孢子囊萌发适温 7～13℃，最高 25℃，最低 3℃，侵染适温 16℃。菌丝在植株体内生长发育最适温度 20～24℃。卵孢子在 10～15℃，相对湿度 70%～75%条件下易形成。

该菌系专性寄生菌，只能在活体上存活，且具明显生理分化现象。据报道，我国十字花科霜霉菌分芸薹属、萝卜属和荠菜属 3 个变种，主要区别是各自侵染能力不同。芸薹属变种对该属侵染力强，对萝卜侵染力弱，不易侵染荠菜；萝卜属变种对萝卜侵染力强，对芸薹属植物侵染力弱，不侵染荠菜；荠菜属变种，只侵染荠菜，不侵染其他十字花科植物。在芸薹属变种中，依据致病性差异又分为 6 个生理小种，油菜霜霉菌属芸薹变种 1 号小种。

(三)发病规律

冬油菜区，病菌以卵孢子随病残体在土壤中、粪肥里和种子内越夏，秋季萌发后侵染幼苗，病斑上产生孢子囊进行再侵染。冬季病害扩展不快，并以菌丝在病叶中越冬，翌春气温升高，又产生孢子囊借风雨传播再次侵染叶、茎及角果，油菜进入成熟期，病部又产生卵孢子，可多次再侵染。远距离传播主要靠混在种子中的卵孢子。至于近距离传播，除混在种子、粪肥中的卵孢子直接传到病田外，主要靠气流和灌溉水或雨水传播，孢子囊由于孢囊梗干缩扭曲，则从小梗顶端放射至空中随气流传到健株上，土中残体上卵孢子通过水流流动，萌发后产生的孢子囊随雨水溅射到健康幼苗上。

孢子囊形成适温 8～21℃，侵染适温 8～14℃，相对湿度为 90%～95%，有报道低于 15℃经 4～6 h 萌发，12 h 附着孢形成。光照时间少于 16 h，幼苗子叶阶段即可侵染，侵染程度与孢子囊数量呈正相关，孢子囊落到感病寄主上，温度适宜先产生芽管形成附着胞后长出侵入丝，直接穿过角质层而侵入，有时也可通过气孔侵入，并在表皮细胞垂周壁之间中胶层区生长，后在细胞间向各方向分枝，在寄主细胞里又长出吸器。

该病发生与气候、品种和栽培条件关系密切，气温 8～16℃、相对湿度于 90%、弱光利于该菌侵染。生产上低温多雨、高湿、日照少利于病害发生。长江流域油菜区冬季气温低，雨水少发病轻，春季气温上升，雨水多，田间湿度大易发病或引致薹花期该病流行。连作地、播种早、偏施过施氮肥或缺钾地块及密度大、田间湿气滞留地块易发病。低洼地、排水不良、种植白菜型或芥菜型油菜发病重。

(四)病害控制

1. 抗病品种利用

因地制宜种植抗病品种，如中双 4 号、两优 586、秦油 2 号、白油 1 号、青油 2 号、沪油 3 号、新油 8 号、新油 9 号、蓉油 3 号、江盐 1 号、涂油 4 号等。提倡种植甘蓝型油菜或浠水白等抗病的白菜型油菜。

2. 农业防治

提倡与大小麦等禾本科作物进行 2 年轮作，可大大减少土壤中卵孢子数量，降低菌源。加强田间管理，做到适期播种，不宜过早。根据土壤肥沃程度和品种特性，确定合理密度。采用配方施肥技术，合理施用氮磷钾肥提高抗病力。雨后及时排水，防止湿气滞留和淹苗。

3. 化学防治

种子处理：用种子重量 1%的 35%瑞毒霉或甲霜灵拌种。

田间喷药：重点防治旱地栽培的白菜型油菜，一般在 3 月上旬抽薹期，调查病情扩展情况，当病株率达 20%以上时，开始喷洒 40%霜疫灵可湿性粉剂 150～200 倍液或 75%百菌清可湿性粉剂 500 倍液、72.2%普力克水剂 600～800 倍液、64%杀毒矾，或者 36%露克星悬浮剂 600～700 倍液、58%甲霜灵·锰锌可湿性粉剂 500 倍液、70%乙磷·锰锌可湿性粉剂 500 倍液、40%百菌清悬乳剂 600 倍液，每 667 m^2 喷兑好的药液 60～70 L，隔 7～10 d 一次，连续防治 2～3 次。

在霜霉病、白斑病混发地区，可选用 40%霜疫灵可湿性粉剂 400 倍液＋25%多菌灵可湿性粉剂 400 倍液。在霜霉病、黑斑病混发地区，可选用 90%三乙磷酸铝可湿性粉剂 400 倍液＋50%扑海因可湿性粉剂 1 000 倍液或 90%三乙磷酸铝可湿性粉剂 400 倍液＋70%代森锰锌可湿性粉剂 500 倍液，兼防两病效果优异。

对上述杀菌剂产生抗药性的地区可改用 72%杜邦克露、72%克霜氰、72%霜脲锰锌或 72%霜霸可湿性粉剂 600～700 倍液。提倡施用 69%安克·锰锌可湿性粉剂 900～1 000 倍液。

四、油菜其他常见病害

见表 8-3。

表 8-3 油菜其他常见病害

病害名称及学名	症状要点	发生规律
油菜黑腐病（*Xanthomonas campestris* pv. *campestris*	为害叶、茎和角果。叶片染病现黄色 V 字形斑，叶脉黑褐色，叶柄暗绿色，水渍状，有时溢出黄色菌脓	病菌在种子与病残体内越夏。生长期主要通过病株、肥料、风雨或农具传播蔓延；高温、高湿发病重
油菜黑斑病（*Alternaria brassicae*）	主要为害叶片、叶柄、茎和角果。叶片初生褐色圆形病斑，略具同心轮纹，有时四周有黄色晕圈，有时上生黑色霉状物；叶柄染病，形成椭圆形至梭形轮纹状病斑	以菌丝和分生孢子在种子和病残体上越夏。白菜型油菜最感病，甘蓝型较抗病。油菜开花期遇高温多雨天气，潜育期短，易发病
油菜霜霉病（*Peronospora parasitica*）	主要为害叶、茎和角果。花梗染病顶部肿大弯曲，呈龙头拐状；叶片感病为多角形黄色斑块；病部产生白色霉层	以卵孢子随病残体在土壤中、粪肥里和种子内越夏。病菌借风雨传播；有多次再次侵染
油菜根肿病（*Plasmodiophora brassicae*）	为害油菜根部，主根或侧根膨大成纺锤状或不规则形的肿瘤，后肿瘤表皮变暗粗糙，地上部生长不良	休眠孢囊在土壤中或种子上越夏。孢子囊借雨、灌溉水、害虫及农事操作传播。高湿有利发病

续表 8-3

病害名称及学名	症状要点	发生规律
油菜立枯病 (*Rhizoctonia solani*)	叶柄染病，近地面处有凹陷斑；茎基部染病，初生黄色小斑，渐成浅褐色水渍状，后变为灰黑色凹陷斑，并形成大量菌核	菌核或厚垣孢子在土壤中休眠越夏。病菌从根部的气孔、伤口或表皮直接侵入；高温、连阴雨天多，光照不足易染病
油菜炭疽病 (*Colletotrichum higginsiarnum*)	叶、茎、角果上产生圆形至椭圆形小斑点，中心白色至黄白色，边缘紫褐色。湿度大时，病斑上溢出红色黏质物	以菌丝随病残体越夏。分生孢子侵染。借风或雨水飞溅传播；高温、高湿病害重

五、油菜病害的综合防治

油菜病害种类繁多，目前国内外报道的有几十种。在我国生产上发生面积大危害严重的有近 10 种。南方各油菜产区，以菌核病、病毒病和霜霉病为主；在北方春油菜区则以病毒病，软腐病为主。油菜不同生育期病害发生种类和危害程度亦不相同。在生产过程中应根据当地病害的发生特点，以主要病害为防治重点，制定一套切实可行的防治措施将病害的损失控制在经济允许水平之内。现按油菜的生长发育阶段，提出不同时期的防治要点。

(一)收获期

由于菌核病、霜霉病、白锈病等病害的病菌可以在病残体或种子中越夏，成为病害的初侵染源，因此在收获过程中应采取措施减少病菌的初侵染源数量及越夏基数。①应选用无病田或无病株留种。作种用的植株要做到单收、单脱、单藏。②在菌核病发生严重的田块，提倡齐蔸收割，以减少田间菌核残留量。③及时处理病残体。油菜收获后应及时清除田边、脱粒晒场边的病残植株及落叶，并集中烧毁或沤制肥料。

(二)播种前期

在油菜播种之前应考虑哪些病害可以通过种植抗病品种或轮作措施得到有效的控制。

1. 选用优良抗病品种

尽管用到生产上高度抗病的油菜品种不多，但不同的油菜类型和品种间对许多病害的抗性仍表现出明显的差异，可从中选出抗性较强的品种供生产使用。种植抗病的品种可有效地控制油菜病毒病、霜霉病和白锈病的危害。

2. 合理轮作、适时换茬

菌核病、霜霉病等病害的病原菌可以在土壤中越冬，实行水旱轮作或与非寄主轮作 2～3 年可以有效地制病害的发生。不同地方应根据当地的实际情况，合理安排茬口，轮作年限以 2 年以上为宜。

(三)播种期防病措施

播种期的工作重点是选用不带菌的种子或对带菌的种子进行消毒，保证种子出苗齐、全、壮。

1. 精选种子

提倡盐水或浸水选种，淘汰病残体、秕籽，及时清除菌核和霉变种子，以保证种子饱满、健壮、整齐一致。

2. 种子消毒

用1%石灰水、多菌灵、甲基托布津等杀菌剂进行种子消毒，可杀灭种子表面的病原菌。

3. 适时播种

播种过早，病毒病和软腐病发生加重，适当延期播种可减轻病害的发生。

(四)苗期

油菜苗期病害种类较多，应通过合理的栽培管理和药剂防治等措施控制苗期病害的发生。

1. 农业管理

加强水肥管理，及时间苗，培育壮苗，提高植株的抗病性。

2. 药剂防治

苗期主要病害有病毒病、立枯病、猝倒病、霜霉病等。在病毒病发生严重的地区，在油菜出苗后6～7 d和幼苗移栽前需喷施杀虫剂控制传毒蚜虫的数量，以减少病毒病的发病率。在立枯病、猝倒病、霜霉病发生严重的地区地块应采取合理施肥，及时清沟排渍等栽培管理措施结合适期喷施杀菌剂来预防和控制病害的发生。

(五)大田期

很多病害在大田期危害严重，搞好田间水肥管理控制病害再侵染数量可以有效地减轻病害的发生。

1. 加强水肥管理

首先要做好合理施肥，少施氮肥、增施磷钾肥，以提高植株抗病性，施用的农家肥一定要充分腐熟，以免将病菌带入田间。做好田间的清沟排渍，提倡深沟窄厢种植可降低田间湿度，减轻大多数病害发生程度。而在病毒病危害的地区和年份，及时灌溉能减少传毒蚜虫的数量，从而减轻病毒病的发生与危害。

2. 减少病菌的侵染源

在菌核病发生严重的地方，在油菜盛花期之前，可结合中耕除草，铲除土壤中菌核萌发的子囊盘，打掉基部腐叶防止病叶传染茎秆。在霜霉病发生严重的地方，应在终花期摘除发病的"龙头"，以减少病菌的再侵染及越夏菌源数量。

3. 药剂防治

根据当地病害的发生规律和预测预报情况，确定好重要病害的防治对象和防治适期，菌核病、病毒病和霜霉病可选用化学农药和生物农药进行防治。在防治过程中应注意不同类型农药的使用时期和使用次数以及合理搭配。

第四节　向日葵病害

全世界已知向日葵病害有90多种，因病害造成的损失为10%左右，我国报道的向日葵病害有30多种，其中发生普遍，危害严重的有10余种，主要有菌核病、黑斑病、向日葵列当、霜霉病和锈病等。

一、向日葵菌核病

向日葵菌核病(sunflower sclerotinia rot)又称白腐病,是一种世界性普遍发生的病害。我国的东北,内蒙古和西北等地危害十分严重。如黑龙江省在1987年一般地块发病率在30%~60%,严重地块在90%以上;同年吉林省发病严重的地块发病率达55%以上,1989年在内蒙古的翁牛特旗的发病率最高达67.8%,个别地块甚至绝产。至此,向日葵的播种面积锐减2/3,有的地区因此病而停种向日葵。向日葵感染菌核病菌后,产量降低46%以上,皮壳率增加,籽仁蛋白质及含油率下降,油质有苦味,发病后失去食用价值和商品价值。

(一)症状

整个生育阶段都可发病,病菌可侵染植株各个部分,形成根腐、茎腐、叶腐、花腐等各种类型的症状,我国危害较重的是花腐和根腐。

1. 根腐型

从苗期一直到收获期都可发生。一般多在开花后发病,是由菌核产生的菌丝侵染植株的根部及根茎,逐渐蔓延到茎基部、茎上。病斑黑褐色,半椭圆形,产生深褐色同心轮纹,湿度大时在病斑边缘产生白色菌丝,后形成菌核。病斑多纵向向上扩展,造成植株萎蔫,茎秆表皮露出纤维,茎内部产生白色菌丝及黑色菌核,遇风易倒伏。干燥后茎基部收缩,细缢,植株死亡。种子带菌也可产生根腐型症状(图8-27-1)。

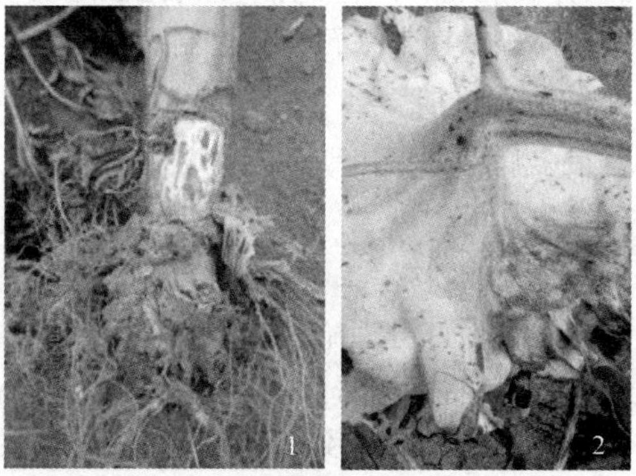

图8-27 向日葵菌核病

1. 根腐型 2. 花腐型

2. 花腐型

是由子囊孢子侵染所致,在开花后多在花盘背面出现水渍状淡褐色圆形病斑,逐渐扩大到部分或全部花盘,组织变软,腐烂。潮湿时病部产生白色菌丝,最后形成黑色菌核。菌丝可从花盘的背面侵入,扩展到花盘的正面,菌丝密生于籽粒之间,形成“井”字形黑色菌核网覆盖花盘,后期组织腐烂,花盘落地或籽粒落地,花托仅存丝状维管束。花盘内蔓延的菌丝直接危害籽实。被害的籽实皮壳变白,易破碎,侵入到种子内部的菌丝使种仁变褐,在其中形成菌核。此外,在茎秆的中部形成茎腐,绕茎呈现大的溃疡斑,最后造成植株的倒伏或死亡(图8-27-2)。

此外,在茎秆的中部能形成茎腐,绕茎呈现大的溃疡斑,最后造成植株的倒伏或死亡。

(二)病原

病原为核盘菌 *Sclerotinia sclerotiorum*(Lib.)de Bary,属子囊菌门核盘菌属。菌核黑色,形状、大小因部位而异。子囊盘肉褐色,碟状,直径达2~6 mm。一个菌核最多可形成75个子囊盘,一般4~5个。子囊棍棒状,无色,侧丝丝状,无色。子囊孢子单胞,无色,椭圆形。菌核形成后,只要条件适宜1个月左右即可萌发,产生子囊盘的适宜温度是10℃左右,pH 4~6为宜。子囊盘形成需要一定的光照。据报道,蓝、橙光和乌光只能形成子囊盘原体,只有在自然光或红、黄、绿光下,同时还需要有230 lx以上的光强和8 h以上的光照才可形成。子囊孢子在20℃,有水滴和相对湿度100%时发芽最好。

病菌寄主范围十分广泛，除危害向日葵外，还可危害大豆、黄瓜、甘蓝、茄子、番茄、胡萝卜、油菜等 64 科 360 多种植物。

（三）发病规律

此病主要以菌核在土壤中，病残体及种子间越冬，种子内的菌丝及菌核也是该病的主要初侵染源之一。种子带菌率为 3%～13%，菌核常混杂于种子间，果皮、种皮、子叶和胚均可带菌。播种后重者幼苗死亡，轻者病菌可侵染幼苗根部或根茎部，而形成根腐型症状。土壤中的菌核以 0～10 cm 居多，土表至 3 cm 的菌核可产生子囊盘，子囊孢子弹射出来，侵入茎、叶或花盘便产生茎腐、叶腐及花腐。子囊孢子随风雨、气流传播到花盘，可直接或从伤口侵入。菌核萌发的菌丝可直接或从伤口侵染根或根茎。菌核在土中的位置、数量及离根部的远近直接影响发病的程度。

此外，向日葵的感病期与子囊孢子的弹射期是否吻合及吻合时间的长短也影响其发病程度。病菌侵入后分泌草酸、果胶酶、多聚半乳糖醛酸酶，使组织腐烂。条件适宜，蔓延到整个花盘需 10～20 d。有人认为菌核在土壤中存活 5 年以上，甚至 10 年时仍有存活能力，但也有试验表明仅存活 3 年。

目前在向日葵品种及野生资源中尚未发现免疫品种，但发病程度有差异。国外报道，在 1 500 个品种中，抗菌核病的仅有 Odesskii19。国内对 233 个品种和原始材料测定发现，只有 3 份原始材料抗病，即矮 113、苏 29 和 CM90RR。寄主对根腐型和花腐型的抗性由 4 个主效基因控制，如具 3 个主效基因就表现高度抗病或耐病。国内外先后育成一批抗（耐）病的品种应用于生产，但多数国家尚未普及推广。此外，连作年限长，地势低洼，播种密度较大，开花期降水较多时发病较重。此外，连作年限长，地势低洼，播种密度大，开花期降水多时发病较重。

（四）病害控制

1. 轮作

与禾本科作物实行 2～3 年的轮作，避免与大豆、烟草、油菜等作物进行轮作。

2. 种植抗（耐）病品种

种植适合当地的抗，耐病品种。如龙葵 1 号，RO-924，辽葵 2 号，苏 29 等。

3. 清除病残体及深翻地

秋收后，清除田间病残体和落地花盘籽粒，集中深埋或烧掉。结合秋翻地把地表菌核翻到地下，深翻地要超过 7 cm，可减轻发病程度。

4. 种子处理

从无病的花盘收集种子，经筛选，可除去夹在种子中间的菌核；使用 50%速克灵按种子重量的 0.3%～0.5%拌种，有较好的防治效果。

5. 适期晚播

依据当地情况适期晚播，使开花期与降雨期错开，可减轻病害的发生，如吉林省在 5 月 20～25 日播种不仅发病轻而且产量也比正常播种的高。

6. 加强栽培管理

增施钾肥可提高植株抗病力减轻花腐型菌核病的发病程度，一般施钾肥 75 kg/hm^2 为宜。

7. 花期及时喷药

开花后降雨集中时有利于发病，可喷施 50%速克灵、50%菌核净、50%菌霜、50%农利灵等杀菌剂，盛花后连续喷 2～3 次，每 7 d 喷 1 次。

二、向日葵锈病

向日葵锈病发生普遍，全国各地均有发生。我国以黑龙江、吉林、辽宁、内蒙古等省发生较重。大流行年份减产 40%～80%，严重地块甚至颗粒无收。感染锈病的向日葵种子大小、重量和含油量都显著降低，而皮壳率增加。

(一)症状

以侵染叶片为主，也可侵染叶柄、茎秆和果盘。叶片、叶柄、茎秆、葵盘等部位染病后都可形成铁锈般状孢子堆。叶片染病，初在叶片背面出现褐色小疱是病菌夏孢子堆，表面破裂后散出褐色粉末，即病原菌的夏孢子，后病部生出许多黑褐色的小疱，即病菌冬孢子堆，散出黑色粉末，即冬孢子，发生严重的致叶片早期干枯(图 8-28)。

图 8-28 向日葵锈病

1. 初期叶片正面症状 2. 后期叶片背面症状

(二)病原

病原是 *Puccinia helianthi* Schw.，称向日葵柄锈菌，属担子菌门柄锈菌真菌。性子器生于叶两面，圆形，黄色群生。锈子器杯状，群生于叶背，大小(21～28) μm×(18～21) μm。夏孢子堆主要生在叶背，圆形至椭圆形，大小 1—1.5 mm，具 2 个芽孔。冬孢子堆在叶背面形成，褐色至黑褐色，大小 0.5～1.5 mm。冬孢子椭圆形至长圆形，两端圆，分隔处稍缢缩，大小(40～54) μm×(22～29) μm，柄无色，长约 110 μm。单主寄生。

病菌生理分化现象明显，国外报道有 4 个生理小种。

(三)发病规律

寒冷地区病菌以冬孢子在病残体上越冬。翌年条件适宜时，冬孢子萌发产生担孢子侵入幼叶，形成性子器，后在病斑背面产生锈子器，器内锈孢子飞散传播，萌发后也从叶片侵入，形成夏孢子堆和夏孢子，夏孢子借气流传播，进行多次再侵染，接近收获时，在产生夏孢子堆的地方，形成冬孢子堆，收获后又以冬孢子越冬。南方温暖地区病菌在多年生向日葵或菊芋上以菌丝越冬，越冬后繁殖进行再侵染。

该病发生与上年累积菌源数量、当年降雨量关系密切，尤其是幼苗和锈孢子出现后，降雨对其流行起有重要作用。进入夏孢子阶段后，雨季来得早，可进行多次重复侵染常引致该病流行。

目前，按国际统一命名系统已发现北美 1、2、3 和 4 号生理小种。我国内蒙古向日葵锈病流行区巴盟、包头市、呼和浩特市主要为 1、2、3 号生理小种，其中 3 号小种占 60%～90%，是内蒙古锈病流行的优势小种，2 号小种占 10%～20%。用 3 号小种测定内蒙古地区生产上使用的向日葵栽培种，土右三道眉、低列多维克、派改1号、内杂1号、内杂2号、食葵1～3号均呈感病型反应。生产上种植中熟品种及食用葵易发病。7—8月份多雨发病重。

(四)防治方法

1. 抗病品种利用

加快选育抗3号小种的食用葵或油葵抗病品种。

2. 农业防治

加强前期管理，及时中耕，合理施用磷肥。

3. 化学防治

药剂拌种：用25%羟锈宁可湿性粉剂100 g干拌50 kg种子，可减轻发病。

发病初期施药：喷洒15%三唑酮可湿性粉剂1 000～1 500倍液或50%萎锈灵乳油800倍液、25%丙环唑乳油3 000倍液、25%丙环唑乳油4 000倍液＋15%三唑酮可湿性粉剂2 000倍液、70%代森锰锌可湿性粉剂1 000倍液＋15%三唑酮可湿性粉剂2 000倍液、12.5%烯唑醇可湿性粉剂3 000倍液，隔15 d左右1次，防治1～2次。

三、向日葵黑斑病

向日葵黑斑病是一种重要的真菌病害，分布在全国各地。我国于20世纪60年代首次报道，该病也是一种流行性叶斑病，一般年份可减产10%～20%，大流行年份病情指数在95以上，减产可达50%左右，虽然已对该病害采取一些防范措施，但目前该病对向日葵生产仍存在很大威胁。

(一)症状

各生育阶段均可发病。为害叶、茎和花瓣。

叶片染病现暗褐色圆形病斑，大小5～20 mm，边缘常有黄绿色晕圈，病斑上有时现同心轮纹，中央生出灰色至灰白色的霉状物，邻近病斑常相互融合。叶柄染病现圆形至椭圆形或梭形黑褐色病斑，严重的叶柄干枯。

茎部染病生椭圆形至梭形长斑，黑褐色，由下向上蔓延，常互相接连，长的可达140 mm，使茎秆全部变褐。

花托染病生凹陷圆斑。花瓣染病通常产生小褐色斑。葵盘染病生圆形至梭形具同心轮纹的褐色至灰褐色斑，中心灰白色(图8-29)。

图8-29 向日葵黑斑病症状

(二)病原

病原是 *Alternaria helianthi* (Hansf.) Tubaki et Nishihara 称向日葵链格孢，属无性菌类真菌。自然条件下菌丝丛近层状铺展，稀毛状，灰色。分生孢子梗单生或小束生，直或微弯，有时曲膝状，苍白色至近榄褐色，平滑，分隔，大小120 μm×(8～11) μm。分生孢子多数单生，偶有2个链生，直立，圆筒形或呈倒棍棒状，末端圆，近无色至中等浅榄色或金属色，平滑，具2～12个横隔，偶见1或多个纵隔或斜隔膜，培养时分隔处常缢缩，大小(45～145) μm×(10～30) μm。

(三)发病规律

病菌以菌丝在种子或病残体上越冬。翌春播种带病的种子出土后即引起苗枯或叶斑。但种子带菌量较少。病残体上的病原菌是主要初侵染源。遇有适宜条件产生分生孢子借风雨、气流传播到向日葵植株上进行初侵染。

病菌侵入的适温是25～30℃,在雨季,温度适宜,寄主处于乳熟至蜡熟期很易发病。高温多雨该病流行速度快,潜育期短,因此很易流行成灾,成为生产上的重要病害。

目前尚未发现免疫的品种。油B-12、阜新大喀、法国向日葵、先进工作者等较抗病。病菌孢子萌发温度是5～35℃,最适25～30℃,潜育期2～13 d。流行与雨水有直接关系,高温多雨年份发病重。连作地、播种早的向日葵易发病。

(四)病害控制

1. 抗病品种利用

选用抗病品种,如辽葵杂3号、辽葵杂4号、油B-12、阜新大喀、HA89×1049、沈葵杂1号、74102A×181、76055A×11、小葵子、九连灯等。

2. 加强栽培管理

秋季深翻地,消灭病残体,减少初侵染源。采用向日葵配方施肥技术,施足底肥,增施磷钾肥提高抗病力。播种前进行种子处理,用50%福美双或70%代森锰锌可湿性粉剂按种子量的0.3%拌种,也可用60℃热水浸种10分钟。

3. 化学防治

发病初期及时喷洒70%代森锰锌可湿性粉剂400～600倍液、75%百菌清可湿性粉剂800倍液、50%异菌脲(扑海因)可湿性粉剂1 000倍液,隔7～10 d 1次,喷2～3次。

四、向日葵霜霉病

国内主要分布在东北、西北、华北和西南局部地区,是重要的检疫性病害。

(一)症状

苗期、成株期均可发病。造成植株矮化,不能结盘或死亡。

苗期染病,2～3片真叶时开始显症,叶片受害后叶面沿叶脉开始出现褪绿斑块,叶背可见白色绒状霉层,即病菌的孢囊梗和孢子囊,病株生长缓慢。

成株染病,初期近叶柄处生淡绿色褪色斑,沿叶脉向两侧扩展,后变黄色并向叶尖蔓延,出现褪绿黄斑,湿度大时叶背面沿叶脉间或整个叶背出现白色绒状霉层,厚密。后期叶片变褐焦枯,茎顶端玫瑰花状,发病植株较健康植株明显矮,节间缩短,茎变粗,叶柄缩短,随病情扩展,花盘畸形,失去向阳性能,开花时间较健株延长,结实失常或空秆(图8-30)。

图8-30　向日葵霜霉病

(二)病原

病原是 *Plasmopara halstedii*(Farl.)Berl. et de Toni,称向日葵单轴霉,属卵菌单轴霉属。孢囊梗 1～4 根从气孔伸出,具隔膜,大小 350～630 μm,主轴长 105～370 μm,占全长 1/3～2/3,粗 9.1～10.8 μm,上部单轴分枝 6～11 次;末端直,圆锥形,长 1.7～11.6 μm,常 3～4 枝簇生成直角分枝,顶端钝圆。孢子囊卵圆形、椭圆形至近球形,顶端有浅乳突,无色,大小(16～35) μm×(14～26) μm。卵孢子球形,黄褐色,直径 23～30 μm。

病菌存在明显生理分化现象,已发现有 8 个生理小种。

(三)发病规律

向日葵霜霉菌随带菌的种子传播蔓延。病菌主要以菌丝体和卵孢子潜藏在内果皮和种皮中,种子间夹杂的病残体也带菌,春季气温回升,卵孢子萌发产生游动孢子囊,释放游动孢子侵入向日葵,形成全株侵染症状。该病有潜伏侵染现象,带菌种子长出的幼苗常不表现症状,生产上播种带菌种子,当年只有少数出现孢子囊,相当多的植株为无症带菌,生产上要注意,必要时需连续种植进行检查。

向日葵品种间存有抗病性差异。该病发生程度与播种及出苗期间温湿度有关,一般早播发病轻,旱地发病轻。向日葵播种后遇有低温高湿条件,容易引起幼苗发病,生产上春季降雨多,土壤湿度大或地下水位高或重茬地易发病,播种过深发病重。向日葵进入成株期以后抗病性明显增强。

(四)病害控制

1. 加强植物检疫、建立无病留种田和选用抗病品种

严禁从病区引种,千方百计地保护无病区。目前,生产上抗病品种有辽葵 2 号、汾葵杂 1 号、抗 3A×恢 6、CM592 等,各地可因地制宜选用。

2. 农业防治

与禾本科作物实行 3～5 年轮作。怀疑有霜霉病的种子要检测向日葵的内果皮和种皮,明确带菌率。发病重的地区用种子重量 0.5%的 25%甲霜灵拌种。适期播种,不宜过迟,密度适当,不宜过密。田间发现病株及时拔除并喷药或灌根,防止病情扩展。

3. 化学防治

苗期或成株发病后,喷洒 58%甲霜灵锰锌可湿性粉剂 1 000 倍液或 64%杀毒矾 M8 可湿性粉剂 800 倍液、25%甲霜灵可湿性粉剂 800～1 000 倍液、40%增效瑞毒霉可湿性粉剂 600～800 倍液、72%杜邦克露或 72%克霜氰或 72%霜脲·锰锌或 72%霜霸可湿性粉剂 700～800 倍液,对上述杀菌剂产生抗药性的地区可改用 69%安克·锰锌可湿性粉剂 900～1 000 倍液。

五、向日葵其他常见病害

见表 8-4。

表 8-4　向日葵其他常见病害

病害名称及学名	症状要点	发生规律
向日葵褐斑病 (*Septoria heliunthi*)	叶缘叶尖病斑近圆形，灰褐色，上有小黑点。病斑颜色较黑斑病浅	以分生孢子器在病残体上越冬。风雨气流传播，有多次再侵染
向日葵黄萎病 (*Verticillium dahliue*)	先在下部叶片发生，叶肉褪绿后变黄，叶脉为绿色，最后全株死亡	在土壤、病残体和种子中越冬。病菌直接侵入根部或从伤口侵入
向日葵细菌性茎腐病 (*Erwinia* spp. *Pseudomonas* sp.)	为害茎，褐腐型组织变褐湿腐状，茎部纵裂；黑腐型病部黑如墨汁，髓部软腐中空	病菌寄主范围广，菌源多。向日葵中、后期发病，自然裂口、伤口侵入
向日葵白粉病 (*Erysiph cichoracearum*)	叶片上生一层白色粉状物，有时形成蛛丝状无色或褐色菌丝体	闭囊壳在病残体上越冬。子囊孢子进行初侵染，分生孢子再侵染

六、向日葵病害的综合防治

(一)选用抗病品种

选用抗病品种是防治向日葵病害最经济有效的办法。食用向日葵新品种白葵 6 号高抗褐斑病，中抗菌核病；油葵杂交种 KWS305、KW303 高抗霜霉病中抗菌核病；外引油葵杂交种诺葵 212、F51 高抗霜霉病。这些高产抗病向日葵新品种均适合西北各地大面积推广种植。

(二)播前种子处理

向日葵种子表面及内部存在大量的各种不同的病原真菌。因此，播前必须进行种子处理。在精选种子的基础上，用 25%端毒霉 WP 按种子重的 0.3%拌种，防治霜霉病效果可达 94%以上。用 58～60℃恒温水浸种 20 min，或用 50%福美霜 WP 按种子量的 0.5%拌种控制向日葵菌核病、褐斑病和黑斑病的种子菌源效果显著。

(三)农业技术措施

1. 实行合理轮作

为害我国向日葵的 4 种主要病害均为真菌性病害，其病原菌均能在土壤中或田间病残体上存活多年。不实行合理轮作，会使病害逐年加重。所以必须严格实行向日葵与禾本科作物轮作。轮作周期 5 年以上，对控制向日葵菌核病、褐斑病、黑斑病效果良好。

2. 清除田间病源

向日葵收获后，及时清除田间病株的根、茎、叶、花盘等残体，集中烧毁或深埋。然后进行土壤秋季深翻，耕作深度 20 cm 以上，使大量的菌核和破碎的病残体埋在土壤深处而自行腐烂，减少田间菌源以达到减轻病害的目的。

3. 调整播期

依据当地气候特点和各品种的生育特性，适当早播或晚播，使向日葵易感病阶段避开秋季阴雨连绵的季节以达到避雨防病的目的。

4. 加强栽培管理

采用适宜的种植密度，保证田间通风透光；播前施足底肥注意增施磷钾肥，不可偏施氮肥；

及时疏松土壤，保存土壤水分，消灭杂草，保证植株发育良好，都能提高向日葵对病害的抵抗力，减轻病害。

第五节　芝麻病害

全世界报道芝麻病害有 40 多种，我国发现 20 余种，主要有枯萎病、茎点枯病等。

一、芝麻枯萎病

芝麻枯萎病(sesame fusarium wilt)在国外分布于美国、哥伦比亚、秘鲁、委内瑞拉、希腊、苏联、朝鲜、日本、巴基斯坦、印度、以色列、土耳尔、埃及等国。在美国和委内瑞拉曾一度流行，在感病品种上造成毁灭性为害。在我国枯萎病主要分布于河南、湖北、江西、吉林、内蒙古、新疆、陕西、河北等中北部芝麻产区。发病率一般为 1%～5%，发病严重田块可达 30%以上，甚至绝收。

(一)症状

芝麻枯萎病是一种系统侵染的维管束病害，从苗期到成株期均可发病，但以成株期发病为主。

幼苗感病常引起根腐，病株猝倒枯死。

成株期病株叶片自下而上逐渐变黄萎蔫，最后变褐枯死脱落，拔出病株可见根部、茎基部变褐腐烂，有的病株仅半边枝叶萎蔫枯死，在病株茎秆一侧产生长条形褐色。潮湿时，在枯死病部产生粉红色黏质霉层(病菌分生孢子座和分生孢子)。

剖茎检查，可见维管束初为红色，随着病情加重，变为红褐色至褐色。病株蒴果较小，种子瘦瘪，易提前炸裂(图 8-31)。

图 8-31　芝麻枯萎病症状

(二)病原

病原为尖孢镰孢菌芝麻专化型 *Fusarium oxysporum* Schl. f. sp. *sesami* (Zap.) Cast，异名为 *F. vasinfectum* Atk. var. *sesami* Zapr.，属无性菌类镰孢属真菌。病部的粉红色霉层主要是病菌的分生孢子，大型分生孢子镰刀形，稍弯，无色透明，顶端细胞圆锥形，足胞明显，一般 2～5 个分隔，多数有 3 个分隔。小型分生孢子椭圆形或卵圆形，无色透明，多数单细胞，少数双细胞。厚垣孢子球形或近球形，顶生或间生，多数单细胞，少数双细胞。病菌生长温度为 10～35℃，最适温度为 26～30℃。

(三)发病规律

病菌可在土壤、病残体及种子内外越冬，在土壤中可营腐生生活，并长期存活。借流水、农事活动等传播，调运带菌种子可造成病害远距离传播。种子带菌可引起幼苗发病。在芝麻生长期间，病菌从植株根部伤口侵入或直接通过根毛侵入，进入导管后沿导管向上蔓延，引起植株发病。一般在 2～4 对真叶期开始发病，花期为发病盛期。

病田连作年份越长，发病越重；土壤瘠薄田发病也重。品种间感病性存在差异，一般闭果型较裂果型抗病。乌干达筛选出的粗皮和大粒种较抗病。研究表明品种的抗病或耐病性由 1～2 对显性或隐性基因所控制。

(四)病害控制

控制芝麻枯萎病应采用以轮作和种植抗病品种为主的综合防治措施。

1. 选用抗病品种

病田可选择种植宁津八筒白、宜阳白、平邑白芝麻、金乡芝麻、荣城黑芝麻等品种。

2. 选用无病种子或种子消毒

病区要从无病田选留种子，病田种子或由外地购入的种子要用 0.5%的硫酸铜液浸种 30 min，杀死种子上的病菌。

3. 加强栽培管理

病田实行 3～5 年轮作，收获后及时清除病残体，采用地膜覆盖栽培，增施肥料，注意防治地下害虫，田间管理时避免伤根，这些栽培管理措施均有减轻病害发生的作用。

4. 药剂防治

国外报道用百菌清处理土壤防病效果较好。用 50%多菌灵 1 000 倍液灌根，也有一定的防病效果。

二、芝麻茎点枯病

芝麻茎点枯病(sesame stem rot)又称芝麻茎腐病、茎枯病、立枯病、茎点立枯病、炭腐病、黑根疯、黑秆疯等，是我国芝麻上为害最重的病害。在河南、湖北、山东、河北、安徽、江西、江苏、浙江、福建、广西、台湾等省(区)均有发生，发病率一般 10%～25%，严重的可达 90%以上，一般年份减产 10%～15%，含油量下降 4%～12%，重病田成片枯死，几乎绝收。

(一)症状

此病在芝麻生长期内都可危害，但发病盛期在终花期后，其他时期发病较少。主要为害植株的根、茎及蒴果。播种后到出苗前可引起烂种、烂芽。

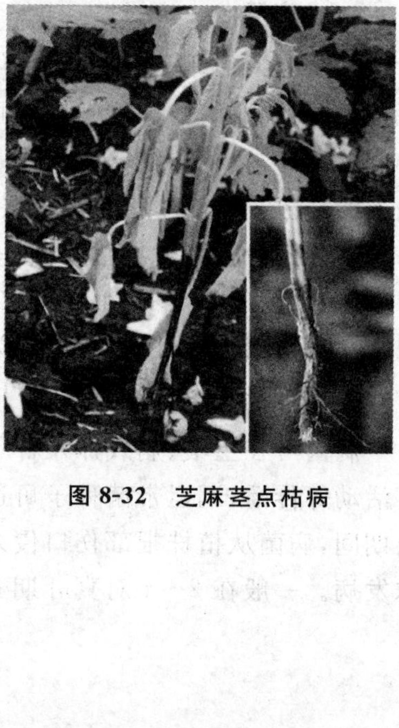
图 8-32 芝麻茎点枯病

幼苗发病，根部先变褐腐烂，随后地上部萎蔫枯死，在茎秆上散生许多小黑点(分生孢子器和小菌核)。

成株期发病，多从植株地下根、茎开始变褐腐烂，而后向上扩展到茎基部和茎中下部，有时病菌也可直接侵染茎秆中下部。在茎秆上，病部初呈黄褐色水渍状，病健交界不明显，条件适宜的，病部很快绕茎一周，变为黑褐色，后期病部中央变为银灰色，有光泽，其上密生小黑点(分生孢子器和小菌核)。病株稍矮，叶片由下而上渐发黄变褐，萎蔫下垂，严重时整株枯死，轻病株仅部分茎秆或枝梢枯死。蒴果感病后呈黑褐色枯死，无光泽，也没有小黑点。种子感病后表面散生小黑点(小菌核)(图 8-32)。

(二)病原

病原为菜豆壳球孢 *Macrophomina phaseolina*(Maubl.)Ashby,属无性菌类壳球孢属真菌。病部的小黑点是病菌的分生孢子器,着生在寄主表皮的角质层下,球形或近球形,黑褐色,以孔口突破表皮而外露,大小为(116～238) μm×(92.8～220) μm。分生孢子长椭圆形或圆筒形,无色,单胞,内含几个油球。菌核产生于寄主皮层下或皮层与木质部之间。在病根和人工培养基上可产生大量菌核,菌核比分生孢子器小,球形或不规则形,黑褐色。

该菌是一种弱寄生菌,并且从不同寄主上分离的菌株,其致病性不同。菌丝生长适温为30～35℃,分生孢子萌发适温为25～35℃,最适相对湿度为96%～100%,菌核形成的适温为30～35℃。

病菌的寄主范围很广,包括芝麻、黄麻、豆类、花生、烟草、甘蔗、向日葵、甘薯、棉花、茄子、番茄等,达120多种,人工接种可侵染270多种植物。目前仅发现在芝麻和黄麻上产生分生孢子,在其他寄主上仅产生菌核。

(三)发病规律

此病主要以菌核在种子、土壤和病残体中越冬,成为第二年初侵染源,播种带菌种子可引起烂种、烂芽,土壤和病残体中的病菌主要引起芝麻生长后期发病。早期病株上产生的分生孢子可借风雨传播,进行再侵染。病菌主要从伤口、叶痕侵入,也可直接侵入。在25℃以上和高温条件下,潜育期为5～10 d。

芝麻不同品种对茎点枯病抗性存在差异,我国从3 100多份种质资源中筛选出高抗材料32份,如霸王鞭、独苔、狼尾巴等农家品种。埃及报道,品种感病性由1～3对基因控制。同一品种不同生育期抗病性不同。苗期生活力弱,易感病;终花期后植株逐渐衰老,茎秆中营养向种子转移,抗病力下降,最易感病。

高温、高湿、多雨有利于茎点枯病的发生。由于芝麻的感病盛期处于高温季节,所以温度能够满足发病需要,降雨多少是影响病害发生轻重的主要气候因素。在7—8月份降雨多,发病重,若旬降雨量在130 mm以上,雨日7 d左右,常造成病害流行。但7—8月份长期干旱高温,芝麻生长衰弱,病害也会严重发生。

病田连作比轮作发病重;低洼积水,偏施氮肥过多、过度密植、杂草丛生,其他病、虫害发生严重等也都有利于茎点枯病发生。

(四)病害控制

控制芝麻茎点枯病应采取以种植抗病品种和无病种子及轮作为主,加强栽培管理和药剂防治为辅的综合防治措施。

1. 种植抗病品种和使用无病种子

因地制宜选用抗病品种,较抗病的品种有豫芝4号、豫芝7号、豫芝8号、中芝5号、中芝7号、中芝8号、中芝9号、冀芝1号、冀芝3号等。要在无病地留种,带病种子要进行消毒处理,可用55～56℃温水浸种10 min,也可用种子重0.2%的50%多菌灵或50%福美双或80%喷克拌种。

2. 农业防治

病田要与禾本科小麦、玉米、谷子等非寄主作物实行3年以上轮作。另外,合理密植,加强栽培管理,增施有机肥,及时抗旱排涝、松土除草,增强植株抗病性。芝麻收获后要清除遗留田间的病残体，及时深耕，减少田间越冬菌源。

3. 药剂防治

在苗期、初花期和终花期各喷1次杀菌剂，如50%多菌灵、50%苯菌灵、40%百菌清等，也可在发病初期喷施，以喷茎、荚为主，有很好的防病效果。

三、芝麻其他常见病害

见表8-5。

表8-5 芝麻其他常见病害

病害名称及学名	症状要点	发生规律
芝麻疫病 (*Phytophthora nicotianae*)	危害茎、叶。病部褐色，边缘不明显，生白霉，重者枯死	土壤中越冬。8月份为发病盛期。连作、高温、高湿、多雨病重
芝麻叶枯病 (*Helminthosporium sesumi*)	叶生多角形褐斑，有轮纹，茎生长形红褐斑，生黑霉	在种子、病残体上越冬。多雨、潮湿，长势弱、生长后期病重
芝麻叶斑病 (*Cercospora sesami*)	叶斑近圆形，边缘紫褐色，中央灰白色，背生灰霉，茎生褐斑	在种子，病残体上越冬。多雨、潮湿、开花期发病重
芝麻黑斑病 (*Alternaria sesami*)	叶生褐色不规则大斑，有轮纹，黑霉，或生圆形褐色小斑	在病残、种子越冬。多雨、高湿、晴雨交替频繁、长势弱病重
芝麻褐斑病 (*Ascochyta sesami*)	叶生多角形褐斑，后变灰色，生大量黑褐色小点，无轮纹	随病残体在土壤越冬。多雨、高湿、管理粗放、长势弱病重
芝麻轮纹病 (*Ascochyta sesamicola*)	叶生不规则形褐斑，直径2～10 mm，边缘色深，有轮纹和小黑点	随病残在土壤越冬；气温20～25℃，高湿阴雨发病重
芝麻白粉病 (*Erysiphe cichoracearum*)	在叶、茎、茄果表面生白色粉状霉层，重时叶片变褐枯死	闭囊壳随病残越冬；坡岗旱地、缺肥、氮过多病重
芝麻立枯病 (*Rhizoctonia solani*)	茎基生褐斑，逐渐绕茎一周，缢缩变细，重者折倒枯死	病菌在土壤、病残体中越冬。低洼、积水、低温、多雨发病重
芝麻茎枯病 (*Phoma seami*)	茎部症状与茎点枯病相似，但黑点小，组织内不产生菌核	参见芝麻茎点枯病
芝麻白绢病 (*Sclerotium rolfsii*)	茎基、根变褐，表面生白色绢丝状菌丝层及油菜籽状菌核	病菌在土壤、病残体中越冬。高温、多雨、排水不良发病重
芝麻青枯病 (*Ralstonia solanacearum*)	根变褐，茎、叶生暗绿到黑褐条斑，萎蔫，维管束变褐，有菌脓	随病残体在土壤中越冬。连作、高温、高湿、大雨后骤晴病重
芝麻细菌性角斑病 (*Pseudomonas syringae* pv. *swami*)	叶片生多角形黑褐色小斑，前期有黄色晕圈，叶背有菌脓	随病残体在土壤中越冬。连作、高温、高湿、大雨后骤晴病重
芝麻黄花叶病 (PStV)	现黄绿相间花叶，整叶淡绿或黄化，稍下卷，稍矮，瘦弱	野生寄主是主要初侵染源。蕾期前感病，蚜虫多病重

续表 8-5

病害名称及学名	症状要点	发生规律
芝麻普通花叶病 (TuMV)	淡绿花叶,黄斑皱缩,茎秆扭曲,矮化,坏死,多不结实	病毒经汁液接触、蚜虫传染。蚜虫多发病重
芝麻变叶病 (*Phytoplasma*)	病株矮化,叶小,丛生,花器变绿,出现叶脉,不能结实	叶蝉传染,终生带毒,播种早,叶蝉密度高发病重

四、芝麻病害的综合防治

(一)抗病品种利用及种子处理

因地制宜选用适应性广、抗逆性强、增产潜力大的J18、驻芝11、强芝10、驻芝18、上芝1号等单秆型优质高产品种。播种前将种子曝晒1～2 d,提高种子发芽率。播种前用55℃温水浸种10 min,或60℃温水浸种5 min,晾干后播种。用亮盾药种比1∶40包衣、福美双拌种,用药量占种子重量的0.5%～1%;或用5%施保功1 000倍液或硫酸铜200倍液浸种16 h,均有较好防效。

(二)农业防治

1. 合理轮作和科学的种植方法

芝麻忌重茬,一般与甘薯、棉花、大豆或者玉米等茬口隔3～4年轮作为好。根据地块宽窄划厢,每厢宽10～20 m。每厢中间高,两侧低,呈龟背形。厢沟、地头两沟配套,达到排涝除渍效果。

2. 科学施肥

采用氮、磷、钾和微量元素肥料配合。一般亩施优质农家肥2 000～3 000 kg,硫酸钾三元复合肥(氮、磷、钾含量各15%)50～70 kg。有机肥和70%的化肥于犁地前均匀撒施于地面;30%的化肥于犁后耙前撒施耙头。现蕾期视苗情亩追施尿素5～10 kg;在苗、花期分别喷施硼砂液肥2～3次,灌浆期喷施磷酸二氢钾液肥1～2次。

3. 适时播种、合理密植

5月下旬至6月上旬为适宜播种期,每亩用量0.5～0.6 kg。采用条播方式,播深3 cm左右,等行距:行距30～40 cm,株距15～20 cm;也可以采用宽窄行种植:宽行40～45 cm,窄行25～30 cm、株距15～20 cm。每亩密度为0.9万～1.2万株。以肥力定苗10 000株左右;肥力低则密度高。单秆型芝麻密度控制在每亩1万～1.2万株,分枝型芝麻密度控制在每亩0.7万～0.8万株。

4. 加强田间管理

(1)及早间苗、定苗 二对真叶时间苗,3～4对真叶时定苗。及时拔除病株,带出田外销毁。结合间苗、定苗,进行中耕灭茬,松土保墒。

(2)及时排水灌溉 8月份雨水较多且集中,要防止田间积水。开花结蒴期需水较多,干旱时应及时进行灌溉。

(3)适时打顶 盛花中期打顶(7月底8月初)。晴天下午用手摘除花序顶部生长点约1.5 cm。禁止摘芝麻叶食用。打顶后立即喷施1次800倍的多菌灵和0.3%的磷酸二氢钾混合液。

(三)化学防治

要掌握在病害发生前喷药保护,或发病初期用药。在芝麻现蕾期前对发生病害田块普防一次,控制病情发展蔓延。对病株率达到15%的田块,15 d以后再喷1次。

(1)控制茎点枯病和疫病　爱苗1 500倍液;56%氧化亚铜WP 500倍液;25%戊唑醇(奥宁)WP 1 500倍液;20%噻菌铜悬浮剂500倍液;70%甲基托布津WP 800倍液;使百克EC 200倍液。

(2)防治枯萎病　用农思得1 000倍液+敌克松1 000倍液和2.5%适乐时1 000倍液灌根,用20%龙克菌悬浮剂300倍液、50%敌克松WP 500倍液、2%宁南霉素水剂200倍液、枯草芽孢杆菌WP 500倍液稀释液喷淋防治枯萎病。

(3)防治青枯病、细菌性角斑病等细菌性病害　亩用57.6%冠菌清WP 20 g,或72%农用链霉素30 g兑水50~60 kg喷雾。

复习思考题

1. 大豆胞囊线虫病的症状和病原有何特征?如何有效防治大豆胞囊线虫病?
2. 大豆叶部病害有哪些?如何区别?
3. 花生褐斑病和黑斑病症状有何异同,比较两者的发生规律并制定一个防治方案。
4. 花生网斑病的症状有什么特点,发生规律如何?
5. 花生青枯病的主要症状是什么?其病原有何特性?
6. 如何防治花生根部真菌病害(白绢病、茎腐病等)?
7. 简述油菜病毒病主要症状,如何才能有效防治油菜病毒病?
8. 油菜菌核病主要症状是什么?影响油菜菌核病发生条件有哪些?如何才能有效防治?
9. 向日葵菌核病症状有哪些特点,如何防控?

参考文献

[1] Boone D R, Castenholz R W. Bergey's manual of systematic bacteriology. Vol. 1, (2nd), Springer, 2001.

[2] Brunt A A, et al. Viruses of Plants. CAB International, 1996.

[3] Cavalier-Smith T. A Revised six-Kingdom System of Life. Biol. Rev. 1998, 73: 203-266.

[4] Chen P D, Qi L L, et al. Development and molecular cytogenetic analysis of wheat-Haynaldia villosa 6VS/6AL translocation lines specifying resistance to powdery mildew. Theor. Appl. Genet., 1995, 91: 1125-1129.

[5] Dyakov Y T, Dzhavakhiya V G, Kopela T. Comprehensive and Molecular Phytopathology. Wydawca: Elsevler, 2006. [迪雅科夫. 分子植物病理学. 北京:科学出版社, 2007.]

[6] Hauben L, Moore ERB, et al. Phytogenetic position of phytopathogens withn the Enterobacteriaceas. Systematic and Applied Microbiology, 1998, 21: 387-397.

[7] Hull R. Matthews' Plant Virology. 4th ed. San Diego: Elsevier Academic Press, 2002.

[8] Johnson J L. Use of nucleic acid homologies in the taxonomy of anaerobic bacteria. Int. J. Syst. Bacteriol, 1973, 23: 308-385.

[9] Kirk P M, Cannon P F, et al. Ainsworth & Bisby's Dictionary of the Fungi. 9th ed. Wallingford: CABI Publishing, 2001.

[10] Krieg N R, Holt J G. Bergey's manual of systematic bacteriology, Vol. 1, Williams & Wlkins, London: Baltimore, 1984.

[11] Mansfield J, Genin S, et al. Top 10 plant pathogenic bacteria in molecular plant pathology. Mol Plant Pathol, 2012, 13(6): 614-629.

[12] Vance V, Vaucheret H. RNA Silencing in plant: Defense and counterdefence. Science, 2001, 292: 2277-2280.

[13] 阿格里斯. 植物病理学. 北京:中国农业大学出版社, 2009.

[14] 安柏荣, 吴际云, 郑文华. 植物病毒分类和鉴定的原理和方法. 西安:陕西科学技术出版社, 1995.

[15] 白金铠. 杂粮作物病害. 北京:中国农业出版社, 1997.

[16] 白元俊, 潘荣光. 玉米矮花叶病毒病的发生规律及防治研究. 杂粮作物, 2003, 23(3) 167-168.

[17] 曹亚萍, 张明义, 等. 冬小麦黄矮病的抗性遗传. 植物保护学报, 2005, 32(2): 125-128.

[18] 曾士迈, 肖悦岩. 普通植物病理学. 北京:中央广播电视大学出版社, 1989.

[19] 陈捷. 玉米病害诊断与防治. 2版. 北京:金盾出版社, 2012.

[20] 陈利锋, 徐敬友. 农业植物病理学(南方本). 北京:中国农业出版社, 2001.

[21] 陈利锋, 徐敬友. 农业植物病理学. 3版. 北京:中国农业出版社, 2007.

[22] 陈水营, 许志刚译. 植物病理学. 3版. 北京:中国农业出版社, 1995.

[23] 陈雪芬. 茶树病虫害防治. 北京:金盾出版社,2008.
[24] 戴宝生,吕锐玲,李蔚. 4 种药剂防治棉花黄萎病研究. 中国棉花,2010,8:15-16.
[25] 丁俊杰,马淑梅,等. 大豆主要病害双抗种质鉴定初报. 中国油料作物学报,2006,28(1):72-75.
[26] 董金皋. 农业植物病理学. 2 版. 北京:中国农业出版社,2009.
[27] 董晋明. 山西省大豆胞囊线虫病研究进展. 山西农业科学,1988,2:31-34.
[28] 杜翠敏,胡乃志,等. 鲁南地区甘薯茎线虫病的危害现状及综合防治技术. 植物医生,2006,19(3):28-29.
[29] 鄂文弟,王振华,等. 玉米瘤黑粉病的研究进展. 玉米科学,2006,14(1):153-157.
[30] 范绍强,谢成升,等. 小麦黄矮病遗传育种研究进展. 中国生态农业学报,2008,16(1):241-244.
[31] 方中达. 植病研究方法. 3 版. 北京:中国农业出版社,2004.
[32] 方中达. 中国农业植物病害. 北京:中国农业出版社,1996.
[33] 费永成,陈林,等. 成都平原 2008 年水稻稻曲病重发生的气象条件分析. 安徽农业科学,2010,38(8):4108-4109.
[34] 冯明祥,王佩圣,等. 崂山茶区茶树病虫害记述. 中国茶叶,2002,24(2):14-15.
[35] 付亚平,王军霞,等. 玉米瘤黑粉病的诊断与防治. 现代农业科执,2010,17:181-185.
[36] 高增贵,陈捷,等. 玉米灰斑病发生和流行规律及其发病条件的研究. 沈阳农业大学学报,2000,31(5):460-464.
[37] 高增贵,赵辉,等. 辽宁省部分主裁玉米品种对大斑病菌不同生理小种的抗性. 种子,2010,29(2):1-3.
[38] 郭玉双,张艳菊,等. 转几丁质酶和核糖体失活蛋白双价基因大豆的获得与抗病性鉴定. 作物学报,2006,32(12):1841-1847.
[39] 郭云燕,陈茂功,等. 中国玉米南方锈病病原菌遗传多样性,中国农业科学,2013,46(21):4523-4533
[40] 韩召军. 植物保护学通论. 北京:高等教育出版社,2001.
[41] 贺新生.《菌物字典》第 10 版菌物分类新系统简介. 中国食用菌,2009,28(6):59-61.
[42] 贺运春. 真菌学. 北京:中国林业出版社,2008.
[43] 侯明生,黄俊斌. 农业植物病理学. 2 版. 北京:科学出版社,2014.
[44] 胡同乐,鲁克强. 马铃薯晚疫病预警技术发展历史与现状. 中国马铃薯,2010,24(2):114-119.
[45] 花蕾. 植物保护学. 北京:科学出版社,2009.
[46] 华南农业大学,河北农业大学. 植物病理学. 3 版. 北京:中国农业出版社,2015.
[47] 黄鸿能. 近年广东甘蔗病害不断发展原因的探讨和几点建议. 甘蔗糖业,1984,(7):44-46.
[48] 黄云. 植物病害生物防治学. 北京:科学出版社,2010.
[49] 纪伟波,何海军,等. 黑龙江玉米大斑病菌生理分化研究. 玉米科学,2010,18(1):128-130.
[50] 纪震,李宝笃,等. 山东省玉米生产品种和部分自交系对纹枯病抗性鉴定. 植物保护,

2010,36(4):152-154.
[51] 济才. 茶树病虫防治学. 2版. 北京:中国农业出版社,2011.
[52] 康振生. 植物病原真菌超微形态. 北京:中国农业出版社,1997.
[53] 康振生. 植物病原真菌的超微结构. 北京:中国科学技术出版社,1996.
[54] 赖传雅,袁高庆. 农业植物病理学. 2版. 北京:科学出版社,2008.
[55] 李国帧,雷玉珍,等. 大豆胞囊线虫病研究的进展. 黑龙江农业科学,1986,(1):19-22.
[56] 李海春,傅俊范. 玉米瘤黑粉病抗病性研究. 植物保护,2006,32(3):57-59.
[57] 李华荣,兰景华. 玉蜀黍丝核菌的鉴定特征. 菌物系统,1997,16(2):134-138.
[58] 李丽春. 玉米粗缩病的发病症状及防治技术. 植物保护,2010,8:64-65.
[59] 李卫平,王洪凯,等. 稻曲病菌厚垣孢子的萌发特性. 浙江农业学报,2008,20(4):278-281.
[60] 李孝平,刘西允. 玉米粗缩病致病原因及防治方法探讨. 现代农业科技,2010,12:159-161.
[61] 李振歧. 植物免疫学. 北京:中国农业出版社,1995.
[62] 李振歧,商鸿生. 中国农作物抗病性及其利用. 北京:中国农业出版社,2005.
[63] 理查德 N 斯特兰奇. 植物病理学导论. 北京:化学工业出版社,2007.
[64] 刘大群,董金皋. 植物病理学导论. 北京:科学出版社,2007.
[65] 刘鹏飞. 施硼对甜菜根腐病的治控机制. 农业科技与信息,2009,(11):37.
[66] 刘庆奎,秦子惠,等. 中国玉米灰斑病病原菌的鉴定及其基本特征研究. 中国农业科学,2013,46(19):4044-4057.
[67] 刘素敏. 玉米瘤黑粉病的发生规律及防治方法. 植物保护,2008,23:38-40.
[68] 刘维志. 病原植物线虫学. 北京:中国农业出版社,2002.
[69] 刘维志. 植物线虫志. 北京:中国农业出版社,2004.
[70] 刘亚飞,刘振东,等. 小麦全蚀病抗病性研究进展及其育种途径探讨. 河南农业科学,2012,41(9):6-9.
[71] 刘亚光,赵滨,马超. 水杨酸和壳聚糖诱导大豆对灰斑病的抗性. 大豆科学,2008,27(2):296-300.
[72] 刘长兵. 甜菜黄化病的发生与防治. 新疆农垦科技,2009,5:22-23.
[73] 陆家云. 植物病害诊断. 2版. 北京:中国农业出版社,2004.
[74] 陆家云. 植物病原真菌学. 北京:中国农业出版社,2001.
[75] 罗成飞,孔凡江. 谈甜菜抗褐斑病育种. 中国甜菜糖业,2000,4:28-30.
[76] 罗兰,袁忠林,等. 崂山茶树病害种类调查与生防菌的筛选研究. 现代农业科技,2009,(3):112-113.
[77] 吕佩田,高振江,等. 中国粮食作物、经济作物、药用植物病虫原色图鉴. 下册. 呼和浩特:远方出版社,1999.
[78] 吕振远,刘杰贤. 三十烷醇防治甜菜根腐病及增产效果的初步研究. 中国甜菜,1983,1:28-30.
[79] 马冠华,周常勇,等. 烟草内生细菌 Itb57 的鉴定及其对烟草黑胫病的防治效果. 植物保护学报,2010,37(2):148-152.

[80] 马佳,张婷,等. 玉米小斑病发生前期化学防治初步研究,上海交通大学学报(农业科学版),2013,31(4):45-50.
[81] 马军韬. 中国玉米丝黑穗病菌生理分化研究. 长春:吉林农业大学硕士学位论文,2006.
[82] 马淑梅. Harpin 防治大豆灰斑病效果的研究. 黑龙江农业科学,2007,6:51-52.
[83] 马占鸿. 植病流行学. 北京:科学出版社,2010.
[84] 潘大仁,陈观水,等. 甘薯抗线虫病相关基因片段克隆及序列分析初步研究. 福建农林大学学报(自然科学版),2006,35(1):57-59.
[85] 潘顺法,姜晶春,等. 玉米大斑病防治研究. 中国农业科学,1980,3:78-84.
[86] 彭绍裘,曾昭瑞,等. 水稻纹枯病及其防治. 上海:上海科学技术出版社,1986.
[87] 齐莉莉,陈佩度,等. 小麦白粉病新抗源——基因 *Pm*21. 作物学报,1995,21(3):257-262.
[88] 秦绪君,丁明来. 山东茶园病虫害绿色防控技术探讨. 茶业通报,2014,(2):84-85.
[89] 邱荣芳,刘永江,等. 石河子甜菜褐斑病发生和流行因素分析. 新疆农业科学,1994,2:76-77.
[90] 曲文章,崔杰. 甜菜主要病害的发病机理与防治. 中国甜菜糖业,1997,4:13-22.
[91] 任天恒,陈放,等. 小麦抗白粉病基因 *Pm*21 的抑制基因. 植物病理学报,2012,42(1):57-64.
[92] 任欣正. 植物病原细菌的分类和鉴定. 北京:农业出版社,1994.
[93] 日本植物病理学会. 植物病理学事典. 东京:養賢堂発行,1995.
[94] 商鸿生,李修炼. 麦类作物病虫害诊断与防治原色图谱. 北京:金盾出版社,2004.
[95] 商鸿生. 植物免疫学. 2 版. 北京:中国农业出版社,2010.
[96] 邵力平,沈瑞样,张家轩. 真菌分类学. 北京:林业出版社,1984.
[97] 沈萍. 微生物学. 北京:高等教育出版社,2000.
[98] 沈其益. 棉花病害. 北京:科学出版社,1992.
[99] 沈奕,李萍,等. 几丁寡糖对烟草黑胫病的控制效应及其机制. 植物保护学报,2010,37(01):25-30.
[100] 施水平,陈杰,等. 异菌脲对烟草赤星病的室内生测及药效评价. 现代农药,2010,9(5):54-56.
[101] 孙茂林,李树莲,等. 马铃薯晚疫病预测模型与预警技术研究进展. 植物保护,2004,30(5):15-19.
[102] 孙淑琴,温雷蕾,董金皋. 玉米大斑病菌的生理小种及交配型测定. 玉米科学,2005,13(4):112-113.
[103] 王海光,马占鸿,黄冲. 植物病害管理与生物安全. 植物保护,2007,33(3):1-7.
[104] 王洪凯,林福呈. 稻曲病研究进展. 浙江农业学报,2008,20(5):385-390.
[105] 王金生. 植物病原细菌学. 北京:中国农业出版社,2000.
[106] 王静,孔凡玉,等. 短小芽孢杆菌 AR03 对烟草黑胫病菌的拮抗活性及其田间防效. 中国烟草学报,2010,16(5):78-81.
[107] 王宁,冯彦霞,等. 小麦全蚀病菌致病力测定及品种抗病性研究. 植物遗传资源学报,2012,13(3):478-483.

[108] 王晓鸣,晋齐鸣,等. 玉米病害发生现状与推广品种抗性对未来病害发展的影响. 植物病理学报,2006,36(1):1-11.
[109] 王晓鸣,晋齐鸣,等.玉米病害发生现状与推广品种抗性对未来病害发展的影响.植物病理学报,2006,36(1):1-11.
[110] 王振华,时立波,等.大豆根内胞囊线虫发育进程及分布.中国农业科学,2009,42(9):3147-3153.
[111] 王征,戴玉成. 真菌生命之树项目(Assembling the Fungal Tree of Life)和美国真菌系统学研究现状. 菌物学报,2009,28(6):878-887.
[112] 魏景超.真菌鉴定手册.上海:上海科学技术出版社,1979.
[113] 魏娟,邓欣. 利用拮抗微生物防治茶树病害研究进展. 蚕桑茶叶通讯,2008,(5):25-27.
[114] 魏太云,王辉,等. 我国水稻条纹病毒种群遗传结构初步分析. 植物病理学报,2003,33(3):284-285.
[115] 吴彩谦,李建清,等.昭平县晚稻胡麻叶斑病偏重发生特点及原因分析门.广西植保,2009,22(1):34-35.
[116] 吴大椿,方守国,余知和.玉米纹枯病病原及生物学特性研究.湖北农学院学报,1997,17(1):15-19.
[117] 吴家琴.红麻根结线虫病小种和轮作防治研究.植物病理学报,1989,19(4):228.
[118] 吴洵耻,史维择,等.番茄尖胞镰刀菌诱导棉花抗枯萎病的效果-诱导棉花抗黄、枯萎病研究之三.植物病理学报,1993,23(3):225-229.
[119] 吴云锋.植物病毒学原理与方法.西安:西安地图出版社,1999.
[120] 夏红梅,杨宇博,等.甜菜褐斑病的危害及防治.中国甜菜糖业,2003,1:53-55.
[121] 夏锡飞,惠峰.10%吡虫啉可湿性粉剂浸种防治水稻灰飞虱的效果.江苏农业科学,2003,(5):59-60.
[122] 咸洪泉,刘杰贤.甜菜根腐病的生物和化学控制初步研究.中国糖料,1999,1:13-16.
[123] 肖炎农,李建生,等.湖北省玉米纹枯病病原丝核菌的种类和致病性.菌物系统,2002,21(3):419-424.
[124] 肖悦岩,季伯衡,等.植物病害流行与预测.北京:中国农业大学出版社,1998.
[125] 肖悦岩,吴立人,等.小麦条锈菌生理小种动态预测.植物保护学报,2007,34(3):257-262.
[126] 谢联辉.普通植物病理学.北京:科学出版社,2006.
[127] 邢来君,李明春.普通真菌学.北京:高等教育出版社, 2010.
[128] 徐秉良,曹克强. 植物病理学.北京:中国林业出版社, 2011.
[129] 徐小兰,张银贵,等.不同水稻品种对条纹叶枯病抗(耐)病性比较.植保技术与推广,2003,23(2):12-13.
[130] 徐秀娟. 中国花生病虫草鼠害.北京:中国农业出版社,2009.
[131] 许玫,陈文品. 病原微生物在茶树病虫生物防治中的研究与应用.中国茶叶,2003,25(5):16-17.
[132] 许韬,徐志,等. 小麦品种混种对白粉病的调控及其对部分产量性状及蛋白质含量的影响. 植物保护,2014,40(3):87-93.

[133] 许志刚. 普通植物病理学. 4 版. 北京：高等教育出版社，2009.

[134] 薛春生，陈捷. 玉米病虫害识别手册. 沈阳：辽宁科学技术出版社，2013.

[135] 燕玮婷，刘二明，等. 稻曲病菌不同颜色厚垣孢子超微结构比较. 植物病理学报，2010，40(5)：538-542.

[136] 杨继良，王斌. 玉米大斑病抗性遗传的研究进展. 遗传，2002，24(4)：501-506.

[137] 杨丽敏. 寒地水稻赤枯病的发生与防治. 黑龙江农业科学，2010，10：176-177.

[138] 姚艳平，徐同，等. 化学合成的几丁寡糖及其结构类似物诱导烟草对黑胫病抗性研究. 植物病理学报，2010，40(03)：258-264.

[139] 姚一建，李玉译. 菌物学概论. 4 版. 北京：中国农业出版社，2002.

[140] 叶恭银. 植物保护学. 杭州：浙江大学出版社，2006.

[141] 叶永发. 水稻赤枯病重发原因分析及防治对策. 江西植保，2006，29(3)：120-121.

[142] 俞孕珍，孙军德，等. 大豆霜霉病发生规律的研究. 沈阳农业大学学报，1997，28(3)：191-194.

[143] 张杰，耿洪林. 甜菜根腐病的流行原因及防治对策. 中国甜菜糖业，1995，6：27-29.

[144] 张俊华，刘洋大川，等. 黑龙江省大豆灰斑病菌生理小种鉴定. 中国油料作物学报，2009，31(4)：537-539.

[145] 张丽娟，杜金哲，杨庆凯. 大豆感染灰斑病菌后叶片中多酚氧化酶活性的变化. 华北农学报，2006，21(5)：91-95.

[146] 张满良. 农业植物病理学(北方本). 北京：世界图书出版公司，1997.

[147] 张秦风，朱象三，等. 小麦黄矮病毒株系鉴定结果简报. 陕西农业科学，1981，(6)：13-14.

[148] 张益先，吕国忠，等. 玉米灰斑病菌生物学特性研究. 植物病理学报，2003，33(4)：292-295.

[149] 张永祥，华静月，何礼远. 花生种子带青枯病菌对传播青枯病的影响. 中国油料，1993，3：59-61.

[150] 张玉江，张汉友，等. 水稻胡麻斑病发生原因、特点及防治措施，北方水稻，2009，39(5)：38-40.

[151] 张中义. 植物病原真菌学. 成都：四川科学技术出版社，1988.

[152] 赵德华，许海霞，等. 水稻烂秧病的发病特点及防治要点. 安徽农业科学，2007，35(28)：8925-8928.

[153] 赵多长. 天水市 1999 年小麦黄矮病流行原因分析与综防对策. 甘肃农业科技，2000，(4)：38-39.

[154] 赵敏，于占斌，等. 谷子白发病的发生规律及预防办法. 内蒙古农业科技，2009，1：120-121.

[155] 赵启学，陈梅英，等. 玉米黑粉病的发生及综合防治. 河南农业科学，2004，5：43.

[156] 赵思峰，李国英，等. 甜菜根腐病发病规律的初步研究. 中国甜菜糖业，2002，1：16-18.

[157] 郑如明，付学鹏. 玉米瘤黑粉病发生与防治探讨. 中国种业，2010，3：47-48.

[158] 中国农业百科全书总编辑委员会植物病理学卷编辑委员会：中国农业百科全书植物病理学卷. 北京：中国农业出版社，1996.

[159] 周桂元,梁炫强,等. 花生青枯病抗性鉴定及抗源分析. 花生学报,2003,32(3):25-28.
[160] 周彤,王磊,等. 主栽品种镇稻 88 对水稻条纹叶枯的抗性特征及其遗传研究. 中国农业科学,2009,42(1):103-109.
[161] 朱荷琴,冯自力,等. 利用植物疫苗及生长调节剂缩节胺控制棉花黄萎病. 中国棉花,2010,(8):10-12.
[162] 朱秀珍,田希武,等. 甘薯茎线虫病发病规律及综合防治. 山西农业科学,2004,32(3):54-57.
[163] 宗兆峰,康振生. 植物病理学原理. 2 版. 北京:中国农业出版社,2010.